AF551611

EUL
VERLAG

Reihe: Controlling · Band 25

Herausgegeben von Prof. Dr. Volker Lingnau, Kaiserslautern, Prof. Dr. Albrecht Becker, Innsbruck, Prof. Dr. Rolf Brühl, Berlin, und Prof. Dr. Bernhard Hirsch, München

Dr. Alexandra Feykes

Innovationen als Objekte des unternehmenswert-orientierten Controllings

Modellbasierte Risikoanalyse auf der Projekt- und Portfolio-Ebene

Mit einem Geleitwort von Prof. Dr. Hans Dirrigl, Ruhr-Universität Bochum

Bibliografische Information der Deutschen Nationalbibliothek

Die Deutsche Nationalbibliothek verzeichnet diese Publikation in der Deutschen Nationalbibliografie; detaillierte bibliografische Daten sind im Internet über <http://dnb.d-nb.de> abrufbar.

Dissertation, Ruhr-Universität Bochum, 2016

ISBN 978-3-8441-0498-1
1. Auflage März 2017

JOSEF EUL VERLAG GmbH
Brandsberg 6
53797 Lohmar
Tel.: 0 22 05 / 90 10 6-80
Fax: 0 22 05 / 90 10 6-88
E-Mail: info@eul-verlag.de
https://www.eul-verlag.de

Bei der Herstellung unserer Bücher möchten wir die Umwelt schonen. Dieses Buch ist daher auf säurefreiem, 100% chlorfrei gebleichtem, alterungsbeständigem Papier nach DIN 6738 gedruckt.

Geleitwort

Mit dem Begriff der „Innovation“ wird in Theorie und Praxis sehr großzügig umgegangen. In der vorliegenden Dissertation sollen, wie im Titel „Innovationen als Objekte des unternehmenswert-orientierten Controllings“ programmatisch angekündigt, einer wissenschaftlichen Untersuchung unterzogen werden, welche auf eine Steuerung von Innovationen mit dem Ziel der Erhöhung des Unternehmenswertes ausgerichtet ist. Weil Innovationen ein sehr hohes Risikopotenzial inhärent ist, kann die inhaltliche Ausrichtung und Schwerpunktsetzung im Untertitel der Arbeit als „Modellbasierte Risikoanalyse auf Projekt- und Portfolio-Ebene“ formuliert werden. Aus der Sicht des Controllings besteht ein integriertes Steuerungssystem aus einem strategisch ausgerichteten Planungs- und einem daran anknüpfenden Kontrollsystem. Bei der Planung von Innovationen ist die Aufmerksamkeit darauf zu lenken, dass mit Hilfe geeigneter Prognosekalküle die erfolgs- und risikobezogenen Konsequenzen eruiert und transparent gemacht werden und auf diesem Fundament eine wertorientierte Beurteilung erfolgt. Die Planung fungiert sodann als Basis für grundlegende Entscheidungen zur Initiierung, Fortführung oder zum Abbruch eines Projektes.

Im projektbezogenen Teilsystem, als „Risiko- und wertorientiertes Innovations-Controlling auf Einzelprojektebene“ charakterisiert, setzen sich die risikobezogenen Aspekte aus dem Teilkomplex der Risikooffenlegung einerseits und der Risikobewertung andererseits zusammen. Für beide Aufgabenstellungen existieren zweckpluralistisch einsatzfähige Methoden: Für die Risikooffenlegung kann auf die Szenario-Analyse, Zustands- und Entscheidungsbäume, mit denen sich die dynamisch-stochastische Projektstruktur abbilden lässt, und die Monte Carlo-Risikosimulation verwiesen werden. Die spezifische Aufgabe besteht darin, die grundsätzliche Eignung solcher Konzepte zu untersuchen, methodische Alternativen zu vergleichen, ihre Vor- und Nachteile zu eruieren, um letztlich zu einer Entscheidung über die am besten geeignete Methode zu gelangen. Diese Aufgabenkomplexe lassen sich auf die Risikobewertung übertragen, wofür ebenfalls methodische Ansätze vorliegen: Bezogen auf die Kalküle der Unternehmensbewertung sind die subjekt-bezogene Standard-Ertragswertmethode und die kapitalmarkt-bezogenen DCF-Methoden zu unterscheiden. Frau Feykes ist es auf eine sehr überzeugende Art und Weise gelungen, keine ausgetretenen Pfade zu begehen, sondern methodisches Neuland zu betreten und innovative Wege zu bahnen, die nicht bloß „theoretisch interessant" sind, sondern Potenzial für eine auch praktische Umsetzung bieten, wenn ein leistungsfähiges Gesamtsystem für das Innovations-Controlling angestrebt wird.

Die (Einzel-)Projektebene wird im letzten Teil um die Portfolio-Ebene erweitert und der Konnex zum Gesamtunternehmen hergestellt. Die „Risk and Reward" verbindende Steuerung fokussiert sich zunächst auf unternehmensinterne Verbindungen im Innovations-Portfolio, um dann auf die unternehmensexterne Möglichkeit von „Akquisitionen als strategische Alternative" einzugehen. Hierbei analysiert Frau Feykes das auch praktisch sehr bedeutsame Phänomen von „Akquisitionen in forschungsintensiven Branchen", denen vor allem die Pharmaindustrie zuzurechnen ist. Das zentrale Problem einer jeden Akquisition stellt die Bewertung und Kaufpreisabschätzung dar, sodass sich Frau Feykes zunächst den Möglichkeiten der „Bewertung von (innovativen) Unternehmen im Akquisitionskontext zuwendet, wofür grundlegend die Konzepte der „Subjektbezogenen" Grenzpreisbestimmung (Standard-Ertragswertverfahren) sowie der „Subjekt-neutralen", (kapital-)marktorientierten Kaufpreisbestimmung in Betracht kommen. Die Modellbasierung in Form von Beispielsrechnungen wird im Portfolio-Zusammenhang insofern erweitert, als ein konsistentes Gesamtsystem für einen Gesamtkonzern mit seinen unterschiedlichen Projekten, Produkten und Geschäftsbereichen zu konstruieren ist.

In der Konstruktion eines auf Innovationen in verschiedenen Objekt-Zusammenhängen bezogenen Controllings von Innovationen lässt sich der größte wissenschaftliche Fortschritt der Arbeit erkennen. Soweit erkennbar, ist bislang in der Literatur eine solche Konzeption noch nicht realisiert worden. Insofern wurden Lücken in der wissenschaftlichen Aufarbeitung geschlossen und auf dem weiten Feld von Ansätzen zur Prognose, Bewertung und Steuerung von Innovationen die Wegweiser neu ausgerichtet, sodass für die Zukunft die Gefahr des Beschreitens von Irrwegen vermieden werden kann. Die theoretisch-konzeptionelle Aufarbeitung des umfassenden Problemspektrums, als auch die Illustration anhand von umfangreichen Beispielrechnungen haben zu einer Arbeit geführt, die ein hohes Potential für die praktische Umsetzung beinhaltet, weshalb ihr eine weite Verbreitung zu wünschen ist.

Bochum, im November 2016 Prof. Dr. Hans Dirrigl

Vorwort

Die vorliegende Arbeit ist während meiner Tätigkeit als wissenschaftliche Mitarbeiterin am Lehrstuhl für Controlling der Ruhr-Universität Bochum entstanden und wurde im Februar 2016 von der Fakultät für Wirtschaftswissenschaften als Dissertation angenommen.

Dieses Vorwort möchte ich nutzen, um einigen Leuten für die besondere Zeit und für die Unterstützung, die zum Gelingen der Arbeit beigetragen hat, zu danken.

An erster Stelle richtet sich mein Dank an meinen Doktorvater und akademischen Lehrer Prof. Dr. Hans Dirrigl. Durch sein ausgeprägtes Literaturwissen, seine äußerst strukturierende Herangehensweise an komplexe Fragestellungen und die stete Diskussionsbereitschaft, konnte ich fortwährend neue Blickwinkel einnehmen und zu interessanten Fragestellungen gelangen. Herrn Prof. Dr. Heiko Müller gilt mein Dank für die freundliche Übernahme des Zweitgutachtens. Herrn Prof. Dr. Bernhard Pellens danke ich für den Vorsitz und die Moderation meiner Disputation.

Darüber hinaus hat nicht zuletzt das gesamte Lehrstuhl-Team zur Entwicklung der Arbeit beigetragen und die Zeit am Lehrstuhl zu einer besonderen Erinnerung werden lassen. Frau Dr. Große-Frericks, Herr Dr. Marius Alfs, Herr Dr. Heiko Koepke und Herr Sebastian Reich, M.Sc. hatten stets ein offenes Ohr und eine große Diskussionsbereitschaft, wodurch sich einige Ideen und Ansätze für meine Arbeit entwickeln konnten. Zudem blicke ich gerne auf den Arbeitsalltag zurück, da alle Kollegen stets zu einer tollen Atmosphäre und Stimmung beigetragen haben. Darüber hinaus möchte ich mich bei den studentischen Hilfskräften Dennis Dudek, Tim Rolke und Kevin Schimanski insbesondere für die Unterstützung bei Literaturbeschaffung bedanken.

Die Fertigstellung der Arbeit wäre allerdings auch ohne den Rückhalt und die Geduld durch meinen Familien- und Freundeskreis undenkbar gewesen. An dieser Stelle möchte ich besonders meinen Freunden danken, die stets für Ablenkung gesorgt haben und mich in schwierigen Phasen unterstützt haben. Insbesondere mein Freund Patrick Schmidt musste eine unendliche Geduld aufbringen und war mir stets eine große Hilfe in den unterschiedlichen Arbeitsphasen. Ebenso möchte ich meiner Freundin Gülay Yildirim für die vielseitige Unterstützung, die Ablenkungen und die ansteckende Begeisterungsfähigkeit seit Beginn des gemeinsamen Studiums bedanken. Mein Dank gilt auch meiner Familie. Mein Vater, Hans Helmut Feykes und meine Brüder, Fabian und Felix Feykes konnten mich auch in schweren Zeiten motivieren meine Ziele zu verfolgen und diese Arbeit fertigzustellen.

Besonderer Dank gilt meiner Mutter, Claudia Maybaum-Feykes, die mir zu Lebzeiten stets ihre volle Unterstützung für alle Ideen und in allen Lebenslagen zukommen ließ. Um ihr zu gedenken und als Zeichen meiner Dankbarkeit ist diese Arbeit meiner Mutter gewidmet.

Oberhausen, im November 2016 Alexandra Feykes

Inhaltsübersicht

Inhaltsverzeichnis

Der Anhang steht für eine verbesserte Darstellung unter folgendem Link als PDF-Datei zum Download bereit:

https://www.eul-verlag.de/pdf-wz/9783844104981-Anhang.pdf

Abbilungsverzeichnis

Tabellenverzeichnis

Abküzungsverzeichnis

a. B. d.	Auf Basis der
Abs.	Absatz
ad.	adaptiert
AfA	Abschreibungen für Anlagen
AfG	Abschreibung für Gebäude
AG	Aktiengesellschaft
AHP	Analytic Hierarchy Process
AktG	Aktiengesetz
AM	Arithmetisches Mittel
Anl.	Anlagen
AO	Abgabenordnung
APV	Adjusted Present Value
ASt	Abgeltungssteuer
Aufw.	Aufwand
Aussch.	Ausschüttung
Ausz.	Auszahlung
Auszlg.	Auszahlung
Beanspruchungskoeff.	Beanspruchungskoeffizient
Bestandsveränderg.	Bestandsveränderung
Bet-Kap.	Beteiligungskapital
bzw.	beziehungsweise
ca.	circa
CAPM	Capital Asset Pricing Model
DAX	Deutscher Aktienindex
CPM	Critical Path Method
DBA	Doppelbesteuerungsabkommen
DBEK	Delta Beteiligungskapital
DCF	Dicounted Cashflow
DFKK	Delta kurzfristiges Fremdkapital
c.p.	ceteris paribus
d.h.	das heißt
DPP	Detailprognosephase

DRS	Deutscher Rechnungslegungsstandard
dt.	deutsch
EBIT	Earnings before Interest and Taxes
EBT	Earnings before Taxes
Einz.	Einzahlungen
EK	Eigenkapital
Erhaltungsausz.	Erhaltungsauszahlungen
EStG	Einkommensteuergesetz
et al.	et alias
EU	Europäische Union
EV	Entity Value
EW	Ertragswert
EWR	Europäischer Wirtschaftsraum
exkl.	exklusive
f.	folgende
FCF	Free Cash Flow
FE	Fertige Erzeugnisse
ff.	fortfolgende
Fert.	Fertigung
FIN	Finanzanlagen
FK	Fremdkapital
FKK	kurzfristiges Fremdkapital
FKL	langfristiges Fremdkapital
Flukt.	Fluktuation
FN	Fußnote
Ford.	Forderungen
FTE	Flow to Equity
F&E	Forschung und Entwicklung
GE	Geldeinheiten
Geb.	Gebäude
ges.	gesamt
Gesamtaufw.	Gesamtaufwand
Gewerbest.	Gewerbesteuer
GewStG	Gewerbesteuergesetz

GK	Gemeinkosten
GM	Geometrisches Mittel
GmbH	Gesellschaft mit beschränkter Haftung
GSK	GlaxoSmithKline
GuV	Gewinn- und Verlustrechnung
HB II	Handelsbilanz II
HGB	Handelsgesetzbuch
HJ	Halbjahr
ICV	Internationaler Controller Verein
i. d. R.	in der Regel
IDU	Institut der Unternehmensberater
IDW	Institut der Wirtschaftsprüfer
i. e. S.	im engeren Sinne
i. H. v.	in Höhe von
inkl.	inklusive
InsO	Insolvenz Ordnung
i. S. d.	Im Sinne des
i. V. m.	in Verbindung mit
i. w. S.	im weiteren Sinne
JÜ	Jahresüberschuss
KGaA	Kommanditgesellschaft auf Aktienbasis
KGV	Kurs-Gewinn-Verhältnis
KMU	Kleines Mittelständisches Unternehmen
KonTraG	Gesetz zur Kontrolle und Transparenz im Unternehmensbereich
KP	Konvergenzphase
KSt	Körperschaftsteuer
KStG	Körperschaftsteuergesetz
kurzfr.	kurzfristig
langfr.	langfristig
Log	Logarithmisch
LuG	Lohn und Gehalt
Markteinf.	Markteinführung
MA	Marktanteil

M&A	Mergers and Acquisitions
Mat.	Material
max.	maximal
min.	minimal
MLB	Modularer Längsbaukasten
MPM	Metra Potential Methode
MPP	Multiprojektplanung
MQB	Modularer Querbaukasten
Mrd.	Milliarden
MSB	Modularer Standardbaukasten
MUA	Mittlere untere Abweichung
MV	Marktvolumen
m.w.N.	mit weiteren Nachweisen
n.	nach
N	Nachfragezyklus
Nr.	Nummer
o.	ohne
o.a.	oder auch
o.ä	oder ähnliches
OECD	Organization for Economic Cooperation and Development
OTA	Office of Technology Assessment
Pers.	Personal
PERT	Programm Evaluation and Review Technique
Prod.	Produktion
PS	Prüfungsstandard
p. St.	pro Stück
PU	Preis
QM	Quadratmeter
R&D	Research and Development
Rep.	Reparatur
RW	Restwertphase
S.	Seite
s.b.A.	sonstiger betrieblicher Aufwand

SE	Societas Europea
SGE	Strategische Geschäftseinheit
sog.	so genannte
SolZ	Solidaritätszuschlag
SolzG	Solidaritätszuschlaggesetz
SSTA	Semi-Standardabweichung
St.	Steuern
STA	Standardabweichung
Std. Abw.	Standardabweichung (@-Risk)
symm.	symmetrisch
TCF	Total Cashflow
TEV	Teileinkünfteverfahren
Thes.	Thesaurierung
tsm	Tax Shield-Multiplikator
v.a.	vor allem
Vgl.	Vergleiche
VLL	Verbindlichkeiten aus Lieferung und Leistung
VW	Verwaltung
WACC	Weighted Average Cost of Capital
u.	und
u.a.	unter anderem
UE	Umsatzerlöse
usw.	und so weiter
u. v. m.	und vieles mehr
Wiss.	Wissenschaft
Wissenschaftl.	Wissenschaftliche
z.B.	zum Beispiel
ZS	Zahlungssaldo
z.T.	zum Teil
ZÜ	Zahlungsüberschuss
zzgl.	zuzüglich

Symbolverzeichnis

Symbol	Bedeutung
a	Kosten der ersten produzierten Einheit
A	Plan zum Informationsstand ex ante
A_0^A	Kapitaleinsatz Alternativinvestition
A_0^h	Kapitaleinsatz Projekt h
A_0^g	Kapitaleinsatz Projekt g
$\overline{AD}$	Vertikale Bilanzrestriktion – Anlagendeckungsgrad
ANL_t^{min}	Minimum Anlageeinheiten
af	Konvergenzfaktor
AfA_t	Abschreibungen in Periode t
AFA^{VA}	Abschreibungen Forschungsanlagen
AFA_t^{XA}	Abschreibungen Produktionsanlagen
AFG_t	Abschreibung Gebäude
AFG_t^{P1}	Abschreibungsanteil Produkt 1
$AFG_t^{PF\&E}$	Abschreibungsanteil Innovation
Akq	Akquisition
$ASS(A)_t$	Ausschüttung vor Thesaurierung
$ASS(P)_t$	Ausschüttung nach Thesaurierung
$AVOR_t$	Materialaufwand
AZ_t^{Iov}	Innovationsauszahlung in Periode t
α_{DM}	Innovatorenrate
b	Degressionsfaktor
BEK_t	Beteiligungskapital in Periode t
BG_0	Bezugsgrößen
BW_0	Barwert
BW_0^A	Barwert Alternativobjekt
BW_0^{AP}	Barwert Alternativprogramm
BW_0^B	Barwert Bewertungsobjekt
BW_0^{BP}	Barwert Bewertungsprogramm
BW_0^{DP}	Barwert aus der Detailplanungsphase
BW_{DCF}	Basiswert DCF
β_j	Beta-Faktor Wertpapier j

β_{DM}	Imitatorenrate
β^{u}	Beta-Faktor, unverschuldet
$\beta^{u,s}$	Beta-Faktor, unverschuldet nach Steuern
β^{v}	Beta-Faktor, verschuldet
$\beta^{v,s}$	Beta-Faktor, verschuldet nach Steuern
C_0	Kapitalwert
C_0^A	Kapitalwert Alternativobjekt
C_0^{AP}	Kapitalwert Alternativprogramm
C_0^B	Kapitalwert Bewertungsobjekt
C_0^{BP}	Kapitalwert Bewertungsprogramm
C_0^{Iov}	Kapitalwert einer Innovation
$C_0^{Iov,j}$	Kapitalwert einer Innovation j
$C_0^{Iov,x}$	Kapitalwert einer Innovation x
$C_t^{Iov,j}$	Kapitalwert von Innovation j zum Zeitpunkt t
CF_t	Cashflow in Periode t
CF_t^B	Cashflow des Bewertungsobjektes
CF_t^g	Cashflow Projekt g
CF_t^h	Cashflow Projekt h
$Cov(X,Y)$	Kovarianz der Variablen X und Y
$\overline{DASS_t}$	Max. Herabsetzung der geplanten Ausschüttung
$\overline{DBEK_t}$	Maximale Aufnahme von Eigenkapital
$DFIN_t$	Veränderung Finanzanlagen
$\overline{DFKA_t}$	Maximale Fremdkapitalaufnahme
$DFKK_t$	Veränderungen kurzfristiges Fremdkapital
$\overline{DFKK_t}$	Maximale Veränderung kurzfristiges Fremdkapital
$\overline{DFKK_t^{min}}$	Doppeltes Minimum kurzfristiges Fremdkapital
$DFKL_t$	Veränderung langfristiges Fremdkapital
$\overline{DFKL(1)_t}$	Maximal zusätzl. langfr. Fremdkapital 1
$\overline{DFKL(2)_t}$	Maximal zusätzl. langfr. Fremdkapital 2
$\overline{DFKL_t^{min}}$	Doppeltes Minimum langfr. Fremdkapital
DPV_t	Durchschnittspreis pro Materialeinheit
Δ	Delta
$\emptyset$	durchschnittlich(e)

ΔBW_0^B	Mehrwert durch Bewertungsobjekt
ΔEW^{AE}	strategischer Aktionseffekt
ΔEW^{IE}	strategischer Informationseffekt
E(X)	Erwartungswert der Variablen X
$E(Y)$	Erwartungswert der Variablen Y
$EBIT_t$	EBIT in Periode t
$ECF(K)$	Eigenkapitalgeber-Cashflow Konzern
$ECF(LB)$	Eigenkapitalgeber-Cashflow laufender Betrieb
$ECF(P_j)$	Eigenkapitalgeber-Cashflow Projekt j
ECF_t	Eigenkapitalgeber-Cashflow
ECF_t^A	Eigenkapitalgeber-Cashflow der Alternativinvestition
ECF_t^B	Eigenkapitalgeber-Cashflow des Bewertungsobjektes
ECF_t^{DP}	Eigenkapitalgeber-Cashflow Detailprognosephase
ECF_t^i	Eigenkapitalgeber-Cashflow, Ist
$ECF_t^{Iov,x}$	Eigenkapitalgeber-Cashflow der Innovation x
ECF_t^p	Eigenkapitalgeber-Cashflow, Plan
ECF_t^{Prod}	Eigenkapitalgeber-Cashflow der etablierten Produkte
ECF_t^{RW}	Eigenkapitalgeber-Cashflow Restwert
EF	Erfolgsfaktor
$EFORD_t$	Zahlungswirksame Umsatzerlöse
EK	Eigenkapital
EK_t	Eigenkapital in Periode t
$EVERB_t$	Verbindlichkeit aus Lieferung in Periode t
$EVOR_t$	Materialauszahlung in Periode t
EW	Ertragswert
$EW(B)_t$	Ertragswert in Periode t im Beharrungszustand
$EW(P)_t$	Ertragswert ex post in Periode t
$EW(P)_t^{[t,t]}$	Ertragswert zum Zeitpunkt t nach Plan P bei Kalkulationszins und Risikoaversionskoeffizienten aus Periode t

EZ_t^{Iov}	Innovationseinzahlung in Periode t
f^F	Forderungsquote
f_{XNW}^{FQ}	Fluktuationsrate Wissenschaftler
f_{XVW}^{FQ}	Fluktuationsrate Verwaltung
f^{GB}	Preisentwicklung Gebäudeerhaltung
$f^{GGKF\&E}$	Verteilungsschlüssel Gemeinkosten im F&E-Bereich
f^{GGKP}	Verteilungsschlüssel Gemeinkosten Produktionsbereich
f^{GGKP1}	Verteilungsschlüssel Gemeinkosten Produkt 1
f^{GGKVW}	Verteilungsschlüssel Gemeinkosten Verwaltung
f^{GPNW}	Gehaltssteigerung Wissenschaftler
f^{GPVW}	Gehaltssteigerung Verwaltung
f^{KAS}	Kassenhaltungsquote
f^{MA}	Marktanteilssteigerung
f^{PU}	Absatzpreissteigerung
f^{PV}	Materialpreissteigerung
f^{REP}	Reparaturquote
f^{VB}	Verbindlichkeitsquote
f^{XA}	Beanspruchungskoeffizient Produktionsanlagen
f^{XF}	Lagerbestandsquote der Fertigprodukte
f^{XL}	Lagerbestandquote Material
f^{XNW}	Wachstumsfaktor wissenschaftliches Personal
f^{XV}	Materialverbrauchskoeffizient
f^{XVW}	Wachstumsfaktor Verwaltungspersonal
f^{XW}	Personalbeanspruchungs-Koeffizienten
f^{XMV}	Wachstum Marktvolumen
f^{ZGB}	Gebäudeerhaltungs-Koeffizient
f^{ZGB1}	Faktor aktivierungspflichtige Erhaltungsauszahlung
FCF_t	Free Cashflow im Zeitpunkt t
FIN_t	Finanzanlagen Periode t
FK	Fremdkapital
FK_t	Fremdkapital in Periode t

$\overline{FK_t^{AD}}$	Maximaler Fremdkapitalbestand nach Anlagendeckung
FK_t^V	Vorläufiger Fremdkapitalbestand
$\overline{FK_t^{VG}}$	Maximaler Fremdkapitalbestand nach Verschuldungsgrad
FKK_t	Kurzfristiges Fremdkapital in Periode t
$\overline{FKK_t}$	Maximales kurzfristiges Fremdkapital
FKL_t	Langfristiges Fremdkapital in Periode t
FKQ_t	Fremdkapitalquote in Periode t
$FORD_t$	Forderungen Periode t
g	Nachhaltige Wachstumsrate der Zahlungsströme
A	Gesamtabweichung
GA_t^{Op}	Operative Gesamtabweichung
GA^{strat}	Strategische Gesamtabweichung
GEB_t	Gebäudebestand Periode t
G_L	Steuervorteil Unternehmensebene
GP_0	Grenzpreis
GP_0^B	Grenzpreis Bewertungsobjekt
GP_t^{XNW}	Durchschnittl. Vergütung der Wisssenschaflter
GP_t^{XVW}	Durchschnittl. Vergütung in der Verwaltung
i	Kalkulationszinssatz
i_{FKK}	Sollzins kurzfristiges Fremdkapital
i_{FKL}	Sollzins langfristiges Fremdkapital
i_{FIN}	Haben-Zinssatz
IE	Informationseffekt
IK_t	Investiertes Kapital zum Zeitpunkt t
IK_{SGEx}^{Px}	Inkrementale Produktverbesserung x der SGE x
i_{rf}	Habenszins / Diskontierungszinssatz
i_s	Kalkulationszinssatz nach persönlicher Besteuerung
I_t	Investitionen in Periode t
INO_{SGEx}^x	Innovation x der SGE x
Inv_0	Investitionsauszahlungen in Periode 0

k	Diskontierungsrate
$K_{i\,SA}$	Kosten Stand Alone des Segment/SGE i
$K_{i\,Verb}$	Kosten Segment/SGE i im Verbund
KP_0^B	Kaufpreis Bewertungsobjekt
K_{Verb}	Kosten im Verbund
KW	Kapitalwert
kwr	Kapitalwertrate
kwr^A	Kapitalwertrate Alternativobjekt
kwr^B	Kapitalwertrate Bewertungsobjekt
$KW(A)_t$	Kapitalwert ex ante zum Zeitpunkt t
$KW(P)_t$	Kapitalwert ex post zum Zeitpunkt t
$KW(L)_{VL}$	Kapitalwert Ende der Vorlaufphase
$k_{EK}^{ML,s}$	Eigenkapitalkosten bei wertorientierter Verschuldungspolitik
$k_{EK}^{u,s}$	Eigenkapitalkostensatz, unverschuldet und nach Steuern
$k_{EK}^{v,s}$	Eigenkapitalkostensatz, verschuldet und nach Steuern
K_x	Stückkosten gesamt
k_x	Grenzkosten
KAS_t	Kassenbestand Periode t
KP^{ANL}	Anlagenkapazität
l	Lernrate
LP_t^{XW}	Durchschnittliche Vergütung Fertigung in Periode t
LUG_t^{XNW}	Löhne und Gehälter Wissenschaftler in Periode t
LUG_t^{XVW}	Löhne und Gehälter Verwaltung in Periode t
m	Modalwert
MA_t	Marktanteil in Periode t
MAZ_t	Materialauszahlung in Periode t
MUA	Mittlerer untere Abweichung
M_{BG}^V	Multiplikator mit einer Bezugsgröße (BG)
$MW(EK)_o^{FTE}$	Marktwertes des Eigenkapitals gem. FTE-Ansatz
$MW(EK)_0^{APV}$	Marktwertes des Eigenkapitals gem. APV-Ansatz

$MW(GK)_0$	Marktwertes des Gesamtkapitals
$MW(GK)_0^{APV}$	Marktwertes des Gesamtkapitals gem. APV-Ansatz
$MW(GK)_T^{wacc}$	Marktwertes des Gesamtkapitals gem. WACC-Ansatz
μ	Erwartungswert
n	Anzahl der betrachteten Perioden
$\overline{N}$	Sättigungsgrenze Marktvolumen
N_t	Bestandszuwachs
NCF_t	Netto-Cashflow in Periode t
NCF_t^{Iov}	Netto-Cashflow der Innovation(en) in Periode t
NCF_t^{Prod}	Netto-Cashflow der etablierten Produkte in Periode t
NCF_t^R	Netto-Cashflow im Restwert
NEI_t	Net Economic Income in Periode t
NEI_t^{oZ}	Net Economic Income ohne Zeiteffekt in Periode t
NKW_t	Netto-Kapitalwert zum Zeitpunkt t
$NKW(P)_t^{[t,t]}$	Netto-Kapitalwert zum Zeitpunkt t nach Plan P bei Kalkulationszins und Risikoaversionskoeffizienten aus Periode t
OCF_t	Operativer Cashflow Periode t
ρ	Korrelationskoeffizient
p	Wahrscheinlichkeit
P_{SGEx}^x	Produkt x der SGE x
p_i	Preis für Faktor i
P_t	Unternehmensplan zum Zeitpunkt t
P_t^{ANL}	Anlagenpreis
p_z	Wahrscheinlichkeit Projektzustand z
PD_i	Projekt- (Dummy-) Variablen
PFQ_t^{NW}	Durchschnittl. Fluktuationskosten Wissenschaftler
PFQ_t^{VW}	Durchschnittl. Fluktuationskosten der Verwaltung
$PREP_t$	Durchschnittlicher Reparaturkostensatz in Periode t
PU_t	Absatzpreis in Periode t
PV_t	Materialpreis in Periode t

PVA_t	Kostenfaktor F&E-Anlagen
PVM_t	Kostenfaktor F&E-Material
r^A	Alternativrendite
R^2	Bestimmtheitsmaß
RAB	Risikoabschlag
rak	Risikoaversionskoeffizient
r_{EK}^u	Eigenkapitalkostensatz, unverschuldet
r_{EK}^v	Eigenkapitalkostensatz, verschuldet
r_f	Risikofreier Zinssatz
r_{FK}	Fremdkapitalkostensatz
$r_{f,s}$	Risikofreier Zinssatz nach Steuern
r_j	Wertpapierrendite j
r_M	Marktrendite
r_{Mod}	Modifizierter interner Zinsfuß
$r_{M,s}$	Marktrendite nach Steuern
r_U	Umsatzrendite
r_U^{RW}	Ziel-Umsatzrendite Restwertphase
r_z	Risikozuschlag
f^{PU}	Absatzpreisveränderung
s	Unternehmenssteuersatz
SAV_t	Sachanlagevermögen in Periode t
$SÄ(x)$	Sicherheitsäquivalent von x
$SÄ_{MUA}$	Sicherheitsäquivalent a. B. d. MUA
$SÄ_{Risikomaß}$	Sicherheitsäquivalent a. B. eines Risikomaßes
$SÄ_{SSTA_u}$	Sicherheitsäquivalent a.B.d. Semi-Standardabweich ung
S_i	Segment i
S_z	Projektzustand z
s_{ASt}	Abgeltungssteuersatz
s_{ge}	Gewebesteuersatz
s_k	Körperschaftsteuersatz
SP_{zo}	Obergrenze Wahrscheinlichkeitsbereich Projektzustand z

SP_{zu}	Untergrenze Wahrscheinlichkeitsbereich Projektzustand z
SP_{zuo}	Wahrscheinlichkeitsbereich Projektzustand z
SQ	Senkungsquote
SQM	Gebäude-Quadratmeter
$SSTA_u(\tilde{x})$	Semi-Standardabweichung der Zufallszahl x
$STA(\tilde{X})$	Standardabweichung der Variablen X
$SVAR_u(\tilde{x})$	Semi-Varianz der Zufallszahl x
Syn_i	Synergie Segment/SGE i
σ	Standardabweichung
σ^2	Varianz
σ_M^2	Varianz der Marktrendite
t	Zeitpunkt/Periode
T	Zeithorizont
T_t	Tilgung in Periode t
U_t	Umsatzerlöse in Periode t
U^{RW}	Ziel-Umsatz Restwertphase
UE_t	Umsatzerlöse in Periode t
UEZ_t	Umsatzeinzahlungen Periode t
UW_o	Unternehmenswert zum Zeitpunkt 0
UW_0^{Iov}	Unternehmenswert inklusive Innovation
UW_0^{Iov-x}	Unternehmenswert exklusive Innovation x
UW_0^{ohne}	Unternehmenswert ohne Projekte
$UW_{DCF/Option}$	Unternehmenswert nach DCF-Verfahren inkl. Option
UW_t	Unternehmenswert zum Zeitpunkt t
UW_o^u	Unternehmenswert unverschuldet
UW_o^v	Unternehmenswert verschuldet
V_{Option}	Wert einer Option
$\mathrm{Var}(\tilde{X})$	Varianz der Variablen X
$Var(\tilde{Y})$	Varianz der Variablen Y
$\overline{VG}$	Horizontale Bilanzrestriktion – Max. Verschuldungsgrad

VOR_t	Materialbestand in Periode t
v_{xi}	Modulvariante i
$wacc_t^{ML,s}$	WACC bei wertorientierter Verschuldungspolitik
W_0^B	Wertbeitrag des Bewertungsobjektes
w_{r_U}	Renditewachstum
w_U	Umsatzwachstum
W_z	Zufalls-Wert aus Projektverlauf z
x_i	Menge Faktor i
XA_t	Anlagenbestand in Periode t
XF_t	Lagerbestand Fertigprodukte in Periode t
XFQ_t^{NW}	Fluktuationsmenge Wissenschaftler in Periode t
XFQ_t^{VW}	Fluktuationsmenge der Verwaltung in Periode t
XL_t	Lagerbestand Material in Periode t
XMV_t	Marktvolumen in Periode t
XNW_t	Fixe Wissenschaftler für die F&E in Periode t
XNW^P	Planzahl Wissenschaftler in Periode t
XP_t	Produktionsmenge in Periode t
XQM_t	Quadratmeternutzung durch den F&E-Bereich
$XQMI_t$	Quadratmeternutzung durch eine Innovation
XU_t	Absatzmenge Periode t
XV_t	Materialverbrauch in Periode t
XVA_t	Menge F&E-Analgen in Periode t
XVM_t	Anzahl Verwaltungspersonal in Periode t
$\overline{XVW}$	Maximale Anzahl Verwaltungspersonal
XVW_t	Fixe Verwaltungsangestellt in Periode t
XVW_t^P	Planzahl Verwaltungspersonal in Periode t
XW_t	Variable Produktionsmitarbeiter in Periode t
$\overline{XWM}$	maximale Anzahl Wissenschaftler
XZ_t	Menge Materialzukauf
$\tilde{x}$	Variable x unter Unsicherheit
Z_t	Zinsaufwand in Periode t
$ZFIN_t$	Zinsertrag Finanzanlagen in Periode t
$ZFKK_t$	Zins für kurzfristiges Fremdkapital in Periode t
$ZFKL_t$	Zins für langfristiges Fremdkapital in Periode t

$ZFORD_t$	Zahlungen auf Forderungen in Periode t
ZFQ_t^{NW}	Fluktuationskosten Wissenschaftler in Periode t
ZFQ_t^{VW}	Fluktuationskosten Verwaltung in Periode t
$ZGEB_t$	Erhaltungsauszahlungen Gebäude in Periode t
$ZGEB1_t$	Aktivierungspflichtige Erhaltungsausz. Gebäude in Periode t
$ZGEB2_t$	Aufwand Erhaltungsausz. Gebäude in Periode t
$ZGEB2_t^{PF\&E}$	Gebäudegemeinkosten F&E in Periode t
$ZGEB2_t^{Iov}$	Gebäudegemeinkosten Innovation in Periode t
$ZGEB2_t^{P1}$	Gebäudegemeinkosten Produkt 1 in Periode t
$ZREP_t$	Zahlungs- und Aufwandskonsequenz aus Reparaturen in Periode t
$ZS(.)_t$	Zahlungssaldo in Periode t
$ZÜ_t$	Zahlungsüberschuss in der Periode t
$ZÜ_t^{Iov}$	Zahlungsüberschuss einer Innovation in Periode t
$ZÜ_t^{Iov,j}$	Zahlungsüberschuss von Innovation j in Periode t
$ZÜ_t^{Prod}$	Zahlungsüberschuss etablierte Produkte in Periode t
$ZÜ_{T+1}^{RW}$	Zahlungsüberschuss in der Restwertphase zum Zeitpunkt T+1
ZVA_t	Investitionen in F&E-Anlagen in Periode t
$ZVERB_t$	Zahlungen aus Verbindlichkeiten in Periode t
ZVM_t	Auszahlungen/Aufwand F&E-Material in Periode t
$\widetilde{ZÜ}$	Unsicherer Zahlungsüberschuss
ZZ	Zufallszahl

1 Einleitung

1.1 Problemstellung

Innovationen sind als primäre Wachstums- und Wettbewerbsfaktoren der Wirtschaft zu klassifizieren.[1] Neue Produkte, neue Technologien und effizientere Prozesse führen zu veränderten Marktbedingungen und die Geschwindigkeit dieses Wandels nimmt mit verkürzten Lebenszyklen stetig zu. Aus betriebswirtschaftlicher Sicht sind Innovationen als „Lebenselixier für Unternehmen, (...) (das) ihren Wert überproportional"[2] erhöht, anzuerkennen. Ein derartiges Wachstums- und Wertsteigerungspotenzial geht jedoch mit hohen Risiken einher, sodass durch Innovationen eine besondere Erfolgs- und Risikostruktur entsteht, die zu einer erhöhten Komplexität und speziellen Ausrichtung des Controllings führt. Diese Ausrichtung wird in der vorliegenden Arbeit unter dem Begriff *Innovations-Controlling* zusammengefasst.

Koordination, Informationsversorgung sowie Planung und Kontrolle in einem unternehmensweiten Steuerungssystem sind dabei als Primäraufgaben des Controllings anzusehen, sodass auch Innovationen in dieses System einzubinden sind. Da sich bereits seit vielen Jahren die wertorientierte Unternehmensführung etabliert hat, ist der Unternehmenswert als Zielgröße eines solchen Steuerungssystems fest verankert. Demnach sollten auch Innovationen anhand ihres Wertbeitrages gemessen und gesteuert werden, was dazu führt, dass das Innovations-Controlling durch die Unternehmenswert-Orientierung näher spezifiziert werden kann. Mit der Unternehmensbewertung geht stets eine Verbindung von Erfolgs- und Risikodimensionen einher, wobei diese Ausrichtung besonders für Innovationen geeignet ist, damit ihre charakteristische Erfolgs- und Risikostruktur ein zentrales Problem des Innovations-Controllings darstellt. In der Literatur sind im Hinblick auf diese Ausrichtung bedeutende Defizite festzustellen. Zum einen ist bereits zur Bewertung und Steuerung einzelner Projekte eine Methodik zu spezifizieren, die eine transparente und ursachengerechte Verbindung von Risiko- und Erfolgsdimensionen ermöglicht. Unterschiedliche Bewertungsmethoden stoßen dahingehend an ihre Grenzen. Zum anderen und

1 Vgl. Brockhoff (1999), S. 4.
2 Hinterhuber/Matzler (2009), S. 479.

unmittelbar damit verbunden sind substanzielle Defizite im Hinblick auf die quantitative und somit wertorientierte Ausrichtung der Portfoliobewertung und Steuerung unter Beachtung von Ressourcenengpässen sowie Verbundeffekten festzustellen. Zumeist ist eine Konzentration auf qualitative oder semi-quantitative Methoden, wie Scoring-Modelle, vorzufinden, sodass die Problematik der Quantifizierung umgangen wird. Ziel der vorliegenden Arbeit ist es, die benannten Defizite auszugleichen, indem systematisch Lösungsansätze erarbeitet werden, da diese essentiell notwendig sind, wie im Folgenden noch verdeutlicht wird.

Ausschlaggebend für die spezielle Ausrichtung des Controllings sind primär die hohen und charakteristischen Risikopotenziale von Innovationen, die im Kern auf zwei Ursachen zurückzuführen sind:

Zum einen ist das Erreichen der Marktphase und somit der erfolgreiche Abschluss der Vorlaufphase unsicher. Wird eine Innovation nicht bis zur Marktreife entwickelt, so ist kein Marktpotenzial erkennbar, das in ein Erfolgspotenzial tranformiert werden könnte, obwohl bereits Investitionen getätigt wurden. Zum anderen handelt es sich bei Innovationen um neuartige Produkte oder Prozesse, für die keine Vergangenheitsdaten vorliegen, sodass im Falle des Erreichens der Marktphase die dort bestehenden Preis- und Mengenunsicherheiten verschiedene Erfolgsrealisationen zulassen. Die Schätzung von Erfolgen hat somit stets auf Basis einer Stochastifizierung zu erfolgen.

Innovationen sind demzufolge in einer *Hoch-Risiko-Sphäre* angesiedelt, sodass vermehrt methodische Fragen eines quantifizierenden Risiko-Controllings aufzuwerfen sind. In diesem Kontext sind mit der Methodik zur Risikooffenlegung und zur Risikobewertung zwei Problemkomplexe zu unterscheiden. In Anbetracht unterschiedlicher Literaturbeiträge sind hier bereits wesentliche Defizite erkennbar. Insbesondere mit der Risikosimulation und der Strukturierung von Entscheidungs- und Zustandsbäumen bestehen zwar Modelle und Methoden, um Risiken offenzulegen. Ansätze zur Integration dieser Risiken in den Unternehmenswert und somit in die zentrale Steuerungsgröße von Unternehmen sind allerdings nicht erkennbar.[3] In den letzten Jahren hat besonders die kapitalmarkt-theoretische DCF-Methodik, die zumeist mit einer Risikoberücksichtigung über das CAPM einhergeht, zu erhöhter Aufmerksamkeit in

3 Vgl. ähnlich Granig (2010), S. 3.

der betriebswirtschaftlichen Literatur sowie Anwendungshäufigkeit in der Praxis geführt. Diese Ausrichtung der Unternehmensbewertung ist mit den Risiko-Charakteristiken von Innovationen allerdings nicht vereinbar und die geforderte Überführung von Risikooffenlegung und Bewertung unterbleibt. Die DCF-Methodik und insbesondere das CAPM stoßen somit an ihre Grenzen, da Innovationen keine repräsentative Absatz- und Erlös-Historie aufweisen, um entsprechende Daten für die kapitalmarkt-orientierte Risikobewertung zugrunde legen zu können. Darüber hinaus führen die primär technischen Risiken der Vorlaufphase zu einer flexiblen und gestuften Projektstruktur, die eine eigene Methodik der Risikoerfassung benötigt. Im Rahmen einer Risikoanalyse sollten Innovationen und ihr Risiko-Chancenprofil somit über ihren Lebenszyklus und die Projektlaufzeit hinweg strukturiert und offengelegt werden, um das Ergebnis explizit in das Steuerungssystem einzubeziehen. Aus diesem Grund werden in der vorliegenden Arbeit zunächst alternative Konzepte untersucht, die eine transparente Verbindung der (subjektiv geprägten) Unternehmensbewertung mit der Risikosimulation zur Risikooffenlegung ermöglichen, um Auswirkungen von Projektrisiken unmittelbar im Unternehmenswert zu erfassen. Eine modellbasierte Herangehensweise wird in diesem Zusammenhang als zielführend erachtet, sodass neben den Erläuterungen zu unterschiedlichen Methoden stets ihr Anwendungsbezug anhand von Beispielen illustriert und validiert wird.

Diese Analysen auf der Projektebene können allerdings lediglich als Basis für eine risiko- und wertorientierte Steuerung dienen, da die Integration in die darüber angesiedelte Bereichs- und Unternehmensebene aufgrund unterschiedlicher Verbundaspekte unabdingbar ist. Deshalb wird auf der Einzelprojektebene bereits die Integration und Überführbarkeit von Projekt- und Unternehmenswerten untersucht, sodass unter anderem Finanzierungs- und Steuereffekte sachgerecht auf der Projektebene einbezogen werden.

Erst mit dieser Basis sind die Voraussetzungen geschaffen, um Verbund-effekte sowie eine Multiprojektstruktur in die Analysen einzubeziehen. Insgesamt sind mit den erfolgs-, ressourcen- und risikobezogenen Verbindungen drei Verbundarten zu unterscheiden, die eine Integration und Portfoliobetrachtung bedingen. Die ressourcenbezogenen Verbindungen sind auf liquiditätsbedingte und personelle Kapazitätsrestriktionen zurückzuführen. Besonders liquiditätsbedingte Restriktionen können zu weitreichenden Folgen, mitunter zur Insolvenz von Unternehmen führen, wenn man bedenkt, dass den hohen Auszahlungen der Vorlaufphase zunächst keine Einzahlungen gegenüber stehen. Demzufolge ist stets die Risikotragfähigkeit der Unternehmen zur Vermeidung von Insolvenzen zu berücksichtigen, indem die Liquiditätssituation des Unternehmens auf Basis eines unternehmensweiten und somit integrierten *Cash-Pools* überwacht wird. Darüber hinaus existieren risikobezogene Verbindungen. Durch gleich- und gegenläufige Risiken zwischen Projekten und Unternehmensbereichen können Klumpenrisiken entstehen oder Risikodiversifikationseffekte erzielt werden. Während erstere zu vermeiden sind, können Risikodiversifikationseffekte bei konsequenter Verbindung der Erfolgs- und Risikodimensionen im Rahmen der Unternehmensbewertung zur langfristigen Wertsteigerung beitragen. Demzufolge sind Risiken, Risikoverbundeffekte und Ressourcenrestriktionen in die Bewertung und Steuerung von Innovationen auf Projekt-, Portfolio- und Unternehmensebene zu integrieren, sodass entsprechende Methoden anzuwenden sind. Anstatt, wie im bisherigen Schrifttum, eine quantitative und wertorientierte Methode der risikoorientierten Portfolio-Steuerung zu umgehen, wird in der vorliegenden Arbeit systematisch eine Methodik konzipiert, die das Problem zu lösen vermag. Als Grundlage dienen die bereits auf Einzelprojektebene untersuchten und spezifizierten Methoden, um einerseits die Projekt- und Unternehmenswerte zu überführen und andererseits die Verbindung von Risiko- und Erfolgsdimension zu ermöglichen. Auf der Portfolioebene müssen darüber hinaus die Konsolidierung von Teilplänen, das *Cash-Pooling* und das *Risiko-Pooling* erfolgen, um Wechselwirkungen zwischen Projekten und Bereichen zu simulieren. Auch diese Herangehensweise erfolgt modellbasiert, um das Vorgehen und den Anwendungsbezug zu illustrieren. Da unterschiedlichste Portfolio-Kombinationen und Verbindungen möglich sind, ist es ein besonderes Anliegen, eine flexible Möglichkeit zu schaffen, ein unternehmenswert-optimales Portfolio zusammenzustellen. Somit sollen die identifizierten, notwendigen sowie zielführenden Planungs- und Bewertungsmethoden zu einem Gesamtsystem integriert werden, um eine quantitativ fundierte Optimierung von Portfolio-Konstellationen unter Beachtung von Nebenbedingungen zu ermöglichen. Neben einer Optimierung der internen Projekt-Zusammenstellung soll die Möglichkeit zum Einbezug von Akquisitionen als externe Wachstumsmöglichkeit untersucht und illustriert werden. Mit dieser letzten Stufe der risikoorientierten und wert-optimalen Portfolio-Zusammenstellung unter Beachtung unterschiedlicher Konstellationsmöglichkeiten wird eine maximale Komplexitätsstufe und somit das Ziel der Arbeit erreicht.

1.2 Gang der Untersuchung

Um Innovationen als Objekte des unternehmenswert-orientierten Controllings zu untersuchen und eine modellbasierte Risikoanalyse auf Einzelprojekt- und Portfolioebene zu ermöglichen, bietet sich ein dreiteiliger Aufbau dieser Arbeit an.

Im ersten Teil der Arbeit, „Grundlagen eines risiko- und wertorientierten Innovations-Controlling", der das zweite Kapitel umfasst, werden systematisch die Eigenschaften und hierbei im Besonderen die Risiken der Innovationen mit den Aufgaben und Ausrichtungen des Controllings verbunden. Aufbauend auf dieser Grundlage werden die Ziele und Aufgaben eines unternehmens-wertorientierten Innovations-Controllings erkennbar.

Im anschließenden zweiten Teil wird zunächst das „Risiko- und wertorientierte Innovations-Controlling auf Einzelprojektebene" konkretisiert. Dieser Untersuchungsteil wird insgesamt in drei Kapitel untergliedert, die aufeinander aufbauen und zu einer Komplexitätssteigerung im Verlauf führen. Im dritten Kapitel werden zunächst die Grundlagen der Planung thematisiert, indem Grundsätze sowie Zielgrößen für eine risiko- und wertorientierte Planung hergeleitet werden. Anschließend wird die Planung auf Basis des Corporate Models anhand eines Beispiels illustriert. Bereits in diesem ersten Schritt werden die Möglichkeiten zur Integration von Projekt- und Unternehmensebene erläutert und veranschaulicht. Da in Kapitel drei zunächst von Unsicherheiten abstrahiert wird, dient das vierte und zugleich umfangreichste der drei Kapitel einer systematischen Untersuchung von Möglichkeiten zur Risikoberücksichtigung. Zum einen werden die Methoden der Risikooffenlegung, insbesondere die Risikosimulation in Verbindung mit Entscheidungs- und Zustandsbäumen, eruiert sowie illustriert und zum anderen werden die darauf aufbauenden Methoden zur Bewertung und Aggregation des Risikos untersucht, sodass sich das vierte Kapitel aus zwei übergeordneten Problemkomplexen zusammensetzt. Auch in diesem Kapitel wird das Beispiel fortgesetzt, um neben den Erläuterungen stets einen Anwendungsbezug herzustellen. Mit dem Ende des vierten Kapitels ist eine Planungs- und Bewertungssystematik konzipiert, die den Ansprüchen der Integration, der Lebenszyklusorientierung, der Drei-Dimensionalität und somit der Unternehmenswert-Orientierung genügt. Darauf aufbauend wird im fünften Kapitel mit der integrierten „Kontrolle von Innovationsprojekten auf Basis von Abweichungsanalysen" der zweite zentrale Aufgabenbereich des Controllings thematisiert. Analyseschwerpunkt bilden unterschiedliche Konzepte der Abweichungsanalyse, die mit der zugrunde liegenden Planungssystematik vereinbar sind und der Analyse von Veränderungen der Risiko- und Erfolgsstruktur einer Innovation im Zeitablauf dienen. Das Kapitel und der zweite Teil der Arbeit werden mit der modellbasierten „Konzeption eines Gesamtsystems von Abweichungsanalysen für Innovationsprojekte“ beendet.

Teil III und somit letzter Teilbereich dieser Arbeit, widmet sich dem „Risiko- und wertorientierten Controlling des Innovations-Portfolios auf Gesamtunternehmensebene“ und umfasst das sechste und siebte Kapitel. Unmittelbar auf den Erkenntnissen und Ergebnissen aus den vorangehenden Teilen aufbauend, wird in Kapitel sechs eine Systematik zur „Integration eines Innovations-Portfolios in die wertorientierte Unternehmensplanung“ erläutert. In diesem Kapitel wird von Verbundeffekten und Risiken zunächst abgesehen, sodass grundlegende Aspekte, wie die Konsolidierung von Teilplänen, die Besteuerung im Rahmen einer Organschaft, das Cash-Pooling und die Personalallokation, transparent erläutert und veranschaulicht werden. Daran anknüpfend werden Möglichkeiten untersucht, den Planungshorizont auf eine unendliche Betrachtung auszuweiten und eine Restwertermittlung auf Basis der Portfolio-Planung zu ergänzen. Im Anschluss an diese Fundierung der Planungssystematik werden explizit in Kapitel sieben Verbund- und Risikoaspekte unter der Überschrift „Risk and Reward“-orientierte Steuerung der Innovationen im Verbund“ in die modellbasierten Analysen einbezogen. Nach einer allgemeinen Abgrenzung von leistungswirtschaftlichen Synergieeffekten und Risikoverbundeffekten sowie einer Analyse von Konzepten zur Quantifizierung dieser Effekte, werden zwei konkrete Sachverhalte näher untersucht. Zum einen wird die Modul- und Plattformstrategie als Spezialform der horizontalen Verbundeffekte konkretisiert. Zum anderen wird die Möglichkeit des Einbezugs einer vertikal ausgerichteten Akquisition in die Portfolioplanung und Optimierung spezifiziert. Beide Problemkomplexe werden auf Basis quantitativer Beispiele erläutert und jeweils basierend auf einer Portfolio-Optimierung evaluiert. Auf diese Weise werden das Potenzial und die flexible Einsatzfähigkeit des in dieser Arbeit konzipierten Planungs-, Bewertungs- und Optimierungssystems ersichtlich. Mit einer Zusammenfassung im achten Kapitel schließt die Arbeit. In der folgenden Abbildung wird der Aufbau der vorliegenden Arbeit veranschaulicht:

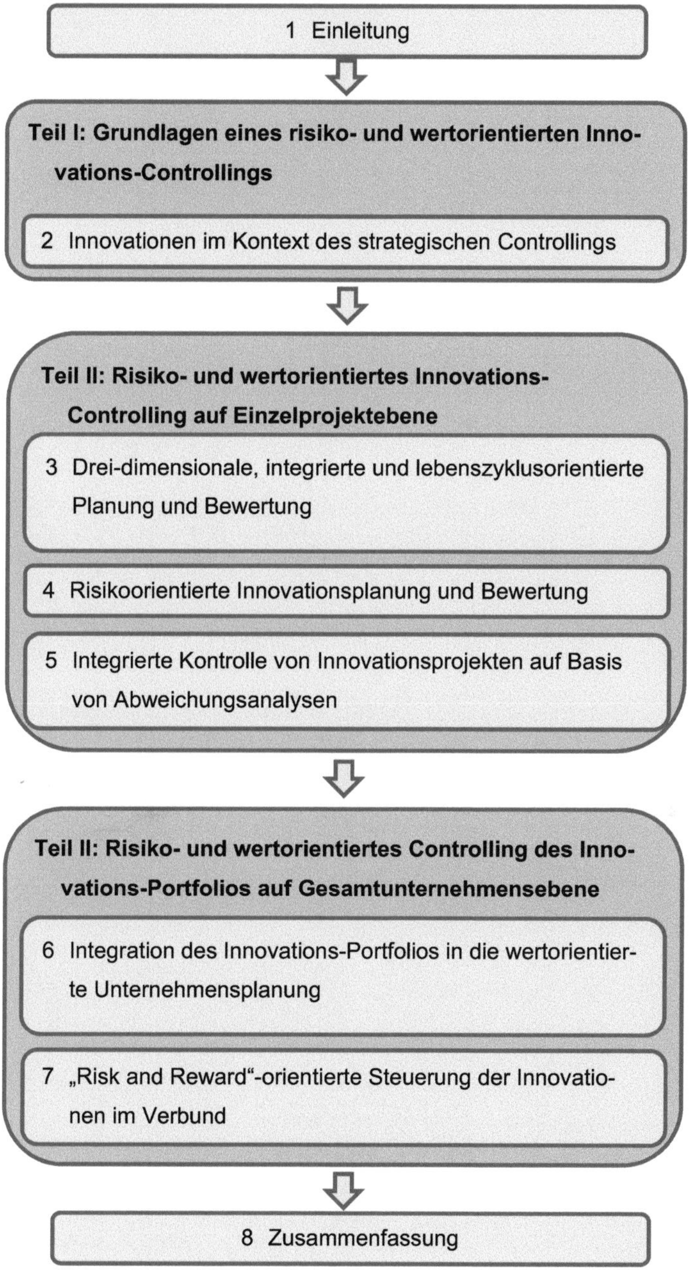

1 Einleitung

Teil I: Grundlagen eines risiko- und wertorientierten Innovations-Controllings

2 Innovationen im Kontext des strategischen Controllings

Teil II: Risiko- und wertorientiertes Innovations-Controlling auf Einzelprojektebene

3 Drei-dimensionale, integrierte und lebenszyklusorientierte Planung und Bewertung

4 Risikoorientierte Innovationsplanung und Bewertung

5 Integrierte Kontrolle von Innovationsprojekten auf Basis von Abweichungsanalysen

Teil II: Risiko- und wertorientiertes Controlling des Innovations-Portfolios auf Gesamtunternehmensebene

6 Integration des Innovations-Portfolios in die wertorientierte Unternehmensplanung

7 „Risk and Reward"-orientierte Steuerung der Innovationen im Verbund

8 Zusammenfassung

Abbildung 1: Gang der Untersuchung

Teil I: Grundlagen eines risiko- und wertorientierten Innovations-Controllings

2 Innovationen im Kontext des strategischen Controllings

Basierend auf einem klaren Begriffsverständnis und einer ersten thematischen Abgrenzung werden die Anforderungen an das Controlling – insbesondere an eine Bewertung von Innovationen – zwischen Risiken, Strategie und Wertorientierung in diesem Kapitel konkretisiert.

2.1 Begriffsabgrenzungen

2.1.1 Begriffsabgrenzung von Forschung, Entwicklung und Innovationen

Aufgrund der teilweise heterogenen und dennoch sich überschneidenden Anwendung der Terminologien für Forschung und Entwicklung (F&E) sowie Innovationen wird in diesem Abschnitt eine grundlegende Systematisierung der Begrifflichkeiten vogenommen. Dabei wird zunächst das Begriffspaar der F&E konkretisiert, um nachfolgend den als modern erscheinenden Innovationsbegriff abzugrenzen.

Bereits die Definition des Begriffspaares F&E ist in der Wissenschaft und in der Praxis divergierend.[4] Allgemein sind unter F&E solche Aktivitäten zusammengefasst, die dem Wissenserwerb dienen[5] und zu veränderten Theorien, Technologien oder Techniken führen,[6] die sich wiederum im direkten Wettbewerb in verbesserten oder neuartigen Produkten und/oder Prozessen widerspiegeln,[7] sodass die betriebswirtschaftlichen Strukturen einer Veränderung unterliegen.[8]

Darüber hinaus wird in der Literatur zumeist, neben der Zweiteilung des Begriffspaares F&E,[9] eine pozessorientierte[10] Dreiteilung vorgenommen. Diese Dreiteilung orientiert sich maßgeblich am Fascati-Handbuch von 1993[11] und ist primär in der Basisliteratur zu F&E vorzufinden.[12]

---

4 Vgl. Specht et al. (2002), S. 12; Stirzel (2010), S. 40 ff.
5 Vgl. Brockhoff (1999), S. 48; Specht et al. (2002), S. 14.
6 Vgl. Brockhoff (1999), S. 27.
7 Vgl. ähnlich Bürgel et al. (1996), S. 4.
8 Vgl. Schmidt (2009), S. 8.
9 Dies erfolgt primär im Hinblick auf die Bilanzierungsmöglichkeiten, vgl. dazu Pellens et al. (2014), S. 331 f.
10 Das Pendant dazu ist die ergebnisorientierte Sichtweise, wobei es hier auf das Ergebnis des F&E-Pozesses ankommt und der Neuigkeitsgrad als Differenzierungsmerkmal gilt. Vgl. dazu Schmidt (2009), S. 10 f.
11 Vgl. Organisation für wirtschaftliche Zusammenarbeit und Entwicklung (OECD) (1993). Dieses

Gemäß dieser Gliederung werden die *Grundlagenforschung*, die *angewandte Forschung* (o.a. Technologieentwicklung[13]) und die *Entwicklung* (o.a. Vorentwicklung und Produkt-/Prozessentwicklung[14]) unterschieden.[15] Die *Grundlagenforschung* dient keinem konkreten ökonomischen Ziel oder einer bestimmten praktischen Anwendbarkeit, sondern umfasst eine Forschung, die neue wissenschaftliche Erkenntnisse generieren soll.[16] Dementsprechend findet diese Ausrichtung der Forschung kaum Anwendung in Unternehmen, sondern wird primär von Instituten der Max-Planck-Gesellschaft, Universitäten, Großforschungseinrichtungen und eingeschränkt auch vom Frauenhofer-Institut sowie privaten Forschungseinrichtungen durchgeführt.[17] Die *angewandte Forschung* baut auf den Erkenntnissen der Grundlagenforschung auf, dient einem konkreten praktischen Anwendungsziel und ist somit von der Grundlagenforschung abzugrenzen.[18] Darauf aufbauend ist wiederum die *Entwicklung* zu betrachten, die unter Heranziehung bestimmter Forschungsergebnisse zur Konstruktion eines neuen Produktes oder Prozesses führen soll.[19]

Diese Dreiteilung und die implizierte linear-sequentielle Abfolge sind partiell als veraltet anzusehen. Während in der stark regulierten Pharmaindustrie weiterhin dieses Konzept angewandt werden kann, da eine Produktentwicklung in dieser Industrie vorgeschriebene Sequenzen durchläuft, sodass der lineare Prozess zur Problemstrukturierung angemessen ist,[20] wird im Hinblick auf weitere Branchen ein alternativer Strukturierungsansatz der Prozessabfolge notwendig. Diese Erkenntnis entstand nicht einseitig in der Theorie oder aufgrund empirischer Studien, sondern auch

---

Handbuch wurde erstmals 1963 von Experten der OECD-Mitgliedstaaten in Fascati, Italien verfasst, um die Entwicklung und Statistiken der F&E in den Mitgliedstaaten zu ordnen und zu strukturieren, sodass das Wachstum der Staaten gefördert wird. Das Handbuch wurde bereits fünfmal überarbeit, während die letzte Fassung aus dem Jahr 2002 stammt und die letzte Überarbeitung seit 2013 stattfindet.

12 Vgl. dazu Gerybadze (2004), S. 25, der ebenfalls auf die grundlegenden Literaturbeiträge von Brockhoff (1999), Bürgel/Haller/Binder (1996) und Gerpott (1999) sowie des Fascati-Handbuch der OECD von 1993 verweist.

13 Vgl. Specht et al. (2002), S. 14 f.; Langmann/Gräf (2011), S. 81.

14 Vgl. Specht et al. (2002), S. 15 f.

15 Vgl. Langmann/Gräf (2011), S. 81; Langmann (2009), S. 27; OECD (2002), S. 30, i.R.d. Fascati-Handbuches.

16 Vgl. Specht et al. (2002), S. 15; Bürgel/Haller/Binder (1996), S. 9; Brandt (2010), S. 33 mit einem konkreten Bezug zur Pharmabranche.

17 Vgl. Specht et al. (2002), S. 15; Bürgel/Haller/Binder (1996), S. 9 f.

18 Vgl. Bürgel/Haller/Binder (1996), S. 10; Specht et al. (2002), S. 15 f.

19 Vgl. Brandt (2010), S. 36 und Völker (2006), S. 268, mit einem konkreten Bezug zur Pharmabranche; allgemein, vgl. Specht/Beckmann/Amelingmeyer (2002), S. 16.

20 Vgl. Gerybadze (2004),S. 24.

das Handbuch der OECD wurde bereits 1997[21] dahingehend angepasst, sodass seither eine Orientierung am Chain-Link-Modell nach *Kline/Rosenberg*[22] als Alternative oder sogar als Überholung des sequentiell-linearen Modells gewertet werden kann.[23] Diesem Modell folgend, wird die Forschungsebene und Wissensgenerierung stärker von weiterführenden innerbetrieblichen Prozessabläufen separiert. Zudem wird eine Erweiterung dahingehend vorgenommen, dass eine gesteigerte Marktorientierung notwendig ist und Feed-back-Schleifen sowie Zusammenarbeiten bestehen können.[24]

Diese Neu-Orientierung, vor allem hinsichtlich des verstärkten Marktbezuges, hat möglicherweise auch zu der Prägung des zuletzt inflationär gebrauchten Innovationsbegriffs[25] geführt.

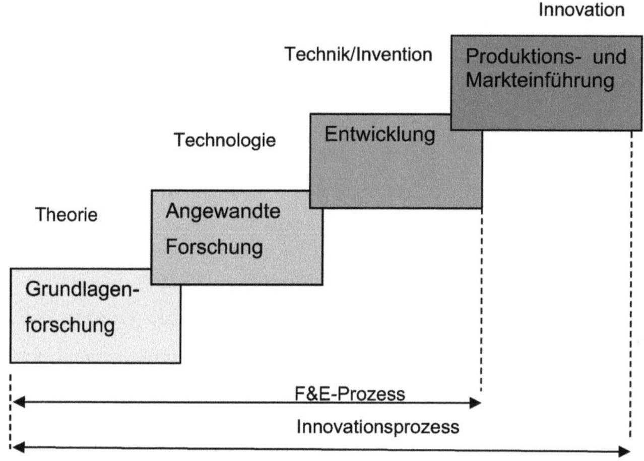

Abbildung 2: Abgrenzung von F&E im Innovationsprozess[26]

---

21 Vgl. dazu OECD (1997) mit dem Oslo-Handbuch.

22 Vgl. Kline/Rosenberg (1986), S. 275 ff.

23 Vgl. Gerybadze (2004), S. 25 ff. Es wird darauf hingewiesen, dass sowohl das Oslo-Handbuch der OECD (1997) als auch weitere Arbeiten von Jolly (1997), Iansiti (1998) oder Debackere (1999) zu Weiterführungen dieses Modell geführt haben und empirische Beiträge geleistet haben.

24 Vgl. Kline/Rosenberg (1986), S. 275 ff. und dazu Gerybadze (2004), S. 25 ff.

25 Vgl. Möller/Menninger/Robers (2011), S. 2.

26 In Anlehnung an Specht/Beckmann/Amelingmeyer (2002), S. 16. Allerdings wird hier die Entwicklung noch ferner in eine Vorentwicklung und eine Produkt- und Prozessentwicklung unterteilt, sodass als Zwischenergebnis der Vorentwicklung noch eine Technologie, ein Konzept oder ein Prototyp stehen und Technologieentwicklung und Vorentwicklung den Technologie–prozess ergeben.

Die im Schrifttum vorzufindende Trennung von Innovation und F&E[27] basiert zumeist auf einer Erweiterung des beschriebenen F&E-Prozesses um die Produktion sowie Markteinführung. Der Innovationsbegriff an sich ist auf das lateinische Wort „innovatio" zurückzuführen, welches wiederum aus „novus" abzuleiten und im Deutschen mit dem Wort „neu" zu übersetzen ist. Somit kann die Innovation auch als Erneuerung oder Neugestaltung umschrieben werden.[28] Neben der Marktorientierung und dem Ziel der Vermarktung ist also der Neuheitsgrad als determinierendes Merkmal einer Innovation abzugrenzen.

Zusätzlich zur prozessorientierten Perspektive kann eine ergebnisorientierte Sichtweise eingenommen werden, um den Innovationsbegriff zu konkretisieren. Die Ergebnisdifferenzierung hat anhand des Innovationsgrades zu erfolgen, sodass radikale und inkrementale Innovationen unterschieden werden.[29] Eine radikale Innovation weist hinsichtlich der Dimensionen Umfeld, Organisation, Markt und Technologie einen hohen Neuheitsgrad auf, während dieser bei inkrementalen Innovationen geringer ausfällt.[30]

In der Praxis sind F&E- sowie Innovationsprozesse zunehmend ineinandergreifend[31] und eine scharfe Begriffs- sowie Prozesstrennung ist nicht möglich. Eine ergebnisorientierte Abgrenzung des F&E-Begriffs verdeutlicht das praxisorientierte Problem.

Grundsätzlich können - orientierend am Endergebnis - Neuentwicklungen, Weiterentwicklungen und Anpassungen von Produkten unterschieden werden.[32] Während sich die Neuentwicklungen bereits terminologisch mit dem Innovationsbegriff überschneiden, können auch Weiterentwicklungen einen innovativen und somit neuen Charakter aufweisen, sodass sie in diesem Sinne als inkrementale Innovationen klassifiziert werden können. Anpassungen sind hingegen aufgrund des ausbleibenden Neuigkeitsgrades nicht als Innovationen zu kennzeichnen, allerdings auch nicht getrennt von diesen zu planen.[33] Somit bestehen ergebnisorientiert keine trennscharfen Abgrenzungsmerkmale und das Problem der Praxis wird nachvollziehbar. Für die

27 Vgl. Specht/Beckmann/Amelingmeyer (2002), S. 16 f.; Bürgel/Haller/Binder (1996), S. 15 ff.; Brockhoff(1999), S. 35 ff.

28 Vgl. Möller/Menninger/Robers (2011), S. 2.

29 Vgl. Gerpott (2005), S. 37 ff.;Tkotz/Munck/Gleich (2015), S. 29.

30 Vgl. Tkotz/Munck/Gleich (2015), S. 29 f.

31 Vgl. dazu Roussel/Saad/Erickson (1991), S. 23 ff.

32 Vgl. Schmidt (2009), S. 10 f.

33 Vgl. dazu Abschnitte 6.2.2.2.2 und 7.

vorliegende Arbeit ist zur Bewahrung der Einheitlichkeit dennoch zu entscheiden, ob die Verwendung des Innovationsbegriffs oder des Begriffspaares F&E für die zugrunde liegenden Zielsetzungen zutreffend ist. Vorwegnehmend wird aus diesem Grund darauf hingewiesen, dass die Marktperspektive von Relevanz ist, um Vorteilhaftigkeitsüberlegungen seitens des Controllings zu fundieren. Da diese Marktorientierung ein wesentliches Merkmal des Innovationsprozesses darstellt, wird folglich der Begriff „Innovation" dominierend verwendet. Allerdings ist zu berücksichtigen, dass ein wesentlicher Teil des Innovationsprozesses aus den F&E-Aktivitäten besteht und somit auch ein Innovationscontrolling im Wesentlichen durch den F&E-Prozess geprägt ist.

2.1.2 Abgrenzung strategisches (Innovations-)Controlling

Dieser Abschnitt ist auf die sukzessive Abgrenzung von Controlling, strategischem Controlling und Controlling mit einer Schwerpunktsetzung auf Innovationen ausgerichtet. Demnach ist von einer grundlegenden Definition des Controllingbegriffs auszugehen, um schrittweise die weiteren Betrachtungsebenen zu inkludieren.

2.1.2.1 Allgemeine Definition des (strategischen) Controllingbegriffs

Eine Definition des Controllingbegriffs[34] ist in der Literatur nicht einheitlich vorzufinden und es bestehen erhebliche Unterschiede.[35] Eine allgemein gehaltene Definition wird im vorliegenden Kontext als Vorteil erachtet, um mögliche Spezifizierungen daraufhin integrieren zu können. Allgemeingültig wird somit konstatiert, dass Controlling der Managementunterstützung[36] dient und auf unterschiedlichen Hierarchieebenen in Anlehnung an die Managementstruktur lokalisiert sein kann.

Der grundlegenden Definition nach Horvàth folgend, übernimmt das Controlling in diesem Rahmen Aufgaben zur ergebniszielorientierten und einheitlich koordinierten Planung, Kontrolle und Informationsversorgung.[37] Ähnlich kann auch die Definition

---

34 Vgl. zu einem Überblick über Aufgaben und Begriffsdefinition Horváth (2011), S. 57-60; Friedl (2003), S. 148-178.

35 Vgl. dazu Ahn (1999), S. 109 ff.

36 Vgl. dazu auch Weber/Zayer (2004), S. 26 ff.

37 Vgl. dazu Horváth (2011), S. 145 ff.

des Internationalen Controller Verein (ICV) gedeutet werden: „Controller gestalten und begleiten den Management-Prozess der Zielfindung, Planung und Steuerung“.[38]

Koordination, Informationsversorgung, Planung und Kontrolle sind folglich als konstituierende Merkmale der Controllingtätigkeit zu verstehen, wobei eine tiefergehende Differenzierung möglich ist: So ist eine Durchführung von Planung und Kontrolle nur möglich, wenn eine entsprechende Informationsversorgung besteht[39] und zum anderen wird auf Basis der Planung und Kontrolle eine Informationsversorgung für das Management generiert. Ebenso sind Planung, Kontrolle und Informationsversorgung auf ein gemeinsames Ziel[40] hin zu koordinieren[41] und dienen darüber hinaus dem Management zur Koordination der Ziele.[42] Planung und Kontrolle werden demzufolge als Primäraufgaben anerkannt, die auf der Informationsversorgung und Koordination basieren und diese zugleich im Sinne des Managements fördern.[43] Diese beiden Primäraufgaben sind durch einen komplementären Charakter gekennzeichnet[44], sodass die Kontrolle auch als „Zwillingsfunktion der Planung begriffen“[45] werden kann und das Controlling insgesamt an einem kybernetischen Regelkreis orientierend ausgerichtet wird.[46]

Der Planungsprozess ist zudem ein zweckgebundenes Vorgehen, sodass eine Planung und die benötigten Informationen entsprechend dem zugrundeliegenden Zweck zu gestalten sind.[47] Die Kontrolle als komplementärer Prozess unterliegt demnach demselben Zweck und Ziel. Abschließend ist darauf hinzuweisen, dass das Controlling stets eine quantitative Fundierung aufweist und von rein qualitativ-fundierten Handlungsempfehlungen zu unterscheiden ist.[48]

In einem nächsten Schritt erfolgt die Verknüpfung von Controlling- und Strategiebegriff, um die Ausrichtung eines strategischen Controllings zu konkretisieren. Zu diesem Zweck ist zunächst der Strategiebegriff zu definieren. Etymologisch ist der Begriff „Strategie“ auf die griechischen Worte “Stratos” (Das Heer) und “Agein” (Führen)

---

38 Vgl. ICV (2007), S. 9.
39 Vgl. dazu Reichmann (2006), S. 11; ähnlich Littkemann (2005), S. 12.
40 Vgl. Horváth (2011), S. 100.
41 Vgl. dazu Dreher (2010), S. 32.
42 Vgl. dazu Reichmann (2006), S. 13; Völl (2010), S. 28.
43 Vgl. Friedl (2003), S. 148 ff. als Grundlage für diese Schlussfolgerung.
44 Vgl. Vogel (1998), S. 29, m.w.N.
45 Vgl. dazu Schumacher (2005), S. 125.
46 Vgl. Eckey/Schäffer (2006), S. 253.
47 Vgl. Gavranović (2014), S. 9.
48 Vgl. Gavranaović (2014), S. 11; Günther/Breiter (2007), S. 6.

zurückzuführen.[49] Eine Übertragung aus dem militärischen Ursprung auf die wirtschaftswissenschaftliche Literatur und Managementlehre erfolgte in den 60er Jahren durch Ansoff[50] und Vertreter des „Harvard Approach".[51] In Anlehnung an die Spieltheorie wird mit einer Strategie assoziiert, dass ein vollständiger Plan besteht, der alle denkbaren Zukunftssituationen antizipiert und Wahlmöglichkeiten für eigene Aktionen sowie die der Konkurrenten enthält.[52] Es wird unverkennbar, dass strategische Tätigkeiten durch eine langfristige Orientierung geprägt sind und die zugrundeliegenden Pläne auf die Erfassung langfristiger Chancen und Risiken auszurichten sind. Genau diese Eigenschaft führt auch zu einer Abgrenzung des strategischen Controllings von dem kurzfristig i.d.R. auf ein Jahr ausgerichteten operativen Controlling.[53] Dennoch ist zu beachten, dass operative und strategische Planungen ineinandergreifen.[54] Kurzfristige Maßnahmen und Entscheidungen sollten durch die Umsetzung einer operativen Planung in der strategischen Rahmengebung erfolgen. Während die Kapazitäten langfristig noch variabel planbar sind, ist der Ressourcen- und Kapazitätseinsatz in der operativen Aufgabenstellung vorgegeben und die möglichen Maßnahmen sind bereits durch die strategische Planung eingeschränkt.[55]

Es wird resümiert, dass ein strategisches Controlling eine Managementunterstützungsfunktion darstellt, indem langfristig orientierte Planungen und Kontrollen die Informationsversorgungen und Koordination fördern, sodass eine wertorientierte Entscheidungsfindung auf Quantifizierungen, Prognosen und Vorteilhaftigkeitsanalysen von Strategiealternativen basiert werden kann.

2.1.2.2 Abgrenzung Innovations-Controlling im Projekt- und Portfoliobezug

In einem abschließenden Schritt wird das strategisch geprägte Innovations-Controlling spezifiziert. Während eine synonyme Verwendung von F&E-Controlling und Innovations-Controlling durchaus verbreitet ist,[56] muss strenggenommen in Anbetracht der Heterogenität zugrundeliegender Tätigkeiten eine Abgrenzung erfolgen.

---

49 Vgl. grundlegend zum Strategiebegriff Mintzberg (1990), S. 157 ff.; Welge/Al-Laham (2012), S. 15.
50 Vgl. Ansoff (1965).
51 Vgl. Welge/Al-Laham (2012), S. 15.
52 Vgl. Neumann/Morgenstern (1961), S. 79 f.
53 Vgl. Gavranović (2014), S. 10.
54 Vgl. Günther/Breiter (2007), S. 6.
55 Vgl. Asenkerschbaumer (2012), S. 340 über den Zusammenhang operativer und strategischer Planungen.
56 Vgl. Tkotz/Munck/Gleich (2015), S. 35.

Da im Innovationsprozess verstärkt die Markt- und Produktionsperspektive zu berücksichtigen ist, besteht dahingehend auch für die Controllingausrichtung ein wesentliches Differenzierungsmerkmal.

Demnach ist zu beachten, dass zur wertorientierten Planung und Bewertung eines Projektes oder eines Projekt-Portfolios im langfristig geprägten Gesamtunternehmenskontext sowohl die Aus-, als auch die Einzahlungen von Relevanz sind. Einzahlungen werden allerdings erst durch die Produktions- und Marktphase generiert, sodass diese Phase zumindest rudimentär in Prognosen und Vorteilhaftigkeitsanalysen einzubeziehen ist, damit Strategien verglichen und Entscheidungen fundiert werden können. Demnach ist es zutreffender, von einem strategischen, d.h. langfristigen und den Gesamtprozess umfassenden Innovations-Controlling auszugehen, das von einem kurzfristig und operativ ausgerichteten F&E-Controlling[57] zu differenzieren ist.

Dieser Unterschied im zeitlichen und sachlichen Betrachtungshorizont wird auch anhand der Untersuchungsgegenstände bestehender Arbeiten im Bereich des F&E- sowie Innovations-Controlling[58] erkennbar. Langfristige und zukunftsgerichtete Investitionsrechnungsverfahren[59] sowie Portfolioansätze[60] prägen die Ausgestaltung des Innovations-Controllings und werden zumeist durch ihren Bezug zur Markt-, Unternehmens- und Bereichsebene abgegrenzt. Demgegenüber werden zahlreiche kurzfristig geprägte Instrumente,[61] die von einfachen Projektkennzahlen,[62] verschiedenen Kostenschätzmethoden,[63] Projektdeckungsbeitragsrechnungen,[64] Break-Even-Time-Analysen, Netzplantechniken,[65] Zeit-Kostenkurven,[66] Kosten-Trendanalysen[67] bis zu Meilenstein-Trendanalysen[68] reichen, vermehrt auf einer isolierten

---

57 Vgl. dazu Tkotz/Munck/Gleich (2015), S. 35; Möller/Menninger/Robers (2011), S. 9, das Innovations-Controlling ist demnach auch als weitreichender als das F&E-Controlling zu benennen und hat sich aus diesem entwickelt. Vgl. ferner Böttcher (1998), S. 690; Sommerlatte (1998), S. 698, wobei hier eine Unterscheidung von strategischem und operativen F&E-Controlling erfolgt.

58 Vgl. dazu statt vieler Gleich/Schimank (2015); Möller/Menninger/Robers (2011); Langmann (2009); Stirzel (2010).

59 Vgl. dazu Stirzel (2010), S. 71.

60 Vgl. Weber/Zayer (2007), S. 28; Bürgel/Haller/Binder (1996), S. 319ff.; Sommerlatte (1998), S. 699 ff.

61 Vgl. dazu Langmann (2009), S. 30, auch hinsichtlich der Zusammenstellung der folgenden Aufzählung. Ferner Sommerlatte (1998), S. 702 ff.

62 Vgl. dazu Werner (2002), S. 57 ff.

63 Vgl. dazu Madauss (2000), S. 261 ff.

64 Vgl. dazu Commes./Lienert (1983), S. 352.

65 Vgl. dazu Madauss (2000), S. 205 ff.

66 Vgl. dazu Brockhoff/Urban (1988), S. 29 f.

67 Vgl. dazu Albert/Högsdal (1987).

68 Vgl. dazu Albert/Högsdal (1987); Bürgel/Haller/Binder (1996), S. 312 ff.; Schmelzer (1992), S.

(Teil-)Projektebene angewandt. Diese Quantifizierungskalküle sind durch eine Konzentration auf einzelne Projektphasen und einen kurzfristigen Betrachtungszeitraum geprägt, sodass von einem enger gefassten F&E-Controlling auszugehen ist, in dem der Einbezug der absoluten Vorteilhaftigkeit und somit der Marktphase kein konstituierendes Merkmal darstellt. Während für einzelne Projektphasen, insbesondere die F&E-Phase, somit zahlreiche Instrumente bekannt sind, um das korrespondierende F&E-Controlling mit Aufgaben zu füllen, ist das Repertoire des Innovations-Controllings insbesondere mit einem Bezug zur integrierten Unternehmens- und Portfolioebene sehr beschränkt. Die Komplexität vieler Organisationsstrukturen und die Verbundeffekte zwischen Projekten und Bereichen erfordern allerdings eine Integration und eine Portfoliobetrachtung. Zurückzuführen ist die Komplexität auf die vorherrschende[69] Struktur von Konzernen bzw. konzernähnlichen Verbindungen,[70] in denen Innovationen zumeist dual organisiert sind,[71] sodass sie zum Teil aus zentralen und dezentralen Unternehmenseinheiten heraus gesteuert und in Projektform organisiert werden.[72] Der Koordinationsbedarf ist entsprechend erhöht und lässt eine Portfoliobetrachtung unabdingbar werden. Darüber hinaus bestehen erfolgsbezogene, ressourcenbedingte und risikobezogene Verbindungen zwischen unterschiedlichen Projekten und Bereichen. Die ressourcenbedingten Verbindungen können zur Bedrohung der Unternehmensexistenz und somit zur Insolvenz führen, wenn keine unternehmensweite und integrierte Steuerung der Liquiditätsplanung auf Basis eines „Cash-Pools“ erfolgt. Zudem besteht eine Gefahr, dass die hohen Risiken der Innovationsprojekte gleichläufig sind und somit zu Klumpenrisiken führen. Um diese zu vermeiden und Risikodiversifaktionseffekte zu erkennen, sind ebenfalls eine Portfoliobetrachtung und die Bildung eines „Risiko-Pools“ notwendig. Deshalb sollten quantitative Überführungen und Verknüpfungen einheitlicher Innovationsplanungen und Bewertungen zu einem Gesamtsystem[73] möglich sein, um Verbundeffekte, insbesondere Risiken,[74] Ressourcenallaktionen, Finanzierungs- und Steuereffekte inte-

---

178 ff.

69 Vgl. Theisen (2000), S. 21. Demnach stehen ca. „90% der deutschen Aktiengesellschaften und wohl weit mehr als die Hälfte der deutschen Personengesellschaften (...) in Konzern- oder zumindest in konzernähnlichen Verbindungen mit anderen Gesellschaften.“

70 Im Folgenden wird der Begriff „Konzern“ synonym für den Begriff der „konzernähnlichen Verbindungen“ verwendet.

71 Vgl. Specht/Beckmann/Amelingmeyer (2002), S. 339 ff.

72 Vgl. Specht/Beckmann/Amelingmeyer (2002), S. 344; ferner Frost/Morner/Glock (2009), S. 36 f.

73 Vgl. Tkotz/Munck/Gleich (2015), S. 35; Möller/Menninger/Robers (2013), S. 9.

74 Vgl. Tkotz/Munck/Gleich (2015), S. 36.

griert analysieren zu können. Das bedeutet, dass seitens des Innovations-Controllings bereits die Planung und Kontrolle einzelner Projekte so auszugestalten ist, dass damit eine Überführung in die Portfolioebene und somit eine Portfoliobildung sowie Steuerung ermöglicht werden. Entgegen dieser quantitativen Ausrichtung wird allerdings in bestehenden Beiträgen zumeist ein rein qualitativer Bezug zur Gesamtunternehmenssteuerung durch Portfolio-Matrizen oder semi-quantitativ mittels Scoring-Verfahren hergestellt.[75] Die zugrunde gelegte Controlling-Definition schließt diese qualitative Schwerpunktsetzung allerdings per se aus, sodass aus der Controlling-Perspektive ein eindeutiger Mangel an quantitativen Kalkülen zur Bewertung und Strukturierung von Innovationsportfolios und Innovationen im Gesamtunternehmenskontext festzustellen ist.[76] Aus diesem Mangel hat sich die vorliegende Ausrichtung entwickelt, zielgerichtete und integrierte Projektplanungen, -kontrollen und -bewertungen auf einer Einzelprojektebene durchzuführen, die daraufhin zu einem umfassenden Portfolio aggregiert werden können. Insbesondere die hohen Risiken, die aus einzelnen Innovationsprojekten resultieren, stellen in diesem Kontext einen Betrachtungs– und insbesondere Bewertungsschwerpunkt dar.

2.2 Risiken im Innovationsprozess: Identifizierung und Steuerung

Innovationsprojekte sind als wesentliche Bestandteile eines komplexen Umfelds abzugrenzen und werden unter besonders herausfordernden Umständen durchgeführt, sodass sie durch eine große Unsicherheit gekennzeichnet sind, während sie gleichzeitig einen Großteil der Produktkosten verursachen können[77] und wesentlich zum Unternehmenswachstum respektive -fortbestand sowie zur Strategieumsetzung beitragen. „Mit jeder Wachstumsstrategie sind (allerdings) spezifische Wachstumswirkungen, insbesondere (...) Risiken, verbunden.“[78] Mehr Wachstum kann c.p. zu mehr Risiken führen. Folglich kommt den Risiken im besonders wachstumsfördernden Innovationsbereich äußerste Relevanz zu.

---

75 Vgl. u.a. Sommerlatte (1998), S. 699 ff.; Knapp/Lederer (2015), S. 353 ff.; Schauenburg (2015), S. 441 ff.; Ahsen/Heesen (2009), S. 593 ff.; Brockhoff (1999), S. 213 ff.; Schmeisser (2008), S. 86 ff.; Bürgel/Ackel Zakour (2000), S. 66; Möhrle/Voigt (1993), S. 976 ff.; Heck (2003), S. 192ff.; Adelberger/Haft-Zboril (2013), S. 41 ff.; Dickinson/Thornton/Graves (2001), S. 519.

76 Vgl. dazu auch kritisch Bogdan/Villinger (2010), S. 247 f.

77 Vgl. Bürgel/Haller/Binder (1996) S. 3; Gerybadze (2004), S. 7.

78 Jacob (1979), S. 18.

In den 90er Jahren ergaben Untersuchungen je nach Produktgruppe Flopraten von zwanzig bis siebzig Prozent,[79] wobei festzustellen war, dass das wirtschaftliche Risiko diese Misserfolge dominiert hat und demnach viele technisch erfolgreiche Produkte keinen wirtschaftlichen Erfolg aufweisen konnten.[80] *Cooper* beziffert die Flopraten am Markt mit 55% bis 65% und stellt fest, dass statistisch gesehen bei sieben Produktideen nur vier in die Entwicklungsphase gelangen, für eineinhalb eine Markteinführung stattfindet und dort wiederum nur eine dieser Ideen erfolgreich ist.[81] Auch durch aktuellere Studien konnten diese Feststellungen bestätigt werden.[82] Folglich ist ein hohes Investitionsvolumen auch für erfolglose Projekte erforderlich,[83] damit schlussendlich ausreichend Produkte aus einer Pipeline eine erfolgreiche Markteinführung erreichen und sodann mit einem wesentlichen Umsatzanteil (durchschnittlich ca. 33% vom Gesamtumsatz) der Querfinanzierung und dem weiteren Wachstum dienen können.[84] Vor dem Hintergrund dieser Untersuchungen erfolgt im weiteren Verlauf zunächst eine Systematisierung von Risiken, die durch Innovationen verursacht werden.

2.2.1 Verständnis des Risikobegriffs

Eine allgemeine Abgrenzung des Risikobegriffs wird als Grundlage jeglicher Identifikation und Systematisierung von Risiken[85] erachtet. In der betriebswirtschaftlichen Literatur erfolgt grundsätzlich eine Trennung der ursachenbezogenen und der wirkungsbezogenen Begriffsbestimmung von Risiken.[86] Gemäß der wirkungsbezogenen Betrachtungsweise besteht ein Risiko, wenn Erwartungen möglicherweise nicht entsprechend der Vorstellungen erreicht werden und daraus eine Verlustgefahr resultiert.[87] Mit der ursachenbezogenen Betrachtungsweise wird der mangelnde Kennt-

---

79 Vgl. dazu Crawford (1987), S. 20-23. Studien dieser Art sind allerdings vorsichtig zu werten, da die Messung eines Flops divergiert. Vgl. dazu auch Albers/Eggers (1991), S. 44.

80 Vgl. Bürgel/Haller/Binder (1996), S. 3.

81 Vgl. Cooper (2002), S. 11 mit einem Verweis auf Griffin (1997), S. 429 ff. Hinsichtlich einer aktualisierteren Fassung, vgl. Barcak/Griffin/Kahn (2009), S. 6 f.

82 Vgl. dazu Barcak/Griffin/Kahn (2009), S. 6.

83 Vgl. Cooper (2002), S. 7; Barczak/Griffin/Kahn (2009), S. 3.; Gleißner (2011b), S. 53.

84 Vgl. Cooper (2002), S. 5.

85 Vgl. auch Schlechtweg (2009), S. 17.

86 Vgl. Heck (2003), S. 51; Nöll/Wiedemann (2008), S. 41.

87 Vgl. Kupsch (1973), S. 26; Wang/Roush (2000), S.13.

nisstand des Entscheidungsträgers in betrieblichen Entscheidungssituationen als Ursache für Risiken erachtet.[88]

Eine Kombination der beiden Begriffsbestimmungen führt zu folgender Definition des Risikos: Das Risiko ist als Konsequenz eines mangelnden Informationsstandes des Entscheidungsträgers, der die zukünftigen Entwicklungen in risikoreichen Situationen nicht eindeutig einschätzen kann, zu definieren, sodass eine Verlustgefahr durch potenzielle Abweichungen von diesen Vorstellungen besteht.[89]

Ferner sind die Begriffe Ungewissheit, Unsicherheit, Risiko und Chance zu differenzieren. *Unsicherheit* und *Ungewissheit* sind, ebenso wie das Risiko, Zustände, die durch unvollkommenes Wissen gekennzeichnet sind und sich somit in der betrieblichen Entscheidungsfindung in mehrwertigen Prognosen widerspiegeln.[90] Allerdings sind nur in einer Situation der Ungewissheit keine Wahrscheinlichkeiten für die Realisation unterschiedlicher Zustände bekannt.[91] Darüber hinaus ist der Unsicherheitsbegriff von einem Risikobegriff i.e.S. zu unterscheiden. Anders als das Risiko i.e.S. umfasst die Unsicherheit sowohl die Verlustgefahr, potenziell negative Abweichungen vom Erwartungswert zu realisieren, als auch die Chance, dass die Zukunftsentwicklungen positiver ausfallen als erwartet.[92] Dementsprechend sind im Rahmen des Unsicherheitsbegriffes Chancen von Risiken zu trennen. Oftmals wird allerdings die Unsicherheit synonym zum Risikobegriff verwendet[93] und das Risiko umfasst gemäß diesem Verständnis somit die positiven und negativen Abweichungen vom Erwartungswert. Dies prägt den *zweiseitigen* Risikobegriff[94] oder einen Risikobegriff i.w.S.. Mathematisch betrachtet sind als entsprechende zweiseitige Risikomaße zur Messung der gesamten Streuung um den Erwartungswert, die Varianz oder Standardabweichung, zu wählen.[95] Trennt man das *Risiko von der Chance*, so wird vom *einseitigen* Risikobegriff, Risikobegriff i.e.S. oder auch *Downside Risk* oder *Pure Risk* gesprochen.[96] Auch in der vorliegenden Arbeit werden im weiteren Verlauf diese Diffe-

---

88 Vgl. Imboden (1983), S. 45 ff; Kupsch (1973), S. 27 ff.
89 Vgl. ähnlich Gleißner (2011b), S. 10.
90 Vgl. Drukarczyk/Schüler (2009), S. 35; Nöll/Wiedemann (2008), S. 51 f.
91 Vgl. Bamberg/Coenenberg/Krapp (2012), S. 19; Gleißner (2004), S. 350.
92 Vgl. Nöll/Wiedemann (2008), S. 42; Gleißner (2008), S. 113.
93 Vgl. Drukarczyk/Schüler (2009), S. 36; Nöll/Wiedemann (2008), S. 41.
94 Vgl. Nöll/Wiedemann (2008), S. 42.
95 Vgl. Dreher (2010), S. 68; Ernst/ Schneider/Thielen (2012), S. 56.
96 Vgl. etwa Betsch/Groh/Lohmann (2000), S. 64 ff.; Nöll/Wiedemann (2008), S. 42 sowie Gleißner (2008), S. 113 ff.

renzierungen noch näher in die quantitativ fundierten Kalkülstrukturen einbezogen.[97] Dabei wird eine rein qualitative Spezifizierung und Systematisierung von Innovationsrisiken als notwendige Basis erachtet, die nachfolgend bereitgestellt wird.

2.2.2 Kategorisierung und Identifizierung von Risiken im Innovationsprozess

Eine Risikoanalyse dient der quantitativen Abschätzung kumulierter Auswirkungen von Risiken.[98] Um diese Risikoanalyse durchzuführen, sollte vorab eine strukturierte Risikoidentifikation erfolgen,[99] die zu einem Bewusstwerden der Bedrohungen und der Komplexität des Unternehmens sowie der Umwelt führt. Diese Risikoidentifikation ist stets auf das zugrunde liegende Planungsziel auszurichten.[100] Dieses zentrale Ziel wird im Rahmen des Innovations-Controllings mit der langfristig orientierten Planung und Bewertung strategisch geprägter Innovationsprozesse in einem unternehmerischen Gesamtsystem festgelegt. Somit sollte eine Risikoidentifikation dazu führen, dass potenzielle Risiken in einen Planungs- und Bewertungsprozess integriert werden, um ihren Einfluss auf die Wertschaffung analysieren und Entscheidungen unter Unsicherheit ermöglichen zu können.[101]

Während die zugrundeliegende Planung verschiedene Detaillierungsgrade aufweisen und an unterschiedliche Aggregationsebenen angepasst werden kann, sollte eine sinnvolle und nachvollziehbare Risikoidentifikation entlang der Wertschöpfungskette und orientierend an einzelnen Unternehmensaktivitäten erfolgen. Als Aggregationsebene zur Unternehmensplanung wird daraus folgend eine am Risikoidentifikationsprozess orientierte Mikroebene festgelegt.[102]

Neben einer Orientierung entlang der Wertschöpfungsstruktur eines Unternehmens wird hinsichtlich der Innovationsrisiken zudem eine Kategorisierung in technische und wirtschaftliche Risiken als angemessen erachtet,[103] da sowohl die technische Realisierbarkeit, als auch die wirtschaftlichen Gegebenheiten zu Fehleinschätzungen

---

97 Vgl. dazu Abschnitt 4.2.2.1.
98 Vgl. Institut der Wirtschaftsprüfer (IDW) Prüfungsstandard 340, S. 3, i.d.F 2000.
99 Vgl. Gleißner (2011b), S. 58.
100 Vgl. ähnlich Gleißner (2011b), S. 59.
101 Vgl. Brockhoff (1993), S. 644.
102 Vgl. Gleißner (2011b), S. 59 f.
103 Vgl. auch Bürgel/Haller/Binder (1996), S. 2; Völker (2006), S. 279. Die Strukturierung der Risiken ist in der Literatur vielseitig und heterogen. Bezüglich eines Überblickes, vgl. Heck (2003), S. 58.

und abweichenden Planrealisierungen führen können.[104] Die beiden Kategorien sind schwerpunktmäßig an unterschiedlichen Zeitpunkten im Innovationsprozess anzusiedeln und auch dahingehend zu differenzieren. Während technische Risiken primär den F&E-Verlauf und somit die Vorlaufphase beeinflussen, sind die wirtschaftlichen Risiken in allen Phasen gegenwärtig, in der Marktphase allerdings von übergeordneter Bedeutung.

2.2.2.1 Technische Risiken im Innovationsprozess

Ein Misserfolg, der auf technische Risiken zurückzuführen ist, existiert, wenn es nicht möglich ist, technische Probleme so zu lösen, dass die erwarteten *technischen Ziele* verwirklicht werden.[105] Unternehmen beginnen demnach mit geplanten Investitionen in Innovationsprojekte. Aufgrund technischer Risiken erfolgen allerdings unter Umständen frühzeitige Projektabbrüche, die wiederum dazu führen, dass nicht alle Projekte zum Zeitpunkt des Projektabschlusses Vermarktungspotenziale aufweisen. Derart frühzeitige Projektabbrüche können auch als technisches Abbruchrisiko umschrieben werden. Den bereits getätigten Investitionen in der Vorlaufphase stehen in diesem Fall keine künftigen Erlöse gegenüber und die entstandenen Kosten können weitestgehend als Sunk Costs definiert werden, da sie künftig nicht mehr durch das zugrunde liegende Projekt zu amortisieren sind.[106] Wird ein Projekt also aus technischen Gründen abgebrochen, da keine Aussichten auf einen technischen Erfolg bestehen, sodass der wirtschaftliche Erfolg durch fehlendes Marktpotenzial ebenfalls auszuschließen ist,[107] bedeutet dies, dass der Gesamtunternehmenswert durch das Projekt gesenkt wird und definitiv ein Misserfolg festzustellen ist. Faktoren, die das technische Risiko beeinflussen können, sind auf ein unzureichendes Know-How und eine unzureichende Motivation in der F&E, unzureichende technische Entwicklungsressourcen, Abhängigkeiten von externen Leistungen, ein unzureichendes Projekt-

---

104 Vgl. Albers/Eggers (1991), S. 44.

105 Vgl. Heck (2003), S. 57.

106 Vgl. Schild (2005), S. 331.

107 Vgl. auch Brockhoff (1993), S. 649, mit dem Hinweis, dass Serendipitäts-Effekte nicht beachtet werden. D.h. zufällige verwertbare Ergebnisse, die aus F&E entstehen, jedoch nicht dem erwarteten Ergebnis entsprechen und zu einem wirtschaftlichen Erfolg führen können, werden in dieser These nicht beachtet.

management, Terminrisiken, Qualitätsrisiken[108] sowie das Abwandern oder Ausfallen von Schlüsselpersonen zurückzuführen.[109]

Schließt man ferner die technische Nichtrealisierbarkeit aus und unterstellt, dass jedes Technologieniveau mit einem gewissen Zeit- und Kostenaufwand bis zu einer bestimmten physikalisch-technischen Obergrenze erreicht werden kann,[110] so ist die enge Verbindung des technischen Risikos mit diesen Kosten- und Zeitfaktoren zu erkennen.[111] Hinsichtlich der Zeit ist festzustellen, dass ein ausreichender Zeithorizont zur Lösung des technischen Problems führen könnte. In Anbetracht der Lebenszyklusproblematik[112] in dynamischen Märkten ist ein erweiterter Zeithorizont der Vorlaufphase jedoch oftmals nicht realisierbar und somit ökonomisch nicht sinnvoll.

Mit vermehrten Kosten könnte das technische Problem ebenfalls gelöst werden. Allerdings ist auch hier die ökonomische Rentabilität ab einem bestimmten Niveau gefährdet, sodass eine Abbruchsentscheidung und die einhergehende Entscheidung für Sunk Costs wertorientiert zu priorisieren sind.

Das technische Risiko kann somit bedeutende Auswirkungen auf die wirtschaftlichen Risiken beinhalten und ist von diesen nicht vollkommen zu separieren. Unterteilt man den Lebenszyklus eines Projektes grob in eine Vorlauf- und eine Marktphase, so ist dieses technische Risiko primär in die Vorlaufphase einzuordnen, da in der Marktphase davon auszugehen ist, dass ein technisch funktionsfähiges Produkt bereits besteht[113] und die wirtschaftlichen Risiken dominieren.

2.2.2.2 Wirtschaftliche Risiken im Innovationsprozess

Wirtschaftliche Risiken sind auf Abweichungen von den geplanten wirtschaftlichen Zielen und Erwartungen zurückzuführen. Im Hinblick auf Innovationen handelt es sich zumeist um neuartige Produkte oder Prozesse für die keine Vergangenheitsdaten vorliegen, sodass extreme Unsicherheiten hinsichtlich der zugrundeliegenden Preis- und Mengenschätzungen existieren. Demnach besteht eine hohe Wahrscheinlichkeit, die Erwartungen zu verfehlen und Risiken einzugehen. Da alle Unternehmensaktivitäten und somit letztlich alle Unternehmen einer Preis- und Mengenab-

---

108 Vgl. Schmelzer (2006), S. 252 f.
109 Vgl. auch Gleißner (2011b), S. 59.
110 Vgl. Eckert (1985), S. 59.
111 Vgl. Heck (2003), S. 57.
112 Vgl. dazu Abschnitt 3.1.1.3.
113 Vgl. dazu Abschnitt 3.1.1.3.1.

schätzung unterliegen, kann in einem ersten Schritt eine allgemeine Systematisierung von wirtschaftlichen Geschäftsrisiken erfolgen. Daraufhin erfolgt eine Konkretisierung der wirtschaftlichen Risiken im Innovationsprozess.

Die Systematisierung von Risikofaktoren kann anhand zahlreicher Kriterien erfolgen.[114] Angesichts des weiteren Schwerpunktes dieser Arbeit wird die Systematisierung von Risiken „nach ihrer Art“ als sinnvoll erachtet.[115] Die Einteilung nach der Art des Risikos erfolgt wiederum orientierend an dem Verständnis des Unternehmens als „Portfolio risikobehafteter Beschaffungs-, Produktions-, Absatz- und Finanzierungsaktivitäten (...)“[116], das zusätzlich durch übergeordnete regulatorische und gesamtwirtschaftliche Risiken geprägt ist.[117]

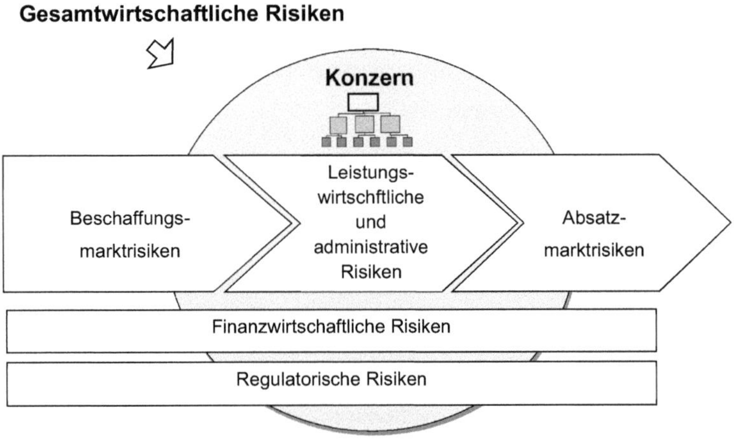

Abbildung 3: Systematisierung von Geschäftsrisiken

Diese Einteilung wird als sinnvoll erachtet, da im Rahmen der Unternehmensplanungsmodelle und Budgetierungen die Risiken gemäß dieser Systematisierung intuitiv in mehrwertige Ausprägungen der Einflussgrößen entlang des Wertschöpfungsprozesses übersetzt und somit prognostiziert werden können.[118]

---

114 Vgl. dazu Löhr (2010), S. 31 f.; Rogler (2002), S. 9 ff.
115 Vgl. dazu Löhr (2010), S. 31.
116 Vgl. Hoitsch/Winter (2004), S. 134.
117 Vgl. Löhr (2010), S. 33; ähnlich auch Boutellier/Kalia (2006), S. 29.
118 Vgl. dazu Abschnitt 4.1.2.3.2.

Beschaffungsmarktrisiken umfassen alle ungünstigen externen Entwicklungen auf dem Markt und innerhalb der internen Prozesse, die die Beschaffungspreise, Qualität und Mengen der Produktionsfaktoren (Material, Personal, Anlagen) negativ beeinflussen. Einzubeziehen sind ebenfalls Wechselkursrisiken bei internationalen Beschaffungen, interne Strukturrisiken durch Lieferantenabhängigkeiten und allgemeine Einbrüche der Beschaffungsmärkte.[119]

Risiken des leistungswirtschaftlichen und administrativen Bereiches resultieren aus dem unsachgemäßen Einsatz der Produktionsfaktoren.[120] Durch diesen defizitären Einsatz wird zum einen die betriebliche Leistungserstellung beeinträchtigt, da Schäden auftreten, Mitarbeiter unqualifiziert sind oder die interne Infrastruktur einen optimalen Produktionsprozess ausschließt. Zum anderen können Störungen im administrativen Bereich aufgrund organisatorischer Mängel, unmotivierter oder ausfallender Mitarbeiter und Führungskräfte sowie aufgrund mangelnder Berichterstattungs- und Marketinginstrumente auftreten.[121] Im Gegensatz zu den überwiegend externen Marktrisiken ist vor allem dieser Bereich stark vom Unternehmen und der korrespondierenden Leitung intern zu beeinflussen. [122]

Eine weitere Kategorie bilden die *Absatzmarktrisiken*. Diese Kategorie bezieht sich auf die Gefahr der negativen Mengen- und Preisabweichungen auf den Absatzmärkten. Solche Gefahren umfassen neben Wechselkursrisiken auch ungünstige Kundenabhängigkeiten sowie nachteilige Strukturänderungen auf dem Absatzmarkt und sind somit überwiegend unternehmensextern angesiedelt.[123]

Ebenso können *regulatorische Risiken* zwar unternehmens- und branchenspezifisch sein, werden allerdings extern durch Gesetzgeber und Behörden verordnet. Somit können nationale und internationale Regeländerungen beispielsweise in Form von Gesetzen, Normen, Standards oder Auflagen erhöhte Kosten bewirken und den Unternehmenserfolg beeinträchtigen.[124]

Neben diesen insgesamt branchen- und unternehmensspezifischen Risiken sind auch *gesamtwirtschaftliche Risiken* zu beachten, die sich auf die gesamte Volkswirt-

---

119 Vgl. Arbeitskreis „Externe und Interne Überwachung der Unternehmung“ (2000), S. 3; Gleißner (2011b), S. 87 ff.
120 Vgl. Johanning/Ams (2008), S. 275; Löhr (2010), S. 34.
121 Vgl. Johanning/Ams (2008), S. 275.
122 Vgl. ausführlicher Gleißner (2011b), S. 104 f.
123 Vgl. Johanning/Ams (2008), S. 275.
124 Vgl. Niemand/Horváth (2013), S. 494.

schaft eines oder mehrerer Länder auswirken. Neben Rezessionen sind hier gesamtwirtschaftliche Zinssatzänderungen sowie Terroranschläge oder Natur- und Umweltkatastrophen einzuordnen.[125]

Alle benannten Risiken können dazu führen, dass hohe *finanzwirtschaftliche Risiken* aufkommen. Diese umfassen alle Gefahren, die eine Illiquidität oder Überschuldung des Unternehmens und somit die Insolvenz nach §17 Abs. 1 InsO und § 19 Abs. 2 InsO bewirken könnten, sodass der Unternehmensfortbestand gefährdet ist. Seitens des Unternehmens sind die finanziellen Risiken zu verantworten und aktiv zu steuern, die die eigene Kapitalbeschaffung beeinflussen, da aufgrund von Ratingveränderungen die Zinsen und somit die Kapitalkosten steigen könnten oder eine weitere Fremdkapitalbeschaffung eventuell unmöglich wird. Zudem ist zu beachten, dass Unternehmen auch Kapital aufgrund von Forderungen bereitstellen. Diese unterliegen der Gefahr auszufallen und somit die Liquiditätssituation des Unternehmens zu belasten.[126]

Von den soeben systematisierten Risiken ist jede Wertschöpfungskette mehr oder minder stark betroffen. Im Kontext von Innovationen resultiert aufgrund der Einzigartigkeit einzelner Projekte und Projektkombinationen ein komplexes Geflecht an insgesamt *erhöhten Kosten-, Zeit-, und Absatzmarktunsicherheiten,*[127] das eine Insolvenzgefahr durch ungünstige Konstellationen verstärken kann.

Der *Markt* wird dann zum wirtschaftlichen *Risikofaktor*, wenn die Innovation mangelhaft verwertbar ist.[128] Dieses Risiko ist erhöht, da die Erwartungen bezüglich der Absatzmengen und Preise zu Beginn des Innovationsvorhabens, unter Umständen Jahre vor der Markteinführung, nur schwer einzuschätzen sind und beispielsweise in der Konsumgüterindustrie nur eines von zehn Produkten überlebt.[129] Auf dem Zielmarkt können wiederum unterschiedliche Umstände ungünstig auf die Akzeptanz und Verwertbarkeit des Produktes wirken. Es könnten zum Zeitpunkt der Markteinführung bereits bestehende Produkte die geforderten Kundenbedürfnisse befriedigen, die Konkurrenz könnte unerwartet schnell mit Innovationen und Imitationen reagieren, das Marktpotenzial wurde von vorneherein zu hoch eingeschätzt, der Markteinritt des

---

125 Vgl. Bekefi/Epstein (2008), S. 35.
126 Vgl. Löhr (2010), S. 35.
127 Vgl. Müller (2006), S. 122.
128 Vgl. Heck (2003), S. 59; Granig (2007), S.137.
129 Vgl. Müller (2006), S. 123.

Produktes geschieht zum falschen Zeitpunkt[130] oder die Gesetzgebung bedingt eine unerwartete Veränderung der Marktnachfrage.[131] Diese marktpotentialbezogenen Risikofaktoren können primär als unternehmensexterne, kaum beeinflussbare Risiken klassifiziert werden.[132]

Weiterhin besteht die *Unsicherheit der Kosten*, die den wirtschaftlichen Erfolg maßgeblich einschränken kann, da ex ante schwer einzuschätzen ist, wie hoch die tatsächlichen Kosten während der F&E-Aktivitäten und auch in der darauf folgenden Produktion sein werden, sodass oftmals anfängliche Budgets überschritten werden.[133] Die kostenbasierten Unsicherheiten korrelieren sehr stark mit den zeitlichen Unsicherheiten, da die tatsächliche Entwicklungszeit ebenfalls schwer einzuschätzen ist und unerwartete technische Probleme oder neue Kundenanforderungen eine längere Entwicklungszeit erfordern können.[134] Diese Verlängerung der Entwicklungszeit führt zum einen unmittelbarzu höheren direkten Kosten und zum anderen wird der Markteintritt hinausgezögert. Diese Verzögerung führt darüber hinaus zu einem erhöhten Marktrisiko, da wie bereits erläutert, Konkurrenten schneller den Markteintritt realisieren könnten, sodass auf der Kostenseite im direkten Vergleich Erfahrungskurveneffekte fehlen oder die Kundenbedürfnisse sich bereits anderweitig befriedigen lassen.[135] Es resultieren somit auch indirekte Kosten aus Zeitverzögerungen im Entwicklungsprozess.

Es wird offensichtlich, dass die wirtschaftlichen Unsicherheitsfaktoren im Innovationsprozess zum einen untereinander sehr stark korrelieren, aber zum anderen auch in einer Wechselbeziehung mit dem technischen Risiko stehen,[136] sodass ein besonders komplexes Geflecht an Risiken innerhalb eines Innovationsprozesses existiert, das es zu identifizieren, zu bewerten und zu steuern gilt. Dies avanciert zu einem der zentralen Ziele des risiko- und wertorientierten Innovations-Controllings.

---

130 Vgl. Stockbauer (1989), S. 75.
131 Vgl. Schlenker (2001), S. 90.
132 Vgl. Schlenker (2001), S. 90 f.
133 Vgl. Specht/Beckmann/Amelingmeyer (2002), S. 26; Müller (2006), S. 122.
134 Vgl. Müller (2006), S. 122 f.
135 Vgl. Specht/Beckmann/Amelingmeyer (2002), S. 26.
136 Vgl. auch Heck (2003), S. 66.

2.2.3 Zur Wert-(Ir-)Relevanz der unternehmensinternen Risikosteuerung

Projekte oder unternehmerische Tätigkeiten, die derart starke Risiken inhärieren, erfordern sowohl juristisch im Sinne von Gesetzen (KonTraG) oder Standards (IDW PS 340, DRS-5), als auch aufgrund der Bedürfnisse von Stake- und Shareholdern ein bewusstes Management dieser Risiken,[137] sodass eine entsprechende Ausrichtung des wertorientierten Controlling[138] zur Managementunterstützung nötig ist.[139] Demnach ist ein Risikomanagement gefragt, welches die Zielerreichung sowie Risikolage im Unternehmen verbessert,[140] indem Risiken bewusst gemessen, gesteuert und kontrolliert werden.[141] Als Folge und konform mit der Zielsetzung unternehmerischer Tätigkeiten, sollte der Unternehmenswert auf dieser Basis steigen und der Unternehmensfortbestand gesichert werden können. Dabei ist zu beachten, dass eine Steuerung der Innovationen unter Beachtung des Risikos zu einer Risikooptimierung und nicht zu einer Risikominimierung führen sollte, da ansonsten wesentliche Chancen, die für das Unternehmenswachstum von Bedeutung sind und mit den Risiken einhergehen, unbeachtet blieben.[142] Demnach sind unter Beachtung eines optimalen Sicherheitsgrades lediglich Risiken zu reduzieren, die den Unternehmensfortbestand aufgrund der Illiquidität oder Überschuldung gefährden.[143]

Das Controlling legt in diesem Rahmen die Risikomessmethoden fest, integriert, organisiert und überwacht diese und erstellt Vorgaben zur Risikoanalyse sowie zum Risiko-Reporting.[144] Insbesondere die Technik der Risikooffenlegung wurde in den letzten Jahren stark weiterentwickelt. Risikosimulationen nehmen einen höheren Stellenwert in der Literatur ein[145] und Kennzahlen, die aus dem Bankenwesen bekannt sind, werden auf das Risikomanagement in Industrieunternehmen übertragen.[146] Im Nachlauf der Wirtschaftskrise und der zahlreichen Insolvenzen wurde dar-

---

137 Vgl. Hoitsch/Winter (2004), S. 115.

138 Vgl. zur Wertorientierung des Controllings und der Unternehmensführung Abschnitt 2.3.1, S.39 ff.

139 Vgl. Gleißner (2011b), S. 6, mit einer Abgrenzung von Risikomanagement, Schadensmanagement, KonTraG-Risikomanagement, ökonomischem Risikomanagement, integriertem wertorientiertem Risikomanagement und holistischem Risikomanagement.

140 Vgl. Hoitsch/Winter (2004), S. 115 f.; Fasse (1995), S. 61.

141 Vgl. Wolke (2008), S. 4 ff.

142 Vgl. Bürgel/Ackel-Zakour (2000), S. 57.

143 Vgl. dazu Guserl (1999), S. 429 f.

144 Vgl. Wolke (2008), S. 5.

145 Vgl. Völl (2010), S. 438 f., mit einem Resümee zur Akzeptanz neuer Methoden und Simulationsmodelle in der Praxis.

146 Vgl. statt vieler Kremers (2002), S. 119 ff.

über hinaus die Orientierung an finanziellen Risiken von hoher Bedeutung, sodass Risikosimulationen und korrespondierende Stresstests zur Simulation der Überlebensfähigkeit von Unternehmen von gestiegener Relevanz sind.[147] Darüber hinaus nimmt die Berücksichtigung von Insolvenzen auch in der Bewertungsliteratur einen erhöhten Stellenwert ein.[148] Seitens der Kapitalmarkttheorie werden die wertschaffenden Effekte einer solchen Management- und Controllingausrichtung allerdings angezweifelt. Aus diesem Grund wird im Anschluss an einen kurzen Überblick über potenzielle Risikosteuerungsansätze im Innovationsbereich ihre Relevanz diskutiert.

2.2.3.1 Potenzielle Ansätze der Risikosteuerung im Innovationsbereich

Maßnahmen der Diversifizierung, Risikoverminderung, Risikovermeidung, Risikobegrenzung und der Risikotransfer auf Dritte sind unter dem Begriff der Risikosteuerung zu subsumieren.[149]

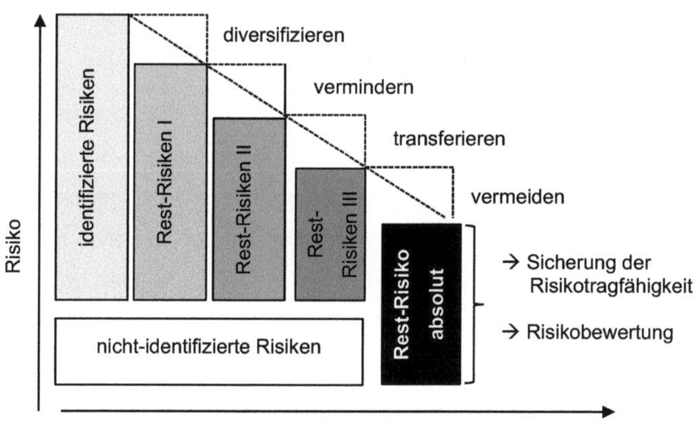

Abbildung 4: Ansätze der Risikosteuerung[150]

Die Maßnahmen der Risikosteuerung dienen einer wertoptimalen Kombination aus Rendite und Risiko unter Einhaltung der finanziellen Risikotragfähigkeitsgrenzen eines Unternehmens. Da die Risikotragfähigkeit eines gesamten Unternehmens zu

147 Vgl. Gleißner et al. (2014), S. 472 m.w.N.

148 Vgl. dazu Arbeitskreis Bewertung nicht börsennotierter Unternehmen des IACVA e.V. (2011), S. 12 ff.; Knabe (2012); Gleißner (2011a), S. 243 ff.

149 Vgl. ähnlich Gleißner (2011b), S. 181; Littkemann (2005), S. 320 ff.; Granig (2007), S. 202 f.

150 In Anlehnung an Gleißner (2011b), S. 181.

beachten ist, ist das Risiko eines einzelnen Projektes allerdings zu isoliert, um als Objekt der Risikosteuerung zu dienen. Erst nach einer Aggregation der Projekte und Bereiche im Konzern werden die Gesamtrisiken messbar, indem ein „Risiko-Pool“[151] gebildet wird, der alle Einzelrisiken und ihre Wechselbeziehungen umfasst. Aus diesem Grund sollte das Gesamtrisiko aus allen Projekten und Prozessen als Analyse- und Betrachtungsobjekt fungieren. Wird eine Vielzahl an Projekten kombiniert, so sind Verbindungen zwischen den Bereichen und Projekten zu beachten, die wirtschaftlicher, technischer und zeitlicher Natur sein können.[152] Wirtschaftlich ist beispielsweise die gemeinsame Abhängigkeit von begrenzten Ressourcen, die potenzielle gegenseitige Innenfinanzierung von Projekten sowie die substituierende, komplementäre oder vollkommen unabhängige Marktpositionierung zu beachten. Technische Abhängigkeiten können durch eine gegenseitige Beeinflussbarkeit begründet sein, da Projekte dieselben oder komplementäre Erkenntnisziele benötigen. Eine zeitliche Abhängigkeit besteht dann, wenn gewisse Abfolgen einzuhalten sind.[153] Unter anderem bedingt durch diese Abhängigkeiten kann eine gezielte Steuerung des Gesamtrisikos erfolgen.[154]

Folgend werden einige Möglichkeiten benannt, die in Abschnitt 7.2.2 vertiefend analysiert und in den Gesamtkontext eingebunden werden. Potenzielle *Diversifikationseffekte* resultieren aus einem gezielten oder natürlichen Ausgleich gegenläufiger Cashflow-Strukturen. Folglich können Projekte kombiniert werden, die eine negative Korrelation der Zahlungsströme respektive der Erfolgsfaktoren aufweisen und unabhängig voneinander sind, um somit auf Portfolioebene einzelne Projektrisiken zu neutralisieren und insgesamt ein geringeres Risiko zu erzielen als das additive Risiko der Einzelprojekte.[155] Dabei ist etwa an die Kombination von Projekten zu denken, die gegenläufige Chancen am Absatzmarkt und gegenläufige Abhängigkeiten vom Beschaffungsmarkt aufweisen oder unabhängiges technisches Know-How erfordern.

Zudem kann eine *Risikoverminderung*[156] durch leistungswirtschaftliche Synergien erzielt werden, indem wirtschaftliche und technische Verbindungen der Projekte be-

---

151 Vgl. dazu ferner Abschnitt 7.2.2.1.
152 Vgl. dazu auch Rücksteiner (1989), S. 138; Brose (1982), S. 386; Abschnitte 7.2.2.2 und 7.3.2.1.
153 Vgl. dazu Wang/Roush (2000), S. 182.
154 Vgl. dazu Abschnitte 7.2.2.2 und 7.3.2.
155 Vgl. Wollmann/Pleuger (2002), S. 99.
156 Vgl. allgemein Gleißner (2011b), S. 182.

wusst genutzt werden, um Abläufe und Prozesse zu bündeln, sodass die Kosten gesenkt oder Marktchancen erhöht werden. Insgesamt kann infolgedessen das Verlustpotenzial durch Fixkostendegressionen, Erfahrungseffekte o.ä. reduziert werden.

Eine weitere leistungswirtschaftliche Synergie und Risikominderung könnte durch die vertikale Diversifikation und Rückwärtsintegration erreicht werden. Beispielsweise kann eine Innovation im Konzernkontext zur Risikoreduktion beitragen, indem Ersatzstoffe für kostspielige Rohstoffe durch Innovationsprojekte entwickelt werden und die Herstellung des Endproduktes somit nicht mehr der starken Volatilität der Märkte unterliegt.[157]

Risiken durch Innovationen können ferner vermindert und zum Teil auch *transferiert* werden, indem Akquisitionen und Kooperationen durch Make-or-Buy-Entscheidungen in Erwägung gezogen oder Versicherungen sowie Preisabsicherungen abgeschlossen werden. Durch die direkte oder indirekte Bezahlung einer Prämie wird zwar der eigene Einzahlungsstrom gemindert, die Volatilität und somit das Risiko trägt allerdings (z.T.) ein externer Dritte.

Darüber hinaus könnten Risiken *vermieden* werden, indem bestimmte Innovationen nicht durchgeführt werden.[158] Auch dies ist im Rahmen einer risikoorientieren Portfoliooptimierung einzubeziehen, wobei der gleichzeitige Verzicht auf eine Chance in der Entscheidungsfindung nicht zu vernachlässigen ist.[159]

Es wird mit den benannten Ansätzen kein Anspruch an die Vollständigkeit aufgezählter Möglichkeiten gestellt. Vielmehr soll die Erkenntnis entstehen, dass zahlreiche Ansätze zur Risikosteuerung bestehen. Dennoch werden diese Maßnahmen aus Sicht der Kapitalmarkttheorie hinterfragt und als irrelevant deklariert. Aus diesem Grund wird nachfolgend eine Diskussion zur Relevanz der internen Risikosteuerung ergänzt.

---

157 Vgl. dazu Fridgen et al. (2013), S. 173.
158 Vgl. Granig (2007), S. 202; allgemein Gleißner (2011b), S. 181.
159 Vgl. auch Granig (2007), S. 202; DeMarco/Lister (2003), S. 63.

2.2.3.2 Zur Notwendigkeit einer unternehmensinternen Risikosteuerung

Vor dem Hintergrund der Prämissen der Kapitalmarkttheorie[160] wird die Relevanz eines internen und finanzwirtschaftlich ausgerichteten Risikomanagements oftmals hinterfragt.[161]

Unter Beachtung der neoklassischen Prämissen des vollkommenen und vollständigen Kapitalmarktes könnte angenommen werden, dass ein unternehmensinternes Risikomanagement nicht zu einer Unternehmenswerterhöhung beiträgt, da der einzelne Investor durch Replikationen und Diversifikationen im Rahmen von Kapitalmarkttransaktionen nach seinen individuellen Präferenzen seine Einkommensunsicherheiten steuern kann.[162] Gemäß dieser Logik sind folglich nur die systematischen Risiken in der Unsicherheitsbetrachtung von Relevanz, da unsystematische Risiken durch ausreichende Diversifikation auf der Investorenebene ausgeglichen werden.[163]

Auf Unternehmensebene könnten darüber hinaus - unter der Annahme der Kapitalmarktvollkommenheit - durch das Risikomanagement zusätzlich unnötige Kosten entstehen, da die Absicherungen den Wert aus Sicht des einzelnen Investors nicht erhöhen,[164] jedoch Kosten verursachen, die den Unternehmenswert sogar verringern. An dieser Stelle ist bereits die erste Anmerkung zu treffen, welche die Aussagen der Kapitalmarkttheorie zur Nicht-Berücksichtigung unsystematischer Risiken einschränkt. Es wird impliziert, dass Investoren am Kapitalmarkt diversifiziert sind, um die unsystematischen Risiken auszugleichen. Allerdings ist diese Prämisse regelmäßig nicht erfüllt, wenn man Groß-Aktionäre oder Eigentümer nicht börsennotierter Unternehmen in die Betrachtungen einbezieht.[165]

---

160 Die Prämissensetzung hat zu einem Annahmebündel geführt, um theoretische Modelle wie das CAPM anwenden zu können. Es liegen annahmegemäß homogene Erwartungen und rationales Verhalten der Marktteilnehmer orientierend an den Größen Erwartungswert, Varianz und Kovarianz vor. Darüber hinaus bestehen ein Mengenanpassungsverhalten und ein perfekter Wettbewerb, sodass jeder Zahlungsstrom für Käufer und Verkäufer denselben Preis hat. Daraus folgt, dass auch Soll- und Habenzins identisch sind, was zu einem Kalkulationszins führt. Zudem bestehen keine Transaktionskosten, Informationskosten oder Steuern und sämtliche Investitionsmöglichkeiten sind beliebig teil- und handelbar. Vgl. z.B. Mandl/Rabel (1997), S. 291; Brealey/Myers/Allen (2014), S. 199; Seitz/Ellison (1999), S. 34 f.

161 Vgl. Hoitsch/Winter (2004), S. 120 ff.; Bartram (2000), S. 279 ff.; Pritsch/Hommel (1997), S. 672 ff.

162 Vgl. dazu Hoitsch/Winter (2004), S. 121; Fite/Pfleiderer (1995), S. 146 ff.

163 Vgl. Hoitsch/Winter (2004), S. 121.

164 Vgl. Levi/Sercu (1991), S. 27; Smith (1995), S. 25, hinsichtlich dieser Wertneutralität.

165 Vgl. auch Ernst/Gleißner (2012), S. 1255.

Entgegen der, durch die Kapitalmarkttheorie geprägten, Auffassung, betreiben Unternehmen mindestens gemäß den gesetzlichen Anforderungen und ferner auf Basis der hier thematisierten Möglichkeiten ein aktives Risikomanagement, um die Unsicherheiten sowie Insolvenzrisiken zu verringern und letzten Endes im Sinne der wertorientierten Unternehmensführung den Unternehmenswert zu erhöhen.[166] Dieses Verhalten der Unternehmen ist darauf zurückzuführen, dass die neoklassischen Annahmen nicht erfüllt sind und gerade die Unvollkommenheit des Marktes zahlreiche Theorien zulässt, die die werterhöhende Wirkung eines internen Risikomanagements begründen.[167] Diese Theorien beruhen auf Ansätzen der neuen Institutionenökonomik und rechtfertigen, dass Reduktionen von Unsicherheiten in den bewertungsrelevanten Überschussgrößen zu Verringerungen von Agency-Kosten, Opportunitätskosten, Transaktionskosten und Steuerzahlungen führen können,[168] die somit den Unternehmenswert zielkonform erhöhen.

Im Sinne der erstgenannten Agency-Theorie besteht ein Unternehmen aus zahlreichen Vertragsbeziehungen, die durch Informationsasymmetrien und Unsicherheiten gekennzeichnet sind.[169] Ein internes Risikomanagement wird in diesem Theorierahmen durch das Risikopräferenzproblem[170], das Unterinvestitionsproblem und das „Asset-Substitution"-Problem"[171] begründet.[172]

Eine der wichtigsten Argumentationen zur Relevanz des internen Risikomanagements ist auf *Froot et al.* zurückzuführen.[173] Demzufolge ist die interne Finanzierbar-

---

166 Vgl. dazu Bartram (2000), S. 279 ff.

167 Vgl. dazu Fite/Pfleiderer (1995), S. 144; Sercu/Uppal (1995), S. 456; Smith (1995), S. 24 ff.

168 Vgl. Hoitsch/Winter, S. 122 ff.; Pritsch/Hommel (1997), S.675ff.; Gleißner (2011b), S. 14.

169 Vgl. dazu Jensen/Meckling (1976), S. 310; Fama (1980), S. 289 ff.; Jensen (1983), S. 326 ff.; Eisenhardt (1989), S. 57 ff.

170 Manager gestalten aufgrund von Unsicherheiten die Investitions- und Finanzierungspolitik durch Unterinvestitionen, Investitionen außerhalb des Kerngeschäfts oder einen steuerlich nicht vorteilhaften Verschuldungsgrad entgegen der Interessen der Eigentümer und generieren somit Opportunitätskosten. Durch ein integriertes internes Risikomanagement können diese Unsicherheiten und somit Opportunitätskosten verringert werden. Ebenso gilt dies für andere Vertragspartner, die Risikoprämien bei zu starken Unsicherheiten verlangen. Vgl. dazu Pritsch/Hommel (1997), S. 676 f. und weiterführend Fite/Pfleiderer (1995), S. 145; Jensen (1986), S. 232 ff.

171 Da aufgrund asymmetrischer Informationsverteilungen Fremdkapital nicht oder nur zu hohen Kosten und Bedingungen zu beschaffen ist, hilft Risikomanagement beispielsweise unsichere Zahlungen zu sichern und fremdfinanzierte Investitionen mit positivem Kapitalwert zu ermöglichen, die sonst unterbunden würden. Vgl. dazu Pritsch/Hommel (1997), S. 677 ff.; Hoitsch/Winter (2004), S. 123 ff., bezugnehmend auf Myers (1977), S.150 und Mason/Merton (1985), S. 14 ff.

172 Vgl. Pritsch/Hommel (1997), S. 676 ff.

173 Vgl. Froot et al. (1994), S. 91 ff.; Froot et al. (1993), S. 1629 ff.

keit von rentablen Investitionen, die letzten Endes den Unternehmenswert erhöhen, zu berücksichtigen. Auf einem unvollkommenen Markt ist Eigen- und Fremdkapital nicht unbegrenzt und kostenfrei verfügbar, sondern unterliegt steigenden Grenzkosten, sodass innerhalb einer Finanzierungshierarchie die Innenfinanzierung bis zu einem gewissen Maß zu bevorzugen ist. Volatile interne Cashflows erhöhen allerdings das Risiko, dass intern nicht ausreichend Finanzierungsmittel zur Verfügung stehen, um rentable Investitionen durchzuführen. Demnach ist auch hier ein Risikomanagement zur Glättung der Zahlungsstruktur notwendig, um den Unternehmenswert zu steigern, indem die Opportunitätskosten ausbleibender Investitionen verringert werden.[174]

Des Weiteren werden im Rahmen der Transaktionskostentheorie zum einen die Hedging-Kosten[175] und zum anderen die Kosten finanzieller Notlagen aufgeführt, um das interne Risikomanagement zu rechtfertigen. Hier sind wiederum die Kosten finanzieller Notlagen hervorzuheben. Gerät ein Unternehmen in eine finanzielle Notlage, so entstehen direkte und indirekte Konkurskosten, die den Unternehmenswert verringern.[176] Mit direkten Kosten sind Kosten für Anwälte, Beratungen und sonstige Aufwendungen im direkten Zusammenhang mit einer Insolvenz zu beachten. Die indirekten Kosten folgen aus resultierenden Problemen in der Vertragsgestaltung eines insolvenzgefährdeten Unternehmens mit sämtlichen Stakeholdern wie Arbeitnehmern, Kunden, Lieferanten und Kreditgebern.[177] Auch im Rahmen dieser Problematik kann ein internes Risikomanagement durch die Glättung der Zahlungsstruktur die Insolvenzwahrscheinlichkeit und somit die Gefahr der Insolvenzkosten verringern, was zugleich den erwarteten Barwert dieser Kosten mindert und somit den Unternehmenswert erhöht.[178] Besonders forschungsintensive Unternehmen sind darauf bedacht, die Zahlungsfähigkeit trotz der hohen Risiken aufrechtzuerhalten, wenn

174 Vgl. dazu Hoitsch/Winter (2004), S.131 f. Zu einer Berücksichtigung dieser Finanzierungsprämissen in einem risikobewussten Planungssystem vgl. ferner Abschnitte 3.2.4 und 7.3.2.2.2.

175 Hedging-Kosten können beispielsweise reduziert werden durch Skalenerträge, was allerdings weniger wahrscheinlich ist. Wahrscheinlicher ist, dass auf Investorenseite unnötige Kosten bei der Informationsbeschaffung über die Risikosituation des Unternehmens entstehen und demnach ein Risikomanagement durch Informationsvorteile auf Unternehmensseite effizienter und effektiver ist. Vgl. dazu Hoitsch/Winter (2004), S. 128, u.a. bezugnehmend auf DeMarzo/Duffie (1991), S. 262.

176 Vgl. Gleißner (2010), S. 36 ff; allgemein Gleißner et al. (2014), S. 425 f.; Shapiro/Titman (1998), S. 252 ff.

177 Vgl. Shapiro/Titman (1998), S. 252; Smith (1995), S. 25 f.

178 Shapiro/Titman (1998), S. 252; Stulz (1996), S. 7; ähnlich Hann/Ogneva/Ozbas (2013), S.1962 ff.

man bedenkt, dass diese Unternehmen einen besonders geringen Verschuldungsgrad aufweisen.[179]

Es wird unverkennbar, dass ein internes Risikomanagement von enormer Relevanz ist, vor allem, um die Insolvenzwahrscheinlichkeit zu verringern, sowie Fremdfinanzierung und Innenfinanzierung zu gewährleisten. Letzten Endes sind die beschriebenen Erklärungsansätze für ein Risikomanagement nicht unabhängig voneinander zu betrachten, sondern durchaus überführbar, da eine gewährleistete (interne und externe) Finanzierung die Liquidität sichert und somit auch die Insolvenzwahrscheinlichkeit sowie die einhergehenden Kosten verringert. Es ist gerade auf die Kapitalmarktunvollkommenheit, insbesondere die Unterschiede in Soll- und Habenzins, die Informationsasymmetrien und die fehlende Replizierbarkeit sowie Diversifizierbarkeit, zurückzuführen, dass ein internes Risikomanagement wertschaffend ist[180] und somit eine risiko- und wertorientierte Ausrichtung des Innovationscontrolling unabdingbar ist.

2.3 Unternehmenswert-orientiertes Controlling von Innovationen unter Berücksichtigung des Risikos

> *„The challenge to accountants is to understand the nature of any activity over which control is sought and to make an appropriate selection from the broad range of available controls, both accounting and non-accounting in nature, matching the characteristics or setting of the activity to be controlled with the controls actually chosen."*[181]

Um die Ausrichtung und das Anforderungsprofil des Innovations-Controllings zu fundieren, sind die Ziele und die zu unterstützenden Strategien eines Unternehmens sowie die zur Verfügung stehenden Methoden zu konkretisieren.[182] In einem ersten Abschnitt wird zu diesem Zweck die Ausrichtung von Innovationen und Controlling orientierend an der Unternehmenswertsteigerung als oberstes Unternehmensziel näher spezifiziert. Die anschließende Systematisierung von Strategien dient der Er-

---

179 Vgl. Myers/Shyam-Sunder (1996), S. 224 f. m.w.N.

180 Vgl. ähnlich Gleißner (2011b), S. 15.

181 Brownell (1987), S. 194.

182 Vgl. dazu auch Bösch (2007), S. 45 ff.; Specht/Beckmann/Amelingmeyer (2002), S. 19; Horváth (2013), S. 26; Bürgel/Haller/Binder (1996), S.96; Schmeisser (2008), S. 74.

läuterung unterschiedlicher Wege zur Erreichung des übergeordneten Ziels[183] und der Veranschaulichung unterschiedlicher Projekt- und Portfolioausrichtungen. In einem letzten Schritt kann die Unternehmensbewertung als Primärinstrument des Innovationscontrollings unter besonderer Berücksichtigung von Innovationen und Risiken konkretisiert werden.

2.3.1 Die Unternehmenswertsteigerung als übergeordnetes Innovations-Ziel

Während die Strategien zur Zielerreichung durchaus vielfältig sind, besteht im Kontext der langfristigen Zielorientierung eines Unternehmens heutzutage oft eine starke, einseitige Ausrichtung. Begriffe wie „Shareholder Value“[184], „Wertorientierung“ oder „Value Based Management“[185] prägen diese Ausrichtung und haben zur Entstehung des Begriffs der wertorientierten Unternehmensführung[186] geführt, die seit den 90er Jahren in Deutschland vermehrt diskutiert wird.[187] Diese Entstehung ist darauf zurückzuführen, dass im Zuge der zunehmenden Finanzierung über die Kapitalmärkte,[188] die Sicherung der Unternehmensexistenz unter der Nebenbedingung einer angemessenen Erfolgserzielung im Sinne der Anteilseigner zum zentralen Unternehmensziel avancierte.[189] Für die Wertorientierung der Unternehmensführung bedeutet dies, dass das Management sein Handeln und seine Strategien stets auf die Steigerung des Unternehmenswertes und somit die Ziele der Anteilseigner ausrichtet,[190] wobei die übergeordneten Missionen, Visionen und Werte als Sachziele eines Unternehmens nicht zu vernachlässigen sind.[191]

Wird der Unternehmenswert gesteigert, so geht dies zumeist mit einem Unternehmenswachstum einher. Die zugrunde zu legende Definition von Wachstum ist zunächst heterogen,[192] wird allerdings häufig als quantitative Vergrößerung und/oder qualitative Verbesserung des unternehmerischen Leistungspotenzials im Laufe der

183 Vgl. dazu Günther (1991), S. 63 ff.
184 Zum Begriff des „Shareholder Value“, vgl. grundlegend Rappaport (1999), S.3 ff.
185 Vgl. z.B. Velthuis/Wesner (2005).
186 Vgl. Dreher (2010), S. 35.
187 Vgl. Pfaff/Bärtel (1999), S. 86 m.w.N.
188 Vgl. Riedl (2000), S. 106 f.; Pape (2010), S. 36 ff.
189 Vgl. Pape (2010), S. 28 f., S. 37; Hahn/Hungenberg (2001), S. 14.
190 Vgl. Dolny (2003), S. 7ff.; Rappaport (1999), S. 3ff.; Müller-Stewens/Lechner (2011), S. 240; Dirrigl (1994), S. 415 f.; Riedl (2000), S. 1 f.
191 Vgl. dazu Müller-Stewens/Lechner (2011), S. 220 ff.; Müller-Stewens/Brauer (2009), S. 150 ff.
192 Vgl. Paprottka (1996), S. 33.

Zeit bezeichnet und geht mit einer Vergrößerung des Unternehmens einher.[193] Dabei können Mengen- und Wertgrößen zur Messung der Unternehmensgröße unterschieden werden. Die Mengengrößen umfassen beispielsweise die Personalmenge, die Kapazitäten oder die Absatz- und Produktionsmengen. Wertgrößen hingegen beziehen den Umsatz, den Gewinn, die Rentabilität oder das Eigenkapital mit ein.[194] Da das zentrale Ziel die Steigerung des Unternehmenswertes ist, diese wiederum aus einer langfristigen Ausschüttungs- und Rentabilitätssteigerung generiert wird, sind zum größten Teil alle oben genannten Größenfaktoren betroffen, wenn Wachstum im Unternehmenswert erzielt wird. Zur Messung des Wachstums und des Zielerreichungsgrades eines Unternehmens erweist sich demnach stets die Entwicklung des Unternehmenswertes als zuverlässige und umfassende Referenzgröße.[195] Die Steigerung des Unternehmenswertes fungiert somit auf jeder Unternehmensebene, d.h. auf dem Corporate Level, auf dem Business Level und auf der Projektebene als Maxime.[196] Demnach sind auch die Innovationen, gemäß der vorangegangenen Feststellungen, an diesem ökonomischen Prinzip orientierend zu gestalten und zu bewerten, damit ein Unternehmen langfristig und erfolgreich am Markt bestehen kann.[197]Entgegen dieser monistisch ökonomischen Ausrichtung, orientierend an den Interessen der Anteilseigner, wird von Kritikern des Ansatzes die Orientierung an allen Anspruchsgruppen und somit ein „Stakeholder-Ansatz" postuliert.[198] In der jüngsten Vergangenheit werden, unter anderem durch den Gesetzgeber propagiert,[199] zunehmend ökologische und soziale Ziele in die Zielsetzung einbezogen.[200] Es ist nicht per se auszuschließen oder zu vernachlässigen, dass ein Unternehmen diese zuletzt benannten Ziele beachten sollte. Dennoch wird die Auffassung vertreten, dass auch gemeinnützige Tätigkeiten durchgeführt werden, um dem ökonomischen Primärziel der Unternehmenswertsteigerung zu folgen. Demnach ist die ökologisch und sozial geprägte Zielsetzung als Erfüllung einer Nachfrage oder eines Bedürfnisses seitens des Marktes und der Stakeholder zu verstehen. Soziales Engagement (beispielsweise durch Verbesserung von Arbeitsbedingungen) oder ökologische Ziele (beispiels-

---

193 Vgl. Luckan (1970), S. 37 ff. ausführlich zum Wachstumsbegriff.
194 Vgl. Paprottka (1996), S. 33.
195 Vgl. auch Elsner (2014), S. 453 zum Zusammenhang von Wachstum und Unternehmenswert.
196 Vgl. auch Dreher (2010), S. 39 m.w.N.
197 Vgl. Bürgel/Haller/Binder (1996), S. 5; Zayer (2005), S. 16, bezugnehmend auf Chiesa (2001).
198 Vgl. auch Biberacher (2003), S. 30; Hinterhuber (2002), S. 58 ff.
199 Vgl. dazu Müller-Stewens/Lechner (2011), S. 245 ff.
200 Vgl. European Comission/Directorate-General for Employment, Social Affairs and Inclusion (2014).

weise durch Emissionsverringerungen) unterliegen somit image- sowie motivationsfördernden Motiven, die letzten Endes positiv auf die Umsätze und die Effizienz eines Unternehmens wirken, da der Unternehmenserfolg von einer langfristigen Zusammenarbeit mit entsprechenden Interessen- und Kundengruppen abhängt.[201] Somit kann wiederum durch die Orientierung an sozialen und ökonomischen Zielen dem einseitig ökonomisch geprägten Ziel der Unternehmenswertsteigerung gedient werden.[202] Bei langfristiger Betrachtung besteht somit kein grundlegender Widerspruch der Interessengruppen und die Unternehmenswertmaximierung kann auch als zentrales Ziel fungieren, wenn andere Anspruchsgruppen bedacht werden.[203]

Aufgrund der angesprochenen Zweifel an der Gleichberechtigung sozialer, ökologischer und ökonomischer Aspekte sowie der Interdependenz von Unternehmenswert und Stakeholder-Verantwortung, wird in der vorliegenden Arbeit die ökonomische Wertausrichtung als Primärziel determiniert und demnach der Unternehmenswert als zentrale Steuerungskennzahl festgelegt. Das Verständnis des Wertes, der zur zentralen Größe einer wertorientierten Unternehmensführung avanciert, ist allerdings klar abzugrenzen. Eine Orientierung an einer kurzfristigen Börsenkursmaximierung unter Vernachlässigung anderer Anspruchsgruppen wird abgelehnt, während die Orientierung an einer nachhaltigen Unternehmenswertsteigerung zur Sicherung des Unternehmensfortbestands im Sinne strategischer Investoren als zielführend erachtet wird.[204] Ein solch nachhaltiger Unternehmenswert resultiert aus der fundierten Bewertung eines (unendlichen) Zahlungsstroms, wozu unterschiedliche Methoden existieren. Folglich nehmen die Methoden zur Investitions- und Unternehmensbewertung einen hohen Stellenwert im Innovations-Controlling ein und determinieren somit die Ausrichtung jeglicher Planungs- und Kontrollinstrumente. Insbesondere die Beachtung des vorhandenen Risikos kann die zu verwendenden Methoden prägen, sodass eine entsprechende Schwerpunktsetzung im weiteren Verlauf erfolgt.

2.3.2 Innovationen im Rahmen der Unternehmensstrategien

Während das ökonomische Ziel mit der Unternehmenswertsteigerung eindeutig definiert ist, sind die Strategien der Unternehmen zur Zielerreichung heterogen und auf

---

201 Vgl. Laas (2004), S. 13.
202 Vgl. dazu auch Erichsen (2013), S. 169; Müller-Stewens/Lechner (2011), S. 246.
203 Vgl. Albach (2001), S. 643 ff.; Gomez (2000), S. 22 f.
204 Vgl. Dreher (2010), S. 38.

verschiedenen Ebenen anzuordnen. Um die Innovationsstrategien entlang der Unternehmensebenen zu systematisieren, kann einer organisatorisch-funktionalen Sichtweise zur Strukturierung der Führungskonzeption insbesondere in Konzernen gefolgt werden.[205] Somit wird die vorherrschende Organisationsform eines mehrdimensionalen Unternehmens betrachtet, das durch eine Leitungseinheit („Corporate Parent", oder „Corporate Management") an der Unternehmensspitze und mehrere untergeordnete Einheiten gekennzeichnet ist.[206] Diese Einheiten und die Leitung sind zu einer Entscheidungs- und Handlungsautonomie vereint,[207] um das gemeinsame ökonomische Ziel der Unternehmenswertsteigerung zu erreichen. Die Besonderheit im Hinblick auf die Strategiefindung der mehrdimensionalen Unternehmen besteht darin, dass grundlegend Strategien und Aktivitäten auf Unternehmensebene (Corporate Level) von solchen auf Geschäftsbereichsebene (Business Level) zu differenzieren sind.[208] Korrespondierend muss auch das Controlling teilweise unterschiedliche Perspektiven auf den Ebenen einnehmen und die komplexen Schnittstellen berücksichtigen[209] Unter Beachtung der Hierarchien und Schnittstellen zwischen den Unternehmensebenen im Rahmen der Entwicklung einer Innovationsstrategie können sich erfolgreiche Unternehmen von der Masse abgrenzen,[210] indem ein konsistentes strategisches Programm erstellt wird.[211] Ein derartiges Strategieprogramm ist vor dem Hintergrund der Unternehmenswertorientierung stets zu operationalisieren, sodass für das Controlling die strategischen Grundausrichtungen sowohl auf dem Corporate als auch auf dem Business Level wegweisend sind. Um diese Strategien, insbesondere die daraus abzuleitende Innovationsstrategie, zu fundieren, erfolgt vorerst eine gedankliche Unterteilung der Ebenen. Diese Unterteilung ist allerdings in einer Un-

---

205 Mit einer Orientierung des Controllings an der Organisationsstruktur wird die institutionale Sichtweise zur Differenzierung der Controlling-Aufgaben eingenommen, die von der bisher funktionalen und instrumentellen Sichtweise unterschieden werden kann. Vgl. Völl (2010), S. 28 und ferner Dirrigl (2011), S. 483; Dreher (2010), S. 17.

206 Vgl. Frost/Morner, S. 42 ff. Es wird in diesem Zusammenhang die Legaldefinition von Konzernen umgangen, um eine umfassende Unternehmensbetrachtung einzuschließen. Die der Legaldefinitionen eines Vertragskonzerns nach § 18 AktG, einer Konzernvermutung nach § 291 AktG, eines Eingliederungskonzerns nach § 319 AktG oder eines faktischen Konzerns nach § 17 Abs. 1 AktG ist für die Ausgestaltung des Innovations-Controlling somit weniger von Bedeutung. Zumal dies zu einem Ausschluss konzernähnlicher Personengesellschaften führen würde.

207 Vgl. Eckey (2006), S. 22 m.w.N.

208 Vgl. Bartsch (2005), S. 19 f.; Porter (2001), S. 245.

209 Vgl. dazu auch Gaiser (1993), S. 4ff.; Bösch (2007), S. 46.

210 Vgl. Barczak/Griffin/Kahn (2009), S. 3.

211 Vgl. Porter (1997), S. 54 f.

ternehmensplanung und Bewertung wieder sukzessive aufzulösen, um Entscheidungen seitens des Controllings im Gesamtkontext zu ermöglichen.[212]

2.3.2.1 Innovationen im Einklang mit der Corporate Level Strategy

Auf der Gesamtunternehmensebene werden strategische Entscheidungen im Hinblick auf das gesamte Unternehmen als Portfolio aus einzelnen Geschäftseinheiten mit unterschiedlichen und teilweise gemeinsamen Projekten getroffen. Im Rahmen dieser Ausrichtung ist im Sinne der Wertorientierung grundlegend zu konkretisieren, wie der Gesamtkonzern mehr Wert schaffen kann, als mit der Summe der einzelnen Einheiten erzielbar ist.[213] Um dieses Ziel der Mehrwertschaffung zu erreichen, bedarf es eines Corporate Managements, das sich aus einem Führungsgremium und einem unterstützenden Corporate Center zusammensetzt.[214] Generell muss die Existenz des Corporate Centers dadurch gerechtfertigt sein, dass durch seine Tätigkeiten mehr Wert generiert als verzehrt wird, sodass diese Wertschaffung seitens des Controllings stets zu verifizieren ist.[215] Mögliche Strategien zur Zielerreichung auf dem Corpoate Level variieren maßgeblich mit dem geplanten Zentralisierungsgrad der Geschäftseinheiten und den somit fokussierten Verbundeffekten. Orientierend am Zentralisierungsgrad der Führungsaufgaben werden grundsätzlich der Stammhauskonzern,[216] die Finanz-Holding[217] und die Management-Holding[218] differenziert.[219] Die benannten Organisationsformen sind im Kern auf unterschiedliche strategische Grundlogiken zurückzuführen, die entsprechende Implikationen für die Innovationsstrategie aufweisen. Häufig basiert die Unterscheidung von mehrwertschaffenden

212 Vgl. Hinterhuber (2002), S.71.

213 Vgl. Porter (1987), S. 43; Müller-Stewens/Brauer (2009), S.219; Frost/Morner (2010). S. 15; Grant (2002), S. 24.

214 Vgl. Müller-Stewens/Brauer (2009), S. 9ff.

215 Vgl. Alfs (2015), S. 65.

216 In einem Stammhauskonzern werden die Führungsaufgaben sowohl operativ als auch strategisch durch die Muttergesellschaft übernommen und das operative Geschäft ist mit einem geringen Diversifikationsgrad auf das Stammgeschäft der Mutter konzentriert. Vgl. dazu Eckey (2006), S. 26; Theisen (2000), S. 169.

217 Die Finanz-Holding kann mit dezentralen Führungsstrukturen und diversifizierten Geschäftsfeldern als organisatorisches Gegenteil zum Stammhaus-Konzern deklariert werden. Vgl. ferner Dreher (2010), S. 17 ff.; Mellewigt (1995), S. 40; Theisen (2000), S. 177 f.; Bea/Haas (2013), S. 394.

218 Die Management-Holding ist wiederum durch eine strategische Führung seitens der Holding und die ergänzende operative Führung seitens der Teileinheiten gekennzeichnet, sodass sie eine Zwischenform der beiden zuvor beschriebenen Extrema darstellt. Vgl. dazu Bea/Haas (2013), S. 395 f.; Mellewigt (1995), S. 36.

219 Vgl. Hüllmann (2003), S. 8; Dinstuhl (2003), S. 47; Burger/Ulbrich (2005), S. 65 ff.; Eckey (2006), S. 25 ff.

Strategien im Unternehmensverbund auf dem Ansatz von *Porter*,[220] sodass auch hier diese strategischen Grundlogiken und ihre Implikationen als Referenz gewählt werden:

1. *Portfoliomanagement:* Gemäß dieser Strategie ist vom Corporate Management das Portfolio „nach den klassischen Kriterien des Portfoliomanagements“[221] durch Akquisitionen und Ressourcenallokationen zu optimieren. Die Kernaufgaben des oberen Managements bestehen in der gezielten Identifizierung von Akquisitionskandidaten, der optimalen Cashflow-Allokation zwischen einzelnen Portfoliounternehmen und in der Überwachung dieser.[222] Da die Unternehmen weitestgehend autonom bleiben, interveniert das Management kaum auf Geschäftsbereichsebene. Hinsichtlich der Innovationsausrichtung sind gemäß dieser Strategie vor allem Entscheidungen bezüglich der Verteilung der finanziellen Mittel sowie Entscheidungen über Eigenerzeugung („Make“) oder Fremdbezug („Buy“) zu treffen. Der Orientierungsschwerpunkt liegt allerdings auf der finanziellen Ebene und operative Verbindungen werden nicht weiter beachtet. Porter stellt fest, dass diese Strategieform in den meisten Ländern „heutzutage“ nicht mehr zielführend und somit nicht wertschaffend ist,[223] sodass sie auch hier von untergeordneter Bedeutung ist. Insgesamt sind starke Parallelen zu der Konzernorganisation der Finanz-Holding erkennbar.

2. *Restructuring:* Im Rahmen dieser Strategie wird es zur zentralen Aufgabe des Managements, die akquirierten Unternehmen gezielt zu stärken, indem Managementwechsel vorgenommen, Business-Strategien angepasst oder neue Technologien zugeführt werden, bis das Unternehmen an Wert gewonnen hat und gewinnbringend veräußert werden kann.[224] Folglich übt das Corporate Management einen Einfluss auf das operative Geschäft aus, sodass die resultierende Innovationsstrategie nahezu mit der, die durch die Business-Strategie festgelegt wird, gleichzusetzen ist.[225]

---

220 Vgl. Porter (1987) und dazu Ringlstetter/Klein (2010), S. 53.
221 Ringlstetter/Klein (2010), S. 51.
222 Vgl. Ringlstetter/Klein (2010), S. 53.
223 Vgl. Porter (1987), S. 51.
224 Vgl. Porter (1987), S. 52 f.
225 Vgl. dazu Abschnitt 2.3.2.2.

3. *Transfering Skills/ Know-how-Transfer:* Durch diesen Strategieansatz rücken die Beziehungen der einzelnen Geschäftseinheiten und die daraus resultierenden ökonomischen Vorteile in den Fokus, indem Expertise und Schlüsselfähigkeiten zwischen ähnlichen Teileinheiten entlang der Wertschöpfungskette ausgetauscht werden.[226] Demnach werden bei dieser Ausrichtung neben finanziellen Aspekten auch operative Verbindungen der Teileinheiten betrachtet und jegliche Kosten des Wissenstransfers zwischen den Geschäftsbereichen müssen durch den zusätzlichen Nutzen, den sie in Form von Synergien erbringen, überkompensiert werden.
4. *Sharing Acitivities/Aufgabenzentralisierung:* Auch im Rahmen dieses Strategieansatzes werden Beziehungen zwischen Teileinheiten beachtet. Es werden einzelne Wertschöpfungsaktivitäten identifiziert, die von zwei oder mehr Geschäftseinheiten gemeinsam durchgeführt werden können, um somit Erfahrungskurveneffekte zu beschleunigen und Skaleneffekte zu erzielen.[227] Auch hier werden die operativen Verbindungen betrachtet, sodass die Kosten der Zentralisierung durch ihren Nutzen zu kompensieren sind.

Weitere Autoren befassen sich mit dem Themenkomplex der Corporate Strategy, kommen allerdings letzten Endes immer zu ähnlichen und überführbaren Differenzierungen von Strategien.[228]

Seitens des Controllings sind die unterschiedlichen strategischen Möglichkeiten stets zu operationalisieren. Einer starken Zentralisierung, wie im Stammhauskonzern, wird der Vorteil der Realisation von leistungswirtschaftlichen Synergien zugeschrieben, die allerdings zugleich einen erhöhten Koordinationsaufwand bewirken, sodass mögliche Synergien und Kosten abzuwägen sind. Die starke Dezentralisierung der Finanz-Holding führt durch die alleinige Vorgabe von finanziellen Zielen zu einer Kon-zen-tration auf finanzielle Diversifikationseffekte. Demzufolge sind die Erzielung von

---

226 Vgl. Porter (1987), S. 54.

227 Vgl. Porter (1987), S. 55 f.

228 Vgl. Ringlstetter (1995), S. 87 ff. Ringlstetter (1995) fasst beispielsweise die ersten beiden Strategietypen nach Porter unter dem Begriff der Mobilisierung zusammen, während letztere dem Begriff des Synergiemanagements zugeordnet werden. Vgl. ferner Müller-Stewens/Brauer (2009), S. 226. Müller-Stewens und Brauer unterscheiden Portfolio-Optimierer, vertikale Optimierer und horizontale Optimierer, wobei diese sich letzten Endes dadurch unterscheiden, wie (de-)zentralisiert die Wertschöpfungsaktivitäten angeordnet sind bzw. wie autonom die einzelnen Geschäfte belassen werden. Auch diese Strategieunterteilung lässt sich letzten Endes in Porters Grundlogiken ausdifferenzieren.

steuerlichen Vorteilen und die Verringerung der Risikokosten zu bewerten. Da eine Management-Holding als „Kompromiss zwischen Finanzholding und integriertem Konzern“[229] einzuordnen ist, sind sowohl finanzielle als auch leistungswirtschaftliche Vorteile mit einem gemäßigten Koordinationsbedarf realisierbar, die es zu bewerten gilt. Aufgrund der beidseitigen Vorteile hat diese Form der Management-Holding seit den 80er Jahren eine zunehmende Verbreitung und ist als vorherrschende Konzernstruktur zu klassifizieren.[230] Beachtet man, dass zwischen Innovationen einzelner Unternehmensbereiche sowie bereichsübergreifenden Innovationen diese Verbundeffekte bestehen, so ist seitens des Innovations-Controllings ebenso eine zweiseitige Ausrichtung einzunehmen, damit sowohl operative, als auch finanzielle und risikoorientierte Verbindungen zwischen Bereichen und Projekten[231] in den strategischen Bewertungen nicht vernachlässigt werden.

Es ist an dieser Stelle ersichtlich, dass insbesondere strategie-theoretisch fundiert eine wert- und risikoorientierte Portfoliobetrachtung in einem mehrdimensionalen Unternehmen als unabdingbare Ergänzung zur Projektbetrachtung zu werten ist. Somit ist es notwendig, seitens des Innovations-Controllings und als Zielsetzung dieser Arbeit ein Instrumentarium für das Corporate Management bereitzustellen, anhand dessen wertorientiert der Nettonutzenzuwachs von Projekt- und insbesondere Portfolio-Entscheidungen unter Beachtung zahlreicher Interdependenzen und langfristiger gesamtwirtschaftlicher Entwicklungen gemessen werden kann.

2.3.2.2 Innovationen zur Umsetzung der Business Level Strategy

Durch das Corporate Level ist ein langfristiger Rahmen für die Aktivitäten und Strategien auf Geschäftsbereichsebene gegeben. Auf der Business Ebene gilt es sodann einer Strategie zu folgen, die einen langfristigen Unternehmenserfolg im direkten Wettbewerbsumfeld sichert.[232] Die Innovation wird orientierend an dieser Strategie instrumentalisiert, um die Wettbewerbsfähigkeit zu stärken oder zumindest zu halten.

---

229 Vogel (1998), S. 68.
230 Vgl. Frost/Morner (2009), S. 36 f.; Specht/Beckmann/Amelingmeyer (2002), S. 344.
231 Vgl. Bürgel/Haller/Binder (1996), S. 98; Stirzel (2010), S. 71.
232 Vgl. Porter (2013), S. 25.

Im Zuge der Festlegung einer Strategie unterscheiden sich grundsätzlich die zwei strategischen Grundrichtungen des m*arket-based view* und des *ressourced-based view*[233] voneinander.[234]

Im ersten Ansatz wird davon ausgegangen, dass die Marktstruktur (Structure), das Marktverhalten (Conduct) determiniert und dieses wiederum zum gewünschten Wettbewerbsvorteil (Performance) führt.[235] Die Automobilindustrie unterliegt beispielsweise sehr stark der Marktdynamik und der Nachfrage, da stets die aktuellen Trends zu bedienen sind. So müssen die Automobilkonzerne aktuell große Summen in die F&E zur Integration von Informationstechnologien investieren, um ihre Wettbewerbsfähigkeit aufrechterhalten zu können. In diesen marktbasierten Ansatz sind auch Porters generischen Wettbewerbsstrategien der Kostenführerschaft und der Differenzierung einzuordnen.[236] Während Unternehmen durch die Kostenführerschaft darauf spezialisiert sind, Wettbewerbsvorteile durch besonders niedrige Preise zu generieren, orientieren sich Unternehmen im Rahmen der Differenzierungsstrategie daran, besonders hochwertige Produkte im Vergleich zur Konkurrenz anzubieten.[237] Innovationen sollten einen Einfluss auf beide generischen Strategien ausüben. Zum einen ist durch die Vermarktung der Entwicklungsergebnisse eine Differenzierung im Wettbewerb möglich. Zum anderen ist die Kostenführerschaft durch effiziente Prozesstechnologien zu unterstützen.[238] Es ist festzustellen, dass heutzutage eine Kombination beider Strategierichtungen notwendig ist, um langfristig wettbewerbsfähig zu sein.[239] Dementsprechend sind Prozesse und Produkte stets zu optimieren, da „Innovation (...) die Quelle für Differenzierung und Kostenreduktion (ist).“[240]

Gemäß der zweiten strategischen Grundrichtung, dem *ressourced-based view*, wird die Perspektive gegenüber dem market-based view gewechselt. Es findet eine Kon-

---

233 Ergänzend wird in der Literatur oftmals im Kontext des F&E-Managements der *Demand Pull* dem T*echnology Push* als Orientierungsrichtung für die F&E-Strategie gegenübergestellt. Da im Rahmen des Demand Pull auslösende Faktoren der F&E-Tätigkeiten die Marktnachfrage bzw. Kundenbedürfnisse sind und hinsichtlich des Technology Push die internen technologischen Perspektiven dominieren, sind Analogien von ersterem zur marktorientierten strategischen Grundlogik zu ziehen und von letzterem zum ressourcenorientierten Ansatz. Vgl. grundlegend Specht/Beckmann/Amelingmeyer (2002), S. 32.

234 Vgl. Bea/Haas (2013), S. 31. Zusätzlich wird noch der evolutionstheoretische Ansatz differenziert, der allerdings in der vorliegenden Arbeit nicht weiter thematisiert wird.

235 Vgl. Corsten (1998), S. 17.

236 Vgl. Bea/Haas (2013), S. 30.

237 Vgl. Porter (1985), S.62 ff.

238 Vgl. Bürgel/Haller/Binder (1996), S.98.

239 Vgl. Bürgel/Haller/Binder (1996), S. 279.

240 Gassmann (2006), S. 7.

zentration auf die Ressourcen eines Unternehmens statt, die letzten Endes die Strategie (strategy) begründen und zur gewünschten Performance (performance), dem Wettbewerbsvorteil, führen.[241] Folglich gilt es für das Management den Aufbau und den Erhalt von materiellen, immateriellen und humanen Ressourcen[242] zu fördern.

Die Bedeutung der Innovationen ist im Rahmen dieser Strategieorientierung gleichermaßen erkennbar, da sie einen Großteil der Ressourcen binden sowie bedingen und als treibende Kraft im Wettbewerb fungieren.[243]

Obwohl sich die benannten Strategien analytisch separieren lassen, wird in der Praxis keine klare Trennung der Ausrichtungen vorgenommen und diesbezügliche Mischformen sind vorherrschend.[244] In Anbetracht der potenziellen Strategieausrichtungen ist an dieser Stelle zu resümieren, dass das Aufgabengebiet des Controllings ähnliche Schwerpunkte wie auf dem Corporate Level umfasst. Auch hier muss eine Strategie wertorientiert fundiert werden, die restriktiven Ressourcen müssen optimal auf Projekte verteilt, ein Projektprogramm muss geplant werden und Make-or-Buy-Alternativen sind gegenüberzustellen.[245] Allerdings liegt der primäre Fokus auf der Erzielung der Wettbewerbsvorteile der eigenen Sparte und nicht auf der Mehrwertschaffung des Unternehmensverbundes, sodass auch der Zeithorizont verkürzt ist und insgesamt strategische Ausrichtungen des Corporate Levels rahmengebend zu beachten sind.

Die Aufgabe der Strategiebildung ist somit über die Unternehmensebenen hinweg im Gegenstromverfahren[246] abzustimmen und eine Koordination sämtlicher Schnittstellen zur Erreichung des Gesamtziels[247] ist seitens des Controllings notwendig. Sind die länger- und kurzfristiger ausgelegten Pläne der Gesamtunternehmens- sowie die Bereichspositionierung determiniert, so sind die Pläne auf Basis einzelner Innovationsprojekte umzusetzen, um in diesem Rahmen[248] ein Zielverwirklichung zu errei-

---

241 Vgl. Corsten (1998), S. 178. Als Begründerin des Ansatzes wird Edith Penrose mit dem Werk „The Theory of the Growth of the Firm“ aus dem Jahr 1959 benannt.

242 Vgl. Grant (2010), S. 86 ff., mit Ausführungen zur Nutzung von wesentlichen Unternehmensressourcen im strategischen Kontext.

243 Vgl. dazu bereits Schumpeter (1912); Bea/Haas (2013), S. 30 f.

244 Vgl. Herstatt/Lettl (2006), S. 147; Niemand/Horváth (2013), S. 492.

245 Vgl. auch Stirzel (2010), S. 71; Bürgel/Haller/Binder (1996), S. 319 ff.

246 Vgl. Kujath/Holthoff (2015), S. 83.

247 Vgl. dazu Gaiser (1993), S. 4 ff.

248 Vgl. Stirzel (2010), S. 70.

chen.[249] Sowohl die Projekte, als auch die umfassende Strategieplanung sind dementsprechend interdependent und orientierend an dem übergeordneten Ziel der Unternehmenswertschaffung auszugestalten. Die Methodik der Unternehmensbewertung wird von übergeordneter Relevanz auf allen Ebenen.

2.3.3 Innovationsbewertung zwischen risikoorientierter Unternehmens- und Projektbewertung

Das mit der Unternehmenswertschaffung festgelegte Ziel unter besonderer Beachtung von Risiken führt zu einem wert- und risikoorientierten Controlling, das auf fundierten Unternehmens- und Projektbewertungen zur Entscheidungsfindung basiert. Das Innovations-Controlling ist dementsprechend stark durch die Methodik der Unternehmensbewertung geprägt, sodass die notwendigen Grundlagen möglicher Bewertungskonzeptionen zu systematisieren sind.

Eine Wertschaffung ist seitens des Controllings stets zu operationalisieren, indem anhand von Barwertkalkülen zukünftig erwartete Zahlungsüberschüsse zu einem Gegenwartswert aggregiert werden. Je nach Betrachtungs- respektive Bewertungsobjekt wird der relevante Zeithorizont begrenzt oder ist, aufgrund der Annahme einer unendlichen Haltedauer mit korrespondierend unendlich langen Zahlungen, unbegrenzt.

In der Regel zeichnen sich Projekte durch eine einmalige Investition zu Beginn des Projektes und eine begrenzte Laufzeit aus. Der Kapitalwert stellt das klassische Barwertkalkül in diesem Kontext dar[250] und die Orientierung an begrenzten Lebenszyklen bietet eine unterstützende Komponente.[251] Demnach wird der Kapitalwert berechnet, um beispielsweise die Vorteilhaftigkeit von Investitionen in neue Maschinen zu bewerten oder wie im vorliegenden Kontext die Vorteilhaftigkeit von Innovationsprojekten zu bemessen. Im Zeithorizont unbegrenzte Barwertkalküle stellen hingegen klassische Kalküle der Unternehmensbewertung dar und werden zur Bewertung ganzer Unternehmen oder Unternehmensteile angewandt, da i.d.R. eine unbegrenzte Haltedauer unterstellt wird.[252]

---

249 Vgl. Gaiser (1993), S. 22 f.
250 Vgl. Gavranovic (2014), S. 45.
251 Vgl. dazu Abschnitt 3.1.1.3.
252 Vgl. mit Beispielen Mandl/Rabel (1997), S. 31; Drukarczyk/Schüler (2009), S. 106 ff.;

Innovationsprojekte determinieren je nach Forschungsintensität maßgeblich die Wertschaffung ganzer Unternehmen und somit den Wert von Unternehmensstrategien und von Unternehmenspreisen. Sie werden allerdings in Projektform organisiert.[253] Dementsprechend ist die analytische Trennung in zeitlich begrenzte und unbegrenzte Barwertkalküle zwar möglich, für die Bewertung von Innovationen, Innovationsportfolien und forschungsintensiven Unternehmen sollte allerdings eine Überführbarkeit gewährleistet sein, da Unternehmenswerte maßgeblich durch Projektwerte aus Innovationen determiniert werden. Aus diesem Grund wird die Bewertung forschungsintensiver Unternehmen zumeist in folgende drei Komponenten unterteilt: [254]

a) die Bewertung von etablierten und bestehenden Produkten
b) die Bewertung von Innovationsprojekten und Innovationsportfolien in der begrenzten Detailprognosephase
c) die Bestimmung des Restwertes

Innovationen beeinflussen maßgeblich den zeitlich begrenzten Teil b) eines Unternehmenswertes. Somit muss eine rechnerische Überführbarkeit und Integration der Innovationsbewertung in den Gesamtunternehmenskontext gewährleistet sein. Aus dem Repertoire der Unternehmensbewertungskalküle ist folglich eine Methodik zu wählen, die dies im Sinne des jeweils vorliegenden Bewertungszwecks ermöglicht. Im folgenden Abschnitt werden deshalb Grundlagen der Unternehmensbewertung zusammengefasst, um einen klaren Orientierungsrahmen für die Bewertungskonzeptionen der vorliegenden Arbeit zu schaffen.

2.3.3.1 Zweckorientierung der Unternehmensbewertung

Ebenso unumstritten wie die Vielfalt an wissenschaftlichen Beiträgen zu Bewertungsfragen und Detail-Diskussionen, ist die Erkenntnis, dass jede Bewertungssituation einem spezifischen Zweck dient, der wiederum aufgrund der vorherrschenden Zielsetzung einer adäquaten Bewertungsmethodik bedarf[255] und somit die herrschende Methodenvielfalt[256] bedingt.

Ballwieser/ Hachmeister (2013), S. 161 ff.; Günther (1997), S. 78; Abschnitt 6.2.3.

253 Vgl. dazu Abschnitt 6.2.2.

254 Vgl. dazu Merk/Merk (2010), S. 319.

255 Vgl. grundlegend Moxter (1983), S. 6; ferner Langenkämper (2000), S. 6; Coenenberg/Schultze (2002), S. 599; Hachmeister (2009), S. 73 f.; Matschke/Brösel (2013), S. 22 ff.; Ballwieser/Hachmeister (2013), S. 1.

256 Für einen Überblick über unterschiedliche Bewertungsmethoden vgl. Mandl/Rabel (1997), S.

Ein Unternehmen weist demnach nicht nur aus der Perspektive unterschiedlicher Interessenten abweichende Werte auf, sondern auch aufgrund der konkreten Aufgabenstellung.[257] Diese Erkenntnis wird unter dem Überbegriff der „Funktionenlehre“[258] zusammengefasst und hat maßgeblich zu einer Überwindung von Kontroversen zwischen objektiven und subjektiven Werttheorien geführt.[259]

Als Hauptfunktionen werden in der traditionellen Funktionenlehre die

- Beratungsfunktion in eigenen oder fremden Entscheidungen
- Vermittlungsfunktion und
- Argumentationsfunktion

und als Nebenfunktion werden exemplarisch die

- Bilanzfunktion und die
- Steuerbemessungsfunktion

unterschieden. [260]

Aufgrund genereller Bedenken an diesen Funktionenkatalogen geht *Schumann*[261] mit den

- normfreien, entscheidungsorientierten Bewertungen,
- vermittelnden Bewertungen und
- gesetzlich-normierten Bewertungen

von einer „Dreiteilung der potenziellen Bewertungsaufgaben“[262] aus und merkt an, dass Bewertungen für „die Zwecke des wertorientierten Controllings grundsätzlich als normfrei und entscheidungsorientiert zu klassifizieren“[263] sind. *Münstermann* ordnete in diese Kategorie der Bewertungszwecke bereits „die periodische Schätzung des

---

30; Ernst/Schneider/Thielen (2012), S. 1-12; Ballwieser/Hachmeister (2013), S. 8.

257 Vgl. Matschke/Brösel (2014), S.7.

258 Diese Funktionenlehre wird in der Literatur auch häufig als Kölner Funktionenlehre bezeichnet und basiert auf Veröffentlichungen der „Kölner Schule“. Die ersten Ansätze sind auf Münstermann, Sieben, Busse von Colbe und Matschke zurückzuführen. Vgl. ferner Mandl/Rabel (1997), S. 9 f.; Kuhner/Maltry (2006), S. 55 f.

259 Vgl. dazu Achleitner/Nathusius (2004), S. 16; Matschke/Brösel (2014), S. 7; Mandl/Rabel (1997), S. 9; Große-Frericks (2015), S. 12.

260 Vgl. Mandl/Rabel (1997), S.15 f.; Schumann (2008), S. 9; Dreher (2010), S. 53.

261 Vgl. dazu Schumann (2008), S. 10.

262 Schumann (2008), S. 11.

263 Dreher (2010), S. 54 in Anlehnung an Schumann (2008), S. 11.

Gesamtwertes der Unternehmung“[264] ein. Eigentumswechsel aufgrund des Verkaufs oder Kaufs von Anteilen an anderen Unternehmen müssen dabei nicht zwangsläufig zugrunde liegen, sondern auch die Evaluierung von Strategiewechseln ist in diese Bewertungskategorie einzuordnen.[265]

Die konkrete Entscheidungssituation bedingt darüber hinaus eine Differenzierung zwischen marktwertorientierten und subjektiv entscheidungsorientierten Ausgestaltungsansätzen.[266] Diesbezüglich ist in der Literatur eine Zweiteilung der Meinung festzustellen. Zum einen wird die Meinung vertreten, dass grundlegend keine Disparität zwischen subjektiv geprägten Werten aus unternehmens-interner Perspektive und objektiven Preisen mit einem Marktbezug zu berücksichtigen sei.[267] Auf einem vollkommenen und vollständigen Kapitalmarkt könne demnach von einer Wertäquivalenz zwischen subjektivem (Grenz-)Preis bzw. innerem Wert und objektivem Marktpreis für ein Unternehmen ausgegangen werden. Realiter besteht zwischen dem inneren Wert und dem Marktpreis aufgrund der Annahme- und Informationsasymmetrien allerdings keine Identität, sodass die Heterogenität in der Anwendung von entsprechenden Bewertungsmethoden zu berücksichtigen ist.[268] Dies prägt die zweite Meinungsrichtung, sodass inhaltlich und konzeptionell eine klare Trennung zwischen subjektiven Werten und objektivierten Preisen resultiert.[269] Hier wird dieser zweiten Ansicht gefolgt. Da dieser Meinung folgend, Werte und Preise aufgrund möglicher Prämissensetzungen subjektiver und objektiver Prägung sein können, sind die unterschiedlichen Bewertungsansätze dahingehend zu klassifizieren.

2.3.3.2 Überblick der Methodenvielfalt zur Unternehmensbewertung

Zwecks einer Beurteilung und Wahl von Bewertungsmethoden für forschungsintensive Unternehmen in divergierenden Bewertungssituationen wird mithilfe der Abbildung 5 ein erster Überblick über mögliche Methoden gegeben.

---

264 Münstermann (1970), S. 15.
265 Vgl. dazu Schumann (2008), S. 10.
266 Vgl. dazu Gleißner (2015a), S. 167 ff.; kritisch dazu Kruschwitz/Löffler (2015), S. 176 ff.; Matschke/ Brösel (2013), S. 27 äußern sich folgendermaßen dazu: „Die jüngere objektive Bewer–tungskonzeption negiert – anders als die ältere objektive Lehre – den Unterschied zwischen Wert und Preis.“
267 Vgl. Kruschwitz/Löffler (2015), S. 179 als Vertreter dieser Meinung.
268 Vgl. Dreher (2010), S. 56.
269 Vgl. Gleißner (2015a), S. 167 ff.; Schwartz/Moon (2001), S. 10.

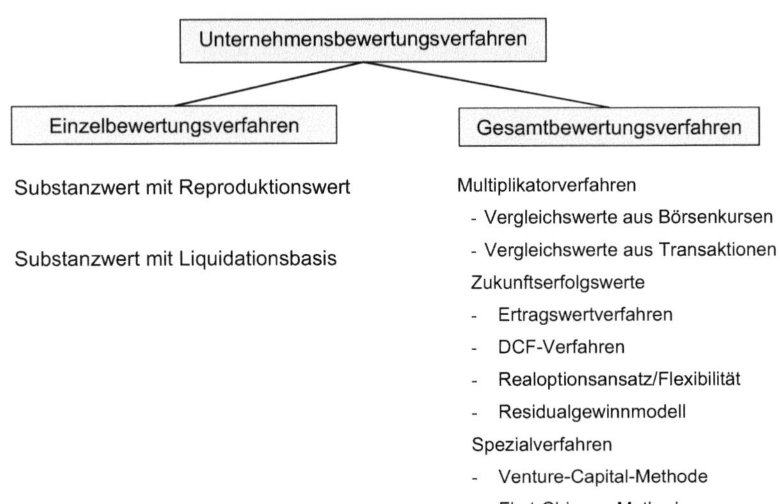

Abbildung 5: Systematisierung Unternehmensbewertungsverfahren[270]

Der Schwerpunkt liegt in dieser Arbeit auf den Gesamtbewertungsverfahren, wodurch eine Konzentration auf die Zukunftserfolgswerte und somit die Spezifizierung von Barwertkalkülen zur Verdichtung eines (unendlichen) Zahlungsstroms entsteht. Gemäß obiger Begründung wird im Hinblick auf die Bewertungsverfahren danach differenziert, ob die zugrundeliegende Kalkülstruktur durch eine objektive Marktperspektive oder eine interne und subjektive Unternehmensperspektive geprägt ist. Je nach Ausrichtung werden unterschiedliche Ansätze der Erfolgsprognose, der Risikoberücksichtigung, der Finanzierungsberücksichtigung und der Alternativenwahl angewandt.

Während die DCF-Verfahren, Optionspreisansätze und Residualgewinnmodelle einen hohen Marktbezug aufgrund der zugrunde liegenden Kapitalmarkttheorie aufweisen, kann das Ertragswertverfahren subjektiv und weitestgehend unabhängig von den Prämissen der Kapitalmarkttheorie ausgestaltet werden. (Vermeintlich) objektive Bewertungsmethoden werden als relevant erachtet, wenn Rechtfertigungen, Argumentationsgrundlagen oder „objektivierte“ respektive subjekt-neutrale Transaktionspreisschätzungen notwendig sind.

---

270 In Anlehnung an Große-Frericks (2015), S. 16; Mandl/Rabel (1997), S. 30; Achleitner/Nathusius (2003), S. 26; Dreher (2010), S. 59.

Ein subjektiv geprägter Wert dient demgegenüber der internen Entscheidungsfindung und der Evaluierung interner Potenziale, insbesondere der Strategiebewertung, unter expliziter Beachtung der Risiken und weniger als repräsentative Diskussionsgrundlage mit Unternehmensexternen. Die interne Unternehmenssteuerung, die nicht konstitutiv durch eine Preisabschätzung und Interaktion mit unternehmensexternen Käufern oder Verkäufern charakterisiert ist, sollte somit auf der Basis einer subjektiv geprägten Bewertungskonzeption wie dem Ertragswertverfahren erfolgen. Vor diesem Hintegrund wird eine zielorientierte Ausgestaltung des Ertragswertverfahrens für die interdependente Projekt-, Portfolio- und Gesamtunternehmensbewertung von übergeordneter Bedeutung. Werden Kooperationen oder Akquisitionen in Erwägung gezogen, so beeinflusst dies die Bewertungssituation insofern, dass zusätzliche „Objektivierungen" erfolgen müssen aufgrund der Verhandlungen mit Unternehmensexternen. Die DCF-Verfahren werden dann von Bedeutung.

In der vorliegenden Arbeit werden somit die folgenden Schwerpunkte im Hinblick auf die Bewertungskonzeptionen gesetzt: Der erste und wesentliche Teil ist durch die interne, subjektive Bewertung von Innovationsprojekten zunächst auf einer Einzelprojektebene und dann auf einer Portfolio- und Gesamtunternehmensebene geprägt. Es erfolgt eine Akzentuierung durch die zielgerichtete Spezifizierung des Ertragswertverfahrens. In diesem Rahmen ist die Wahl der bewertungsrelevanten Zahlungsströme, der Risikobewertungsmethodik und der Alternativenberücksichtigung zu begründen, da keine allgemeingültige Grundlage besteht. Aufgrund der hohen Unsicherheiten in Innovationsprozessen wird die Risikoberücksichtigung zum zentralen Gegenstand der Untersuchungen. In einem weiteren Teil der vorliegenden Arbeit werden Akquisitionen in die Wahl der Bewertungskonzeption einbezogen. Es bestehen somit externe Interaktionspartner und eine „objektivierte" oder auch subjekt-neutrale Bewertung muss ergänzt werden. Somit wird die Diskussion um die kapitalmarktorientierten Bewertungskonzeptionen erweitert und die DCF- sowie Optionspreisverfahren werden thematisiert. Eine detaillierte Auseinandersetzung mit den Bewertungsmethoden erfolgt somit in den jeweiligen Abschnitten.[271] Jede Bewertungskonzeption unterliegt allerdings - unabhängig von dem gewünschten Objektivierungsgrad - einer erhöhten Komplexität aufgrund der Innovationen und der einhergehenden Forschungsintensität des zu bewertenden Unternehmens. Aus diesem Grund werden die zentralen

---

271 Vgl. Abschnitte 7.4.3.2 und 7.4.3.3.2.

Merkmale, die zur Bewertung von Innovationen und forschungsintensiven Unternehmen zu beachten sind, im Folgenden zusammengefasst.

2.3.3.3 Risikoorientierte Bewertung forschungsintensiver Unternehmen und Innovationen

Die Dreiteilung der Unternehmensbewertung mit einer ersten Komponente, welche die Bewertung bestehender Produkte umfasst, einer zweiten Komponente, um den Wert der Innovationen und der Innovations-Pipeline zu erfassen und einer dritten Komponente in Form des Restwertes, stellt ein prägendes Merkmal in der Bewertung forschungsintensiver Unternehmen dar.

Die Notwendigkeit etablierte Produkte zu bewerten, trifft auf die meisten Fälle der Unternehmensbewertung zu[272] und wurde somit in der Standard-Literatur zur Unternehmensbewertung implizit berücksichtigt. Da dieser Teil der Bewertung somit kein Differenzierungsmerkmal gegenüber anderen Bewertungssituationen darstellt, kann auf die generellen Erkenntnisse der Bewertungslehre verwiesen werden.[273]

Hinzu kommt allerdings für viele forschungsintensive Unternehmen die zweite Komponente und somit die Bewertung der Innovationen und der gesamten Innovations-Pipeline. Dies bedeutet, dass Produkte im Entstehungsprozess zu bewerten sind, die noch keine eigenständigen Absatzgenerierungen aufweisen können. Die Pipeline beeinflusst besonders den Wert kleiner und spezialisierter Unternehmen, die sich noch im Wachstum befinden. Doch auch etablierte Großkonzerne begründen ihre Wachstumschancen mit diesen Zukunftspotenzialen.[274] Die Bewertung derartiger Pipelines ist durch einen hohen Grad an Unsicherheit in Form großer Chancen und Risiken gekennzeichnet und weist insofern eine besondere Komplexität für die Unternehmensbewertung auf.[275] *Achleitner/Nathusius* führen diese erhöhten Chancen und Risiken mit den Eigenschaften der

- kurzen repräsentativen Historie[276]
- Ressourcenknappheit

---

272 Vgl. ähnlich Schäfer/Schässburger (2000), S. 588.
273 Vgl. ebenso Brandt (2002), S. 29.
274 Vgl. Bayer AG (2015), S. 48; Merck KGaA (2015), S. 50; Volkswagen AG (2015), S. 50, 121.
275 Vgl. Kaufmann/Ridder (2003), S. 448; Achleitner/Nathusius (2004), S. 4 ff.; Brandt (2002), S. 29; Littkemann/Holtrup/Schrader (2005), S. 44.
276 Dies gilt insbesondere bei jungen Unternehmen.

- großen Bedeutung immaterieller Vermögensgegenstände
- hohen Flexibilitätsanforderungen

auf insgesamt vier Faktoren zurück.[277] Demnach kann aufgrund der oftmals kurzen Historie innovativer Unternehmen bzw. der Pipeline nicht von einer Repräsentativität der Vergangenheitsdaten ausgegangen werden.[278] Die Ressourcenknappheit ist gekennzeichnet durch notwendige Finanzierungen in den ersten Phasen des Lebenszyklus.[279] Des Weiteren ist das Human-Kapital eine wesentliche immaterielle Ressource, die zum (Miss-)Erfolg der Innovationen und somit zum Unternehmenswert beitragen kann. Das Know-How und möglicherweise vorhandene sowie entstehende Patente sind somit als wesentliche Erfolgsfaktoren zu identifizieren und in die Bewertung zu integrieren.[280] Die notwendige Flexibilität aufgrund technischer und wirtschaftlicher Unsicherheiten führt zu einer hohen Dynamik im weiteren Unternehmensverlauf und somit im Planungsprozess. Gerade diese notwendige Flexibilität, gepaart mit nicht repräsentativen Vergangenheitsdaten, erschwert die Bewertung unter Unsicherheit.

Durch die genannten Besonderheiten lassen sich wiederum vier wesentliche Kriterien abgrenzen, um Bewertungsmethoden in dem vorliegenden Kontext zu evaluieren:[281]

- Zukunftsorientierung
- Abbildungsadäquanz – insbesondere Abbildung der Flexibilität
- Praktikabilität
- Akzeptanz

Besonders mit dem zweiten Kriterium der Abbildungsadäquanz ist ein entscheidender Faktor zu berücksichtigen. Innovationsprojekte, die daraus resultierenden Pipelines sowie künftigen Unternehmensentwicklungen sind durch die beschriebene Flexibilität respektive Unsicherheit gekennzeichnet, die eine besondere Komplexität für die Bewertung bewirkt und somit die Erfüllung des Kriteriums der Abbildungsadä-

---

277 Vgl. Achleitner/Nathusius (2004), S. 4 f., wobei kein Anspruch auf Vollständigkeit besteht und auch das gemeinsame Auftreten aller Faktoren nicht zwingend notwendig ist, um als innovatives (Wachstums-)Unternehmen eingeordnet zu werden.

278 Vgl. Gompers/Lerner (2001), S. 23.

279 Vgl. dazu Engel (2003), S. 92 ff.

280 Vgl. dazu Achleitner et al. (2001), S. 30.

281 Vgl. Achleitner/Nathusius (2004), S. 6 f.

quanz erschwert.[282] Sobald ein einflussreiches Projekt des Unternehmens ein Entwicklungsstadium passiert hat, sollten die Werterhöhung und die Veränderung der Risikoposition unmittelbar und nachvollziehbar durch die zugrundeliegende Bewertungsmethodik abgebildet werden können. Sowohl in internen Entscheidungswerten als auch in objektivierten Marktwerten sollten Fortschritte im Entwicklungsstadium „honoriert" werden. Wird ein forschungsintensives Unternehmen gekauft, das sich bereits in einem fortgeschrittenen Stadium befindet, so muss der Akquisiteur die Entwicklungskosten und -risiken nicht mehr selbst tragen, sondern stattdessen eine entsprechende Kompensation zahlen.

Um Risiken in eine Unternehmensbewertung auf Basis von Zukunftserfolgsbewertungen zu integrieren, besteht zum einen die Möglichkeit, einen Risikozuschlag zum Diskontierungszins im Nenner zu bilden und zum anderen kann ein Risikoabschlag, und somit die Berechnung eines Sicherheitsäquivalentes im Zähler, zur Risikobewertung führen.[283] In beiden Fällen wird der Unternehmenswert bei der Annahme einer Risikoaversion wegen erhöhter Risiken gemindert. Im Bereich der (objektivierten) Preisabschätzungen und somit im Rahmen der DCF-Verfahren kann ein vom Markt abgeleiteter Risikozuschlag, der auf systematische Risiken rekurriert, als nahezu konstituierendes Merkmal angesehen werden.[284] Im subjektiven Entscheidungskontext stehen generell beide Möglichkeiten zur Verfügung, sodass eine angemessene Wahl zu treffen ist und weitreichende Spielräume bestehen, um die Risiken entscheidungsorientiert zu bewerten.

Seitens der bestehenden Literatur zum Problemkomplex der Risikobewertung ist eine sehr einseitige Konzentration festzustellen. Zumeist wird die Aggregation und Bewertung von systematischen Risiken, geprägt durch die „objektivierende" Bewertungslehre, untersucht.[285] Es wird zu diesem Zweck die Perspektive eines diversifizierten Anteilseigners eingenommen und unter Heranziehung des CAPM die Ermittlung eines angemessenen Risikozuschlages diskutiert.[286] Eine klare Trennung oder ein eindeutiger Zusammenhang zwischen Projekt- und Unternehmenswerten im Kon-

---

282 Vgl. ebenfalls zu dieser Festellung Brandt (2002), S. 29.

283 Vgl. Dreher (2010), S. 87; Obermaier (2004), S. 2762, Abschnitt 4.2.

284 Vgl. dazu Tschöpel (2004), S. 31 f.; Drukarczyk/Schüler (2007), S. 68; Dirrigl (2009), S. B48; Alfs (2015), S. 151.

285 Vgl. dazu u.a. Schäfer/Schässburger (2000); Myers/Howe (1997); Myers/Shyam-Sunder (1996); Kaufmann/Ridder (2003); Schwartz/Moon (2001); Huchzermeier/Loch (2001); Pritsch (2000).

286 Vgl. statt vieler Myers/Howe (1997); Myers/Shyam-Sunder (1996); Kaufmann/Ridder (2003).

text der Innovationsorientierung ist dabei nur selten erkennbar. Insofern sind bemerkenswerte Defizite im Hinblick auf die Eignung bei subjektiv geprägten Ausrichtungen und Untersuchungen zur Strategie- und Innovationsbewertung festzustellen. Im CAPM-Ansatz werden keine Möglichkeiten zur Integration der Risikosimulation und Risikosteuerung in eine umfassende Bewertungskonzeption untersucht, obwohl mittlerweile auf Basis der bestehenden Rechnerleistungen Simulationen und Unternehmensbewertungen problemlos verbunden werden können.[287] Stattdessen findet weiterhin eine Konzentration auf die Risikozuschlagsmethodik statt, sodass eine adäquate Verwertung offengelegter Risiken im Rahmen interner Entscheidungsfindungen nahezu ignoriert wird. Darüber hinaus sind keine aktuellen Beiträge bekannt,[288] die explizit Insolvenzen und somit das finanzielle Risiko in Simulationen und Entscheidungsgrundlagen für den Innovationsbereich von Unternehmen einbeziehen. Gerade die risikoreichen Innovationsprojekte sollten allerdings stets unter Beachtung der Risikotragfähigkeiten gesteuert und bewertet werden, da diese Tragfähigkeiten insbesondere auf einer Portfolioebene von außerordentlicher Relevanz sind. Anstatt diese quantitativen Aspekte auf einer Portfolioebene zu verfolgen, fand in der Vergangenheit eine Konzentration auf qualitative Ansätze statt.[289] Dies ist nicht unmittelbar mit dem hier zugrunde liegenden Controlling-Verständnis vereinbar. Aufgrund der festgestellten Defizite wird im weiteren Verlauf der Arbeit primär die integrierte Bewertung von Innovationsprojekten, Portfolien und forschungsintensiven Unternehmen auf Basis eines umfassenden Simulationsmodells unter Beachtung von (finanziellen) Risiken und Verbundeffekten untersucht.

287 Vgl. dazu Hering/Schneider/Toll (2013), S. 256 ff.; Moser/Schiezl (2001), S. 530 ff.

288 Bereits ältere allerdings vielseitig anerkannte Beiträge sind auf Schwartz/Moon (2001) und Myers/Howe (1997) zurückzuführen. *Schwartz und Moon* beziehen die Insolvenzwahrscheinlichkeit explizit in die Berechnungen ein. Allerdings beschränken sich die Autoren auf wenige Inputfaktoren und nehmen bewusst eine stark objektivierende Marktperspektive ein. Vgl. dazu Schwartz/Moon (2001), S. 9-10.

289 Vgl. dazu Abschnitt 6.1.3.

Teil II: Risiko- und wertorientiertes Innovations-Controlling auf Einzelprojektebene

Dieser Teil der Arbeit dient der Darstellung und Fundierung von Instrumenten zum risiko- und wertorientierten Innovations-Controlling auf der Einzelprojektebene. Es wird in diesem Kontext von der Ebene einzelner Projekte ausgegangen, da die Verbindungen auf der Multiprojektebene eine erhöhte Komplexität aufweisen und eine Transformation sowie Weiterentwicklung der nachfolgend dargestellten Basisinstrumente bedingen. Da keine Argumentationsgrundlagen, Rechtfertigungen oder Preisabschätzungen durch Interaktionen mit unternehmensexternen Einheiten in Betracht gezogen werden, sondern die interne Unternehmensperspektive zur Strategiebewertung im Vordergrund aller Bewertungen, Planungen und Kontrollen steht, liegt eine Ausrichtung auf subjektiv und individuell geprägte Kalkülstrukturen vor. In diesem Zusammenhang erlangt die zielgerichtete Ausgestaltung und Integration einer Risikobewertung in das Ertragswertverfahren aufgrund der beschriebenen Innovationsrisiken eine hohe Relevanz.

Orientierend an dem Grundsatz, dass „eine Planung ohne Kontrolle (...) sinnlos, Kontrolle ohne Planung unmöglich (ist)“[290], wird die Bearbeitung des vorliegenden Problemkomplexes strukturiert. Demnach ist zunächst (fiktiv) losgelöst von der Portfolioebene eine integrierte Planung für das Innovationsprojekt mit einem konkreten Unternehmensbezug zu erstellen. Um diese Planungs- sowie die Rechensystematik grundlegend zu erläutern, wird in einem ersten Schritt, somit in Kapitel drei, von der Risikooffenlegung und Risikobewertung abstrahiert. Aufgrund der besonderen Unsicherheiten im Innovationsprozess wird die Berücksichtigung des Risikos gesondert in Kapitel vier untersucht, in dem sowohl die Risikooffenlegung, als auch die Risikobewertung wesentliche Bestandteile bilden. Basierend auf dieser zugrunde liegenden wert- und risikoorientierten Planungskonzeption kann anschließend in Kapital fünf das Innovations-Controlling auf der Einzelprojektebene mit der Kontrolle durch Abweichungsanalysen abgeschlossen werden. Die folgende Abbildung veranschaulicht die dargestellten Zusammenhänge in Form eines Regelkreises und skizziert zugleich

290 Wild (1982), S. 44.

den maßgeblichen Inhalt des vorliegenden Teils, wobei die Multiprojektebene zunächst von den Betrachtungen ausgeschlossen wird.

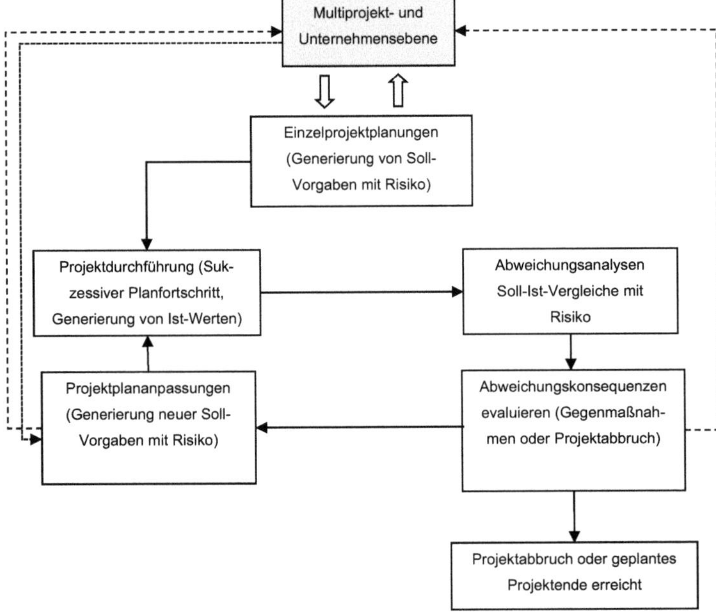

Abbildung 6: Regelkreis Planung und Kontrolle

3 Drei-dimensionale, integrierte und lebenszyklusorientierte Planung und Bewertung

„Für das Gewesene gibt der Kaufmann nichts!“[291]

Aus diesem Grund ist es unbestritten, dass strategisch geprägte Zukunftsentscheidungen auf Prognosen, Planungen und schlussendlich Bewertungen von zukünftigen Erfolgen basieren sollten. Die Planung ist als der wichtigste Teilprozess, sowie als unabdingbare Basis eines wertorientierten Controlling-Systems anzuerkennen[292] und beinhaltet unterschiedliche Funktionen. Neben einer Koordinationsfunktion, Motivationsfunktion, Sicherungsfunktion und Optimierungsfunktion ist insbesondere die Innovationsfunktion relevant,[293] um künftige Strategien sowie einzelne Innovationen systematisch und fundiert evaluieren zu können. Damit diese Funktionen erfüllt werden, ist jede Planung zielorientiert auszugestalten. Im Folgenden wird aus diesem Grund zunächst die Wahl eines durch die drei Grundsätze[294] der Drei-Dimensionalität, der Integration und der Lebenszyklusorientierung geprägten Planungsansatzes begründet und es werden grundlegende Anforderungen formuliert. Mit einem ausführlichen Planungsmodell, das anhand eines konkreten Beispiels zu erläutern ist, werden die Planungs- und Bewertungsgrundlagen unter Sicherheit abgeschlossen und im darauffolgenden Kapitel durch die Risikoorientierung respektive Stochastifizierung ergänzt. Das anschließend stochastifizierte Planungsmodell dient in den folgenden Kapiteln stets als Basis für weitere Bewertungen, Analysen und Untersuchungen.

3.1 Grundlagen der Planungs- und Bewertungssystematik

Prinzipiell kann ein Planungsmodell verschiedene Komplexitätsgrade annehmen, die orientierend an der zugrundeliegenden Zielsetzung einen variierenden Angemessenheitsgrad aufweisen. Die wohl komplexitätsreduzierteste Methode besteht in einer Schätzung möglicher Zahlungsströme oder Renditen ohne diese durch ein ausdiffe-

---

291 Schmalenbach (1917/18), S. 4.

292 Vgl. Voßbein (1974), S. 16 ff.; Volkmann (1989), S. 9; Coenenberg/Fischer/Günther (2012), S. 35 ff.

293 Vgl. Pfohl/Stölzle (1997), S. 66 ff.; Fischer/Möller/Schultze (2015), S. 65 f.; Günther/Schomaker (2012), S. 19 f.; Bea/Haas (2013), S. 71 f., mit Übersichten zu unterschiedlichen Funktionen.

294 Es besteht eine starke Übereinstimmung mit den sieben Grundsätzen der Lebenszyklusrechnung nach Riezler aus dem Jahr 1996. Vgl. dazu Riezler (1996), S. 128 ff.

renziertes Planungsmodell und die Berücksichtigung einer Mehrwertigkeit zu fundieren. Diese Vereinfachungen können allerdings zu wesentlichen Informationsverlusten führen[295] und sind im Sinne der vorliegenden Zielsetzung als negativ zu werten. Aus diesem Grund werden die drei oben benannten Grundsätze als notwendig erachtet, damit die Planung eine Strategiebewertung auf der Basis subjektiv geprägter Unternehmens- und Projektwerte ermöglicht.

3.1.1 Theoretische Fundierung der Planungsgrundsätze

3.1.1.1 Grundsatz der Drei-Dimensionalität

Bewertungen künftiger Entwicklungen auf Unternehmens- und Projektebene basieren auf langfristigen strategischen Planungen. Die Zukunft ist allerdings mehrperiodisch und unsicher, sodass eine Planung grundsätzlich entlang der drei Dimensionen der *Erfolgsfaktorisierung*, der *Dynamisierung* und der *Stochastifizierung* ausgestaltet sein sollte.[296] Demnach ist eine drei-dimensionale Planung zu erstellen.

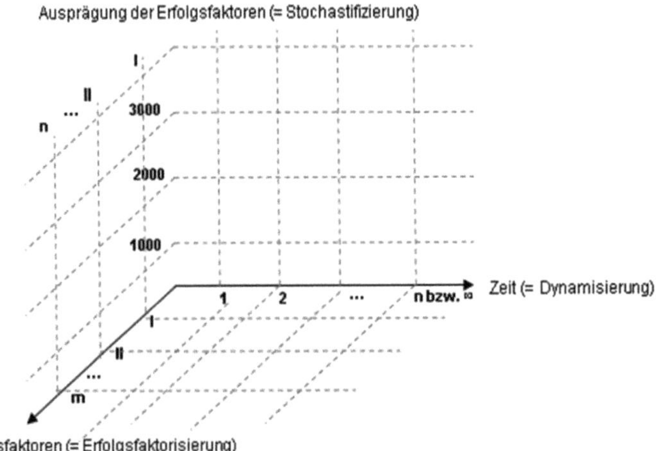

Abbildung 7: Drei Dimensionen der Projektplanung[297]

Die drei-dimensionale Planung beginnt mit der Definition einer periodischen Überschussgröße, die zur Zielgröße der Planung avanciert.[298] Orientierend an dieser

295 Vgl. dazu Gavranovic (2014), S. 20.

296 Vgl. Dirrigl (2009), S. B 26 f.

297 Erstellt in Anlehnung an Dirrigl (2009), S. B27 und Dreher (2010), S. 62.

Größe, sind die notwendigen Faktoren, die in diese Planung zu integrieren sind, festzulegen, sodass diese Planungsschritte unter dem Begriff der *Erfolgsfaktorisierung*[299] zusammengefasst werden. Innerhalb der Erfolgsfaktorisierung sind von einer groben bis zu einer feinen Differenzierung der Faktoren alle Ausprägungen denkbar. Als Basismodell, das auf einer nur sehr geringen Zahl an Erfolgsfaktoren respektive Werttreibern basiert, lässt sich beispielsweise das Werttreibermodell von Rappaport einstufen.[300] Eine Ergänzung um weitere Erfolgsfaktoren ist denkbar wie auch notwendig, damit unterschiedlichste Gewinn- und Zahlungsgrößen für eine Bewertung und Risikointegration abzuleiten sind. In diesem Zusammenhang sollten besonders unsichere Faktoren auf einer disaggregierten Basis geplant werden, um eine fundierte Analyse dieser Faktoren ex ante sowie eine Kontrolle ex post zu gewährleisten. Dementsprechend kann maßgeblich durch die identifizierten Risiken das Differenzierungs- respektive Aggregationsniveau der Planung festgelegt werden.[301]

Als zweite Dimension ist die *Dynamisierung*[302] in die Planung zu integrieren, indem eine Festlegung des Planungshorizontes und der zeitlichen Entwicklung berücksichtigt[303] wird. Demnach sind keine konstanten Erfolgsniveaus oder Werte der Erfolgsfaktoren für die Planperioden zu unterstellen, sondern orientierend an allgemeinen und unternehmensspezifischen Trends ist eine dynamische Entwicklung möglich.

Im Kontext der Unternehmensbewertung werden mit der Detailprognose-, der Restwert- und möglichweise Konvergenzphase zudem unterschiedliche Phasen der Planung im Zeitablauf differenziert.[304] Der Projektwert oder die Projektwerte sind als fester Bestandteil der Detailprognosephase einzustufen, sodass neben der Dynamik des gesamten Unternehmens, auch die Projektdynamiken zu beachten sind. In diesem Zusammenhang wird die Orientierung an Lebenszyklen von Bedeutung, wie noch in Abschnitt 3.1.1.3 zu zeigen ist.

Die dritte Dimension umfasst die *Stochastifizierung.*[305] Wie in Abschnitt 2.2 bereits ausführlich erläutert wurde, unterliegen Unternehmen allgemein und insbesondere

---

298 Vgl. auch Alfs (2014), S. 145; Dirrigl (2009), S. B26.
299 Vgl. Alfs (2015), S. 116 f.
300 Vgl. Rappaport (1999), S. 32 ff., bzgl. des vereinfachten Werttreibermodells.
301 Vgl. auch Gleißner (2011b), S. 59 f.
302 Vgl. Dirrigl (2009), S. B26; Alfs (2015), S. 118 f.; Große-Frericks (2015), S. 2010 ff.
303 Vgl. Bea/Scheurer/Hesselmann (2011), S. 136.
304 Vgl. dazu Abschnitt 6.2.3.
305 Vgl. Dirrigl (2009), S. B 26; Alfs (2015), S. 118 f.; Große-Frericks (2015), S. 223 ff.

Innovationsprojekte sehr hohen Risiken. Demnach wäre es nicht adäquat, eine einwertige Prognose für die unsichere Zukunft vorzunehmen, sondern es ist für unterschiedliche Einflussfaktoren von einer mehrwertigen Prognose auszugehen.[306] Somit wird das Risiko zunächst im Rahmen der Stochastifizierung offengelegt und muss anschließend in Hinblick auf die relevante Erfolgsgröße noch verdichtet und in die Bewertungen integriert werden.[307] Diese Dimension nimmt einen hohen Stellenwert im Bereich des Innovationscontrollings ein und wird in Kapitel vier ausführlich untersucht.

3.1.1.2 Grundsatz der Integration

Die *Integration* stellt einen zweiten wesentlichen Grundsatz dar und bezieht sich auf zwei Komponenten. Zum einen sollte eine Integration und Konsolidierung der Projekt- und Unternehmenspläne zu einem Gesamtunternehmensplan ermöglicht werden. Zum anderen wird gefordert, die Rechenwerke (Bilanz, Gewinn- und Verlustrechnung und Finanzplanung) unter Berücksichtigung inter- und intratemporaler Interdependenzen auf dieser Basis integriert zu erstellen. Die Forderung der Integration von Projekt- und Unternehmensplänen resultiert aus der Notwendigkeit, die Implikationen aus den theoretisch fundierten Unternehmensstrategien zu operationalisieren.[308] Eine derartige Quantifizierung erfolgt auf Basis einer strategischen Planung des Unternehmens, in der wesentliche Wachstumspotenziale, Rentabilitätssteigerungen und Risikoveränderungen einzubeziehen sind.[309] Da Innovationen wesentliche Bestandteile der Wachstumsstrategien von Unternehmen sowohl auf Konzern- als auch Bereichsebene darstellen und somit Risiken und Rentabilität beeinflussen, werden sie zum zentralen Teil der strategischen Planung eines (forschungsintensiven) Unternehmens.[310] Dieser Strategieplan basiert allerdings nicht ausschließlich auf isolierten Innovationsprojekten, sodass eine *Integration* und Konsolidierung von Unternehmens- und Projektplänen unabdingbar wird, um einen vollständigen und überführbaren Plan zu erhalten. Auf dieser Basis ist eine Projekt- sowie Unternehmensbewertung möglich, die aktuelle und noch zu entwickelnde Erfolgspotenziale

---

306 Vgl. bereits Moxter (1983): „Einwertige Ertragsprognosen sind nicht realitätsgerecht: die Ertragserwartungen sind bei Unternehmensbewertungen stets mehrwertig". Moxter (1983), S. 117.

307 Vgl. Dirrigl (2009), S. B 27.

308 Vgl. Ayaz (2011), S. 25.

309 Vgl. Institut der Unternehmensberater (IDU) (2009), S. 15.

310 Vgl. dazu Ayaz (2011), S. 25.

einbezieht,[311] sodass die Unternehmensbewertung forschungsintensiver Unternehmen bereits mit der Planung fundiert wird. Bei gegebener Datengrundlage kann somit eine wertorientierte Evaluierung des Projektes im Gesamtunternehmenskontext erfolgen, die mit traditionellen Kennzahlen nicht ermöglicht würde. [312] Mit einem derartigen Planungs- und Bewertungsgrundsatz geht die Notwendigkeit zur Standardisierung von Projekt- und Unternehmensinformationen sowie Informationssystemen einher, um Interdependenzen zu beachten,[313] Inkonsistenzen zu vermeiden[314] und eine einheitliche Datenbasis zu schaffen. Ergänzend wird die Integration aller Rechenwerke auf der Gesamtunternehmensebene gefordert. Sind die Rechenwerke integriert geplant, so besteht die Möglichkeit, wesentliche Wertkomponenten, insbesondere Steuern und Finanzierungsaspekte, die unter anderem durch projektinduzierte Zahlungen[315] ausgelöst werden, abzuleiten. Der Unternehmensfortbestand ist auf dieser Basis stets zu überprüfen,[316] um auch unerwünschte Effekte auf Gesamtunternehmensebene zu überwachen.[317] Dies ermöglicht einen wesentlichen Beitrag zur Risikosteuerung und wird insbesondere im Rahmen der Portfolioplanung von übergeordneter Bedeutung, um Verbundeffekte wert- und risikoorientiert zu steuern.

Angesichts dieser Integrationsforderungen wird eine Standardisierung der Planungen und des Reportings über alle Hierarchieebenen, Funktionen und Regionen hinweg unabdingbar. Aktuellen Praxisbeiträgen zufolge, konzentrieren sich auch Unternehmen bereits verstärkt auf die Verbesserung der Datengrundlagen, um diesen Standardisierungsprozess zu ermöglichen und eine effiziente integrierte Unternehmenssteuerung zu gewährleisten.[318] Die Integration von strategisch geprägten Projekt- und Unternehmensplänen sowie Rechenwerken erweist sich somit nicht nur theoretisch als bevorzugter Lösungsweg, sondern spiegelt auch ein aktuelles Thema sowie die Zukunft der Praxis wider.

---

311 Vgl. Hinterhuber (2002), S. 62.
312 Vgl. dazu auch Hinterhuber (2002), S. 68.
313 Vgl. Bloech/Goetze/Sierk (1993), S. 10.
314 Vgl. Siegwart/Raas (1991), S. 161.
315 Vgl. Riezler (1996), S. 137.
316 Vgl. auch Dannenberg (2009), S. 250.
317 Vgl. Riezler (1996) S. 175. Für die Integration der Projektplanung in die Planung der Geschäftsbereiche und des Unternehmens plädieren auch weitere Autoren, die sich mit der (Multi-)Projektplanung auseinandersetzen, vgl. z.B. Hahn/Bausch/Mayer (2000), S. 227.
318 Vgl. Claassen/Hohorst (2015), S. 35.

3.1.1.3 Grundsatz der Lebenszyklusorientierung

Darüber hinaus ist die *Lebenszyklusorientierung* erforderlich,[319] um die zeitliche Abfolge und Befristung[320] der Projekte zu strukturieren und einzuhalten.[321] Somit wird neben der Integration in den Gesamtunternehmensplan eine Projektorientierung gewährleistet. Die zugrunde zu legenden Lebenszyklen einzelner Projekte dienen zur Beschränkung des Detail-Prognosezeitraums auf Gesamtunternehmensebene, indem für die zeitliche Einteilung der Unternehmensplanung eine Orientierung am längsten planbaren Lebenszyklus erfolgt.[322] Um den Projekterfolg letztlich zu messen, ist nicht das Periodenergebnis entscheidend, sondern der Totalerfolg des Projekts über den gesamten Lebenszyklus hinweg.[323] In einer Partialrechnung sind dementsprechend durch eine Zahlungsverrechnung[324] orientierend am Lebenszyklus Wertströme, die dem Projekt zugerechnet werden, aus der integrierten Unternehmensplanung abzuleiten und zu bewerten.[325] Da die Lebenszyklen in diesem Zusammenhang eine hilfreiche Planungsgrundlage bieten, wird ein grundlegendes Verständnis folgend ergänzt.

3.1.1.3.1 Innovationen als Bestandteile von Lebenszyklen

Durch eine lebenszyklusorientierte Betrachtung von Innovationen wird der Versuch unternommen, den Verlauf von Zahlungsströmen, Leistungsstärken oder Anwendungshäufigkeiten von der Entstehung bis zum Ende des Bezugsobjektes in Abhängigkeit von unterschiedlichen Lebensstadien zu bestimmen.[326] Insgesamt kann die Dynamik einer Innovation von der Planung, Entwicklung und Beschaffung über die darauffolgende Nutzung und Herstellung bis zur der letztendlichen Stilllegung und Entsorgung durch einen Lebenszyklus systematisiert werden.[327] Grundsätzlich wer-

---

319 Das Institut der Unternehmensberater (2009), S. 15 erkennt: „Wichtig ist auch die Analyse von Lebenszyklen. Jedes Produkt bzw. jede Dienstleistung hat eine begrenzte Lebensdauer. Dabei wird der Zyklus in vier bzw. fünf Phasen unterteilt. Je nach Phase unterscheiden sich sowohl Aufwand/Ertrag als auch Mittelzufluss/Mittelabfluss. Aber auch Faktoren wie Marktposition, Kunden, Wachstumsraten usw. unterscheiden sich und müssen in die strategische Planung einbezogen werden."

320 Vgl. Bea (2012), S. 640.

321 Vgl. Schild (2005), S. 155.

322 Vgl. dazu Abschnitt 6.2.3.

323 Vgl. auch Hebeler/Pubanz/Lingau (2011), S. 390.

324 Vgl. Riezler (1996), S. 149 ff.

325 Vgl. Riezler (1996), S. 128.

326 Der Usprung des Lebenszykluskonzeptes in der BWL kann bereits auf Dean (1950), S. 45 ff. zurückgeführt werden. Vgl. ferner Schild (2005), S. 155 ff.; Specht/Beackmann/Amelingmeyer (2002), S. 64; Riezler (1996), S. 8 ff.; Siegwert/Senti (1995), S. 4.

327 Vgl. Götze (1999), S. 267.

den demnach mit der Vorlaufphase (Vormarkt- und Entwicklungsphase), der eigentlichen Marktphase und der Nachlaufphase (Nachmarktphase) drei Abschnitte differenziert.[328] Der Lebenszyklusverlauf in der mittleren Phase, der Marktphase, gleicht oftmals einem glockenförmigem Verlauf, der allerdings nicht als allgemeingültig zu unterstellen[329] und im Einzelfall anzupassen ist. Dieser Verlauf spiegelt das Wachstum respektive die Diffusion eines Produktes oder einer Technologie am Markt wider, wobei eine Schrumpfung bis zur Degeneration ab einem Reifepunkt unterstellt wird.

In Anbetracht der Verläufe bestehen laut *Ansoff* zwischen Produkt-, Technologie- und Nachfragezyklen Interdependenzen, die sich anhand einer Grafik erläutern lassen.[330]

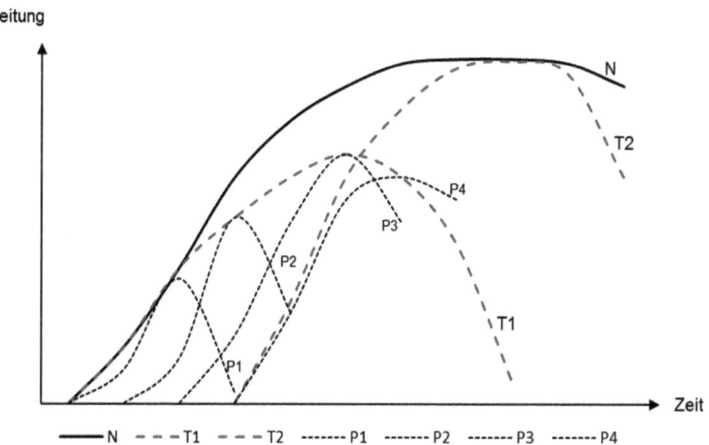

Abbildung 8: Dreifacher Lebenszyklus: Nachfrage/Technologie/Produkt[331]

Der Nachfragezyklus (N) kann als grundlegendes Bedürfnis der potenziellen Kunden klassifiziert werden, z. B. das Bedürfnis nach Mobilität, Rechnerleistungen, Kommunikation oder ökologischer Nachhaltigkeit. Technologien werden entwickelt, um diesen Bedürfnissen nachzukommen. Im Hinblick auf die zuvor benannten Bedürfnisse

328 Vgl. Schild (2005), S. 159; Specht/Beckmann/Amelingmeyer (2002), S. 64 ff.; Siegwert/Senti (1995), S. 26 ff. Diese Phasen-Differenzierung bezieht sich auf einen integrierten Lebenszyklus, der von einem Lebenszyklus aus Kundensicht mit einem ausschließlichen Bezug zur Marktphase zu unterscheiden ist. Vgl. dazu Baum/Coenenberg/Günther (2013), S. 120. In der vorliegenden Arbeit wird der integrierte Lebenszyklus aus Unternehmenssicht, der die Marktphase ohnehin einschließt, betrachtet.

329 Vgl. Schild (2005), S. 164 f.

330 Vgl. dazu Ansoff (1984), S.41 ff.

331 In Anlehnung an Ansoff (1984), S. 41.

können Entwicklungen von der Pferdekutsche zum Kraftfahrzeug, vom Rechenschieber zur Computertechnologie, vom Morsegerät zu Smartphone oder vom Benzinmotor zum Elektromotor beobachtet werden. Innerhalb der entstehenden Technologiezyklen (T1, T2) werden die Technologien je nach Leistungsgrad in unterschiedliche Produkte integriert, die wiederum eigene Lebenszyklen aufweisen (P1 bis P4).

Somit kann ein Technologielebenszyklus auch als Hülle von Produktlebenszyklen betrachtet werden,[332] wobei langfristige Nachfragetrends bzw. Bedürfnisse als übergeordnete Notwendigkeit zur Entstehung von Technologien und Produkten zu verstehen sind.

Eine Absatzplanung kann entsprechend fundiert werden, indem zunächst die Menge an potenziellen Kunden aufgrund der allgemeinen Nachfragetrends abgegrenzt wird, um dann anhand der Anzahl existierender Technologien und Produkte das potenzielle Beitragsvolumen und den potenziellen Marktzeitraum der entstehenden Innovation abzuschätzen. Diese Schätzungen sind dementsprechend stark abhängig vom Konkurrenzverhalten, sodass zusätzliche Konkurrenzprodukte eines der wesentlichen Absatzrisiken im Innovationsbereich darstellen und Marktanteile stark beeinträchtigen können.

Innerhalb eines Technologiezyklus kann eine zeitliche Phaseneinteilung nur schwer erfolgen, da eine kontinuierliche Weiterentwicklung stattfindet, wobei der maximale Entwicklungsaufwand gewöhnlich in der Reifephase, d. h. im Maximum eines Zyklus erreicht wird.[333] Der genaue Verlauf eines Technologiezyklus ist nur erschwert zu bestimmen,[334] da zahlreiche Forscher und Entwickler in unterschiedlichen Unternehmen und Branchen mit kleinen Schritten zur Reife beitragen[335] und die Anwendbarkeit in unterschiedlichen Branchen oftmals erst ex post bekannt wird.[336] Für eine Projekt- und Unternehmensplanung ist demnach die Orientierung an Lebenszyklen für Technologien, abgesehen von der Festlegung eines groben Zeitraums, nicht besonders hilfreich. Vielmehr ist angesichts der Anwendbarkeit in verschiedenen Bran-

---

332 Vgl. Specht/Beckmann/Amelingmeyer (2002), S. 65.

333 Vgl. Sommerlatte/Deschamps (1985), S. 53.

334 Vgl. Specht/Beckmann/Amelingmeyer (2002), S. 69 f.

335 Saad/Roussel/Tiby (1991), S. 67: „Der tatsächliche Verlauf der Lebenskurve einer Technologie besteht aus vielen kleinen Schritten, zu denen Hunderte und Tausende von Forschern und Entwicklern beitragen."

336 Vgl. Specht/Beckmann/Amelingmeyer (2002), S. 72 f. Demnach lässt sich anhand von Technologielebenszyklen höchstens die „aktuelle" Position auf dem Zyklus feststellen und weniger ex ante der gesamte Verlauf.

chen und Ländern[337] eine konzernweite Betrachtung und Bewertung von Technologieentwicklungen sinnvoll, indem das Potenzial für unterschiedliche Produkte erkannt und bewertet wird. In diesem Zusammenhang sind Lebenszyklen von Produkten von erhöhter Bedeutung. Entlang eines Produktlebenszyklus lässt sich der Innovationsprozess optimal einteilen. Darüber hinaus wird vorgeschlagen, die Detailplanungsphase des gesamten Unternehmens durch diese Produktlebenszyklen zu begrenzen.[338]

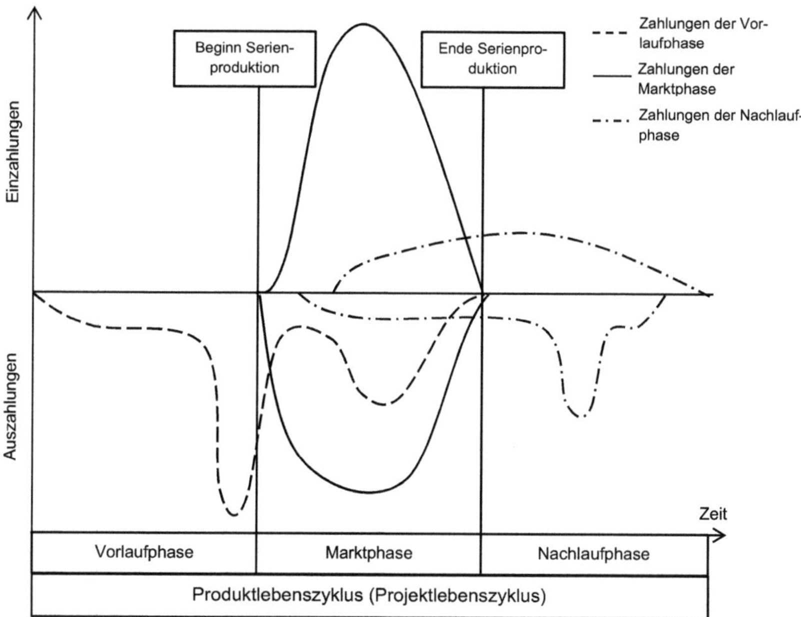

Abbildung 9: Exemplarischer Produktlebenszyklus[339]

Die F&E-Tätigkeiten sind demnach als integrativer und determinierender Bestandteil der Vorlaufphase einer Innovation abzugrenzen.[340] In der Marktphase sind Erlöse sowie Produktions-, Werbe- und Nachlaufkosten zu erwarten. In der Nachlaufphase ist das Verhältnis von Erlösen und Folgekosten dann reziprok, da die Umsätze

337 Vgl. dazu Ansoff (1984), S. 154 ff.

338 Vgl. dazu Abschnitt 6.2.3.1.

339 In Anlehnung an Riezler (1996), S. 6.

340 Vgl. dazu Riezler (1999), S. 143 f.; Schild (2005), S. 161 ff. Die F&E-Tätigkeiten sind allerdings mit der Vorlaufphase nicht vollkommen beendet, da auch während der Marktphase noch weitere Veränderungen und Anpassungen erfolgen können.

schrumpfen oder gar entfallen, während die Reklamations- und Entsorgungskosten im Vergleich zur Marktphase steigen. Bezugnehmend auf die vorangestellte Skizze eines Produktlebenszyklus, wird deutlich, dass mit der Vorlaufphase eine Phase besteht, in der ausschließlich Kosten anfallen, die nur zu amortisieren sind, wenn eine Markteinführung stattfindet und ausreichend Gewinn realisiert wird. Ein kontinuierlicher Trend bewirkt, dass die Marktphasen kürzer werden, während die Entwicklungsphasen aufgrund erhöhter Komplexitätsanforderungen zunehmend Zeit in Anspruch nehmen. Während eine Marktphase in der Automobilindustrie zu Beginn etwa dreißig Jahre angehalten hat, kann heutzutage ein einzelnes Modell nicht mehr als drei bis fünf Jahre am Markt platziert werden, so dass der Break-Even-Point zu einem positiven Deckungsbeitrag nur erschwert zu erreichen ist.

Um eine integrierte und strategisch ausgerichtete Evaluation von Innovationen im Sinne des Innovations-Controlling durchzuführen, sind alle Lebenszyklusphasen zu beachten,[341] da Interdependenzen zwischen den Kosten und Erlösen einzelner Phasen bestehen und eine einseitig kostenorientierte Bewertung ohne die Berücksichtigung der Wertschaffung in der Marktphase nicht zielführend oder ökonomisch sinnvoll wäre.[342]

3.1.1.3.2 Exkurs: Zeitliche Begrenzung des Lebenszyklus durch Patente

In einigen Branchen kann der Lebenszyklus von Produkten durch Patente vorgegeben sein. Ist das gesamte Marktvolumen determiniert und es liegt ein weitestgehend konkurrenzloses Produkt vor, so ist das Patent eine wichtige Quelle, um große Marktanteile an dem prognostizierten Marktvolumen zu sichern.

In der Vorlaufphase werden oftmals Patente angemeldet, um den alleinigen Anspruch an der Nutzung der Erfindung abzusichern und eine Nachahmung vorübergehend auszuschließen.[343] Dieser Patentschutz ist wichtig, damit seitens des Staates Anreize zur Innovationsbemühung gewährleistet sind,[344] sodass der Patentinhaber vorrübergehend eine Monopolstellung erlangen[345] und durch die alleinige Festsetzung der Preise die Vorlaufkosten überkompensieren kann sowie einen Gewinn er-

---

341 Vgl. ähnlich Schild (2005), S. 159.

342 Vgl. auch Ansoff (1984), S. 108.

343 Vgl. Bussey (2005), S. 197; Schmeisser (2008), S. 91; Europäische Kommission (2009a), S. .

344 Vgl. Europäische Kommission (2009a), S. 1; Schön (2013), S. 56.

345 Vgl. auch Feldmann (2007), S. 133; Zloch (2007), S. 3; Mohnkopf (2008), S. 224, 237. Allerdings können ähnliche Produkte oftmals durch die Konkurrenz angeboten werden, da alternative Techniken zur Verfügung stehen.

wirtschaftet.[346] Der Prozess der Patentierung verursacht allerdings auch Kosten, die in die Kalkulation einzubeziehen sind. Eine Festlegung der dynamischen Struktur durch Patente erfolgt unter Beachtung der Höhe, Länge und Tiefe der Patente. Patente sind zeitlich beschränkt und der Marktanteil, der durch das Patent zunächst abgesichert ist, sinkt mit dem Auslauf des gesicherten Rechts je nach Imitierbarkeit der Produkte mehr oder weniger stark ab.

Perioden / Werttreiber	1	2	3	4	5	6	7	8	9
	F&E-Phase			Marktphase				Nachlaufphase	
Marktvolumen				10200	6902	5340	4132		
Marktanteil				80%	80%	80%	10%		
...	...	...	...	...	...	...	...	...	...
...	...	...	...	...	...	...	...	...	...

Bsp.: Ende Patentschutz

Abbildung 10: Skizze Patentauslauf

Insbesondere in der Pharmaindustrie ist eine hohe Imitierbarkeit vorhanden,[347] sodass die zunächst patentgeschützte Monopolstellung unmittelbar durch Generikaprodukte mit Ablauf des Patentes aufzugeben ist und ein Preisverfall einsetzt.[348]

Gesetzlich sind die Laufzeiten für Patente in Europa und den USA auf zwanzig Jahre beschränkt. Erfolgt die Patentanmeldung bereits in einem frühen Stadium der Entwicklungsphase, um den Schutz vor Imitatoren rechtzeitig zu sichern, so sind der Zeitraum unter Patentschutz und die Monopolstellung in der Marktphase verringert und die effizienteste Amortisationszeit wird verkürzt.[349] Dieses Problem ist wiederum verstärkt in der Pharmabranche mit langen Entwicklungsphasen von zehn bis zwölf Jahren zu beobachten. Wird demnach ein Patent bereits in frühen Entwicklungsstadien erteilt, so kann die geschützte Marktphase lediglich acht bis zehn Jahre umfassen.[350] Allerdings besteht für Arzneimittel die Möglichkeit zusätzlicher Schutzzertifikate[351], sodass unter Umständen eine Verlängerung des Patentschutzes auf bis zu insgesamt 25 Jahre erzielt werden kann.[352] Stellt sich heraus, dass ein vollkommen

346 Vgl. Schlander et al. (2012), S. 526 ff., zur Preisbildung in der Pharmaindustrie.
347 Vgl. Schlander et al. (2012), S. 526.
348 Vgl. auch Brandt (2010), S. 21; Europäische Kommission (2009b), S. 1.
349 Vgl. Zloch (2007), S. 32.
350 Vgl. Brandt (2010), S. 19 m.w.N.
351 Vgl. dazu Whitehead/Stuart/Kempner (2008), S. 226 f.
352 Brandt (2010), S. 19. Dieses Schutzzertifikat kann gemäß Art. 16 in Verbindung mit Art. 3 und 4 des Europäischen Patentübereinkommens für maximal 5 Jahre erteilt werden. Das Schutzzertifikat kann bei dem erstmaligen Inverkehrbringen des patentgeschützten Produktes erteilt werden und muss innerhalb von 15 Jahren nach Erteilung eingesetzt werden. Vgl. dazu Brandt (2010), S. 20. Dies gilt exklusiv für die Anmeldung von Patenten für Arzneimittel.

neuartiges Produkt ohne wesentliche Substitutionsprodukte für den Zielmarkt entwickelt wird, so ist eine Monopolstellung hinsichtlich der Zielgruppe zu verzeichnen und der mögliche Marktanteil mit einem Maximum von nahezu 100% einzuplanen. In der Pharmabranche ist gerade die Entdeckung von Blockbustern, denen keine wettbewerbsfähigen Konkurrenzprodukte gegenüberstehen, ein zentrales Ziel, das den Pharmaunternehmen außerordentlich hohe Marktanteile und Umsätze während der Patentphase sichert. In der Automobilindustrie dürfte es dagegen kaum möglich sein, Konkurrenz im Hinblick auf eine potenzielle Kundengruppe vollkommen auszuschließen.

3.1.2 Zielgrößen der Planungsrechnung zur unternehmenswertorientierten Entscheidungsfindung

Um den Planungsprozess zu fundieren, sind die Zielgrößen der Planung zu definieren, indem die Parameter des zu bewertenden Zahlungsstroms und somit die Grundlagen der Barwertermittlung konkretisiert werden. Im Rahmen dieser Konkretisierung ist wiederum zu beachten, dass eine Methodik zur internen Strategiebewertung und somit die Ermittlung subjektiv geprägter und entscheidungsrelevanter Zielgrößen benötigt wird. Orientierend an diesem Ziel, sind somit die periodischen und barwertigen Planungsgrößen zu definieren. Zu diesem Zweck wird zunächst die Interdependenz von Kapital- und Unternehmenswerten untersucht, um daraufhin unter Berücksichtigung von Steuern und Finanzierungseffekten die Ausschüttung als bewertungsrelevante Zahlungsgröße im Projekt- und Unternehmenszusammenhang abzugrenzen.

3.1.2.1 Innovationsbewertung auf Basis von interdependenten Kapital- und Unternehmenswerten

Der Grundsatz der Integration von Unternehmens- und Projektwerten erfordert, dass die Zahlungsströme und Teilwerte zu einem strategischen Gesamtunternehmenswert überführbar sein müssen.[353] Dabei können der unterschiedliche Zeitbezug sowie die Zahlungsstruktur von Unternehmens- und Projektplanungen zunächst irritierend wirken. Der betrachtete Zeithorizont eines Unternehmens ist, aufgrund der Annahme einer unendlichen Lebensdauer, in der Regel unbegrenzt,[354] sodass der Wert eines

353 Vgl. auch Steinhoff (2008), S. 5.
354 Vgl. dazu Abschnitte 6.2.2 und 3.2.5.

Unternehmens durch den Barwert von Zahlungen aus einer Planung mit einem unendlichen Zeithorizont zu ermitteln ist. Der Zeithorizont in der Projektplanung ist hingegen auf den Lebenszyklus des Projektes beschränkt und der korrespondierende Barwert abzüglich der anfänglichen Investitionsauszahlungen wird als Kapitalwert bezeichnet.

Eine Vereinbarkeit der beiden Barwertkalküle mag im ersten Moment nicht ersichtlich sein, dennoch kann ein analytischer Zusammenhang von Kapitalwerten und entscheidungsorientierten Unternehmenswerten verdeutlicht werden, indem auf den allgemeinen formalen Zusammenhang zur Barwertberechnung anhand des Basismodell der Investitionsrechnung rekurriert wird. In diesem Sinne ist das Innovationsprojekt als Investitionsprojekt zu betrachten,[355] sodass zu Beginn des Projektes Auszahlungen getätigt werden, für die Rückflüsse und Nutzenzuflüsse in künftigen Perioden zu erwarten sind. Grundsätzlich sind also die Verfahren der Investitionsrechnung zur Projektbewertung heranzuziehen.[356] Diese Investitionsrechnungen können statischer und dynamischer Natur sein,[357] wobei die dynamische Struktur eines Innovationsprojektes und somit die zu unterschiedlichen Zeitpunkten realisierten Zahlungsströme aus der Innovation den Vorzug einer dynamischen Investitionsrechnung begründen.[358] Im Rahmen dieser dynamischen Verfahren werden grundsätzlich, die zeitlich anfallenden Zahlungsströme der Investition zum Betrachtungszeitpunkt auf- oder abgezinst,[359] um einen vergleichbaren Wert zu erhalten. Der gesuchte Zielwert in dem drei-dimensionalen Erfolgsprognosemodell sollte demnach auf einem investitionstheoretischen Barwert der zukünftigen Erwartungen basieren, der ex ante - also zu Beginn der Investition - eine wertorientierte Entscheidung ermöglicht. Sowohl interne Renditen (interner Zinsfuß und modifizierter interner Zinsfuß) als auch der Kapitalwert oder die Kapitalwertrate können die Barwertorientierung der dynamischen Investitionsrechnung erfüllen.[360] Der Kapitalwert zeichnet sich allerdings durch zwei wesentliche positive Eigenschaften aus: Zum einen können Unsicherheiten und wei-

355 Vgl. auch Erner/Presse (2008), S. 24; Littkemann (2005), S. 34.
356 Vgl. auch Bea/Scheurer/Hesselmann (2011), S. 508.
357 Vgl. auch Erner/Presse (2008), S. 27; vgl. Bode (2005), S. 25 ff. mit einem ausführlichen Überblick über mögliche Investitionsrechenverfahren.
358 Vgl. auch Betz (2010), S. 913; Duscher/Meyer/Spitzner (2012), S. 46.
359 Vgl. Kruschwitz (2014), S. 33 mit der Beschränkung auf die klassischen Methoden der Investitionsrechnung.
360 Vgl. auch Bode (2005), S. 28 ff.; Müller (2014), S. 376 ff.

tere Modifizierungen[361] intuitiv und unkompliziert in die Berechnungen integriert werden und zum anderen wird eine klare Verbindung mit der gesamten Wertsteigerung des Unternehmens ersichtlich, sodass der Integrationsgrundsatz eingehalten wird. Beide Vorteile werden in dem Verlauf der Arbeit erkennbar und unabdingbar.

Der Kapitalwert (C_0) wird also als entscheidungsrelevante Größe gemäß dem Basismodell der Investitionsrechnung[362] herangezogen, um Innovationen in einem überführbaren Gesamtsystem beurteilen zu können.[363] In der ursprünglichen Form wird die Vorteilhaftigkeit eines Projektes mittels eines Kapitalwertes (C_o) ermittelt, indem vom Barwert der künftig erwarteten Zahlungsüberschüsse ($Z\ddot{U}_t$) die Investitionsauszahlung zu Beginn ($-Inv_0$) subtrahiert wird:[364]

$$C_o = -Inv_0 + \sum_{t=1}^{T} \frac{Z\ddot{U}_t}{(1+i)^t} \tag{3-1}$$

Demnach stellt der Mehrwert des Objektes über die Anschaffungsauszahlung den Kapitalwert dar. Ein positiver Kapitalwert bedeutet:[365]

1. Der Investor erhält sein eingesetztes Kapital vollständig zurück, da die Anschaffungsauszahlung amortisiert wird.
2. Zudem wird eine Verzinsung in Höhe des gewählten Kalkulationszinssatzes i erzielt, der als Opportunitätskostensatz interpretiert werden kann. Durch die Diskontierung mit dem Zinssatz i kann die Zeitpräferenz des Geldes berücksichtigt werden und zeitlich divergierende Zahlungsströme werden vergleichbar.[366] Im einfachsten Fall und unter Vernachlässigung von Risiken wird die zu bewertende Investition, das Innovationsprojekt, mit einer risikofreien alternativen Finanzinvestition verglichen, sodass der entsprechende Zinssatz dieser Finanzanlage am Kapitalmarkt als Vergleichsmaßstab und somit als Kalkulationszins heranzuziehen ist.[367]
3. Ein positiver Kapitalwert bedeutet zudem, dass der Investor einen (zusätzli-

361 Vgl. auch Müller (2014), S. 392; Abschnitte 3.1.2.2 und 4.2.
362 Vgl. dazu Kruschwitz (2014), S. 137 ff.
363 Vgl. auch Erner/Presse (2008), S. 41.
364 In dieser Darstellung wird bewusst auf den Einbezug von Steuern verzichtet, da dies ein integrativer Bestandteil von Abschnitt 3.1.2.2 ist. Hinsichtlich der Beachtung von Steuern im Basismodell vgl. Kruschwitz (2014), S. 138 ff., Drukarczyk/Schüler (2009), S. 13 ff.
365 Vgl. ausführlich zum Kapitalwert einer Investition Busse von Colbe/Laßmann (1990), S. 43 ff.
366 Vgl. Müller (2014), S. 376.
367 Vgl. Betz (2010), S. 913; Im Bereich der Unternehmensbewertung, vgl. Drukarczyk/Schüler (2009), S. 209; Knabe (2012), S. 55; Franken/Schulte/Dörschell (2014), S. 24.

chen) Mehrwert aus der Realisierung der Investition in Höhe des Kapitalwertes erwirtschaftet hat.

In dem beschriebenen Basismodell der Investitionsrechnung werden allerdings viele Aspekte vernachlässigt, die für die subjektiv und strategisch geprägte Bewertung von Innovationen zu beachten wären.[368] Ein Hauptkritikpunkt liegt in der Annahme eines vollkommenen Kapitalmarktes.[369] Demnach wird die Fremdfinanzierung aufgrund der Annahme homogener Soll- und Habenzinsen als irrelevant erachtet.[370] Zudem ist die Besteuerung noch nicht differenziert berücksichtigt und Zahlungsüberschüsse sowie Kalkulationszins sind differenzierter festzulegen.[371] Ferner muss auch die Unsicherheit noch explizit berücksichtigt werden.[372]
Selbiges gilt für die Unternehmensbewertung. Auch die Bewertung eines Unternehmens (UW_o) im Sinne von Zukunftserfolgswerten der Gesamtbewertungslogik, ist im Grundsatz auf das Basismodell der Investitionsrechnung zurückzuführen.[373]

$$UW_o = \sum_{t=1}^{\infty} \frac{Z\ddot{U}_t}{(1+i)^t} \qquad (3\text{-}2)$$

Da somit sowohl Kapitalwerte als auch die Unternehmenswerte auf dem Modell der Investitionsrechnung basieren, ist die gemeinsame Grundlage unverkennbar. Ausgehend von dieser gemeinsamen Basis liegt es am Bewertenden und am zugrundeliegenden Bewertungszweck, wie Finanzierungs-, Steuer- und Risikoaspekte in diesem Standardmodell ergänzt werden, um die Unvollkommenheiten des Marktes zu berücksichtigen und einen subjektiv entscheidungsorientierten Wert oder auch objektivierten Marktpreis zu ermitteln. Werden die Ergänzungen für Kapital- und Unternehmenswerte äquivalent durchgeführt, sodass identische Berechnungen für Zahlungsströme und Diskontierungszinsen festgelegt werden, so kann eine analytische Überführbarkeit erfolgen. Zu diesem Zweck wird zunächst der Kapitalwert für das zugrundeliegende Bewertungsobjekt - das Innovationsprojekt – weiterführend spezifiziert. Grundlegend ist festzustellen, dass Innovationsprojekte nicht durch eine einmalige Investition zu Projektbeginn gekennzeichnet sind, sondern über mehrere Perioden

---

368 Vgl. auch im Folgenden Brandt (2002), S. 46 ff.
369 Vgl. Müller (2014), S . 392.
370 Vgl. dazu ausführlich Modigliani/Miller (1958).
371 Vgl. auch Listl (1997), S. 53.
372 Vgl. auch Brandt (2002), S. 47.
373 Vgl. dazu auch Dirrigl (2004b), S.101; Große-Frericks (2015), S. 194 ff.

hinweg zunächst Auszahlungen erfolgen, denen erst im späteren Verlauf Einzahlungen gegenüberstehen. Folglich wird der Kapitalwert einer Innovation (C_0^{Iov})[374] formal abgegrenzt, indem die relevanten Zahlungsüberschüsse der Innovation ($ZÜ_t^{Iov}$), die aus der Differenz von Einzahlungen (EZ_t^{Iov}) und Auszahlungen (AZ_t^{Iov}) resultieren, mit einem entsprechenden Kalkulationszinssatz (i) auf den Betrachtungszeitpunkt diskontiert werden. Die einmalige Investition zu Projektbeginn ($-Inv_0$) entfällt sowohl real als auch kalkültechnisch:

$$C_0^{Iov} = \sum_{t=0}^{T} \frac{ZÜ_t^{Iov}}{(1+i)^t} = \sum_{t=0}^{T} \frac{EZ_t^{Iov} - AZ_t^{Iov}}{(1+i)^t} \quad (3\text{-}3)$$

Auch der Barwert des Gesamtunternehmens kann unterteilt werden, um einen Unternehmenswert (UW_0) zu ermitteln, der zur Bewertung der künftigen Entwicklung und Strategie des Unternehmens dient. Entsprechend der Forderung, den Wert eines forschungsintensiven Unternehmens durch die drei Wertkomponenten der etablierten Produkte, der Innovationsprojekte und des Restwertes zu ermitteln, resultiert eine additive Wertkombination.[375] Der Unternehmenswert ist demnach eine Kombination von Zahlungsüberschüssen der etablierten Produkte ($ZÜ_t^{Prod}$), Zahlungsüberschüssen aus J Innovationen ($ZÜ_t^{Iov,j}$),[376] und (vereinfachend)[377] einem konstanten Zahlungsüberschuss für die Restwertphase ($ZÜ_{T+1}^{RW}$). Die Zahlungsüberschüsse werden mittels eines Referenzzinses zu einem Barwert aggregiert. Folglich lässt sich der Unternehmenswert aus der Summation der Barwerte dieser Zahlungsüberschüsse ermitteln:[378]

$$\begin{aligned} UW_0 &= \sum_{t=0}^{\infty} \frac{ZÜ_t}{(1+i)^t} = \sum_{t=0}^{T} \frac{ZÜ_t^{Prod}}{i(1+i)^t} + \sum_{t=0}^{T} \frac{ZÜ_t^{Iov}}{i(1+i)^t} + \frac{ZÜ_{T+1}^{RW}}{(1+i)^T \cdot i} \\ &= \sum_{t=0}^{T} \frac{ZÜ_t^{Prod}}{i \cdot (1+i)^t} + \sum_{t=0}^{T} \frac{\sum_{j=1}^{J} EZ_t^{Iov,j} - AZ_t^{Iov,j}}{(1+i)^t} + \frac{ZÜ_{T+1}^{RW}}{(1+i)^T \cdot i} \end{aligned} \quad (3\text{-}4)$$

Somit wird die Kapitalwertformel (3-3) zur Bewertung eines Innovationsprojektes zu einem offensichtlichen und integrierten Bestandteil des Unternehmenswertes im Ba-

374 Vgl. dazu Hahn/Bausch/Mayer (2000), S. 229.

375 Vgl. auch Riezler (1996), S. 131, mit der Feststellung, dass nicht alle Aktivitäten in einzelnen Projekten zu planen und zu steuern sind, sondern angesichts der Übersichtlichkeit ein gewisser Unternehmensbereich aggregiert gesteuert wird.

376 Vgl. auch Köster (2013), S. 626 ff.

377 Vgl. genauer Abschnitt 6.2.3.

378 Vgl. ähnlich Bode (2005), S. 120.

sismodell der Investitionsrechnung. Konkret können die Wertbeiträge der Innovationen auch als Summe der Kapitalwerte aller J Innovationsprojekte zum Betrachtungszeitpunkt ($C_t^{Iov,j}$) in dem Barwert des Unternehmens ausgewiesen werden, sodass die Überführbarkeit der Wertkomponenten offensichtlich ist:

$$UW_0 = \sum_{t=0}^{T} \frac{ZÜ_t^{Prod}}{i(1+i)^t} + \frac{ZÜ_{T+1}^{RW}}{(1+i)^T \cdot i} + \sum_{j=1}^{J} C_0^{Iov,j} \qquad (3\text{-}5)$$

Da die bisherige Darstellung der Wertberechnungen noch sehr abstrakt ist, bedarf es weiterer Differenzierungen und Konkretisierungen hinsichtlich der Finanzierung, der Besteuerung und der Unsicherheit, um eine subjektive Bewertung durchzuführen.

3.1.2.2 Finanzierung und Besteuerung in der Innovationsbewertung

Um die notwendigen Zahlungsströme zu planen und anschließend in Unternehmens- und Projektwerte zu transformieren, ist eine detaillierte Definition bewertungsrelevanter Zahlungsströme und Diskontierungszinssätze notwendig, sodass die Unvollkommenheit des Kapitalmarktes in subjektiven Entscheidungen berücksichtigt wird. Dementsprechend sind unter anderem Steuer- und Finanzierungskonsequenzen sowie Risiken in die Bewertungen einzubeziehen, um eine Realitätsnähe und eine Erweiterung vom Basismodell der Investitionsrechnung zu schaffen.

Letztere Komponente wird in einem separaten Abschnitt konkretisiert, in dem eine ausführliche Untersuchung der Risikoberücksichtigung erfolgt. Somit ist in dem vorliegenden Abschnitt die Unsicherheitsbetrachtung ausgeschlossen und es erfolgt eine Konzentration auf die Berücksichtigung der Steuer- und Finanzierungseffekte, die den bewertungsrelevanten Zahlungsstrom beeinflussen. Dieser Zahlungsstrom und der korrespondierende Diskontierungszinssatz sind - aufgrund der geforderten Integration - für Projekt- und Unternehmensbewertung äquivalent zu definieren. Es ist zudem zu beachten, dass die folgende Definition der bewertungsrelevanten Zahlungsströme maßgeblich durch den zugrunde liegenden Bewertungszweck determiniert ist und somit subjektiv, strategisch und entscheidungsorientiert ausgestaltet wird. Wie oben festgestellt, hat eine wertorientierte Unternehmensführung grundsätzlich im Sinne der Anteilseigner zu handeln. Folglich sollte vor diesem Hintergrund ein Zahlungsstrom[379] die Erfolgsgröße der Wertberechnungen darstellen, den ein An-

---

379 Hinsichtlich der Bevorzugung von Zahlungen ggü. alternativen Rechengrößen, vgl. Riezler

teilseigner aus dem Unternehmen unter anderem aufgrund der Projekte entnehmen kann.[380] Es ist also eine Planung möglicher Ausschüttungen nach Steuern und Fremdfinanzierungskonsequenzen (ECF_t) zugrunde zu legen,[381] um abzuschätzen, welche Wertschaffung im Sinne der Investoren mit zukünftigen Entscheidungen erzielt werden kann. Diese Prämisse der Anteilseigner-Orientierung im Zahlungsstrom ist allerdings aus der Unternehmens- und Managementperspektive, insbesondere im Kontext der Projektplanung, als erschwert zu charakterisieren und wird aus diesem Grund oftmals nicht verfolgt. Alternativ werden dann Gesamtkapitalgeber-Cashflows (Free Cashflows) ermittelt und mit einem gewichteten Kapitalkostensatz diskontiert oder im Barwert durch ein „Baukastenprinzip" um Steuer- und Finanzierungsaspekte bereinigt.[382] Mit solchen Bewertungskonzeptionen sind allerdings Nachteile, auch wegen der Orientierung an den Prämissen der Kapitalmarkttheorie verbunden, die nach Möglichkeit zu vermeiden sind. Aus diesem Grund werden folgend Probleme analysiert und Lösungsvorschläge erarbeitet, um Möglichkeiten aufzuzeigen, dennoch investorenorientierte Zahlungsströme sowohl im Projekt-, als auch im Unternehmenskontext zu berechnen.

1. Die Forderung, Steuern zu berücksichtigen, könnte auf der Ebene der Anteilseignerbesteuerung problematisch werden, da aufgrund der Steuerprogression die Festlegung eines einheitlichen Steuersatzes erschwert sein kann.[383] Insbesondere auf Projektebene könnte zudem die Ermittlung einer Bemessungsgrundlage problematisch sein. Zu diesem Zweck wird die geforderte Integration von Projekt- und Unternehmensplanung sowie -bewertung genutzt, um einheitliche steuerrechtliche Annahmen heranzuziehen. Dementsprechend ist auf die Regelungen der Unternehmenssteuerreform 2008[384] zurückzugreifen, um die beschriebene Problematik einzugrenzen. Geht man davon aus, dass eine natürliche Person einen Anteil an

---

(1996), S. 136.

380 Vgl. Bea/Scheurer/Hesselmann (2011), S. 509.

381 Im Rahmen der subjektiven Unternehmensbewertung besteht Einigkeit, dass die Ausschüttung als bewertungsrelevante Erfolgsgröße heranzuziehen ist. Vgl. dazu u.a. Matschke/Brösel (2013), S. 807; Dirrigl (2009), S. B 23. Da in der vorliegenden Arbeit der Zusammenhang von Kapitalwerten der Innovationen und Unternehmenswerten verdeutlicht wurde, ist diese Orientierung anhand der Ausschüttungen auch auf die Projektebene zu übertragen.

382 Vgl. auch Bea/Scheurer/Hesselmann (2011), S. 509 f.; Bode (2005), S.27.

383 Vgl. Bea/Scheurer/Hesselmann (2011), S. 509; Drukarczyk/Schüler (2009), S. 22 f.

384 Vgl. Messerer (2007), mit einem Überblick zur Unternehmensteuerreform 2008. Vgl. zusammenstellend Dreher (2010), S. 190 ff.. Vgl. im Zusammenhang mit der Unternehmensbewertung Hommel/Pauly (2007), S. 1156 ff.; Drukarczyk/Schüler (2009), S. 19 ff.; Zeidler/Schöniger/Tschöpel (2008), S. 277 f.

der Kapitalgesellschaft im Privatvermögen hält, so stellen die finanziellen Zuflüsse aus dieser Beteiligung Einkünfte aus Kapitalvermögen dar.[385] Entsprechend unterliegen die Ausschüttungen der Kapitalertragsteuer zuzüglich Solidaritätszuschlag.[386] Somit gilt für die entsprechenden Kapitaleinkünfte ein Einkommensteuersatz in Höhe von insgesamt 26,375 %.[387] Vernachlässigt man den Solidaritätszuschlag, resultiert eine Berechnung der Kapitalertragsteuer i.H.v. 25% und die Festlegung der persönlichen Einkommensteuersätze kann in den meisten Fällen vernachlässigt werden.[388]

2. Zumeist wird die Fremdfinanzierung nicht auf Basis eines einzelnen Projektes geplant und es können nur erschwert der Fremdfinanzierungsanteil und die einhergehenden Kosten in einer, vom Gesamtunternehmenskontext isolierten, Kapitalwertermittlung berücksichtigt werden. Die Verwendung der Gesamtkapitalgeber-Cashflows (FCF_t), die Vorgabe einer Ziel-Kapitalstruktur und die Diskontierung mit einem gewichteten Kapitalkostensatz stellt eine einfache und gebräuchliche Alternative unter Beachtung der Prämissen der Kapitalmarkttheorie dar.[389] Vor dem Hintergrund noch folgender Themenkomplexe, insbesondere der Risikotragfähigkeitsbeachtung und des Risikomanagements eines Unternehmens, wird diesem Vorgehen eine zu starke Komplexitätsreduktion attestiert, da die Beachtung von Finanzierungskonsequenzen und -restriktionen für die Sicherheit des Unternehmensfortbestandes von hoher Signifikanz ist.[390] Aus diesem Grund wird die Abstraktion von einer Finanzplanung abgelehnt, sodass die Integration von Projekt-

385 Vgl. Scheffler (2012), S. 75. Erst wenn die Ausschüttungen tatsächlich vorgenommen werden, erfolgt eine Besteuerung auf der persönlichen Ebene, sofern die Anteile im Privatvermögen gehalten werden. Erfolgt hingegen eine Gewinn-Thesaurierung, unterbleibt eine Besteuerung auf Anteilseignerebene, vgl. hierzu König/Maßbaum/Sureth (2009), S. 38 ff.

386 Vgl. § 43a (1) EStG, § 43(5) EStG i. V. m. §32 d(1) EStG und § 1 (1) SolzG. Die Einkommensteuer wird mit diesem Steuerabzug abgegolten („Abgeltungssteuer"). Der Solidaritätszuschlag wird im weiteren Verlauf allerdings vernachlässigt.

387 Vgl. König/Maßbaum/Sureth (2009), S. 47; Dreher (2010), S. 192. Diese Art der Besteuerung auf der privaten Ebene gilt auch für private Zinseinkünfte und Kursgewinne aus privaten Veräußerungsgewinnen, vgl. Dreher (2010), S. 192.

388 Liegen die Voraussetzungen für die Anwendung der Abgeltungsbesteuerung nicht vor, da die Anteile z. B. vollständig im Betriebsvermögen eines Anteilseigners gehalten werden, so ist das Teileinkünfteverfahren gemäß § 3 Nr. 40 d EStG in Verbindung mit § 3c Abs. 2 EStG anzuwenden. Vgl. dazu König/Maßbaum/Sureth (2009), S. 48 und Dreher (2010), S. 193. In diesem Fall besteht tatsächlich eine Einschränkung in der Praktikabilität, die allerdings nicht den Regelfall darstellt.

389 Vgl. Bea/Scheurer/Hesselmann (2011), S. 509 f. weisen in diesem Zusammenhang auf die DCF-Methodik hin.

390 Vgl. hinsichtlich der Signifikanz einer solchen Integration auch Riezler (1996), S. 137 m.w.N.; Nöll/Wiedemann (2008), S. 5.

und Unternehmensplanungen sowie die Integration der Rechenwerke[391] zu einem Gesamtsystem unabdingbar werden. Auf einer solchen Basis können über die Gewinn-und- Verlustrechnung und die Bilanz gesetzliche Normierungen der Ausschüttungen beachtet und über die Finanzplanung die Finanzierbarkeit stets überprüft werden. Die Finanzierungskonsequenzen, die den Innovationsprojekten zuzuordnen sind, können wiederum durch eine Verrechnung ermittelt werden, sodass weder auf Unternehmens- noch auf Projektebene ein Verzicht auf Finanzierungs- und Steuerplanungen erfolgt.

3. Im Zusammenhang mit der Fremdfinanzierung entsteht analog die Frage nach der finanziell und gesetzlich restringierten Ausschüttungsfähigkeit von Zahlungsströmen. Auch diese Restriktionen können durch die Integration der Gesamtrechenwerke auf Unternehmens- und Bereichsebene berücksichtigt werden und daher sind die gesetzlichen Anforderungen nach § 150 Abs. 3 und 4 AktG, § 268 Abs. 8 HGB simultan zu berücksichtigen.
4. Des Weiteren ist nicht nur die Steuerplanung auf Anteilseignerebene von Relevanz, sondern auch Unternehmenssteuern sind zu berücksichtigen.[392] Auch dieser Planungsschritt erfolgt durch die Integration der Rechenwerke, wobei eine explizite Erfolgsrechnung notwendig ist. Geht man wiederum von einer Kapitalgesellschaft aus, so unterliegt das zu versteuernde Einkommen im Sinne des § 8 (1) KStG der Körperschaftsteuer in Höhe von 15 %[393] gemäß § 23 (1) KStG. Zudem wird die Gewerbesteuer durch die Multiplikation der Steuermesszahl und dem durch die Hauptgemeinde festgesetzten Hebesatz berechnet und ist auf die Einkünfte aus Gewerbebetrieb anzusetzen.[394] Zu beachten ist allerdings die eingeschränkte Abzugsfähigkeit der Entgelte für Schulden gemäß § 8 Nr. 1a) GewStG, wonach 25 % der zuvor vollständig als Betriebsausgabe erfassten Entgelte wieder hinzuzurechnen sind.[395]
5. Wird die Fremdfinanzierung und insbesondere die Besteuerung im Zähler des Barwertkalküls berücksichtigt, so ist der Kalkulationszins im Nenner entsprechend

---

391 Vgl. dazu Dirrigl (2009), S. B 26 ff.

392 Vgl. Riezler (1996), S. 135 hinsichtlich dieser Fragestellung.

393 Hier kann wiederum ein Solidaritätszuschlag (§ 1 Abs. 1 SolzG) berücksichtigt werden, sodass ein effektiver Körperschaftsteuersatz in Höhe von 15,825 % resultiert.

394 Vgl. Scheffler (2012), S. 305.

395 Hinzurechnungsfähig sind Entgelte für Schulden, die über den Freibetrag von 100.000 Euro hinausgehen. Auch dies wird im weiteren Verlauf vernachlässigt. Vgl. dazu Scheffler (2012), S. 284.

anzupassen. Eine Alternativrendite, beispielsweise die risikofreie Marktrendite, wird ebenfalls als Rendite an die Eigenkapitalgeber verstanden, die allerdings noch um die Abgeltungssteuer anzupassen ist. Demnach wird aus dem Kalkulationszinssatz i ein Kalulationszinssatz nach persönlicher Besteuerung: $i_s = i \cdot (1 - s_{ASt})$.[396]

Da die Analyse und Bewertung von Risiken erst nach der Darstellung eines Planungsmodells unter Sicherheit integriert wird, unterbleibt hier eine weitere Spezifizierung von Nenner- und Zählergrößen zur Bewertung, sodass vor einer Ergänzung um Risiken die folgende Barwertformel zur Gesamtunternehmensbewertung inklusive Innovationeffekten anzuwenden ist:

$$UW_0 = \sum_{t=0}^{T} \frac{ECF_t^{Prod}}{(1+i_s)^t} + \sum_{t=0}^{T} \frac{\sum_{j=1}^{J} ECF_t^{Iov,j}}{(1+i_s)^t} + \frac{ECF_{T+1}^{RW}}{(1+i_s)^T \cdot i_s} \qquad (3\text{-}6)$$

Es wird festgestellt, dass durch die Berücksichtigung des deutschen Steuersystems und eine Verknüpfung mit der integrierten Gesamtunternehmensplanung, die eine Finanz- und Erfolgsplanung beinhaltet,[397] wesentliche Aspekte berücksichtigt werden, um die individuellen Ausschüttungskonsequenzen aus einer Innovation zu berechnen. Auch wenn eine isolierte und komplexitätsreduzierte Cashflow-Planung für einzelne Projekte erstellt werden könnte, sind der integrative Ansatz und ein überführbares Gesamtsystem für das gesamte Unternehmen zu bevorzugen, wenn wichtige strategische Entscheidungen im Innovationsbereich anstehen.[398]

Um die projektinduzierten Cashflows sowie Projektwerte aus dieser Unternehmensplanung zu extrahieren, ist der Logik der Mit-ohne-Bewertung[399] zu folgen, sodass eine indirekte respektive synoptische Bewertung von Projekten erfolgt.[400] Ohne Innovationsprojekte bestehen nur Zahlungsüberschüsse aus den laufenden Produkten

---

396 Vgl. Große-Frericks (2015), S. 247.

397 Vgl. auch Hahn/Bausch/Mayer (2000), S. 235 f.; Müller (2014), S. 269, der für die Integration von F&E-Projektzielen und Geschäftsplanung plädiert.

398 Vgl. auch Schultze/Fischer (2013), S. 426, mit dem Hinweis, dass lohnenswerte Investitionen stets in der Geschäftsplanung integriert sein sollten, was auch durch die „Gesetzgebung" gemäß IDW S1 i.d.F. 2008, Tz. 27 betont wird. Vgl. auch Listl (1997), S. 51, der betont, dass die Gesamtsicht aller Projekte „unter Anschluss an die strategische Unternehmensplanung herzustellen" ist.

399 Vgl. grundlegend zu den Ideen und Ursprüngen dieser Mit-ohne-Bewertung, Jaensch (1966a), S. 138; Jaensch (1966b), S. 664 f.; Sieben (1968), S. 277 ff.; Matschke (1972), S. 153 ff.; Matschke (1975), S. 253 ff.; Schierenbeck (1973), S.110-129; Lutz (1984), S. 205-216. Ferner dazu la Paix/Busch (2013), S. 824; Dreher (2010), S. 420 ff.; Alfs (2015), S. 142.

400 Vgl. dazu auch Hahn/Bausch/Mayer (2000), S. 230 im Kontext der Bewertung einer ganzen F&E-Strategie; vgl. Abschnitt 3.2.5 mit einem ersten Beispiel.

(ECF_t^{Prod}) - hier können auch allgemeine Verwaltungskosten einbezogen werden - und dem Restwert (ECF_{T+1}^{RW}). Der entsprechende Unternehmenswert ohne Projekte (UW_0^{ohne}) resultiert aus der Summe der Barwerte:

$$UW_0^{ohne} = \sum_{t=0}^{T} \frac{ECF_t^{Prod}}{(1+i_s)^t} + \frac{ECF_{T+1}^{RW}}{(1+i_s)^T \cdot i_s} \qquad (3\text{-}7)$$

Wird die Differenz aus diesem Teil-Unternehmenswert und dem Gesamtunternehmenswert inklusive Innovationeffekten (UW_0^{Iov}) gebildet, so ist diese auf die Innovationsprojekte, respektive die daraus resultierenden Ausschüttungen, zurückzuführen und als Summe der Kapitalwerte im Sinne von Formel (3-5) zu interpretieren:

$$UW_0^{Iov} - UW_0^{ohne} = \sum_{t=0}^{T} \frac{\sum_{j=1}^{J} ECF_t^{Iov,j}}{(1+i_s)^t} = \sum_{j=1}^{J} \boldsymbol{C_0^{Iov,j}} \qquad (3\text{-}8)$$

Demnach sind stets zwei Unternehmensplanungen aufzustellen. In dem einen Fall erfolgt die Planung inklusive Innovationprojekten und im anderen Fall besteht eine Basisplanung, sodass aus der Differenzbetrachtung heraus die Innovationen bewertet werden.

Werden einzelne Innovationsprojekte betrachtet, so ist eine Planung ohne dieses zu bewertende Projekt x (UW_0^{Iov-x}) und eine Planung inklusive aller Projekte aufzustellen (weiterhin:(UW_0^{Iov})). Die Differenzen in den Unternehmenswerten sowie periodischen Ausschüttungen sind dem isolierten Projekt zuzurechnen und ein separater Kapitalwert wird ermittelt:

$$UW_0^{Iov} - UW_0^{Iov-x} = \sum_{t=0}^{T} \frac{ECF_t^{Iov,x}}{(1+i_s)^t} = \boldsymbol{C_0^{Iov,x}} \qquad (3\text{-}9)$$

3.2 Innovations-Planungsrechnung mittels Corporate Model – unter Sicherheit

Nachfolgend werden die beschriebenen Grundsätze und die Planungssystematik anhand eines Beispiels in ein konkretes Planungsmodell integriert, wobei vorerst von der Stochastifizierung abgesehen wird und nur ein Innovationsprojekt im Unternehmen geplant wird. Somit können die grundlegenden Wirkungsketten und Rechenschritte transparent dargestellt und die Basis weiterer Berechnungen in dieser Arbeit umfassend illustriert werden.

3.2.1 Grundlagen zum Corporate Model nach Dirrigl

Anstatt ein vollkommen neues Modell zu entwickeln, erfolgt ein Rückgriff auf das integrierte Gesamtunternehmensmodell nach *Dirrigl*[401], das an die hier vorliegende Zielsetzung angepasst wird.

Das gewählte Planungsmodell nach *Dirrigl* ist in die Kategorie der Unternehmensgesamtmodelle und Simulationsmodelle einzuordnen[402] und stellt sich als besonders geeignet heraus, da eine Faktorisierung von mengen- und wertmäßigen Planungsgrößen sowie eine Beachtung der Finanzierungs- und Steuerkonsequenzen auf Unternehmensebene integriert werden. Das Modell wird insgesamt in vier Bereiche eingeteilt:[403]

I. Ableitung des Mengengerüsts
II. Monetäre und buchhalterische Konsequenzen
III. Besteuerung und Gewinnverwendung
IV. Finanzbereich

Indem zunächst ein Mengengerüst abgeleitet wird, werden nicht pauschal aggregierte Größen geschätzt, die bereits die wertmäßigen Konsequenzen umfassen,[404] sondern es wird eine detailliertere Mengenplanung wird vorangestellt, sodass erst durch die Bewertung mit Preisen ein Wertgerüst entsteht.

Die Basis des Mengengerüsts bildet die Planung von Absatz- und Produktionsmengen, um daraus resultierende Konsequenzen für die Materialverbrauchs-, die Materialbeschaffungs-, die Anlagen- sowie die Personalplanung abzuleiten. Dementsprechend wird die Integration von Teilplänen und somit auch die Integration von Innovationsplanungen ermöglicht, was als wesentlicher Vorteil zu werten ist, da eine flexible Anpassung an die Umwelt- und Umfeldbedingungen möglich ist.[405] Durch diese Struktur wird eine hohe Flexibilität erreicht. Folglich können kritische und riskante Erfolgsfaktoren implementiert werden,[406] um eine adäquate Abbildung der riskanten

401 Vgl. grundlegend Dirrigl (1988), S. 181 ff.
402 Vgl. Dolny (2003), S. 161 ff.
403 Vgl. zu den einzelnen Teilplanungsbereichen Dirrigl (1988), S. 181 und ferner Fischer (1997), S. 51 ff.
404 Vgl. dazu Henselmann (1999), S. 110 ff.
405 Vgl. Dolny (2003), S. 167; Kruppe (2013), S. 31.
406 Vgl. allgemein Dolny (2003), S. 167.

Innovationen zu erhalten und zudem potenzielle Kapazitätsengpässe[407] zu berücksichtigen.

Aufbauend auf der Mengenplanung ist durch die Multiplikation mit entsprechenden Preisen ein Wertgerüst abzuleiten, um die drei Rechenwerke zur Ermittlung der Ausschüttungen integriert aufzustellen.[408] Der Aufbau der drei Rechenwerke sollte gemäß den handelsrechtlichen Anforderungen ausgestaltet sein.[409] Unter Beachtung der Gewinn-und-Verlustrechnung und der Bilanz werden die gesetzlichen Normierungen der Ausschüttung sowie die Besteuerung abgeleitet.

Ergänzend ist über die explizite Finanzplanung stets die Finanzierbarkeit zu überprüfen,[410] sodass eine krisenfeste[411] Berücksichtigung der Liquiditätssituation und somit des Unternehmensfortbestandes ermöglicht ist. Zu diesem Zweck wird vorgesehen, eine Routine zu hinterlegen, in der unter Beachtung von festzulegenden Kapitalbeschränkungen eine konkrete Reihenfolge zum Liquiditätsausgleich definiert wird. Reicht das vollständige Finanzierungsvolumen nicht aus, so kann eine potenzielle Insolvenz simuliert und frühzeitig antizipiert werden.

Demnach wird ein Modell zur Verfügung gestellt, in dem Änderungen von Teilsystemen Interaktionen im Gesamtsystem auslösen und somit aufgrund der Verknüpfungen eine holistische Betrachtung ermöglichen. Auf dieser Basis kann unter ergänzender Beachtung der Stochastifizierung eine integrierte Analyse von Innovationen, Unternehmen, Risiken und Insolvenzgefahren erfolgen. Um die Konsequenzen und Potenziale einer solchen Planung zu verdeutlichen, wird im weiteren Verlauf ein Beispiel konstruiert, in dem die Grundstruktur des Models illustriert und die konzeptionellen Grundlagen erläutert werden.

3.2.2 Preis- und Mengendifferenzierung in Innovationsprojekten

Um die Planung unter Beachtung von Innovationen auszugestalten, sind entsprechend der identifizierten Risiken und der Lebenszyklusbeachtung eines Innovations-

---

407 Vgl. auch Hahn/Bausch/Mayer (2000), S. 236.

408 Vgl. auch Alfs (2015), S. 117, über den Vorteil, aufgrund der Integration von Rechenwerken, die Beachtung inter- und intratemporaler Interdependenzen zwischen Rechenwerken und Erfolgsfaktoren zu ermöglichen.

409 Hinsichtlich einer internen konzernorientierten Planung und Steuerung sollte sich der Aufbau an den konzerneinheitlichen Regeln für die HB II orientieren. Vgl. dazu auch Dolny (2003), S. 170 f.

410 Vgl. dazu Dirrigl (1988), S. 199 ff.

411 Vgl. Schön/Irmer (2010), S. 49.

projektes systematisch unterschiedliche Erfolgsfaktoren zu identifizieren,[412] die in der integrierten Planung und Bewertung von Innovationsaktivitäten zu berücksichtigen sind. Dementsprechend wird zwar die Struktur und Logik des Planungsmodells nach *Dirrigl* aufrechterhalten, allerdings werden wichtige Erfolgsfaktoren integriert, um die entscheidenden Wertkomponenten eines Innovationsprojektes zu berücksichtigen. Nachstehende Tabelle bietet einen Überblick:

Auszahlungen/Aufwendungen	Einzahlungen/Erträge
Vorlaufphase	
Forschung und Entwicklung Sachkosten Personalkosten Finanzierungskosten	Steuererleichterungen Subventionen (Staatlich u. durch Kunden)
Markt- und Nachlaufphase	
Produktionskosten Absatzkosten Einmalige Kosten (z.B. Relaunch) Laufende Kosten (z.B. Vertrieb) Reklamations-, Reparatur und Wartungskosten	Erlöse aus dem Produktverkauf Lizenzerlöse Wartungs- und Reparaturerlöse
Finanzierungskosten oder Innenfinanzierungserlöse Steuerzahlungen oder Steuererlöse	

Abbildung 11: Kosten und Erlöse im Lebenszyklus einer Innovation[413]

Da die Vorlaufphase durch F&E-Aktivitäten gekennzeichnet ist und die möglicherweise wertsteigernden Ergebnisse dieser Tätigkeiten erst in der Marktphase in Form des Absatzes und der Produktion der entwickelten Produkte oder Technologien deutlich wird,[414] sind die relevanten Erfolgsfaktoren an diese Phasen anzupassen.

Für die Vorlaufphase ist eine detaillierte Personalkosten- und Sachkostenplanung folglich notwendig. Die entsprechenden Finanzierungskosten werden allerdings durch die zugrundeliegende Planungssystematik mit der Liquiditätsroutine nicht autonom für ein einzelnes Projekt, sondern zunächst auf Gesamtunternehmensebene geplant, sodass eine Zurechnung durch die Mit-ohne-Bewertung erfolgt. Würde gänzlich auf die Finanzierungskosten verzichtet, wie es aus Komplexitätsgründen oftmals erfolgt, so würde eine von wenigen Planungskomponenten bereits vernachlässigt, die wiederum Steuerwirkungen beeinflusst, sodass der Genauigkeitsverlust

---

412 Vgl. auch Steinhoff (2008), S. 6; Riezler (1996), S. 142. Dickinson/Thornton/Graves (2001) beschreiben auf S. 519 dieses Vorgehen für die Portfolio-Konfiguration bei Boeing.

413 In Anlehnung an Bea/Scheurer/Hesselmann (2011), S. 213.

414 Vgl. auch Erner/Presse (2008), S. 25.

unter Umständen immens wird.[415] Hinsichtlich der Markt- und Nachlaufphase sind dann die Kosten der Produktion, des Absatzes und der Reparaturen, Wartungen sowie Reklamationen ausschlaggebend, sodass eine weitgehende Übereinstimmung mit den Faktoren des Basis-Modells festzustellen ist.[416]

3.2.3 Planung des leistungswirtschaftlichen Bereichs

In einem ersten Schritt wird der leistungswirtschaftliche Bereich geplant. Über alle Lebenszyklusphasen der Innovation hinweg und für das bestehende Unternehmen werden die Konsequenzen der Leistungserstellung ermittelt. Dabei ist der Absatzbereich als Ausgangspunkt anzusehen, dem die Material-, die Anlagen-, und die Personalplanung folgen. Ist der leistungswirtschaftliche Bereich geplant, so ist im vorliegenden Modell vorgesehen, die Finanzplanung dynamisch an den Planungskonsequenzen orientierend durchzuführen,[417] um einen Zahlungsausgleich unter Beachtung unterschiedlicher Finanzierungsrestriktionen zu erzielen.

3.2.3.1 Absatzbereich

Als Ausgangspunkt der Planung wird die Absatz- bzw. Umsatzplanung von Produkten herangezogen.[418] Um das Ziel einer Mit-ohne-Bewertung zu ermöglichen, sind die zugrundeliegenden Planungen zum einen mit dem Projekt und zum anderen ohne das Projekt aufzustellen. Die Erfolgsfaktoren, die für das gesamte Unternehmen gleichermaßen gelten (z.B. im Finanzierungsbereich) werden auf Unternehmensebene festgelegt. Faktoren, die speziell für das Innovationsprojekt gelten, werden für die Projekt- und Unternehmensebene differenziert geplant. Vereinfachend und zur Übersichtlichkeit wird für das bereits bestehende Unternehmen ohne Projekt angenommen, dass nur ein Produkt vermarktet und produziert wird, wobei die Flexibilität zur Anpassung an mehrere Produkte, wie es die detaillierte Berücksichtigung von Innovationsprojekten erfordert, jederzeit gewährleistet ist.[419]

Zur Ermittlung der Erlösseite wird, im Vergleich zum Ausgangsmodell nach *Dirrigl*, eine weitere Differenzierung vorgenommen, um die wesentlichen beeinflussbaren

---

415 Dies trifft vor allem auf kleine Unternehmen und Start-ups zu, die oft auf eine hohe Fremdfinanzierung angewiesen sind.
416 Vgl. dazu Dirrigl (1988), S. 183 ff.
417 Vgl. Dirrigl (1988), S. 182 f.
418 Vgl. Dirrigl (1988), S. 183; Dolny (2003), S. 174; Schön/Irmer (2010), S. 51.
419 Vgl. auch Dolny (2003), S. 177.

und nicht beeinflussbaren Erlöstreiber[420] zu separieren. Demnach können zunächst die Marktvolumina für die Produkte einbezogen werden, die erst durch die Multiplikation mit dem prozentualen Marktanteil zur geplanten Absatzmenge führen und wiederum mit einem Preis zum Umsatz aggregiert werden. Folgendes Berechnungsschema wird zugrunde gelegt:

Erfolgsfaktoren/ Berechnungsergebnisse	**Variablendeklaration**
Marktvolumen (MV)	$XMV_t = XMV_{t-1} \cdot (1 + f^{XMV})$
Wachstum Marktvolumen	f^{XMV}
Marktanteil (MA)	$MA_t = MA_{t-1} \cdot (1 + f^{MA})$
Wachstum Marktanteil	f^{MA}
Absatzmenge	$XU_t = XMV_t \cdot MA_t$
Preis (PU)	$PU_t = PU_{t-1} \cdot (1 + f^{PU})$
Wachstum Preis	f^{PU}
Umsatzerlöse (UE)	$U_t = XU_t \cdot PU_t$

Tabelle 1: Erfolgsfaktorisierung Umsatzplanung

Periode	1	2	3	4	5	6	7	8	9
	F&E-Phase			Marktphase				Nachlaufphase	
Unternehmen o. Projekt									
Wachstum MV	1,0%	1,0%	1,0%	1,0%	1,0%	1,0%	1,0%	1,0%	1,0%
Wachstum MA	0,5%	0,5%	0,5%	0,5%	0,5%	0,5%	0,5%	0,5%	0,5%
Marktvolumen	202.000	204.020	206.060	208.120	210.201	212.303	214.426	216.570	218.735
Marktanteil	20,1%	20,2%	20,3%	20,4%	20,5%	20,6%	20,7%	20,8%	20,9%
Absatzmenge	40.602	41.213	41.833	42.462	43.101	43.750	44.408	45.077	45.755
Absatzpreis	50	51	51	51	51	52	52	52	52
Wachstum PU	0,5%	0,5%	0,5%	0,5%	0,5%	0,5%	0,5%	0,5%	0,5%
Umsatzerlöse	2.040.251	2.081.308	2.123.182	2.165.882	2.209.468	2.253.951	2.299.289	2.345.598	2.392.782
Innovations-Projekt									
Wachstum MV					1,5%	1,5%	-2,0%		
Wachstum MA					0,0%	-10,0%	-20,0%		
Marktvolumen				10.000	10.150	10.302	10.096		
Marktanteil				80,0%	80,0%	72,0%	57,6%		
Absatzmenge				8.000	8.120	7.417	5.815		
Absatzpreis				40	39	38	38		
Wachstum PU					0,0%	-10,0%	-20,0%		
Umsatzerlöse				320.000	318.304	284.931	218.921		
Unternehmen mit Projekt (Konsequenzen für Rechenwerke)									
Summe Umsatzerlöse	2.040.251	2.081.308	2.123.182	2.485.882	2.527.772	2.538.882	2.518.211	2.345.598	2.392.782

Tabelle 2: Beispiel Umsatzplanung

In Tabelle 2 wird die Absatzplanung eines Unternehmens und eines Innovationsproduktes für neun Perioden zusammengefasst. Der Zeithorizont wird maßgeblich durch das

420 Vgl. dazu auch Erner/Presse (2008), S. 39 ff.

Innovationsprojekt mit einer dreijährigen Vorlaufphase, einer vierjährigen Marktphase und einer zweijährigen Nachlaufphase[421] determiniert. Für das noch nicht marktfähige Innovationsprodukt ist die Absatzplanung entsprechend der Lebenszykluserwartungen vorerst auf eine vierjährige Marktphase zu begrenzen und eine Restwertberechnung wird ausgeschlossen.[422]

Für die Umsatzerlöse sind darüber hinaus unterschiedliche Zahlungsziele zu berücksichtigen. Mittels einer Forderungsquote können der zahlungswirksame und der zahlungsunwirksame Teil der Umsatzerlöse differenziert werden, um einen Forderungsbestand und Zahlungskonsequenzen für die Erstellung der Rechenwerke zu ermitteln.

Erfolgsfaktoren/ Berechnungsergebnisse	**Variablendeklaration**
Forderungsquote	f^F
Zahlungswirksame Umsatzerlöse (UE)	$UEZ_t = UE_t \cdot (1 - f^F)$
Zahlungsunwirksame Umsatzerlöse (UE)	$EFORD_t = UE_t \cdot f^F$
Forderungsbestand (Forderungen)	$FORD_t$
Zahlungen aus Forderungen[423]	$ZFORD_t = FORD_{t-1}$

Tabelle 3: Erfolgsfaktorisierung Forderungsplanung

Das Berechnungsschema und die Beispielplanung sind den Tabellen 3 und 4 zu entnehmen:[424] Forderungsquoten von 10% für das bestehende Produkt und 12% für das Innovationsprodukt führen zu der nachfolgenden Forderungsplanung:

Periode	1	2	3	4	5	6	7	8	9
	F&E-Phase			Marktphase				Nachlaufphase	
Unternehmen o. Projekt									
Forderungen	204.025	208.131	212.318	216.588	220.947	225.395	229.929	234.560	239.278
Einz. Ford.	204.000	204.025	208.131	212.318	216.588	220.947	225.395	229.929	234.560
Einz. aus UE	2.040.225	2.077.202	2.118.994	2.161.612	2.205.109	2.249.502	2.294.756	2.340.967	2.388.063
Innovations-Projekt									
Forderungen				38.400	38.196	34.192	0		
Einz. Ford.				0	38.400	38.196	34.192		
Einz. aus UE				281.600	318.508	288.936	253.113		
Unternehmen mit Projekt (Konsequenzen für Rechenwerke)									
Summe Einz. aus UE	2.040.225	2.077.202	2.118.994	2.443.212	2.523.617	2.538.439	2.547.869	2.340.967	2.388.063
Summe Ford.	204.025	208.131	212.318	254.988	259.143	259.587	229.929	234.560	239.278

Tabelle 4: Beispiel Forderungsplanung

421 Eine zweijährige Nachlaufphase bietet sich oftmals an, um die Gesetzgebung zur Sachmängelhaftung der Bundesrepublik Deutschland zu beachten. BGB §§ 433-435 zufolge haftet der Verkäufer zwei Jahre nach Gefahrenübergang für Sachmängel, sodass die entsprechenden Kosten auch für die zuletzt abgesetzten Produkte in einer zweijährigen Nachlaufphase einbezogen werden. Vgl. ferner Jander/Kahlenberg/Graßhoff (2006), S. 128 ff.

422 Vgl. dazu Abschnitt 6.2.3, da eine Restwertberechnung erst auf Basis vollständiger Portfolios sinnvoll durchzuführen ist.

423 Es wird vereinfachend von einem Zahlungseingang in der Folgeperiode ausgegangen.

424 Vgl. Dirrigl (1988), S. 189 f.

Unmittelbar mit dem Absatzprozess sind auch Reklamations-, Wartungs- und Reparaturkosten verbunden. Um die Qualität des entwickelten Produktes zu kontrollieren, sollte eine entsprechende Planungskomponente hinterlegt werden, da hohe Folgekosten auf Mängel in der Entwicklung hinweisen können.[425] Die folgenden Berechnungsschritte werden hinterlegt: [426]

Erfolgsfaktoren/ Berechnungsergebnisse	**Variablendeklaration**
Reparaturquote (Rep.-Quote)	f^{REP}
Durchschnittlicher Reparaturkostensatz (ø Rep.-Kosten)	$PREP_t$
Zahlungs- und Aufwandskonsequenz aus Reparaturen (Rep.-kosten)	$ZREP_t = f^{REP} \cdot XU_t \cdot PREP_t$

Tabelle 5: Erfolgsfaktorisierung Reparaturkosten

Mit vergleichsweise hohen Reparaturquoten kann die mangelnde Erfahrung mit dem Innovationsprodukt berücksichtigt werden. Die Reparaturkosten sind sowohl als Aufwand in der Gewinn- und-Verlustrechnung, als auch als Auszahlung in der Finanzplanung zu erfassen. In der Nachlaufphase fallen im Beispiel ausschließlich diese Folgekosten an:

Periode	1	2	3	4	5	6	7	8	9
	F&E-Phase			Marktphase				Nachlaufphase	
Unternehmen o. Projekt									
Rep.-Quote	1,0%	1,0%	1,0%	1,0%	1,0%	1,0%	1,0%	1,0%	1,0%
Rep.-Menge	40	406	412	418	425	431	438	444	451
øRep.-Kosten	30	30	30	30	30	30	30	30	30
Rep.-Kosten	1.200	12.181	12.364	12.550	12.739	12.930	13.125	13.322	13.523
Innovations-Projekt									
Rep.-Quote	0,0%	0,0%	0,0%	2,0%	3,0%	4,0%	4,0%	4,0%	4,0%
Rep.-Menge	0	0	0	160	243	296	232	1.174	1.127
øRep.-Kosten	0	0	0	30	30	40	40	40	40
Rep.-Kosten	0	0	0	4.800	7.290	11.840	9.280	46.960	45.080
Unternehmen mit Projekt (Konsequenzen für Rechenwerke)									
Summe Rep.-Kosten	1.200	12.181	12.364	17.350	20.029	24.770	22.405	60.282	58.603

Tabelle 6: Beispiel Reparaturkosten

3.2.3.2 Dynamisierung der Absatzprognose mittels Diffusionsmodellen

Eine Absatzprognose zur Einführung von innovativen Produkten ist durch besondere Schwierigkeiten und Unsicherheiten gekennzeichnet, da ein Rückgriff auf Vergan-

[425] Vgl. dazu Jahn/Schnell (2014), S. 1 mit einem kurzen Überblick in der Automobilindustrie; Merk/Merk (2010), S. 234 weisen ebenfalls auf die hohen Risiken durch Fehlentwicklungen und Schadensersatzansprüche hin.

[426] Auf die Berücksichtigung weiterer Erlösbestandteile aufgrund von Wartungs- und Reparatur- oder Lizenzenzverträgen wird verzichtet.

genheitsdaten kaum möglich ist.[427] Im Rahmen der vorangehenden Erfolgsfaktorisierung konnte eine Unterteilung in die Prognosen des Marktvolumens und des Marktanteils vorgenommen werden. Diese Unterteilung kann gezielt genutzt werden, um das Marktvolumen mit der gesamtwirtschaftlichen Nachfragemenge zu fundieren, indem die Diffusionstheorie unterstützend herangezogen wird.

Allgemein befasst sich die Diffusionstheorie mit dem Lebenszyklus eines Produkts und beschreibt den Prozess der Einführung und Verbreitung einer Innovation in einem sozialen System, wie z.B. dem Markt[428] unter Beachtung bestimmter Gesetzmäßigkeiten.[429] Hierfür ist zunächst die Prognose des gesamten Marktpotenzials[430] notwendig, das auch als Sättigungsgrenze ($\bar{N}$) bezeichnet wird und nicht zu überschreiten ist. Die Prognose der Sättigungsgrenze kann je nach Produkt und Branche anhand unterschiedlicher Studien sowie demographischer Entwicklungen zur Ziel- und Käufergruppe erstellt werden.[431]

Die ermittelte Gesamtnachfragemenge fällt allerdings nicht zu einem bestimmten Zeitpunkt an, sondern ist über den Lebenszyklus des Produktes zu verteilen, indem mathematisch fundierte Wachstumsmodelle herangezogen werden.[432]

Die Wachstumsmodelle unterscheiden sich in der Berücksichtigung von Innovatoren, deren Kaufverhalten vor allem durch externe Beeinflussungen wie Werbung determiniert wird, und Imitatoren, die aufgrund der interpersonellen Kommunikation ihre Kaufentscheidungen treffen. Es lassen sich demnach insgesamt drei Modellgruppen bilden:[433]

a) Modelle, die auf der Beschreibung des innovatorischen Kaufverhaltens basieren, wie das exponentielle Modell,[434]

---

427 Vgl. auch Gravanovic (2014), S. 52.

428 Vgl. Homburg (2000), S. 226; Sander (2004), S. 78, S. 259.

429 Vgl. Schmalen (1989), S. 210.

430 Vgl. dazu Kotler/Keller/Biemel (2007), S. 198.

431 Vgl. auch Erner/Presse (2008), S. 36 ff., mit einem Beispiel zur Telekommunikationsbranche.

432 Vgl. Gavranovic (2014), S. 51 f. Anzumerken ist, dass diese Wachstumsmodelle von einem konstanten Marktpotenzial im Betrachtungszeitraum ausgehen, Marketing-Mix-Instrumente unberücksichtigt bleiben und die Zeit die einzige erklärende Variable ist.

433 Vgl. Homburg (2000), S. 227.

434 Vgl. dazu Fantapié Altobelli (1991), S. 37; Wintz (2010), S. 41; Mertens (2012), S. 193. Der kumulierte Marktabsatz einer Periode t ($N(t)$) kann mittels einer Innovationsrate (α_{DM}) wie folgt berechnet werden: $N(t) = \bar{N} \cdot (1 - e^{-\alpha_{DM} \cdot t})$, wobei ein monoton steigender Verlauf der kumulierten Marktabsatzmenge resultiert.

b) Modelle, die sich ausschließlich auf das imitatorische Kaufverhalten beziehen, wie z.B. das logistische und das Gompertz-Modell,[435] und

c) Modelle, die sowohl die Innovatoren- als auch die Imitatorennachfrage berücksichtigen. Letztere werden auch integrative Diffusionsmodelle genannt, worunter das Bass-Modell als eine Spezialform des verallgemeinerten Modells zu verstehen ist.

Stellvertretend wird im Folgenden das Bass-Modell als umfassendstes und verbreitetes Modell[436] mit einer vergleichsweise geringen Anzahl an notwendigen Inputparametern verwendet und in das Zahlenbeispiel integriert. Da das Bass-Modell[437] sowohl die Imitatoren- als auch die Innovatoren-Nachfrage berücksichtigt, bietet sich eine Schreibweise an, in der ein separater Ausweis dieser Komponenten vorgesehen ist. Diesem Anspruch dient die so genannte Differentialgleichung, wobei der Bestandszuwachs (N_t) unter Beachtung der Imitatorenrate (β_{DM}), der Innovatorenrate (α_{DM}) sowie der kumulierten Absatzmenge zu Beginn der Periode ($N(t-1)$) folgendermaßen berechnet wird:[438]

$$N_t = \alpha_{DM} \cdot (\bar{N} - N_{t-1}) + \beta_{DM} \cdot \frac{N_{t-1}}{\bar{N}} \cdot (\bar{N} - N_{t-1}) \qquad (3\text{-}10)$$

Anknüpfend an dem Zahlenbeispiel im Rahmen der Erfolgsfaktorisierung kann das Marktvolumen mithilfe dieses Bass-Modells dynamisiert werden. Das gesamte Marktvolumen ($\bar{N}$) wird für die vier-jährige Marktphase von Periode vier bis Periode sieben auf 60.000 Mengeneinheiten geschätzt. Die Prognosezeitpunkte sind beliebig festzulegen, sodass Monatsplanungen, Jahresplanungen oder Halbjahresplanungen vorliegen können. Im Beispiel werden die Absatzentwicklungen in halbjährigen Abständen geschätzt, sodass aus den vier Marktperioden acht Prognosezeitpunkte resultieren. Um das Modell und den Verlauf zu spezifizieren, sind zwei Datenpunkte für die ersten beiden Prognosezeitpunkte notwendig. Da hier eine halbjährige Unterteilung gewählt wurde, sind die geplanten Absatzmengen für das erste und das zweite Halbjahr anzugeben. Für das erste Halbjahr (Periode 4 1.HJ) wird ein Marktvolumen

---

435 Vgl. dazu Mertens (2012), S.188; Fantapié Altobelli (1991), S. 39 ff. Zur Prognose der kumulierten Absatzmenge ist hier eine Imitationsrate (β_{DM}) und ein Mindestabsatz (N_0) notwendig: $N(t) = \frac{\bar{N}}{1+\frac{\bar{N}-N_0}{N_0} e^{-\beta_{DM} \cdot \bar{N} \cdot t}}$.

436 Vgl. Backhaus et al. (2011), S. 47.

437 Vgl. grundlegend Bass (1969).

438 Vgl. Homburg (2000), S. 230; Backhaus et al. (2011), S. 48.

von 4.900 vorgegeben, während das Volumen im zweiten Halbjahr (Periode 4 2.HJ) bei 5.300 Mengen liegen soll. Auf dieser Basis können dann die Innovations- und die Imitationsrate wie folgt abgeleitet werden: Von der geplanten Absatzmenge im ersten Halbjahr ist nur der Teil der Differenzialgleichung betroffen, der das Innovatorenverhalten erklärt, da durch Imitatoren in der ersten Periode, aufgrund fehlender vorangehender interpersoneller Kommunikation mit Innovatoren, kein Absatzpotenzial zu erwarten sind. Demnach kann die Gleichung (3-10) umgestellt werden, um die der Innovationsrate (α_{DM}) zu ermitteln. Verwendet man des Weiteren die Plandaten für das zweite Halbjahr, so kann Gleichung (3-10) hinsichtlich der Imitatorenrate (β_{DM}) aufgelöst und weiterführend die Absatzentwicklung der Innovation in vier Marktjahren, die aus insgesamt acht Halbjahren bestehen, kalkuliert werden:

(Teil-)Periode	4 1.HJ	4 2.HJ	5 1.HJ	5 2.HJ	6 1.HJ	6 2.HJ	7 1.HJ	7 2.HJ
	Marktphase							
Vorgaben Marktvolumen	$N_1 =$	4.900	$N_2 =$	5.300	$\bar{N} =$	60.000		
α_{DM}	0,081667							
β_{DM}	0,177821							
Marktvolumen d. Periode	N_1	N_2	4.067	3.735	3.430	3.150	2.893	2.656
Kumuliertes Marktvolumen	4.900	10.200	14.267	18.002	21.432	24.581	27.474	30.130

Tabelle 7: Marktvolumenschätzung m. H. d. Bass-Modells

Um diese Berechnungen in das Planungmodell zu integrieren, ist das jährliche Marktvolumen als Summe der Halbjahreswerte zu berechnen und in die Werttreiberplanung einzubeziehen. Tabelle 2 müsste folgendermaßen verändert werden:[439]

Periode	1	2	3	4	5	6	7	8	9
	F&E-Phase			Marktphase				Nachlaufphase	
Innovations-Projekt									
Marktvolumen				10.200	7.802	6.580	5.549		
Marktanteil				80%	80%	72%	58%		
Absatzmenge				8.160	6.241	4.737	3.196		

Tabelle 8: Integration der Marktvolumenschätzung

Es werden unterschiedliche Kritikpunkte am Bass-Modell[440] und den Diffusionsmodellen im Allgemeinen geäußert, die allerdings durch Anpassungen zum größten Teil beseitigt werden können. Demnach kann kritisiert werden, dass die Zeit die einzige erklärende Variable für den Diffusionsprozess ist oder die Marktsättigungsmenge über die Zeit als konstant angenommen wird. Dagegen können Erweiterungen da-

[439] Im weiteren Verlauf werden die Ursprungsplanungen beibehalten.

[440] Vgl. dazu Schmalen (1989), S. 214 ff.

hingehend vorgenommen werden, dass Marketingvariablen wie Preise und Werbebudgets einbezogen werden oder ein variables Marktpotenzial ermöglicht wird. [441]

Eine tiefergehende Diskussion und Untersuchung ist an dieser Stelle nicht vorgesehen. Vielmehr ist das Potenzial anzuerkennen, die Absatzprognose mittels der Diffusionsmodelle über einen Marktzyklus hinweg zu fundieren,[442] wenn die Branchen- und Umfeldbedingungen diese Möglichkeit zulassen.

3.2.3.3 Materialbereich

Anknüpfend an der Absatzplanung erfolgen die Material- und Lagerplanungen für den Produktionsbereich. Wiederum sind Mengengrößen herzuleiten, die multipliziert mit unterschiedlichen Preisfaktoren in Zahlungs- und Aufwandswirkungen resultieren.[443] Insbesondere in der Vorlaufphase werden projekt-spezifische Erfolgsfaktorisierungen relevant. So sind Gemeinkosten, z.B. für die Raum- und Labornutzung[444] zu verrechnen und Versuchsmaterialien sowie Spezialmaschinen für die F&E zu beschaffen und zu finanzieren. In die vorliegende Materialplanung werden vorerst nur Zahlungs- und Aufwandsplanungen für Versuchsmaterialien integriert, während weitere Komponenten als Teil der Anlagenplanung klassifiziert werden. Nachstehendes Berechnungsschema dient der Materialplanung:

Erfolgsfaktoren/ Berechnungsergebnisse	Variablendeklaration
Lagerbestandquote der Fertigprodukte (FE)	f^{XF}
Lagerbestand Fertigprodukte (FE)[445]	$XF_t = f^{XF} \cdot XU_{t+1}$
Produktionsmenge	$XP_t = XU_t + XF_t - XF_{t-1}$
Materialverbrauchskoeffizient	f^{XV}
Materialverbrauch	$XV_t = f^{XV} \cdot XP_t$
Durchschnittspreis pro Materialeinheit	$DPV_t = \frac{VOR_{t-1} + EVOR_t}{XL_{t-1} + XZ_t}$
Lagerbestand Material	$XL_t = f^{XL} \cdot XV_{t+1}$
Menge Materialzukauf	$XZ_t = XV_t + XL_t - XL_{t-1}$
Materialbestand	$VOR_t = XL_t \cdot DPV_t$
Materialaufwand	$AVOR_t = XV_t \cdot DPV_t$

441 Vgl. Wintz (2010), S. 56 ff.; Schmalen (1989), S. 212 ff.
442 Vgl. Gavranovic (2014), S. 56 f.
443 Vgl. Dirrigl (1988), S. 186 f. und S. 196 ff.
444 Vgl. Erner/Presse (2008), S. 25.
445 Die Bewertung erfolgt zu Herstellungskosten, vgl. dazu Abschnitt 3.2.3.6.

Erfolgsfaktoren/ Berechnungsergebnisse	Variablendeklaration
Materialpreis	$PV_t = PV_{t-1} \cdot (1 + f^{PV})$
Materialpreissteigerung	f^{PV}
Verbindlichkeitsquote	f^{VB}
Verbindlichkeiten aus Lieferung	$EVERB_t = PV_t \cdot XZ_t \cdot f^{VB}$
Zahlungen aus Verbindlichkeiten[446]	$ZVERB_t = EVERB_{t-1}$
Zahlungen für Produktionsmaterial	$MAZ_t = PV_t \cdot XZ_t \cdot (1 - f^{VB}) + ZVERB_t$
Menge Versuchsmaterial F&E	XVM_t
Kostenfaktor F&E-Material	PVM_t
Auszahlungen/Aufwand F&E-Material	$ZVM_t = XVM_t \cdot PVM_t$

Tabelle 9: Erfolgsfaktorisierung Materialbereich

Durch die Vorgabe der notwendigen Erfolgsfaktoren entsteht im Beispiel die folgende Materialplanung auf Unternehmens- und Projektebene:

Periode	1	2	3	4	5	6	7	8	9
	F&E-Phase			Marktphase				Nachlaufphase	
Mengengrößen									
Unternehmen o. Projekt									
Lagerbestand FE	6.181	6.274	6.369	6.465	6.562	6.661	6.761	6.863	6.966
Produktionsmenge	40.693	41.306	41.928	42.558	43.198	43.849	44.508	45.179	45.858
Materialverbrauch	8.138	8.261	8.385	8.511	8.639	8.769	8.901	9.035	9.171
Materialbestand	1.239	1.257	1.276	1.295	1.315	1.335	1.355	1.375	1.394
Materialzugang	9.137	8.279	8.404	8.530	8.659	8.789	8.921	9.055	9.190
Innovations-Projekt									
Lagerbestand FE				1.200	1.218	1.112	0		
Produktionsmenge				9.200	8.138	7.311	4.703		
Materialverbrauch				2.300	2.034	1.827	1.175		
Materialbestand				610	548	352	0		
Materialzugang				2.910	1.972	1.631	823		
Wertgrößen									
Unternehmen o. Projekt									
Materialpreis p.St.	10,20	10,40	10,61	10,82	11,04	11,26	11,49	11,72	11,95
Erhöhung VLL	27.959	25.840	26.755	27.699	28.681	29.694	30.742	31.828	32.949
Tilgung VLL	27.000	27.959	25.840	26.755	27.699	28.681	29.694	30.742	31.828
Bestand VLL	27.959	25.840	26.755	27.699	28.681	29.694	30.742	31.828	32.949
Auszahlung	92.238	88.254	88.269	91.387	94.621	97.966	101.425	105.008	108.708
Durchschnittspreis	11,22	10,51	10,60	10,79	11,01	11,23	11,45	11,68	11,92
Materialverbrauch	91.297	86.824	88.871	91.876	95.105	98.465	101.945	105.550	109.281
Materialvorrat	13.900	13.211	13.524	13.979	14.477	14.990	15.519	16.063	16.611

446 Zur Übersichtlichkeit wird von einem Zahlungsausgang der Verbindlichkeiten im Folgejahr ausgegangen und von jeweils einer Materialart für das bestehende Unternehmensprodukt sowie das Innovationsprodukt. Vgl. Gravanovic (2014), S. 205 ff. hinsichtlich einer differenzierteren Materialplanung.

Periode	1	2	3	4	5	6	7	8	9
	F&E-Phase			Marktphase				Nachlaufphase	
Innovations-Projekt									
Materialpreis p.St.				8,16	8,32	8,49	8,66		
Erhöhung VLL				7.124	4.924	4.154	0		
Tilgung VLL				0	7.124	4.924	4.154		
Bestand VLL				7.124	4.924	4.154	0		
Auszahlung				16.622	18.613	14.617	11.281		
Durchschnittspreis				8,16	8,28	8,44	8,59		
Materialverbrauch				18.768	16.851	15.416	10.097		
Materialvorrat				4.978	4.540	2.970	0		
Aufwand F&E-Mat.	12000	14000	15000						
Unternehmen mit Projekt (Konsequenzen für Rechenwerke)									
Ausz. Material	104.238	102.254	103.269	108.009	113.234	112.582	112.706	105.008	108.708
Bestand VLL	27.959	25.840	26.755	34.823	33.605	33.848	30.742	31.828	32.949
Materialaufwand	103.297	100.824	103.871	110.644	111.956	113.881	112.042	105.550	109.281
Materialvorrat	13.900	13.211	13.524	18.957	19.017	17.961	15.519	16.063	16.611

Tabelle 10: Beispiel Materialbereich

3.2.3.4 Anlagenbereich

Weitere Komponenten sind für den Anlagenbereich zu planen.[447] In diesem Bereich sind Immobilien wie Grundstücke und Gebäude von Mobilien wie Produktionsanlagen zu unterscheiden. Folgendes Schema dient der Planung von Mobilien:

Erfolgsfaktoren/ Berechnungsergebnisse	**Variablendeklaration**
Beanspruchungskoeffizient Produktionsanlagen	f^{XA}
Anlagenkapazität	KP^{ANL}
Minimum Anlageeinheiten	$ANL_t^{min} = XP_t \cdot f^{XA}/KP^{ANL}$
Anlagenausfallrate	f^{Anl}
Anlagenbestand[448]	$XA_t = XA_{t-1}(1 - f^{Anl})$
Anlagenpreis	P_t^{ANL}
Abschreibungen Produktionsanlagen	AFA_t^{XA}
Menge F&E-Analgen	XVA_t
Kostenfaktor F&E-Anlagen	PVA_t
Investitionen F&E-Anlagen	$ZVA_t = XVA_t \cdot PVA_t$
Abschreibungen Forschungsanlagen	AFA^{VA}

Tabelle 11: Erfolgsfaktorisierung Anlagenbereich

---

447 Vgl. im Folgenden Dirrigl (1988), S. 190 -193.

448 Kapazitätsmängel, festzustellen durch eine Differenz von Anlagenbestand und Anlagenminimum, sind durch Investitionen in neue Anlagen auszugleichen.

Periode	1	2	3	4	5	6	7	8	9
	F&E-Phase			Marktphase				Nachlaufphase	
Unternehmen o. Projekt									
Kapazitätsbeanspr.	1,20								
Anlagenkapazität	3000								
Preissteigerung	2,00%								
Ausfallrate	0,01								
Abschreibungsrate	0,1								
Benötigte Anlagen	17	17	17	18	18	18	18	19	19
Kapazitätsrest	16	16	16	16	17	17	17	17	18
Anlagenzugang	1	1	1	2	1	1	1	2	1
Investitionen	10.200	10.404	10.612	21.649	11.041	11.262	11.487	23.433	11.951
Abschreibungen	10.000	10.020	10.058	10.114	11.267	11.245	11.246	11.270	12.487
Bilanzbestand	100.200	100.584	101.138	112.673	112.446	112.463	112.704	124.866	124.331
Innovations-Projekt									
Kapazitätsbeanspr.				0,80					
Anlagenkapazität				2500					
Preissteigerung				2,00%					
Ausfallrate				0,01					
Abschreibungsrate	0,2 bei Produktionsanlagen und Rest-Projektdauer für F&E-Anlagen								
Benötigte Anlagen				3	3	3	2	0	0
Kapazitätsrest				0	2	2	2	0	0
Anlagenzugang				3	1	1	0	0	0
Investitionen Prod.				15.300	5.202	5.306	0	0	0
Desinvestitionen Prod.				0	0	0	0	0	11.728
Investitionen F&E	0	10.000	0	0	0	0	0	0	0
Abschreibungen	0	0	1.429	1.429	3.979	4.421	4.806	4.243	3.774
Bilanzbestand	0	10.000	8.571	22.443	23.666	24.552	19.746	15.502	0
Unternehmen mit Projekt (Konsequenzen für Rechenwerke)									
Zahlungen für Anl.	10.200	20.404	10.612	36.949	16.243	16.568	11.487	23.433	223
Gesamte AfA	10.000	10.020	11.487	11.542	15.246	15.665	16.053	15.514	16.261
Bilanzbestand Anl.	100.200	110.584	109.709	135.115	136.112	137.015	132.449	140.369	124.331

Tabelle 12: Beispiel Anlagenbereich

Die benötigte Anzahl an Produktionsanlagen wird in Abhängigkeit der Produktionsmengen geplant.[449] Zur Vereinfachung wird von einer maschinellen Trennung der Produktion von Innovationsprodukt und dem bereits bestehenden Unternehmensprodukt ausgegangen. Darüber hinaus wird berücksichtigt, dass gegebenenfalls größere Spezialmaschinen für die F&E notwendig sind, sodass auch diese hier integriert geplant werden. Zusätzliche Anlagen sind zu aktivieren und über mehrere Perioden abzuschreiben, sodass Abschreibungsaufwand und Zahlungen an dieser Stelle divergieren, was in der Gesamtunternehmens- und Projektplanung aufgrund der Steuer- und Finanzierungseffekte zu berücksichtigen ist. Als Abschreibungszeitraum der

---

[449] Vgl. Dirrigl (1988), S. 184. Vereinfachend wird davon ausgegangen, dass jedes Produkt auf einem Anlagentyp gefertigt wird.

Anlagen des Innovationsprojektes wird die zum Aktivierungszeitpunkt geplante restliche Projektdauer unterstellt.[450] Zum geplanten Ende des Innovationsprojektes wird von einer Veräußerung der restlichen Anlagen zum Buchwert ausgegangen.Für die Anlagen des bereits bestehenden Produktes ist ein Abschreibungsfaktor anzugeben.

Darüber hinaus fallen im Unternehmen noch Kosten für Immobilien in Form von Grundstücken und Gebäuden an. Während der Grundstücksbestand als konstant gehalten wird, unterliegt der Gebäudebestand unterschiedlichen Entwicklungen, sodass periodisch verschiedene Zahlungs- und Aufwandskonsequenzen einzuplanen sind. Diese Gebäudekosten fallen auf der Gesamtunternehmensebene an und müssen somit für das gesamte Unternehmen erfasst werden,[451] um anschließend einzelnen Produkten und Projekten geschlüsselt und verursachungsgerecht zugerechnet werden zu können. Eine Schlüsselung dieser Gemeinkosten auf die einzelnen Produkte und Projekte ist dann sinnvoll, wenn man der Annahme folgt, dass langfristig mit geringerer Auslastung Gemeinkosten entfallen würden. Da ein Innovationsprojekt

Erfolgsfaktoren/ Berechnungsergebnisse	Variablendeklaration
Erhaltungsauszahlungen	$ZGEB_t = GEB_{t-1} \cdot f^{ZGB} \cdot (1 + f^{GB})$
Gebäudeerhaltungs-Koeffizient	f^{ZGB}
Preisentwicklung Gebäudeerhaltung	f^{GB}
Faktor aktivierungspflichtige Erhaltungsausz.	f^{ZGB1}
Aktivierungspflichtige Erhaltungsausz.	$ZGEB1_t = ZGEB_t \cdot f^{ZGB1}$
Aufwand Erhaltungsauszahlung	$ZGEB2_t = ZGEB_t - ZGEB1_t$
Gebäudebestand	$GEB_t = GEB_{t-1} + ZGEB1_t - AFG_t$
Abschreibung	$AFG_t = GEB_{t-1} \cdot f^{AFG}$

Tabelle 13: Erfolgsfaktorisierung Gebäudeplanung

in den Räumlichkeiten eines Unternehmens durchgeführt wird, können die entsprechenden Kosten für die Raum- und Labornutzung auch diesem Projekt zugerechnet werden. Hier wird unterstellt, dass die unmittelbar zahlungs- und aufwandswirksamen Erhaltungsaufwendungen $(ZGEB2_t)$ zu verrechnen sind, da diese hauptsächlich durch die tatsächliche Raumnutzung anfallen. Im Rahmen der Mit-ohne-Bewertung bedeutet dies, dass die Differenz zwischen den Unternehmensplänen mit und ohne Projekt, um diese Gemeinkostenbestandteile zu erhöhen ist. Demnach sind diese

450 Man könnte flexibel wiederum eine andere Nutzungsdauer heranziehen und analog zu den Produktionsanlagen eine Veräußerung am Ende des Projektes unterstellen.

451 Vgl. auch Erner/Presse (2008), S. 25.

Kosten aus dem Plan ohne Projekt zu eliminieren, während sie im Plan mit Projekt enthalten bleiben.

Im Basismodell nach *Dirrigl* ist vorgesehen, dass Gebäudekosten in die Bewertung von fertigen Erzeugnissen in Form von Herstellungskosten integriert werden. Zu diesem Zweck werden die Kosten der Gebäudenutzung als Sekundärkosten den Kostenstellen der Fertigung und der Verwaltung zugerechnet,[452] um dann in die Herstellungskosten des Endproduktes einbezogen werden zu können. In dem vorliegenden Beispiel werden die Gebäudegemeinkosten zudem dem F&E-Bereich zugerechnet, um dann einzelnen Innovationsprojekten bereits in der Vorlaufphase zugeordnet zu werden, sodass die Projekte als Kostenträger fungieren.[453] Demnach entfällt ein Teil der Gebäudegemeinkosten auf den Fertigungsbereich (f^{GGKP}) und wird daraufhin in die Herstellungskosten der fertigen Erzeugnisse einbezogen. Ein weiterer Teil der Gebäudegemeinkosten wird dem F&E-Bereich ($f^{GGKF\&E}$) zugerechnet, um von dort aus verschiedenen Innovationsprojekten und somit den F&E-Kosten zugeordnet zu werden. Außerdem wird ein zusätzlicher Teil dem allgemeinen Verwaltungsbereich (f^{GGKVW}) zugeschrieben und könnte auch von dort aus weiterverrechnet werden.

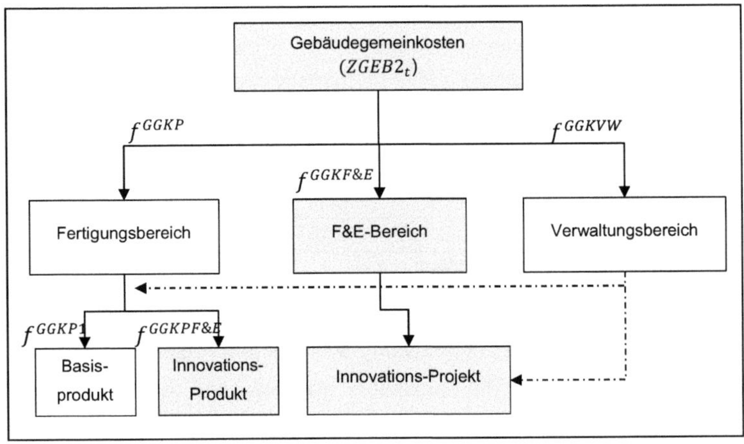

Abbildung 12: Beispielschema Gebäudekostenverrechnung

Um diese Gemeinkostenzurechnung vornehmen zu können, muss ein möglichst verursachungsgerechter Verteilungsschlüssel verwendet werden. In dem vorliegenden

452 Vgl. Dirrigl (1988), S. 221.
453 Vgl. Littkemann (2005), S. 35.

Modell wird die Quadratmeternutzung als naheliegender Verteilungsschlüssel zur Ermittlung der Gebäudekostenanteile verwendet. Folgendes Berechnungsschema wird zugrunde gelegt:

Erfolgsfaktoren/ Berechnungsergebnisse	**Variablendeklaration**
Verteilungsschlüssel F&E-Bereich (hier: gleichzeitig das einzige Innovations-Projekt)	$f^{GGKF\&E} = \frac{XQM_t}{SQM_t}$
Menge der Gebäude-Quadratmeter	SQM_t
Quadratmeternutzung durch den F&E-Bereich	XQM_t
Nutzung der Quadratmeter durch Innovation im F&E-Bereich[454]	$XQMI_t = XQM_t$
Gebäudegemeinkosten Innovation	$ZGEB2_t^{Iov} = f^{GGKF\&E} \cdot ZGEB2_t$

Tabelle 14: Erfolgsfaktorisierung Gebäudekostenverrechnung

Periode	1	2	3	4	5	6	7	8	9
	F&E-Phase			Marktphase				Nachlaufphase	
Unternehmen m. Projekt									
Erhaltungskoeff.	20%								
Preisentwicklung	2%								
Aktivierungsanteil	40%								
Abschreibungsrate	10%								
Bestand Grundst.	300.000	300.000	300.000	300.000	300.000	300.000	300.000	300.000	300.000
Bestand Gebäude	147.000	144.060	141.179	138.355	135.588	132.876	130.219	127.614	125.062
Quadratm. Gebäude	2.000	2.000	2.000	2.000	2.000	2.000	2.000	2.000	2.000
Gebäudeausz.	30.000	29.400	28.812	28.236	27.671	27.118	26.575	26.044	25.523
Herstellungsaufw.	12.000	11.760	11.525	11.294	11.068	10.847	10.630	10.418	10.209
Erhaltungsaufwand	18.000	17.640	17.287	16.941	16.603	16.271	15.945	15.626	15.314
Abschreibung	15.000	14.700	14.406	14.118	13.836	13.559	13.288	13.022	12.761
Unternehmen m. Projekt (Konsequenzen für Rechenwerke)									
Gesamtaufw. m. Projekt	45.000	44.100	43.218	42.354	41.507	40.676	39.863	39.066	38.284

Gemeinkosten Innovations-Projekt									
Quadratmeter	320	320	320	400	400	400	400	50	50
Verrechnungsfaktor	0,16	0,16	0,16	0,20	0,20	0,20	0,20	0,03	0,03
Gemeinkosten	2880	2822	2766	3388	3321	3254	3189	391	383

Unternehmen o. Projekt (Konsequenzen für Rechenwerke)									
Gesamtaufw. o. Projekt	42.120	41.278	40.452	38.965	38.186	37.422	36.674	38.675	37.901
Test									
Differenz = Aufwand Projekt	2.880	2.822	2.766	3.388	3.321	3.254	3.189	391	383

Tabelle 15: Beispiel Gebäudekostenverrechnung

[454] Da annahmegemäß nur ein Produkt besteht, entspricht die genutzte Quadratmeterzahl dem F&E-Bereich.

Der Aufwand ist in die Gewinn-und-Verlustrechnung zu übetragen. Während für die Vorlauf- und Nachlaufphase eine direkte Aufwandsverbuchung erfolgen kann, muss für die Marktphase die Aktivierung im Rahmen fertiger Erzeugnisse geprüft werden.

3.2.3.5 Personalbereich

Der Personalbereich ist insbesondere in der Vorlaufphase ein sehr kostenintensiver Bereich, der maßgeblich zum Wachstum aufgrund technischer Erfolge beitragen kann, allerdings auch die entsprechenden Risiken aufweist. Ein zentrales Problem für Management und Controlling kann der Schnittstellenbereich zwischen Technik und Wirtschaft darstellen.[455] Aus der unternehmerisch-ökonomischen Perspektive wird eine Wertsteigerung anvisiert, während die technisch geprägten Wissenschaftler eine divergierende Perspektive einnehmen und den technischen Erfolg fokussieren. Die wissenschaftlichen Fachkräfte müssen dennoch die Wirtschaftlichkeit beachten und ein Over-Engineering[456] aus „Technik-Verliebtheit" vermeiden. In diesem Kontext besteht die Aufgabe des Controllers in der Quantifizierung und Vermittlung von Sachdimensionen der F&E[457], ohne den Wissenschaftler und somit die Motivation zu sehr einzuschränken oder sogar die Fluktuation zu erhöhen.[458]

Forscher und Entwickler	Controller
Entscheidet sich im Konfliktfall für die technisch beste Lösung	Entscheidet sich im Konfliktfall für die wirtschaftliche beste Lösung
Strebt nach Gewinnung und Anwendung neuer Erkenntnisse zur Sicherung des technischen Fortschritts	Strebt nach Entwicklung wirtschaftlich erfolgreicher Produkte und Verfahren zur Sicherung der Wettbewerbsfähigkeit des Unternehmens
Strebt nach Freiräumen	Bindet alle Aktivitäten im Unternehmen in ein umfassendes Planungs- und Kontrollsystem ein
Empfindet den Controller als lästigen Nachprüfer	Ist abhängig von der Bereitschaft des Ingenieurs, seine Überlegungen und Ziele mitzuteilen
→ Gefahr: Hang zur „Technikverliebtheit"	**→ Gefahr: Ersticken der Kreativität**

Tabelle 16: Gegenüberstellung kontroverser Sichtweisen von Controllern und Wissenschaftlern[459]

455 Vgl. Bürgel/Haller/Binder (1996), S. 280 ff.; Ansoff (1984), S. 107 ff.
456 Vgl. Seidel/Stahl (2006), S. 191.
457 Vgl. dazu Bürgel/Haller/Binder (1996), S. 285.
458 Vgl. Bea (2012), S. 640 zur Skepsis und Widerstand der Wissenschaftler.
459 In Anlehnung an Bürgel/Haller/Binder (1996), S. 287.

Die Konzentration auf Human-Ressourcen ist besonders im F&E-Bereich von übergeordneter Bedeutung, da ca. 70% der Produktkosten in der Vorlaufphase anfallen[460] und innerhalb dieser Kosten wiederum der Hauptteil durch Personalkosten verursacht wird.[461] Tabelle 16 fasst die unterschiedlichen, zu überbrückenden Sichtweisen von Naturwissenschaftlern und Controllern zusammen. Eine zu intensive und restriktive Planung und Kontrolle durch den Controller könnte die Motivation der Wissenschaftler soweit einschränken, dass sie ineffizient werden oder sogar das Unternehmen verlassen.

Erfolgsfaktoren/ Berechnungsergebnisse	**Variablendeklaration**
Fixe Verwaltungsangestellte	XVW_t
Fixe Wissenschaftler für F&E	XNW_t
Variable Produktionsmitarbeiter	$XW_t = f^{XW} \cdot XP_t$
Personalbeanspruchungs-Koeffizienten	f^{XW}
Durchschnittliche Vergütung Fertigung	$LP_t^{XW} = LP_{t-1}^{XW} \cdot (1 + f^{GPXW})$
Löhne Fertigung	$W_t \cdot LP_t^{XW}$
Durchschnittl. Vergütung Verwaltung	$GP_t^{XVW} = GP_{t-1}^{XVW} \cdot (1 + f^{GPVW})$
Durchschnittl. Vergütung Wisssenschaflter	$GP_t^{XNW} = GP_{t-1}^{XNW} \cdot (1 + f^{GPNW})$
Gehaltssteigerung Verwaltung	f^{GPVW}
Gehaltssteigerung Wissenschaftler	f^{GPNW}
Fluktuationsrate Verwaltung	f_{XVW}^{FQ}
Fluktuationsrate Wissenschaftler	f_{XNW}^{FQ}
Durchschnittl. Fluktuationskosten Verwaltung	PFQ_t^{VW}
Durchschnittl. Fluktuationskosten Wissenschaft	PFQ_t^{NW}
Löhne und Gehälter Verwaltung	$LUG_t^{XVW} = XVW_t \cdot GP_t^{XVW}$
Löhne und Gehälter Wissenschaft	$LUG_t^{XNW} = XNW_t \cdot GP_t^{XNW}$
Fluktuationsmenge Verwaltung	$XFQ_t^{VW} = XVW_{t-1} \cdot f_{XVW}^{FQ}$
Fluktuationskosten/Aufwand Verwaltung	$ZFQ_t^{VW} = XFQ_t^{VW} \cdot PFQ_t^{VW}$
Fluktuationsmenge Wissenschaft	$XFQ_t^{NW} = XNW_{t-1} \cdot f_{XNW}^{FQ}$
Fluktuationskosten/Aufwand Wissenschaft	$ZFQ_t^{NW} = XFQ_t^{NW} \cdot PFQ_t^{NW}$

Tabelle 17: Erfolgsfaktorisierung Personalbereich[462]

460 Vgl. Bürgel/Haller/Binder (1996), S. 3.
461 Vgl. Bürgel/Haller/Binder (1996), S. 279.
462 Vgl. Dirrigl (1988), S. 187 f. und 196 f. Auf die Bildung von Pensionsrückstellungen wird verzichtet.

Dieser Know-How-Verlust, die Ineffizienzen,[463] Fluktuationskosten und Risiken sollten seitens des Controllings weitestgehend überwacht und quantifiziert werden und in Planungen sowie Kontrollen integrativer Bestandteil der Erfolgsfaktoren sein.[464] Da das Personal eine äußerst wichtige und zudem restriktive Ressource in Innovationsprojekten ist und neben der Sachkostenplanung das primäre Planungssubjekt[465] der Vorlaufphase darstellt, werden differenziertere Personalplanungen bevorzugt. Aus diesem Grund wird das in Tabelle 17 erfasste Berechnungsschema zugrunde gelegt.

Es ist davon auszugehen, dass bereits Personal fest im Unternehmen angestellt ist und somit nicht ein vollkommen neuer Bestand für einzelne Innovationsprojekte aufzubauen ist, sondern vielmehr eine Ressourcen- und Kostenallokation notwendig wird. Wird ein bereits angestellter Mitarbeiter aus dem Unternehmensbestand dem Projekt zugeordnet, so hat eine Allokation aus dem Unternehmensplan auf das Projekt zu erfolgen. Die zu verrechnenden Kosten können im zugrundeliegenden Modell wertmäßig oder mengenmäßig ermittelt und verrechnet werden. Im vorliegenden Beispiel wird von einer mengenmäßigen Verrechnung ausgegangen. Dementsprechend ist ein gewisser Anteil des Personals bereits im Unternehmen angestellt und in die laufende Unternehmensplanung integriert. Um eine Projektzurechnung zu erreichen, kann die Mitarbeiterzahl, die bereits im Unternehmen fest eingeplant und für den Projekteinsatz verfügbar ist, identifiziert und als freie Kapazität gekennzeichnet werden. In der Projektkalkulation, die auf Differenzen in der Unternehmensplanung mit und ohne Projekt basiert, sind die freien Mitarbeiter, die im Projekt eingesetzt werden sollen, auf Unternehmensebene ohne Projekt zu isolieren und in die Planung mit Projekt einzubeziehen. Aus der Differenzbetrachtung werden die Kosten somit verursachungsgerecht zugewiesen.

Der Tabelle 18 ist die beschriebene Systematik zur Personalplanung zu entnehmen.[466] Die so kalkulierten Auszahlungen und Aufwendungen aus der Personalnutzung sind dementsprechend in die Gewinn-und-Verlustrechnung und den Finanzplan einzutragen.

---

463 Vgl. auch Gleißner (2011b), S. 82; Littkemann (2005), S. 29.

464 Vgl. Merk/Merk (2010), S. 323 f.

465 Vgl. auch Moser (2008), S. 182.

466 Die Planung des Fertigungspersonals erfolgt analog zur Grundsystematik von Dirrigl. Vgl. dazu Dirrigl (1988), S. 187.

Periode	1	2	3	4	5	6	7	8	9
	F&E-Phase			Marktphase				Nachlaufphase	
Unternehmen o. Projekt mit Gemeinkosten									
Beanspruchungskoeff.	0,002								
LuG-Steigerung VW/Fert.	2%								
LuG-Steigerung Wiss.	2%								
Fluktuationsquote VW	5%								
Fluktuationskosten VW .	150								
Fluktuationsquote Wiss.	5%								
Fluktuationskosten Wiss.	180								
Anzahl Fertigung	82	83	84	86	87	88	90	91	92
Kosten Fertigung	11.710	12.089	12.480	13.032	13.448	13.874	14.473	14.927	15.393
Anzahl VW	18	18	18	18	18	18	18	18	18
Kosten VW	5.508	5.618	5.731	5.845	5.962	6.081	6.203	6.327	6.453
Fluktuation VW	1	1	1	1	1	1	1	1	1
Kosten Fluktuation VW	150	150	150	150	150	150	150	150	150
Anzahl Wiss.	8	8	8	8	8	8	8	8	8
Kosten Wiss.	2.856	2.913	2.971	3.031	3.091	3.153	3.216	3.281	3.346
Fluktuation Wiss.	1	1	1	1	1	1	1	1	1
Kosten Fluktuation Wiss.	180	180	180	180	180	180	180	180	180
Gesamtaufw. Personal	20.404	20.951	21.512	22.238	22.831	23.439	24.223	24.865	25.523
Innovations-Projekt									
Beanspruchungskoeff.	0,004								
LuG-Steigerung VW/Fert.	2%								
LuG-Steigerung Wiss.	4%								
Fluktuationsquote VW	5%								
Fluktuationskosten VW .	150								
Fluktuationsquote Wiss.	10%								
Fluktuationskosten Wiss.	180								
Anzahl Fertigung				37	33	30	19		
Kosten Fertigung				5.607	5.101	4.730	3.056		
Anzahl neue VW	7	7	7	5	5	5	5	0	0
Kosten VW	2.142	2.185	2.229	1.624	1.656	1.689	1.723	0	0
Fluktuation VW	1	1	1	1	1	1	1	0	0
Kosten Fluktuation VW	150	150	150	150	150	150	150	0	0
Anzahl neue Wiss.	22	22	22	0	0	0	0	0	0
Kosten Wiss.	8.008	8.328	8.661	0	0	0	0	0	0
Fluktuation Wiss.	3	3	3	0	0	0	0	0	0
Kosten Fluktuation Wiss.	540	540	540	0	0	0	0	0	0
Projekt direkt (ohne GK)	10.840	11.203	11.580	7.381	6.907	6.569	4.929	0	0
Gesamtaufw. Unternehmen m. Projekt (Konsequenzen für Rechenwerke mit Projekt)									
Löhne und Gehälter	30.224	31.134	32.072	29.139	29.258	29.528	28.671	24.535	25.193
Fluktuationskosten	1.020	1.020	1.020	480	480	480	480	330	330
Gesamtaufw. m. Projekt	31.244	32.154	33.092	29.619	29.738	30.008	29.151	24.865	25.523

Kapazitätsverrechnung Innovations-Projekt – Gemeinkostenverrechnung									
Freie Kapazität VW	3,0	3,0	3,0	3,0	3,0	3,0	3,0	3,0	3,0
Genutzte Kapazität Projekt	3,0	3,0	3,0	3,0	3,0	3,0	3,0	0,0	0,0
Freie Kapazität Wiss.	2,0	2,0	2,0	2,0	2,0	2,0	2,0	2,0	2,0
Genutzte Kapazität Projekt	2,0	2,0	2,0	2,0	2,0	2,0	2,0	0,0	0,0
Gemeinkosten (LuG/Fluktuation)	1.632	1.665	1.698	1.732	1.767	1.802	1.838	0	0

Gesamtaufw. Unternehmen o. Projekt (Konsequenzen für Rechenwerke ohne Projekt)									
Aufwand Unternehmen ohne Projektkosten	18.772	19.286	19.814	20.507	21.065	21.637	22.385	24.865	25.523

Projektaufwand inklusive Gemeinkosten	12.472	12.868	13.278	9.113	8.674	8.371	6.766	0	0

Tabelle 18: Beispiel Personalbereich

3.2.3.6 Bewertung fertiger Erzeugnisse

Für die beiden Produkte ist zudem die Bewertung fertiger Erzeugnisse in der Marktphase von Relevanz, sodass die Verrechnung von Einzel- und Gemeinkosten auf die Endprodukte gemäß den gesetzlichen Vorschriften zu erfolgen hat.[467] Zum einen fallen getrennt voneinander Fertigungs- und Materialeinzelkosten an, die ohne weitere Verrechnungen den Produkten zugeordnet werden können. Des Weiteren bestehen getrennte Maschinen in der Fertigung, sodass auch hier die Abschreibungen produktspezifisch und nur auf die Produktionsmenge zu verteilen sind. Darüber hinaus werden von beiden Fertigungsstellen der Produkte die Gebäude genutzt, die wiederum zu Erhaltungsaufwendungen und Abschreibungen führen, sodass diese ebenfalls in die Herstellungskosten einzubeziehen sind. Diese Gemeinkosten sind dem Fertigungsbereich zuzurechnen und dann auf die unterschiedlichen Produkte zu verteilen.[468] Durch die weitestgehend räumliche Trennung, die in dem vorliegenden Beispiel und Modell unterstellt wird, kann auch hier eine Schlüsselung mittels der Quadratmeterzahl direkt auf die Produkte vorgenommen werden.[469] Folgendes Berechnungsschema wird berücksichtigt:

Erfolgsfaktoren/ Berechnungsergebnisse	**Variablendeklaration**
Gebäudegemeinkosten Produkt 1	$ZGEB2_t^{P1}=f^{GGKP1} \cdot ZGEB2_t$
Gemeinkostenanteil Produkt 1	$f^{GGKP1} = \frac{XQMP1_t}{SQM_t}$
Gebäudegemeinkosten Innovation	$ZGEB2_t^{PF\&E} = f^{GGKPF\&E} \cdot ZGEB2_t$
Abschreibungsanteil Produkt 1	$AFG_t^{P1} = f^{GGKP1} \cdot AFG_t$
Abschreibungsanteil Innovation	$AFG_t^{PF\&E} = f^{GGKPF\&E} \cdot AFG_t$

Tabelle 19: Erfolgsfaktorisierung Fertige Erzeugnisse

Eine Bewertung der fertigen Erzeugnisse unter Einbezug aller bisherigen Ergebnisse ist der folgenden Tabelle zu entnehmen:[470]

467 Die gesetzlichen Vorschriften umfassen § 255 (2) HGB sowie § 5 (1) EStG.

468 Vgl. auch Abschnitt 3.2.3.4.

469 Je nach Bewertungssituation sind andere Verteilungsschlüssel zu definieren.

470 Der Wert der Lagerbestände entsteht durch die Bildung eines Durchschnittspreises, der auf dem periodischen Produktionswert und dem Lagerbestandswert zu Beginn der Periode sowie den korrespondierenden Mengen basiert. Dieser Preis wird dann mit der Lagerbestandsmenge am Ende der Periode multipliziert.

Periode	1	2	3	4	5	6	7	8	9
	F&E-Phase			Marktphase				Nachlaufphase	
Unternehmen o. Projekt									
Einzelkosten									
Material-EK p.Stk.	2,0	2,1	2,1	2,2	2,2	2,3	2,3	2,3	2,4
Personal-EK p.Stk.	0,29	0,29	0,30	0,30	0,31	0,32	0,32	0,33	0,33
Gemeinkosten									
Abschreibung Anlagen p. Stk	0,246	0,243	0,24	0,238	0,261	0,256	0,253	0,249	0,272
Anteil an Gebäude-GK	0,50	0,50	0,50	0,50	0,50	0,50	0,50	0,50	0,50
Gebäude-GK p.Stk.	0,41	0,39	0,38	0,36	0,35	0,34	0,33	0,32	0,31
Herstellungskosten p. Stk.	2,977	3,006	3,037	3,070	3,130	3,164	3,200	3,238	3,303
Durchschnittpreis	2,628	2,957	3,027	3,065	3,122	3,159	3,195	3,232	3,294
Lagerbestand Menge	6.181	6.274	6.369	6.465	6.562	6.661	6.761	6.863	6.966
Lagerbestand Wert	16.246	18.552	19.279	19.814	20.486	21.040	21.599	22.183	22.946
Bestandsveränderung	14.419	2.306	726	536	672	554	559	584	763
Innovations-Projekt									
Einzelkosten									
Material-EK p.Stk.				2,040	2,081	2,122	2,165		
Personal-EK p.Stk.				0,606	0,618	0,631	0,643		
Gemeinkosten									
Abschreibung Anlagen p. Stk				0,000	0,313	0,409	0,718		
Anteil an Gebäude-GK				0,200	0,200	0,200	0,200		
Gebäude-GK p.Stk.				0,675	0,748	0,816	1,243		
Herstellungskosten p. Stk.				3,321	3,760	3,978	4,769		
Durchschnittpreis				3,321	3,704	3,939	4,611		
Lagerbestand Menge				1.200	1.218	1.112	0		
Lagerbestand Wert				3.986	4.512	4.380	0		
Bestandsveränderung				3.986	526	-131	-4.380		
Unternehmen mit Projekt (Konsequenzen für Rechenwerke)									
Lagerbestand Wert	16.246	18.552	19.279	23.800	24.997	25.421	21.599	22.183	22.946
Bestandsveränderung	14.419	2.306	726	4.521	1.198	423	-3.821	584	763

Tabelle 20: Beispiel Fertige Erzeugnisse

3.2.3.7 Dynamisierung von Kostenfaktoren mittels Erfahrungskurven

Bisher wurden unterschiedliche Kostenfaktoren identifiziert und ihr Einbezug in das Planungsmodell erläutert. Allerdings verändern sich einige Faktoren im Zeitverlauf und es existieren insbesondere für Kostenfaktoren Quantifizierungsinstrumente, um diese Entwicklungen herzuleiten. Es lassen sich im Rahmen eines idealtypischen Produktlebenszyklus allgemeine Erfahrungskurveneffekte erzielen,[471] sodass einige Kostenfaktoren nicht als statisch zu unterstellen sind, sondern im Zeitverlauf in Ab-

[471] Vgl. grundlegend Henderson (1984).

hängigkeit von der Produktionsmenge sinken.Vor diesem Hintergrund kann die Gesetzmäßigkeit, dass sich die „wertschöpfungsbezogenen Selbstkosten“[472] eines Produktes langfristig verringern, beobachtet, instrumentalisiert und in die Planung integriert werden. Der beobachtete Effekt ist maßgeblich auf Lerneffekte zurückzuführen, da mit jedem produzierten Stück Handlungen automatisiert und verbessert werden.

Formalisieren lässt sich dieser Zusammenhang durch die Kostenerfahrungskurve. Demnach wird ein funktionaler Zusammenhang modelliert, der beinhaltet, dass die gesamten Stückkosten (K_x) mit einer Verdopplung der kumulierten Produktionsmenge (X) um einen bestimmten Prozentsatz (b) abnehmen. Dabei bilden die Stückkosten der allerersten produzierten Einheit (a) den Ausgangspunkt zu Berechnung der Grenzkosten:[473]

$$k_x = a \cdot x^{-b} \qquad (3\text{-}11)$$

Der Degressionsfaktor b bezeichnet den Prozentsatz, um den die Stückkosten mit einer Ausweitung der Produktionsmenge sinken und wird in Abhängigkeit der Lernrate (l) ermittelt:[474]

$$-b = \frac{\ln(1-l)}{\ln(2)} \qquad (3\text{-}12)$$

In dem vorliegenden Modell werden alle Variablen und deren Ausprägungen durch diesen Effekt beeinflusst, die von den Mitarbeitern und deren Arbeitsleistung abhängen. Vorrangig sind demnach die Quote an notwendigen Mitarbeitern in der Fertigung und der Materialverbrauchskoeffizient im Zeitablauf durch einen Erfahrungskurveneffekt anzupassen. Somit können die bisher statischen Quoten durch die Anwendung des Erfahrungskurveneffektes dynamisiert werden, sodass insgesamt unter Vorgabe der benötigten Faktoren zur Produktion der ersten Einheit (a) und der Lernrate (l) ein Erfahrungskurveneffekt zur Dynamisierung der Faktoreinsätze berücksichtigt werden kann. Beispielhaft könnten unter Einbezug der bereits kalkulierten Produktionsmengen[475] folgende Berechnungen zur Dynamisierung des Faktoreinsatzes an Fertigungsmitarbeitern und Fertigungsmaterial in der Marktphase auf Basis von Erfahrungskurven integriert werden:

---

472 Baum/Coenenberg/Günther (2013), S. 124.

473 Formale Darstellung in Anlehnung an Biberacher (2003), S. 147; vgl. auch Baum/Coenenberg/Günther (2013), S. 128 ff.

474 Vgl. dazu Baum/Coenenberg/Günther (2013), S. 130.

475 Vgl. dazu Tabelle 10.

Periode	1 2 3	4	5	6	7	8 9
	F&E-Phase	Marktphase				Nachlauf
Notwendige Angaben		I = 12%		a = 0,02		
		b = -0,1844				
Kumulierte Produktionsmenge (X)		9.200	17.338	24.649	29.352	
Produktionsmenge der Periode (x)		9.200	8.138	7.311	4.703	
Kumulierter Faktoreinsatz (K_X)		41,912	70,273	93,629	107,960	
Faktoreinsatz der Periode (PK)		41,912	28,362	23,356	14,331	
Durchschnittl. Faktoreinsatz (dk)		0,00456	0,00349	0,00319	0,00305	
Grenzwertiger Faktoreinsatz (gk)		0,00372	0,00331	0,0031	0,003	

Tabelle 21: Beispiel Erfahrungskurveneffekt Fertigungsmitarbeiter

Periode	1 2 3	4	5	6	7	8 9
	F&E-Phase	Marktphase				Nachlauf
Notwendige Angaben		I = 10%		a = 1		
		b = -0,152				
Kumulierte Produktionsmenge (X)		9.200	17.338	24.649	29.352	
Produktionsmenge der Periode (x)		9.200	8.138	7.311	4.703	
Kumulierter Faktoreinsatz (K_X)		2709,477	4637,285	6249,395	7246,840	
Faktoreinsatz der Periode (PK)		2709,477	1927,807	1612,110	997,445	
Durchschnittl. Faktoreinsatz (dk)		0,29451	0,23689	0,2205	0,21209	
Grenzwertiger Faktoreinsatz (gk)		0,24974	0,22681	0,215	0,20937	

Tabelle 22: Beispiel Erfahrungskurveneffekt Fertigungsmaterial

In die Projektplanung respektive Werttreiberplanung ist letztendlich der berechnete durchschnittliche Faktoreinsatz einer Periode an der entsprechenden Stelle zu integrieren. Das bedeutet, dass in Tabelle 18 die Zeile 22 und in Tabelle 10 der Materialeinsatzfaktor durch die vorliegenden Ergebnisse zu substituieren wären.

Es verändern sich infolgedessen auch die Einzelkosten sowie Selbstkosten des Produktes. Dieser Erfahrungskurveneffekt kann den Wettbewerb auf einem Markt stark beeinflussen, da Anbieter, die bereits frühzeitig in den Markt eintreten konnten, vermehrt Kostensenkungen erreicht haben. Ist die Kostenführerschaft vorherrschend, so können diese Anbieter bei gleichen Preisen, höhere Gewinne erzielen oder aufgrund der Kostenentwicklung geringere Preise und somit höhere Marktanteile erreichen. Der Kostenerfahrungskurveneffekt wird somit zum zentralen Instrument der Wettbewerbsfähigkeit und wird durch einen frühzeitigen Markteintritt und somit eine verkürzte Vorlaufphase gefördert.

3.2.4 Planung des Finanzbereichs

Der Finanzbereich wird integriert geplant und flexibel an die leistungswirtschaftlichen Zahlungsentwicklungen unter Einhaltung von Finanzierungsrestriktionen angepasst.[476] Für eine solche Finanzplanung ist eine Liquiditätsroutine zu spezifieren, sodass deren allgemeiner Aufbau im folgenden Abschnitt erläutert wird. Daraufhin sind Möglichkeiten zur Feststellung einer Insolvenz sowie zur Berücksichtigung der sich daraus ergebenden Konsequenzen zu illustrieren. Durch die Erläuterungen zum Aufbau der Liquiditätsroutine und die anschließende Erweiterung um die Insolvenz-Problematik, wird die Planung des Finanzbereichs in zwei Abschnitte unterteilt.

3.2.4.1 Aufbau der Liquiditätsroutine

Basierende aus der Liquiditätsroutine wird unter anderem sichergestellt, dass die Finanzplanung unter Einbezug der leistungswirtschaftlichen Zahlungsentwicklungen erfolgt. Demnach ist auf Basis der leistungswirtschaftlichen Planungen ein vorläufiger Zahlungssaldo aus sämtlichen Ein- und Auszahlungen zu ermitteln, der durch Finanzierungsvorgänge auszugleichen ist. In diesen Zahlungssaldo sind bereits die in der Gewinn-und-Verlustrechnung geplanten Ausschüttungen sowie die steuerlichen Konsequenzen einzubeziehen. Anpassungen in der Finanzierung werden nur vorgenommen, wenn es notwendig ist, um den Bonitäts- sowie Vertragsanforderungen von Banken[477] und der langfristigen Sicherheit zu genügen. Dies entspricht einer bilanzabhängigen und realitätsnahen Finanzierungspolitik, die zugleich die häufigste Finanzierungspraxis des Managements widerspiegelt.[478] Aufgrund von Liquiditätsvorgaben sowie vertikalen und horizontalen Bilanzrestriktionen,[479] die zum Ende der Periode erfüllt sein sollten, wird zudem eine periodische Anpassung der Finanzierungstätigkeit initiiert. Im Falle eines festgestellten Liquiditätsüberschusses wird zu nächst kurzfristiges Fremdkapital ausgeglichen und dann kurzfristig in Finanzanlagen

---

476 Vgl. Dirrigl (1988), S. 199 ff.

477 Ratings und Covenants werden von Banken unter anderem in Abhängigkeit von Kennzahlen determiniert. Vgl. dazu Heinrich (2009), S. 156 ff. und Del Mestre (2001), S. 107 ff.

478 Vgl. dazu auch Lobe/Essler (2008), S. 68; Schneider (1992), S. 580. Dieses Verhalten der Manager ist darauf zurückzuführen, dass Restriktionen von Banken und die genannten Finanzierungsregeln einen Orientierungsrahmen bieten, um „solide finanziert zu sein", Schneider (1992), S. 580.

479 Vgl. dazu Dirrigl (1988), S. 205 ff. Vertikal wird ein maximal zulässiger Verschuldungsgrad (VG) vorgegeben, während die horizontale Restriktion auf die „Goldene Finanzierungsregel" zurückzuführen ist, indem ein vorgegebener Anlagendeckungsgrad (AD) einzuhalten ist. Vgl. dazu auch Schneider (1992), S. 577.

investiert. Wird ein Liquiditätsdefizit festgestellt, so wird orientierend an der Pecking-Order[480] eine Prioritätenreihenfolge wahrgenommen, die zuerst zum Abbau kurzfristiger Finanzinvestitionen, dann zur Aufnahme kurzfristigen Fremdkapitals, anschließend zur Heranziehung langfristigen Fremdkapitals und in einem letzten Schritt zur Erhöhung von Beteiligungskapital führt.[481]

Erfolgsfaktoren/ Berechnungsergebnisse	Variablendeklaration
Notwendiger Kassenbestand	$KAS_t = f^{KAS} \cdot UE_{t+1}$
Quotaler Kassenbestand	f^{KAS}
Horizontale Bilanzrestriktion – Max. Verschuldungsgrad	$\overline{VG}$
Vertikale Bilanzrestriktion – Anlagendeckungsgrad	$\overline{AD}$
Zahlungssaldo	$ZS(.)_t$
Finanzanlagen	FIN_t
Veränderung Finanzanlagen	$DFIN_t = FIN_t - FIN_{t-1}$
Zinsertrag Finanzanlagen	$ZFIN_t = i_{FIN} \cdot FIN_{t-1}$
Kurzfristiges Fremdkapital	FKK_t
Maximales kurzfristiges Fremdkapital	$\overline{FKK_t}$
Veränderungen kurzfristiges Fremdkapital	$DFKK_t = FKK_t - FKK_{t-1}$
Maximale Veränderung kurzfr. Fremdkapital	$\overline{DFKK_t} = \overline{FKK_t} - FKK_{t-1}$
Zins für kurzfristiges Fremdkapital	$ZFKK_t = i_{FKK} \cdot FKL_{t-1}$
Langfristiges Fremdkapital	FKL_t
Veränderung langfristiges Fremdkapital	$DFKL_t = FKL_t - FKL_{t-1}$
Zins für langfristiges Fremdkapital	$ZFKL_t = i_{FKL} \cdot FKL_{t-1}$
Beteiligungskapital	BEK_t
Maximaler Fremdkapitalbestand durch VG	$\overline{FK_t^{VG}} = \overline{VG} \cdot EK_{t-1};$
Maximaler Fremdkapitalbestand durch AD	$\overline{FK_t^{AD}} = \overline{AD} \cdot Anlagevermögen$
Vorläufiger Fremdkapitalbestand	$FK_t^V = FKL_{t-1} + FKK_{t-1} - TIL_t$
Maximale Fremdkapitalaufnahme	$\overline{DFKA_t} = \overline{\overline{\overline{FK_t}}} - FK_t^V$
Maximal zusätzl. langfr. Fremdkapital 1	$\overline{DFKL(1)_t} = \overline{\overline{\overline{FK_t}}} - FK_t^V - DFKK_t$
Maximal zusätzl. langfr. Fremdkapital 2	$\overline{DFKL(2)_t} = \overline{FK_t^{AD}} - FKL_{t-1} + TIL_t$

Tabelle 23: Erfolgsfaktorisierung Liquiditätsroutine I

480 Die genaue Begrenzung der Kapitalaufnahme und der Pecking Order ist natürlich unternehmensspezifisch festzulegen und kann nicht generalisiert werden. Allerdings kann auch die Liquiditätsroutine flexibel angepasst werden. Weitere Möglichkeiten, um die Finanzierungsprioritäten und Kapazitäten zu beschränken, können durch die Integration von intern erstellen Rating-Zielen realisiert werden. Vgl. ferner Bassen et al. (2013), S. 146 ff.

481 Vgl. Dirrigl (1988), S. 206 ff.

Wird ein Innovationsprojekt somit in dieses Gesamtunternehmensmodell integriert, löst es in der Liquiditätsroutine entsprechende Anpassungen in der Finanzierungsplanung aus, die dem Projekt zuzurechnen sind.[482] Dies ist eine der wichtigsten Eigenschaften, die dieses Corporate Model zur Planung von Innovationsprojekten auszeichnet. Um die notwendigen Finanzierungsschritte zu simulieren, ist einem ersten Schritt der vorläufige Zahlungssaldo aus den Zahlungskonsequenzen leistungswirtschaftlicher Aktivitäten ($ZS(0)_t$) zu bilden, der aus den vorstehenden Planungsschritten entnommen wird. Hinzu kommen Steuern, Finanzierungskosten und Ausschüttungen, die der integriert geplanten Gewinn-und Verlustrechnung zu entnehmen sind.[483]

Erfolgsfaktoren/ Berechnungsergebnisse	**Variablendeklaration - Liquiditätsroutine**
Zahlungssaldo 0484	$ZS(0)_t = EZ_t - AZ_t - KAS_t + KAS_{t-1}$
Bei positivem Zahlungssaldo 0	a) $wenn, ZS(0)_t \leq FKK_{t-1}: DFKK_t = -ZS(0)_t;\ DFIN_t = 0$ b) $wenn, ZS(0)_t > FKK_{t-1}:\ DFKK_t = -FKK_t;\ DFIN_t = ZS(0)_t + DFKK_t$
Bei negativem Zahlungssaldo	a) $wenn, FIN_{t-1} \geq ZS(0)_t: DFIN_t = ZS(0)_t$ b) $wenn,\ FIN_{t-1} < ZS(0)_t: DFIN_t = -\ FIN_{t-1}$
Zahlungssaldo 1	$ZS(1)_t = ZS(1)_t - DFIN_t$
Aufnahme kurzfristiges Fremdkapital	Doppeltes Minimum bilden: $\overline{DFKK_t^{min}} = min\{\overline{DFKA_t}; \overline{DFKK_t}\}$ a)$wenn, \overline{DFKK_t^{min}} \geq \lvert ZS(1)_t \rvert: DFKK_t = ZS(1)_t$ b)$wenn, \overline{DFKK_t^{min}} < \lvert ZS(1)_t \rvert: DFKK_t = \overline{DFKK_t^{min}}$
Zahlungssaldo 2	$ZS(2)_t = ZS(1)_t + DFKK_t$
Aufnahme langfr. Fremdkapital	Doppeltes Minimum bilden: $\overline{DFKL_t^{min}} = min\{\overline{DFKL(1)_t}; \overline{DFKL(2)_t}\}$ a)$wenn, \overline{DFKL_t^{min}} \geq \lvert ZS(2)_t \rvert: DFKL_t = ZS(2)_t$ b)$wenn, \overline{DFKL_t^{min}} < \lvert ZS(2)_t \rvert: DFKL_t = \overline{DFKL_t^{min}}$
Zahlungssaldo 3	$ZS(3)_t = ZS(2)_t - DFKL_t$
Aufnahme von Eigenkapital	$wenn\ ZS(3)_t < 0,\ DBEK_t = \lvert ZS(3)_t \rvert,$ $sonst\ \ DBEK_t = 0$

Tabelle 24: Erfolgsfaktorisierung Liquiditätsroutine II

482 Vgl. dazu Tabelle 28.

483 Vgl. dazu u.a. Tabelle 30.

484 In diesem Zahlungssaldo sind alle vor der Liquiditätsroutine ermittelten Ein- und Auszahlungen zu integrieren.

Die Liquiditätsroutine endet in diesem Grundmodell, sobald der Zahlungssaldo ausgeglichen ist.

3.2.4.2 Erweiterung der Liquiditätsroutine um die Insolvenz- Problematik

Wird die Liquiditätsroutine, wie im Ursprungsmodell vorgesehen mit der unbegrenzten Eigenkapitalaufnahmemöglichkeit beendet, so würde impliziert, dass eine Insolvenz aufgrund der Zahlungsunfähigkeit nach § 17 InsO nicht eintreten kann, da die Möglichkeit zur unbegrenzten Aufnahme von Eigenkapital und somit ein allzeitiger Zahlungsausgleich bestehen.[485] Ebenso wird nicht deutlich, dass auch aufgrund der Überschuldung nach § 19 InsO eine Insolvenz resultieren kann, sodass Ergänzungen notwendig sind, um existenzgefährdende Risiken in diesem Simulationsmodell integriert messen und steuern zu können.

Aus diesem Grund werden zwei wesentliche Erweiterungen berücksichtigt, um eine Insolvenz abbilden und in die Bewertung integrieren zu können. Zunächst ist eine Beschränkung der Eigenkapitalaufnahme ($\overline{DBEK_t}$) und somit eine Beschränkung des zur Verfügung stehenden Kapitals zu hinterlegen, da dies zu einer Annäherung an reale Bedingungen führt.[486] Eine Möglichkeit besteht darin, dass das zukünftig zu erwartende Wachstumspotenzial die maximale Kapitalaufnahme beschränkt.[487] Eine andere Möglichkeit bestünde darin, von einer potenziellen Eigenkapitalaufnahme abzusehen. Des Weiteren könnte in Betracht gezogen werden, einen maximalen Prozentsatz (f^{DBEK}) des bereits bestehenden Eigenkapitals noch aufzunehmen. Reichen das ohnehin begrenzte Fremdkapital und das somit begrenzte Eigenkapital nicht aus, um die geplante Ausschüttung[488] zu finanzieren, so ist in einem weiteren Schritt die Reduktion der ursprünglich geplanten Ausschüttung in Betracht zu ziehen.[489] Wenn auch diese Möglichkeiten nicht ausreichen, um die Zahlungspflichten zu decken, so liegt Illiquidität und somit der in der Praxis häufigste Grund für ein Eröffnungsverfahren[490] der Insolvenz nach § 17 InsO vor. Darüber hinaus sollte ein

485 Dies würde unter Annahme eines vollkommenen Kapitalmarktes ermöglicht, entspricht allerdings nicht der Realität. Vgl. auch Dannenberg (2009), S. 251.

486 Vgl. Knabe (2012), S. 84 f. m.w.N.

487 Vgl. zu diesem Vorgehen Alfs (2015), S. 366.

488 Die Festlegung der Ausschüttungshöhe ist als unternehmerische Entscheidung zu deklarieren und kann nicht allgemeingültig festgelegt werden. Vgl. dazu auch Ruthardt/Hachmeister (2014), S. 195.

489 Von der Möglichkeit zur Reduktion des Kassenbestandes wird abgesehen.

490 Vgl. Drukarczyk/Lobe (2014), S. 421.

potenzielles Projekt oder im späteren Verlauf ein Projekt-Portfolio nicht dazu führen, dass das Fremdkapital[491] die Aktiva übersteigt, da in diesem Fall eine Insolvenzgefahr im Sinne der Überschuldung[492] nach §19 InsO besteht.[493] Tritt einer der beschriebenen Zustände ein, so ist nicht von einer Unternehmensfortführung auszugehen und keine weiteren Ausschüttungen können realisiert werden.[494] Ein Projekt oder im späteren Verlauf ein Projekt-Portfolio, das zu diesem Insolvenz-Szenario führt, resultiert automatisch in einem sehr geringen Wertbeitrag, da keine Zahlungen an die Eigenkapitalgeber mehr erfolgen und somit der Unternehmenswert im Sinne eines Barwertes zukünftiger Zahlungen gegen Null konvergiert. Das Berechnungsschema wird auf Basis dieser Feststellungen wie folgt ausgehend von Zahlungssaldo 3 erweitert:

Erfolgsfaktoren/ Berechnungsergebnisse	**Variablendeklaration - Liquiditätsroutine**
Zahlungssaldo 3	$ZS(3)_t = ZS(2)_t - DFKL_t$
Maximale Aufnahme von Eigenkapital	$\overline{DBEK_t} = f^{DBEK} \cdot BEK_{t-1}$
Aufnahme von Eigenkapital	a)$wenn, \overline{DBEK_t} \geq \lvert ZS(3)_t \rvert : DBEK_t = ZS(3)_t$ b)$wenn, \overline{DBEK_t} < \lvert ZS(3)_t \rvert : DBEK_t = \overline{DBEK_t}$
Zahlungssaldo 4	$ZS(4)_t = ZS(3)_t - DBEK_t$
Max. Herabsetzung der geplanten Ausschüttung ($ASS(A)_t$) auf das zulässige Minimum ($ASS(P)_t$)	$\overline{DASS_t} = ASS(A)_t - ASS(P)_t$
Zahlungssaldo 5	$ZS(5)_t = ZS(4)_t - DASS_t$
Insolvenzprüfung	a) Wenn, $ZS(5)_t \geq 0$: "*keine Insolvenz*" b) Wenn $ZS(5)_t < 0$: "*Insolvenz*" c) Wenn $Aktiva_t - FK_t < 0$: "*Insolvenz*"
Konsequenz im Insolvenzfall	*Wenn* „Insolvenz" in t: $ASS_t = 0, \forall\, t \geq t$ „*Insolvenz*"

Tabelle 25: Erfolgsfaktorisierung Liquiditätsroutine III

491 Das Fremdkapital (im Folgenden abgekürzt mit FK_t) besteht aus lang- und kurzfristigen Verbindlichkeiten gegenüber Kreditinstituten sowie Verbindlichkeiten aus Lieferungen und Leistungen. Es kann alternativ aus der Differenz der Summe der Passiva und des Eigenkapitals einer Periode gebildet werden. Das Eigenkapital setzt sich hier wiederum aus dem Beteiligungskapital und Gewinnrücklagen zusammen.

492 Eine Insolvenz aufgrund von Überschuldung liegt vor, wenn nach §19 Abs. 2 InsO „das Vermögen des Schuldners die bestehenden Verbindlichkeiten nicht mehr deckt, es sei denn, die Fortführung des Unternehmens ist nach den Umständen überwiegend wahrscheinlich." Vgl. ferner Drukarczyk/Lobe (2014), S. 428 ff.

493 Vgl. Dannenberg (2009), S. 248 ff.

494 Es wird von der Berücksichtigung möglicher Insolvenzverfahren und Kosten an dieser Stelle abgesehen. Vgl. auch Knabe (2012), S. 89; Dannenberg (2009), S. 248.

Auf diese Art wird ein aus Insolvenzaspekten zu riskantes Projekt oder Portfolio ab diesem Zeitpunkt mit Null bewertet und ist somit potenziell schlechter gestellt als andere Projekte und Portfoliokombinationen.[495] Durch die unmittelbare Berücksichtigung der Insolvenz in der Simulationsrechnung sind Verfahren zur (heuristischen) Anpassung von Cashflows oder Diskontierungssätzen, um Insolvenzrisiken in die Bewertungen einzubeziehen, nicht notwendig.[496] Stattdessen besteht ein nachvollziehbares und transparentes Vorgehen, das an eine ohnehin notwendige integrierte Unternehmensplanung zur subjektiven Wertabschätzung anknüpft.

Wird dieses Berechnungsschema im Beispiel angewandt, so werden durch die Gegenüberstellung der Finanzplanung mit und ohne Projekte die Finanzierungskonsequenzen, die aus der Zahlungsstruktur des Projektes resultieren, abgeleitet. Der Grundsatz der Integration von Projekt- und Unternehmensplänen sowie Rechenwerken erweist sich durch diese Kalkulation der Finanzierungskonsequenzen als unabdingbar. In der folgenden Tabelle 26 sind zum einen die Zahlungssalden mit und ohne Projekt zusammengefasst.[497] Darüber hinaus werden die Differenzen zwischen den Zahlungssalden entlang der einzelnen Zahlungspositionen unterteilt. In der ersten Periode werden beispielsweise nur Investitionen für das Innovationsprojekt getätigt, die gleichzeitig aufwandswirksam sind, so dass durch den analogen Ausschüttungsrückgang keine Konsequenzen in der Finanzierung entstehen. Für diesen Effekt muss allerdings von einer Voll-Ausschüttung ausgegangen werden. In der zweiten Periode wird in eine F&E-Anlage mit Anschaffungskosten i.H.v. 10.000 GE investiert,[498] die nicht zu äquivalenten Aufwendungen führt, sodass ein zusätzlicher nega-

---

495 Eine Möglichkeit, das Risiko der Insolvenz zu beschränken, wird in Abschnitt 7.3.2.2.2 näher thematisiert.

496 Vgl. Arbeitskreis Bewertung nicht börsennotierter Unternehmen des IACVA e.V. (2011), S. 12-22; Knabe (2012), S. 88 ff.; Gleißner (2011a), S. 243 ff. Die Insolvenzberücksichtigung nimmt in letzter Zeit einen erhöhten Stellenwert in der Bewertungsliteratur ein. In den benannten Verfahren wird mithilfe einer durch Ratings oder Simulationen ermittelten Insolvenzwahrscheinlichkeit (p) die Gewichtung periodischer Ausschüttungen vorgenommen. Der Teil der gesamten Ausschüttung zur Insolvenzabbildung wird i.H.v. Null mit der Wahrscheinlichkeit p gewichtet, während der Teil, der die geplante Ausschüttung einbezieht, mit der Gegenwahrscheinlichkeit (1-p) gewichtet wird. Es entsteht eine Art Zustandsbaum mit zumeist konstanten Insolvenzwahrscheinlichkeiten, die entlang der Perioden kumuliert werden, um die bedingte Überlebensfähigkeit einzubeziehen. Vgl. dazu ferner Abschnitt 4.1.3; Arbeitskreis Bewertung nicht börsennotierter Unternehmen des IACVA e.V.(2011), S. 15. Sofern keine Simulation und keine planungskonforme Einschätzung der Insolvenzwahrscheinlichkeit vorliegen, ist dies als problematisch und als grobe Vereinfachung anzusehen, die auf die hier beschriebene Weise umgangen werden kann.

497 Vgl. ferner Anhang, Tabelle 1 bis Tabelle 4.

498 Vgl. Tabelle 12.

tiver Zahlungssaldo durch das Projekt entsteht. In den darauffolgenden Perioden existieren bis zum Projektende laufend derartige Differenzen, die über die Liquiditätsroutine und somit über Finanzierungskonsequenzen auszugleichen sind. Diese Konsequenzen sind dann explizit dem Projekt zuzurechnen. Ausgehend von den Zahlungssalden ist also ein finanzielles Gleichgewicht herzustellen, in dem gemäß der benannten Liquiditätsroutine die Finanzanlagen und die Finanzierungsquellen angepasst werden, bis ein Zahlungssaldo von Null erreicht wird.[499]

Periode	1	2	3	4	5	6	7	8	9
	F&E-Phase			Marktphase				Nachlaufphase	
Unternehmen o. Projekt									
Zahlungssaldo(0)	55.322	-36.473	-30.554	-39.257	-25.684	-24.057	-22.730	-33.298	-19.547
Unternehmen mit Projekt									
Zahlungssaldo(0)	55.322	-46.473	-157.126	-92.689	-15.643	6.397	107.033	-29.055	-4.044
Differenz = F&E-Projekt									
Einzlg. aus UE	0	0	0	281.600	318.508	288.936	253.113	0	0
Zinserträge	0	0	-600	-8.194	-6.542	-5.001	-3.558	-1.185	-196
Werbeauszlg.	0	0	1.000	1.000	800	600	500	0	0
Reparaturauszlg.	0	0	0	4.800	7.290	11.840	9.280	46.960	45.080
Auszlg. Gebäude	2.880	2.822	2.766	3.388	3.321	3.254	3.189	391	383
Investitionen Anl.	0	10.000	0	15.300	5.202	5.306	0	0	-11.728
Materialauszahlg.	12.000	14.000	15.000	16.622	18.613	14.617	11.281	0	0
Personalauszlg.	11.782	12.178	12.588	8.963	8.524	8.221	6.616	0	0
Fluktuationszlg.	690	690	690	150	150	150	150	0	0
ΔKassenbestand	0	0	128.000	-678	-13.349	-26.404	-87.569	0	0
Zins kurzfr. FK	0	0	0	0	9.311	11.110	10.374	0	1.407
Zins langfr. FK	0	0	0	0	0	0	0	0	0
Tilg. langfr. FK	0	0	0	0	0	0	0	0	0
Gewerbesteuer	-3.829	-4.157	-4.770	38.821	37.015	31.859	23.599	-7.389	-7.068
Körperschaftst.	-4.103	-4.454	-5.111	41.594	39.309	33.718	24.896	-7.917	-7.626
Ausschüttung	-19.420	-21.080	-24.191	196.879	185.739	159.210	117.476	-37.473	-36.146
Zahlungssaldo(0)	0	-10.000	-126.571	-53.433	10.041	30.454	129.763	4.243	15.502

Tabelle 26: Beispiel Liquiditätsroutine - Zahlungssaldo

Der Tabelle 27 sind die Zahlungskonsequenzen im Gesamtunternehmen unter Einbezug des Projektes zu entnehmen. Um die Berechnungen und die erhaltenen Ergebnisse näher zu erläutern, wird beispielhaft die vierte Planungsperiode betrachtet. Ohne Projekt beträgt der Zahlungssaldo -39.257 GE und ist um die errechneten 53.433 GE geringer als bei Projektberücksichtigung. Dementsprechend sind weitere Mechanismen notwendig, um diese Finanzierungslücke zu schließen. In einem ersten Schritt ist die Möglichkeit der Veräußerung von Finanzanlagen zu realisieren. Ohne Projekt reicht dies aus, um die vorhandene Finanzierungslücke zu kompensie-

499 Es wird ein maximaler Verschuldungsgrad von 1,5, ein Anlagendeckungsgrad von 2, ein maximaler Rahmen für kurzfristiges Fremdkapital von 200.000 GE und ein maximaler prozentualer Zuwachs von Eigenkapital i.H.v. 10% angenommen. Der Zinssatz für kurzfristiges Fremdkapital beträgt 11,5%, langfristiges Fremdkapital ist mit 8% zu verzinsen und mit Finanzanlagen kann eine Rendite von 6% erzielt werden.

ren.[500] Mit Projekt muss zudem kurzfristiges Fremdkapital i.H.v. 80.966 GE aufgenommen werden, da bereits in den Vorperioden sämtliche Finanzanlagen veräußert werden mussten und der Zahlungssaldo zu hoch ist. Dementsprechend sind für die zukünftigen Perioden auf diesen Bestand Zinsen zu zahlen, die zu einem Barwerteffekt führen, sofern der Sollzins (hier: $i_{FKK} = 11{,}5\%$; $i_{FKL} = 8\%$) ungleich dem Habenzins (hier: $i_{rf} = i_{FIN} = 6\%$) ist.

Periode	1	2	3	4	5	6	7	8	9
	F&E-Phase			Marktphase				Nachlaufphase	
Unternehmen mit Projekt									
ZS (0)	55.322	-46.473	-157.126	-92.689	-15.643	6.397	107.033	-29.055	-4.044
Delta FIN	55.322	-46.473	-157.126	-11.723	0	0	16.821	-16.821	0
ZS (1)	0	0	0	-80.966	-15.643	6.397	90.212	-12.235	-4.044
Delta kurzfr. FK	0	0	0	80.966	15.643	-6.397	-90.212	12.235	4.044
ZS (2)	0	0	0	0	0	0	0	0	0
Delta langfr. FK	0	0	0	0	0	0	0	0	0
ZS(3)	0	0	0	0	0	0	0	0	0
Delta Bet.-Kap.	0	0	0	0	0	0	0	0	0
ZS (4)	0	0	0	0	0	0	0	0	0
Delta Aussch.	0	0	0	0	0	0	0	0	0
ZS (5)	0	0	0	0	0	0	0	0	0
Überschuldung?	0	0	0	0	0	0	0	0	0
Illiquidität?	0	0	0	0	0	0	0	0	0
Insolvenz?	0	0	0	0	0	0	0	0	0
Restriktionen									
Max. DFKK I (VG)	1.062.338	1.091.456	1.114.842	1.128.644	1.068.579	1.070.408	1.095.853	1.199.329	1.198.888
Max. DFKK	200.000	200.000	200.000	200.000	119.034	103.391	109.788	200.000	187.765
Min. Max. DFKK	200.000	200.000	200.000	200.000	119.034	103.391	109.788	200.000	187.765
Max. FKL (AD)	1.094.400	1.109.288	1.101.776	1.146.941	1.143.401	1.139.782	1.125.336	1.135.966	1.098.786
Max. DFKL (AD)	824.400	866.288	883.076	950.111	966.254	980.350	981.847	1.006.826	982.560
Max. DFKL II (VG)	1.062.338	1.091.456	1.114.842	1.047.677	1.052.936	1.076.805	1.186.066	1.187.094	1.194.843
Min. Max. DFKL	824.400	866.288	883.076	950.111	966.254	980.350	981.847	1.006.826	982.560
Max. DBEK	90.686	90.686	90.686	90.686	90.686	90.686	90.686	90.686	90.686

Tabelle 27: Beispiel Liquiditätsroutine

Ermittelt man die Differenzen in den Kapitalbewegungen und Kapitalkosten und bildet darüber die Barwerte mit einem äquivalenten risikofreien Zinssatz vor Steuern i.H.v. 6%, so kann der Barwerteffekt festgestellt werden (vgl. dazu Tabelle 28). Demnach ist festzustellen, dass bereits vor Berücksichtigung der Steuerwirkungen ein

500 Vgl. dazu Anhang Tabelle 3.

Werteffekt aufgrund der Fremdfinanzierung von -10.772 GE resultiert, da keine homogene Verzinsung vorliegt. Dementsprechend entstehen nicht ausschließlich reine Opportunitätskosten durch entgangene Zinsen aus Finanzanlagen, sondern es müssen zusätzlich Zinsen für das kurzfristige Fremdkapital gezahlt werden, sodass ein eindeutiger Barwerteffekt entsteht.[501]

Periode	1	2	3	4	5	6	7	8	9
	F&E-Phase			Marktphase				Nachlaufphase	
Delta FIN	0	-10.000	-126.571	27.534	25.684	24.057	39.551	16.478	3.268
Delta FKK	0	0	0	80.966	15.643	-6.397	-90.212	12.235	-12.235
Delta FKL	0	0	0	0	0	0	0	0	0
Delta Bet-Kap.	0	0	0	0	0	0	0	0	0
Summe Routine	0	10.000	126.571	53.433	-10.041	-30.454	-129.763	-4.243	-15.502
Zins FIN	0	0	-600	-8.194	-6.542	-5.001	-3.558	-1.185	-196
Zins FKL/FKK	0	0	0	0	9.311	11.110	10.374	0	1.407
Barwert DFIN	18.634								
Barwert Zinsertr.	-18.634								
Barwert DFKK	11.751								
Barwert Zinsaufw.	-22.522								
Summe Barwerte	**-10.772**								

Tabelle 28: Beispiel Projektfinanzierung

Der Finanzplanung wird konsequenter Weise auch aufgrund von Barwerteffekten eine unverkennbare Relevanz attestiert

3.2.5 Dreiteilung der Planungsrechnung zur Projekt- und Unternehmensbewertung

Abschließend ist eine dreiteilige Unternehmensplanung mit Gewinn-und Verlustrechnung, Bilanz und Finanzplan aufzustellen, insbesondere um den bewertungsrelevanten Zahlungsstrom in Form künftiger Ausschüttungen (ECF) herzuleiten. Die vorhergehenden Teilplanungen sind zu diesem Zweck heranzuziehen und alle erfolgswirksamen, zahlungswirksamen sowie bilanzrelevanten Planungsdaten sind in die Rechenwerke systematisch zu integrieren. Auch diese Rechenwerke sind entsprechend der vorherigen Berechnungen für das Unternehmen mit und ohne Projekt vorhanden und dem Anhang dieser Arbeit zu entnehmen. Aus der Differenzbetrachtung dieser Planungen ist die Projektplanung und somit sind auch die projektinduzierten Ausschüttungen mit allen Steuer- und Finanzierungskonsequenzen zu extrahieren. Werden die Ausschüttungen des Unternehmens mit einem risikofreien Zins nach Steuern

501 Dieser Barwerteffekt wird in der objektivierenden Bewertungslehre weitestgehend ausgeblendet, indem zumeist von einer Homogenität der Zinssätze ausgegangen wird. Vgl. dazu ferner Abschnitt 7.4.3.2.1 und mit einem Beispiel Abschnitt 7.4.4.1.2.

(hier: $r_{f,s} = 4{,}5\%$) diskontiert, so resultiert ein Barwert für das Unternehmen aus der Detailplanungsphase (BW_0^{DP}). Die Diskontierung der projektinduzierten Ausschüttungen führen gemäß Formel (3-9) zum Kapitalwert des Innovationsprojektes, der somit aufgrund von Differenzbetrachtungen in den Barwert des Unternehmens überführbar ist. Die bewertungsrelevanten Ausschüttungen werden einer erweiterten Gewinn- und Verlustrechnung entnommen. Zu diesem Zweck sind alle Ertrags- und Aufwandspositionen zu saldieren und Steuern auf Unternehmensebene zu berechnen, um zunächst den Jahresüberschuss zu erhalten.

Periode	1	2	3	4	5	6	7	8	9
	F&E-Phase			Marktphase				Nachlaufphase	
Unternehmen mit Projekt									
Umsatzerlöse	2.040.251	2.081.308	2.123.182	2.485.882	2.527.772	2.538.882	2.518.211	2.345.598	2.392.782
Bestandsveränderg.	14.419	2.306	726	4.521	1.198	423	-3.821	584	763
Gesamtleistung	2.054.669	2.083.614	2.123.908	2.490.403	2.528.969	2.539.305	2.514.390	2.346.181	2.393.545
Materialaufwand	103.297	100.824	103.871	110.644	111.956	113.881	112.042	105.550	109.281
Rohertrag	1.951.372	1.982.791	2.020.037	2.379.759	2.417.013	2.425.424	2.402.347	2.240.632	2.284.263
Werbeaufwand	800	800	1.800	1.800	1.600	1.400	1.300	800	800
s.b.A.(Reparaturen)	1.200	12.181	12.364	17.350	20.029	24.770	22.405	60.282	58.603
Personalaufwand									
LuG	30.224	31.134	32.072	29.139	29.258	29.528	28.671	24.535	25.193
Fluktuation	1.020	1.020	1.020	480	480	480	480	330	330
Abschreibungen Anl.	10.000	10.020	11.487	11.542	15.246	15.665	16.053	15.514	16.261
Abschreibungen Geb.	15.000	14.700	14.406	14.118	13.836	13.559	13.288	13.022	12.761
Erhaltungsaufw. Geb.	18.000	17.640	17.287	16.941	16.603	16.271	15.945	15.626	15.314
EBIT	1.875.128	1.895.296	1.929.602	2.288.388	2.319.962	2.323.751	2.304.206	2.110.523	2.155.002
Zinsaufwand FKK	0	0	0	0	9.311	11.110	10.374	0	1.407
Zinsaufwand FKL	24.000	21.600	19.440	17.496	15.746	14.172	12.755	11.479	10.331
Zinserträge FIN	9.600	12.919	10.131	703	0	0	0	1.009	0
EBT	1.860.728	1.886.616	1.920.292	2.271.595	2.294.905	2.298.470	2.281.077	2.100.053	2.143.264
Gewerbest.	261.342	264.882	269.521	318.636	322.164	322.671	320.160	294.409	300.468
Körperschaftst.	279.109	282.992	288.044	340.739	344.236	344.770	342.161	315.008	321.490
JÜ	1.320.277	1.338.741	1.362.727	1.612.220	1.628.506	1.631.029	1.618.755	1.490.636	1.521.306
Ausschüttung(A)	1.320.277	1.338.741	1.362.727	1.612.220	1.628.506	1.631.029	1.618.755	1.490.636	1.521.306
Thes. I (TI)	0	0	0	0	0	0	0	0	0
Ausschüttung n. TI	0	0	0	0	0	0	0	0	0
Thes. Liquidität (TII)	0	0	0	0	0	0	0	0	0
Ausschüttung n. TII	0	0	0	0	0	0	0	0	0
Ausschüttung(P)	1.320.277	1.338.741	1.362.727	1.612.220	1.628.506	1.631.029	1.618.755	1.490.636	1.521.306
Abgeltungssteuer	330.069	334.685	340.682	403.055	407.126	407.757	404.689	372.659	380.327
ECF	990.208	1.004.056	1.022.045	1.209.165	1.221.379	1.223.271	1.214.066	1.117.977	1.140.980
BW_0 mit i=4,5%	8.142.073								

Tabelle 29: Beispiel Ausschüttungsplanung und Barwertberechnung Gesamtunternehmen

Erweitert um Thesaurierungsplanungen, die zum einen aufgrund vorgegebener Ausschüttungsquoten oder eben aufgrund der Finanzplanung resultieren, können die bewertungsrelevanten Ausschüttungen ermittelt werden.

Periode	1	2	3	4	5	6	7	8	9
	F&E-Phase			Marktphase				Nachlaufphase	
Differenz = Innovations-Projekt									
Umsatzerlöse	0	0	0	320.000	318.304	284.931	218.921	0	0
Bestandsveränderg.	0	0	0	3.986	526	-131	-4.380	0	0
Gesamtleistung	0	0	0	323.986	318.830	284.800	214.541	0	0
Materialaufwand	12.000	14.000	15.000	18.768	16.851	15.416	10.097	0	0
Rohertrag	-12.000	-14.000	-15.000	305.218	301.979	269.384	204.444	0	0
Werbeaufwand	0	0	1.000	1.000	800	600	500	0	0
s.b.A. (Reparaturen)	0	0	0	4.800	7.290	11.840	9.280	46.960	45.080
Personalaufwand	0	0	0	0	0	0	0	0	0
LuG	11.782	12.178	12.588	8.963	8.524	8.221	6.616	0	0
Aufwand aus Flukt.	690	690	690	150	150	150	150	0	0
Abschreibungen Anl.	0	0	1.429	1.429	3.979	4.421	4.806	4.243	3.774
Abschreibungen Geb.	0	0	0	0	0	0	0	0	0
Erhaltungsaufw. Geb.	2.880	2.822	2.766	3.388	3.321	3.254	3.189	391	383
EBIT	-27.352	-29.690	-33.472	285.488	277.916	240.898	179.902	-51.594	-49.237
Zinsaufwand FKK	0	0	0	0	9.311	11.110	10.374	0	1.407
Zinsaufwand FKL	0	0	0	0	0	0	0	0	0
Zinserträge FIN	0	0	-600	-8.194	-6.542	-5.001	-3.558	-1.185	-196
EBT	-27.352	-29.690	-34.072	277.294	262.063	224.787	165.970	-52.779	-50.840
Gewerbest.	-3.829	-4.157	-4.770	38.821	37.015	31.859	23.599	-7.389	-7.068
Körperschaftst.	-4.103	-4.454	-5.111	41.594	39.309	33.718	24.896	-7.917	-7.626
JÜ	-19.420	-21.080	-24.191	196.879	185.739	159.210	117.476	-37.473	-36.146
Ausschüttung(A)	-19.420	-21.080	-24.191	196.879	185.739	159.210	117.476	-37.473	-36.146
Thes. I (TI)	0	0	0	0	0	0	0	0	0
Ausschüttung n. TI	0	0	0	0	0	0	0	0	0
Thes. Liquidität (T II)	0	0	0	0	0	0	0	0	0
Ausschüttung n. TII	0	0	0	0	0	0	0	0	0
Ausschüttung(P)	-19.420	-21.080	-24.191	196.879	185.739	159.210	117.476	-37.473	-36.146
Abgeltungssteuer	-4.855	-5.270	-6.048	49.220	46.435	39.802	29.369	-9.368	-9.036
ECF	-14.565	-15.810	-18.144	147.659	139.304	119.407	88.107	-28.105	-27.109
BW_0 mit i=4,5%	309.722								

Tabelle 30: Beispiel Ausschüttungsplanung und Projektbewertung

Diskontiert mit einem risikofreien Zinssatz nach Steuern, werden die Barwerte dieser Zahlungsströme auf Gesamtunternehmens- und Projektebene ermittelt. Demnach ist das gesamte Unternehmen in der Detailplanungsphase mit 8.142.073 GE zu bewerten, während der Wertbeitrag und somit der Kapitalwert 309.722 GE beträgt.

Um in einem letzten Schritt die Berechnungskonsistenzen zu prüfen, kann getestet werden, ob die Differenzen der Unternehmensbarwerte mit und ohne Projekt, dem Barwert der Differenzen in den Ausschüttungen entspricht. Den Ergebnissen der nachstehenden Tabelle folgend, gilt diese Konsistenz als erfüllt:

Periode	1	2	3	4	5	6	7	8	9
	F&E-Phase			Marktphase				Nachlaufphase	
ECF m. Projekt	990.208	1.004.056	1.022.045	1.209.165	1.221.379	1.223.271	1.214.066	1.117.977	1.140.980
$BW_0^{DP\ m.\ p.}$	8.142.073								
ECF o. Projekt	1.004.773	1.019.866	1.040.189	1.061.506	1.082.075	1.103.864	1.125.959	1.146.082	1.168.089
$BW_0^{DP\ o.\ P.}$	7.832.350								
ECF Projekt	-14.565	-15.810	-18.144	147.659	139.304	119.407	88.107	-28.105	-27.109
C_0	**309.722**								

Tabelle 31: Beispiel interdependente Projekt- und Unternehmenswerte

Es resultiert somit eine umfassende Bewertung der Projektauswirkungen während des gesamten Lebenszyklus,[502] unter Beachtung aller steuerlichen und finanziellen Folgewirkungen.

Dieses hiermit ausführlich dargestellte Planungsmodell, dient als Grundlage für die weitere Arbeit. Es werden stets alle Risiken und Projektplanungen in dieses Modell integriert, wobei lediglich die zugrundeliegenden Erfolgsfaktoren anzupassen sind, sodass das Ergebnis im Sinne des Kapitalwertes stets automatisch auf Basis der dargestellten Rechensystematik simuliert wird. Auf ausführliche Darstellungen wird im weiteren Verlauf mit dem Verweis auf das vorliegende Kapitel verzichtet.

502 Vgl. dazu auch Brühl (1996), S. 321.

4 Risikoorientierte Innovationsplanung und Bewertung

Das bisher dargestellte Corporate Model dient als Basis für weitere Analysen insbesondere im Risiko- und Portfoliobezug.

In den vorherigen Abschnitten wurde erläutert und illustriert, wie eine umfassende Projektplanung auf Basis des Modells und den zugrundeliegenden Erfolgsfaktoren aufgestellt und anhand unterschiedlicher Instrumente fundiert sowie dynamisiert werden kann. Da ein relativ langfristiger künftiger Zeitraum zu planen ist, können die Erfolgsfaktoren ex ante nicht mit Sicherheit festgelegt werden und erst im Nachhinein werden die tatsächlichen Entwicklungen ersichtlich.[503] Aus diesem Grund müssen eine Stochastifizierung und eine anschließende Risikobewertung erfolgen.[504]

Eine Stochastifizierung erfolgt, indem mehrwertige Schätzungen zur Bandbreite und Struktur einzelner Erfolgsfaktoren hinterlegt werden und der Einfluss auf Ergebnis- bzw. Entscheidungsgrößen gemessen wird.[505] Dies schafft in einem ersten Schritt Risikotransparenz.[506] In einem weiteren Schritt ist die Bewertung und Aggregation dieser offengelegten Risikostruktur vorzunehmen, da ein Barwert die Zielgröße darstellt und einer Verdichtung der Bandbreiten bedarf.[507] Diese beiden Komponenten der Risikoberücksichtigung werden in den folgenden Teilabschnitten näher betrachtet. Mit der Szenario-Technik, dem Einsatz von Entscheidungs- respektive Zustandsbäumen sowie der (Monte Carlo-)Risikosimulation werden Instrumente der Risikooffenlegung untersucht, während für die Möglichkeiten zur Bewertung des offengelegten Risikos subjektiv geprägte Konzepte mit objektivierenden Konzepten verglichen werden.

Da erst auf der Gesamtunternehmensebene ersichtlich wird, welche Risiken durch eine Zahlungsunfähigkeit oder Überschuldung als bestandsgefährdend einzustufen sind,[508] wird weiterhin die Integration der Projektplanung in ein Corporate Model beibehalten. Dabei wird auf detaillierte Darstellungen der Berechnungen und Zwischen-

---

503 Vgl. auch Nöll/Wiedemann (2008), S. 51; Rückle (2010), S. 555.

504 Vgl. bereits Moxter (1983), S. 116 ff.; Astorga (2007), S. 25; Dirrigl (2009), S. B 26 f., Rückle (2010), S. 554 f; Dreher (2010), S. 67; Adelberger (2013), S. 37; Alfs (2015), S. 114.

505 Vgl. dazu auch Becker/Leyk (2013), S. 91; Henking (1998), S. 1; Dolny (2003), S. 202.

506 Vgl. auch Kanacher/Rademacher/Werners (2010), S. 191.

507 Vgl. auch Dolny (2003), S. 202.

508 Vgl. dazu auch Lachnit/Müller (2003),S. 565 ff.; Lachnit/Müller (2012), S. 251.

schritte weitestgehend verzichtet, sodass folgend primär Input- und Outputgrößen näher untersucht werden.

4.1 Methoden der Risikooffenlegung

4.1.1 Risikooffenlegung mittels Szenario-Technik, Risikosimulation und Entscheidungsbäumen

Grundlegend werden im Rahmen der Risikooffenlegung die Szenario-Technik, Entscheidungs- bzw. Zustandsbäume und die Risikosimulation unterschieden,[509] wobei diesen Methoden das Ziel gemein ist, ein Abbild der unsicheren Zukunft in die Erfolgsplanung zu integrieren. Nach vorherrschender Meinung, weisen die angesprochenen Methoden beachtliche Unterschiede auf, sodass eine Abgrenzung erfolgt.

Das vorherrschende Verständnis der **Szenario-Technik** (oder auch Szenario-Planung bzw. Szenario-Analyse genannt) beruht auf der Annahme, dass mindestens zwei alternative künftige Szenarien entwickelt werden.[510] Aktuell ist ein inflationärer Gebrauch des „Szenario“-Begriffs zu beobachten,[511] sodass eine semantische Verwässerung droht,[512] die infolgedessen eine Abgrenzung der Szenario-Technik erschwert. Etymologisch ist eine Rückführung auf den lateinischen Begriff „scaena“ erforderlich, der mit dem deutschen Wort (Schau-)Bühne oder Bühnenbild zu übersetzen ist.[513] Übertragen auf den wirtschaftlichen Planungskontext, besteht die zentrale Aufgabe der Szenario-Planung somit in der Zusammenstellung konsistenter Annahmen und Erfolgsfaktoren, um ein Zukunftsbild zu erhalten.[514]

Damit die gesamte Prognosebandbreite abgedeckt ist, werden meistens drei Szenarien gebildet, die sich aus zwei extremen Randszenarien in Form der positivsten Zukunftsentwicklung (best case) und der negativsten Entwicklung (worst case), sowie

509 Vgl. auch Gravanovic (2014), S. 24 ff.; Alfs (2015), S. 144.
510 Vgl. dazu u.a. Grant/Nippa (2006), S. 403 ff.; Welge/Eulerich (2007), S. 69-74; Kuhner/Maltry (2006), S. 110 ff.; Rosenkranz/Missler-Behr (2005), S. 176 ff.; Dolny (2003), S. 211 ff.; Baum/Coenenberg/Günther (2013), S. 399; Wulf/Stubner (2012), S. 524 f.; Gausemeier/Grote (2012), S. 517; vgl. zudem Götze (1993) mit einer ausführlicheren Darstellung der Szenario-Analyse.
511 Vgl. auch Kuhner/Maltry (2006), S. 110 mit Beispielen.
512 Vgl. Geschka (1999), S. 521.
513 Vgl. Spitzner (2011); Geschka (1999), S. 521.
514 Vgl. auch Geschka (2006), S. 351 f.

einem mittleren Trendszenario (base case) zusammensetzen.[515] Durch die mit dem künftigen Zeithorizont steigende Unsicherheit wird die Prognosebandbreite mit zunehmendem Betrachtungszeitraum größer, so dass die grafische Darstellung der Entwicklungsmöglichkeiten die Form eines Trichters annimmt.[516] Unterschiedliche Annahmen hinsichtlich der Absatzsituation stellen wesentliche Determinanten zur Entwicklung von Zukunftsbildern dar. Demografische Szenarien, (un-)erwartetes Konkurrenzverhalten oder auf makroökonomische Einflüsse zurückzuführende niedrige/hohe Nachfragen und Preise, führen zu vollkommen divergierenden Szenarien[517] in allen Teilplänen und Erfolgsfaktoren, die eine separate Planung bedingen können.

Eine Zuteilung von Wahrscheinlichkeiten zu den einzelnen Szenarien ist im Allgemeinen und im Szenario-Trichter nicht konstitutiv vorgesehen.[518] Für weitere Analysen und zur Bildung von entscheidungsrelevanten Zielgrößen sowie Erwartungswerten muss allerdings eine Quantifizierungsmöglichkeit auf Basis von Wahrscheinlichkeiten bestehen. Eine dahingehende Erweiterung könnte mit einer diskreten Drei-Punkt-Szenario-Struktur erfolgen,[519] indem den einzelnen Szenarien diskrete Eintrittswahrscheinlichkeiten zugewiesen werden.

Auch im Rahmen der Verwendung von **Entscheidungs- bzw. Zustandsbäumen** ist die Angabe von Wahrscheinlichkeiten vorgesehen. *Ballwieser* stellt vergleichend fest:

„Szenario-Analysen (...) sind eine gewisse Verstümmelung des Entscheidungsbaumverfahrens, weil sie Umweltzustände und eigene Aktionen nicht explizit trennen, aber in Abhängigkeit von erwarteten Umweltentwicklungen zu geschätzten Zahlungsüberschüssen für den Eigentümer des Unternehmens gelangen“[520].

Entscheidungs- und Zustandsbäume werden als eine filigranere Alternative zur Szenario-Planung angesehen, um eigene Aktionen bzw. Strategien und zufällige Umweltzustände im dynamischen Verlauf des unsicheren Projektes trennen zu können.

---

515 Vgl. Dolny (2003), S. 212, Gavranovic (2014), S. 25; Broetzmann/Goetz (2010), S. 263 f.; Moser/Schieszl (2001), S. 531 f.
516 Vgl. Kuhner/Maltry (2006), S. 111; Geschka (2006), S.361; Geschka (1999), S. 521.
517 Vgl. auch Geschka (2006), S. 357 f.; Wulf et al. (2013), S.57.
518 Vgl. statt vieler Kuhner/Maltry (2006), S. 111; Geschka (2006), S.361.
519 Vgl. Alfs (2015), S. 144.
520 Ballwieser (2002), S. 187.

Den möglichen Zufallsereignissen sind in diesem Rahmen Wahrscheinlichkeiten zuzuweisen und die daraufhin möglichen Entscheidungen seitens des Unternehmens sind explizit zu modellieren. Diese Vorgehensweise bietet sich vor allem im F&E- sowie Innovationsprozess an, da die technische Realisierbarkeit, sowie die Marktentwicklung wichtige künftige Zustände prägen können und entsprechende Maßnahmen respektive Entscheidungen erfordern.[521] Durch den Einsatz dieser Baumstrukturen wird entlang der Projektdauer der Projektverlauf und somit die dynamische Struktur stochastifziert, sodass eine Stochastifizierung der Dynamisierung erfolgt. Werden die möglichen Projektverläufe gebildet, bleibt eine Beschreibung der Wechselwirkungen von Risiken in einzelnen Erfolgsfaktoren und Perioden allerdings unberücksichtigt. Eine Stochastifizierung der Erfolgsfaktorisierung wird also unterlassen. Würde beispielsweise jedem Projektpfad eine diskrete Wahrscheinlichkeit zugeteilt, so gilt diese für alle Ausprägungen an Erfolgsfaktoren in diesem Zustand.[522] Es wird quasi innerhalb eines Projektpfades von einer sicheren Schätzung einzelner Erfolgsfaktoren ausgegangen, sodass gewisse Flexibilitätsverluste und Realitätsabstraktionen zu verzeichnen sind.

Dieser Nachteil kann durch die **Risikosimulation (o.a. Monte Carlo-Simulation)** behoben werden.[523] Denn im Rahmen der Risikosimulation besteht gerade das konkrete Ziel darin, Einzelrisiken unter Beachtung von gegenseitigen Wechselwirkungen zu einer Gesamtrisikostruktur der Entscheidungs- bzw. Zielgröße zu aggregieren.[524] Somit werden keine isolierten und einwertigen Erfolgsfaktoren unterstellt, die keine Flexibilität in der Kombination von Einzelrisiken zulassen, sondern mehrwertige Prognosen einzelner Preis- und Mengenfaktoren ermöglicht, die sowohl diskrete als auch stetige Verteilungen annehmen können.

In der vorliegenden Arbeit wird die Auffassung geteilt, dass sowohl strategisch geprägte Entscheidungen und Umweltzustände, als auch Wechselwirkungen der Einzelrisiken von Bedeutung sind und somit Entscheidungs- und Zustandsbäume sowie die Monte Carlo-Simulation zur Risikooffenlegung von Relevanz sind. Demnach erfolgt keine scharfe Trennung der beiden Verfahren, sondern eine Vereinbarkeit wird als wünschenswert erachtet.

---

521 Vgl. dazu Abschnitt 4.1.3.

522 Vgl. auch Alfs (2015), S. 144.

523 Vgl. Hertz (1964), S. 95 ff. mit einem ersten Beitrag zu diesem Verfahren.

524 Vgl. Hertz (1964), S. 102; Gavranovic (2014), S. 26; Alfs (2015), S.146 f.

Um diese Vereinbarkeit zu gewährleisten, wird zusammenfassend folgende Abgrenzung vorgenommen: Szenarien resultieren aus übergeordneten Umweltrisiken oder auch strategischen Aktionen und Entscheidungen, die bestimmte Zukunftsbilder prägen und somit von anderen Zukunftsbildern abzugrenzen sind. Eine strenge Trennung von Umwelteinflüssen und Entscheidungen, die zur Szenario-Bildung führen, ist definitorisch und inhaltlich nicht vorgesehen.[525] In Projektpfaden hingegen, die durch Entscheidungs- und Zustandsbäume abgebildet werden, sind nicht beeinflussbare Umweltzustände und strategisch geprägte Reaktionen respektive Entscheidungen des Managements eindeutig abzugrenzen. Entscheidungs- und Zustandsbäume dienen somit der Stochastifizierung des dynamischen Projektverlaufes insgesamt, indem sowohl übergeordnete Umweltzustände, als auch Strategiealternativen über die gesamte Projektdauer offengelegt werden. Diese Planung von zukünftigen Entwicklungen ist aufgrund der klaren Abgrenzungen zu bevorzugen. Zudem sind die vorgesehenen Wahrscheinlichkeitsangaben unabdingbar für eine Ermittlung der Zielgröße.

Innerhalb einzelner Perioden und Projektpfade sind darüber hinaus die Erfolgsfaktoren nicht sicher und weisen stochastische Strukturen auf. Um diese Risiken und ihre Wechselwirkungen zu erfassen, wird die Monte Carlo-Simulation eingesetzt. Auf diese Weise wird eine Stochastifzierung der Erfolgsfaktoren in den unterschiedlichen Projektpfaden ergänzt. Besteht beispielsweise ein möglicher Entwicklungspfad durch einen potenziellen Projektabbruch, so ist der Pfad an sich durch den Zustands- und Entscheidungsbaum offenzulegen. Entlang dieses Pfades und in einzelnen Perioden können allerdings unterschiedliche Mengen, z.B. die benötigte Mitarbeiterzahl, oder Preise, z.B. die Mitarbeitervergütung, unsicher sein. Diese Risiken einzelner Erfolgsfaktoren sind mithilfe der Simulation ergänzend offenzulegen.

Die nun folgenden Abschnitte dienen der differenzierten Darstellung einzelner Methoden und der Kombinationsmöglichkeiten. Insbesondere die Kombination von Entscheidungs- und Zustandsbäumen mit einer Monte Carlo-Simulation wurde in der Literatur nur sehr rudimentär untersucht, sodass hierzu ein wesentlicher Beitrag geleistet werden soll.

---

525 Vgl. auch Ballwieser (2002), S. 144.

4.1.2 Konkretisierung der Risikooffenlegung mittels Monte Carlo-Simulation

Wird eine Risikosimulation mit dem Ziel durchgeführt, eine Verteilung des Entscheidungswertes zu ermitteln, so bedarf es zunächst der Bildung eines Modells, um die Realität mittels mathematischer Wirkungszusammenhänge von Erfolgsfaktoren abzubilden.[526] Dieses Modell wurde in Form des Corporate Models inklusive seiner Vorzüge in der vorliegenden Arbeit bereits ausführlich dargestellt. Um die Simulation durchführen und die Ergebnisse weiterverarbeiten zu können, sind über die grundlegende Modellbildung hinaus unsichere Erfolgsfaktoren $(\widetilde{X_1}, \dots, \widetilde{X_p})$ zu identifizieren[527] und mit Wahrscheinlichkeitsverteilungen anstatt einwertiger Prognosen in die Planung einzubeziehen. Außerdem ist zu beachten, dass in der Entwicklung unterschiedlicher Erfolgsfaktoren Abhängigkeitsbeziehungen bestehen, die beispielsweise mithilfe von Korrelationen spezifiziert werden können.[528]

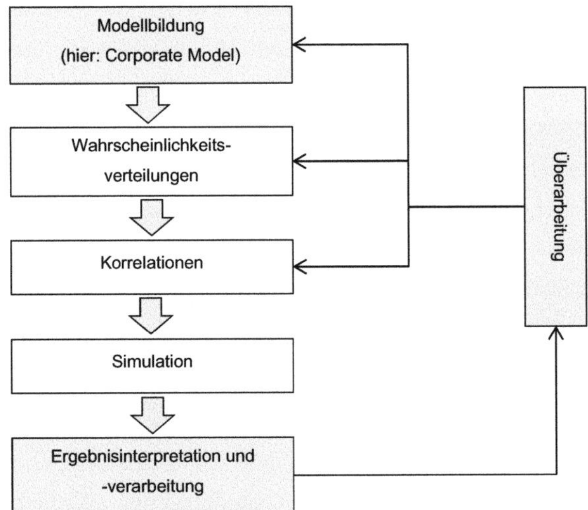

Abbildung 13: Ablauf einer Monte Carlo-Simulation[529]

526 Vgl. Bleuel (2006), S. 372.

527 Vgl. auch Weizsächer/Krempel (2004), S. 811. Diese unsicheren, zu identifizierenden Erfolgsfaktoren können auch als „Value Driver“ interpretiert werden, vgl. dazu Moser/Schieszl (2001), S. 531 ff.

528 Vgl. Kanacher/Rademacher/Werners (2010), S. 194; Jödicke (2007), S. 168; Wolf (2003), S. 567; Weizsächer/Krempel (2004), S. 811.

529 In Anlehnung an Bleuel (2006), S. 272.

Im Rahmen einer Simulation werden in verschiedenen Durchläufen aus den angegebenen Verteilungen der einzelnen Variablen und unter Beachtung der Abhängigkeiten zufällige Sätze an Ausprägungen gezogen, aus deren Kombination wiederum unterschiedliche Ausprägungen der entscheidungsrelevanten Zielgrößen generiert werden.[530] Aus der Kombination der per Zufallsziehung generierten Ausprägungen wird ein Chancen- und Risikoprofil für die Entscheidungsgröße ermittelt.

In diesem Abschnitt werden zunächst unterschiedliche Wahrscheinlichkeitsverteilungen, die einzelne Inputparameter in der Projektplanung annehmen können, sowie die Modellierung der Abhängigkeitsbeziehungen konkretisiert. Ein anschließendes Anwendungsbeispiel, basierend auf dem bereits entwickelten Corporate Model, dient zur Veranschaulichung der theoretischen Ausführungen.

4.1.2.1 Wahrscheinlichkeitsverteilungen der Inputparameter

Damit eine Aggregation aller Einzelrisiken zu einem Gesamtrisikoprofil der Zielwerte (Gewinn, Cashflow und v.a. Barwert) erreicht wird, müssen zunächst die risikotragenden Erfolgsfaktoren $(\widetilde{X_1}, \dots, \widetilde{X_p})$ identifiziert werden[531] und ihre möglichen Ausprägungen mittels unterschiedlicher Wahrscheinlichkeitsverteilungen näherungsweise spezifiziert werden.

Im Regelfall und zur praxisorientierten Komplexitätsreduktion werden diese Wahrscheinlichkeitsverteilungen aus Punktschätzungen generiert, die von Experten abzugeben sind, so dass letztlich subjektive Schätzungen die Basis bilden.[532] Um eine Wahrscheinlichkeitsverteilung zu generieren, ist oftmals die Angabe von drei Punkten bereits ausreichend, indem mittels zweier Extremwerte die Randwerte einer Funktion und anhand eines Mittelwertes (z.B. Median oder Modalwert) zusätzlich die Schiefe konstruiert werden kann, wenn keine Normal- oder Gleichverteilung vorliegt.[533] Sollte es für die Experten mit Schwierigkeiten verbunden sein, für vorgegebene Verteilungstypen die benötigten Werte zu benennen, so ist es auch möglich, eine freie Zeichnung der Verteilung einzufordern, die u.a. durch Softwareunterstützungen in-

---

530 Vgl. Jödicke (2007), S. 168; Willeke (1998), S. 1153.

531 Vgl. auch Gleißner (2011b), S. 60.

532 Vgl. Henking (1998), S. 24; Kanacher/Rademacher/Werners (2010), S. 193; Duscher et al. (2012), S. 48.

533 Vgl. Henking (1998), S. 25; Keefer/Boidily (1983), S. 595 ff.

nerhalb der Risikosimulationsprogramme angefertigt werden kann.[534] Werden die Verteilungen spezifiziert, so können zum einen stetige Zufallsvariablen vorliegen, die innerhalb eines angegebenen Intervalls jeden beliebigen Wert mit einer bestimmten Wahrscheinlichkeit annehmen können oder auch diskrete Zufallsvariablen, die nur eine bestimmte Menge an Ausprägungen annehmen.[535] In dem folgenden Abschnitt ist von Relevanz, inwiefern stetige und „schätzfreundliche" Verteilungen zu wählen und zu spezifizieren sind, um die Ausprägungsmöglichkeiten der zugrundeliegenden Variablen mehr oder minder ausreichend zu erfassen. Aus diesem Grund werden im weiteren Verlauf die wichtigsten Verteilungstypen und ihre Eigenschaften dargestellt und hinsichtlich ihrer Eignung für unterschiedliche Erfolgsfaktoren untersucht. Im Einzelnen werden die Normalverteilung, die Log-Normalverteilung, die Dreiecksverteilung, die Beta-Verteilung und die Gleichverteilung als „(Standard-)Wahrscheinlichkeitsverteilungen"[536] in die Analyse einbezogen.

4.1.2.1.1 Normalverteilung und Logarithmische Normalverteilung

Die Normalverteilung, nach Carl Friedrich Gauß auch Gaußsche Normalverteilung genannt, stellt eine besonders wichtige, stetige Wahrscheinlichkeitsverteilung für Anwendungen in der Praxis und Statistik dar.[537] Für die Dichtefunktion $(f(x))$ einer normalverteilten Zufallsvariable $X \sim N(\mu; \sigma^2)$ gilt:

$$f(x) = \frac{1}{\sigma\sqrt{2\pi}} e^{-\frac{1}{2}\left(\frac{x-\mu}{\sigma}\right)^2} \qquad \textbf{(4-1)}$$

Ein zentraler Vorteil der Normalverteilung liegt darin, dass die Verteilung bereits durch zwei Lageparameter und zwar den Erwartungswert/Mittelwert (μ) und die Volatilität, ausgedrückt über die Standardabweichung (σ) oder Varianz (σ^2), vollständig beschrieben werden kann. [538] Exzess[539] und Schiefe nehmen in der Normalverteilung den Wert Null an, so dass die Wahrscheinlichkeit zur Überschreitung des Mittelwertes der Wahrscheinlichkeit, der Unterschreitung dieses Mittelwertes aufgrund der inhärenten Symmetrieeigenschaft entspricht.[540] Die Höhe und Breite der Normalvertei-

---

534 Vgl. dazu Kanacher/Rademacher/Werners (2010), S. 193 f.

535 Vgl. Wolf (2009), S. 545 f.; Dolny (2003), S. 206.

536 Vgl. dazu Dirrigl (2004b), S. 109; Gleißner (2011b), S. 117.

537 Vgl. Wolke (2008), S. 28.

538 Vgl. Wolke (2008), S. 28; Cottin/Döhler (2009), S. 34.

539 Die Wölbung der Normalverteilung beträgt 3. Um einen Vergleich anderer Verteilungen mit der Wölbung der Normalverteilung zu erzielen, wird die Wölbung der Normalverteilung auf 0 normiert und als Exzess bezeichnet.

540 Vgl. Schlechtweg (2009), S. 143.

lung wird somit ebenfalls durch die Standardabweichung determiniert, da der Flächeninhalt unter der Kurve stets 1 beträgt, sodass mit zunehmendem σ bei gleichbleibendem μ der Kurvenverlauf flacher und breiter wird:

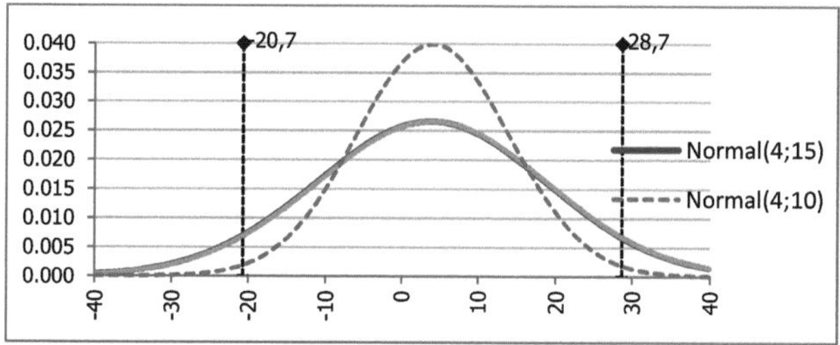

Abbildung 14: Normalverteilung

Ist ein Einflussfaktor besonders unsicher, so ist dies durch die Angabe eines höheren σ und demnach einer flacheren, aber breiteren Kurve in den Berechnungen und Simulationen einzubeziehen. Neben diesen zentralen Eigenschaften der Normalverteilung ist für ihre Heranziehung und ihre Bedeutung im Rahmen der Risikosimulation der zentrale Grenzwertsatz der Statistik von großer Bedeutung.[541] Demnach lässt sich die Wirkung einer Vielzahl unbekannter und unabhängiger stochastischer Einflüsse auf eine stochastische Variable am besten durch die Normalverteilung beschreiben.[542] Gemäß dieser Erkenntnis kann die Normalverteilung in einer Projekt- respektive Unternehmenswertsimulation verwendet werden, wenn der zu schätzende und zu stochastifizierende Erfolgsfaktor durch eine Vielzahl unabhängiger Zufallsvariablen beeinflusst wird und eine Normalverteilung gemäß dem Grenzwertsatz angemessen ist. Dies trifft vor allem dann zu, wenn die Prognose für einen Zeitpunkt zu erstellen ist, der weit in der Zukunft liegt, da in diesen Fällen zunehmende Unsicherheiten auftreten, die wiederum auf eine vermehrte Anzahl an zufälligen und auch unabhängigen Ereignissen zurückzuführen sind.[543] Hinsichtlich der Preisentwicklung für das kommende Jahr können die Konkurrenzsituation, die Inflation, die Kundenpräferenzen, die politische Entwicklung u.v.m. besser eingeschätzt werden als für einen weiter in der Zukunft liegenden Zeitpunkt. Demnach kann für dieselbe Zufallsvariable erst bei verbesserter Informationslage ein spezifischerer Verlauf unterstellt werden,

541 Vgl. auch Gleißner (2011b), S. 118.
542 Vgl. Willeke (1998), S. 1158.
543 Vgl. auch Nöll/Wiedemann (2008), S. 5.

sodass ein Erfolgsfaktor im Rahmen der rollierenden Planung[544] unterschiedliche Wahrscheinlichkeitsverteilungen im Zeitablauf annimmt.[545] Eine Ausgangsschätzung in Form einer Normalverteilung bietet sich somit bei starken Informationsdefiziten an.

Unmittelbar aus der Normalverteilung kann auch die Log-Normalverteilung für eine Variable X abgeleitet werden, wenn $\ln(X)$ normalverteilt ist.[546] Die Dichtefunktion einer logarithmisch normalverteilten Variablen $X \sim LN(\mu; \sigma^2)$ nimmt folgende Gestalt an:

$$f(x) = \begin{cases} \frac{1}{\sqrt{2\pi}\sigma x} e^{-\left(\frac{lnx-\mu}{2\sigma}\right)^2} & x > 0 \\ 0 & x \leq 0 \end{cases} \tag{4-2}$$

Das entscheidende Merkmal der logarithmischen Normalverteilung besteht darin, dass nur positive Werte in der Dichtefunktion eine Wahrscheinlichkeit größer Null annehmen[547] und keine Symmetrie in der Verteilung besteht.[548]

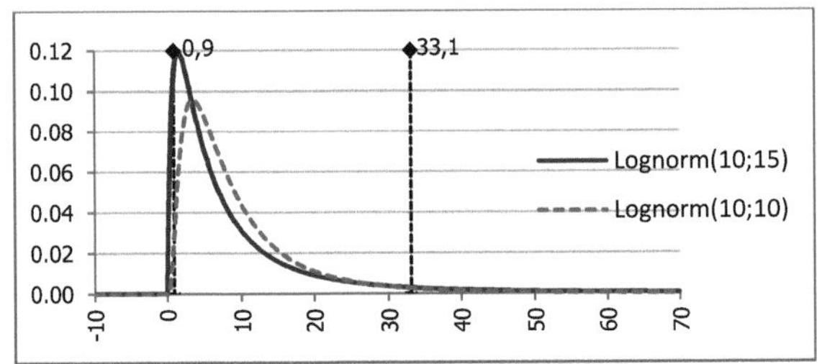

Abbildung 15: Log-Normalverteilung

Vor allem Erfolgsfaktoren, die auf positive Werte beschränkt sind, wie z.B. Preise, Erlöse oder (Absatz-)Mengen, können demnach mit einer Log-Normalverteilung modelliert werden.[549] In der Ökonomie ist das allgemeine Einkommen ein klassisches Beispiel einer lognormalverteilten Variable, da eine Tendenz zu unteren Einkommensgruppen besteht, die zu einer Rechtsschiefe im positiven Wertebereich führt.[550]

544 Die rollierende Planung zeichnet sich durch ständige Anpassungen aus.
545 Vgl. auch Hill (2012), S. 130.
546 Vgl. dazu Gleißner (2011b), S. 119 f.
547 Vgl. Cottin/Döhler (2009), S. 39.
548 Vgl. Limpert/Stahel/Abbt (2001), S. 350.
549 Vgl. Gleißner (2011b), S. 120.
550 Vgl. Limpert/Stahel/Abbt (2001), S. 347.

4.1.2.1.2 Beta-Verteilung

Anders als bei der Normalverteilung wird anhand der Beta-Verteilung nicht ausschließlich die Modellierung einer symmetrischen Verteilung ermöglicht, so dass neben der Varianz und dem Erwartungswert, weitere Parameter notwendig werden, um den Verlauf zu spezifizieren. Für die Schätzung der daraus resultierenden vier Parameter (Erwartungswert, Varianz, Exzess und Schiefe) sind dann vier Schätzwerte $(a, b, q\ und\ r)$ notwendig,[551] wobei die allgemeine Dichtefunktion einer betaverteilten Zufallsvariablen $X \sim B(\mathrm{a, b, p, q})$ folgende Gestalt annimmt:

$$f(x) = \frac{1}{B(a,b,r,q)}(x-a)^{q-1}(b-x)^{r-1}$$

mit: **(4-3)**

$$B(a,b,r,q) = \frac{\Gamma(q+r)}{\Gamma(q)+\Gamma(r)}(b-a)^{q+r-1}$$

Die Schätzwerte a und b begrenzen das Intervall nach oben sowie nach unten, während q und r für den konkreten Funktionsverlauf zu spezifizieren sind. Je nach Ausmaß dieser Formparameter nimmt die Betaverteilung entsprechende Verläufe an:[552]

- *Wenn* $\mathrm{q} > 1$ *und* $\mathrm{r} > 1$ *sind, besitzt die Funktion ein einziges Maximum an der Stelle m.*
- *Wenn* $\mathrm{q} > 1$ *und* $\mathrm{r} < 1$ *gilt, verläuft die Verteilung u-förmig.*
- *Wenn* $\mathrm{q} \geq 1$ *und* $\mathrm{r} < 1$ *gilt, steigt die Verteilungsfunktion streng monoton.*
- *Wenn* $\mathrm{q} < 1$ *und* $\mathrm{r} \geq 1$ *gilt, fällt die Verteilungsfunktion streng monoton.*
- *Wenn* $\mathrm{q} = \mathrm{r}$ *gilt, verläuft die Verteilung symmetrisch und im Falle von* $\mathrm{q} = \mathrm{r} = 1$ *nimmt die Beta-Verteilung die Form einer Gleichverteilung an.*
- *Wenn* $\mathrm{q} = 2$ *und* $\mathrm{r} = 1$ ▯der $\mathrm{q} = 1$ *und* $\mathrm{r} = 2$ *gilt, bildet die Betaverteilung eine rechtwinklige Dreiecksverteilung.*

Es wird offensichtlich, dass die Schätzung der Verlaufsparameter einen bedeutsamen Einfluss hat und mit Schwierigkeiten verbunden sein kann, sodass dies eine potenzielle Fehlerquelle darstellt.[553]

---

551 Vgl. dazu Schlechtweg (2009), S. 129 f.

552 Vgl. Schlechtweg (2009), S. 133.

553 Vgl. Schlechtweg (2009), S. 135.

Um die Schätzungen auf intuitive Drei-Punkt-Schätzungen zu vereinfachen, werden oftmals die beiden Momente Schiefe und Exzess in eine feste Beziehung gesetzt, sodass die Anzahl notwendiger Schätzwerte auf Drei $(a, b\ und\ m)$ reduziert wird.[554] Zu diesem Zweck werden zur Berechnung des Mittelwertes die Annahen aus der PERT-Netzplantechnik übertragen, sodass eine Spezialform der Betaverteilung erzeugt wird, die auch als PERT-Verteilung bezeichnet wird.[555] Folgende Berechnung des Mittelwertes wird zugrundegelegt:[556]

$$\mu = \frac{a + b + 4m}{6} \tag{4-4}$$

Auch die Varianz kann dann vereinfacht wie folgt ermittelt werden:

$$\sigma^2 = \frac{(b-a)^2}{36}\ bzw.\ \sigma = \frac{(b-a)}{6} \tag{4-5}$$

Die spezielle Beta-Verteilung kann rechtssteile, linkssteile oder auch symmetrische Verläufe annehmen, sodass eine hohe Flexibilität vorliegt:[557]

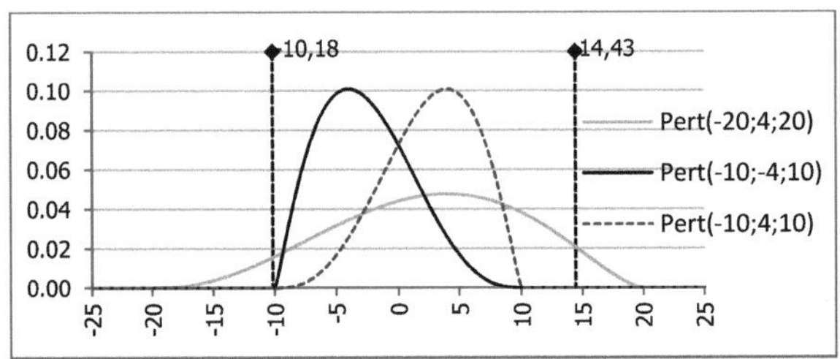

Abbildung 16: Spezielle Beta-Verteilung - PERT

Es lässt sich zusammenfassend feststellen, dass die Schätzung der allgemeinen Betaverteilung in der Praxis mit Schwierigkeiten verbunden ist, während die Schätzfreundlichkeit durch die spezielle Betaverteilung gewährleistet wird. Allerdings können durch die Normierung von r und q durch die Annahmen zur Berechnung des Mittelwertes Irrtümer möglich sein, da nicht belegt werden kann, dass diese Beziehung der Formparameter allgemeingültig ist.[558] Die Betaverteilung sollte dann Anwendung finden, wenn eine genauere Vorstellung der möglichen Ausprägungen eines Erfolgsfaktors vorhanden ist und somit eine links- oder rechtsschiefe Verteilung

554 Vgl. Schlechtweg (2009), S. 130.
555 Vgl. Vose (2008), S. 672.
556 Vgl. Vose (2008), S. 405.
557 Vgl. auch Dirrigl (2002), Sp. 422.
558 Vgl. Schlechtweg (2009), S. 132 und S. 136.

begründet einer Normalverteilung vorzuziehen ist, ohne dass eine Scheingenauigkeit vorliegt.

4.1.2.1.3 Dreiecksverteilung

Analog zum Vorgehen bei der Beta-Verteilung müssen auch für die Dreiecksverteilung die Randwerte $(a; b)$ festgelegt werden, sodass nur in diesem offenen Intervall von Null verschiedene Werte entstehen können.[559] Formal nimmt die Dichtefunktion einer dreiecksverteilten Zufallsvariablen $X \sim \Delta(a; b; c)$, mit $a < b$ und dem Modalwert m, folgende Gestalt an:

$$f(x) = \begin{cases} \dfrac{2 \cdot (x-a)}{(m-a) \cdot (b-a)} & für\ a \leq x \leq m \\ \dfrac{2 \cdot (x-a)}{(m-a) \cdot (b-a)} & für\ m < x \leq b \\ 0 & sonst. \end{cases} \tag{4-6}$$

Auch die Dreiecksverteilung kann rechtsschiefe, linksschiefe oder symmetrische Formen annehmen:

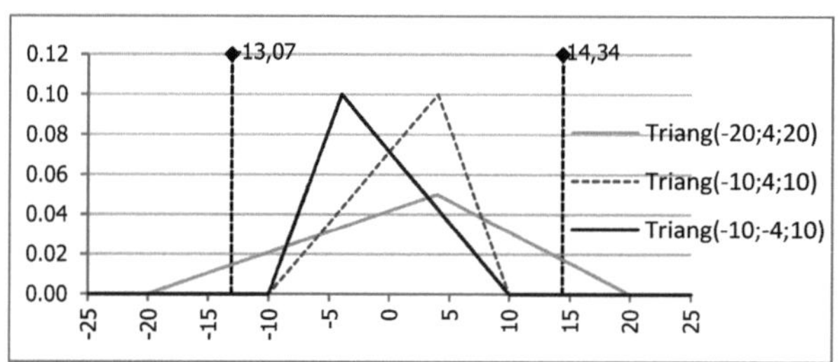

Abbildung 17: Dreiecksverteilung

Erwartungswert und Varianz können durch die folgenden Berechnungen ermittelt werden:

$$\mu = \frac{(a+b+m)}{6} \tag{4-7}$$

$$\sigma^2 = \frac{(b-a)^2 + (a-m)(b-m)}{18} \tag{4-8}$$

Der Verlauf der Dichtefunktion einer Dreiecksverteilung ist aufgrund des spitzen Zulaufs zwar weniger plausibel als bei der Betaverteilung, allerdings bedarf sie zur eindeutigen Bestimmung neben der Schätzung der Randwerte nur den Modalwert m.[560]

[559] Vgl. Cottin/Döhler (2009), S.44.
[560] Vgl. Schlechtweg (2008), S. 147.

Durch die unkomplizierte Modellierung mittels einer Drei-Punkt-Schätzung erfreut sich die Verteilung einer großen Beliebtheit in der Praxis und kann für die Schätzung vieler Variablen herangezogen werden.[561] Demnach kann die Dreiecksverteilung als schätzfreundliche Annäherung an die Beta-Verteilung interpretiert werden und in ähnlichen Situationen zur Anwendung kommen wie diese. Man könnte die spezielle Betaverteilung (PERT) dann für angemessener halten, wenn die Schiefe eine besondere Bedeutung hat, die aufgrund der glatten Kanten der Dreiecksverteilung dort geringere Berücksichtigung findet.

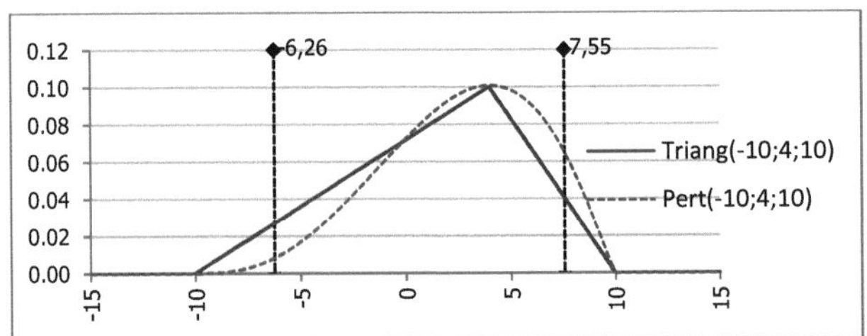

Abbildung 18: Betaverteilung vs. Dreiecksverteilung

Allerdings besteht für die spezielle Form der Betaverteilung durch die Normierung des Mittelwertes keine Allgemeingültigkeit, sodass in einigen Fällen eine Scheingenauigkeit zu konstatieren ist. Zusammenfassend sind sowohl die spezielle Beta- als auch die Dreiecksverteilung als schätzfreundlich zu charakterisieren und für eine subjektive Drei-Punkt-Expertenschätzung geeignet.

4.1.2.1.4 Gleichverteilung

Die Gleichverteilung bietet sich insbesondere dann an, wenn man davon ausgeht, dass ein Erfolgsfaktor in einem bestimmten Intervall unterschiedliche Werte annehmen kann, die in ihrer Realisierbarkeit gleich wahrscheinlich sind, sodass keine Präferenz angegeben werden kann.

Auch hier werden die Intervallgrenzen a und b berücksichtigt, wobei alle Realisationen der gleichverteilten Variablen $X \sim Gleich(a; b)$ innerhalb dieses Intervalls mit derselben Wahrscheinlichkeit eintreten, sodass von einer konstanten Wahrscheinlich-

[561] Vgl. auch Cottin/Döhler (2009), S. 44.

keitsdichte gesprochen wird. Die Dichtefunktion einer gleichverteilten Variablen nimmt folgende Gestalt an:[562]

$$f(x) = \begin{cases} \frac{1}{b-a} & a \leq x \leq b \\ 0 & sonst \end{cases} \qquad (4\text{-}9)$$

Da der graphische Verlauf mit Form eines Rechtecks identisch ist, wird die Gleichverteilung auch als Rechteckverteilung bezeichnet.

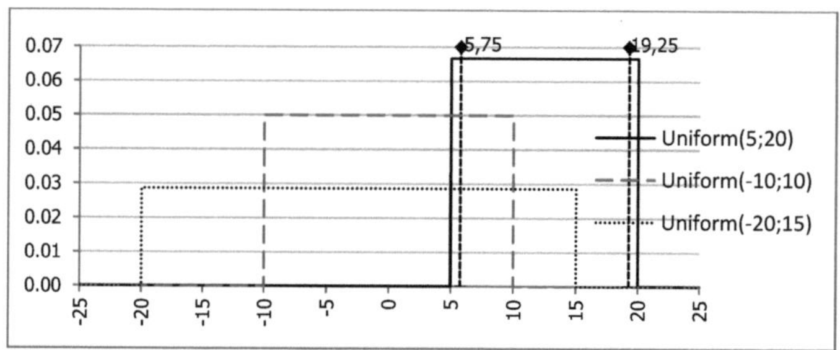

Abbildung 19: Gleichverteilung

Die Gleichverteilung dürfte eher selten zur Anwendung kommen, da in der Praxis davon auszugehen ist, dass bestimmte Werte mit einer höheren Wahrscheinlichkeit eintreten werden als andere, was durch die Gleichverteilung ausgeschlossen wird.[563] Allerdings ist eine Gleichverteilung besonders geeignet, wenn keine Präferenzen für die Zukunft angegeben werden können, dennoch zumindest der Raum möglicher Zustände begrenzt werden soll.[564] Im weiteren Verlauf wird die Gleichverteilung von besonderer Relevanz sein, um die Monte Carlo-Simulation mit der Aggregation von Zustands- und Entscheidungsbäumen zu verbinden, da gleichverteilte Zufallszahlen generiert werden können.[565]

4.1.2.2 Stochastische Abhängigkeiten der Inputparameter

Neben der Möglichkeit, den unterschiedlichen Erfolgsfaktoren Wahrscheinlichkeitsverteilungen zuzuweisen, sind auch stochastische Abhängigkeiten zwischen den Faktoren zu beachten, was sich bei näherer Betrachtung von Entscheidungsproble-

---

562 Vgl. Cottin/Döhler (2009), S. 30.
563 Vgl. Frey/Nießen (2001), S. 41.
564 Vgl. Frey/Nießen (2001), S. 42.
565 Vgl. dazu Abschnitt 4.1.4.2; ähnlich Hill (2012), S. 102.

men als äußerst wichtig herausstellt.[566] Es kann beispielsweise ein Zusammenhang zwischen Mitarbeiterfluktuation, Vergütung und Produktqualität bestehen oder marktübliche Substitutionsbeziehungen von Preisen und Mengen durch bekannte Preismechanismen[567] sind zu beobachten. Dementsprechend werden Auswirkungen von Zusammenhängen einzelner Erfolgsfaktoren auf die Lage- und Streuungsparameter der Zielgrößen im Folgenden näher untersucht.

Grundsätzlich lässt sich ein unsicherer Erfolgsfaktor $(\tilde{X})$ mit seinem Erwartungswert $(E(\tilde{X}))$ und den Streuungsmaßen Varianz $(VAR(X) = \sigma^2(\tilde{X}))$ sowie Standardabweichung $(STA(\tilde{X}) = \sigma(\tilde{X}) = \sqrt{\mathrm{Var}(\tilde{X})})$ beschreiben.[568] Die Berechnung dieser Parameter ist abhängig davon, ob diskrete oder stetige Zufallsvariablen vorliegen. Bei diskreten Variablen gilt folgende Relation:

$$E(\tilde{X}) = \sum_i x_i \cdot f(x_i) \qquad Var(\tilde{X}) = \sum_i (x_i - E(\tilde{X}))^2 \cdot f(x_i) \tag{4-10}$$

Im Falle von stetigen Variablen ist aufgrund der unbegrenzten Ausprägungsmöglichkeiten im betrachteten Intervall das Integral statt der Summen zu berechnen:

$$E(\tilde{X}) = \int_{-\infty}^{+\infty} x \cdot f(x)dx \quad Var(\tilde{X}) = \int_{-\infty}^{+\infty} (x - E(\tilde{X}))^2 \cdot f(x)dx \tag{4-11}$$

Treten zwei abhängige Zufallsvariablen $(\tilde{X} und\ \tilde{Y})$ kombiniert auf, so entstehen daraus Kovarianzen. Die Berechnung der Kovarianz erfolgt wiederum in Abhängigkeit von diskreten oder stetigen Ausprägungsmöglichkeiten wie folgt:

$$Cov(\tilde{X},\tilde{Y}) = \sum_i \sum_j (x_i - (E(\tilde{X})) \cdot (y_i - (E(\tilde{Y})) \cdot f(x_i, y_i) \tag{4-12}$$

$$Cov(\tilde{X},\tilde{Y}) = \int_{-\infty}^{+\infty} \int_{-\infty}^{+\infty} (x - E(\tilde{X})) \cdot (y - (E(\tilde{Y})) \cdot f(x_i, y_i)dxdy \tag{4-13}$$

Betrachtet man das Produkt dieser zwei Zufallsvariablen X und $\tilde{Y}$, dann wird deutlich, dass der Erwartungswert dieses Multiplikationsergebnisses nicht nur von den multiplizierten Erwartungswerten abhängig ist, sondern ebenfalls von den Kovarianzen dieser Variablen:

$$E(\tilde{X} \cdot \tilde{Y}) = E(\tilde{X}) \cdot E(\tilde{Y}) \cdot Cov(\tilde{X},\tilde{Y}) \tag{4-14}$$

566 Vgl. Henking (1998), S.28; Laux/Schabel (2009), S. 104; Wengert/Schnittenhelm (2013), S. 35.
567 Vgl. Kremers (2002), S. 208.
568 Vgl. Alfs (2015), S. 149 f.; Gavranovic (2014), S. 34; Wolf (2003), S. 566; Große-Frericks (2015), S. 227.

Ausschüttungen, sowie der Kapitalwert, als Aggregation dieser periodischen Überschussgrößen, bestehen aus einer Vielzahl multiplizierter und addierter Zufallsvariablen in Form von Mengen $(\widetilde{x_1}, \dots, \widetilde{x_n})$ und Preisen $(\widetilde{p_1}, \dots, \widetilde{p_n})$:[569]

$$\text{z.B.: } \widetilde{CF}_t = \sum_{i=1}^{n} \widetilde{x_i} \cdot \widetilde{p_i}. \quad (4\text{-}15)$$

Demnach sind bei der Erwartungswertbildung der Zielgrößen alle Kovarianzen zwischen den multiplikativ verknüpften Zufallsvariablen zu berücksichtigen, um das korrekte Ergebnis zu erhalten:

$$E(\widetilde{CF}_t) = E\left(\sum_{i=1}^{n} \widetilde{x_i} \cdot \widetilde{p_i}\right) = \sum_{i=1}^{n} E(\widetilde{x_i}) \cdot E(\widetilde{p_i}) \cdot Cov(\widetilde{x_i}, \widetilde{p_i}) \quad (4\text{-}16)$$

Da sich Unsicherheiten, beispielsweise gemessen in der Varianz, gegenseitig aufgrund der Kovarianzen aufheben oder auch vervielfältigen können,[570] ist auch die Varianz des Produktes zweier Zufallsvariablen abhängig vom korrespondierenden Erwartungswert dieses Produktes und somit von der Kovarianz:

$$\begin{aligned} Var(\tilde{X} \cdot \tilde{Y}) &= E\{[\tilde{X} \cdot \tilde{Y} - E(\tilde{X} \cdot \tilde{Y})]^2\} \\ &= E[(\tilde{X} \cdot \tilde{Y})^2] - 2 \cdot E(\tilde{X} \cdot \tilde{Y})E(\tilde{X} \cdot \tilde{Y}) + E(\tilde{X} \cdot \tilde{Y})E(\tilde{X} \cdot \tilde{Y}) \end{aligned} \quad (4\text{-}17)$$

Wird die Summe zweier Zufallszahlen gebildet, so besteht auch hier ein Einfluss der Kovarianz auf die kombinierte Varianz:

$$Var(\tilde{X} + \tilde{Y}) = Var(\tilde{X}) + Var(\tilde{Y}) + 2 \cdot Cov(\tilde{X}, \tilde{Y}) \quad (4\text{-}18)$$

Zusammenfassend kann festgestellt werden, dass Erwartungswerte und Varianzen der Zielgrößen zur Messung eines Innovationserfolges wesentlich in Abhängigkeit von den Kovarianzen der Inputfaktoren stehen, da Interdependenzen die gleichzeitigen Ausprägungsmöglichkeiten der Werte einschränken.[571] Es ist unverkennbar, dass eine Vernachlässigung von wichtigen stochastischen Abhängigkeiten das Ergebnis der Zielgrößen verzerren würde, sodass eine Berücksichtigung der Abhängigkeiten nach Möglichkeit erfolgen sollte. Da eine Kovarianz allerdings nichts über die Stärke des Zusammenhangs zweier Variablen aussagt, ist sie für die Planung seitens der Experten kaum zu schätzen. Stattdessen können Korrelationen verwendet werden, die Aussagen über das Ausmaß der Abhängigkeit von zwei Zufallsvariablen ermöglichen. Der Korrelationskoeffizienten (ρ) ist definiert als die Kovarianz zweier

569 Vgl. dazu Abschnitt 3.2.3.
570 Vgl. auch Weizsäcker/Krempel (2004), S. 811.
571 Vgl. Kremers (2002), S. 208.

Variablen ($\tilde{X}$ *und* $\tilde{Y}$), die mit dem Produkt der Standardabweichungen dieser Variablen normiert wird:

$$\rho(\tilde{X},\tilde{Y}) = \frac{Cov(\tilde{X},\tilde{Y})}{\sqrt{Var(\tilde{X}) \cdot Var(\tilde{Y})}} \qquad (4\text{-}19)$$

Es sind Werte zwischen -1 und 1 möglich, während 0 für eine stochastische Unabhängigkeit steht, drückt -1 einen perfekten negativen Zusammenhang und +1 einen perfekt positiven Zusammenhang aus.[572]

Gewiss kann die Zukunft nicht mit Sicherheit vorhergesagt werden und die tatsächlichen Zusammenhänge werden erst ex post ersichtlich.[573] Dennoch sind ex ante bereits wichtige Risikoabhängigkeiten zu integrieren, die mit einer hohen Wahrscheinlichkeit eintreten, um die möglichen Wertentwicklungen dahingehend zu simulieren.

Können Korrelationen aufgrund von Schwierigkeiten bei der Schätzung nicht determiniert werden, werden im Zweifelsfall und automatisch einzelne Risiken als unabhängig deklariert, sodass Korrelationen von 0 unterstellt werden.[574]

4.1.2.3 Beispiel zur Monte Carlo-Risikosimulation in der Planungsrechnung

Die bisher dargelegten Grundlagen zur Risikosimulation werden folgend anhand eines Anwendungsbeispiels konkretisiert. Zunächst müssen die Risiken identifiziert werden, dann die entsprechenden Erfolgsfaktoren, die besonderen Risiken unterliegen, mit Wahrscheinlichkeitsverteilungen unterlegt und zudem - sofern existent - die Abhängigkeiten einzelner Risiken berücksichtigt werden.

4.1.2.3.1 Risikoidentifizierung

Zur Risikoidentifizierung kann in Risikokategorien vorgegangen werden, wie sie bereits in Abschnitt 2.2.2 ausführlich beschrieben wurden. Übergeordnet werden technische und wirtschaftliche Risiken identifiziert, die wiederum auf operative Risiken entlang der Wertschöpfungskette, sowie regulatorische und gesamtwirtschaftliche Risiken zurückzuführen sind.[575] Demnach sind grundsätzliche alle kritischen Mengen- und Preisfaktoren, die dem Corporate Model zugrunde liegen, zu stochastifizieren.

---

572 Vgl. Rommelfanger (2008), S. 43.
573 Vgl. auch Wengert/Schnittenhelm (2013), S. 35.
574 Vgl. dazu auch Metzger (2008), S. 67 f.
575 Vgl. dazu Abschnitt 2.2.2.

Als ein entscheidender Risikofaktor wird, neben den allgemeinen Geschäftsrisiken, vor allem das Personalrisiko im leistungswirtschaftlichen und administrativen Bereich der Vorlaufphase identifiziert. Der größte Anteil an Kosten der Vorlaufphase entsteht in diesem Bereich und die Leistung des Personals determiniert die Entwicklung des Produktes sowie des Projektes entscheidend.[576] Demnach werden durch die Motivation des Personals das technische Risiko und das Marktrisiko, respektive das wirtschaftliche Risiko, verringert, indem das Entwicklungsergebnis aufgrund erhöhter Leistungsbereitschaft verbessert wird.[577] Es stellt sich dementsprechend die Frage, inwiefern diese Motivation zu messen ist und wie sie beeinflusst werden kann.

In dem vorliegenden Modell wird unterstellt, dass die Motivation anhand der Fluktuationsrate beobachtet[578] und die Stärkung der Motivation durch das Heraufsetzen des Budgets pro Mitarbeiter beeinflusst wird. Wichtig ist, dass für den wissenschaftlichen Mitarbeiter der monetäre Anreiz oftmals nicht ausschlaggebend ist, sondern die Zukunftssicherheit, die Aufgabenstellung und das Arbeitsklima entscheidende Einflussfaktoren darstellen,[579] so dass auch die Anzahl der Mitarbeiter nicht zu restriktiv eingeplant werden sollte. Es entstehen folglich erste Interdependenzen zwischen Gehalt, Fluktuation, Arbeitskrafteinsatz und möglicherweise der Produktqualität, die sich unter anderem durch divergierende Nachlaufkosten messen lässt. Die Interdependenzen sind durchaus weitreichender, werden zur Übersichtlichkeit allerdings nicht weiter vertieft.

Das Beispiel wird fortgeführt, indem die beschriebenen Einzelrisiken durch die Hinterlegung von Wahrscheinlichkeitsverteilungen offengelegt und durch Korrelationen verbunden werden. Dieses Vorgehen und die Ergebnisse werden in den folgenden Teilabschnitten betrachtet.

4.1.2.3.2 Spezifizierung von Wahrscheinlichkeitsverteilungen und Korrelationen

Durch die Angabe von unterschiedlichen Wahrscheinlichkeitsverteilungen für identifizierte, riskante Erfolgsfaktoren wird das Risiko zunächst auf seine Ursprungsquellen

---

576 Vgl. auch Bauer/Wohlfahrt/Wagner (2014), S. 161.

577 Vgl. auch Wengert/Schnittenhelm (2013), S. 33 f.

578 Alternativ könnten auch Scoring-Modelle, die auf Mitarbeiterbefragungen oder Ähnlichem basieren, an das IUP-Modell angebunden werden, um die Motivation zu messen und einzubinden.

579 Vgl. Bauer/Wohlfahrt/Wagner (2014), S. 163 ff.

verteilt,[580] um im Rahmen der Monte Carlo-Simulation zu einem Gesamtrisiko aggregiert zu werden.

Das beschriebene Personalrisiko wird durch mehrwertige Fluktuationsquoten und Budgetveränderungen für Mitarbeiter berücksichtigt. Für die Fluktuation sowie die Budgetentwicklung der Fertigungs- und Verwaltungsangestellten werden (Log-) Normalverteilungen unterstellt, während dieselben Erfolgsfaktoren für die wissenschaftlichen Mitarbeiter mittels linksschiefer spezieller Betaverteilungen (PERT) modelliert werden, um zu beachten, dass eine Tendenz zu erhöhten Fluktuationsquoten und Budgets dort besteht. Für beide Personalgruppen wird auch die Anzahl an benötigten Mitarbeitern mittels dieser linksschiefen Verteilung modelliert, um wiederum zu berücksichtigen, dass eine Abweichung vom base case tendenziell eher zu einem höheren, als zu einem niedrigeren Wert führt.

Des Weiteren werden allgemeine und schwer einzuschätzende Faktoren wie das Marktvolumen, das Wachstum des Marktvolumens, der Marktanteil sowie der korrespondierende Wachstumsfaktor, die Reparaturkosten und Preissteigerungen mittels (Log-)Normalverteilungen stochastifiziert, da es sich um die Entwicklung äußerst unsicherer Faktoren in der Marktphase und somit in weiter Zukunft handelt, die demnach am besten durch die allgemeinen (Log-)Normalverteilungen beschrieben werden.

Allerdings werden auch in der Marktphase mit der Dreiecksverteilung für die Reparaturquote und der PERT-Verteilung für die Forderungsquote spezifischere Verteilungen modelliert. Dies spiegelt beispielsweise eine ausgeprägte Expertenerfahrung hinsichtlich dieser Reparaturquote wider. Zum anderen ist aufgrund der gesamtwirtschaftlichen Entwicklung von tendenziell höheren, statt niedrigeren Forderungsquoten auszugehen, sodass eine Linksschiefe integriert wird.

Ansonsten können die Sachmittelkosten anhand einer PERT-Verteilung stochastifiziert werden und die Quadratmeternutzung unterliegt anhand einer Dreiecksverteilung. Diese Angaben sind zumeist von Experten abzugeben, während die diskrete Verteilung des Preises für eine F&E-Anlage auch auf konkreten Preisvorschlägen von Lieferanten basieren kann.[581]

---

580 Vgl. Weizsäcker/Krempel (2004), S. 810.

581 Die Wahrscheinlichkeiten für den Eintritt von a, m und b liegen bei 0,3 für a; 0,4 für m und 0,3

Perioden		1	2	3	4	5	6	7	8	9
Werttreiber		F&E-Phase			Marktphase				Nachlaufphase	
Marktvolumen	μ				10000					
Log-Normalverteilt	σ				500					
Delta Marktvol.	μ					1,50%	1,50%	-2%		
Normalverteilt	σ					0,50%	0,50%	0,50%		
Marktanteil	a				75%					
PERT symmetrisch	m				80%					
	b				85%					
Delta Marktant.	μ					0%	-10%	-20%		
Normalverteilt	σ					2%	2%	2%		
(Delta) Absatzpreis	μ				40	-2%	-2%	-2%		
(Log-)Normalverteilt	σ				3	1%	1%	1%		
Forderungsquote	a				8%	8%	8%	0%		
PERT linksschief	m				12%	12%	12%	0%		
	b				14%	14%	14%	0%		
Reparaturquote	a				1,5%	2,0%	3,0%	3,0%	3,0%	3,0%
Dreiecksverteilung	m				2,0%	3,0%	4,0%	4,0%	4,0%	4,0%
	b				2,5%	4,0%	5,0%	5,0%	5,0%	5,0%
Ø Reparaturkosten	μ				30	30	40	40	40	40
Log-Normalverteilt	σ				3	3	3	3	3	3
Verwaltungspersonal	a	**7**	9	7	5	5	5	5		
PERT linksschief	m	**10**	11	10	8	8	8	8		
	b	**12**	12	12	9	9	9	9		
Wissenschaftler	a	**20**	23	20	1	1	1	1		
PERT linksschief	m	**24**	26	24	2	2	2	2		
	b	**27**	28	27	3	3	3	3		
Delta LuG VW/Fertigung	μ	2,0%	2,0%	2,0%	2%	2%	2%	2%		
Normalverteilt	σ	0,2%	0,2%	0,2%	0,2%	0,2%	0,2%	0,2%		
Delta LuG Wiss.	a	2%	2%	2%	2%	2%	2%	2%		
PERT linksschief	m	4%	4%	4%	4%	4%	4%	4%		
	b	5%	5%	5%	5%	5%	5%	5%		
Fluktuationsquote VW	μ	5%	5%	5%	5%	5%	5%	5%		
Log-Normalverteilt	σ	0,5%	0,5%	0,5%	0,5%	0,5%	0,5%	0,5%		
Fluktuationsquote Wiss.	a	6%	6%	6%	6%	6%	6%	6%		
PERT linksschief	m	10%	10%	10%	10%	10%	10%	10%		
	b	12%	12%	12%	12%	12%	12%	12%		
F&E-Material	a	**10.000**	13.000	14.000						
PERT linksschief	m	**12.000**	14.000	15.000						
	b	**13.000**	15.000	16.000						
Delta Materialpreis	μ			8	2%	2%	2,0%	2,0%		
(Log-)Normalverteilt	σ			0,5	0,2%	0,2%	0,2%	0,2%		
Delta Maschinenpreis	μ			5000	2%	2%	2,0%	2,0%		
Normalverteilt	σ			20	0,2%	0,2%	0,2%	0,2%		
F&E-Anlagen	0,3		9000							
Diskret	0,4		10000							
	0,3		11000							
QM F&E-Projekt	a	**300**	300	300						
Dreiecksverteilung	m	**320**	320	320						
	b	**340**	340	340						

Tabelle 32: Beispiel Stochastifizierung der Erfolgsfaktoren

für b.

Die aus den beschriebenen Verteilungen resultierende stochastifizierte Werttreiberplanung für das Innovationsprojekt kann der Tabelle 32 entnommen werden.[582] In einem weiteren Schritt können - respektive müssen - Korrelationen integriert werden, um den Einfluss auf Erwartungswerte und Streuungsmaße einzubeziehen. In diesem Modell ist aufgrund des Einflusses der Mitarbeitermotivation auf das Entwicklungsergebnis ein Zusammenhang von Mitarbeiterbudgets, Fluktuationsquoten der Wissenschaftler und Nachlaufkosten[583] sowie Marktanteilen zu berücksichtigen, wobei positive und negative Korrelationen je nach Variablenkombination zu integrieren sind. Beispielsweise wird zwischen der Fluktuationsquote und dem Mitarbeiterbudget ein negativer Zusammenhang unterstellt, da eine Budgeterhöhung als motivationsfördernd und somit fluktuationssenkend eingeschätzt wird. Der folgenden Korrelationsmatrix sind alle Zusammenhänge zu entnehmen:

@RISK-Korrelationen	MA t4	Reparatur-quote t4	Reparatur-quote t5	Reparatur-quote t6	ΔLuG Wiss. t1	ΔLuG Wiss. t2	ΔLuG Wiss. t3	Flukt. Wiss. t1	Flukt. Wiss. t2	Flukt. Wiss. t3
MA t4	1									
Reparaturq. t4	-0,5	1								
Reparaturq. t5	0	0	1							
Reparaturq. t6	0	0	0	1						
ΔLuG Wiss. t1	0,2	-0,2	-0,2	-0,1	1					
ΔLuG Wiss. t2	0,2	-0,3	-0,2	-0,2	0	1				
ΔLuG Wiss. t3	0,2	-0,3	-0,2	-0,2	0	0	1			
Flukt. Wiss. t1	-0,2	0,2	0,1	0	0	0	0	1		
Flukt. Wiss. t2	-0,3	0,2	0,2	0,1	-0,2	-0,1	0	0	1	
Flukt. Wiss. t3	-0,4	0,2	0,2	0,2	-0,05	-0,2	-0,1	0	0	1

Tabelle 33: Beispiel Korrelationen zwischen Erfolgsfaktoren

4.1.2.3.3 Ergebnisauswertung

Basierend auf dieser Stochastifizierung der Erfolgsfaktoren kann eine Simulation durchgeführt werden. In einem automatisierten Prozess werden in einer festzulegenden Anzahl (n) an Durchläufen Zufallszahlen im Sinne von Pseudo-Wahrscheinlichkeiten zwischen 0 und 1 generiert,[584] um durch das Einsetzen dieser Zufallszahlen in die Umkehrfunktionen der definierten Verteilungen, n Werte zu gene-

582 Die Erfolgsfaktoren, die hier nicht stochastifiziert werden, sind mit ihren Ursprungswerten aus Abschnitt 3.2 beibehalten.

583 Vgl. auch Schlechtweg (2009), S. 158.

584 Vgl. dazu Hill (2012), S. 99; Granig (2007), S. 143 f.

rieren, die mithilfe der mathematischen Zusammenhänge des Corporate Models zu Verteilungen der Zielgrößen kombiniert werden.

Im Beispiel werden ausschließlich die Erfolgsfaktoren des Projektes stochastifiziert und die des Unternehmens zur Übersichtlichkeit konstant gehalten.

Die Wahrscheinlichkeitsverteilungen, die für Cashflows und Barwert respektive Kapitalwert des Projektes aus einer Mit-ohne-Berechnung ermittelt werden, können zunächst tabellarisch mit dem Lageparameter Erwartungswert (μ) sowie den Streuungsmaßen Varianz, Standardabweichung (σ) und Mittlere untere Abweichung (MUA)[585] zusammengefasst werden:

Perioden	1	2	3	4	5	6	7	8	9
	F&E-Phase			Marktphase				Nachlaufphase	
μ(ECF)	-14.377	-16.288	-18.025	145.695	139.635	120.903	89.651	-28.044	-27.047
VAR(ECF)	186.796	89.367	154.196	225.974.019	215.880.028	185.559.277	116.877.067	12.034.792	11.059.857
STA(ECF)	432	299	393	15.032	14.693	13.622	10.811	3.469	3.326
MUA(ECF)	175	120	158	5.993	5.852	5.421	4.295	1.392	1.332
Barwertverteilung									

BW_0 mit i=4,5%	
$\mu(BW_0)$	310.555
VAR (BW_0)	1.685.657.456
STA (BW_0)	41.057
MUA (BW_0)	16.339

Tabelle 34: Zusammenfassung der risikobezogenen Simulations-Ergebnisse

Sowohl für die periodischen Cashflows der EK-Geber (ECF_t), als auch für den Barwert dieser Cashflows werden Wahrscheinlichkeitsverteilungen anstatt einzelner Werte berechnet.[586]

Im Folgenden wird der Barwert - hier in Form des Kapitalwertes - zum einen in Form des Risikoprofils und zum anderen in Form der Dichtefunktion dargestellt. Wesentliche Erkenntnisse bieten einzelne Kenngrößen, die anhand dieser Verteilungen zu ermitteln sind. Dabei sind neben dem Lageparameter Erwartungswert insbesondere die Streuungsmaße in Form von Standardabweichungen, Varianzen und Downside-Risikomaßen wie der Mittleren unteren Abweichung von hohem Mehrwert für die Entscheidungsfindung. Darüber hinaus sind auch Verlustwahrscheinlichkeiten und Cashflow-, Earnings- bzw. Value at Risk- Maße in Analysen einzubeziehen.[587] Durch

585 Vgl. Madrian/Auerbach (2009), S. 100. Zur Berechnung, Bedeutung und Vorteilhaftigkeit dieser Lagemaße, vgl. ferner Abschnitt 4.2.2.1.

586 Sämtliche Größen des Coporate Models sind stochastifziert durch dieses Vorgehen.

587 Vgl. auch Duscher et al. (2012), S. 47; Gleißner (2001), S. 35; Granig (2007), S. 146 ff.

die Stochastifizierung der Erfolgsfaktoren auf der untersten Mikroebene kann somit eine aggregierte Unsicherheit auf Projekt- und Unternehmensebene respektive Makroebene offengelegt werden. Diese Wahrscheinlichkeitsverteilung ist abhängig von der Anzahl der Simulationsdurchläufe und nähert sich mit zunehmender Anzahl einer stetigen Verteilung an.

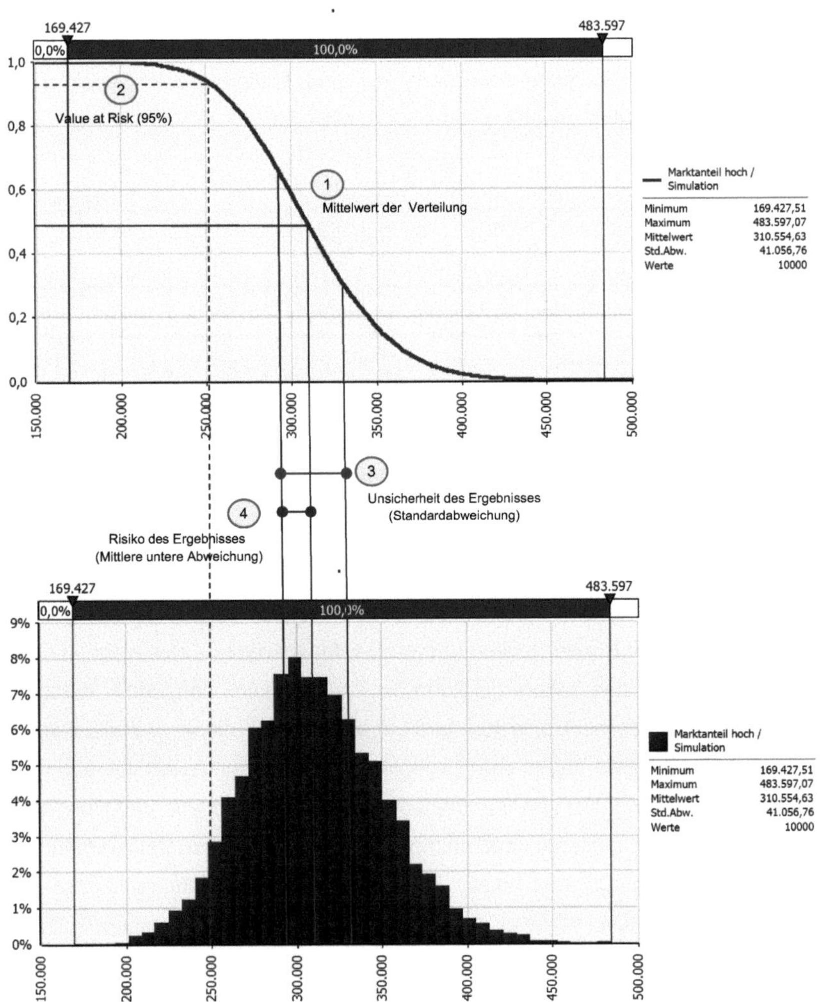

Abbildung 20: Auswertung von Simulationsverteilungen

Die eingezeichneten Kennzahlen können analog für ein Cashflow-Profil oder auch ein Earnings-Profil ermittelt werden und bieten unterschiedlichste Sichtweisen für eine fundierte Entscheidungsfindung. Zudem kann auf Basis der integrierten Unternehmensplanung jederzeit die Insolvenzwahrscheinlichkeit simuliert werden. Durch das automatische Herabsetzen der Ausschüttungen auf Null wird in jedem Simulationslauf, der zu einem Insolvenzszenario führt, auch die Bewertung angepasst, sodass automatisch eine entsprechende Wahrscheinlichkeitsgewichtung erfolgt.[588]

4.1.2.3.4 Exkurs: Überleitung von Monte Carlo-Simulation zur diskreten Drei-Punkt-Szenario-Struktur

Folgend wird die Überleitung von der Monte Carlo-Risikosimulation in eine Drei-Punkt-Szenario-Struktur an einem Beispiel konkretisiert, um die wesentlichen Potenziale der Simulation zu verdeutlichen.

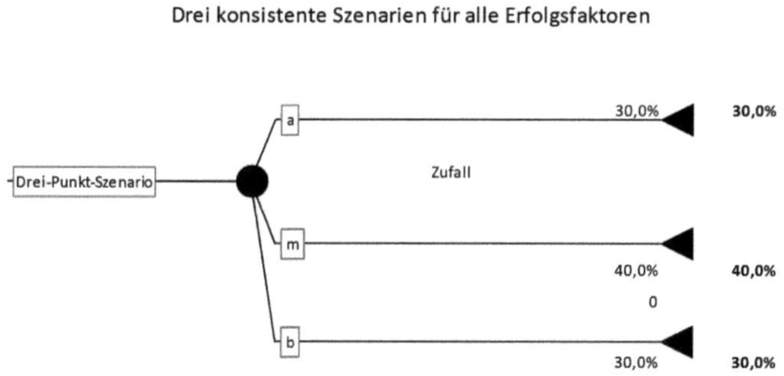

Abbildung 21: Drei-Punkt-Szenario-Struktur

Eine Drei-Punkt-Szenario-Struktur setzt die Bildung konsistenter Bündel an Erfolgsfaktoren voraus, so dass im Endergebnis drei Werte der Zielgrößen mit entsprechenden Wahrscheinlichkeiten ermittelt werden, da die Erfolgsfaktoren innerhalb eines Bündels konsistent sind und annahmegemäß keinen weiteren Unsicherheiten oder Verbindungen zu anderen Szenarien unterliegen (vgl. dazu Abbildung 21).

Die Monte Carlo-Simulation ermöglicht hingegen, unsichere Einzelrisiken miteinander zu kombinieren. Kann der erste Erfolgsfaktor in Form der Absatzmenge bereits

---

588 Vgl. zu einer manuellen Anpassung der Cashflows, um diese Wahrscheinlichkeiten zu berücksichtigen, Arbeitskreis Bewertung nicht börsennotierter Unternehmen des IACVA e.V. (2011), S. 15 ff.

drei mögliche Ausprägungen annehmen, so entstehen die ersten drei Ausprägungen der Zielgröße. Wird ein zweiter Erfolgsfaktor wiederum mit einer diskreten Wahrscheinlichkeitsverteilung aus drei Werten angegeben und keine Korrelation vorgegeben, so kann jede Ausprägung des ersten Erfolgsfaktors mit weiteren drei Ausprägungen des zweiten Faktors kombiniert werden:

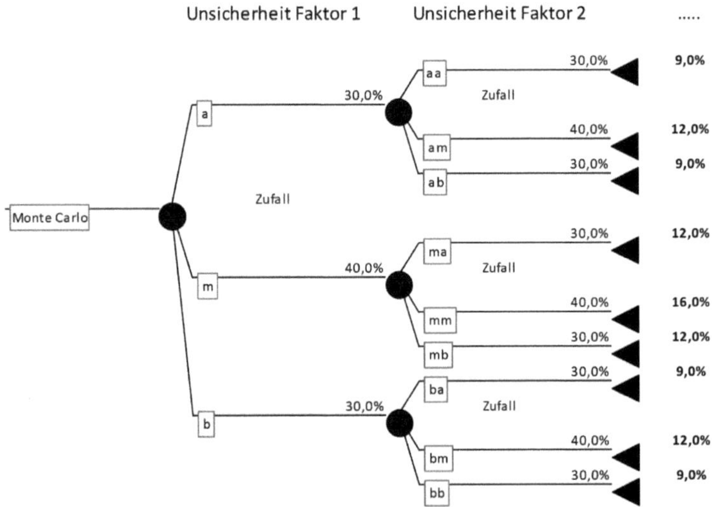

Abbildung 22: Monte Carlo-Struktur

Bei N Erfolgsfaktoren mit jeweils S Ausprägungsmöglichkeiten resultieren dementsprechend S^N Werte für die Zielgrößen. Da eine visuelle Abbildung, wie durch diesen Zustandsbaum,[589] oder eine manuelle Berechnung nur beschränkt möglich und bei stetig verteilten Erfolgsfaktoren gar ausgeschlossen ist, übernimmt die Simulation die Aufgabe der Wertermittlung.

In Tablle 35 wird in Anlehnung an die bisherigen Ausführungen die Konstruktion einer Drei-Punkt-Szenario-Schätzung im Rahmen einer Monte Carlo-Simulation ergänzt, um einen Vergleich zu fundieren. Zu diesem Zweck werden den unsicheren Erfolgsfaktoren diskrete Wahrscheinlichkeitsverteilungen zugeordnet, die jeweils aus einem Szenario a, einem Szenario m und einem Szenario b bestehen. Die Extremszenarien treten mit einer Wahrscheinlichkeit von 30% ein und das Basis-Szenario mit 40%.

589 Vgl. Abschnitt 4.1.3 mit detaillierten Ausführungen zu Zustandsbäumen.

Perioden		1	2	3	4	5	6	7	8	9
Werttreiber		F&E-Phase			Marktphase				Nachlauf	
	a				9.800					
Marktvolumen	m				10.000					
	b				10.200					
	a					1,00%	1,00%	-2%		
Delta Marktvol.	m					1,50%	1,50%	-2,50%		
	b					2%	2%	-3%		
	a				75%					
Marktanteil	m				80%					
	b				85%					
	a					-1%	-12%	-22%		
Delta Marktant.	m					0%	-10%	-20%		
	b					1%	-9,50%	-18%		
	a				38	-3%	-3%	-3%		
(Delta) Absatz-preis	m				40	-2%	-2%	-2%		
	b				42	-1%	-1%	-1%		
	a				14%	14%	14%			
Forderungs-quote	m				12%	12%	12%			
	b				8%	8%	8%			
	a				2,5%	4,0%	5,0%	5,0%	5,0%	5,0%
Reparatur-quote	m				2,0%	3,0%	4,0%	4,0%	4,0%	4,0%
	b				1,5%	2,0%	3,0%	3,0%	3,0%	3,0%
	a				29	29	38	38	38	38
Ø Reparatur-kosten	m				30	30	40	40	40	40
	b				31	31	42	42	42	42
	a	12	12	12	9	9	9	9		
Verwaltungs-personal	m	10	10	10	8	8	8	8		
	b	7	7	7	5	5	5	5		
	a	27	28	27	3	3	3	3		
Wissenschaftl.	m	24	26	24	2	2	2	2		
	b	20	23	20	1	1	1	1		
	a	3%	3%	3%	3%	3%	3%	3%		
Delta LuG VW/Fertigung	m	2,0%	2,0%	2,0%	2,0%	2,0%	2,0%	2,0%		
	b	1,5%	1,5%	1,5%	1,5%	1,5%	1,5%	1,5%		
	a	5%	5%	5%	5%	5%	5%	5%		
Delta LuG Wiss.	m	4%	4%	4%	4%	4%	4%	4%		
	b	2%	2%	2%	2%	2%	2%	2%		
	a	6%	6%	6%	6%	6%	6%	6%		
Fluktuations-quote VW	m	5%	5%	5%	5%	5%	5%	5%		
	b	4%	4%	4%	4%	4%	4%	4%		
	a	12%	12%	12%	12%	12%	12%	12%		
Fluktuations-quote Wiss.	m	10%	10%	10%	10%	10%	10%	10%		
	b	6%	6%	6%	6%	6%	6%	6%		
	a	13.000	15.000	16.000						
F&E-Material	m	12.000	14.000	15.000						
	b	10.000	13.000	14.000						
	a			9	3%	3%	3%	3%		
Delta Material-preis	m			8,5	2%	2%	2%	2%		
	b			8	2%	2%	2%	2%		
	a			5.100	3%	3%	3%	3%		
Delta Maschi-nen-preis	m			5.000	2%	2%	2%	2%		
	b			4.900	2%	2%	2%	2%		
	a		11.000							
F&E-Anlagen	m		10.000							
	b		9.000							
	a	340	340	340						
QM F&E-Projekt	m	320	320	320						
	b	300	300	300						

Tabelle 35: Beispiel Stochastifizierung einer diskreten Szenario-Struktur

Da konsistente Bündel zu bilden sind, um der Definition eines diskreten Szenarios zu entsprechen, müssen die Erfolgsfaktoren, intra- und intertemporal, innerhalb einzelner Szenarien und Faktoren perfekt positiv korreliert sein. Auf diese Weise werden nur die Ausprägungen an Erfolgsfaktoren miteinander kombiniert, die unter einem Szenario (a, m oder b) zusammenzufassen sind. Ein Auszug aus der entsprechenden Korrelationsmatrix ist in Tabelle 36 dargestellt.

@RISK-Korrelationen	Marktvolumen	Delta Marktvolumen t4	Delta Marktvolumen t5	Delta Marktvolumen t6	...
Marktvolumen	1				...
Delta Marktvolumen t4	1	1			...
Delta Marktvolumen t5	1	1	1		...
Delta Marktvolumen t6	1	1	1	1	...
Marktanteil t4	1	1	1	1	...
Änderung Marktanteil t5	1	1	1	1	...
Änderung Marktanteil t6	1	1	1	1	...
Änderung Marktanteil t7	1	1	1	1	...
Absatzpreis t4	1	1	1	1	...
Preissteigerung t5	1	1	1	1	...
Preissteigerung t6	1	1	1	1	...
Preissteigerung t7	1	1	1	1	...
Forderungsquote t4	1	1	1	1	...
Forderungsquote t5	1	1	1	1	...
Forderungsquote t6	1	1	1	1	
...	...	...	...	...	...
...	...	...	...	...	...

Tabelle 36: Korrelationen einer diskreten Szenario-Struktur

Da sowohl periodisch, als auch im Zeitablauf durch die Angabe der Korrelationen konsequent nur die Erfolgsfaktoren eines Szenarios in jedem Simulationslauf kombiniert werden, resultieren auch im Simulationsergebnis diskrete Verteilungen des Barwertes und der Cashflows mit jeweils zwei Randszenarien und einem wahrscheinlichsten Szenario (vgl. Abbildung 23). Dies entspricht der Drei-Punkt-Szenario-Struktur. Da die Erfolgsfaktoren entsprechend der zugrundeliegenden Annahmen in den Simulationsläufen zu konsistenten Szenarien verbunden wurden, stimmen die Wahrscheinlichkeiten der Zielgrößen-Verteilungen i.H.v. 30%, 40% und 30% mit denen der Erfolgsfaktorverteilungen überein. Anhand des Beispiels wird der Unterschied zwischen der Risikosimulation, die Wechselwirkungen von Einzelrisiken zulässt, und der Drei-Punkt-Schätzung als mögliche Ausprägung einer Szenario-Technik deutlich erkennbar. Während eine Simulation eine ganze, nahezu stetige Verteilung an Erfolgsfaktorkombinationen ermöglicht, beschränkt sich die Drei-Punkt-Schätzung auf drei vordefinierte inflexible Zukunftsbilder. Aus diesem Grund ist die

Monte Carlo-Simulation auch als „tausendfache Szenarioanalyse bekannt"[590], die zu den in Abschnitt 4.1.2.3.3 verdeutlichten Erkenntnisgewinnen führt. Insbesondere die Ableitung von Insolvenzwahrscheinlichkeiten oder einzelnen Perzentilen führt im Rahmen von Szenario-Analysen zu unzuverlässigen oder wenig aussagekräftigen Ergebnissen.

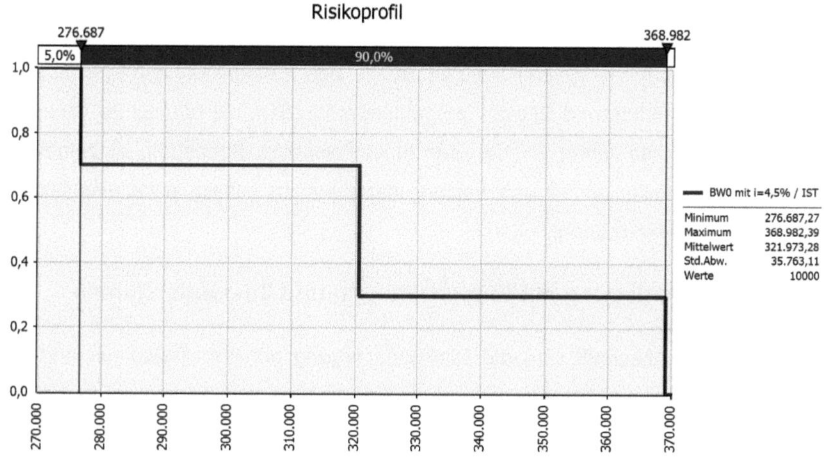

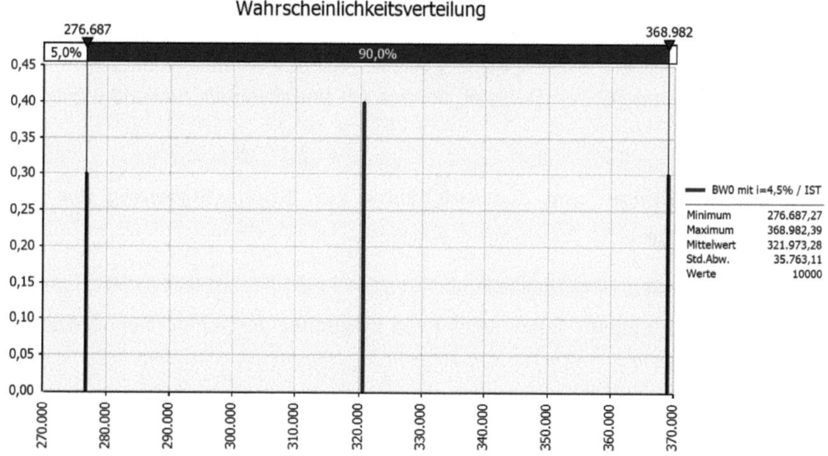

Abbildung 23: Risikoprofil und Wahrscheinlichkeitsverteilung einer diskreten Szenario-Struktur

---

590 Duscher/Meyer/Spitzner (2012), S. 47.

Neben dem Ergebnis wird auch die zugrunde zu legende Prognose im Rahmen der Monte Carlo-Simulation als positiv gewertet. Besteht die Möglichkeit, mehrwertige Prognosen der Erfolgsfaktoren in einer Simulation zu kombinieren, so sind Unternehmer und Experten bei der Stochastifizierung der Mengen- und Preisgrößen nicht mehr gezwungen, sich auf einzelne „Wahrheiten festlegen zu müssen“[591]. Stattdessen werden vereinfacht Unsicherheiten auf der Mikroebene abgebildet, was erfahrungsgemäß besser gelingt,[592] und durch die Simulation in eine Verteilung eines Zielwertes transformiert. Ferner können durch den Entscheidungsträger nur erschwert Unsicherheiten und Risiken ausgeblendet werden, die oftmals zu verspäteten Projektabbrüchen führen,[593] da eine zu optimistische Schätzung einzelner Erfolgsfaktoren schneller auffällt und weniger manipulationsanfällig ist als eine Bildung konsistenter Annahmebündel.

4.1.3 Risikooffenlegung mit Entscheidungs- und Zustandsbäumen

Im vorliegenden Abschnitt wird die Risikooffenlegung mit Entscheidungs- und Zustandsbäumen ergänzt. Nach einer kurzen Begründung zum Einbezug dieser Methode zur Stochastifizierung der Projektstruktur, wird der allgemeine Aufbau von Entscheidungs- und Zustandsbäumen konkretisiert. Im weiteren Verlauf werden dann durch Innovationen bedingte Verlaufsmöglichkeiten untersucht und der Werteffekt auf Basis abstrakter Beispiele aufgezeigt. Darauf aufbauend erfolgt in Abschnitt 4.1.4 eine Verbindung der Entscheidungs- und Zustandsbaumstruktur mit der Risikosimulation im bereits eingeführten Beispiel, sodass ein umfassender Anwendungsbezug hergestellt wird.

4.1.3.1 Entscheidungs- und Zustandsbäume zur Stochastifizierung der Projektstruktur

Es ist erkennbar, dass eine Risikosimulation erforderlich ist, um Einzelrisiken auf Erfolgsfaktorebene zu einem Gesamtrisiko von Zielgrößen auf einer Makroebene zusammenzufassen.

Dennoch ist es darüber hinaus notwendig, wesentliche unbeeinflussbare Umweltzustände sowie mögliche Strategiealternativen, die den Projektverlauf insgesamt beein-

---

[591] Weizsäcker/Krempel (2004), S. 811.
[592] Vgl. auch Weizsäcker/Krempel (2004), S. 811.
[593] Vgl. dazu Mahlendorf (2010), S. 108.

flussen können, zu planen, da Innovationsprojekte aufgrund von Projektabbrüchen, unerwarteten Konkurrenzeintritten, langen Entwicklungszeiten, gesetzlichen Regularien u.v.m. vollkommen divergierende Projektverläufe annehmen können.[594] Die bestehende Flexibilität resultiert in Werteffekten,[595] sodass in einem strategisch und wertorientiert ausgerichteten Controlling eine Vernachlässigung negativ zu werten ist.

Das Risiko der divergierenden Projektverläufe kann allerdings nicht durch einzelne volatile Erfolgsfaktoren auf der Mikroebene abgebildet werden, sondern sollte auf konkreten Entscheidungen und Modellierungen vollkommen neuer Wege des Projektes basieren. Um diese Unsicherheiten des dynamischen Projektverlaufes zu berücksichtigen und gleichzeitig eine quantitative Projekt- und Unternehmensbewertung zu ermöglichen, wird auf die flexible Planung mit Entscheidungs- bzw. Zustandsbäumen zurückgegriffen, die gegenüber der Szenario-Technik als überlegen eingestuft wird.[596] Die Entscheidungsbaum-Methode ist auf Magee[597] zurückzuführen und wurde im deutschsprachigen Raum unter dem Begriff der flexiblen Planung erstmals durch *Laux* aufgegriffen.[598] Im weiteren Entwicklungsverlauf wurde diese Methode vermehrt unter dem Begriff des Entscheidungsbaumes subsumiert und zunehmend mit der Optionspreisbewertung verglichen.[599] Das Verfahren konnte sich allgemein zwar nur schwer durchsetzen,[600] doch im Innovationsbereich ist das Potenzial der zugrundeliegenden Kalkülstruktur anerkannt. [601] Für das Bewertungsziel der objektivierten Wertermittlung, beispielweise zur Schätzung potenzieller Transaktionspreise, ist die vorherrschende Kritik zwar teilweise anzuerkennen und wird auch in Abschnitt 7.4.3.3 dieser Arbeit vertieft. In diesem Zusammenhang kann auch die Realoptionsbewertung als Alternative diskutiert wird. Da eine intern ausgerichtete Bewertung zur Entscheidungsunterstützung des Managements allerdings normfrei und subjektiv auszugestalten ist, werden die Kritikpunkte vorerst als irrelevant erachtet. Besonders der größte Kritikpunkt, der auf eine Verwendung einer risikoadjustierten Diskontie-

594 Vgl. auch Schwarze (1982), S. 156 sowie aktueller Schwarze (2014), S. 138.
595 Vgl. Schäfer/Schässburger (2001), S. 91; Peemöller/Beckmann(2015), S. 1449.
596 Vgl. Ballwieser (2002), S. 187; Greuel/Greuel (2010), S. 298.
597 Vgl. Magee (1964), S. 126 ff.
598 Vgl. Laux (1971), S. 525-540.
599 Vgl. dazu Ballwieser (2002), S. 187.
600 Vgl. Schwarze (1982), S. 162.
601 Vgl. u.a. Cooper/Scott/Kleinschmidt (2001), S. 367; Wang/Roush (2000), S. 13; Greuel/Greuel (2010), S. 298 ff.;Völker (2001), S. 238; Möller/Menninger/Robers (2011), S. 100 f.

rungsrate zurückzuführen ist,[602] um den Entscheidungsbaum zu aggregieren, wird durch eine subjektiv geprägte Risikobewertung umgangen, wie im weiteren Verlauf zu zeigen ist. Deshalb wird folgend der Entscheidungs- bzw. Zustandsbaum als Ergänzung zum traditionellen Kalkül der Investitionsrechnung untersucht und durch die Erweiterungen um Simulationen und entsprechende Risikoaggregationsmethoden modifiziert. Es wird demnach das Potenzial aus der Kombination bewährter Methoden und aktueller Möglichkeiten der Risikoberücksichtigung ausgeschöpft.

4.1.3.2 Struktur eines Entscheidungs- und Zustandsbaumes

Ein Entscheidungs- und Zustandsbaum beginnt mit einem Anfangspunkt und endet in mehreren denkbaren Projektzuständen, die aus unterschiedlichen Ausprägungsmöglichkeiten des Projektverlaufes entstehen. Kritiker stellen die Möglichkeit, unterschiedliche Zustände und Entscheidungen vorherzusagen, infrage. Dagegen ist der folgende Einwand von *Wang/Roush* zu zitieren:

"If we cannot express what we know in the form of numbers, we really don't know much about it. If we don't know much about it, we cannot expect to optimally control it. That is why we need to quantify potential failure."[603]

Auch ohne den Anspruch auf Vollständigkeit oder Fehlerfreiheit zu stellen, ist eine Modellierung von Entwicklungspfaden als vorteilhaft zu werten, da Bewerter und Entscheidungsträger zur Auseinandersetzung mit dem Risiko und zur Transparenzschaffung gezwungen werden.[604]

Durch den Entscheidungs- und Zustandsbaum ist somit abzubilden, dass im Zeitablauf (T) unterschiedliche Stadien passiert werden, die jeweils einen Zustand (S_z) einer Entscheidungsgröße markieren. Vom Startpunkt aus können durch Zufallsereignisse unterschiedlich wahrscheinliche Entwicklungsverläufe (z) entstehen, die durch Entwicklungspfade abgebildet werden. Dass der Zufall z mit einer bestimmten Ausprägung eintritt, ist mit der Wahrscheinlichkeit (p_z) zu gewichten. Insgesamt müssen sich die Wahrscheinlichkeiten der Zufallsergebnisse an einem Zufallsknoten zu 100% addieren ($\sum_{i=1}^{I} p_z = 1$). In Abhängigkeit von den Zufallsknoten respektive den mögli-

---

602 Vgl. dazu auch Pritsch (2000), S. 145 und S. 151; Hahn/Bausch/Mayer (2000), S. 238; Bürgel/Ackel-Zakour (2000), S. 57; Schmeisser (2008), S. 103 f.; Ernst/Schneider/Thielen (2012), S. 316 ff.; Schäfer/Schässburger (2001), S. 89 f.

603 Wang/Roush (2000), S. 4.

604 Vgl. auch Ernst/Schneider/Thielen (2012), S. 293 im Kontext von Binomial-Modellen.

chen Zufallsereignissen, resultiert ein divergierender Projektzustand, so dass folgendes Grundmodell vorliegt: In der nachfolgenden Skizze wird ein Zustandsbaum mit zwei Zufallsereignissen und insgesamt vier Endpunkten dargestellt. Da im späteren Verlauf eine Integration mit der Monte Carlo-Simulation erfolgt, sind die Zustandswerte nicht einwertig (S_z), sondern durch simulierte Verteilungen ($\widetilde{S_z}$) anzugeben.

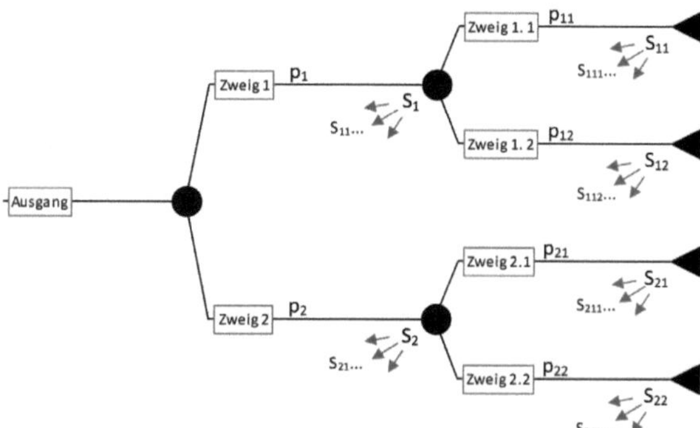

Abbildung 24: Skizze Zustandsbaum[605]

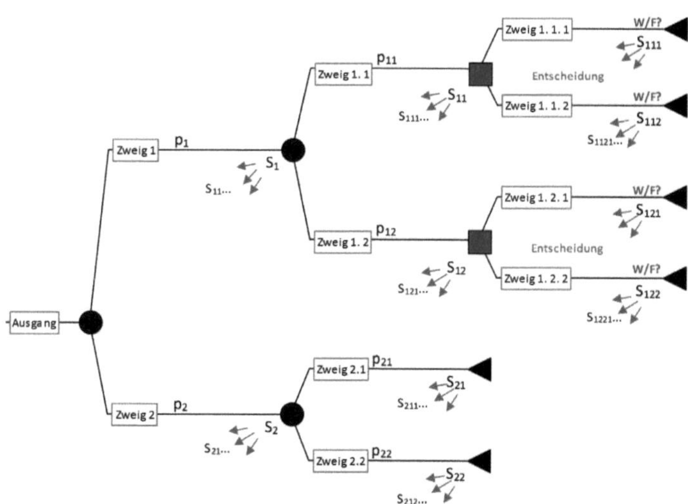

Abbildung 25: Skizze Entscheidungsbaum

605 In Anlehnung an Bodgan/Villinger (2010), S. 33; Drukarczyk/Schüler (2009), S. 42.

Neben den Zufallsereignissen kann die Integration von Entscheidungsmöglichkeiten vorgesehen werden. Ausgehend und abhängig von einem Zufallsknoten, kann eine Entscheidung über den zukünftigen Projektverlauf, z.B. über einen Abbruch, eine Erweiterung oder eine Markteinführung in Abhängigkeit des eingetretenen Zustandes resultieren. Hinzu kommen entsprechende Entscheidungsknoten, die in der vorangehenden Skizze (Abbildung 25) ausgehend vom zweiten Zufallsereignis integriert sind.

Der Entscheidungs- und Zustandsbaum ist zu einem Zielwert zu aggregieren, um die Vorteilhaftigkeit zu Projektbeginn beurteilen zu können. Ausgehend von einem finanziellen Optimierungskriterium sind in den Entscheidungsknoten retrograd-sukzessive[606] die Alternativen zu bestimmen, die für den jeweiligen Zustand optimal sind. Wird diese Entscheidungsfindung simuliert, so kann der Entscheidungsbaum zu einem Zustandsbaum verdichtet werden[607] und durch weitere Mechanismen anschließend zu einer entscheidungsrelevanten Zielgröße aggregiert werden. Diese Aggregationsmechanismen werden in Abschnitt 4.2.3.2 und somit im Kontext der Risikobewertung näher untersucht. Vorerst steht weiterhin der Aufbau zur Risikooffenlegung im Fokus der Betrachtungen.

4.1.3.3 Integration zusätzlicher Projektpfade in Innovationsprojekten

4.1.3.3.1 Integration zusätzlicher Projektpfade durch Projektabbrüche

In Abschnitt 2.2.2.1 wurde bereits thematisiert, dass ein Innovationsprojekt aufgrund von technischen und wirtschaftlichen Umständen nicht stets vollendet wird, sondern ein vorzeitiger Projektabbruch durchgeführt wird. Oftmals wird diese Entscheidung zu spät getroffen, mit gravierenden Folgen für die Investoren und Anteilseigner.[608] Dementsprechend sollte, orientierend an verschiedenen ex ante definierten Meilensteinen eine rechtzeitige Entscheidung über Durchführung oder Nicht-Durchführung getroffen werden, um keine weiteren Entwicklungskosten zu verursachen oder knappe Ressourcen zu verschwenden.[609] Wird ein Projektabbruch rechtzeitig eingeleitet, so können unnötige Sunk Costs in Form weiterer Entwicklungskosten vermieden werden [610] und der Projekt- respektive Unternehmenswert wird positiv beeinflusst.

---

606 Vgl. Rohrschneider (2006), S. 110.
607 Vgl. Hommel/Lehmann (2001), S. 118.
608 Vg. Mahlendorf (2010), S. 108.
609 Vgl. Schmitt (2013), S. 103.
610 Vgl. auch Pritsch (2000), S.126; Mahlendorf (2010), S. 107; Schwarze (1982), S. 158.

Für den Gesamtunternehmenswert ist die zwischenzeitige Entscheidung für oder gegen eine Projektdurchführung somit von Relevanz und sollte im Sinne der Anteilseigner frühzeitig getroffen werden.[611] Folglich sind in der Projektplanung Mile-Stones bzw. Gates[612] zu integrieren, die kritische technische und wirtschaftliche Zustände markieren. Typische Meilensteine bestehen in der Erstellung eines funktionsfähigen Prototyps, in Genehmigungsverfahren oder fehlender Marktakzeptanz.[613] In der Literatur vorzufindende Entscheidungsbäume, die in den vorliegenden Kontext einzuordnen sind, werden zumeist auf eine Integration von Projektabbrüchen in der Vorlaufphase beschränkt.[614] Diese Abbrüche sind in Form von Zustandsknoten dargestellt und unterliegen keiner konkreten Entscheidung, sondern dem Zufall.[615] Entsprechend wird - korrekterweise - von einem Zustands- und nicht von einem Entscheidungsbaum ausgegangen. Die Beschränkung auf die Zufallsereignisse im F&E-Prozess, die primär aus technischen Durchführbarkeitsprüfungen resultieren, ist weitestgehend nachvollziehbar. In der Pharmabranche bestehen beispielsweise klare Phasenstrukturen und Vergangenheitsdaten, um die Wahrscheinlichkeiten des technischen Erfolges in einzelnen Testphasen anzugeben.[616] Die Beobachtungen der Vergangenheit haben sich als zuverlässig herausgestellt, so dass insbesondere im Pharmabereich fundierte Wahrscheinlichkeiten und Strukturen zur Erstellung von Zustandsbäumen bestehen. *Myers/Howe* folgen bereits 1997 den Erkenntnissen von *DiMasi,*[617] um den F&E-Prozess in sechs Phasen[618] mit entsprechenden Erfolgs-

---

611 Vgl. auch Pritsch (2000), S.126.

612 Boutellier/Gassmann (2006), S. 110 f. fassen den Unterschied zwischen Meilensteinen und Gates (Toren) so zusammen: „An einem Meilenstein kann man vorbei, durch ein Tor muss man durch."

613 Vgl. Schmitt (2013), S. 103.

614 Vgl. u.a. Ernst/Schneider/Thielen (2012), S. 318; Cooper/Scott/Kleinschmidt (2001), S. 367; Wang/Roush (2000), S. 13; Greuel/Greuel (2010), S. 298 ff.;Völker (2001), S. 238; Möller/Menninger/Robers (2011), S. 100 f.

615 Vgl. dazu Schmeisser (2008), S. 103; Bogdan/Villinger (2010), S. 21.

616 Vgl. Myers/Howe (1997), S. 4 f. und S. 10 f.; Bogdan/Villinger (2010), S. 74 f.

617 Vgl. DiMasi (1995), S. 201 ff. Aktueller kann auf die Studie aus dem Jahr 2001 verwiesen werden, vgl. dazu DiMasi (2001), S. 297 ff. Die meisten vorzufindenden Studien stammen vom TUFTS Centre for Study of Drug Development.

618 Vgl. Myers/Howe (1997), S. 10, die im F&E-Prozess eine Discovery-Phase (Erfolgswahrscheinlichkeit, ca. 60%), eine präklinische Phase (Erfolgswahrscheinlichkeit, ca. 90%), drei klinische Test-Phasen Erfolgswahrscheinlichkeiten, ca. 75%, 50% und 85%) sowie die Registrierungsphase (Erfolgswahrscheinlichkeit, ca. 75%) einteilen. Diese Erfolgswahrscheinlichkeiten variieren je nach Art des zu entwickelnden Medikamentes und der zugehörigen Krankheitsgruppe. Zudem bestehen Unterschiede in den Erfolgswahrscheinlichkeiten chemischer und biologischer Medikamente. Vgl. dazu Bogdan/Villinger (2010), S. 74 f. und grundlegend DiMasi (2001), S. 297 ff. Zudem erfolgte durch DiMasi (2014) beispielsweise eine Studie zum Einfluss der Firmengröße auf die Erfolgswahrscheinlichkeiten.

wahrscheinlichkeiten zu gliedern. Dieses Vorgehen wird 2003 von *Kaufmann/Ridder*[619] weitestgehend beibehalten und auch in aktuelleren Beiträgen beispielsweise durch *Greuel/Greuel*[620] propagiert. Durch *Ernst/Schneider/Thielen* erfolgt noch im Jahr 2012 eine Übertragung der Struktur auf eine Projektbewertung in der Automobilindustrie.[621] Darüber hinaus wird in einer Veröffentlichung aus dem Jahr 2011 verdeutlicht, dass auch das Unternehmen Henkel eine Planung und Bewertung von Innovationsprojekten mithilfe solcher Zustandsbäume durchführt.[622] Es wird anerkannt, dass besonders in der Vorlaufphase Zustandsknoten vorherrschend anzuwenden sind, um die zufallsgesteuerte technische Realisierbarkeit zu fokussieren.[623]

Zur Modellierung des Zustandsbaumes ist die Wahrscheinlichkeit für die technische Realisierbarkeit mit p bestimmt, während ein Projektabbruch mit der Gegenwahrscheinlichkeit (1-p) eintrifft.[624] Diese Wahrscheinlichkeiten sind aus Erfahrungswerten der Vergangenheit, offiziellen Studien oder subjektiven Einschätzungen abzuleiten. Während in der Pharmabranche Erfolgswahrscheinlichkeiten der Vergangenheit und aus Studien bekannt und übertragbar sind,[625] wird beispielsweise bei der Henkel KGaA ein Scoring-Ansatz verwendet, um anhand qualitativer Kriterien die Erfolgswahrscheinlichkeiten zu schätzen.[626] *Kaufmann/Ridder* propagieren in ihrem Beitrag, auf ähnliche Weise, die Erfolgswahrscheinlichkeiten aufgrund intern vorhandener Potenziale anzupassen.[627]

Ein stark vereinfachtes Beispiel ohne Risikosimulationen und einer vereinfachten Aggregation zum Barwert[628], soll der Veranschaulichung und Erläuterung möglicher Werteffekte durch die Vermeidung von Sunk Costs aufgrund der Beachtung zufallsgeprägter Abbrüche dienen. Dabei wird unterstellt, dass ein technischer Erfolg mit einer Wahrscheinlichkeit von 44,1% eintritt, sodass mit der Gegenwahrscheinlichkeit von 55,9% kein Produkt vermarktet werden kann. Werden keine weiteren Abbruchsmöglichkeiten berücksichtigt, so sind nur diese zwei Zustände bewertungsrelevant.

---

619 Vgl. Kaufmann/Ridder (2003), S. 448, die allerdings sieben Phasen unterscheiden.
620 Vgl. Greuel/Greuel (2010), S. 301, wobei hier wiederum fünf Phasen unterschieden werden.
621 Vgl. Ernst/Schneider/Thielen (2012), S. 318.
622 Vgl. Möller/Menninger/Robers (2011), S. 100 f.; Hebeler/Pubanz/Lingnau (2011), S. 391.
623 Vgl. dazu auch Myers/Howe (1997), S. 15.
624 Vgl. auch Kaufmann/Ridder (2003), S.448.
625 Vgl. Fußnoten 617 und 618.
626 Vgl. Möller/Menninger/Robers (2011), S. 101.
627 Vgl. Kaufmann/Ridder (2003), S. 454.
628 Vgl. Abschnitt 4.2 hinsichtlich einer umfassenden Auseinandersetzung mit den Aggregationsmethoden.

Es werden für beide Zustände die gesamten Vorlaufkosten eingeplant und nur in einem Fall wird ein Erfolg am Markt erzielt. Der Gesamtbarwert wird durch die Wahrscheinlichkeitsgewichtung der Barwerte beider Zustände ermittelt und es wird ein Kalkulationszins von 10% unterstellt:

Periode	1	2	3	4	5	Wahrscheinlichkeit
	F&E-Phase				Markt	
ECF - technischer Erfolg	-20	-20	-20	-20	500	44,10%
ECF - technischer Misserfolg	-20	-20	-20	-20	0	55,90%
BW_0 - technischer Erfolg	247,06					
BW_0 - technischer Misserfolg	**-63,40**					
Gewichteter Barwert	**73,52**					

Tabelle 37: Projektplan exklusive Abbrüche

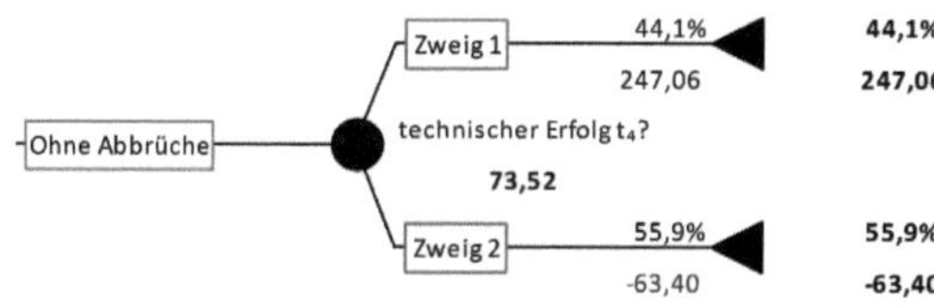

:

Abbildung 26: Zustandsbaum exklusive Abbrüche

Zur geforderten Berücksichtigung zwischenzeitlicher Projektabbrüche ist dieser Zustandsbaum weiter zu unterteilen, sofern Angaben über die technische Realisierbarkeit und die Wahrscheinlichkeiten möglicher Projektabbrüche zu früheren Zeitpunkten möglich sind:

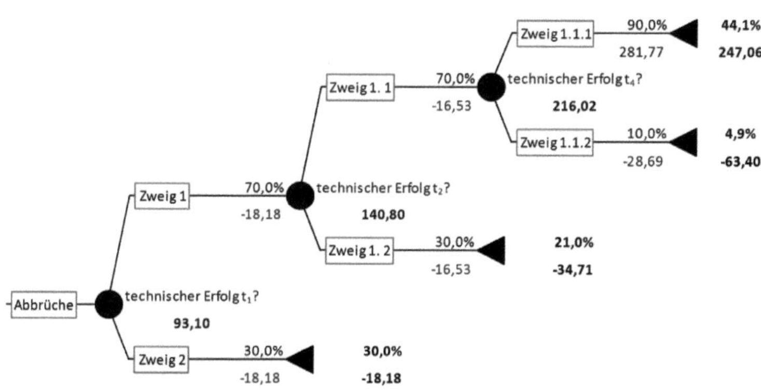

Abbildung 27: Zustandsbaum inklusive Abbrüche

In diesem modifizierten Beispiel wird angenommen, dass bereits nach der ersten, der zweiten und nach der vierten Periode ein Projektabbruch eintreten könnte. An jedem

Knotenpunkt wird der zusätzliche Barwert, der zwischen zwei Zustandsknoten realisiert wird, angegeben. Beispielsweise wird der Barwert der Auszahlungen der ersten Periode auf -18,18 GE geschätzt und der Barwert der Kosten der zweiten Periode beträgt -16,53 GE. Bis zum Endknoten werden die Barwerte entlang der Entwicklungspfade aufaddiert, sodass am Ende des Projektpfades der entsprechende Barwert mit der zugehörigen Realisationswahrscheinlichkeit abzulesen ist. Ein Markteintritt wird weiterhin mit einer Wahrscheinlichkeit von 44,1 % angenommen und der Barwert beträgt weiterhin 247,06 GE. Der technische Misserfolg kann hingegen schon zum Ende der ersten Periode oder zum Ende der zweiten Periode wahrgenommen werden, sodass ein Projektabbruch eingeleitet werden könnte, um weitere Sunk Costs zu vermeiden. Würde der Abbruch zum Ende der ersten Periode eingeleitet, so entfielen 20 GE Entwicklungskosten für weitere drei Perioden. Ebenso würden diese Kosten für zwei Perioden entfallen, wenn der Abbruch nach der zweiten Periode realisiert wird. Der Werteffekt aus dieser Projektstrukturierung kann der Differenz im gewichteten Barwert zum Ausgangsbeispiel entnommen werden:

Periode	1	2	3	4	5	Wahrscheinlichkeit
	F&E-Phase				Markt	
ECF - technischer Erfolg	-20	-20	-20	-20	500	44,10%
ECF - technischer Misserfolg t_4	-20	-20	-20	-20	0	4,90%
ECF- technischer Misserfolg t_2	-20	-20	0	0	0	21%
ECF- technischer Misserfolg t_1	-20	0	0	0	0	30%
BW_0 - technischer Erfolg	247,06					
BW_0 - technischer Misserfolg t_4	**-63,40**					
BW_0 - technischer Misserfolg t_2	**-34,71**					
BW_0 - technischer Misserfolg t_1	**-18,18**					
Gewichteter Barwert	**93,10**					

Tabelle 38: Projektplan inklusive Abbrüche

Der gewichtete Barwert ist demnach um ca. 19 GE höher, sodass ein deutlicher Werteffekt durch die Integration von unterschiedlichen Zuständen im F&E-Prozess wahrnehmbar ist. Es entstehen demnach nicht in jedem Fall alle Sunk Costs, sondern ein vorzeitiger Abbruch kann den Gesamtwert durch die frühzeitige Vermeidung weiterer Entwicklungen erhöhen.

4.1.3.3.2 Integration zusätzlicher Projektpfade durch Zeitverzögerungen und Wettbewerbsintensität

Neben den Abbruchsmöglichkeiten in der Vorlaufphase, können auch weitere Zustände und Entscheidungen geplant werden, welche die Projektstruktur sowie den Projektwert beeinflussen. Es ist anzumerken, dass hier kein allgemein gültiger Entwicklungsbaum erstellt werden kann, da diese stets an die zugrunde liegende Situation anzupassen sind.[629] Dennoch wird in diesem Abschnitt konsistent mit der zugrunde liegenden Risikoidentifizierung ein weiteres Beispiel dargestellt, um die logische Konsistenz eines möglichen Baumes zu illustrieren.

Aus diesem Grund wird auf die oben identifizierten Risiken, die aus Zeitverzögerungen in der Vorlaufphase und aufgrund der Konkurrenz- respektive Marktsituation resultieren können, verwiesen. Sowohl die Zeit- als auch die Marktentwicklungen können den dynamischen Projektverlauf maßgeblich beeinflussen, wobei zwischen beiden Determinanten bedeutsame Interdependenzen bestehen.

Verspätete Markteintritte führen beispielsweise in der Pharma-Branche dazu, dass die Marktphase unter Patentschutz verkürzt ist. Darüber hinaus kann aufgrund der Zeitverzögerungen die Wahrscheinlichkeit von Substitutionsprodukten durch die Konkurrenz erhöht sein, sodass Preise und Marktanteile nicht, wie im besten Fall erwartet, realisiert werden.[630] Des Weiteren kann sich die Nachfragepräferenz nach dem entwickelten Produkt je nach Marktdynamik mit einer verlängerten Vorlaufzeit bereits ändern, so dass das Produkt nicht mehr in demselben Ausmaß, wie ursächlich geplant, gefragt ist. Dies bedeutet, dass nicht nur die Kosten der Entwicklungsphase mit erhöhter Entwicklungszeit steigen,[631] sondern auch die Erlöse sowie die Kosten der Marktphase wesentlich von den Zeitverzögerungen abhängig sein können. In Abhängigkeit von der benötigten Entwicklungszeit und den damit verbundenen Marktkonditionen kann eine Entscheidung seitens des Managements gegen die Markteinführung wertorientiert zu bevorzugen sein, sodass entsprechende Entscheidungsoptionen berücksichtigt werden sollten.[632] Ist es denkbar, dass zu mehreren Zeitpunkten in der Vorlaufphase neue Marktinformationen zu Abbruchsentscheidungen seitens des Managements führen können, so ist die Anzahl der Entscheidungsknoten in der Vorlaufphase gegebenenfalls zu erhöhen.[633]

Aus der bestehenden Literatur sind kaum Ansätze bekannt, die eine kombinierte Analyse von Zeit- und Kostenrisiken sowie deren Einfluss auf den Gegenwartswert

---

629 Vgl. auch Bogdan/Villinger (2010), S. 113 ff.

630 Vgl. dazu auch Huchzermeier/Loch (2001), S. 87, mit einem Verweis auf zugrundeliegende empirische Ergebnisse von Datar et al. (1997), S. 36 ff.; Pritsch (2000), S. 250.

631 Vgl. dazu auch Schlechtweg (2009), S. 160.

632 Vgl. ähnlich Bogdan/Villinger (2010), S. 121.

633 Vgl. dazu Bogdan/Villinger (2010), S. 50.

ermöglichen.[634] *Schlechtweg*[635] entwickelt ein erstes Verfahren, in dem allerdings z.T. zeitproportionale Kosten unterstellt werden. Diese Basis wird durchaus anerkannt, allerdings soll eine Alternative aufgezeigt werden, die für eine strategische Bewertung von Innovationsprojekten als zutreffender erachtet wird, da gerade in der Vorlaufphase ansteigende und nicht proportionale Kosten im Zeitablauf zu beobachten sind[636] und darüber hinaus eine Integration in die Gesamtbewertungskonzeption erfolgen soll.

Um die beschriebene Kausalkette zu berücksichtigen und die Konsistenz der Bewertungsmethodik zu wahren, bietet sich vielmehr eine Erweiterung des Entscheidungs- und Zustandsbaumes an. Es wird wiederum ein vereinfachendes Beispiel, unter Ausschluss der Risikosimulation und Aggregationsmethodik, erstellt, um den Werteffekt, der durch den Einsatz eines Entscheidungsbaumes zur Abbildung der beschriebenen Kausalkette entstehen kann, aufzuzeigen.

Als Vergleichssituation wird ein Zustandsbaum gebildet, der durch zwei unterschiedliche Entwicklungszeiten und jeweils zwei unterschiedliche Marktszenarien gekennzeichnet ist:

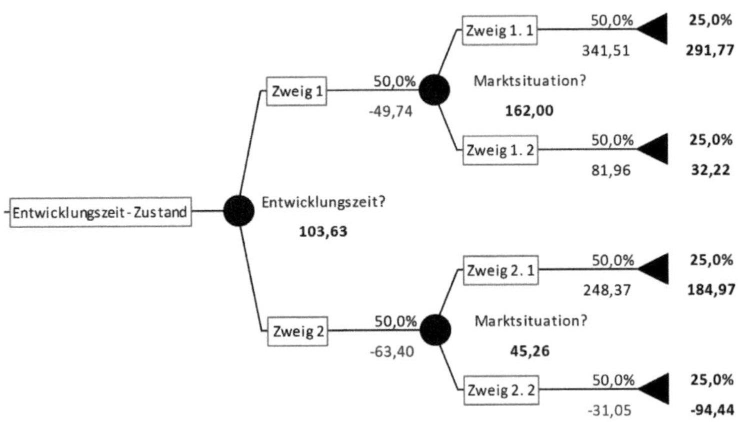

Abbildung 28: Zustandsbaum ohne Entscheidungsoption

634 Vgl. auch Schlechtweg (2009), S. 4 ff. mit einer derartigen Feststellung.
635 Vgl. dazu Schlechtweg (2009), S. 127 ff.
636 Vgl. auch Huchzermeier/Loch (2001), S. 90.

Für die Vorlaufphasen und die Marktentwicklungen werden unterschiedliche Pläne hinterlegt [637] und in Tabelle 39 wiederum zu einem Gesamtbarwert i.H.v. 103,63 GE aggregiert:

Periode	1	2	3	4	5	Wahrschein-lichkeit
	F&E-Phase			Markt		
Kurze Entwicklungszeit						
ECF - hoher Markterfolg ab t_4	-20	-20	-20	500		25%
ECF - geringer Markterfolg ab t_4	-20	-20	-20	120		25%
Lange Entwicklungszeit	F&E-Phase				Markt	
ECF - hoher Markterfolg ab t_5	-20	-20	-20	-20	400	25%
ECF - geringer Markterfolg ab t_5	-20	-20	-20	-20	**-50**	25%
BW_0 - hoher Markterfolg ab t_4	291,77					
BW_0 - geringer Markterfolg ab t_4	32,22					
BW_0 -hoher Markterfolg ab t_5	184,97					
BW_0 - geringer Markterfolg ab t_5	**-94,44**					
Gewichteter Barwert	103,63					

Tabelle 39: Projektplan ohne Entscheidungsoption

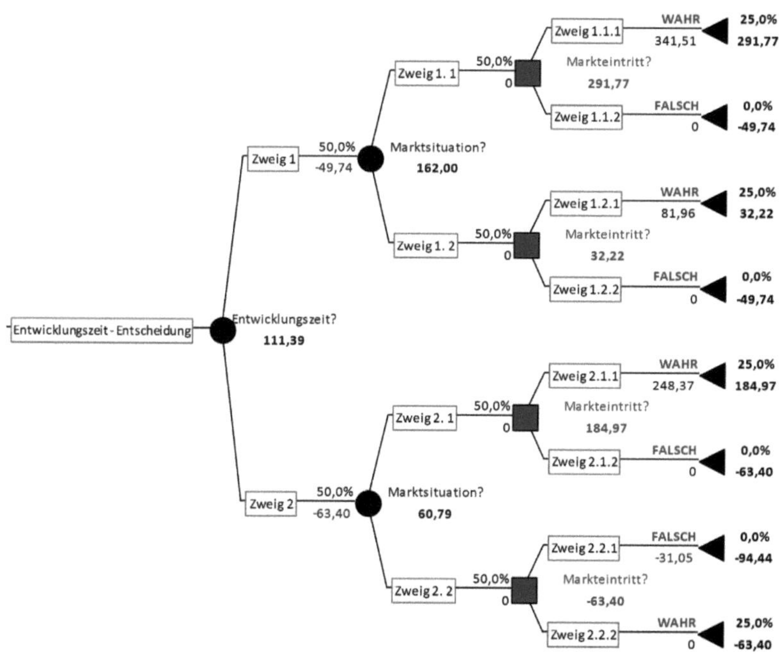

Abbildung 29: Zustandsbaum inklusive Entscheidungsoption: Entscheidungsbaum

637 Vgl. dazu auch Völker (2001), S. 240, der ebenfalls auf die jeweils notwendigen Umsatz- und Kostenplanungen für alternative Entwicklungen bei BASF hinweist.

Als Erweiterung wird nun die Entscheidungsoption berücksichtigt, dass zum Ende der Vorlaufphase von einem Markteintritt abgesehen werden kann. Im ursprünglichen Zustandsbaum sind entsprechende Entscheidungsknoten zu ergänzen (vgl. dazu Abbildung 29).

In Abhängigkeit des eingetroffenen Zustandes kann entschieden werden, ob eine Markteinführung stattfindet und somit der zu erwartende Barwert einbezogen wird oder ob die Markteinführung unterbleiben sollte. Eine rationale und wertorientierte Entscheidung würde dazu führen, dass jeweils der höhere Wert im Entscheidungsknoten bevorzugt wird. Da die Alternative der Markteinführung hier in der Unterlassung einer Markteinführung besteht, beträgt der alternative Wert im Betrachtungszeitpunkt aufgrund fehlender künftiger Zahlungsströme 0 GE.[638]

Unter der Prämisse der Wertmaximierung wird der Entscheidungsbaum folgendermaßen in einen Zustandsbaum umgewandelt:

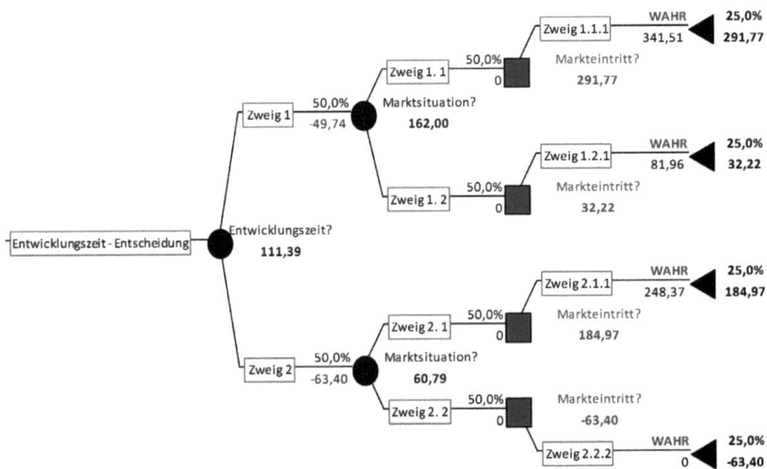

Abbildung 30: Transformierter Entscheidungsbaum - Zustandsbaum nach Entscheidung

Da der Markteintritt im schlechtesten Entwicklungsfall den Barwert zusätzlich um 31,05 Einheiten senken würde, stellt ein Markteintritt nicht die relevante Alternative dar und ein Barwert von Null sollte bevorzugt werden. Der Entscheidungsbaum wird an dieser Stelle entsprechend der optimalen Entscheidung in einen Zustandsbaum transformiert. Ausgehend von diesem Zustandsbaum ist der gewichtete Gesamtbar-

---

638 Vgl. auch Bogdan/Villiger (2010), S. 46.

wert wie in den vorangehenden Beispielen zu ermitteln. Dieser Gesamtbarwert ist um 7,76 Einheiten gegenüber der Ursprungsplanung erhöht, da der negative Barwert der Marktphase (-31,05 GE) mit einer korrespondierenden Eintrittswahrscheinlichkeit i.H.v. 25% durch einen Barwert von Null ersetzt werden kann, sodass der geringste Barwert auf den als Sunk Costs zu interpretierenden Kosten der Vorlaufphase basiert und somit nur noch -63,40 Einheiten beträgt statt der im ursprünglichen Zustandsbaum angenommenen -94,44 Einheiten.

Periode	1	2	3	4	5	Wahrscheinlichkeit
	F&E-Phase			Markt		
Kurze Entwicklungszeit						
ECF - hoher Markterfolg ab t_4	-20	-20	-20	500		25%
ECF - geringer Markterfolg ab t_4	-20	-20	-20	120		25%
Lange Entwicklungszeit	F&E-Phase				Markt	
ECF - hoher Markterfolg ab t_5	-20	-20	-20	-20	400	25%
ECF - geringer Markterfolg ab t_5	-20	-20	-20	-20	**0**	25%
BW_0 - hoher Markterfolg ab t_4	291,77					
BW_0 - geringer Markterfolg ab t_4	32,22					
BW_0 -hoher Markterfolg ab t_5	184,97					
BW_0 - geringer Markterfolg ab t_5	**-63,40**					
Gewichteter Barwert	**111,39**					

Abbildung 31: Projektplan inklusive optimaler Entscheidung

Das vorliegende Beispiel ist sehr abstrakt und bedarf weiterer Spezifizierungen, um die Anwendbarkeit im Innovations-Controlling zu verifizieren. Dafür ist der folgende Abschnitt vorgesehen.

4.1.4 Risikooffenlegung eines Projektes durch Integration von Zustandsbäumen und Simulationen

Um das Potenzial sowie den Anwendungsbezug und die Verbindung der Zustandsbaum-Struktur mit der Monte Carlo-Risikosimulation aufzuzeigen, wird im vorliegenden Abschnitt das bereits bestehende Beispiel aufgegriffen, das auf der Planung mittels Corporate Model basiert und einer Risikosimulation unterliegt. Im Folgenden wird zuerst eine Möglichkeit zur Zeitschätzung im F&E-Prozess ergänzt, die einen praxisorientierten Lösungsansatz zur mehrwertigen Zeitschätzung bieten kann. Daran anknüpfend wird das Beispiel aufgegriffen und unter Einbezug der Zeitschätzung um die Zustandsbaumstruktur erweitert. Im Anschluss an diese umfassende Risikooffenlegung kann dann in Abschnitt 4.2 die Aggregation der dynamischen und stochastifizierten Projektplanung unter Berücksichtigung der Risikobewertung näher untersucht werden.

4.1.4.1 Zeitschätzung auf der Basis stochastischer Netzpläne

Zur Ermittlung der Entwicklungszeiten und deren Schwankungen können unterschiedliche Methoden angewandt werden. Oftmals kommen im Innovations-Controlling Netzpläne und Balkendiagramme zum Einsatz,[639] um zunächst einzelne Arbeitspakete abzubilden und in eine zeitliche Abfolge zu bringen. [640] Da Zeitplanungen ebenfalls Unsicherheiten aufweisen, sind auch Untersuchungen und Arbeiten zu stochastischen Netzplänen existent, wobei grundsätzlich alle Netzpläne auf die drei Grundmodelle „Critical Path Method“ (CPM), „Programm Evaluation and Review Technique“ (PERT) sowie „Metra-Potential-Methode“ (MPM) zurückzuführen sind.[641] Vor allem die PERT wurde vom amerikanischen Militär entwickelt, um explizit die Unsicherheiten bei Entwicklungsvorhaben zu berücksichtigen, während die beiden anderen Methoden für die Auftragsabwicklung entwickelt wurden.[642] Netzpläne und Balkendiagramme werden immer wieder als wichtige Instrumente der Projektplanung hervorgehoben, während Entscheidungs- und Zustandsbäume bevorzugt werden, um die Flexibilität der Planung zu berücksichtigen. Dementsprechend könnte eine Kombination beider Instrumente erfolgen, um die bestehenden Netzpläne mit dem Zustands- und Entscheidungsbaum zur Kalkulation von Projektwerten zu koppeln.Hinsichtlich der genauen Zeitschätzung mittels Netzplänen existiert eine ausführliche Literaturbasis[643] und viele Unternehmen haben bereits mögliche Netzpläne erstellt, sodass im weiteren Verlauf der Fokus auf die Verbindungen von Zeitschätzungen und Zustandsbäumen gelegt wird und nicht auf die zu verwendenden Netzpläne.

Um unterschiedlich lange Vorlaufphasen bis zum Markteintritt zu berücksichtigen, müssen die möglichen Zeitunterschiede geschätzt werden.[644] Im vorliegenden Bei-

---

639 Vgl. Specht/Beckmann/Amelingmeyer (2002), S. 483 ff.

640 Es wird von einer Unterteilung der Netzpläne in Projektphasen ausgegangen, wobei hier vor allem die Entwicklungsphase fokussiert wird. Vgl. dazu Schwarze (2014), S. 130; Littkemann (2005), S. 106 ff.

641 Vgl. Zimmermann (1971), S.11. Die Methoden unterscheiden sich maßgeblich in der Darstellung von Entscheidungen, Vorgängen und in der Berücksichtigung von Unsicherheit. Vgl. ferner Specht/Beckmann/Amelingmeyer (2002), S. 486.

642 Vgl. Schwarze (1982), S. 165.

643 Vgl. statt vieler Zimmermann (1971); Schwarze (1982); Schwarze (2014); Runzheimer/Cleff/Schäfer (2005); Völl (2010), S. 275 ff.

644 In diesem Zusammenhang bietet sich unter anderem auch die PERT-Netzplantechnik an. Vgl. dazu Schwarze (1982), S. 166. Allerdings sieht sich diese Methode u.a. aufgrund der zugrundeliegenden Normalverteilungsannahmen Kritik ausgesetzt und bietet sich nur beschränkt zur Integration in einen Zustandsbaum an. Vgl. Völl (2010), S. 178 ff. mit einer

spiel wird eine diskrete Zeit-Schätzung vorausgesetzt, so dass für einen Netzplan mit insgesamt 11 Arbeitspaketen zwei Schätzungen für die Entwicklungszeit mit einer realistischen Schätzung (m) und einer pessimistischen Schätzung (a) bestehen, die mit 70% im Basisfall und mit 30% im schlechten Fall gewichtet werden, um dann unmittelbar in den Zustandsbaum mit den entsprechenden Eintrittswahrscheinlichkeiten einbezogen werden zu können.

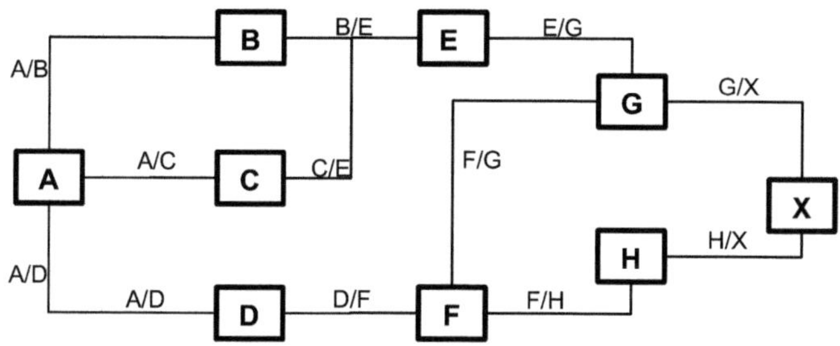

Abbildung 32: Beispiel Netzplan

Hinsichtlich der Vorgangsdauer der Arbeitspakete erfolgt eine realistische und eine pessimistische Schätzung[645], sodass folgende Vorgangsdauern zu betrachten sind, wobei die Angaben auf halbe Perioden bezogen sind, sodass eine „1" für die Dauer eines Halbjahres gilt:

Vorgangsdauern		
Fall	m (p=70%)	a (p=30%)
A/B	0,5	1
A/D	1	2
A/C	0,5	1
B/E	1	1
C/E	1	2
D/F	2	2,5
E/G	1	1
F/G	1	1,5
H/X	1	2
G/X	1	1

Tabelle 40: Schätzung der Vorgangsdauern

Um die Zeitdauer bis zum Markteintritt entsprechend der einzelnen Szenarien zu erhalten, ist der früheste Eintrittszeitpunkt von Ereignis X, also die Marktreife, durch

ausführlichen Kritik.

645 Die Anzahl der berücksichtigten Fälle kann variabel an das zugrunde liegende Projekt angepasst werden.

eine durch eine Vorwärtsrechnung[646] zu ermitteln. Die Ergebnisse für den frühestens möglichen Zeitpunkt sind der Tabelle 41 zu entnehmen. [647]

Frühestens möglicher Eintrittszeit-punkt		
Fall	m (p=70%)	a (p=30%)
A	0	0
B	0,5	1
C	0,5	1
D	1	2
E	1,5	3
F	3	4,5
G	4	6
H	4	6,5
X	**6**	**8**

Tabelle 41: Schätzung Fertigstellungstermin

Alternativ oder ergänzend können diese Zeitschätzungen auch in Balkendiagramme überführt werden. In dem vorliegenden Fall werden folgende Diagramme für die kurze und lange Vorlaufphase erstellt:

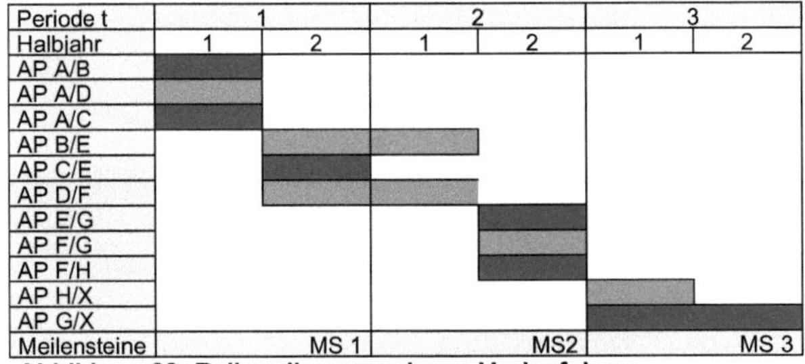

Abbildung 33: Balkendiagramm kurze Vorlaufphase

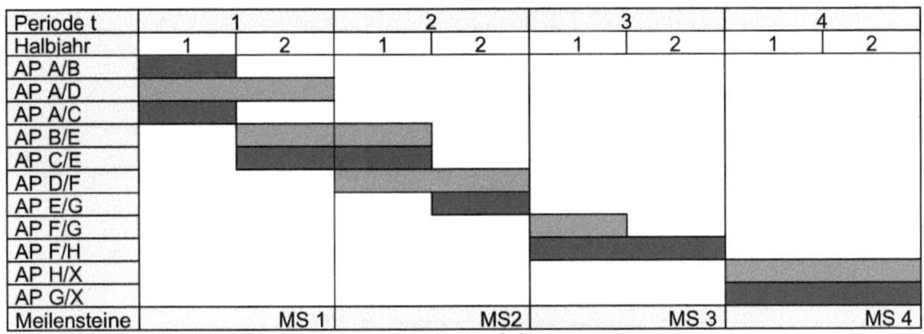

Abbildung 34: Balkendiagramm lange Vorlaufphase

[646] Im Rahmen der Vorwärtsrechnung wird jeweils das Maximum aus der Summe der frühest möglichen Eintrittszeitpunkte der Vorgänger und dem zugehörigen Vorgangspfad ermittelt.

[647] Zusätzlich können durch die Pufferzeiten die kritischen Pfade ermittelt werden, um zeitsensible Teilprojekte zu identifizieren.

Es sind insgesamt zwei Entwicklungszeit-Schätzungen zu entnehmen, die eine Differenz von zwei Halbjahren und somit von einer Periode aufweisen. Beide Pläne sind mit unterschiedlichen Ressourceneinsätzen zu koppeln, sodass unterschiedliche Auszahlungen in der Vorlaufphase einzuplanen sind. Vergleicht man die Balkendiagramme beispielsweise für die erste Periode, so wird ersichtlich, dass im pessimistischen Fall zusätzliche Ressourcen für das Arbeitspaket A/D einzuplanen sind, allerdings das Arbeitspaket D/F erst nach Beendigung von A/D zum somit in der zweiten Periode gestartet werden kann. Der Entscheidungs- und Zustandsbaum ist um diese Zeitdifferenzen und die korrespondierenden Zahlungen zu erweitern. Eine Anwendung wird im folgenden Abschnitt illustriert.

4.1.4.2 Verbindung von Zeitschätzung, Zustandsbaum und Risikosimulation

Mit dem vorliegenden Abschnitt wird die Risikooffenlegung vervollständigt, indem Entscheidungs- und Zustandsbäume mit Zeitschätzungen und simulierten Unternehmensplänen verbunden werden. Auf diese Weise werden wie gefordert, zum einen kritische Erfolgsfaktoren auf einer Mikroebene stochastifiziert und zudem eine stochastisch-dynamische Projektstruktur offengelegt, sodass ein umfassendes Risikoprofil entsteht. Diese Offenlegung des Risikoprofils wird bereits dahingehend ausgestaltet, dass eine optimale Risikoaggregation erfolgen kann.

Im Hinblick auf den Entscheidungs- und Zustandsbaum wird unterstellt, dass eine retrograd-sukzessive Aggregation zum Zustandsbaum bereits erfolgt ist, sodass folgend eine Konzentration auf Zufallsereignisse ermöglicht wird. In Anlehnung an die vorangehende Zeitschätzung werden deren Ergebnisse verwendet, so dass zwei unterschiedliche Entwicklungszeiten bereits zwei Entwicklungspfade begründen. Diese unterschiedlichen Entwicklungszeiten enden in jeweils zwei möglichen Marktszenarien, sodass bereits vier Entwicklungspfade entstehen. Unter Berücksichtigung von drei Projektabbrüchen im Rahmen der kurzen Entwicklungszeit und vier Abbrüchen in der langen Entwicklungsphase ergeben sich insgesamt elf Endknoten, die zu unterschiedlichen Projektwerten führen. Der Aufbau des Zustandsbaumes ist der Abbildung 37 zu entnehmen.

Um unterschiedliche Entwicklungszeiten, gekoppelt mit entsprechenden Marktentwicklungen und technischen Unsicherheiten, in die Risikooffenlegung zu integrieren, sind vier Projektpläne anzufertigen und die Berechnungsergebnisse im Entscheidungs- bzw. Zustandsbaum zu hinterlegen. Das folgende Beispiel basiert auf einer Fortsetzung von Tabelle 34 aus Abschnitt 4.1.2.3.

Der bereits stochastifizierte Projektplan aus diesem Abschnitt wird übernommen und stellt den best möglichen Entwicklungspfad dar, der eine drei-periodische Vorlaufphase, einen hohen Marktanteil und eine vier-periodische Marktphase beinhaltet. Die anderen drei Pläne variieren aufgrund der Entwicklungszeit, dem damit verbundenen Ressourceneinsatz und dem Marktanteil. Dies wird im weiteren Verlauf illustriert.

Ein wesentlicher Unterschied zwischen den Plänen der langen und der kurzen Entwicklungszeit besteht in der Kostenplanung der Vorlaufphase. Orientierend an den Arbeitspaketen können die entsprechend benötigten Ressourcen eingeplant werden.

Es wird beispielhaft die erste Periode herangezogen, um zu verdeutlichen, inwiefern die zuvor erstellten Netzpläne und Balkendiagramme zur Ressourcenplanung eingesetzt werden könnten. In Abbildung 35 und Abbildung 36 ist die Gesamtstruktur zur Verbindung der Zeitplanung mit der Ressourceneinsatzplanung für das Corporate Model zusammengefasst. Diese Struktur basiert auf insgesamt drei Schritten: In einem ersten Schritt werden die Arbeitspakte mithilfe der Balkendiagramme den Perioden der Vorlaufphase zugeordnet. Daraufhin erfolgt eine Schätzung benötigter Ressourcen pro Arbeitspaket in jeder Periode. Da die Zeitstruktur nur für die Vorlaufphase von Relevanz ist, sind entsprechend nur die Ressourcen der F&E-Aktivitäten, d.h. das wissenschaftliche Personal und das Verwaltungspersonal, die Raummenge, Kosten für F&E-Material sowie F&E-Anlagen, zu planen. Diese Schätzung erfolgt unter Beachtung der Periodenzuordnung für jedes Arbeitspaket und jede Ressource getrennt. Ein Erfolgsfaktor kann somit in jeder Periode basierend auf einer anderen Wahrscheinlichkeitsverteilung stochastifiziert werden. In einem letzten Schritt sind die eingeplanten Ressourcen über die Arbeitspakete einer Periode aufzuaddieren. Die entstehende Summe wird abschließend in die Erfolgsfaktorplanung, die dem Corporate Model zugrunde liegt eingetragen, sodass im Anschluss die Risikosimulation wie in Abschnitt 4.1.2.3 erfolgt.

In der folgenden Abbildung 35 wird das beschriebene Vorgehen für die Planung der kurzen Entwicklungszeit zusammengefasst. Im Rahmen der kurzen Entwicklungszeit werden die ersten sechs Arbeitspakete des Netzplans in der ersten Periode begonnen und vier können gemäß der Planung bereits beendet werden. Die entsprechenden Ressourcen werden über die Arbeitspakete wie beschrieben aufsummiert, um den Ressourceneinsatz eines Faktors pro Periode zu erhalten.

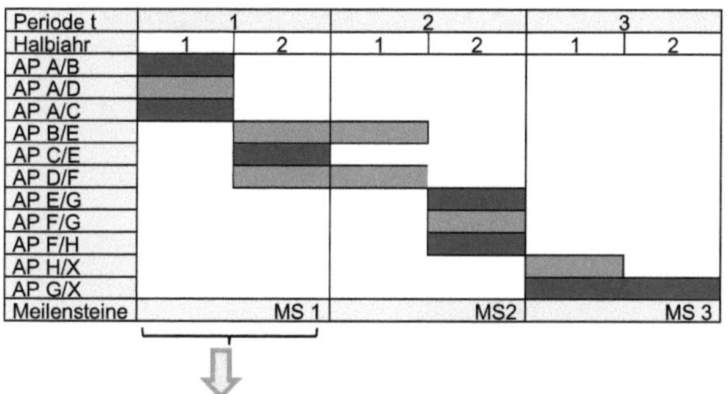

Periode 1														
Arbeitspaket	Verwaltungspersonal (PERT)			Wissenschaftl. (PERT)			Raum QM (Dreieck)			F&E-Material (PERT)			F&E-Anlagen
	a	m	b	a	m	b	a	m	b	a	m	b	
AP A/B	1	1	2	5	6	6	60	65	65	3.200	4.000	4.300	0
AP A/D	1	2	2	3	3	4	40	45	50	700	1.000	1.200	0
AP A/C	1	1	1	2	2	3	30	30	35	400	500	500	0
AP B/E	2	2	3	3	4	5	55	60	65	2.700	3.000	3.100	0
AP C/E	1	2	2	3	4	4	55	60	65	1.200	1.500	1.700	0
AP D/F	1	2	2	4	5	5	60	60	60	1.800	2.000	2.200	0
Summe	7	10	12	20	24	27	300	320	340	10.000	12.000	13.000	0

Perioden		1	2	3	4	5	6	7	8	9
Werttreiber		F&E-Phase			Marktphase				Nachlaufphase	
Marktvolumen	μ				10000					
Log-Normalverteilt	σ				500					
Marktanteil	a				75%					
PERT symm.	m				80%					
	b				85%					
...	...	...			...	...	...		...	
Verwaltungspersonal	a	**7**	9	7	5	5	5	5		
PERT linksschief	m	**10**	11	10	8	8	8	8		
	b	**12**	12	12	9	9	9	9		
Wissenschaftler	a	**20**	23	20	1	1	1	1		
PERT linksschief	m	**24**	26	24	2	2	2	2		
	b	**27**	28	27	3	3	3	3		
...	...	...			...	...	...		...	
F&E-Material	a	**10.000**	13.000	14.000						
PERT linksschief	m	**12.000**	14.000	15.000						
	b	**13.000**	15.000	16.000						
...	...	...			...	...	...		...	
F&E-Anlagen	0,3		9000							
Diskret	0,4		10000							
	0,3		11000							
QM F&E-Projekt	a	**300**	300	300						
Dreiecksverteilung	m	**320**	320	320						
	b	**340**	340	340						

Abbildung 35: Integration von Zeitschätzungen und Ressourceneinsatzplänen I (kurze Vorlaufphase)

Diese Summe und somit der periodische Ressourcenbedarf wird in den stochastifizierten Ressourceneinsatzplan, der die Grundlage für weitere Berechnungen im Corporate Model bildet, eingetragen. Dasselbe Vorgehen erfolgt in der Abbildung 36 für die pessimistische Zeitschätzung

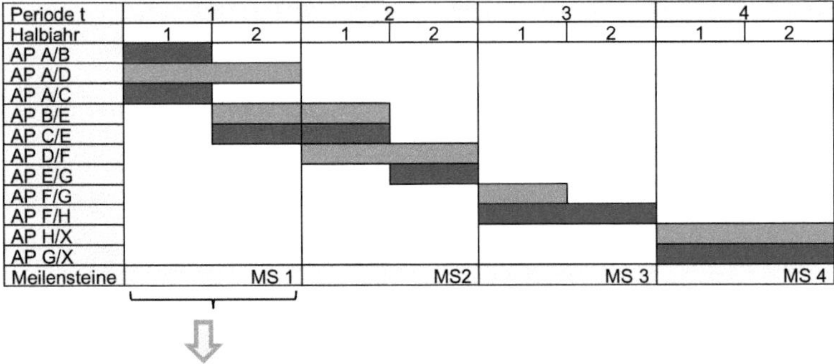

Arbeits-paket	Periode 1 Verwaltungspersonal (PERT)			Wissenschaftl. (PERT)			Raum QM (Dreieck)			F&E-Material (PERT)			F&E-Anlagen
	a	m	b	a	m	b	a	m	b	a	m	b	
AP A/B	1	1	1	5	6	6	60	65	70	3.000	4.000	4.300	0
AP A/D	3	4	4	5	6	6	75	90	100	700	1.000	1.600	0
AP A/C	1	1	1	2	2	3	30	30	30	400	500	600	0
AP B/E	1	2	3	4	5	5	55	60	60	2.400	3.000	3.200	0
AP C/E	2	2	3	4	4	5	60	60	60	1.000	1.500	2.300	0
Summe	8	10	12	20	23	25	280	305	320	7.500	10.000	12.000	0

Perioden		1	2	3	4	5	6	7	8	9
Werttreiber		F&E-Phase				Marktphase			Nachlaufphase	
Marktanteil	a					75%				
PERT symm.	m					80%				
	b					85%				
...	...	...			...	...	...		...	
Verwaltungspersonal	a	**8**	8	6	11	5	5	5		
PERT linksschief	m	**10**	10	7	14	8	8	8		
	b	**12**	12	9	15	9	9	9		
Wissenschaftler	a	**20**	25	8	33	1	1	1		
PERT linksschief	m	**23**	28	10	35	2	2	2		
	b	**25**	30	11	38	3	3	3		
...	...	...			...	...	...		...	
F&E-Material	a	**7.500**	8.000	7.500	17.000					
PERT linksschief	m	**10.000**	10.500	9.000	19.000					
	b	**12.000**	12.000	10.000	20.000					
...	...	...			...	...	...		...	
F&E-Anlagen	0,3			9000						
Diskret	0,4			10000						
	0,3			11000						
QM F&E-Projekt	a	**280**	320	150						
Dreiecksverteilung	m	**305**	340	170						
	b	**320**	350	185						

Abbildung 36: Integration von Zeitschätzungen und Ressourceneinsatzplänen II (lange Vorlaufphase)

In diesem Fall benötigt das Arbeitspaket A/D eine ganze Periode, d.h. zwei Halbjahre. Solange dieses Arbeitspaket nicht abgeschlossen ist, kann mit dem Arbeitspaket D/F gemäß dem Netzplan noch nicht begonnen werden. Für die Ressourceneinsatzplanung bedeutet das, dass im Vergleich zur kurzen Entwicklungszeit die Ressourcen für z.T. abweichende Arbeitspakete zu planen sind. Im Beispiel ist der Ressourceneinsatz des Arbeitspakets A/D in der ersten Periode vergleichsweise doppelt so hoch, während die Planung für den Einsatz von Arbeitspaket D/F in die zweite Periode zu verlagern ist. Insgesamt führt die pessimistische Zeitschätzung aufgrund des divergierenden Ablaufs der Arbeitspakete zu einer Verlängerung der Vorlaufphase und einer analogen Verzögerung der Markteinführung um eine Periode.

Neben der unterschiedlichen Ressourcenplanung der Vorlaufphase werden zudem für beide Zeitpläne die Marktanteile zum einen mit hohem und zum anderen mit niedrigem Marktanteil geschätzt. Auf diese Weise entstehen vier Projektplanungen mit Abweichungen in den stochastifizierten Werttreibern. [648] Aufgrund der Verbindung der Werttreiberplanung mit dem Corporate Model und der Monte Carlo-Simulation werden für diese vier Projektpfade jeweils mehrwertige Barwerte sowie Cashflows simuliert. Die Ergebnisse für die kurze Entwicklungszeit verbunden mit einem hohen Marktanteil sind der nachstehenden Tabelle 42 zu entnehmen:

Perioden	1	2	3	4	5	6	7	8	9
	F&E-Phase			Marktphase				Nachlaufphase	
μ(ECF)	-14.377	- 16.288	-18.025	145.695	139.635	120.903	89.651	-28.044	-27.047
VAR(ECF)	186.796	89.367	154.196	225.974.019	215.880.028	185.559.277	116.877.067	12.034.792	11.059.857
STA(ECF)	432	299	393	15.032	14.693	13.622	10.811	3.469	3.326
MUA(ECF)	175	120	158	5.993	5.852	5.421	4.295	1.392	1.332
Barwertverteilung									
BW_0 mit i=4,5%									
μ (BW_0)	310.555								
VAR (BW_0)	1.685.657.456								
STA (BW_0)	41.057								
MUA (BW_0)	16.339								

Tabelle 42: Simulationsergebnis für kurze Entwicklungszeit und hohen Marktanteil

Aufgrund der unsicheren Marktentwicklungen wird derselbe Plan mit einem niedrigen Marktanteil erstellt. Der Tabelle 43 sind die Ergebnisse zu entnehmen. Entsprechend der nachteiligen Marktentwicklungen sind die Cashflows ab der Marktphase geringer, während die Cashflows der Vorlaufphase identisch bleiben:

---

648 Die Erfolgsfaktorenplanungen und die gesamten Pläne sind dem Anhang zu entnehmen. Vgl. Anhang, Tabelle 8 bis Tabelle 17.

Simulationsergebnisse - kurze Entwicklungszeit - niedriger Marktanteil									
Perioden	**1**	**2**	**3**	**4**	**5**	**6**	**7**	**8**	**9**
	F&E-Phase			Marktphase				Nachlaufphase	
μ (ECF)	-14.377	-16.288	-18.025	69.681	67.720	57.931	41.519	-15.219	-14.704
Varianz (ECF)	186.796	89.367	154.196	66.864.166	67.232.481	53.140.593	32.678.752	3.270.353	3.020.536
STA (ECF)	432	299	393	8.177	8.200	7.290	5.717	1.808	1.738
MUA (ECF)	175	120	158	3.256	3.272	2.900	2.273	725	695
Barwertverteilung									
μ (BW_0)	122.703								
VAR (BW_0)	491.450.277								
STA (BW_0)	22.169								
MUA (BW_0)	8.825								

Tabelle 43: Simulationsergebnis für kurze Entwicklungszeit und geringen Marktanteil

Der Zeitplanung entsprechend wird in Tabelle 44 das Ergebnis einer längeren Vorlaufphase dargestellt. Insgesamt ist der erwartete Kapitalwert im Vergleich zu dem Wert, der bei identischer Marktlage jedoch einer kurzen Entwicklungszeit ermittelt wird, zwar gesunken, aber noch deutlich positiv:

Simulationsergebnisse - lange Entwicklungszeit - hoher Marktanteil									
Perioden	**1**	**2**	**3**	**4**	**5**	**6**	**7**	**8**	**9**
	F&E-Phase				Marktphase			Nachlaufphase	
μ (ECF)	-13.135	-14.692	-8.944	-23.988	142.234	120.304	89.181	-21.343	-20.463
Varianz (ECF)	259.461	213.395	86.421	163.705	215.196.906	173.134.990	112.278.681	6.315.030	5.814.816
STA (ECF)	-13.090	-14.689	-8.944	-23.960	142.170	119.872	89.199	-21.275	-20.414
MUA (ECF)	509	462	294	405	14.670	13.158	10.596	2.513	2.411
Barwertverteilung									
μ (BW_0)	189.075								
VAR (BW_0)	816.612.663								
STA (BW_0)	28.576								
MUA (BW_0)	11.353								

Tabelle 44: Simulationsergebnis für lange Entwicklungszeit und hohen Marktanteil

Auch wenn der Marktanteil gering ausfällt und die Vorlaufphase vier Perioden umfasst, ist der erwartete Kapitalwert noch positiv, sodass es gerechtfertigt ist, in jedem Fall eine Markteinführung gegenüber der Nicht-Einführung zu bevorzugen. Das Ergebnis ist wiederum der nachstehenden Tabelle 45 zu entnehmen:

Simulationsergebnisse - lange Entwicklungszeit - niedriger Marktanteil									
Perioden	**1**	**2**	**3**	**4**	**5**	**6**	**7**	**8**	**9**
	F&E-Phase				Marktphase				
μ(ECF)	-13.135	-14.692	-8.944	-23.988	68.407	57.833	41.449	-11.792	-11.279
Varianz(ECF)	259.461	213.395	86.421	163.705	65.930.674	51.288.402	31.596.096	1.731.369	1.603.900
STA(ECF)	-13.090	-14.689	-8.944	-23.960	68.373	57.781	41.407	-11.783	-11.291
MUA(ECF)	509	462	294	405	8.120	7.162	5.621	1.316	1.266
Barwertverteilung									
μ (BW_0)	59.873								
VAR (BW_0)	238.880.503								
STA (BW_0)	15.456								
MUA (BW_0)	6.147								

Tabelle 45: Simulationsergebnis für lange Entwicklungszeit und geringen Marktanteil

Diese Ergebnisse in Tabelle 42 bis Tabelle 45 bilden die Endknoten des Zustandsbaumes, die für eine Markteinführung stehen.

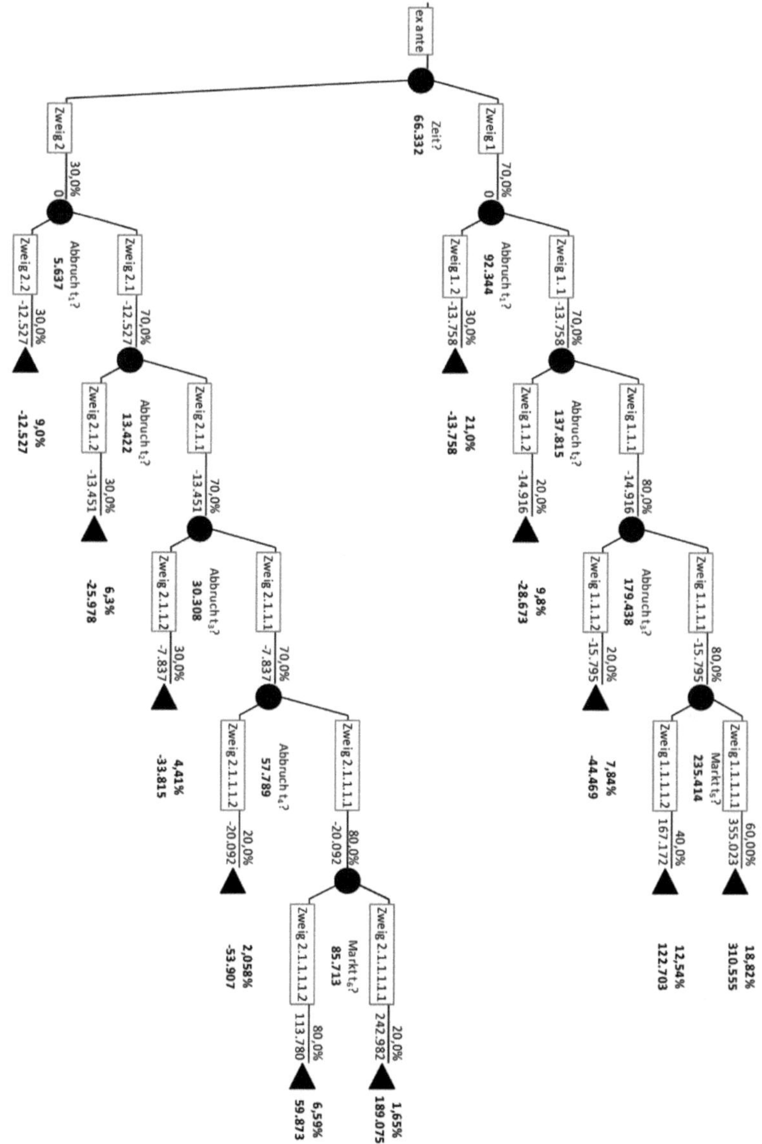

Abbildung 37: Beispiel Zustandsbaum mit Erwartungswerten

Werden zudem die möglichen Projektabbrüche berücksichtigt, so existieren im Zustandsbaum ingesamt 11 Endknoten, die jeweils einen möglichen Endzustand des Projektes darstellen. Für Projektabbrüche werden keine weiteren Planungen hinterlegt, sondern eine Weiterführung der Projektpläne ab dem Zeitpunkt des Abbruchs wird ausgeschlossen, [649] sodass keine weiteren Cashflows nach Projektende erwartet werden. In dem folgenden Zustandsbaum sind den entsprechenden Zustandspfaden die Erwartungswerte der auf den Zeitpunkt Null diskontierten Cashflows zwischen zwei Zustandsknoten zugeordnet. Durch die Addition der diskontierten Cashflows entlang eines Projektpfades wird der erwartete Projektwert im Endknoten ermittelt.

Alle möglichen Zustände können zunächst in einer Übersichtstabelle zusammengefasst werden, indem für jeden Endknoten das Barwertprofil anhand des Lageparameters Erwartungswert und der Streuungsmaße Varianz, Standardabweichung und MUA zusammengefasst werden:

Entwicklungs-zeit	Projektpfad	Barwertverteilungen der Pfade in t_0					
		W.-keit	µ (BW_0)	VAR (BW_0)	STA (BW_0)	MUA(BW_0)	kum. W.-keit
Kurze Entwicklungs-zeit (3 Perioden)	Abbruch t=1	21,0%	-13.758	171.055	414	167	21,0%
	Abbruch t=2	9,8%	-28.673	245.756	496	199	30,8%
	Abbruch t=3	7,8%	-44.469	364.558	604	241	38,6%
	Marktanteil hoch	18,8%	310.555	1.685.657.456	41.057	16.339	57,5%
	Marktanteil niedrig	12,5%	122.703	491.450.277	22.169	8.825	70,0%
Lange Entwicklungs-zeit (4 Perioden)	Abbruch t=1	9,0%	-12.527	237.597	487	199	79,0%
	Abbruch t=2	6,3%	-25.978	421.461	649	260	85,3%
	Abbruch t=3	4,4%	-33.815	489.176	699	282	89,7%
	Abbruch t=4	2,1%	-53.907	605.355	778	313	91,8%
	Marktanteil hoch	1,6%	189.075	816.612.663	28.576	11.353	93,4%
	Marktanteil niedrig	6,6%	59.873	238.880.503	15.456	6.147	100,0%

Tabelle 46: Zusammenfassung der Projektwerte in den Endknoten

Die Tabelle dient nur einem ersten Überblick, um einzuschätzen, was sich hinter den erwarteten Projektwerten in den einzelnen Endknoten verbirgt. Der erste Endknoten nach einem Abbruch in Periode 1 und einer kurzen Entwicklungszeit nimmt beispielsweise einen negativen Erwartungswert von -13.758 GE an, weist allerdings gleichzeitig gemessen an der MUA mit 167 GE ein sehr geringes Risiko auf. Bei ei-

649 Vgl. dazu Anhang, Tabelle 11 bis Tabelle 17.

ner kurzen Entwicklungszeit und einem hohen Marktanteil, weist die Markteinführung im Erwartungswert des Projektwertes von 310.555 GE zunächst ein hohes Potenzial auf, das hingegen erst durch die Berücksichtigung der MUA von 41.057 GE realistisch und risikoorientiert eingeschätzt werden kann.

Da auf Basis der Tabelle 46 nur ein erster Überblick über einzelne Projektpfade möglich ist, werden in einem weiteren Schritt Gesamtrisikoprofile für das Projekt und das Unternehmen erstellt. Eine Aggregation auf Basis der Erwartungswerte einzelner Entwicklungspfade[650] würde nicht das gesamte Risikoausmaß umfassen[651] und steht einer subjektiv geprägten Bewertung entgegen.

Deshalb wird im weiteren Verlauf eine Möglichkeit aufgezeigt, wie Wahrscheinlichkeitsverteilungen und Risikoprofile durch den Einbezug aller Projektpfade simuliert werden können. Das im Folgenden beschriebene Vorgehen ist insgesamt sehr ähnlich zu einem Ansatz von *Bogdan/Villinger*,[652] bietet allerdings wesentliche Vorteile im Kontext der noch folgenden Portfoliobetrachtung.[653]

Zunächst ist ein Mechanismus zur Erzeugung von Zufallszahlen zu wählen,[654] damit per Zufallsziehung die Werte aus den unterschiedlichen Projektpfaden in gemeinsame Wahrscheinlichkeitsverteilungen oder auch Endverteilungen einbezogen werden können. Zu diesem Zweck wird eine Gleichverteilung verwendet, die alle Werte zwischen 0 und 100 annehmen kann, sodass ein Zufallsgenerator besteht, der gleichverteilte und stetige Zufallszahlen im Intervall $[0; 100]$ oder auch $[0; 1]$ erzeugen kann. Dementsprechend können alle Wahrscheinlichkeiten zwischen 0 und 100% generiert werden,[655] um Stichproben[656] zu ziehen. Es reicht allerdings nicht aus - wie im Rahmen des klassischen Vorgehens der Monte Carlo-Simulation - Zufallszahlen in einzelne Umkehrfunktionen einzusetzen, um die Endverteilung durch eine gleich-

---

650 Vgl. zu diesem Vorgehen Ernst/Schneider/Thielen (2012), S. 172 ff.; Völker (2001), S. 240; Bogdan/Villinger (2010), S. 115; Brandt (2010), S. 291 ff.; Kaufmann/Ridder (2003), S. 450 ff.

651 Vgl. Gleißner/Romeike (2011), S. 21 ff., die sich kritisch zur Erwartungswertbildung und Einzelrisikobetrachtung äußern und für eine Gesamtrisikobetrachtung plädieren. Vor allem die Berücksichtigung von Risikotragfähigkeiten ist bei einer derartigen Einzelrisikobetrachtung nicht möglich.

652 Bodgan/Villinger vewenden die Excel-Funktion *rand()*, vgl. dazu Bodgan/Villinger (2010), S. 136 f.

653 Vgl. dazu Abschnitt 7.2.2.2.2.2. Insbesondere die Möglichkeit, Korrelationen explizit zu berücksichtigen, erweist sich als Vorteil.

654 Vgl. dazu grundlegend Berchtold (1995), S. 68 f.

655 Vgl. dazu Berchtold (1995), S. 68; Hill (2012), S. 100.

656 Vgl. dazu auch Hill (2012), S. 98.

zeitige Ziehung von Werten aus den einzelnen Verteilungen zu erhalten.[657] Vielmehr muss berücksichtigt werden, dass sich die Projektpfade aufgrund der Zustandsbaum-Struktur gegenseitig ausschließen. Somit dürfen im im Rahmen eines Simulationslaufes jeweils nur die Werte aus einem Projektpfad in die Endverteilung einbezogen werden. Aus diesem Grund müssen die Wahrscheinlichkeiten der Projektpfade kumuliert werden, um Wahrscheinlichkeitsbereiche bilden zu können. Dazu werden einzelnen Projektenden $(\widetilde{S_z})$ basierend auf der Eintrittswahrscheinlichkeit Wahrscheinlichkeitsbereiche (SP_{zuo}) zwischen einem unteren Wert (SP_{zu}) und einem oberen Wert (SP_{zo}) zugewiesen. Bezugnehmend auf Tabelle 46 und das vorliegende Beispiel bedeutet dies, dass das erste Projektende $(\widetilde{S_1})$ mit der kurzen Entwicklungszeit (3 Perioden) und einem Abbruch nach einer Periode als Untergrenze die Wahrscheinlichkeit 0% $(SP_{1u} > 0)$ und als obere Grenze die Wahrscheinlichkeit 21% $(SP_{1o} = 21)$ zugewiesen bekommt. Der Wahrscheinlichkeitsbereich liegt also zwischen diesen beiden Werten $(0 < SP_{1uo} \leq 21)$. Das nächste Projektende, das auf einen Abbruch nach zwei Perioden $(\widetilde{S_2})$ zurückzuführen ist, bekommt die Wahrscheinlichkeiten zwischen 21% und 30,8% zugewiesen, sodass der Wahrscheinlichkeitsbereich zwischen diesen Werten liegt $(21 < SP_{2uo} \leq 30{,}8)$. Diese Wahrscheinlichkeitszuweisung erfolgt für alle potenziellen Endknoten entlang der kumulierten Wahrscheinlichkeiten. Werden die Zufallszahlen (ZZ) mithilfe der Gleichverteilung generiert, so muss unter Nutzung einer Wenn-Dann-Bedingung entsprechend der Wahrscheinlichkeitsbereiche auf Werte aus den Simulationsläufen (W_z) einzelner Projetpfade (z) zurückgegriffen werden:

$$wenn, \quad SP_{zu} < ZZ \leq SP_{zo} : \quad W_z, \quad sonst, \quad 0 \qquad (4\text{-}20)$$

Im Beispiel bedeutet dies, dass bei einer Zufallszahl zwischen 0 und 21 Werte[658] aus dem Simulationslauf (W_1) des Projektendes $(\widetilde{S_1})$ generiert und gespeichert werden. Für alle anderen Projektpfade wird eine Null angegeben. Die Endverteilungen werden durch die Summe der Werte aller Projektpfade nach jeder Zufallsziehung gebildet. Auf diese Weise werden pro Zufallsziehung nur Werte aus einem Projektpfad in die Endverteilungen aufgenommen, da alle weiteren Projektpfade durch die einbezogene „Null“ keinen Einfluss ausüben. Da ein Projektende mit einem breiteren Wahr-

---

657 Vgl. dazu Berchtold (1995), S. 68 f.

658 Prinzipiell kann für jede Planungskomponente des Corporate Modells eine Endverteilung, die sämtliche Projektpfade umfasst, gebildet werden.

scheinlichkeitsbereich vermehrten Zufallsziehungen unterliegen wird, werden die Werte eines Projektendes mit höherer Wahrscheinlichkeit häufiger in die Endverteilung aufgenommen, sodass die Wahrscheinlichkeiten des Zustandsbaumes adäquat berücksichtigt werden.

Das beschriebene Vorgehen wird auf das zugrundeliegende Beispiel angewandt. Statt bislang 11 Barwertverteilungen wird eine Wahrscheinlichkeitsverteilung generiert, die alle 11 denkbaren Projektenden umfasst:

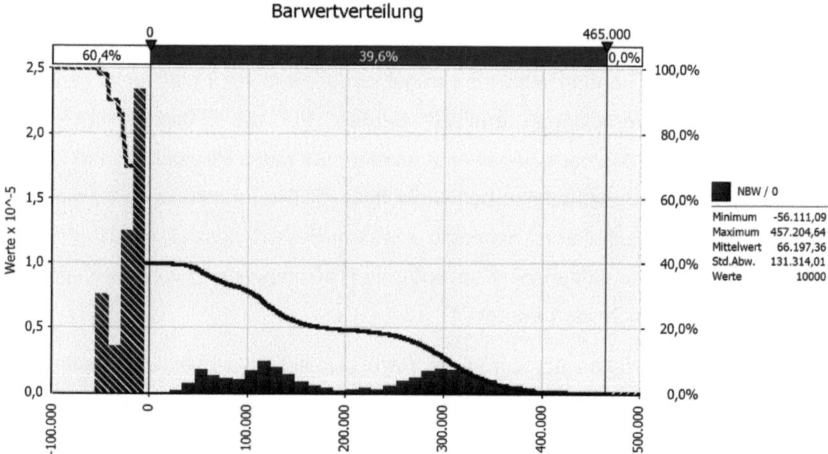

Abbildung 38: Simulationsergebnis eines Zustandsbaumes

Dem Gesamtrisikoprofil ist zu entnehmen, dass in 39,6 % der Fälle eine Markteinführung und somit ein positiver Wertbeitrag zu erzielen ist. Dies entspricht der Summe der Wahrscheinlichkeiten von Projektpfaden, die in einer Markteinführung enden. Aufgrund der Integration von Monte Carlo- Simulation und Zustandsbaum kann das gesamte Risikoausmaß, das zum einen durch die stochastisch-dynamische Projektstruktur entsteht und zum anderen auf die stochastischen Erfolgsfaktoren zurückzuführen ist, sowohl auf Ebene des Barwertes als auch auf Ebene von Cashflows oder einzelnen Wertkomponenten gemessen werden. Dies ist ein wesentlicher Vorteil gegenüber der Wahrscheinlichkeitsgewichtung von Erwartungswerten, da das tatsächliche Risikoausmaß zusammengefasst und nicht abgeschnitten wird.[659]

---

659 Vgl. dazu auch Gleißner/Romeike (2011), S. 22 f.

Da in einer konkreten Entscheidungssituation allerdings unmittelbar vergleichbare Werte vorliegen sollten, werden im weiteren Verlauf Möglichkeiten untersucht, das offengelegte Risiko entscheidungsorientiert zu aggregieren. Aus diesem Grund sind in den folgenden Abschnitten die Risiko-aggregation und die Risikobewertung zu thematisieren.

4.2 Methoden zur Bewertung und Aggregation des Innovationsrisikos

Durch die Kombination risikobehafteter Erfolgsfaktoren und der Annahme divergierender Projektpfade können statt einwertiger Ergebnisse für Entscheidungsgrößen Wahrscheinlichkeitsverteilungen ermittelt werden. Für die Entscheidungsfindung muss allerdings eine Methode angewandt werden, um diese Risikostrukturen zu verdichten und in einer Bewertung zu berücksichtigen.[660] Die Entscheidung für eine Methode der Risikoaggregation ist abhängig von dem Bewertungsziel, sodass grundlegend individualistische, subjektive Konzepte der Risikobewertung von marktorientierten Konzepten unterschieden werden.[661]

Während der Individualansatz durch die Berücksichtigung subjektiver Risikopräferenzen gekennzeichnet ist, wird im Marktansatz eine Objektivierung des Risikos, i.d.R. durch den Einsatz des Capital Asset Pricing Model (CAPM) angestrebt.[662]Neben einer Entscheidung über die zu berücksichtigende Risikomenge ist die konkrete Ausgestaltung des Bewertungskalküls, das zur Risikoberücksichtigung eingesetzt wird, festzulegen.

Formal lässt sich die Adjustierung der Zählergröße im Sinne der Sicherheitsäquivalentmethode von der Anpassung des Nenners durch Risikozuschläge unterscheiden.[663] Insgesamt resultieren wie in Abbildung 39 zusammengefasst vier Kombinationsmöglichkeiten zur Risikobewertung:

660 Vgl. auch Große-Frericks (2015), S. 229; Dreher (2010), S. 86; Dirrigl (2009), S. B 26; Schwetzler (2000), S. 469.

661 Vgl. Drukarczyk/Schüler (2009), S. 50 ff.; Dreher (2010), S. 86 ff.; Tschöpel (2004), S. 30.

662 Vgl. dazu Tschöpel (2004), S. 30 f.; Günter (1997), S. 167 ff.; Dirrigl (2009), S. B 48; Schwetzler (2000), S. 475; Drukarczyk/Schüler (2009), S. 56; Röder/Müller (2001), S. 225, Ballwieser (2010), S. 75.

663 Vgl. u.a. Tschöpel (2004), S. 33; Schwetzler (2000), S. 469 f.

Methoden der Risikoberücksichtigung

Modell der Risikoquantifizierung		Risikoadjustierung im Zähler	Risikoadjustierung im Nenner
	Individual-Ansatz	(1) Subjektive Sicherheitsäquivalent-Methode	(3) Subjektive Risikozuschläge
	Markt-Ansatz	(2) Kapitalmarktorientierte Risikoabschläge	(4) Risikoadjustierte Marktorientierte Kapitalkosten (i.d.R. CAPM)

Abbildung 39: Systematisierung der Methoden zur Risikoberücksichtigung[664]

Darüber hinaus wird im Rahmen der Sicherheitsäquivalentmethode in Betracht gezogen, nicht die periodischen Erfolgsgrößen um das Risiko zu bereinigen, sondern erst den resultierenden stochastischen Barwert,[665] hier in Form von Kapital- und Unternehmenswerten. Diese Möglichkeit wird in Abschnitt 4.2.3 durch die Diskussion der alternativen Aggregationsreihenfolgen analysiert.

Im weiteren Verlauf wird zuerst die marktorientierte Risikoadjustierung im Nenner mittels des CAPM näher untersucht,[666] um dann den Individualansatz und die Sicherheitsäquivalentmethode für das vorliegende Bewertungsproblem zu beurteilen. Wichtig für die Untersuchung ist das Ziel, das mit der risikoorientierten Wertbestimmung erfüllt werden soll. Dementsprechend ist stets der Frage nachzugehen, welches Risiko eines Innovationsprojektes und Unternehmens aus subjektiver Entscheidungsperspektive als bewertungsrelevant anzusehen ist und wie es im jeweils betrachteten Bewertungskalkül einbezogen wird.

4.2.1 Risikozuschläge in der Wertberechnung

Die Risikoberücksichtigung in Form eines Zuschlages (r_z) bedeutet im Allgemeinen, dass der Nenner des Bewertungskalküls (bisher eine risikolose Alternativrendite:

---

664 In Anlehnung an Dreher (2010), S. 87; Tschöpel (2004), S. 39; Obermaier (2004), S. 2762.

665 Vgl. dazu Drukarczyk/Schüler (2009), S. 54 und grundlegend Bretzke (1976), S. 155 ff.; Siegel (1991); Siegel (1992), S. 24 f.

666 Diese Methode weist eine besondere Anwendungshäufigkeit auf. Vgl. dazu auch Obermaier (2004), S. 2761.

$r_{f,s}$) um eine Risikoprämie angepasst wird, während im Zähler der Erwartungswert der stochastifizierten Zahlungsüberschüsse ($\mu(\widetilde{ECF_t^{Iov}})$) verwendet wird.[667]

Dementsprechend ist im Projektbezug die Formel zur Kapitalwertberechnung heranzuziehen und hinsichtlich einer Risikoprämie zu modifizieren, die zinserhöhend und barwertsenkend wirkt, wenn man von einem risikoaversen Entscheider ausgeht:

$$C_0^{Iov} = \sum_{t=0}^{T} \frac{\mu(\widetilde{ECF_t^{Iov}})}{(1 + r_{f,s} + r_z)^t} \qquad (4\text{-}21)$$

Analog ist die Unternehmensbewertungsformel zu ergänzen.

Bevor näher auf die Herleitung des Risikozuschlages eingegangen wird, soll bereits vorab die Problematik, die mit dem Konzept der Risikozuschlagsmethodik allgemein einhergeht, erläutert werden. Diese Problematik resultiert aus der Berücksichtigung des Risikos im Nenner, die dazu führt, dass die Aggregation der Zeitstruktur mit der Bewertung des Risikos vermengt wird.[668] Während durch die Potenzierung im Nenner - durchaus zutreffend - ein weiter entfernter Zeitpunkt zu stärkeren Diskontierungseffekten führt, ist diese Potenzierung nicht zwangsläufig angemessen, sobald ein Risikozuschlag im Nenner vorhanden ist. Wenn im Diskontierungszins der Risikozuschlag enthalten ist, so wird dieser ebenfalls potenziert, was ein monoton steigendes Risiko impliziert. Dieser Risikoverlauf, der durch die kalkültechnische Vermengung der Zeit- und der Risikodimension entsteht, ist regelmäßig nicht sachgerecht[669] und bereits an dieser Stelle als kritischer Punkt der Risikozuschlagsmethodik zu nennen. Dies wurde auch seitens der Praxis erkannt und bemängelt.[670] Darüber hinaus ist aufgrund der Zahlungsstruktur von Innovationen besondere Vorsicht geboten. In der Vorlaufphase, und zum Teil auch in der Nachlaufphase, sind keine Einzahlungsüberschüsse, sondern Auszahlungen zu aggregieren.[671] Es ist erhöhte

---

667 Vgl. Tschöpel (2004), S. 36; Schwetzler (2000), S. 469 ff.; Dreher (2010), S. 91 ff.; Alfs (2015), S. 201.

668 Vgl. bereits Jaensch (1966a), S. 67; ferner Alfs (2015), S. 109; Dreher (2010), S. 89; Kuhner/Maltry (2006), S. 142 ff.

669 Vgl. auch Alfs (2015), S. 136. Allerdings kann diese Risikopotenzierung auch mit einer Abhängigkeit der Cashflow-Strukturen im Zeitablauf begründet werden, da weiter in der Zukunft liegende Cashflows dann einer größeren Unsicherheit unterliegen. Vgl. dazu Schwetzler (2000), S. 475 ff. und bezugnehmend darauf Röder/Müller (2001), S. 226.

670 Vgl. Smith/McCardle (1999), S. 1: “There is concern, particularly among managers in the exploration and new venture parts of the business, that the blanket use of risk-adjusted discount rates causes thee to undervalue projects with long time horizon.”

671 Vgl. dazu Obermaier (2004), S. 2762.

Aufmerksamkeit geboten, damit ein Risikozuschlag nicht zu einem systematischen Bewertungsfehler führt. Ist sinngemäß das Risiko, das eingegangen wird, als negativ zu bewerten, so muss der Zinssatz im Falle von Auszahlungen gesenkt werden, wenn der Barwert aufgrund der unsicheren Auszahlungen zusätzlich gemindert werden soll. Eine unreflektierte Übernahme des allgemein verwendeten Risikozuschlages ist demnach abzulehnen und erfordert vermehrte Aufmerksamkeit.[672] Ein konkreter Risikozuschlag kann letztlich nach freiem Ermessen und subjektiv gewählt werden[673] oder auf Basis des CAPM mit dem Ziel der „Objektivierung" hergeleitet werden. Da vor allem das CAPM eine große Verbreitung und Anwendungshäufigkeit aufweist[674], wird dieses nun näher beschrieben und auf die Anwendbarkeit zur Bewertung von Innovationen respektive forschungsintensiven Unternehmen untersucht. Diese Diskussion dient als Vergleichsbasis für die Alternative in Form der Sicherheitsäquivalentmethode.

4.2.1.1 Konkretisierung des Risikozuschlags mittels CAPM als Marktmodell

Das CAPM wird hier nicht in seiner Gesamtheit beschrieben. Es werden lediglich die zentralen Eigenschaften, die von Interesse sind, aufgegriffen, um die Anwendungsmöglichkeiten im vorliegenden Gesamtkonzept zu untersuchen.

Das CAPM hat in der Preisermittlung auf Aktienmärkten seinen Ursprung und wurde dann auf die Anwendbarkeit in der Unternehmensbewertung übertragen.[675] Hier wird mit der Anwendung in der Projektbewertung ein weiterer Anwendungsbereich untersucht, der allerdings aufgrund der vorliegenden Integrations- und Unternehmenswertorientierung auf vergleichbaren Grundsätzen basiert. Es ist ein Modell, das durch die Weiterentwicklung und Kombination unterschiedlicher Theorien und Herleitungen entstanden ist. Diese sollen nun kurz skizziert werden, damit die Grundlagen und Annahmen, die zum Ausschluss des unsystematischen Risikos in dieser „objektivierten" Preisbildung geführt haben, verdeutlicht werden.

---

672 Vgl. ferner Obermaier (2004), S. 2763 ff. Die Berechnungen basieren auf einer Überleitung kapitalmarktorientierter Sicherheitsäquivalente und kapitalmarktorientierter Risikozuschläge. Nur auf diese Weise kann der Verfasser adäquate Risikozu- oder -abschläge ermitteln.

673 Es können auch Überleitungen vom Sicherheitsäquivalent erfolgen, was allerdings in dieser Arbeit nicht ferner zu konkretisieren ist. Vgl. dazu Dreher (2010), S. 87; Taetzner (2000), S. 49 ff. und S. 91 f.; Schwetzler (2000), S. 470 ff.

674 Vgl. dazu Tschöpel (2004), S. 37 m.w.N., u.a. Copeland/Koller/Murrin (2002), S. 246 ff.; Hupe/Ritter (1997) mit einer empirischen Untersuchung zur Anwendung in der Praxis; Schildbauer (2002), S. 1543; Taetzner (2000), S. 87 ff.

675 Tschöpel (2004), S. 63.

Die Basis des Modells bildet die Portfolio Selection Theory nach Markowitz,[676] die eine Auswahl von Wertpapier-Portfolios aus Investorensicht auf Basis der Kriterien Erwartungswert und Streuung, d.h. auf Basis eines $\mu\sigma$-Prinzips, unterstellt.[677] Durch die unterschiedliche Kombination nicht vollkommen korrelierter Wertpapiere und der einhergehenden Ausnutzung des Diversifizierungseffektes[678] kann eine *Effizienzlinie* („Eierschale") aus dominierenden Wertpapierkombinationen[679] gemäß dem $\mu\sigma$-Prinzip ermittelt werden. In einem weiteren Schritt zum CAPM wird durch das Separationstheorem nach *Tobin*[680] die Möglichkeit zur Anlage in risikofreie Wertpapiere einbezogen. Durch die Kombination aus risikofreier Geldanlage und Anlage in eine Wertpapierkombination kann der Investor seine individuelle Risikoeinstellung zum Ausdruck bringen. Dementsprechend können sich alle Investoren auf ein effizientes Marktportfolio als risikobehaftete Geldanlage einigen.[681] Es wird davon ausgegangen, dass die Investoren gemäß ihrer Risikopräferenz eine Kombination aus risikofreier Anlage und Marktportfolio halten.[682] Die Effizienzlinie kann somit auf ein Marktportfeuille reduziert werden, das sich im Tangentialpunkt einer Geraden mit Ursprung im risikofreien Zins[683] und der Effizienzlinie befindet. Diese Gerade, die die risikofreie Anlage und den Tangentialpunkt zum Marktportfolio verbindet, wird als *Kapitalmarktlinie* bezeichnet.[684]

Nun ist die Verbindung dieses Modellkonstrukts zur Bewertung eines Unternehmens oder einer Investition herzustellen.[685] Bei der Bewertung eines weiteren Assets oder

---

676 Vgl. Hower (2008), S. 47; Knabe (2012), S. 51 und grundlegend Markowitz (1952), S. 77; Markowitz (1959), S. 129-187.

677 Vgl. Hower (2008), S. 50 f. Dies impliziert, dass entweder eine quadratische Nutzenfunktion beim Entscheider vorliegt oder die Renditen normalverteilt sind, um diese Entscheidungsregel zu legitimieren. Vgl. dazu u.a. Schneider (1995), S. 129; Troßmann (1998), S. 387; Gleißner (2008), S. 110 .

678 Die Varianz eines Portfolios ist geringer als die Summe seiner Einzelwerte, wenn die Renditeerwartungen der enthaltenen Wertpapiere nicht vollständig positiv korreliert sind. Die erwartete Rendite des Portfolios entspricht hingegen dem gewichteten Mittel der Renditen der Wertpapiere, vgl. u.a. Wiese (2006), S. 34 m.w.N.; Knabe (2012), S. 51; Kuhner/Maltry (2006), S. 153 ff; Abschnitt 4.2.3.1 in einem weiteren Kontext.

679 Eine Wertpapierkombination ist für einen annahmegemäß risikoaversen Investor dann dominant, wenn bei gleichem Risiko ein höherer Erwartungswert besteht. Vgl. dazu auch Knabe (2012), S. 51 m.w.N.

680 Vgl. grundlegend Tobin (1958), S. 65-86; ferner Kuhner/Maltry (2006), S. 159 ff.; Hower (2008), S. 57 f.;

681 Vgl. Knabe (2012), S. 51 f.; Kuhner/Maltry (2006), S. 158; Nöll/Wiedemann (2008), S. 202; Kruschwitz/Husmann (2012), S. 225.

682 Vgl. Kuhner/Maltry (2006), S. 159; Sharpe (1964), S.426 f.

683 Vgl. Kuhner/Maltry (2006), S. 158.

684 Vgl. dazu Hower (2008), S. 59 f.

685 Das CAPM wurde insgesamt aufbauend auf den beschriebenen Erkenntnissen der

Unternehmens ist nur noch der individuelle Beitrag dieses Assets zu dem Marktportfolio von Relevanz.[686] Hinsichtlich des Erwartungswertes besteht eine Wertadditivität, sodass der Renditebeitrag eines Assets zur Portfoliorendite auch der erwarteten Einzelrendite entspricht.[687] Wie bereits in Abschnitt 4.1.2.2 in einem anderen Zusammenhang verdeutlicht, besteht hinsichtlich der Varianz nicht diese Wertadditivität. Die Varianz eines Portfolios ergibt sich demnach aus den Einzelvarianzen zuzüglich aller möglichen Kovarianzen, der im Portfolio befindlichen Wertpapiere. Wird ein neues Wertpapier aufgenommen, so werden zum einen die individuelle Varianz in Form des objektspezifischen Risikos und die Kovarianzen mit allen im Portfolio befindlichen Wertpapieren einbezogen.[688] Das unsystematische Risiko in Form der Varianz weist somit mit steigender Anzahl an Wertpapieren im Portfolio einen gegen Null konvergierenden Anteil an der Portfoliovarianz auf,[689] während die Kovarianzen in Form des systematischen Risikos den relevanten Risikobeitrag des Assets determinieren. Aus dieser Erkenntnis wird aus kapitalmarkttheoretischer Sicht die übergeordnete Relevanz des systematischen für die Unternehmensbewertung abgeleitet. Dementsprechend wird auch in die Bewertung der Unternehmen und Investitionen nur das systematische Risiko eingepreist, während für das unsystematische Risiko gemäß dieser Modelltheorie aufgrund der Diversifikationsmöglichkeiten keine Vergütung zu erwarten ist.[690] Der Ausschluss des unsystematischen Risikos in dieser Bewertungskonzeption ist somit begründet, sodass als nächstes die Berechnung der Risikoprämie erläutert wird. Ausgehend von der Feststellung, dass nur die systematischen Risiken eingepreist werden, wird der Beta-Faktor (β_j), der als Verhältnis von Kovarianz aus Marktrendite (r_M) und Wertpapierrendite j (r_j) zur Varianz des Marktportfolios definiert ist, herangezogen, um das systematische Risiko zu quantifizieren.[691] Demnach stellt der Beta-Faktor den Koeffizienten einer linearen Regression zwischen Marktrendite und Wertpapierrendite dar.[692]

Portfoliotheorie und durch Beiträge von Sharpe (1964), S. 425 ff., Lintner (1965), S. 13 ff. und Mossin (1966), S. 768 ff. entwickelt.

686 Vgl. Hower (2008), S. 62; Sharpe (1964), S. 436 f.

687 Vgl. FN 699.

688 Vgl. Alfs (2015), S. 95; Hower (2008), S .62 f.; Kuhner/Maltry (2006), S. 161.

689 Bei einer gegen unendlich gehenden Anzahl an Wertpapieren, konvergiert der Einfluss der Varianz eines einzelnen Wertpapiers gegen Null. Vgl. dazu Alfs (2015), S. 95.

690 Vgl. Madrian/Auerbach (2009), S. 83 f.;Taetzner (2000), S. 88; Sharpe (1964), S. 426.

691 Vgl. Dreher (2010), S. 123; Knabe (2012), S. 52; Hower (2008), S. 63.

692 Vgl. Franken/Schulte/Dörschell (2014), S. 42 ff.; Taetzner (2000), S. 90.

Ausgehend von der Schätzung des Beta-Faktors wird ein linearer Zusammenhang zwischen Renditeforderung (r_j) und systematischem, Investmentrisiko (β_j) unterstellt.[693] Es resultiert die *Wertpapierlinie* mit dem Ursprung in der risikofreien Anlage (r_f) und einer Steigung aus dem Produkt von Marktrisikoprämie ($r_M - r_j$) und Beta-Faktor:[694]

$$r_j = r_f + \beta_j \cdot \left(r_M - r_f\right), \qquad mit \quad \beta_j = \frac{cov(r_{m;} r_j)}{\sigma_M^2} \tag{4-22}$$

Eine alternative Schreibweise stellt die λ-Schreibweise dar, wobei das λ als Marktpreis des Risikos definiert werden kann, womit durch Umformungen somit folgende Schreibweise erfolgt:[695]

$$r_j = r_f + \lambda \cdot cov\left(r_M; r_j\right), \qquad mit \quad \lambda = \frac{r_M - r_j}{\sigma_M^2} \tag{4-23}$$

Wird dieser Ansatz zur Herleitung der Wertpapierlinie akzeptiert, so lässt sich zumindest für den Einperiodenfall eine triviale Umformung zur Bestimmung des Unternehmenswertes durchführen, indem man die Rendite des Bewertungsobjektes j als relativen Wertzuwachs einer Periode deklariert. Bei Auflösung der Formel (4-27) nach UW_0 ergibt sich somit:[696]

$$r_j = \frac{\mu(UW_1) - UW_0}{UW_0} \tag{4-24}$$

$$UW_0 = \frac{\mu(UW_1)}{1 + r_f + \beta_j \cdot (r_M - r_f)} \tag{4-25}$$

Die Bewertung eines Unternehmens ist im Einperiodenfall somit möglich. Für die Übertragung auf den Mehrperiodenfall bedeutet dies, dass die Erwartungswerte der relevanten Zahlungsüberschüsse ($\widetilde{NCF_t}$)[697] mit r_j zu diskontieren sind:[698]

---

693 Vgl. Dreher (2010), S. 123.

694 Vgl. Knabe (2012), S. 52; Hower (2008), S. 62 f. mit einer Herleitung der Wertpapierlinie auf S. 246.

695 Vgl. Dreher (2010), S. 124.

696 In Anlehnung an Schneider (1992), S. 516.

697 Es wird in Anlehnung an die kapitalmarktorientierte Bewertungslehre bewusst der Netto-Cashflow (NCF) als relevanter Zahlungsstrom ausgewiesen, da aufgrund möglicher Ausschüttungs- und Finanzierungannahmen Divergenzen zum ECF bestehen können.

698 Zu den Voraussetzungen zur Übertragbarkeit auf den Mehrperiodenfall, vgl. Schneider (1992), S. 517 ff.; Röder/Müller (2001), S. 226.

$$UW_0 = \sum_{t=0}^{\infty} \frac{\mu(\widetilde{NCF}_t)}{(1+r_j)^t} = \sum_{t=0}^{T} \frac{\mu(\widetilde{NCF}_t^{Prod})}{(1+r_j)^t} + \sum_{t=0}^{T} \frac{\mu(\widetilde{NCF}_t^{Iov})}{(1+r_j)^t} + \sum_{T+1}^{\infty} \frac{\mu(\widetilde{NCF}_t^{RW})}{(1+r_j)^t} \quad (4\text{-}26)$$

Da der Kapitalwert gemäß den Formeln (3-8) und (3-5) aus einer Differenzbetrachtung von Unternehmenswerten entsteht, ergibt sich folglich der nachstehende Zusammenhang, sodass die Übertragung der Risikoprämien aus der Unternehmensbewertung auf den Projektwert (formal) verifizierbar ist, wenn man der beschriebenen Bewertungslogik folgt:[699]

$$C_0^{Iov} = \sum_{t=0}^{T} \frac{\mu(\widetilde{NCF}_t^{Iov})}{(1+r_j)^t} = \sum_{t=0}^{T} \frac{\mu(\widetilde{NCF}_t^{Iov})}{(1+r_f+\beta_j \cdot (r_M - r_f))^t} \quad (4\text{-}27)$$

$$mit \quad r_z = \beta_j \cdot (r_M - r_f)$$

Ergänzend erfolgen aufgrund von Steuern und Finanzierungsprämissen Anpassungen des Kapitalkostensatzes, um Kapitalstrukturrisiken und Steuereffekte zu berücksichtigen,[700] indem unverschuldete und verschuldete Eigenkapitalkostensätze sowie korrespondierende Beta-Faktoren differenziert werden. Dieser Zuschlag für die Kapitalstruktur folgt aus Konsistenzgründen im Ursprung dem Modigliani Miller-Theorem[701], das ebenfalls als Marktmodell zu klassifizieren ist.[702] Im einfachsten Fall wird für die Besteuerung und die steuerliche Vorteilhaftigkeit des Fremdkapitals ein proportionaler Steuersatz s berücksichtigt und folgender Zusammenhang für die verschuldeten Eigenkapitalkosten (r_{EK}^v) unterstellt:[703]

$$r_{EK}^v = r_{EK}^u + (r_{EK}^u - r_{FK})(1-s) \cdot \frac{FK}{EK} \quad (4\text{-}28)$$

---

699 Vgl. Alfs (2015), S. 102 ff. zur kritischen Auseinandersetzung mit Hurdle Rates und somit einheitlichen Kapitalkosten für den gesamten Konzern.

700 Die Berücksichtigung der Finanzierung und des einhergehenden Risikos basiert auf zwei gegenläufigen Einflussfaktoren der Fremdfinanzierung. Zum einen entstehen steuerliche Vorteile der Fremdfinanzierung hinsichtlich der Kapitalkosten und zum anderen entsteht mit wachsendem Verschuldungsgrad ein erhöhtes Insolvenzrisiko, da die Festgeberansprüche erhöht sind. Vgl. dazu auch Schneider (1992), S. 565.

701 Vgl. dazu Modigliani//Miller (1958), Modigliani//Miller (1963). 1958 können Modigliani und Miller unter der Annahme, dass keine Insolvenzgefahr und keine Ertragsteuern bestehen, die Irrelevanz der Kapitalstruktur und der Dividendenpolitik aufzeigen, wobei ein abitragefreier Markt unterstellt wird. Unter Steuern sind diese Ergebnisse allerdings nicht zu halten, so dass 1963 eine Erweiterung vorgenommen wurde. Vgl. dazu auch Kruschwitz/Löffler (2003), S. 731.

702 Vgl. Schneider (1992), S. 554. Das Modigliani-Miller-Theorem basiert auf den Annahmen eines abitragefreien Kapitalmarktes, auf dem nur ein Preis für ein homogenes Gut existiert.

703 Vgl. Ballwieser/Hachmeister (2013), S. 106; Langenkämper (2000), S. 52.

Der Eigenkapitalkostensatz eines verschuldeten Unternehmens setzt sich demnach aus den unverschuldeten Eigenkapitalkosten (r_{EK}^{u}) und einem Risikozuschlag durch das Kapitalstrukturrisiko zusammen.[704] Bildet man diese Renditeforderungen der Eigenkapitalgeber über das CAPM ab und verwendet verschuldete (β^{v}) und unverschuldete Betas (β^{u}) für die korrespondierenden Kostensätze, so lässt sich die so genannte Gearing-Formel ableiten, die den Zusammenhang der beiden Beta-Werte verdeutlicht:[705]

$$\beta^{v} = \beta^{u}(1 + (1 - s) \cdot \frac{FK}{EK}) \quad (4\text{-}29)$$

Durch Umformungen kann das so genannte Unlevering und Relevering zur Anpassung an geplante Verschuldungsgrade erfolgen, sodass durch das Einsetzen der jeweiligen Beta-Werte auch der verschuldete respektive unverschuldete Kapitalkostensatz berechnet wird.

Erweitert man die Betrachtung um das Steuersystem auf der Corporate Ebene, so entsteht der folgende Zusammenhang für den verschuldeten Eigenkapitalkostensatz nach Modigliani/Miller:[706]

$$r_{EK}^{v} = r_{EK}^{u} + (r_{EK}^{u} - i_s)(1 - G_L) \cdot \frac{FK}{EK} \quad (4\text{-}30)$$

$$G_L = 0{,}75 \cdot s^{GewSt} + s^{KSt}$$

Analog können auch die Betafaktoren aufgrund des Steuersystems adjustiert werden.[707]

Es existieren für unterschiedliche Finanzierungsprämissen[708] in verschiedenen Phasen[709] und aufgrund von Marktunvollkommenheiten weitere Anpassungen, um eine

---

704 Vgl. auch Ballwieser/Hachmeister (2013), S. 107.

705 Vgl. Ballwieser/Hachmeister (2013), S. 107; Franken/Dörschell/Schulte (2014), S. 65.

706 Vgl. Wallmeier (1999), S. 1476 im einfachen Steuersystem.

707 Vgl. dazu Große-Frericks (2015), S. 460; Franken/Schulte/Dörschell (2014), S. 70. Es ist zu beachten, ob eine autonome oder eine wertorientierte Finanzierungspolitik vorliegt. Der aufgezeigte Ansatz nach Modigliani/Miller gilt bei autonomer Finanzierungspolitik. Bei wertorientierter Finanzierungspolitik muss das Unlevern und Relevern entsprechend angepasst werden. Zu einer Übersicht unterschiedlicher Ausprägungen der Gearing-Formel, vgl. Hachmeister/Ruthardt (2012), S. 189.

708 Es werden primär die autonome und die wertorientierte Finanzierungspolitik unterschieden, wobei im Rahmen der autonomen Finanzierungspolitik deterministische Fremdkapitalbestände unterstellt werden und die Modigliani/Miller-Formel anwendbar ist. Im Falle der atmenden bzw. wertorientierten Verschuldungspolitik, die ein bestimmtes Verhältnis vom Marktwert des Fremdkapitals zum Marktwert des Eigenkapitals voraussetzt, ist hingegen die Anpassung von Miles/Ezzell notwendig, um zu berücksichtigen, ob die geplanten Fremdkapitalbestände sicher

Bewertung mit der CAPM-Logik durchführen zu können.[710] Diese Ansätze werden teilweise im Rahmen der folgenden Eignungsüberprüfung angesprochen und hinterfragt.

4.2.1.2 Zur Eignung des (objektivierten) Risikozuschlags in der Innovationsbewertung

Bisher konnte die Herleitung der Risikoprämie und ihre (formale) Übertragbarkeit auf die Projektbewertung verdeutlicht werden.[711] Die theoretischen Grundlagen, die logische Konsistenz sowie die Übertragbarkeit auf reale Bewertungsprobleme im Innovationsbereich sind indes näher zu hinterfragen.

Der bisher beschriebene Ansatz aus der Kapitalmarkttheorie ist konzipiert für die „objektivierte" Bewertung eines am Kapitalmarkt notierten Unternehmens, während vorliegend die risikogerechte und wertorientierte Steuerung eines Innovationsprojektes im Unternehmen untersucht wird. Durch die Herleitung des Kapitalwertes aus einer Differenzbetrachtung von Unternehmenswerten kann eine Projizierung des CAPMs und der so ermittelten Risikoprämie eines Unternehmens auf ein Projekt unterstellt werden. Diese Übertragbarkeit wurde bereits in der Literatur - insbesondere durch *Myers/Shyam-Sunder* - kritisiert.[712] Hier wird die Auffassung vertreten, dass die mangelhafte Übertragbarkeit auf die weitreichende Kritik am CAPM,[713] die nicht zuletzt aus zahlreichen Beobachtungen von unrealistischen Wertschätzungen resultiert, zurückzuführen ist. Diese Auffassung wird im Folgenden begründet, indem die allgemeinen Kritikpunkte aufgegriffen und vor dem Hintergrund der Bewertung von Innovationen sowie forschungsintensiven Unternehmen eine Schwerpunktsetzung er-

---

oder unsicher sind. Vgl. dazu Dreher (2010), S. 132; Lobe/Essler (2008), S. 55 ff.; Kruschwitz/Löffler/Canefield (2007), S. 427 ff.

709 Die Detailprognosephase zeichnet sich aufgrund von bestehenden Verträgen eher durch detailliertere autonome Fremdkapitalplanungen aus. Währenddessen ist die Restwertphase wahrscheinlicher wertorientiert, inkrementell wertabhängig oder bilanzabhängig zu planen, sodass eine hybride Finanzierungspolitik unterstellt werden kann. Es entsteht das Problem, den adäquaten Diskontierungszins für die unterschiedlichen Finanzierungsprämissen zu wählen. Vgl. dazu Kruschwitz/Löffler/Canefield (2007), S. 427; Lobe/Essler (2008), S. 69 und S. 72.

710 Vgl. ferner Myers/Shyam-Sunder (1996), S. 230 ff. mit Ausführungen über phasenspezifische Kapitalkosten im Innovationsbereich.

711 Myers/Shyam-Sunder (1996), S. 210 sprechen sich klar gegen die Übertragung der Kapitalkosten des Unternehmens auf das Projekt aus. Die fundamentaltheoretischen Annahmen der Diversifizierbarkeit eines Unternehmensrisikos werden allerdings nicht kritisch mit einbezogen.

712 Vgl. Myer/Shyam-Sunder (1996), S. 210 ff.

713 Vgl. u.a. Uzik/Weiser (2003), S. 705; Röder/Müller (2001), S. 225.

folgt. Um diese Kritik zu systematisieren und im Kontext des vorliegenden Bewertungszweckes zu diskutieren, werden drei Problemkomplexe unterschieden:

a) Prämissen, die der Modellgeschlossenheit zugrunde liegen

b) Vermeintlich objektive Schätzung des Betafaktors und seiner Komponenten aufgrund von Vergangenheitsdaten

c) Anpassungsversuche an die Realität, insbesondere für nicht-börsennotierte und forschungsintensive Unternehmen

ad a)

Die logische Geschlossenheit des Modells soll keineswegs in Frage gestellt werden, sondern nur die Annahmen, die diesem Modell zugrunde liegen, sind vor dem Hintergrund der vorliegenden Aufgabenstellung näher zu hinterfragen.

Bereits die Herleitungen der Effizienzlinie und des Marktportfolios auf Basis der Theorien von *Markowitz* und durch *Tobin* werden kritisch hinterfragt, da sie auf sehr restriktiven Annahmen eines im Gleichgewicht befindlichen und vollkommenen Kapitalmarktes[714] basieren.[715] Es gelten annahmegemäß homogene Erwartungen der Investoren und es wird Informationseffizienz am Markt unterstellt. Des Weiteren existieren keine Transaktionskosten, keine Steuern und Gebühren, und ein perfekter Wettbewerb ist vorherrschend, so dass Soll- und Habenzinssatz übereinstimmen und Kapital unbegrenzt zur Verfügung steht. Diese zugrundeliegenden Annahmen sind als realitätsfern zu charakterisieren, was in Theorie und Praxis schon vielseitig festgestellt wurde[716] und dementsprechend nicht erneut im Detail zu vertiefen ist. Einer weiteren Prämisse folgend, müssen Investoren vollständig diversifiziert sein und in alle am Markt befindlichen riskanten Wertpapiere investiert haben, um tatsächlich nur dem systematischen Risiko ausgesetzt zu sein. Diese Annahme kann bei genauerer Betrachtung höchstens einen Grenzfall darstellen.[717] Bereits die grundlegende Annahme, dass einzelne Investoren vollkommen diversifiziert sind, ist als unrealistisch respektive selten einzuschätzen. Die individuelle Diversifizierung auf Investorenebene ist dann möglich, wenn es sich um Investitionen in börsennotierte Unternehmen

714 Vgl. auch Obermaier (2004), S. 2762; Tschöpel (2004), S. 65 f.

715 Vgl. auch Gleißner/Earys (2006), S. 2.

716 Vgl. dazu Kruschwitz/Löffler/Mandl (2014), S. 527; Gleißner/Earys (2006), S. 2; Ernst/Gleißner (2012b), S. 2761 ff.;Tschöpel (2004), S. 66.

717 Vgl. dazu Madrian/Auerbach (2009), S. 88; Weizsäcker (2003), S. 577; Alfs (2015), S.214; Gleißner/Wolfrum (2008), S. 604 ff.

handelt, die sich im Streubesitz befinden.[718] Im vorliegenden Fall sollen allerdings Innovationsprojekte risikoorientiert bewertet und gesteuert werden, wobei auch regelmäßig nicht-börsennotierte oder Unternehmen mit Großinvestoren an Innovationsprojekten partizipieren, sodass die Annahme diversifizierter Investoren zunehmend unrealistisch wird, während das unsystematische Risiko an Bewertungsrelevanz gewinnt.[719] Ferner fordern Investoren laut einer These von *Madrian/Auerbach* „insbesondere in wirtschaftlich schwierigen Zeiten (...) planbare Ergebnisse und Cashflows“[720], so dass eine Risikodiversifizierung aus Sicht der Investoren bereits auf Unternehmensebene gefordert wird, damit die unsystematischen Risiken beschränkt und als bewertungsrelevant eingeschätzt werden.[721] Zudem impliziert die Orientierung der Investoren am μ/σ-Prinzip, dass entweder gemäß der Bernoulli-Theorie eine quadratische Risikonutzenfunktion seitens des Investors besteht oder eine Normalverteilung der Ertragsverteilungen unterstellt wird.[722] Es wird vorausgesetzt, dass der Investor die gesamte Bandbreite des Unsicherheitsprofils, d.h. positive und negative Abweichungen, in seine Entscheidungen mit einbezieht und als negativ wertet. Regelmäßig wird indes nur das Risiko i.e.S., d.h. die negativen Abweichungen vom Erwartungswert, als entscheidungsrelevant gewertet, sodass eine Bewertung auf Basis von Down-Side-Risikomaßen ermöglicht werden sollte.[723]

ad b)

Über die grundlegenden Prämissen hinaus, die unter anderem das systematische Risiko als bewertungsrelevantes Risiko begründen sollen, ist auch die Methode der Risikoquantifizierung kritisch zu betrachten. Diese Kritik ist vor allem dann angebracht, wenn man eine Objektivierungsmöglichkeit des Risikos mithilfe des CAPMs unterstellt.

Der Beta-Faktor wird demnach als Koeffizient einer Regression von Marktrendite und Wertpapierrendite hergleitet. Bei einer solchen Regression können allerdings unter-

---

718 Vgl. auch Weizsäcker/ Krempel (2004), S.810; Schultze (2003), S. 279.
719 Vgl. auch Weizsäcker/ Krempel (2004), S.810.
720 Madrian/Auerbach (2009), S. 88.
721 Vgl. dazu auch Bogdan/Villinger (2010), S. 29.
722 Vgl. Ballwieser/Hachmeister (2013), S. 100.
723 Vgl. auch Kruschwitz/Löffler/Mandl (2014), S. 527; Sing/Ong (2000), S. 213 ff. mit einem alternativen Ansatz.

schiedliche Daten einfließen, sodass Ermessenspielräume entstehen, die folgend näher erläutert werden.[724]

ba) Grundlegend ist zu entscheiden, wie weit die Werte, die einer Beta-Schätzung zugrunde gelegt werden, in die Vergangenheit reichen. Außerdem muss festgelegt werden, in welchen Intervallen die Beobachtungswerte erfasst werden, d.h. ob tägliche, monatliche oder jährliche Renditen verwertet werden.[725] Die Frage nach der Messperiode oder den Messintervallen ist individuell zu beantworten, sodass die vermeintliche Objektivierung hier große Spielräume eröffnet, eine subjektive Ausprägung des Risikomaßes zu erzielen. Des Weiteren ist die Datenbeschaffung auf Vergangenheitsdaten ausgerichtet, sodass von einem Risiko, das in der Vergangenheit vorherrschend war, auf das zukünftige Risiko geschlossen wird.[726] Diese Risikoprojizierung kann bei einem Unternehmen, das keine neuen Geschäftsfelder oder Innovationen für die Zukunft plant, möglich sein. Gerade in dem vorliegenden Fall betreten die Unternehmen jedoch möglicherweise vollkommen neue Marktfelder, Kundengruppen, Bereiche oder Regionen. Daraus folgt nicht nur ein divergierendes unsystematisches Risiko in der Zukunft, sondern auch das systematische Risiko wird verändert sein, da es nicht der Vergangenheit entnommen werden kann.

bb) Nicht nur die Messintervalle und die Messperioden sind individuell festzulegen, sondern auch der Aktienindex zur Approximation der Marktportfoliorendite kann mit dem DAX, C-Dax oder anderen Indizes unterschiedlich festgelegt werden.[727] Empirische Untersuchungen weisen außerdem auf enorme Bandbreiten in der Verwendung von risikofreiem Basiszins und Risikoprämien hin,[728] die neben den Betrachtungszeitpunkten auch aufgrund der Betrachtungsobjekte divergieren.

bc) Ein weiterer Aspekt, der in die Berechnung des systematischen Risikos einfließt, ist die Art der Mittelwertbildung, wenn der Beta-Faktor nicht als Stichtagswert, sondern als Mittelwert mehrerer Stichtagswerte berechnet wird.[729] In diesem Fall ist zu entscheiden, ob das geometrische Mittel, das arithmetische Mittel oder eine Misch-

---

724 Vgl. auch im Folgenden Ballwieser/Hachmeister (2013), S. 100 ff.; Uzik/Weiser (2003), S. 706; Timmreck (2003), S. 302 ff.

725 Vgl. dazu auch Ballwieser/Hachmeister (2013), S. 100.

726 Vgl. auch Uzik/Weiser (2003), S. 706.

727 Vgl. auch Ballwieser/Hachmeister (2013), S. 101.

728 Vgl. Mandl/Rabel (1997), S. 294; Reese (2007), S. 31; Rowoldt/Pillen (2015), S. 119 ff.; Wagner/Jonas/Ballwieser/Tschöpel (2006), S. 1027 f. und Ballwieser/Hachmeister (2013), S. 102 mit einer Übersicht.

729 Vgl. Ballwieser/Hachmeister (2013), S. 101.

form zur Mittelwertbildung heranzuziehen ist. In verschiedenen Studien wurde bereits die Überlegenheit von unterschiedlichen Konzepten in divergierenden Bewertungssituationen untersucht ohne einen Konsens feststellen zu können.[730]

ad c) Das CAPM basiert auf den besonders restriktiven Voraussetzungen eines börsennotierten Unternehmens, das sich zudem im Streubesitz und auf einem vollkommenen Kapitalmarkt befindet. Die Voraussetzung der Börsennotierung wird in vielen Fällen nicht erfüllt, sodass Alternativen und Anpassungen in der Literatur vielseitig diskutiert werden. Beispielsweise werden Risikozuschläge aufgrund mangelnder Fungibilität,[731] geringer Unternehmensgröße[732], fehlender Diversifikationsmöglichkeiten des Eigentümers[733] und Länderrisiken[734] diskutiert. Es wird deutlich, dass in der Welt des CAPM vielseitige Versuche unternommen werden, um die Kapitalkosten an die Realität anzupassen, welche allerdings regelmäßig die logische Geschlossenheit des zugrundeliegenden CAPM gefährden und somit negativ zu werten sind. Da hinsichtlich dieser angesprochenen Anpassungen keine Anwendung erfolgen muss, werden die Kritikpunkte nicht konkretisiert.

Für nicht-börsennotierte Unternehmen *müssen* hingegen Anpassungsmethoden angewandt werden, um das CAPM überhaupt verwenden zu können.[735] Da keine Wahl zur Anwendung besteht, wird die Kritik an diesen Methoden auch im vorliegenden Kontext äußerst relevant und ist kurz zu erläutern. Wenn also ein nicht-börsennotiertes oder ein Kleines Mittelständisches Unternehmen (KMU) zu bewerten

---

730 Vgl. dazu Ballwieser/Hachmeister (2013), S. 103 ff.; Drukarczyk/Schüler (2009), S. 218 ff.

731 Vgl. dazu u.a. Barthel (2003). Dieser Aufschlag wird durch das Äquivalenzprinzip, durch Wiederverkäufe oder Notverkäufe des Unternehmens, vertragliche Regelungen, die die Handelbarkeit einschränken oder die Liquiditätspräferenztheorie begründet. Vgl. Ballwieser/Hachmeister (2013), S.109.

732 Vgl. dazu Ballwieser/Hachmeister (2013), S. 116 ff.

733 Die Kritik an der Unterstellung eines diversifizierten Eigentümers wurde bereits ausgeführt. Eine mögliche Anpassung wurde von Damodaran vorgeschlagen, die allerdings durch die Vermengung systematischer und unsystematischer Risiken gegen das theoretische Konstrukt des CAPMs verstößt. Vgl. Damodaran (2002), S. 667 und zur Kritik Ballwieser/Hachmeister (2013), S. 118 f.

734 Auch ein Risikozuschlag im Nenner aufgrund von Länderrisiken wird von Damodaran vorgeschlagen und kann aufgrund der theoretischen Inkonsistenzen zum CAPM abgelehnt werden. Vgl. aktuell Damodaran (2010), S. 178 ff. und mit einer ausführlichen Diskussion dazu Kruschwitz/Löffler/Mandl (2011), S. 167 ff.; Ernst/Gleißner (2012), S. 1252 ff.; Gleißner (2015b), S. 855 ff.; Kruschwitz/Löffler/Mandl (2014), S. 527 ff.; Knoll (2015), S. 937 ff.; Zwirner/Kähler (2015), S. 1674 ff.

735 Nach einer Studie von Ernst & Young sind gerade einmal ca. 4% der forschungsintensiven Biotechnologie-Unternehmen in den Jahren 2013 und 2014 in Deutschland börsennotiert. Dies zeigt nochmal die Notwendigkeit der alternativen Bewertungsmethodiken für nicht-börsennotierte Unternehmen auf. Vgl. dazu Ernst & Young (2015), S. 21.

ist, muss auf Analogie- oder Analyseansätze zurückgegriffen werden, da i.d.R. keine Teilnahme am Kapitalmarkt vorliegt.[736] Werden Analogieansätzen herangezogen, so wird der Betafaktor von am Markt gelisteten Unternehmen, die aufgrund analoger operativer Eigenschaften einem vergleichbaren Risiko unterliegen, abgeleitet. Es kann sich dabei um ein einzelnes Vergleichsunternehmen, eine Gruppe an Vergleichsunternehmen (Peer-Group) oder eine Industriegruppe handeln.[737] Da stets das Kapitalstrukturrisiko zu berücksichtigen ist, ist auch der Beta-Faktor entsprechend durch die Gearing-Formel an die Verschuldung des zu bewertenden Unternehmens anzupassen. Ein Vergleichsunternehmen mit ähnlichen operativen und riskanten Eigenschaften zu identifizieren ist als herausfordernd einzuschätzen. [738] Gerade die Identifizierung analoger innovativer und forschungsintensiver Unternehmen weist einen besonderen Schwierigkeitsgrad auf. Die zweite Möglichkeit besteht in der Anwendung von Analyseansätzen, die auch als statistische Ansätze bezeichnet werden und aus statistischen oder theoretischen Einschätzungen von Determinanten für das systematische Risiko bestehen.[739] Hierbei können je nach Datenbasis die Earnings Betas, die auf Grundlage von Gewinngrößen aus dem Jahresabschluss ermittelt werden, die Accounting Betas, die auf relevanten Risikofaktoren des buchhalterischen Bereichs basieren, und Fundamental Betas, die auch Informationen außerhalb der Rechnungslegungsdaten einschließen, differenziert werden.[740] Auch hier sind unterschiedliche Kritikpunkte aufzuzählen, die sich je nach Verfahren unterscheiden. Die Kritik äußert sich unter anderem in Zweifeln an der zugrundliegenden Datenqualität aufgrund geglätteter Ergebnisse und dem statischen Charakter von Rechnungslegungsdaten sowie deren Übertragbarkeit auf die Volatilität von Cashflows am Kapitalmarkt.[741] Zudem ist nicht davon auszugehen, dass stets eine repräsentative Datenbasis vorhanden ist. Insbesondere im Innovationskontext ist diese Existenz aufgrund mangelnder Vergangenheitsdaten unwahrscheinlich.

Weitere Ansätze sind bekannt, die zu einer Ermittlung bereichsspezifischer oder projektspezifischer Risiken und Kapitalkosten führen sollen. Zum einen ist das Modell

---

736 Vgl. dazu Alfs (2015), S. 100.
737 Vgl. dazu Alfs (2015), S. 101; Dinstuhl (2003), S. 236 m.w.N.
738 Vgl. Dinstuhl (2003), S. 236.
739 Vgl. Alfs (2015), S. 101; Freygang (1993), S. 274 ff.
740 Vgl. dazu Alfs (2015), S. 101; Scheld (2013), S. 97 ff.
741 Vgl. ausführlicher Alfs (2015), S.101 f.; Dinstuhl (2003), S. 248 ff.

von *Myers und Shyam Sunder*[742] zu nennen, um Kapitalkosten der F&E-Phase zu quantifizieren. Zudem liegt ein aktueller Beitrag von *Sielaff, Franz und Grabo vor* mit dem Versuch, bereichsspezifische Risiken durch Scoringmodelle zu ermitteln. *Myers/Shyam-Sunder* folgern, dass höhere Kapitalkosten in der F&E-Phase aufgrund implizierter Verbindlichkeiten für künftige Investitionen in Produktionsanlagen u.ä. bestehen, sodass die Kapitalkosten in früheren F&E-Phase durch dieses erhöhte Kapitalstrukturrisiko höher ausfallen. Effekte von potenziellen Projektabbrüchen würden hingegen in der Cashflow-Prognose einbezogen und diversifiziert.[743] Der Scoring-Ansatz nach *Sielaff/Franz/Grabo* basiert auf einer Zuteilung von Scoring-Werten auf einzelne Geschäftseinheiten, indem Faktoren wie dem Branchenrisiko, den Kunden-/Lieferantenabhängigkeiten oder Fixkostenanteilen, Punktwerte zugewiesen werden, um anschließend das Gesamtunternehmens-Beta auf diese Bereiche aufzuteilen.[744] Auch ein solches Vorgehen weist einige Schwächen auf. Zum einen sind die Scoring-Faktoren durch eine Kombination systematischer und unsystematischer Risikokomponenten gekennzeichnet, sodass die zugrundeliegenden Modell-Annahmen des CAPM bereits dadurch verletzt sind. Zum anderen ist die Zuweisung der Punktwerte und die Festlegung einiger einflussreicher Modell-Parameter[745] als subjektiv zu bezeichnen. Wird das Ziel verfolgt, dem forschungsintensiven Bereich auf einer derartigen Basis einen spezifischen Beta-Faktor zuzuweisen, so kann keinerlei Objektivität mehr unterstellt werden.

Zusammenfassend wird unverkennbar, dass mit nicht zufriedenstellenden Ansätzen zwanghaft versucht wird, das CAPM in allen Bewertungssituationen einsetzen zu können, was eine Nachvollziehbarkeit und somit Risikosteuerung erschwert.

4.2.2 Risikoabschläge in der Kapital- und Unternehmenswertberechnung

Nicht nur die allgemeine Kritik an der Risikozuschlagsmethodik, sondern vor allem die Kritik am häufig eingesetzten CAPM veranlasst zur Alternativensuche, die zur Diskussion der Risikoabschlagsmethodik führt. Wie dargestellt, basiert die Risikozuschlagsmethodik durch das CAPM auf zahlreichen Prämissen und Adjustierungen,

---

742 Vgl. Myers/Shyam-Sunder (1996), S. 208 ff.

743 Vgl. dazu Myers/Shyam-Sunder (1996), S. 232 f.

744 Vgl. dazu Sielaff/Franz/Grabo (2015), S. 116 ff., speziell S. 118.

745 Vgl. Sielaff/Franz/Grabo (2015), S. 119. Kritiker der Risikoabschlagsmethode beanstanden die subjektive Festlegung eines Risikoaversionskoeffizienten. Die Wahl der Parameter in dem beschriebenen Modell ist allerdings als mindestens ebenso subjektiv und willkürlich zu beurteilen.

die regelmäßig nicht erfüllt sind und vor allem eine erhöhte Komplexität aufweisen, so dass eine übersichtliche und wirksame Steuerung des Risikos kaum möglich ist.

Anhand der ausführlich dargestellten Risikooffenlegung konnte demonstriert werden, wie einzelne Bewertungsparameter sowie der Projektverlauf zu stochastifizieren sind, um dann mehrwertige Ergebnisgrößen zu erhalten, die durch Lageparameter sowie Streuungsmaße spezifiziert werden können. Im Folgenden wird unter anderem untersucht, inwiefern dieses offengelegte Risiko auch in die Bewertung einbezogen werden kann.

Es kann durch die Kritik am CAPM hervorgehoben werden, dass eine Vernachlässigung des unsystematischen Risikos regelmäßig nicht zutreffend ist und nicht den Anforderungen der Investoren zur aktiven Risikosteuerung und Zahlungsglättung entspricht.[746] Auch das Management, das im Auftrag der Investoren handelt, interessiert sich offenkundig für systematische und unsystematische Risiken.[747] Insgesamt wird das Risiko also nicht den Investorenansprüchen genügend in der Bewertungsmethodik berücksichtigt. Für die objektivierte Unternehmensbewertung mag das beschriebene Modell eine Unterstützung darstellen, die allerdings im vorliegenden Bewertungszweck nicht sachgemäß ist.[748] Anders kann das Risiko im Rahmen der Risikoabschlagsmethodik einbezogen werden, wenn man das Konzept stringent an den gestellten Forderungen zur Risikobewertung ausrichtet. Allgemein zeichnet sich die Risikoabschlagsmethodik dadurch aus, dass der Erwartungswert der Zählergröße $(\mu(\widetilde{ECF}_t))$ durch einen Abschlag (RAB) gemindert wird, um der Risikoaversion eines Investors nachzukommen. Somit wird die unsichere Zahlung auf ein Sicherheitsäquivalent $(SÄ(\widetilde{ECF}_t)$ reduziert, das dann mit einem risikofreien Diskontierungszins abzuzinsen ist:[749]

$$C_0^{Iov} = \sum_{t=0}^{T} \frac{\mu(\widetilde{ECF}_t^{Iov}) - RAB}{(1+r_f)^t} = \sum_{t=0}^{T} \frac{SÄ(\widetilde{ECF}_t^{Iov})}{(1+r_f)^t} \qquad (4\text{-}31)$$

Ebenso wie bei der Risikozuschlagsmethodik ist nun zu untersuchen, wie der Risikoabschlag zu bilden ist, der zu einem Sicherheitsäquivalent führt. Grundsätzlich kann

746 Vgl. auch Bodgan/Villinger (2010), S. 20, die als Alternative das Market-Derived Capital Pricing Model (MCPM) nach McNulty et al. (2002) vorschlagen, allerdings auch hier einige Schwächen finden. Zur Anpassung nach Damodaran, vgl. FN 734.

747 Vgl. Myers/Shyam-Sunder (1996), S. 213 und S. 214.

748 Vgl. ähnlich Tschöpel (2004), S. 72.

749 Vgl. Tschöpel (2004), S. 36; Dreher (2010), S. 116.

man die Herleitung vom Markt, die ebenfalls auf den Prämissen des CAPM beruht, die Herleitung durch Risikonutzenfunktionen gemäß dem Bernoulli-Prinzip und die Herleitung durch die Verdichtung im Sinne des Erwartungswert-Risikomaß-Prinzip unterscheiden. In den folgenden Abschnitten werden primär das Erwartungswert-Risikomaß-Prinzip und die Bildung von marktorientieren Risikoabschlägen als Alternativen zur marktorientierten Risikozuschlagsmethodik diskutiert.[750]

4.2.2.1 Konkretisierung des Erwartungswert-Risikomaß-Prinzip

Die Bildung eines Sicherheitsäquivalentes auf der Basis eines Erwartungswertes und eines Risikomaßes spiegelt die Orientierung des Investors an diesen beiden Größen wider, wobei eine Analogie zur Orientierung am μ/σ-Prinzip nach Markowitz erkennbar ist.[751] Ein risikoaverser Investor verlangt für ein erhöhtes Risiko auch einen höheren Erwartungswert, um in einer Entscheidungssituation indifferent zu sein. Es ist folgendes Präferenzfunktional anzuwenden, um die quasi sichere Überschussgröße zu berechnen:[752]

$$SÄ(\tilde{x}) = \mu(\tilde{x}) - RAB = \mu(\tilde{x}) - rak_{Risikomaß} \cdot Risikomaß \qquad (4\text{-}32)$$

Demnach wird ein Risikoabschlag aus einem individuellen Risikopreis in Form des Risikoaversionskoeffizienten ($rak_{Risikomaß}$)[753] und der offengelegten Risikomenge, die durch ein Risikomaß zu quantifizieren ist, gebildet. Dabei stehen unterschiedliche Alternativen an Risikomaßen zur Verfügung,[754] die mit dem entsprechenden Risikoaversionskoeffizienten gemäß der individuellen Risikoaversion zu bepreisen sind. Im Folgenden wird stets eine Risikoaversion unterstellt, so dass der Aversionskoeffizient größer als 0 sein muss, um entstehende Risiken negativ zu werten. Außerdem gilt hinsichtlich des frei wählbaren Koeffizienten, dass Dominanzprinzipien einzuhalten sind und der Wert des Sicherheitsäquivalentes nicht das Minimum der zugrundeliegenden Wahrscheinlichkeitsverteilung unterschreiten darf.[755] Insgesamt entsteht eine

---

750 Die Herleitung auf Basis von Risikonutzenfunktionen wird aufgrund der vorherrschenden Kritik nicht ferner thematisiert. Vgl. dazu FN 758.

751 Vgl. Große-Frericks (2015), S. 232: „Die Portfolio- Selection-Theorie (...) und damit auch das CAPM basieren auf dieser Entscheidungsregel (...). Deshalb ist es unverständlich, warum dieses Konzept zur Risikobewertung bei der Unternehmensbewertung in der Literatur und Praxis so wenig Beachtung findet."

752 Vgl. Alfs (2015), S. 163.

753 Der Risikoaversionskoeffizient dient zur Quantifizierung des Ausmaßes der Austauschbeziehung von Erwartungswert und Risiko.

754 Vgl. dazu mit einer ausführlichen Untersuchung Alfs (2015), S. 167 ff.

755 Vgl. Alfs (2014), S. 166 f. und S. 178 f.; Große-Frericks (2015), S. 237 ff.; Dreher (2010), S.

äußerst transparente Bewertung des Risikos und Bildung des Sicherheitsäquivalentes,[756] die zur Risikosteuerung eingesetzt werden kann, da Erwartungswert und Streuungsmaße unmittelbar aus den Risikosimulationsergebnissen abzuleiten sind.

Der bekannteste Vertreter ist das μ/σ-Prinzip, sodass der Erwartungswert durch μ und das Risikomaß durch die Standardabweichung (σ) spezifiziert werden und folgendes Sicherheitsäquivalent resultiert:

$$SÄ(\tilde{x})_{\mu/\sigma} = \mu(\tilde{x}) - RAB = \mu(\tilde{x}) - rak_{\sigma} \cdot \sigma \quad (4\text{-}33)$$

Oftmals wurde versucht, dieses Prinzip zur Bildung von Sicherheitsäquivalenten mit der Bildung von Sicherheitsäquivalenten auf Basis von Nutzenfunktionen unter anderem gemäß dem Bernoulli-Prinzip zu „versöhnen“[757] und dementsprechend ähnlicher Kritik[758] zu unterwerfen. Der Zusammenhang dieser beiden Kalküle ist allerdings abzulehnen und das Erwartungswert-Risikomaß-Prinzip als eigenständiges theoretisches Konstrukt zu werten,[759] da weder Nutzenfunktionen unterstellt werden müssen, noch die Bedingungen einer normalverteilten Zufallsvariablen zu erfüllen sind, um ein Sicherheitsäquivalent bilden zu können. Außerdem ist die Orientierung an den Werten μ und σ zwar die bekannteste Vertretung des Prinzips, die auch Analogieschlüsse zur Verwendung der exponentiellen Nutzenfunktion zulässt, allerdings stellt dies nur eine mögliche Umsetzung dar.

So können auch *alternative Risikomaße* Verwendung finden,[760] um das quantifizierte Risiko über die Bildung von Sicherheitsäquivalenten zu bewerten. *Dreher* konnte be-

---

100.

756 Vgl. auch Dinstuhl (2003), S. 283; Dirrigl (2009), S. B 30 f.; Nöll/Wiedermann (2008), S. 62.

757 Vgl. Alfs (2015), S. 164 bezugnehmend auf Laitenberger/Löffler (2007), S. 195.

758 Die Kritik an Sicherheitsäquivalenten auf Basis von Nutzenfunktionen ist weitreichend und umfasst unterschiedliche Punkte. Zunächst wird die Existenz einer individuellen Nutzenfunktion ($u(\tilde{x})$) infrage gestellt, die vorhanden sein muss, um ein Sicherheitsäquivalent der Form $SÄ(\tilde{x}) = \mu(\tilde{x}) - [\mu(\tilde{x}) - u^{-1}(\mu(u(\tilde{x}))]$ bilden zu können. Außerdem wird der unterstellte abnehmende Grenznutzen hinterfragt und die Transformation von Zahlungsgrößen in Nutzenwerte ist zur wertorientieren Unternehmensführung kaum brauchbar. Nur wenn eine normalverteilte Zufallsvariable und eine exponentielle Nutzenfunktion unterstellt werden, kann ein Sicherheitsäquivalent der Form $SÄ(\tilde{x}) = \mu(\tilde{x}) - \left[\mu(\tilde{x}) - \frac{a}{2} Var(\tilde{x})\right]$ gebildet werden, sodass die Risikomenge transparent berücksichtigt wird. Allerdings ist weiterhin die Nutzenfunktion vorzugeben, um den Risikoabschlag berechnen zu können und die Normalverteilungsannahme ist wiederum fragwürdig. Vgl. dazu Alfs (2015), S.152 ff.; Erhebliche Kritik an der Bildung von Sicherheitsäquivalenten mit Nutzenfunktionen äußert Kürsten (2002), (2003) und wird von Diedrich (2003) sowie Wiese (2003) teilweise widerlegt. Insgesamt ist eine weitreichende Diskussion entfacht, vgl. mit einem Überblick Schosser/Grottke (2013).

759 Vgl. Laitenberger/Löffler (2007), S. 195.

760 Vgl. dazu ausführlich Alfs (2015), S. 167 ff.

reits die Inferiorität der Varianz gegenüber der Standardabweichung belegen.[761] Wird die Varianz angewandt, so erfolgt eine stärkere Berücksichtigung der größeren Abweichungen vom Erwartungswert[762] und bei einer Vielzahl einzelner Risikoposition steigt die Varianz exponentiell an.[763] Hieraus entsteht die Gefahr, dass gegen das Dominanzprinzip verstoßen wird und bei einem ungeeigneten Risikoaversionskoeffizienten das Sicherheitsäquivalent kleiner wird als das Minimum-Szenario der zugrundeliegenden Wahrscheinlichkeitsverteilung.[764] Bei der Standardabweichung bleibt der Risikoabschlag hingegen in Relation zur Höhe des Erwartungswertes konstant, sodass diese Gefahr nur begrenzt besteht, vor allem wenn der gewählte Risikoaversionskoeffizient zwischen 0 und 0,5 liegt, um das Dominanzprinzip einzuhalten.[765] Weiterführend wurde von *Alfs* kritisiert, dass ein beidseitiges Risikomaß, wie die Standardabweichung, die somit sowohl positive, als auch negative Abweichungen vom Erwartungswert einbezieht, nicht der Definition des Risikos i.e.S. genügt.[766] Vielmehr sollten Downside-Risikomaße in Betracht gezogen werden, die das Risiko in Form von negativen Abweichungen vom Erwartungswert umfassen und die Chancen, die vom Investor i.d.R. gar nicht als Risiko wahrgenommen werden, von der Risikoquantifizierung ausschließen.[767] Diese Art der Risikomessung ist für die wertorientierte Steuerung von Innovationsprojekten von äußerster Relevanz, da vielen Kalkülen vorgeworfen wird, das Risiko zu restriktiv einzubeziehen[768] und per se zu einem Ausschluss von potenziell ertragsreichen Projekten führen. Dementsprechend wird auch hier dieser Einbezug von Downside-Risikomaßen bevorzugt. Nach eingehenden Untersuchungen stellt *Alfs* fest, dass besonders die Mittlere Untere Abweichung (MUA) und die Semi-Standardabweichung (SSTA) für die Bewertung mittels Sicherheitsäquivalenten geeignet sind.[769]

---

761 Vgl. Dreher (2010), S. 101 f.

762 Vgl. Kruschwitz/Löffler/Essler (2009), S. 61.

763 Vgl. Dreher (2010), S. 102.

764 Vgl. Dreher (2010), S. 102.

765 Vgl. Reuter (1970), S. 267 f. m.w.N.

766 Vgl. Alfs (2015), S. 168 m.w.N.; ferner Sing/Ong (2000), S. 213; Harlow (1991), S. 28.

767 Diese Messung des Risikos i.e.S. wird von zunehmender Bedeutung, umso weniger das zugrunde liegende Risikoprofil einer Normalverteilung gleicht. Vgl. auch Sing/Ong (2000), S. 213. Im Falle der Innovationen ist dies dementsprechend von hoher Bedeutung.

768 Vgl. Smith/McCardle (1999), S. 1.

769 Vgl. Alfs (2015), S. 178. Die Semi-Varianz wird aus denselben Gründen augeschlossen wie die Varianz, da es aufgrund der Potenzierung zu einer überproportional starken Gewichtung von größeren Abweichungen kommt.

Die Mittlere Untere Abweichung ist folgendermaßen zu berechnen,[770]

$$MUA(\tilde{x}) = \mu(\tilde{x}^-) \qquad mit: \tilde{x}^- = \begin{cases} \mu(\tilde{x}) - x \,\forall\, x \leq \mu(\tilde{x}) \\ 0 \,\forall\, x > \mu(\tilde{x}) \end{cases} \tag{4-34}$$

sodass alle negativen Abweichungen vom Mittelwert mit ihren absoluten Werten eingehen und positive Abweichungen nicht weiter in die Risikoquantifizierung einfließen.

Die Semi-Standardabweichung wird als Quadratwurzel der Semi-Varianz berechnet:

$$SVAR_u(\tilde{x}) = \mu(\mu(\tilde{x}) - \tilde{x}^-)^2 \qquad mit\ \tilde{x}^- = \begin{cases} x \,\forall\, x \leq \mu(\tilde{x}) \\ \mu(\tilde{x}) \forall\, x > \mu(\tilde{x}) \end{cases} \tag{4-35}$$

$$SSTA_u(\tilde{x}) = \sqrt{SVAR_u(\tilde{x})} \tag{4-36}$$

Auch hier gehen nur die unteren Abweichungen in die Risikoquantifizierung ein.

Das Sicherheitsäquivalent ist dementsprechend je nach verwendeten Risikomaß anzupassen:[771]

$$SÄ_{MUA}(\tilde{x}) = \mu(\tilde{x}) - RAB = \mu(\tilde{x}) - rak_{MUA} \cdot MUA \tag{4-37}$$

$$SÄ_{SSTA_u}(\tilde{x}) = \mu(\tilde{x}) - RAB = \mu(\tilde{x}) - rak_{SSTA_u} \cdot SSTA_u \tag{4-38}$$

Im direkten Vergleich der genannten Downside-Risikomaße bestehen nur marginale Unterschiede. Dementsprechend ist für die Semi-Standardabweichung die praktische Bedeutung zu benennen,[772] die die Akzeptanz und schnelle Verständlichkeit dieses Maßes fördern kann. Allerdings basiert sie auf der Wurzel der Semi-Varianz, die aufgrund der Potenzierungseffekte als Risikomaß ausgeschlossen wurde. Diese Potenzierungseffekte bestehen, wenn auch marginal, noch bei der Berechnung der Semi-Standardabweichung, sodass auch diese geringfügig größer ausfallen kann als die Mittlere-Untere-Abweichung.[773] Die Mittlere-Untere-Abweichung hingegen basiert auf einer nachvollziehbaren und interpretierbaren Berechnung, sodass auch dies die Akzeptanz fördern kann. [774] Beide Risikomaße führen allerdings zu konsistenten Bewertungsergebnissen und sind daher flexibel anwendbar. Auch hier wird der zu verwendende Risikoaversionskoeffizient auf ein Intervall zwischen 0 und 1 beschränkt,

---

770 Vgl. Alfs (2015), S. 169.

771 Vgl. Alfs (2015), S. 169 f.

772 Vgl. Sauerbier (2003), S. 31.

773 Vgl.dazu Alfs (2015), S. 197.

774 Vgl. Starp (2006), S. 74 im Hinblick auf die Interpretierbarkeit als Kriterium zur Akzeptanz von Risiko-Wert-Modellen: „Insgesamt ist die Akzeptanz von Risiko-Wert-Modellen in der betrieblichen Praxis höher, wenn eine anschauliche und griffige Interpretation möglich ist.“

um nicht gegen das Dominanzprinzip zu verstoßen.[775] Obwohl beide Risikomaße ähnlich praktikabel und anwendbar sind, findet im weiteren Verlauf der Arbeit eine Beschränkung auf die MUA statt, um eine Risikobewertung mithilfe von Sicherheitsäquivalenten auf Basis von Downside-Risikomaßen durchzuführen.

4.2.2.2 Konkretisierung der marktorientierten Risikoabschläge

Im Rahmen der Diskussion von Risikoabschlägen ist auch die alternative Herangehensweise über marktorientierte Sicherheitsäquivalente[776] näher zu erläutern.

Mit Formel (4-26) besteht als alternative Schreibweise zum marktorientierten Risikozuschlag die Lambda-Schreibweise, wobei Lambda als Marktpreis des Risikos zu definieren ist:

$$\lambda = \frac{r_M - r_f}{\sigma_M^2} \tag{4-39}$$

Ein Risikoabschlag kann durch die Multiplikation dieses Risikopreises, mit dem Risikobeitrag des Bewertungsobjektes ermittelt werden:[777]

$$RAB = \lambda \cdot Cov(\widetilde{CF}_t; \widetilde{r_M}) \qquad mit\ \lambda = \frac{\mu(\widetilde{r_M}) - r_f}{\sigma_M^2} \tag{4-40}$$

Es wird zwar weiterhin durch die Verwendung einer Kovarianz von Unternehmens-Cashflow und Marktrendite die Reduktion auf das systematische Risiko vorgenommen, allerdings könnten die Ergebnisse einer Risikoanalyse bzw. Risikooffenlegung nun transparent und überlegen verwertet werden.[778]

Integriert man diesen Risikoabschlag in die Bewertung eines Projektes respektive Unternehmens, so gilt folgender formaler Zusammenhang:[779]

$$UW_0 = \sum_{t=1}^{\infty} \frac{\mu(\widetilde{CF}_t) - \lambda \cdot cov(\widetilde{CF}_t; \widetilde{r_M})}{(1 + r_f)^t} \tag{4-41}$$

---

775 Vgl. Alfs (2015), S. 201.

776 Vgl. dazu und im Folgenden Dirrigl (2003), S. 150 ff.; Dinstuhl (2003), S. 278; Dreher (2010), S. 143 f.; Timmreck (2006), S. 56 ff.

777 Vgl. Röder/Müller (2001), S. 226; Dreher (2010), S. 144.

778 Vgl. dazu Gleißner/Wolfrum (2008), S. 604.

779 Vgl. Dreher (2010), S. 144. Es ist aufgrund der eigentlichen Renditebetrachtung im CAPM allerdings zu beachten, dass auch alternative Vorgehensweisen denkbar sind, um diese kapitalmarktorientierten Sicherheitsäquivalente zu bilden und in eine Bewertung einzubeziehen. Vgl. dazu u.a. Timmreck (2006), S. 58 f. mit einer retrograd-sukzessiven Vorgehensweise.

Durch die Differenzbetrachtung eines Unternehmenswertes mit und ohne Projekt entstehen dementsprechend unterschiedliche Kovarianzen zwischen Unternehmens-Cashflows und Marktrendite. Das bedeutet, dass ein Fortschritt gegenüber dem traditionellen CAPM und der Risikozuschlagsmethodik zu verzeichnen ist, da das systematische Risiko, das durch die veränderte Cashflow-Struktur ersichtlich wird, in die Bewertung explizit integriert wird, anstatt ausschließlich von der Vergangenheit auf die Zukunft zu schließen. Allerdings wird berechtigt die Fragwürdigkeit der „Kovarianz mit der Rendite eines vollständig diversifizierten Marktportfolios (als) adäquates Risikomaß“[780] thematisiert. Vor allem die Ermittlung der Marktrendite muss weiterführend in Frage gestellt werden, da entweder Schätzungen der zukünftigen Marktrenditeentwicklungen notwendig sind oder wiederum Vergangenheitsdaten zu verwenden sind. Während die Zukunftsschätzungen kaum zu realisieren sind, ist die Bildung einer Kovarianz von zukünftigen Cashflows und vergangenen Marktrenditen nur bedingt aussagekräftig.

Die Anwendbarkeit wird im vorliegenden Kontext zudem erschwert, da Entscheidungs- und Zustandsbäume zugrunde liegen. *Fischer et al.*[781] verfolgen in einem Beitrag das Ziel, marktorientierte Sicherheitsäquivalente mit Zustandsbäumen zu bilden. Da eine Bildung der notwendigen Kovarianzen nur möglich ist, wenn identische Verteilungsfunktionen zugrunde liegen, bilden *Fischer et al.* einen zum Entscheidungsbaum des Unternehmens analogen Baum für die Marktrenditen. Dieses Vorgehen ist als problematisch zu deklarieren, da die Kenntnis über die gleichzeitige Entwicklung der Marktrendite und der Projektentwicklung kaum möglich und eine perfekte Korrelation von +/-1 zu unterstellen ist.[782] Diese Unterstellung einer perfekten Korrelation ist notwendig, da andernfalls eine Bewertung mit Binomialbäumen „weder sinnvoll noch möglich“[783] wäre.

Darüber hinaus sind dieselben Kritikpunkte im Hinblick auf die Missachtung unsystematischer Risiken von Relevanz, die auch im traditionellen CAPM und den korrespondierenden Risikozuschlägen gelten. Demnach weist auch dieses kapitalmarktori-

---

780 Dreher (2010), S. 144.

781 Vgl. auch im Folgenden Fischer/Hahnenstein/Heitzer (1999), S. 1207 ff.

782 Alternativ könnte nur eine Korrelation von -1 unterstellt werden. Vgl. dazu auch Timmreck (2006), S. 86 f.

783 Timmreck (2006), S. 87.

entierte (Objektivierungs-)Kalkül große Schwächen für die interne Risikosteuerung auf und ist weitestgehend abzulehnen.[784]

4.2.3 Aggregationsreihenfolgen zur Bildung von Risikoabschlägen

Im Folgenden wird die Aggregationsreihenfolge zur Bildung von Risikoabschlägen näher untersucht. In diesem Kontext ist zunächst allgemein zu unterscheiden, ob und wie eine vertikale oder eine horizontale Aggregationsreihenfolge den Zielwert beeinflusst. Darüber hinaus muss das Untersuchungsergebnis, aufgrund der Risikostruktur von Innovationen, auf die Diskussion zur Aggregation von Entscheidungs- und Zustandsbäumen übertragen werden. Diese beiden Fragestellungen werden in den zwei folgenden Abschnitten untersucht.

4.2.3.1 Horizontale und vertikale Aggregationen stochastifizierter Periodenüberschüsse

Im Zusammenhang mit der Bildung von Sicherheitsäquivalenten fand bisher eine Konzentration auf die Aggregationsreihenfolge statt, die zuerst zur vertikalen Bildung periodischer Sicherheitsäquivalente basierend auf periodischen Zahlungsstromverteilungen führt und in einem zweiten Schritt zur zeitlich horizontalen Aggregation und Barwertbildung.[785] Insbesondere im Rahmen von Beiträgen zur Aggregationsreihenfolge von Zustands- und Entscheidungsbäumen sind jedoch Überlegungen zu alternativen Aggregationsreihenfolgen vorzufinden.[786] Die Wertadditivität und Unabhängigkeit einzelner Periodenzahlungen wird oftmals zum zentralen Anknüpfungspunkt der Untersuchungen.[787] In der vorliegenden Arbeit ist die Diskussion zur Periodenunabhängigkeit aufzugreifen und der Frage nach der Aggregationsreihenfolge zur Bildung von Sicherheitsäquivalenten nachzugehen. Konkret ist zu untersuchen, ob, wie bisher gezeigt, periodenspezifische Sicherheitsäquivalente zu bilden sind, die dann mittels risikofreiem Zins zu einem Barwert aggregiert werden oder ob zunächst der stochastifizierte Barwert zu ermitteln ist, der im Anschluss zu einem Sicherheits-

---

784 Vgl. auch Alfs (2015), S. 199.

785 Vgl. dazu auch Dreher (2010), S. 89.

786 Vgl. Drukarczyk/Schüler (2009), S. 45 ff.; Ballwieser/Hachmeister (2013), S. 75 ff.

787 Vgl. übersichtlich Drukarczyk/Schüler (2009), S. 45 ff.; im Kontext von Nutzenfunktionen vgl. Kürsten (2002), S. 139 f.; Häckel/Holtz/Buhl (2006), S. 953 ff.; Reichling/Sprengler/Vogt (2006), S. 760 ff.; Schosser/Grottke (2013), S.306 ff. mit einem Überblick.

äquivalent aggregiert wird.[788] Es werden somit Unterschiede aufgrund vertikaler und (zeitlich-)horizontaler Risikoaggregationsreihenfolgen analysiert.[789]

Bildet man die Sicherheitsäquivalente periodisch und aggregiert somit zuerst vertikal, so wird eine Unabhängigkeit der Zahlungsströme im Zeitablauf vorausgesetzt, da ansonsten im zu bewertenden Risiko aufgrund intertemporal bestehender Kovarianzen wesentliche Wertkomponenten vernachlässigt würden. Dies ist darauf zurückzuführen, dass Barwerte aus der Summe der diskontierten Zahlungsüberschüsse gebildet werden. Da die Varianz bereits bei derart additiv verknüpften Zufallsvariablen mit deren Kovarianzen schwankt,[790] variieren durch intertemporale Abhängigkeiten auch die Standardabweichung als Wurzel der Varianz und die MUA als Maß der Streuung im unteren Teil der Barwertverteilung.

Der Barwert besteht also aus der Summe der diskontierten Zahlungsüberschüsse. Hinsichtlich des Erwartungswertes liegt eine Additivität vor, sodass die Summe der Erwartungswerte der Zahlungsüberschüsse dem Erwartungswert der Summe der Zahlungsüberschüsse entspricht:

$$\mu\left(\sum_{t=0}^{\infty}\frac{\widetilde{ECF_t}}{(1+i_s)^t}\right)=\sum_{t=0}^{\infty}\mu\left(\frac{\widetilde{ECF_t}}{(1+i_s)^t}\right) \quad (4\text{-}42)$$

Eine derartige Additivität besteht für die Varianz und das entstehende Unsicherheitsprofil des Barwertes nicht, da, wie durch den Verschiebungssatz bereits bekannt, die Kovarianzen zu beachten sind, sodass gilt:

$$VAR\left(\sum_{t=0}^{\infty}\frac{\widetilde{ECF_t}}{(1+i_s)^t}\right)\neq\sum_{t=0}^{\infty}VAR\left(\frac{\widetilde{ECF_t}}{(1+i_s)^t}\right), wenn\ \rho\neq 0 \quad (4\text{-}43)$$

Besteht zwischen den periodischen Cashflows ein Korrelationskoeffizient, der geringer ist als 1, so fällt auch die Standardabweichung durch den intertemporalen Diversifikationseffekt geringer aus:

$$STA\left(\sum_{t=0}^{\infty}\frac{\widetilde{ECF_t}}{(1+i_s)^t}\right)\neq\sum_{t=0}^{\infty}STA\left(\frac{\widetilde{ECF_t}}{(1+i_s)^t}\right), wenn\ \rho<1 \quad (4\text{-}44)$$

---

788 In diesem Zusammenhang ist auch die „Risikoanalyse" von Bamberg/Dorfleiter/Krapp (2006) zu erwähnen. Hier konnten die Autoren die Vorteilhaftigkeit einer Bildung von Sicherheitsäquivalenten auf Basis des Kapitalwertes im Kontext von Nutzenfunktionen aufzeigen. Vgl. dazu Bamberg/Dorfleitner/Krapp (2006), S. 295 f.

789 Vgl. Dreher (2010), S. 89.

790 Vgl. Abschnitt 4.1.2.2.

Dementsprechend würde eine periodische Bildung von Sicherheitsäquivalenten dazu führen, dass der intertemporale Risikozusammenhang respektive Diversifikationseffekt nicht berücksichtigt werden kann und das Gesamtrisiko möglicherweise zu hoch eingeschätzt wird.

Die potenziellen Effekte sind anhand eines vereinfachenden Beispiels zu verdeutlichen. In diesem Beispiel wird ausschließlich die Absatzmenge in einer diskreten Drei-Szenario-Struktur über zwei Perioden stochastifiziert. Demnach besteht jeweils ein worst, ein base und ein best case mit derselben Eintrittswahrscheinlichkeit von jeweils einem Drittel. Die Preise und Kosten bleiben konstant.

Im ersten Fall wird davon ausgegangen, dass in Periode 2 derselbe Fall eintritt, wie in Periode 1: Wenn in Periode 1 der worst case zu erwarten ist, tritt dieser auch in Periode 2 ein. In diesem Fall sind die Absatzmengen perfekt positiv korreliert.

Im zweiten Fall wird davon ausgegangen, dass in Periode 2 genau der umgekehrte Fall eintritt: Wenn in Periode 1 der worst case zu erwarten ist, tritt in Periode 2 der best case ein, sodass eine perfekte negative Korrelation dieses Erfolgsfaktors vorliegt und eine intertemporale Risikodiversifizierung stattfindet, die auch in der Risikomessung Berücksichtigung finden sollte. Die beschriebene Situation kann durchaus als realistisch eingeschätzt werden, wenn man von einer inter-periodischen Nachfrageverschiebung ausgeht.[791]

Auf Basis der Ausgangsdaten dieser völlig konträren Situationen werden jeweils die periodischen Erwartungswerte, Varianzen, Standardabweichungen und die MUA der Zahlungsüberschüsse ermittelt. Zudem werden der Erwartungswert und die Streuungsmaße auf Basis der Barwertverteilungen quantifiziert. Diese Maße bilden die Grundlage für Risikoabschläge und beeinflussen die entscheidungsrelevanten Zielwerte. Es wird offensichtlich, dass die berechneten Streuungsmaße in Fall 1 und 2 identisch sind, sofern sie periodisch ermittelt werden. Erfolgt demnach eine Bewertung auf Basis periodischer Sicherheitsäquivalente, so sind auch diese identisch und weisen in Fall 1 und 2 kongruente Bewertungsergebnisse auf. Der intertemporale Diversifikationseffekt und die somit verbesserte Risikoposition im zweiten Fall werden demzufolge vollkommen vernachlässigt. Dagegen sind im Rahmen der Barwertbetrachtung und somit der horizontalen Risikoaggregation Differenzen in den Streu-

---

791 Vgl. auch Kremers (2002), S. 208.

ungsmaßen der beiden Fälle festzustellen. Eine Bewertung und Aggregation des Risikos auf Basis von Sicherheitsäquivalenten führt somit zu divergierenden Zielwerten und zur Berücksichtigung der unterschiedlichen Risikopositionen.

Fall 1

Periode		t=0	t=1	t=2
Menge	a 1/3		10	20
	m 1/3		20	30
	b 1/3		30	40
Preis			4	5
Auszahlung			30	40
Umsatz	a 1/3		40	100
	m 1/3		80	150
	b 1/3		120	200
Zahlungsüberschuss	a 1/3		10	60
	m 1/3		50	110
	b 1/3		90	160
Erwartungswert(ZÜ)			50	110,00
Varianz(ZÜ)			1066,67	1666,67
STA(ZÜ)			32,66	40,82
MUA(ZÜ)			13,34	16,67
Barwert (ZÜ)	a 1/3	58,68		
	m 1/3	136,36		
	b 1/3	214,05		
Erwartungswert(BW)		136,36		
Varianz(BW)		4023,40		
STA(BW)		63,43		
MUA(BW)		25,90		

≠ =

Fall 2

Periode		t=0	t=1		t=2
Menge	a 1/3		10	b 1/3	40
	m 1/3		20	m 1/3	30
	b 1/3		30	a 1/3	20
Preis			4		5
Auszahlung			30		40
Umsatz	a 1/3		40	b 1/3	200
	m 1/3		80	m 1/3	150
	b 1/3		120	a 1/3	100
Zahlungsüberschuss	a 1/3		10	b 1/3	160
	m 1/3		50	m 1/3	110
	b 1/3		90	a 1/3	60
Erwartungswert(ZÜ)			50		110,00
Varianz(ZÜ)			1066,67		1667,67
STA(ZÜ)			32,66		40,82
MUA(ZÜ)			13,34		16,67
Barwert(ZÜ)	a 1/3	141,32			
	m 1/3	136,36			
	b 1/3	131,40			
Erwartungswert(BW)		136,36			
Varianz(BW)		16,39			
STA(BW)		4,05			
MUA(BW)		1,65			

Tabelle 47: Ergebnis der Risikomessung auf Basis alternativer Aggregationsreihenfolgen

Um einen Überblick und eine verbesserte Vergleichsbasis zu erhalten, werden die periodisch ermittelten Streuungsmaße sowie Erwartungswerte diskontiert[792], sodass ein einheitlicher Zeitbezug entsteht:

Aggregationsreihenfolge	Fall	Fall 1	Fall 2
	Kovarianz der Zahlungsüberschüsse (im Barwert)	1001,75	-1001,75
	Korrelationskoeffizient (ρ)	1,00	-1,00
horizontal Sicherheitsäquivalente im Barwert	Erwartungswert der Barwerte	136,36	136,36
	Varianz der Barwerte	**4023,40**	**16,39**
	Standardabweichung der Barwerte	**63,43**	**4,05**
	MUA der Barwerte	**25,90**	**1,65**
vertikal periodische Sicherheitsäquivalente	Barwert der Erwartungswerte	136,36	136,36
	Barwert der Varianzen	2347,11	2347,11
	Barwert der Standardabweichungen	63,43	63,43
	Barwert der MUA	25,90	25,90

Tabelle 48: Ergebniszusammenfassung alternativer Aggregationsreihenfolgen

Die Erwartungswerte sind durch die vorhandene Wertadditivität in allen Fällen mit 136,36 GE identisch. Da in Fall 1 keine Risikodiversifizierung vorliegt, sind die Standardabweichung und die MUA unabhängig von der Aggregationsreihenfolge und identisch (z.B. MUA = 25,90 GE), sodass es nicht entscheidend ist, ob zuerst vertikal oder zuerst horizontal aggregiert wird. Die Varianz ist mit 4.023 GE auf Basis barwertiger Messungen und mit 2.347 GE basierend auf periodischen Messungen auch im ersten Fall inkongruent, da die Lageabhängigkeit wertbeeinflussend wirkt. Erneut kann die Inferiorität der Varianz bestätigt werden.

Entscheidend ist darüber hinaus das Ergebnis im zweiten Fall der Berechnungen auf Barwertbasis. Die Varianz (16,39 GE), die Standardabweichungen (4,05 GE) und die MUA (1,65 GE) werden durch die Diversifikationseffekte aufgrund eines intertemporalen Korrelationskoeffizienten von (-1) nahezu vollständig eliminiert.

Die Varianz ermöglicht darüber hinaus eine formal-analytische Fundierung der Feststellungen, indem mithilfe des Verschiebungssatzes eine Partialisierung der ermittelten Differenzen in einzelne Bestandteile erfolgt.[793] Zu diesem Zweck wird die Varianz der diskontieren Zahlungsüberschüsse zweier Perioden $(VAR(\frac{1}{(1+i)}\widetilde{Z\ddot{U}}_1; \frac{1}{(1+i)^2}\widetilde{Z\ddot{U}}_2))$ näher betrachtet. Gemäß dem Verschiebungssatz setzt sich das kombinierte Risiko aus den Einzelvarianzen und der korrespondierenden Kovarianz zusammen.

---

792 Es wird ein Diskontierungszins i.H.v. 10% verwendet.

793 Eine derartig transparente Aufteilung ist für die Standardabweichung als Trinom nicht möglich.

$$VAR\left(\frac{1}{(1+i)}\widetilde{Z\ddot{U}}_1;\frac{1}{(1+i)^2}\widetilde{Z\ddot{U}}_2\right) = \left(\frac{1}{(1+i)}\right)^2 VAR\left(\widetilde{Z\ddot{U}}_1\right) + \left(\frac{1}{(1+i)^2}\right)^2 VAR\left(\widetilde{Z\ddot{U}}_2\right) + 2\cdot\frac{1}{(1+i)}\cdot\frac{1}{(1+i)^2}\cdot Cov(\widetilde{Z\ddot{U}}_1;\widetilde{Z\ddot{U}}_2) \quad (4\text{-}45)$$

Die Varianzen i.H.v. 4.023,40 GE und 16,39 GE, die aus den Analysen der Barwerte resultieren, basieren demnach auf den Varianzen der einzelnen Zahlungsüberschüsse und deren zweifacher Kovarianz, wobei stets die Diskontierungseffekte zu berücksichtigen sind. Während eine negative Korrelation und somit eine intertemporale Diversifikation zu einer Subtraktion der Kovarianz führt, erfolgt aufgrund einer positiven Korrelation eine Addition und somit eine Erhöhung der gesamten Volatilität:

$$4.023{,}40 = \left(\frac{1}{1{,}1}\right)^2 \cdot 1066{,}67 + \left(\frac{1}{1{,}1^2}\right)^2 \cdot 1666{,}67 + 2\cdot\frac{1}{1{,}1}\cdot\frac{1}{1{,}1^2}\cdot 1333{,}33 \quad (4\text{-}46)$$

$$16{,}39 = \left(\frac{1}{1{,}1}\right)^2 \cdot 1066{,}67 + \left(\frac{1}{1{,}1^2}\right)^2 \cdot 1666{,}67 - 2\cdot\frac{1}{1{,}1}\cdot\frac{1}{1{,}1^2}\cdot 1333{,}33 \quad (4\text{-}47)$$

Der Barwert der periodischen Varianzen, der zur Bildung periodischer Sicherheitsäquivalente verwendet wird, ist um die vernachlässigten Kovarianzen und den Effekt der multiplizierten Diskontierungsfaktoren anzupassen:

$$2347{,}11 = (\frac{1}{1{,}1}) \cdot 1066{,}67 + \frac{1}{(1{,}1)^2}\cdot 1666{,}67 \quad (4\text{-}48)$$

Die Ursachen für die unterschiedlichen Berechnungsergebnisse sind somit eindeutig auf die zwischen-periodischen Abhängigkeiten zurückzuführen.

Im Rahmen einer Bewertungssituation muss die Entscheidung für eine Variante der Bildung von Sicherheitsäquivalenten erfolgen. Falls es für die Entscheidungsfindung signifikant ist, die periodische Bandbreite von Zahlungsüberschüssen einzubeziehen, kann eine periodische Ermittlung von Sicherheitsäquivalenten sinnvoll sein. Wenn für die Entscheidungsfindung vor allem der gesamte Wert eines Projektes oder einer Strategie und somit die Unternehmenswertsteigerung im engeren Sinn ausschlaggebend ist, dann ist die Bildung von Sicherheitsäquivalenten auf Basis der Barwerte zu empfehlen, da hier intertemporale Diversifikationseffekte berücksichtigt werden und ein valides Gesamtrisikoprofil zugrunde gelegt wird.

Der Werteffekt wird erhöht, wenn die Korrelationen zwischen den Zeitpunkten geringer respektive negativ ausfallen, sodass der Diversifikationseffekt gesteigert ist. Bezogen auf das vorliegende Beispiel lässt sich dieser Effekt durch die Variation des Korrelationskoeffizienten aufzeigen:

Intetemporale Korrelation (ρ)	**1**	**0,5**	**0**	**-0,5**	**-1**
Erwartungswert (BW)			136,36		
Varianz (BW)	4023,40	2872,56	1972,27	1196,24	16,39
STA (BW)	63,43	53,60	44,41	34,59	4,05
MUA (BW)	25,90	22,65	17,48	12,60	1,65

Tabelle 49: Intertemporale Korrelationen als Einflussfaktor

Diese Analyse verdeutlicht, dass die Bildung von Sicherheitsäquivalenten auf Basis von Barwerten umso wichtiger wird, wenn ein Unternehmen bei seinen Prognosen von einflussreichen intertemporalen Diversifikationseffekten ausgehen kann.

Im weiteren Verlauf der Arbeit erfolgt stets die Risikoaggregation auf Basis des Barwertes, um alle Risiken und ihre Interdependenzen zu quantifizieren. Des Weiteren konnte auch in dem vorliegenden Kontext wiederum die Inferiorität der Varianz gegenüber der Standardabweichung und der MUA aufgezeigt werden, sodass weiterhin diese Unsicherheitsmaße relevanter sind.

4.2.3.2 Alternative Aggregation simulierter Entscheidungs- und Zustandsbäume

Die simulierten Entscheidungs- und Zustandsbäume müssen für eine Entscheidungsfindung ebenfalls aggregiert werden, sodass die Diskussion alternativer Aggregationsreihenfolgen auf diesen Kontext zu übertragen ist. Insgesamt werden drei Möglichkeiten der Aggregation von Entscheidungs- und Zustandsbäumen unterschieden.[794] Vereinfachend wird dies anhand einer Zustandsbaum-Skizze erläutert und im Anschluss auf das umfassende Beispiel der vorliegenden Arbeit ausgeweitet. Zur Veranschaulichung wird angenommen, dass die Zufallsereignisse und Entscheidungen jeweils in einem ein-periodischen Abstand eintreten.

---

794 Vgl. zu diesem Überblick und im Folgenden Drukarczyk/Schüler (2009), S. 45 ff. Dort wird noch auf eine vierte Möglichkeit verwiesen, die auf Ideen von Siegel (1991) basiert. Allerdings wird dies nicht als neue Möglichkeit zur Berechnung eines risikobereinigten Kapitalwertes erachtet, sondern als zeitversetztes Vorgehen von Methode c), wenn das Sicherheitsäquivalent identisch gebildet würde.

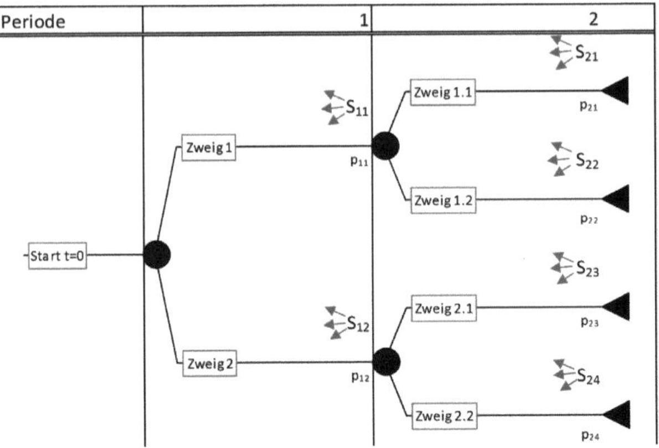

Abbildung 40: Skizze zeit-diskreter Zustandsbaum

a) Es wird retrograd sukzessive vorgegangen, indem von den letzten Planungszuständen ausgehend jeweils das Sicherheitsäquivalent gebildet wird. Sind die Zustände nicht barwertig angegeben, so sind die gebildeten Sicherheitsäquivalente um eine Periode mit dem risikofreien Zinssatz zu diskontieren. Dieses Sicherheitsäquivalent ist dann zu dem Zahlungsüberschuss des direkten Vorgängerknotens zu addieren, um dann wiederum in zustandsabhängige Sicherheitsäquivalente dieser Periode überführt zu werden, bis in Periode Null der Kapitalwert als finales Sicherheitsäquivalent ermittelt wird.

Das bedeutet hier beispielsweise, dass zunächst in Periode 2 jeweils ein Sicherheitsäquivalent aus Zustand S_{21} und S_{22} ($SÄ(S_{21};S_{22})$) sowie aus S_{23} und S_{24} ($SÄ(S_{23};S_{24})$ gebildet wird. Diese werden diskontiert und zu den direkten Vorgängerzuständen addiert (($\frac{SÄ(S21;S22)}{(1+i)} + S_{11}$); ($\frac{SÄ(S23;S24)}{(1+i)} + S_{12}$)). Aus diesen aggregierten Zuständen kann dann wiederum ein Sicherheitsäquivalent gebildet werden und diskontiert zum Barwert aggregiert werden.

b) Es werden zustandsunabhängig periodische Sicherheitsäquivalente mittels der resultierenden Wahrscheinlichkeitsgewichtungen gebildet und wenn nötig diskontiert, um den Barwert in Form der periodenbezogenen Sicherheitsäquivalente zu erhalten. Somit werden keine Zustandsabhängigkeiten beachtet. Das bedeutet, dass unabhängige Sicherheitsäquivalente aus den Zuständen in Periode zwei ($SÄ(S_{21}; S_{22};S_{23}; S_{24})$) sowie aus Periode eins

($SÄ(S_{11}; S_{12})$) gebildet werden und jeweils mit dem risikofreien Zins zum Barwert im Betrachtungszeitpunkt diskontiert werden.

c) Es werden die Barwerte einzelner Entwicklungspfade gebildet und erst in Zeitpunkt 0 mit den entsprechenden Wahrscheinlichkeiten gewichtet. Somit wird eine Wahrscheinlichkeitsverteilung des Barwertes ermittelt, auf dessen Basis eine Risikoaggregation stattfinden kann.

Übertragen auf den skizzierten Zustandsbaum bedeutet dies, dass Barwerte aus den Zuständen S_{11} und S_{21} (BW(S_{11}, S_{21})), den Zuständen S_{11} und S_{22} (BW(S_{11}, S_{22}), den Zuständen S_{12} und S_{23} (BW(S_{12}; S_{23}) sowie S_{12} und S_{24} (BW(S_{12}; S_{24}) bestehen, sodass ein Sicherheitsäquivalent hieraus dem risikoadjustierten Barwert entspricht.

Um diese alternativen Reihenfolgen zu evaluieren, wird auf die obige Argumentation hinsichtlich der Aggregationsreihenfolge von Sicherheitsäquivalenten verwiesen. Dieselbe Argumentationsführung spricht auch in diesem Fall für die Bildung von Sicherheitsäquivalenten auf Basis von Barwerten, da auch hier intertemporale Diversifikationseffekte zu beachten sind. Dementsprechend wird Methode c) als relevant erachtet, um das Risiko eines Projektes vollständig zu erfassen.[795] Denn hier gilt weiterhin, dass intertemporale Korrelationen in den Erfolgsfaktoren zu Kovarianzen führen, die das gesamte Risikoprofil des Barwertes beeinflussen. Bildet man wie in Methode a) oder b) vorgesehen periodische Sicherheitsäquivalente, so wird eine nicht entscheidungsrelevante Varianz respektive Standardabweichung oder MUA als Unsicherheitsmaß verwertet. Darüber hinaus ist eine Regel zur Entscheidungsfindung in Entscheidungsknoten zu treffen. Um konsistent vorzugehen, ist auch in diesen Knotenpunkten eine Entscheidungsfindung zu bevorzugen, die auf dem Sicherheitsäquivalent eines Barwertes basiert. Dementsprechend wird bei Bestehen eines Entscheidungsbaumes zunächst retrograd-sukzessive durch die Bildung von Sicherheitsäquivalenten der Barwerte in den Entscheidungsknoten die Entscheidungsfindung fundiert, um die Transformation in einen Zustandsbaum zu ermöglichen. Sind die künftigen Entscheidungen durch die Berechnung alternativer Sicherheitsäquivalente antizipiert, so ist anschließend ein mehrwertiger Zustandsbaum zu bilden, der auf Basis

795 Da in der vorliegenden Arbeit darüber hinaus eine Wahrscheinlichkeitsverteilung des Barwertes aus allen Projektpfaden erstellt wird, sind die daraus zu entnehmenden Lage- und Streuungsmaße zur Bildung von Sicherheitsäquivalenten heranzuziehen.

vom Barwert und dem Erwartungswert-Risikomaß-Prinzip zu aggregieren ist. Zur Entscheidungsfindung in den Entscheidungsknoten ist zwar die Unsicherheit in den Erfolgsfaktoren zu aggregieren, allerdings ist diese Aggregation wieder aufzulösen, nachdem die Entscheidungen fundiert wurden, um die Stochastifizierung der Erfolgsfaktoren auch im Zustandsbaum aufrecht zu erhalten.

Im Folgenden wird das bereits eingeführte Beispiel des Zustandsbaumes mit Simulationen fortgeführt, um die Auswirkungen unterschiedlicher Aggregationsreihenfolgen zu verdeutlichen. Der Methode c) folgend werden zuerst die Barwerte respektive die Barwertverteilungen der einzelnen Zweige simuliert und über ihre Eintrittswahrscheinlichkeit in ein Gesamtrisikoprofil wie in Abbildung 38 integriert.

Entwicklungszeit	Pfad	Wahrschein-lichkeit	Barwertverteilungen der Pfade in t_0 μ (BW_0)	VAR(BW_0)	STA (BW_0)	MUA (BW_0)
kurze Entwicklungszeit (3 Perioden)	Abbruch$_{t=1}$	21,0%	-13.758	171.055	414	167
	Abbruch$_{t=2}$	9,8%	-28.673	245.756	496	199
	Abbruch$_{t=3}$	7,8%	-44.469	364.558	604	241
	Marktanteil hoch	18,8%	310.555	1.685.657.456	41.057	16.339
	Marktanteil niedrig	12,5%	122.703	491.450.277	22.169	8.825
lange Entwicklungszeit (4 Perioden)	Abbruch$_{t=1}$	9,0%	-12.527	237.597	487	199
	Abbruch$_{t=2}$	6,3%	-25.978	421.461	649	260
	Abbruch$_{t=3}$	4,4%	-33.815	489.176	699	282
	Abbruch$_{t=4}$	2,1%	-53.907	605.355	778	313
	Marktanteil hoch	1,6%	189.075	816.612.663	28.576	11.353
	Marktanteil niedrig	6,6%	59.873	238.880.503	15.456	6.147
Summe		100,0%				
Aggregation c) der Einzelbarwerte						
μ(BW_0)		66.197				
VAR(BW_0)		17.243.369				
STA(BW_0)		131.314				
MUA(BW_0)		55.208				
SÄ$_{MUA}$(BW_0)		**49.635**				

Tabelle 50: Beispiel Zusammenfassung der Risikobewertung im Barwert

Erst im letzten Schritt ist diese Endverteilung, die alle Projektpfade umfasst, zu verwenden, um das Risiko zu ermitteln und eine Risikobereinigung durchzuführen. Die nachfolgende Tabelle spiegelt das Ergebnis dieses Vorgehens wider. Dabei wird als Risikomaß die MUA verwendet und mit einem Risikoaversionskoeffizienten (rak) i.H.v. 0,3 in die Bewertung integriert.

Die Endverteilung, die alle Projektpfase umfasst, ist somit durch die Bildung eines Sicherheitsäquivalentes zu einem einzelnen Zielwert i.H.v. 49.635 GE aggregiert. Orientierend an diesem positiven, risikobereinigten Kapitalwert kann die Entscheidung für eine Projektdurchführung getroffen werden. Neben der vollständigen Risikoerfassung ist es als vorteilhaft zu werten, dass die Barwertverteilungen einzelner Entwicklungspfade offengelegt werden können. Demnach wird es ermöglicht, dass sich Entscheidungsträger auf unterschiedliche Zustände einstellen und die Auswirkungen negativer Barwerte frühzeitig antizipieren.

Vergleichend werden periodische Sicherheitsäquivalente gebildet, sodass die Aggregationsreihenfolge b) ergänzt wird:

Entwicklungszeit Szenario	Pfad	1	2	3	4	...	9
kurze Entwicklungszeit (3 Perioden)	Abbruch$_{t=1}$	-14.410	0	0	0	...	0
	Abbruch$_{t=2}$	-14.410	-16.303	0	0	...	0
	Abbruch$_{t=3}$	-14.410	-16.303	-18.058	0	...	0
	Marktanteil hoch	-14.410	-16.303	-18.058	145.822	...	-27.088
	Marktanteil niedrig	-14.410	-16.303	-18.058	69.756	...	-14.702
lange Entwicklungszeit (4 Perioden)	Abbruch$_{t=1}$	-13.135	0	0	0	...	0
	Abbruch$_{t=2}$	-13.135	-14.692	0	0	...	0
	Abbruch$_{t=3}$	-13.135	-14.692	-8.944	0	...	0
	Abbruch$_{t=4}$	-13.135	-14.692	-8.944	-23.988	...	0
	Marktanteil hoch	-13.135	-14.692	-8.944	-23.988	...	-20.463
	Marktanteil niedrig	-13.135	-14.692	-8.944	-23.988	...	-11.279
Aggregation b)		-14.410	-16.303	-18.058	145.822		-27.088
ECF-Verteilungen	μ(ECF)	-13.994	-11.065	-8.384	33.644	...	-7.998
	VAR(ECF)	561.367	52.940.520	69.013.929	3.565.540.805	...	117.712.716
	STA(ECF)	749	7.276	8.307	59.712	...	10.850
	MUA (ECF)	306	3.319	3.865	25.560	...	4.831
	SÄ (ECF)	-14.086	-12.061	-9.543	25.975	...	-9.447
BW(μ(ECF))$_0$		66.197					
BW(MUA(ECF))$_0$		83.309					
BW(SÄ(ECF))$_0$		**41.204**					

Tabelle 51: Beispiel Zusammenfassung der Risikobewertung auf Cashflow-Basis

Aufgrund dieser Aggregationsreihenfolge (b) sind die ECFs der einzelnen Projektpfade mit denselben Wahrscheinlichkeiten über dieselben Zufallsziehungen in periodische Verteilungen der Cashflows zu integrieren wie die Barwerte. Für diese Cashflow-Verteilungen sind wiederum Erwartungswerte und Streuungsmaße zu berechnen, um periodische Sicherheitsäquivalente zu bilden. Insgesamt wird ein divergierender Zielwert i.H.v. 41.204 GE ermittelt, da aufgrund der Nicht-Beachtung intertemporaler Abhängigkeiten eine abweichende Risikomenge zugrunde liegt. Durch die Additivität von Erwartungswerten ist der Barwert der erwarteten Cashflows identisch zum Erwartungswert der Barwerte (66.197 GE). Differenzen im Zielwert sind somit ausschließlich auf die MUA und das verrechnete Risiko zurückzuführen.Die Vorteile einer Sicherheitsäquivalentbildung auf Basis des Barwertes sind hiermit vollständig erfasst, sodass die risikoorientierte Planung und Bewertung von Innovationsprojekten umfassend analysiert und die Kontrolle im folgenden Kapitel anzuschließen ist.

5 Integrierte Kontrolle von Innovationsprojekten auf Basis von Abweichungsanalysen

Das Pendant zur Planung ist die Kontrolle, die im kybernetischen Regelkreis an die vorausgehende Planung anzuschließen ist und gemäß empirischen Untersuchungen eine zentrale Rolle im Controlling-System einnimmt.[796] Im Kern wird mittels Abweichungsanalysen stets ein Vergleich von Soll-, Wird- und Ist-Größen durchgeführt, um Ursachen für Abweichungen festzustellen und auf dieser Basis die Wirtschaftlichkeit zu erhöhen.[797] Die Abweichungen können mit den Kosten, der Qualität und der Zeit alle Komponenten des magischen Dreiecks betreffen. Das zentrale Ziel sollte dabei eine interdependente und nicht eine isolierte Abweichungsanalyse aller Komponenten und Einflussfaktoren sein, da zu beachtende Wechselwirkungen bestehen.[798] Um die Potenziale einer Kontrolle auf Basis von Abweichungsanalysen zu untersuchen, werden in dem folgenden Abschnitt die Ziele von Kontrollen zusammengefasst. Anhand dieser Referenzbasis werden anschließend unterschiedliche Konzepte systematisiert und für den vorliegenden Anwendungszweck beurteilt.

Bereits durch die ausführliche Planung eines Beispielprojektes wurde erkennbar, dass ein Innovationsprojekt ein hohes Maß an Komplexität aufweist, sodass auch eine aussagekräftige Abweichungsanalyse nicht unreflektiert mit den herkömmlichen Methoden erstellt werden kann.[799] Dementsprechend ist als zentrales Ziel und Abschluss dieses Kapitels ein Gesamtkonzept aus wertorientierten Abweichungsanalysen zu illustrieren, das die zentralen Eigenschaften bestehender Konzepte verbindet und für die Innovationkontrolle optimal geeignet ist. Im Speziellen sind das Risiko und die Veränderung der stochastisch-dynamischen Projektstruktur im Zeitablauf zu analysieren.

---

796 Vgl. Geskes (2000), S. 219 ff.; Schäffer (2001), S. 207.

797 Vgl. Ewert/Wagenhofer (2014), S. 300; Fischer/Möller/Schultze (2015), S. 80; Schäffer (2001), S. 207.

798 Vgl. Völl (2010), S. 8, S. 138.

799 Vgl. ähnlich Völl (2010), S. 9, mit einem Verweis auf Wiliams (2003), S. 80 f.

5.1 Grundlagen der Projektkontrolle

5.1.1 Ziele einer Projektkontrolle

Jedes Controlling-Instrument sollte das Management und die Entscheidungsträger unterstützen können, indem aussagekräftige Informationen aufgearbeitet und bereitgestellt werden. Die Innovationsentscheidungen sollten stets in Übereinstimmung mit der Unternehmensstrategie und dem Ziel der Unternehmenswertsteigerung getroffen werden, sodass auch eine Abweichungsanalyse Informationen über und Anreize zur Zielorientierung liefern sollte.

Abweichungen von den geplanten Annahmen werden grundsätzlich auf nicht kontrollierbare exogene und kontrollierbare endogene Ursachen zurückgeführt.[800] Im Fall der exogenen Ursachen hat das Unternehmen keinen oder kaum Einfluss auf die entstandenen Wertdivergenzen. Es handelt sich um unerwartete Umwelteinflüsse, wie beispielsweise die Änderung von Marktsituationen durch Marktversagen oder plötzlich auftretende Konkurrenten, sowie Zinsniveauänderungen, Preisänderungen oder Wirtschaftskrisen.

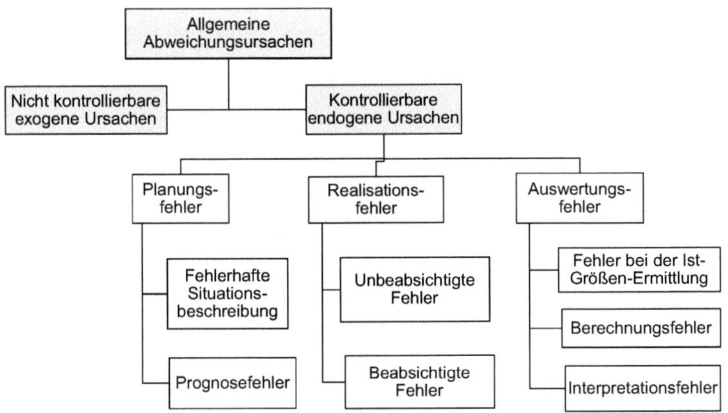

Abbildung 41: Systematisierung von Abweichungsursachen[801]

---

800 Vgl. Ewert/ Wagenhofer (2014), S. 300; Küpper et al. (2013), S. 272; Hahn/Bausch/Mayer (2000), S. 226.

801 In Anlehnung an Feldhoff (1990), S. 258; Ewert/Wagenhofer (2014), S. 301.

Während diese Ursachen durch die Verantwortungsträger nicht zu unterbinden sind, können die endogenen Ursachen zumindest zum Teil vermieden werden.[802] Diese endogenen Faktoren sind wiederum in die drei Kategorien Auswertungs-, Realisations- und Planungsfehler zu unterteilen (vgl. dazu Abbildung 41).

Aufgrund dieser heterogenen Abweichungsursachen wird es zum zentralen Ziel einer Abweichungsanalyse, die Gesamtabweichung in Einzelabweichungen aufzuspalten, um die genauen Ursachen zu identifizieren und analysieren zu können.[803] Erfolgt eine solch ursachendifferenzierte Abweichungsanalyse, löst sie im besten Fall eine Lern-, eine Präventions- und eine Aktionswirkung bei den Verantwortungsträgern aus, damit die Zielorientierung der Wertsteigerung eingehalten wird.[804]

Die *Lernwirkung* wird erzielt, indem das Management durch eingehende Analysen positive und negative Einflüsse auf die Ergebnisentwicklung erkennt. Infolgedessen können künftig Fehler vermieden und positiv zu wertende Aktionen wiederholt werden.

Eine *Präventionswirkung* resultiert aus einer Vermeidung von Auffälligkeiten und Fehlentscheidungen seitens der Entscheidungsträger, um aus der Kontrolle entstehende Sanktionen zu umgehen.

Die *Aktionswirkung* ist auf gewonnene Erkenntnisse des Managements über die (Fehl-)Entwicklungen eines Projektes zurückzuführen. Auf Basis des Erkenntnisgewinns kann die Projektlage analysiert werden und Korrekturmaßnahmen eingeleitet werden, um künftige Wertentwicklungen zu steuern.[805]

Diese Wirkungsrichtungen, die den Entscheidungsträger aktiv beeinflussen, sind besonders bei Innovationsprojekten von Bedeutung, da verspätete Projektabbrüche häufig auf psychologische Determinanten zurückzuführen sind. *Zayer* und *Mahlendorf* untersuchen in unterschiedlichen Arbeiten die psychologischen Gründe für eskalierende Projekte und die oftmals verspäteten Projektabbrüche.[806] Die Wahrnehmungsschwelle,[807] die Selektive Wahrnehmung,[808] die Self Justification,[809] der Sunk

802 Vgl. Ewert/ Wagenhofer (2014), S. 300.
803 Vgl. Ewert/ Wagenhofer (2014), S. 305; Feldhoff (1990), S. 259; Koch (2013), S. 488.
804 Vgl. dazu und im Folgenden auch Baetge (1997), S. 451 f., im Kontext der Akquisitionskontrolle.
805 Vgl. auch Ossadnik (2009), S.133.
806 Vgl. u.a. Mahlendorf (2010), S. 107 ff.; Mahlendorf (2007), S. 955 ff.; Zayer (2007), S. 54 ff.
807 Wahrnehmungsschwellen sind darauf zurückzuführen, dass Informationen eine bestimmte Reizschwelle überschreiten müssen, um anerkannt zu werden. Vgl. dazu Mahlendorf (2010),

Cost-Effekt[810] und übermäßiger Optimismus werden als relevante Determinanten zusammengefasst.[811] Als Gegenmaßnahmen für diese kognitiven Effekte wird die regelmäßige Kontrolle an vordefinierten Meilensteinen, in quantitativer Form statt in Textform und mit Vergleichsmaßstäben vorgeschlagen.[812] Dementsprechend sind im Folgenden vor dem Hintergrund der beschriebenen Problemfelder konkrete Anforderungen an eine quantitative Kontrolle von Innovationsprojekten zu formulieren, sodass bestehende Konzepte daraufhin untersucht und erweitert werden.

5.1.2 Anforderungen an eine Kontrolle von Innovationsprojekten

Bevor die in der Theorie und Praxis verbreiteten Konzepte zur Kontrolle von Projekten näher betrachtet werden, sind vor dem Hintergrund der dargestellten Ziele einer Abweichungsanalyse die konkreten Anforderungen an diese zu spezifizieren.

Aufgrund der strategischen Zielsetzung und Wertorientierung sind der Beitrag des Projektes zum Unternehmenswert und die daraus entstehenden Abweichungen im Zeitablauf von Bedeutung. Da der Unternehmenswert das Ergebnis diskontierter prognostizierter Zahlungen ist,[813] sind der Barwert und die Entwicklung der künftigen Zahlungen aus dem Projekt entscheidend und müssen in die Analysen einbezogen werden. Neben diesen zukünftigen, antizipierten Erfolgen, sind allerdings auch die vergangenen und realisierten Zahlungen für den Lerneffekt von hoher Relevanz. Da eine Entscheidung über Projektfortführungen und Abbrüche somit auf der Basis des zukünftigen Erfolgspotenzials und demnach des Barwertes der zukünftigen Zahlungsüberschüsse erfolgen sollte, jedoch die vergangenen Realisierungen für den Lerneffekt von großer Bedeutung sind, bietet sich somit eine getrennte, allerdings interdependente Analyse vergangener, realisierter und zukünftig antizipierter Erfolge

S.109 f.

808 Die selektive Wahrnehmung bewirkt, dass der individuelle Entscheider positive und negative Informationen unterschiedlich gewichtet. Vgl. Mahlendorf (2010), S. 109.

809 Projektverantwortliche interpretieren einen Projektabbruch oftmals als Scheitern und wollen dementsprechend einen Abbruch trotz wertvernichtender Auswirkungen vermeiden, um für sich selbst und für Außenstehende ein positives Bild zu wahren. Vgl. dazu Mahlendorf (2010), S. 110.

810 Der benannte Sunk Cost-Effekt entsteht aus einer Abneigung der Menschen gegenüber verschwenderischem Verhalten. Auch bei Projekten werden aus diesem Grund die bereits investierten Zahlungen in zukünftige Entscheidungen einbezogen und als Verschwendung im Falle eines Projektabbruches interpretiert. Vgl. Mahlendorf (2010), S. 111; Kunz (2013), S. 210.

811 Vgl. Mahlendorf (2010), S. 109 ff.

812 Vgl. Zayer (2007), S. 176 ff., konkretisiert auf S. 179.

813 Vgl. auch Gebhardt (2003), S. 77.

an.[814] Auch aufgrund der zuvor beschriebenen kognitiven Ursachen für Projekteskalationen ist es sinnvoll, stets die gesamte Abweichung, die im Zeitablauf entsteht, auszuweisen. Das zukünftige Potenzial ist indes gesondert zu übermitteln und von vergangenen Realisierungen abzugrenzen.[815] Zum einen können Wahrnehmungsschwellen durch die klare Kommunikation der Analysemethodik behoben werden, sodass die Entscheidungsträger wichtige Erfolgsgrößen wahrnehmen. Zum anderen kann mittels einer Ursachendifferenzierung die Trennung exogener und endogener Faktoren erfolgen, um den Self Justification-Druck zu mindern, da für exogene Abweichungsursachen keine Verantwortung zu übernehmen ist. Folglich sollten die kognitiven Einflüsse auf Projekteskalationen mit einer zielgerichteten Abweichungsanalyse reduziert werden.

Werden zu jedem Zeitpunkt der Kontrolle sowohl die operativen, als auch die strategischen Zahlungsgrößen des Projektes analysiert, so beinhaltet die Analyse alle Zahlungen des Innovationsprojektes. Es folgt eine Wertveränderungsrechnung des Kapitalwertes. Diese Wertveränderungsrechnung kann durch eine Kombination unterschiedlicher Konzepte der Abweichungsanalyse erfolgen, sodass eine Untersuchung dieser Konzepte und ihrer Kombinationsmöglichkeiten für die folgenden Abschnitte vorgesehen ist.

5.2 Vorherrschende Konzepte der Abweichungsanalyse

Kontrollen basieren im Kern auf der Analyse von Differenzen zwischen unterschiedlichen Soll- und Ist- oder Wird- Größen, sodass Abweichungsanalysen zum zentralen Element der Kontrolle avancieren.[816] Die in der Vergangenheit oftmals durchgeführte Differenzierung von Prämissen- und Durchführungskontrollen[817] wird als obsolet er-

---

814 Vgl. Dolny (2003), S. 225 f.; Dreher (2010), S. 361 f., hinsichtlich einer Diskussion dieses Antizipationsprinzips und Realisationsprinzips zu Performancemessung in der Beteiligungsführungsphase.

815 Vgl. auch Mahlendorf (2010), S. 111.

816 Vgl. Ewert/Wagenhofer (2014), S. 300; Koch (2013), S. 488; Fischer/Möller/Schultze (2015), S. 83.

817 Vgl. Ayaz (2011), S. 213 f., S. 232. Im Rahmen von Prämissenkontrollen wird überprüft, ob der Input im Sinne von Erfolgsfaktoren und Wirkungsbeziehungen zutreffend festgelegt wurde, während die Durchführungskontrolle der Überprüfung des Outputs in Form von Erfolgspotenzialen dient. Es wird festgestellt, dass die „Prämissenkontrolle den Ausgangspunkt für die Kontrolle der Erfolgspotenziale“ liefert, Ayaz (2011), S. 234; vgl. auch Dolny (2003), S. 220 ff. m.w.N.

achtet, da eine Orientierung an unterschiedlichen Konzepten der Abweichungsanalyse zielführend ist.

Die unterschiedlichen Konzepte der Abweichungsanalyse können hinsichtlich des betrachteten Zeithorizontes differenziert werden, indem operative, ex post-orientierte Abweichungsanalysen mit einem vergangenheitsorientierten Charakter, strategische Abweichungsanalysen mit einem prospektiven ex ante-Fokus und Mischformen mit einem integrativen Ansatz unterschieden werden.[818] Darüber hinaus können Abweichungsanalysen dahingehend charakterisiert werden, welche Ursachen operationalisiert werden.

Populäre und bereits bestehende Ansätze der Projektkontrolle wie die Meilenstein-Trendanalyse,[819] die Kosten-Trendanalyse[820] oder die Earned Value-Analyse[821] werden von den vorliegenden Betrachtungen ausgeschlossen. Dies ist damit zu begründen, dass die angesprochenen Methoden als Hilfsmittel einzustufen sind, wenn keine explizite, integrierte Planung und Simulation vorliegt, sodass eine integrierte Kontrolle des Projekterfolges nicht möglich ist, sondern Teilaspekte zu analysieren sind.[822] Die Methoden weisen unterschiedliche Schwachpunkte auf. In der Meilenstein-Trendanalyse und in der Kosten-Trendanalyse werden weitestgehend isoliert die Kosten- und Zeitfaktoren untersucht. Darüber hinaus wird zum Teil von linearen Kostenentwicklungen in den Methoden ausgegangen und auch die Unsicherheit wird nicht berücksichtigt, sodass eine starke Komplexitätsreduktion erfolgt.[823] Aus diesem Grund werden diese Methoden als Hilfsmittel angesehen, um die Entwicklung von Arbeitspaketen sowie Meilensteinen zu verfolgen und sind primär dem kurzfristiger ausgerichteten F&E-Controlling zuzuordnen. Ein Neuheitsgrad oder Mehrwert ist für die vorliegende Arbeit nicht zu erkennen, sodass eine weiterführende Untersuchung ausgeschlossen und auf die bestehenden Arbeiten verwiesen wird. Der Fokus liegt im Folgenden auf einer Analyse der Wertentwicklungen, die zum einen aus den realisierten Ergebnissen und zum anderen aus den antizipierten Potenzialen resultieren.

---

818 Vgl. auch Ayaz (2011), S. 232 ff. Der Autor unterscheidet ebenfalls ex post-Kontrollen (S. 242 - 252) und ex ante-Kontrollen (S. 252 - 258). Vgl. ferner Fischer/Möller/Schultze (2015), S. 83.

819 Vgl. dazu Möller/Menninger/Robers (2011), S. 86 f.; Coenenberg/Fischer/Günther (2012), S. 498 f.

820 Vgl. dazu Möller/Menninger/Robers (2011), S. 87 f.

821 Vgl. Coenenberg/Fischer/Günther (2012), S. 503 ff.; Möller/Menninger/Robers (2011), S. 88 f.

822 Vgl. auch Völl (2010), S. 187.

823 Vgl. Völl (2010), S. 185 f. und S. 187.

5.2.1 Operativ ausgerichtete Abweichungsanalysen

Den operativen Abweichungsanalysen sind die Konzepte zuzuordnen, die keinen oder einen nur untergeordneten Zukunftsbezug aufweisen. Es handelt sich um den Vergleich realisierter Werte mit Planwerten und somit um eine Abweichungsanalyse auf Basis von Soll-Ist-Vergleichen.[824]

Operative Abweichungsanalysen sind auf die Ursachendifferenzierung bereits eingetretener Abweichungen von Erlösen, Kosten, Budgets oder Überschussgrößen[825] aus der ex post-Perspektive ausgerichtet.Je nach Analyseziel können unterschiedliche Komponenten untersucht werden, wobei die Grundkonzeptionen der operativ ausgerichteten Abweichungsanalyse für jede Zielgröße kongruent anzuwenden sind. Um eine Abweichungsanalyse ursachen-differenziert durchzuführen, sollten die gleichen Wertgrößen zugrunde gelegt werden, wie in der ex ante-Planungsrechnung.[826] Da eine Analyse der Wertentwicklung erfolgen soll, stehen hier die realisierten Zahlungen an die Eigenkapitalgeber und deren Abweichungen von den Soll-Werten im Fokus. Das bedeutet, dass nach Ablauf einer Periode der Ist-Stand (ECF_t^i) der Zahlungsgröße zu erfassen ist und mit dem Plan-Stand (ECF_t^p) verglichen wird, um eine operative Gesamtabweichung (GA_t^{Op}) zu ermitteln:

$$GA_t^{Op} = ECF_t^i - ECF_t^p \qquad (5\text{-}1)$$

Da eine Berücksichtigung der Unsicherheit erfolgt, ist der Zahlungsüberschuss im Plan-Zustand entweder mit dem Sicherheitsäquivalent oder mit dem Erwartungswert aus der Planung zu vergleichen. Eine Berücksichtigung des Sicherheitsäquivalentes führt dazu, dass bei erwartungskonformer Erfolgsrealisierung eine Differenz ausgewiesen wird, die auf die Risikobereinigung zurückzuführen ist. Dieses Risiko ist allerdings als Mindestverzinsungsanspruch zu werten, sodass unter Unsicherheit ein Vergleich von realisiertem Cashflow mit dem geplanten Cashflow im Erwartungswert als aussagekräftiger zu bewerten ist:[827]

$$GA_t^{Op} = ECF_t^i - \mu(\widetilde{ECF_t^p}) \qquad (5\text{-}2)$$

---

824 Vgl. auch Völl (2010), S. 171.

825 Vgl. Coenenberg/Fischer/Günther (2012), S. 255 ff., S. 456 ff., S. 499 mit unterschiedlichen Bezugsgrößen der Abweichungsanalysen.

826 Vgl. Dreher (2010), S.387; Dirrigl (2011), S. 485.

827 Vgl. Dreher (2010), S. 343; Gavranovic (2014), S. 251. Die Abweichung im Risiko sollte separat ausgewiesen werden.

Grundsätzlich werden im Rahmen operativer Abweichungsanalysen durch die Zwischenschaltung von Soll-Größen unterschiedliche Abweichungsursachen im Sinne von Preis- und Mengenabweichungen einzelner Erlös- und Kostenbestandteile (x_i) differenziert.

$$GA_t^{Op} = ECF_t^i - \mu\left(\widetilde{ECF_t^p}\right) = f\left(x_1^i, x_2^i, \dots, x_n^i\right) - \mu(f\left(\widetilde{x_1^p}, \widetilde{x_2^p}, \dots, \widetilde{x_n^p}\right)) \quad (5\text{-}3)$$

Im einfachsten Fall besteht die zu analysierende Erfolgsgröße aus einer linearen Funktion mit additiven Verknüpfungen der Einflussgrößen, sodass die Abweichungen einzelnen Einflussfaktoren direkt zugerechnet werden können.[828]

Aufgrund von multiplikativen Verknüpfungen innerhalb der Zahlungsüberschüssen ist jedoch diese eindeutige Zurechnung nicht möglich, da Abweichungen höheren Grades entstehen und die Wertdivergenzen nicht ohne weiteres einer einzigen Ursache zuzuordnen sind.[829] Aus diesem Grund entstanden unterschiedliche Verfahren, um die Abweichungen höheren Grades zu berücksichtigen und die Gesamtabweichung in Einzelabweichungen zu unterteilen. Dabei existieren einerseits Konzepte, die Abweichungen höheren Grades nur einmal erfassen und somit die Summe der Einzelabweichungen der Gesamtabweichung entspricht. Andererseits bestehen Ansätze, die zu einer mehrfachen (verminderten) Erfassung der einzelnen Abweichungen führen und somit die Summe größer (kleiner) ist als die gesamte Abweichung.[830]

Grundsätzlich lassen sich die alternative, die kumulative, die differenziert-alternative und die differenziert-kumulative Abweichungsanalyse unterscheiden.[831] Der Unterschied liegt in der zugrundeliegenden Rechenmethodik und ist wiederum auf die Bildung der Sollgrößen sowie der Differenzen zurückzuführen.

Die *alternative Abweichungsanalyse* kann entweder auf Ist-Basis oder auf Plan-Basis durchgeführt werden. Die Bildung von Sollkosten erfolgt durch die Variation jeweils eines Einflussfaktors. Findet die Abweichungsanalyse auf Planbasis (Ist-Basis) statt, so geht der zu untersuchende Einflussfaktor mit seiner Ist-Ausprägung (Plan-Ausprägung) in die Sollgröße ein, während die übrigen Einflussfaktoren im Planzustand (Ist-Zustand) verweilen. Bildet man die Differenz auf Planbasis (Ist-Basis) aus

---

828 Vgl. Ewert/Wagenhofer (2014), S. 316.; Koch (2013), S. 489 f.

829 Vgl. dazu Belkin (2013), S. 303; Coenenberg/ Fischer/Günther (2012), S. 258; Kilger/Pampel/Vikas (2012), S. 150; Koch (2013), S. 488 f.; Völl (2010), S.146 ff.

830 Vgl. Koch (2013), S. 490; Kilger/Pampel/Vikas (2012), S.152 ff.

831 Vgl. dazu Coenenberg/Fischer/Günther (2012), S. 258 ff.; Ewert/Wagenhofer (2014), S. 319 ff.

korrespondierender Sollgröße und Plangröße, so werden keine (mehrfache) Abweichungen höheren Grades berücksichtigt. Beide Methoden führen nicht zu einer Erfassung der Gesamtabweichung mittels der Einzelabweichungen.[832]

Die *kumulative Abweichungsanalyse* kann ebenfalls auf Ist- oder Planbasis erfolgen, wobei das Ergebnis nicht von der Basis, sondern von der Abweichungsreihenfolge abhängt und bei konsistenter Anwendung zu identischen Ergebnissen führt. Geht man von der Plan-Basis aus, so werden für jede weitere Sollgröße die zu analysierenden Einflussfaktoren geändert, bis alle Einflussgrößen kumuliert im Istzustand stehen.[833] Die Abweichungen höheren Grades werden vermehrt den Einflussfaktoren zugerechnet, die zuletzt angepasst werden, während dem ersten Faktor nur die Primärabweichung zuteilwird. Dementsprechend sollte bei der Abspaltungsreihenfolge beachtet werden, dass die Einflussfaktoren, die von besonderem Interesse sind, als erstes in die Analyse einbezogen werden, während weniger relevante, zumeist exogene beeinflusste Faktoren wie Preise, zuletzt an den Istzustand angepasst werden.[834] Insgesamt zeichnet sich die kumulative Abweichungsanalyse dadurch aus, dass die Summe der Einzelabweichungen der Summe der Gesamtabweichungen entspricht.

Hinsichtlich der *differenziert-alternativen Abweichungsanalyse* wird die Abweichungsanalyse auf Ist-Basis und Plan-Basis kombiniert, indem beide Analysen durchgeführt werden und mittels Differenzbetrachtung die Abweichungen höheren Grades separat ausgewiesen werden können.[835] Im Rahmen der *differenziert-kumulativen Abweichungsanalyse* werden ebenfalls die Primärabweichungen ausgewiesen und zusätzlich die Abweichungen höheren Grades „en bloc“ oder differenziert berechnet.[836]

Die Würdigung einzelner Methoden fällt unterschiedlich aus, da je nach Situation auch divergierende Ansprüche und Anforderungen an Informationen gestellt werden.[837] Über die Entscheidung für eine spezifische Methodik hinaus, stellt sich die

---

832 Vgl. Ewert/Wagenhofer (2014), S. 320; Kilger/Pampel/Vikas (2012), S. 152 f.

833 Vgl. Ewert/Wagenhofer (2014), S. 321; Coenenberg/Fischer/Günther (2012), S. 265; Kilger/Pampel/Vikas (2012), S. 154 f.

834 Vgl. Coeneneberg/Fischer/Günther (2012), S. 265 mit einem Verweis auf Vormbaum/Rautenberg (1985), S. 214.

835 Vgl. Coenenberg/Fischer/Günther (2012), S. 272 ff.

836 Vgl. Coenenberg/Fischer/Günther (2012), S. 277 ff.

837 Eine Übersicht ist bei Coenenberg/Fischer/Günther (2012), S. 279 f. und Ewert/Wagenhofer

Frage nach der Anwendbarkeit und Aussagekraft einer solchen operativen Abweichungsanalyse zu unterschiedlichen Entwicklungsständen eines Innovationsprojektes. Bezüglich dieser Fragestellung lassen sich die Notwendigkeit und der Informationsgehalt der Ursachendifferenzierung nach Einflussfaktoren als besonders geeignet werten. Eine Anwendung in der projektbezogenen Abweichungsanalyse, um die Einflüsse unterschiedlicher Preise und Mengen zu separieren, ist somit zu befürworten.

Da ein Innovationsprojekt aus sehr heterogenen Phasen und Perioden besteht, kann hingegen von der Analyse der Vergangenheit allein nicht auf die Entwicklung zukünftiger Perioden und den gesamten Projektverlauf geschlossen werden.[838] Wenn in der Vorlaufphase Mitarbeiter fluktuieren oder Preise steigen, erhält das Management mittels einer operativen Abweichungsanalyse Informationen über eine vergangene Periode der Vorlaufphase. Es stellt sich die Frage, welche Auswirkungen dies auf den gesamten Projektverlauf mit vollkommen divergierenden Phasen hat. Erhöhte Kosten der Vorlaufphase sind außerdem nicht ausschließlich als negativ zu werten und können auch positive Folgen bewirken, da sie notwendig sind, um den Projekterfolg oder den Zeitplan aufrechtzuerhalten respektive zu beschleunigen.[839] Dementsprechend greift eine operativ und retrospektiv ausgerichtete Abweichungsanalyse der Zahlungsüberschüsse zu kurz und muss um zukunftsorientierte Aspekte ergänzt werden.

5.2.2 Strategisch und integrativ ausgerichtete Abweichungsanalysen

Die strategischen Abweichungsanalysen zeichnen sich dadurch aus, dass die künftige Wertentwicklung antizipiert wird und die Zukunft betreffenden Reaktionen des Managements auf bereits realisierte Abweichungen eingeschätzt werden.[840] Eine Integration von strategischen und operativen Analysen bedeutet, dass die operative Feedback-Kontrolle um eine strategisch ausgerichtete Feedforward-Kontrolle auf Basis von Soll-Wird-Vergleichen zu ergänzen ist.[841] Die Konzeption einer derart integrierten Abweichungsanalyse wird als übergeordnetes Ziel des vorliegenden Kapitels definiert.

(2014), S. 324 ff. zu finden.

838 Vgl. Völl (2010), S.177.

839 Vgl. Fiedler (2014), S. 180.

840 Vgl. Völl (2010), S. 171.

841 Vgl. Völl (2010), S. 132.

Für unterschiedliche Anwendungsgebiete existieren bereits strategische und integrierte Abweichungsanalysen. Es lassen sich einmal zeitpunktbezogene Abweichungen,[842] die sich am Projektstatus orientieren, ermitteln. Darüber hinaus können Informations- und Aktionseffekte durch die Erfolgspotenzialrechnung separiert werden[843] und in Verbindung mit der Grundkonzeption operativer Abweichungsanalysen lassen sich ursachen-differenzierte Abweichungen operationalisieren.[844] Die angesprochenen Konzepte weisen dabei einen divergierenden Integrationsgrad auf. Im weiteren Verlauf sind die Konzepte systematisch zu untersuchen, um sie anschließend in ein Gesamtsystem mit ihren jeweiligen Vorzügen zu integrieren.

Zunächst ist allerdings darauf einzugehen, welcher Wert als Analyseobjekt der integrierten Abweichungsanalysen dient. Die Erfolgsgrößen der ex post-Abweichungsanalyse sollten mit den ex ante geplanten Größen übereinstimmen. Da eine Analyse der Wertentwicklung erfolgen soll, stehen die Wertpotenziale des Projektes im Fokus der Betrachtungen. Demnach sind Abweichungen im Kapitalwert zu divergierenden Informationsständen und revidierten strategischen Projektplänen von Interesse. Es wird bewusst eine Abweichung im (Netto-)Kapitalwert untersucht, da die Integration des investierten Kapitals die geforderte Verbindung operativer und strategischer Analysen im Rahmen eines Innovationsprojektes ermöglicht.[845]

Die gesamte Abweichung zwischen dem ex ante ermittelten Plan-Kapitalwert ($KW(A)_0$) und dem ex post ermittelten Kapitalwert ($KW(P)_T$) stellt die zu analysierende Gesamtabweichung dar:

$$GA = \Delta KW = KW(P)_T - KW(A)_0 \qquad (5\text{-}4)$$

Ein Innovationsprojekt ist mit der Vorlaufphase, der Marktphase und der Nachlaufphase in unterschiedliche Phasen einzuteilen. Um ex post einen Lerneffekt zu erzielen, sollte dem Management bewusst werden, auf welche Phase die größten Abweichungen zurückzuführen sind. Auf Basis der unterschiedlichen Informationsstände und Lebenszyklusphasen kann eine derartige Aufspaltung der Gesamtabweichung

---

842 Vgl. dazu Baetge (1997), S. 448 ff. mit einem Beitrag einer derartigen Abweichungsanalyse im Akquisitionskontext.

843 Vgl. grundlegend zur Erfolgspotenzialrechnung Breid (1994) und weiterführend Dirrigl (2002).

844 Vgl. dazu Li (2010), S. 172 ff.; Ayaz (2011), S. 235 ff.; Riezler (1996), S. 248 ff.; Ahlemeyer/Burger (2015), S. 1272 ff.

845 Vgl. dazu Abschnitt 5.3.

erfolgen.[846] Von besonderem Interesse ist die Unterscheidung von Abweichungen der Vorlaufphase von den übrigen Phasen, sodass durch die Zwischenschaltung des Kapitalwertes zum Ende der Vorlaufphase ($KW(VL)_{VL}$) die folgende Differenzierung erfolgt:

$$GA = KW(P)_T - KW(A)_0 = \underbrace{KW(P)_T - KW(VL)_{VL}}_{\text{Abweichung Produktphase}} - \underbrace{KW(VL)_{VL} - KW(A)_0}_{\text{Abweichung Vorlaufphase}} \tag{5-5}$$

Mithilfe dieser Unterteilung können die Abweichungen der Vorlaufphase von den Abweichungen der Markt- und Nachlaufphase respektive der Produktphase unterschieden und zugeordnet werden. Demzufolge wird das Budget der Vorlaufphase, das auch als Anschaffungsauszahlung im weiteren Sinne bezeichnet werden kann, gesondert analysiert.

Dieser erste Schritt zur Partialisierung der gesamten Abweichung im Kapitalwert dient einer ersten Systematisierung, es werden allerdings wichtige Abweichungsursachen nicht getrennt. Deshalb sind weitestgehend Differenzen durch Zeiteffekte, Risikoeffekte und exogene sowie endogene Ursachen voneinander zu unterscheiden. Die Erfolgspotenzialrechnung dient als erster Ansatz, um diese Aspekte zu berücksichtigen.

5.2.2.1 Informations- und Aktionseffekte der Erfolgspotenzialrechnung

Die Erfolgspotenzialrechnung ist auf eine Arbeit von *Breid*[847] zurückzuführen, die durch *Dirrigl*[848] ergänzt wurde und folgend zur Ausgestaltung einer strategisch geprägten Abweichungsanalyse eingesetzt wird. Eine Klassifizierung als strategische Abweichungsanalyse erfolgt, da sie im Kern auf eine „ertragswertorientierte Erfolgspotenzialbewertung“[849] ausgerichtet ist, sodass prospektiv zahlungsstromorien-

---

846 Vgl. dazu Baetge (1997), S. 448 ff. Der dort zu analysierende Akquisitionserfolg wird durch die Differenzierung unterschiedlicher Unternehmenswerte in eine Verhandlungsabweichung, eine Planüberholungsabweichung und eine Integrationsabweichung unterteilt. Die Differenz des realisierten Unternehmenswertes zum Ende der Integrationsphase (UW_0^i) und des Kaufpreises (KP_o) wird als Gesamtabweichung bezeichnet. Durch die Zwischenschaltung des Grenzpreises (GP_0) und eines Unternehmenswertes nach Planrevision (UW_0^{p*}) kann eine weiterführende Differenzierung erfolgen.

847 Vgl. Breid (1994).

848 Vgl. Dirrigl (2002), Sp. 419 ff.

849 Dirrigl (2002), Sp. 420.

tierte Bestandsgrößen in Form von Ertragswerten respektive Barwerten (EW)[850] analysiert werden.[851]

Um Werteffekte zu analysieren und Maßnahmen zu überprüfen, sind das ex ante erwartete Erfolgspotenzial $(hier: EW(A)_0 = KW(A)_0)$ und ein ex post vergleichbares Erfolgspotenzial $(EW(P)_1)$, das bereits einen divergierenden Zustand und Steuerungsmaßnahmen seitens des Managements reflektiert, gegenüberzustellen. Die Differenz der Ertragswerte wird als strategische Gesamtabweichung definiert:

$$GA^{strat} = \Delta EW = EW(P)_1 - KW(A)_0 \qquad (5\text{-}6)$$

Die erfolgspotenzialbasierte Abweichungsanalyse ist so konzipiert, dass die Summe der ermittelten Teilabweichungen der Gesamtabweichung entspricht. Demnach liegt die Methodik der kumulativen Abweichungsanalyse zugrunde. Indem die Annahmen hinsichtlich der wertbestimmenden Faktoren zur Ertragswertberechnung sukzessive angepasst werden, können Soll-Größen bestimmt werden, um eine Ursachendifferenzierung zu ermöglichen. Ein zentraler Mehrwert des Konzeptes wird durch die Integration einer „Trägheitsprojektion“[852] erzielt. Im Rahmen einer Trägheitsprojektion ist zum Kontrollzeitpunkt fiktiv zu unterstellen, dass die Entscheidungsträger keine Gegenmaßnahmen initiieren, um das Projekt zu verändern, sondern in ihrem Verhalten beharren.[853] Durch den resultierenden Teilplan (B) und das entsprechende Erfolgspotenzial $(EW(B)_1)$, das nur Informationen und keine Aktionen bzw. Reaktionen der Entscheidungsträger einbezieht, können exogene von endogenen Werteffekten getrennt werden. Die exogenen Effekte sind auch als Informationseffekte (IE) zu bezeichnen und werden durch die Differenz aus dem Beharrungszustand und dem ex ante-Wert ermittelt:

$$\Delta EW^{IE} = EW(B)_1 - EW(A)_1 \qquad (5\text{-}7)$$

---

850 Dieser Ertragswert ist nicht mit einem Ertragswert gemäß dem Standard-Ertragswertverfahren zu verwechseln. Vielmehr handelt es sich um einen (risikoadjustierten) Barwert der zu einem Zeitpunkt t künftig erwarteten Zahlungen.

851 Vgl. auch Stüker (2008), S. 130; Gavranovic (2014), S. 247. Die Ertragswertberechnung basiert auf der Diskontierung von Sicherheitsäquivalenten der Zahlungen an die Anteilseigner. Vgl. darüber hinaus Haaker (2009), S. 690 ff. mit einer Anwendung im Kontext rechnungslegungsorientierter Erfolgspotenziale.

852 Zum Ursprung der Trägheitsprojektion vgl. Ballwieser (1983), S. 82 ff. und zuletzt aktualisiert in Ballwieser (1993), S. 78 ff.

853 Vgl. Dirrigl (2002), Sp. 424; Stüker (2008), S. 137; Dolny (2007), S. 227; Gavranovic (2014), S. 248; Ballwieser (1993), S. 79.

Aus der Differenz des Planwertes und des Beharrungswertes kann zudem der Werteffekt berechnet werden, der als Aktionseffekt (AE) abzugrenzen ist:

$$\Delta EW^{AE} = EW(P)_1 - EW(B)_1 \qquad (5\text{-}8)$$

Darüber hinaus ist im Grundkonzept vorgesehen, dass der Zeiteffekt (ZE) herausgerechnet wird, um den Betrachtungszeitpunkt als Vergleichspunkt zu erhalten und dass ein Zinsänderungseffekt ($ZÄE$) sowie ein Risikoänderungseffekt ($RÄE$) kumulativ abgespalten werden.[854] Die zugrundeliegende Konzeption zur Risikomessung und Bewertung ist subjektiv geprägt und sieht zunächst die Bildung periodischer Sicherheitsäquivalente vor.

Die Grundstruktur lässt sich der folgenden Grafik entnehmen:

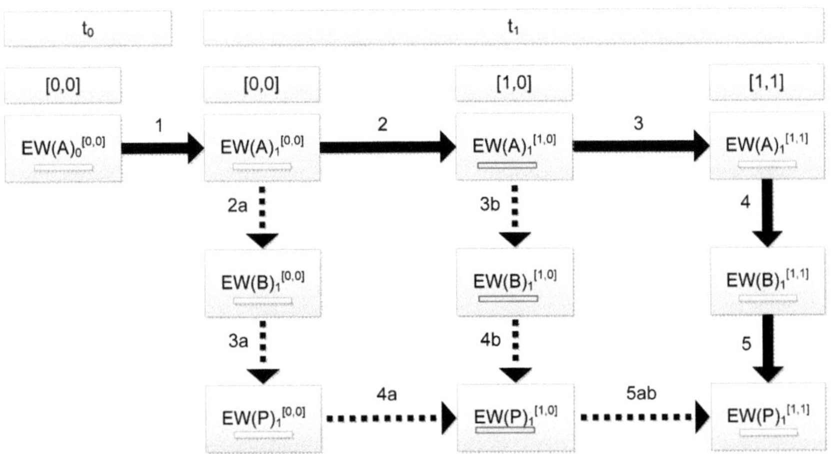

Abbildung 42: Erfolgspotenzialrechnung

Dem folgend ergeben sich aufgrund des kumulativen Vorgehens drei unterschiedliche Pfade zur Analyse der Abweichungen.[855]

Der wesentliche Beitrag dieses Konzeptes zur vorliegenden Arbeit liegt in der Verwendung einer Trägheitsprojektion, um exogene und endogene Werteffekte getrennt

854 Richtet man sich nach der Symbolik von Dirrigl (2002), Sp. 425 f., so werden in den hochgestellten eckigen Klammern die Bewertungsparameter Kalkulationszins und der Risikoaversionskoeffizient ausgewiesen, wobei die Ziffer 0 für die ex-ante Perspektive steht und 1 für die ex-post Perspektive. Der tiefgestellte Index weist auf den Betrachtungszeitpunkt hin.

855 Zur Beurteilung des Managments und aufgrund der Systematik einer kumulativen Abweichungsanalyse ist der Ausweis der Abweichungen höheren Grades zu bedenken. Stüker (2008), S. 136 bevorzugt aus diesem Grund „den äußeren Weg mit den Schritten 2,3,4, und 5“.

zu analysieren. Da allerdings nicht - wie in der Erfolgspotenzialrechnung vorgesehen - die strategischen Ertragswerte isoliert analysiert werden sollen, sondern die Veränderung des gesamten Kapitalwertes und somit sowohl die operativen, als auch die strategischen Werte von Interesse sind, sollte eine integrierte Analyse erfolgen. Dementsprechend ist im weiteren Verlauf zu untersuchen, wie operative und strategische Werteffekte integriert berechnet, aber separat ausgewiesen werden, wenn der (Netto-)Kapitalwert als Analysebasis herangezogen wird.[856]

5.2.2.2 Integrierte Wertveränderungsrechnung

Zu Beginn dieses Abschnitts wurde die Forderung formuliert, dass die gesamte Entwicklung des Kapitalwertes eines Projektes zu analysieren ist, wobei darauf zu achten ist, dass die operativen realisierten Größen und ihre Abweichungen getrennt von den strategischen antizipierten Größen auszuweisen sind.

Als Basis für eine solche Wertveränderungsrechnung wird die Idee von *O'Hanlon und Peasnell* bezüglich des strategischen Performancemaßes „Excess Value Created“[857] aufgegriffen. Der Idee folgend ist der Kapitaleinsatz einer Investition explizit zu berücksichtigen.[858] Im deutschsprachigen Raum ist der Ansatz unter dem Begriff „periodischer Nettokapitalwert“ bekannt.[859]

Der Nettokapitalwert[860] einer Periode (NKW_t) ergibt sich aus dem Ertragswert der Periode und dem investierten Kapital:[861]

$$NKW_t = EW_t - IK_t \tag{5-9}$$

Das investierte Kapital entspricht bei einer einmaligen Auszahlung am Anfang des Projektes dem Buchwert der Investitionen und ist dann jeweils um die Opportunitätskosten der Investoren zu erhöhen und um Auszahlungen an Investoren in Form von Dividenden oder Kapitalrückzahlungen zu verringern:[862]

$$IK_t = IK_{t-1}(1 + r_{f,s}) - ECF_t \tag{5-10}$$

---

856 Vgl. auch Dirrigl (2002), Sp. 429 f. mit der Ergänzung einer „Erfolgspotenzialbasierte (n) Performancemessung und –analyse“.

857 O'Hanlon/Peasnell (2002), S. 232.

858 Vgl. dazu Stüker (2008), S.143.

859 Vgl. dazu Drukarczyk /Schüler (2000), S. 264 ff.; Schüler/Kotter (2004), S. 430 ff.

860 Die Bezeichnung als Nettokapitalwert ist auf die Berücksichtigung des investierten Kapitals inklusive der Zins- und Zeiteffekte zurückzuführen.

861 Vgl. Stüker (2008), S. 144

862 Vgl. Schüler/Krotter (2004), S. 431.

Ein Innovationsprojekt ist dadurch gekennzeichnet, dass nicht eine einmalige Anschaffungsauszahlung zu Beginn des Projektes getätigt wird, sondern die gesamte Vorlaufphase als Investitionsphase zu werten ist. Das investierte Kapital ist somit als Summe der negativen Zahlungsüberschüsse[863] der Vorlaufphase inklusive der Opportunitätskosten zu berechnen und kann erst im Rahmen der Marktphase amortisiert werden. Demnach entspricht der Nettokapitalwert im Ausgangszeitpunkt dem Barwert und am Ende des Projektes stimmen der Nettokapitalwert, der Endwert des Projekts und das investierte Kapital betragsmäßig überein. Das investierte Kapital wird dementsprechend bei einem wertschaffenden Projekt negativ, sobald es amortisiert ist und zeigt anschließend die sukzessiv realisierte Wertschaffung auf.[864]

Ein undifferenzierter Ausweis und eine undifferenzierte Analyse des gesamten Kapitalwertes über die Projektlaufzeit hinweg sind allerdings nicht zu empfehlen, da die getätigten Investitionen ohnehin angefallen und nur über den zukünftigen Ertragswert zu kompensieren sind. Dementsprechend sollte im Rahmen der Abweichungsanalyse von Nettokapitalwerten eine Separation der retrospektiven Abweichungen im investierten Kapital, widergespiegelt durch die operativen realisierten Größen, und der antizipierten Abweichungen im Ertragswert erfolgen. Die Abweichung einer Periode (ΔNKW_t) lässt sich über die Differenz des Nettokapitalwertes der Periode t und der Vorperiode t-1 ermitteln und wird auch als Net Economic Income (NEI_t) bezeichnet:[865]

$$NEI_t = \Delta NKW_t = \Delta EW_t - \Delta IK_t = \Delta EW_t + ECF_t - r_{f,s} \cdot IK_{t-1} \quad (5\text{-}11)$$
$$= ECF_t + EW_t - EW_{t-1} - r_{f,s} \cdot IK_{t-1}$$

Löst man die Gleichung unter Berücksichtigung des folgenden Zusammenhangs der Ertragswerte:

$$EW_{t-1} = EW_t + ECF_t - EW_{t-1} \cdot r_{f,s} \quad (5\text{-}12)$$

weiter auf, so resultiert für den periodischen Erfolg unter Sicherheit:

$$NEI_t = \cancel{EW_t} + \cancel{ECF_t} - \cancel{EW_t} - \cancel{ECF_t} - EW_{t-1} \cdot r_{f,s} - r_{f,s} \cdot IK_{t-1} \quad (5\text{-}13)$$
$$= r_{f,s} \cdot NKW_{t-1}$$

[863] Vgl. auch O'Hanlon/Peasnell (2002), S. 232.
[864] Vgl. Schüler/Krotter (2004), S. 431.
[865] Vgl. Stüker (2008), S. 145; Drukarczyk/Schüler (2000), S. 265.

Um diesen bloßen Zeiteffekt[866] nicht als Erfolg auszuweisen, kann dieser subtrahiert werden und der Periodenerfolg folgendermaßen zusammengefasst werden:[867]

$$NEI_t - r_{f,s} \cdot NKW_{t-1} = \Delta EW_t + ECF_t - r_{f,s} \cdot IK_{t-1} - r_{f,s} \cdot NKW_{t-1} \qquad (5\text{-}14)$$
$$= \Delta EW_t + ECF_t - r_{f,s} \cdot EW_{t-1}$$

Dieser Periodenerfolg ist auch als „kapitaltheoretischer Residualgewinn“ zu bezeichnen, der nur zu einem Ergebnisausweis führt, wenn Planabweichungen entstehen und somit die ex post erwarteten und realisierten Cashflows von den ex ante Planungen divergieren. Ein solcher Ergebnisausweis wird hier angestrebt.

Dementsprechend sind die zukünftig erwarteten Ertragswerte der unterschiedlichen Informationsstände heranzuziehen, um die strategisch geprägten Ertragswertabweichungen zu quantifizieren. Ferner sind die realisierten und geplanten Cashflows ausschlaggebend für die Differenzen im investierten Kapital. Dies ist als operative Abweichung auszuweisen. Für die erste Periode resultiert beispielsweise die folgende Abweichungsunterteilung, wenn der Zeiteffekt eliminiert wird:

$$NEI_1^{oZ} = \Delta NKW_1 - r_{f,s} \cdot NKW_0 = \qquad (5\text{-}15)$$

$$\underbrace{EW(P)_1^{[1,1]} - EW(A)_1^{[0,0]}}_{\text{Strategische Abweichung}} + \underbrace{ECF(P)_1 - ECF(A)_1}_{\text{Operative Abweichung}}$$

Wird der Zeiteffekt eingeschlossen, so entsteht folgende Abweichung:

$$NEI_1 = \Delta NKW_1 \qquad (5\text{-}16)$$
$$= EW(P)_1^{[1,1]} - EW(A)_1^{[0,0]} + ECF(P)_1 - ECF(A)_1$$
$$+ r_{f,s} \cdot NKW(A)_0$$

Es ist allerdings nicht ausschließlich die Differenz zwischen zwei aufeinander folgenden Perioden zu betrachten, da das Projekt über die gesamte Projektdauer analysiert werden soll. Mit fortschreitendem Zeithorizont wird jede Analyseperiode t ein neuer Unternehmensplan ($P_t,\ wobei\ A = P_0$) eingeführt, sodass in jeder Periode operative Abweichungen hinzukommen und strategische Abweichungen einer Veränderung

---

866 Vgl. grundlegend zum Zeiteffekt im Zusammenhang mit Ertragswerten Breid (1994), S. 220. Der Zeiteffekt ist als Scheingewinn zu werten und kann dementsprechend separiert werden.

867 Vgl. Schüler/Krotter (2004), S. 431.

unterliegen. Am Ende des Projektes entspricht die Summe aus aufgezinsten operativen Abweichungen, der strategischen Abweichung und dem Zeiteffekt der Abweichung zwischen ex ante geplantem Wert $NKW(A_n)_n^{[0,0]}$ und dem ex post realisierten Wert nach Ablauf von n Perioden $NKW(P_n)_n^{[n,n]}$:

$$NKW(P_n)_n^{[n,n]} - NKW(A)_0^{[0,0]} = \sum_{t=1}^{n}((ECF(P_t)_t - ECF(A)_t)) \cdot \left(1 + r_{f,s}\right)^{n-t} + (EW(P_n)_n - EW(A)_n) + \sum_{t=1}^{n-1} NKW(A)_t \cdot r_{f,s} \tag{5-17}$$

Der Zeiteffekt kann wiederum subtrahiert werden, um die operativen Abweichungen und die strategische Abweichung zu isolieren:

$$NKW(P_n)_n^{[n,n]} - NKW(A)_n^{[0,0]} - \sum_{t=1}^{n-1} NKW\,(A)_t \cdot r_{f,s} = \sum_{t=1}^{n}((ECF(P_t)_t - ECF(A)_t)) \cdot \left(1 + r_{f,s}\right)^{n-t} + EW(P_n)_n - EW(A)_n \tag{5-18}$$

Darüber hinaus erfolgt die gesamte Planung nicht ein- sondern mehrwertig. Konsistent mit den vorherigen Feststellungen,[868] werden Sicherheitsäquivalente der Barwertverteilungen gebildet, um eine Risikoaggregation durchzuführen. Dementsprechend ist auch die Entwicklung des Risikoabschlages im Zeitablauf zu berücksichtigen, die auf Veränderungen der Risikomenge und des Risikopreises zurückzuführen ist. Geht man davon aus, dass Sicherheitsäquivalente auf Basis der Barwerte gebildet werden, so ist dementsprechend die Abweichung zwischen den Sicherheitsäquivalenten der Nettokapitalwerte zweier Perioden zu bilden:

$$NEI_t = \Delta SÄ(\widetilde{NKW}_t) = SÄ(\,\widetilde{NKW(P_t)}_t^{[t,t]}) - SÄ(\,\widetilde{NKW(P_{t-1})}_{t-1}^{[t-1,t-1]}) \tag{5-19}$$

Um den Risikoeffekt zu isolieren und die Formel (5-15) im Grundsatz beizubehalten, können die Erwartungswerte der Cashflows und Ertragswerte herangezogen werden, sodass anhand der Differenz zwischen den Risikoabschlägen die Risikoeffekte berechnet werden.

---

868 Vgl. dazu Abschnitt 4.2.3.

$$\begin{aligned} NEI_t = \Delta S\ddot{A}(\widetilde{NKW}_t) = S\ddot{A}\left(NK\widetilde{W(P_t)}_t^{[t,t]}\right) - S\ddot{A}\left(NKW(\widetilde{P_{t-1})}_{t-1}^{[t-1,t-1]}\right) = \\ \mu\left(E\widetilde{W(P_t)}_t^{[t,t]}\right) \quad - \mu\left(EW(\widetilde{P_{t-1})}_t^{[t-1,t-1]}\right) + ECF(P_t)_t^{[t,t]} \; - \\ \mu\left(\mathrm{E}CF(\widetilde{P_{t-1})}_t^{[t-1,t-1]}\right) + RAB\left(NKW(\widetilde{P_{t-1})}_{t-1}^{[t-1,t-1]}\right) - \\ RAB\left(NK\widetilde{W(P_t)}_t^{[t,t]}\right) + r_{f,s} \cdot \mu(NKW(\widetilde{P_{t-1})}_{t-1}^{[t-1,t-1]}) \end{aligned} \tag{5-20}$$

Neben dem Zeiteffekt ist auch der ausgewiesene Risikoeffekt nicht als zusätzliche Wertschaffung zu interpretieren, sondern als weiterer Mindestverzinsungsanspruch der Kapitalgeber.[869] Dementsprechend sind primär die periodischen Differenzen in den erwarteten und realisierten Cashflows sowie in den Erwartungswerten der antizipierten Ertragswerte von Interesse. Ausgehend von dieser Unterteilung, kann dann die Trägheitsprojektion integriert werden, um Informations- und Aktionseffekte in den erwarteten Ertragswerten und realisierten Cashflows zu separieren. Dementsprechend werden operative und strategische Informations- und Aktionseffekte quantifiziert. Zur Veranschaulichung einer Anwendung wird auf Abschnitt 5.3.2 verwiesen.

5.2.2.3 Ursachendifferenzierte Abweichungsanalysen

Eine Trennung von Aktions- und Informationseffekten sowie die interdependente Analyse von operativen und strategischen Werten unter Beachtung von Zeit- und Risikoeffekten sind bereits als Fortschritt zu werten. Da Innovationen eine sehr komplexe Struktur und eine spezielle Erfolgsfaktorisierung aufweisen, sollte eine Abweichungsanalyse darüber hinaus Erkenntnisse über den Einfluss der Veränderung einzelner Strukturelemente und Erfolgsfaktoren auf die Planung und den Gesamtwert ermöglichen. Aus diesem Grund sollte eine detailliertere Ursachendifferenzierung im Rahmen der integrierten Planung erfolgen. Dies kann verwirklicht werden, indem die Methodik operativer Abweichungsanalysen zur Analyse des Einflusses einzelner Erfolgsfaktoren mit der integrierten Wertentwicklungsrechnung verbunden wird.

Unterschiedliche Ansätze dieser Art erfolgten unter anderem in Beiträgen von *Li,*[870] *Riezler,*[871] *Ayaz*[872] *oder Burger/Ahlemeyer*[873]. Obwohl die Beiträge für divergierende Anwendungsgebiete konzipiert wurden, lässt sich als Gemeinsamkeit der Einsatz

[869] Vgl. ähnlich Dreher (2010), S. 345 im Zusammenhang mit dem Periodenerfolg der Erfolgspotenzialrechnung.
[870] Vgl. Li (2010), S. 172 ff.
[871] Vgl. Riezler(1996), S. 247 ff.
[872] Vgl. Ayaz (2011), S. 235 ff.
[873] Vgl. Ahlemeyer/Burger (2015), S. 1272 ff.

von (kumulativen) Abweichungsanalysen identifizieren, um die Gesamtabweichung in Teilabweichungen durch wertbeeinflussende Erfolgsfaktoren aufzuspalten. Diese Grundkonzeption ist auch hier anwendbar. Zur Übertragung auf die Innovationskontrolle sind allerdings zu viele Einschränkungen festzustellen, die eine unreflektierte und unveränderte Anwendung nicht möglich erscheinen lassen.

Li berücksichtigt in seinen Analysen zwar operative und strategische Abweichungen, beschränkt seine Auswertungen allerdings auf die wenigen Einflussfaktoren des Rappaport-Werttreibermodells.[874] Diese Einflussfaktoren sind für ein Innovationsprojekt insbesondere in der Vorlaufphase nicht einsetzbar, so dass eine Anpassung an die Erfolgsfaktoren des Corporate Models zu erfolgen hat.

Während *Li* eine starke Beschränkung auf wenige Einflussfaktoren vornimmt, betrachten *Riezler* und *Ayaz* keine antizipierten und realisierten Abweichungen integriert und vernachlässigen zum Teil das Risiko. Eine wichtige Anmerkung erfolgt durch *Ahlemeyer/Burger*, indem die Autoren betonen, dass eine integrierte Unternehmensplanung zugrunde zu legen ist,[875] sodass alle Rechenwerke und Größen analysierbar sind. Allerdings werden in diesem Ansatz die Einflüsse einzelner Ursachen nicht klar abgegrenzt und aufgrund des Akquisitionskontextes kann keine analoge Übertragung auf den vorliegenden Anwendungsbereich erfolgen.

Zusammenfassend bieten die beschriebenen Konzepte eine interessante Basis für die vorliegende Arbeit, sind allerdings zu konkretisieren und durch einen kombinierten Einsatz zu optimieren. Zum einen sollte die Veränderung der stochastisch-dynamischen Struktur näher betrachtet werden, da eine Veränderung dieser Struktur im Zeitverlauf einen signifikanten Werteffekt auslösen kann. Ferner sollten das Risiko und die operativen sowie strategischen Werteffekte gemäß der integrierten Wertveränderungsrechnung für einzelne Erfolgsfaktoren ausgewiesen werden. Nur eine Kombination aller Konzepte unter Beachtung der Besonderheiten der Risikostruktur der Vorlaufphase führt zu einem überzeugenden Gesamtsystem. Dies ist im folgenden Abschnitt zu illustrieren.

---

874 Vgl. dazu Li (2010), S. 178 ff. und Rappaport (1999), S. 32 ff. hinsichtlich der zugrundeliegenden Planungsmethodik.

875 Vgl. Ahlemeyer/Burger (2015), S. 1272.

5.3 Konzeption eines wertorientierten Gesamtsystems von Abweichungsanalysen für Innovationsprojekte

In den folgenden Ausführungen werden die oben beschriebenen Konzepte auf das bereits bestehende Beispiel angewandt und zu einem wertorientierten Gesamtsystem kombiniert.

Zunächst wird die Separation von operativen und strategischen Abweichungen durch die Veränderungsrechnung des Nettokapitalwertes durchgeführt. In einem weiteren Schritt wird durch die Anwendung der Grundprinzipien einer Erfolgspotenzialrechnung eine Trennung von Informations- und Aktionseffekten illustriert. In Abschnitt 5.3.3 erfolgt eine Ergänzung um eine ursachen-differenzierende Abweichungsanalyse.

5.3.1 Anwendung der integrierten Wertveränderungsrechnung

Über die gesamte Projektlaufzeit hinweg können Planänderungen eintreten. Die operativen und strategischen Werteffekte sind durch die Wertveränderungsrechnung so zu separieren, dass sie in Summe, ergänzt um Risiko- und Zeiteffekte, der Gesamtabweichung gleichen.

Das folgende Beispiel basiert auf einer Fortführung der bestehenden Planung, die den Abschnitten 4.1.4 und 4.2.3.2 entnommen werden kann. Dieses Beispiel wird um eine Abweichungsanalyse nach Ablauf der ersten Periode und am Ende der Vorlaufphase ergänzt. Planung und Kontrolle müssen stets auf denselben Kalkülstrukturen beruhen, sodass eine ex post-Entwicklung des Beispiels, ebenso wie die bereits bestehenden Ausgangsdaten, auf dem Corporate Model, der Risikosimulation und der stochastisch-dynamischen Struktur mittels Zustandsbäumen basiert. Die Ergebnisse des bereits bestehenden Beispiels werden im Folgenden kurz zusammengefasst und bereits an die Rechensystematik für die Abweichungsanalyse angepasst.[876] Die EK-Cashflows werden periodisch mit ihren Erwartungswerten angegeben und basieren auf einem Gesamtrisikoprofil, in dem alle Projektzustände einbezogen sind. Die Bildung eines Barwertes auf Basis der Erwartungswerte der Cashflows entspricht dem

[876] Vgl. auch Abschnitt 4.2.3.2.

Erwartungswert des gewichteten Barwerts aller Zustände wie in Abschnitt 4.2.3 gezeigt wurde.

Ausgangsdaten Planung in t_0/ex ante										
Periode	0	1	2	3	4	5	6	7	8	9
μ(ECFt)		-13.994	-11.065	-8.384	33.644	41.559	35.746	26.238	-8.308	-7.997
μ(IK)	0	13.994	25.688	35.228	3.170	- 38.246	- 75.713	- 105.359	- 101.792	- 98.376
μ(Barwert)	66.197	83.170	97.978	110.770	82.111	44.248	10.493	-15.273	-7.653	0
μ(NKW)	66.197	69.176	72.289	75.542	78.942	82.494	86.206	90.085	94.139	98.376
MUA (NKW)	55.208	57.692	60.288	63.001	65.836	68.799	71.895	75.130	78.511	82.044
RAB (NKW)	16.562	17.308	18.087	18.900	19.751	20.640	21.568	22.539	23.553	24.613
SÄ (NKW)	49.635	51.869	54.203	56.642	59.191	61.854	64.638	67.546	70.586	73.762
Komponenten der periodischen Wertentwicklung										
ΔSÄ(NKW)		2.234	2.334	2.439	2.549	2.664	2.783	2.909	3.040	3.176
Δ μ(IK)		0	0	0	0	0	0	0	0	0
Δ μ(Barwert)		0	0	0	0	0	0	0	0	0
Δ μ(Barwert))-Δμ(IK)		0	0	0	0	0	0	0	0	0
Zeiteffekt		2.979	3.113	3.253	3.399	3.552	3.712	3.879	4.054	4.236
RAB-Effekt		745	779	814	851	889	929	971	1.014	1.060

Tabelle 52: Ausgangsplanung

Dem Ausgangsplan ist zu entnehmen, dass nach Projektablauf die Erwartungen hinsichtlich des Stands des investierten Kapitals und des Nettokapitalwertes mit 98.376 GE übereinstimmen, wie es in der Wertveränderungsrechnung - analytisch fundiert - vorgesehen ist. Eine Amortisation des investierten Kapitals kann in Periode fünf erreicht werden, da das investierte Kapital erstmals einen negativen Wert i.H.v.-38.246 GE annimmt und als Rückzahlung an den Investor zu interpretieren ist. Die ausgewiesenen Abweichungen in den Sicherheitsäquivalenten des Nettokapitalwertes zwischen den Perioden während der Projektphase sind ausschließlich auf den Zeit- und den Risikoeffekt zurückzuführen, da noch keine Änderungen des Projektplans vorliegen.

5.3.1.1 Wertveränderung nach Ablauf einer Periode

Nach Ablauf einer Periode ist ein revidierter Projektplan aufzustellen. In diese Planänderungen ist, neben möglicherweise veränderten Erwartungen hinsichtlich einzelner Erfolgsfaktoren, insbesondere die dynamische Entwicklung im Zustandsbaum anzupassen.

Der Zustandsbaum unterliegt im Beispiel bereits nach einer Periode einer Veränderung, da die ersten Unsicherheiten im dynamischen Verlauf entfallen. Demnach ist zu berücksichtigen, dass die erste Periode gemäß der ex ante-Planung entweder mit einem Abbruch endet oder der erste Projektabbruch bereits entfällt, sodass die entsprechenden Entwicklungspfade zu eliminieren sind. Des Weiteren ist zu prüfen, welche Zeitplanung realisiert wird. In der Beispielplanung wird das Arbeitspaket D/F, wie im realistischen Szenario erwartet, begonnen und die geplante Entwicklungszeit im worst case wird von acht auf sieben Halbjahre verkürzt:[877]

Periode t	1		2		3		4
Halbjahr	1	2	1	2	1	2	1
AP A/B							
AP A/D							
AP A/C							
AP B/E							
AP C/E							
AP D/F							
AP E/G							
AP F/G							
AP F/H							
AP H/X							
AP G/X							

Abbildung 43: Balkendiagramm nach Ablauf einer Periode

Infolgedessen ist die Planung der Vorlaufphase anzupassen[878] und die Wahrscheinlichkeit für einen geringen Marktanteil im worst case der Entwicklungszeit verringert sich, da ohne weiterführende Informationen mit einem früheren Markteintritt die Wahrscheinlichkeit für den höheren Marktanteil im Beispiel steigt. Des Weiteren entfällt der mögliche Projektabbruch am Ende der vierten Periode.

Zusammenfassend ist der folgende in Abbildung 44 dargestellte Zustandsbaum heranzuziehen, wobei die angegebenen Zahlungen auf den Zeitpunkt Null diskontiert sind, um einen besseren Vergleich zum Zustandsbaum der Ausgangsplanung zu ermöglichen:

---

[877] Vgl. dazu Abschnitt 4.1.4.1.

[878] Vgl. dazu Anhang, Tabelle**Error! Reference source not found.** 19 bis Tabelle 22.

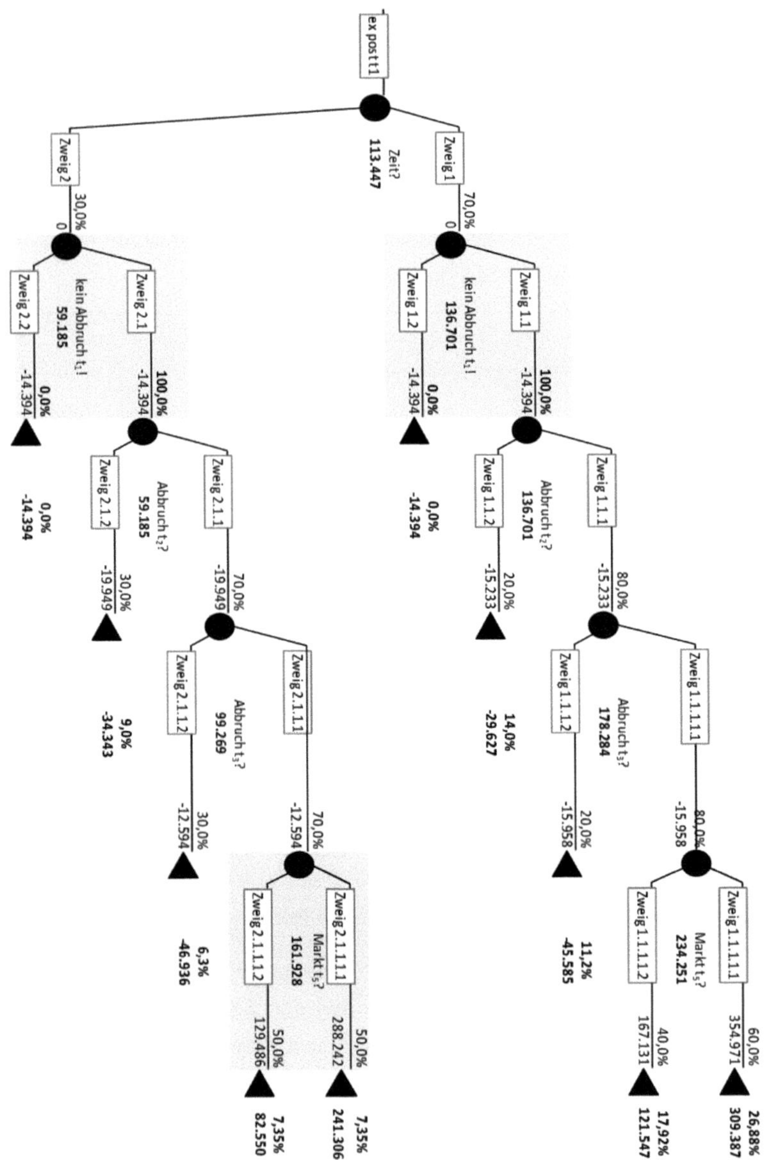

Abbildung 44: Zustandsbaum nach Ablauf einer Periode

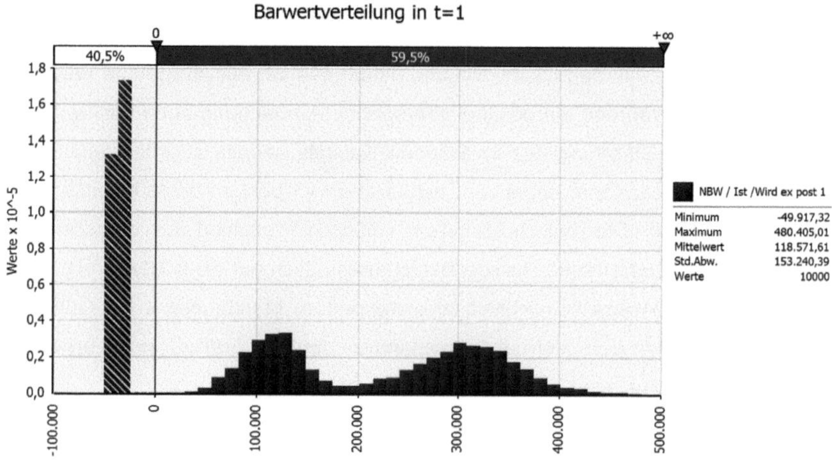

Abbildung 45: Wahrscheinlichkeitsverteilung nach Ablauf einer Periode

Es ergeben sich ex post am Ende der ersten Periode divergierende Erwartungen und Ergebnisse hinsichtlich der realisierten und zukünftigen Cashflows, die in einer Abweichungsanalyse als Ist-Werte zu interpretieren sind. Die Wahrscheinlichkeit der Marktrealisierung und somit die Wahrscheinlichkeit der positiven Kapitalwertentwicklung ist mit 59,5 % deutlich höher als im ursprünglichen Barwertprofil (39,5%), da die ersten Abbrüche bereits vermieden wurden. Gemäß Formel (5-19) ist die Differenz im Nettokapitalwert nach einer Periode ($SÄ(NKW(P_1)_1^{11})$ =98.374) zum ex ante geplanten Wert ($SÄ(NKW(A)_0^{00})$ = 49.635) in operative sowie strategische Abweichungen aufzuschlüsseln und um den Zeit- und Risikoeffekt zu ergänzen:

Periode	Ist / Wird 1	2	3	4	5	6	7	8	9
μ(CF$_t$)	-15.042	-18.179	-13.217	57.759	65.038	55.944	41.090	-13.083	-12.615
μ(IK)	15.042	33.898	48.641	-6.930	-72.280	- 131.477	- 178.483	- 173.432	- 168.621
μ(Barwert)	133.614	157.805	178.124	128.380	69.119	16.285	-24.072	-12.072	0
μ(NKW)	118.572	123.907	129.483	135.310	141.399	147.762	154.411	161.360	168.621
MUA (NKW)	67.325	70.355	73.521	76.829	80.286	83.899	87.675	91.620	95.743
RAB (NKW)	20.198	21.106	22.056	23.049	24.086	25.170	26.302	27.486	28.723
SÄ (NKW)	98.374	102.801	107.427	112.261	117.313	122.592	128.109	133.874	139.898
ex post t$_1$ Abweichungen zu ex ante t$_0$									
ΔSÄ(NKW)	48.739	4.427	4.626	4.834	5.052	5.279	5.517	5.765	6.024
Δμ(IK)	1.048	0	0	0	0	0	0	0	0
Δμ(Barwert)	50.444	0	0	0	0	0	0	0	0
Δμ(Barwert)-Δμ(IK)	49.395	0	0	0	0	0	0	0	0
Zeiteffekt	2.979	5.336	5.576	5.827	6.089	6.363	6.649	6.948	7.261
RAB-Effekt	3.635	909	950	993	1.037	1.084	1.133	1.184	1.237

Tabelle 53: Abweichungsanalyse nach Ablauf einer Periode

Nach Ablauf der ersten Periode wird deutlich, dass eine Erhöhung des Sicherheitsäquivalentes des Nettokapitalwerts i.H.v. 49.739 GE mit 1.048 GE auf bereits realisierte Abweichungen in den Cashflows und mit 50.444 GE auf antizipierte Werte zurückzuführen ist. Während die positive strategische Abweichung auch positiv auszulegen ist, ist eine Erhöhung des investierten Kapitals negativ zu interpretieren, da diese als Folge zusätzlicher negativer Cashflows ein ex post erhöhtes Investitionsvolumen widerspiegelt. Die restliche Differenz (-656 GE) resultiert aus dem Zeit- und dem Risikoeffekt. Der erhöhte Risikoeffekt ist mutmaßlich auf die höhere Volatilität in der, mit größerer Wahrscheinlichkeit zu erwartenden, Marktphase zurückzuführen. Es wird aufgrund der Vermutungsannahme deutlich, dass eine ursachendifferenzierte Analyse, wie noch gezeigt wird, zu ergänzen ist.

5.3.1.2 Wertveränderung zum Ende der Vorlaufphase

Ausgehend von dem revidierten Plan der ersten Periode können weitere Abweichungen periodisch auf dieselbe Weise analysiert werden.

Im Rahmen der Analyse eines Innovationsprojektes ist jedoch primär die Betrachtung der gesamten Vorlaufphase von Interesse, sodass der (Ist/Wird)-Nettokapitalwert zum Ende der Vorlaufphase (hier: $SÄ(NKW(P_3)_3^{33})$ mit dem ex ante geplanten Wert (weiterhin: $SÄ(NKW(A)_0^{00})$ verglichen wird, um die gesamten realisierten und antizipierten Abweichungen der ersten Projektphase zu quantifizieren.

Das Beispiel wird fortgeführt, um eine Abweichungsanalyse der gesamten Vorlaufphase zu erhalten, die im weiteren Verlauf als Basis für die Ursachendifferenzierungen dient. Es wird unterstellt, dass das Beispielprojekt eine positive Entwicklung annimmt. Demnach wird davon ausgegangen, dass zum Ende der Vorlaufphase die kurze Entwicklungszeit realisiert werden konnte und nur kleinere Planabweichungen entstanden sind.[879] Der Zustandsbaum entfällt weitestgehend und es besteht lediglich die letzte Unsicherheit im Hinblick auf den Marktanteil zu Beginn des Markteintritts. Die Wahrscheinlichkeitsverteilung der zukünftigen Erfolge ab Periode drei wird dementsprechend durch die zugrunde liegenden Möglichkeiten beeinflusst:

---

879 Vgl. Anhang, Tabelle 23 und Tabelle 24 hinsichtlich der Plan-Anpassungen.

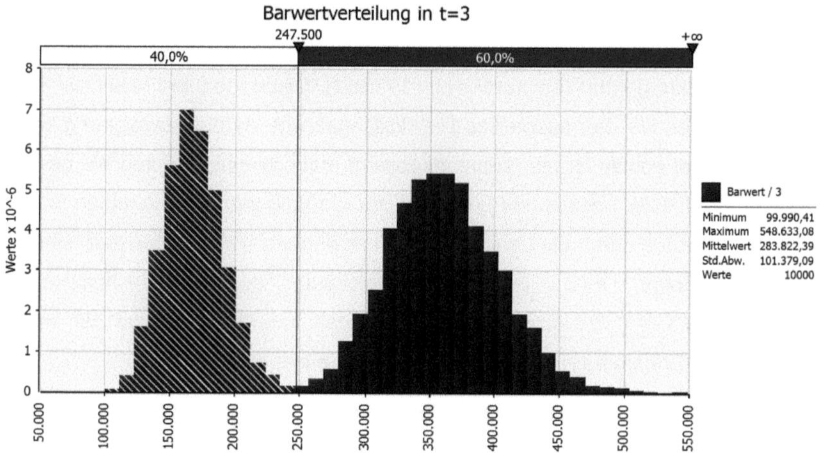

Abbildung 46: Wahrscheinlichkeitsverteilung des Barwertes zum Ende der Vorlaufphase

Die Abweichungen zwischen dem Sicherheitsäquivalent des Kapitalwertes nach drei Perioden ($SÄ(NKW(P_3)_3^{33}$ =214.634) und zu Projektbeginn ($SÄ(NKW(A)_0^{00} = 49.635$) werden wiederum in der folgenden Tabelle zusammengefasst. In diesem Fall ist allerdings zu beachten, dass bereits drei Perioden vergangen sind.

Planstand	ex ante	Ist/Wird	Ist/Wird	Ist/Wird	Planung ex post t_3					
Periode	0	1	2	3	4	5	6	7	8	9
$\mu(CF_t)$		-15.064	-18.173	-19.791	102.868	99.040	85.280	62.561	-21.043	-20.335
$\mu(IK)$		15.064	33.915	55.233	-45.150	-146.222	-238.081	-311.356	-304.324	-297.683
μ (Barwert)				283.822	193.726	103.404	22.778	-38.758	-19.460	0
	Plan			Ist/Wird						
μ(NKW)	66.197			228.590	238.876	249.626	260.859	272.597	284.864	297.683
MUA (NKW)	55.208			46.519	48.613	50.800	53.086	55.475	57.972	60.580
RAB (NKW)	16.562			13.956	14.584	15.240	15.926	16.643	17.391	18.174
SÄ (NKW)	49.635			214.634	224.292	234.386	244.933	255.955	267.473	279.509
ex post t_{13} Abweichungen zu ex ante t_0										
ΔSÄ(NKW)				164.999	9.659	10.093	10.547	11.022	11.518	12.036
Δμ(IK)				20.005	0	0	0	0	0	0
Δμ(Barwert)				173.052	0	0	0	0	0	0
Δμ(Barwert)-Δμ(IK)				153.047	0	0	0	0	0	0
Zeiteffekt				9.345	10.287	10.749	11.233	11.739	12.267	12.819
RAB-Effekt				-2.607	628	656	686	717	749	783

Tabelle 54: Abweichungsanalyse nach Ablauf der Vorlaufphase I

Der Ausschluss der verlängerten Entwicklungszeit und die sonstigen Veränderungen der Erfolgsfaktoren haben im Beispiel zu einer erheblichen Verbesserung der antizipierten Werteffekte geführt ($\Delta\mu(Barwert)$ =173.052). Demgegenüber weist der realisierte Wert in Periode drei nachteilige Entwicklungen auf, da die Abweichung im investierten Kapital positiv ist und somit insgesamt mehr investiert wurde als geplant war ($\Delta\mu(IK)$ =20.005), sodass das ursprüngliche Vorlaufbudget überschritten wurde. Allerdings kann dies durch die positive Zukunftserwartung überkompensiert werden, sodass insgesamt eine positive Abweichung des Netto-Kapitalwertes ($\Delta S\ddot{A}(NKW)$ =164.999) zu verzeichnen ist und das investierte Kapital bei erwartungskonformer Erfolgsrealisierung bereits in Periode vier amortisiert ist.

Um die periodische Zuordnung der realisierten Abweichungen im investierten Kapital zu erhalten, können diese Abweichungen gemäß den Formeln (5-17) und (5-19) weiter in periodische, operative Abweichungen differenziert werden.

Periode	t1	t2	t3	Summe mit Zeiteffekten
Delta SÄ (NKW)				164.999
Delta CF_t (OA)	-1.071	-7.108	-11.408	-20.005
Delta μ(Barwert)			173.052	173.052
Zeiteffekt	2.979	3.113	3.253	9.345
RAB-Effekt				-2.607
Gesamtabweichung				**164.999**

Tabelle 55: Abweichungsanalyse nach Ablauf der Vorlaufphase II

In der Summe der operativen Abweichungen wird ein Zeiteffekt gemäß Formel (5-17) erfasst, um insgesamt die Abweichung des investierten Kapitals zu erhalten. Der Analyse dieses Beispiels ist zu entnehmen, dass in jeder Periode das ex ante geplante Budget überschritten wurde.

Als Fazit dieser Abweichungsanalyse sollte das Projekt dennoch fortgeführt werden, um einen Markteintritt zu realisieren. Ein Abbruch des Projektes müsste nur erfolgen, wenn das Sicherheitsäquivalent des prospektiv ausgerichteten Ertragswertes kleiner als Null wäre. Eine Entscheidung kann somit bereits durch diese Wertanalysen fundiert werden. Um darüber hinaus den Self Justification Effekt positiv zu beeinflussen, wird folgend die Trennung exogener und endogener Einflüsse konkretisiert.

5.3.2 Isolierung von Informations- und Aktionseffekten

Bisher konnte nur verdeutlicht werden, dass ein Projekt positive oder negative Entwicklungen annehmen kann und der künftige Barwert zum Betrachtungszeitpunkt als Entscheidungskriterium heranzuziehen ist, während der gesamte Nettokapitalwert als Analysegröße dient.

Um Abweichungen bestimmten Verantwortungsträgern zuweisen zu können, sollten in einem weiteren Schritt Informations- und Aktionseffekte im Sinne der Erfolgspotenzialrechnung voneinander getrennt werden. Hierfür ist, wie in Abschnitt 5.2.2.1 verdeutlicht, eine Trägheitsprojektion zu integrieren, in der eine Trennung von Veränderungen, die durch die Umwelt verursacht und vom Management nicht beeinflusst werden, von solchen Veränderungen, die auf Aktionen, Reaktionen und Handlungen des Managements zurückzuführen sind, erfolgt.

Da eine sehr ausführliche Planung zugrunde liegt, kann eine Trägheitsprojektion auf Basis der Werttreiber und ihrer Klassifizierung als von den Entscheidungsträgern beeinflussbar bzw. nicht beeinflussbar erfolgen. Zur Übersichtlichkeit findet hier eine Konzentration auf die Erfolgsfaktoren statt, die in Abschnitt 4.1.2.3.2 als risikobehaftet deklariert wurden und somit mehrwertig in der Planung hinterlegt sind.[880] Zudem ist die Entwicklung des Zustandsbaumes mit den hinterlegten Wahrscheinlichkeiten von Relevanz, um den Werteffekt der Auflösung dieser dynamischen Risikostruktur zu quantifizieren.

Insgesamt werden drei Klassen an Inputfaktoren unterschieden. Zum einen bestehen solche Faktoren, die vollkommen von exogenen Einflüssen abhängen und durch das Management normalerweise nicht wesentlich beeinflusst werden können. Ein typisches Beispiel für diese Kategorie sind Preise und Preisentwicklungen.[881] Veränderungen dieser Faktoren und ihre Einflüsse auf den Nettokapitalwert sind als Informationseffekte auszuweisen. Eine zweite Kategorie bilden die Faktoren, die sowohl exogen, als auch endogen beeinflusst werden, sodass hier eine individuelle Regelung zu treffen ist, welche Veränderungen auf Umwelteinflüsse und somit exogene Ursachen zurückzuführen sind und welche dem Management zugerechnet werden. Eine dritte Kategorie bilden Faktoren, die durch das Management beeinflusst werden

---

880 Vgl. Abschnitt 4.1.2.3.2, Tabelle 32.

881 Vgl. Kilger/Pampel/Vikas (2012), S. 155.

und somit auf dessen Aktionen und Handlungen zurückzuführen sind. Veränderungen dieser Faktoren und ihre Einflüsse auf den Nettokapitalwert sind dementsprechend als Aktionseffekte auszuweisen. Eine Einteilung der Erfolgsfaktoren kann der folgenden Abbildung entnommen werden, wobei grundsätzlich das individuelle Unternehmensmodell ausschlaggebend für diese Einteilung ist.

Kategorie 1
exogene Ursachen

- Marktvolumen
- Entwicklung Marktvolumen
- Absatzpreis und Preissteigerung
- Forderungsquote
- Steigerung LuG Fertigung
- Steigerung LuG Verwaltung
- Fluktuationsquote VW
- Preis (-Steigerung) Material
- Preis (-Steigerung) Maschinen

Kategorie 2
exogene und endogene Ursachen

- Marktanteil
- Änderung Marktanteil
- Steigerung LuG Wissenschaftler
- Fluktuationsquote Wissenschaftler

Kategorie 3
endogene Ursachen

- Reparaturquote
- Reparaturkosten
- Anzahl VW
- Anzahl Wissenschaftler
- F&E-Material
- Investitionen F&E-Anlagen
- Quadratmeternutzung F&E
- Veränderung der stochastisch dynamischen Struktur im Zustandsbaum
  - o Entwicklungszeit
  - o Projektabbrüche usw.

Abbildung 47: Kategorisierung von Erfolgsfaktoren

Werden die Abweichungen einer Projektperiode oder Projektphase näher untersucht, so sind die Faktoren schrittweise an die jeweiligen Informationsstände und Planungsgrundsätze anzupassen.

Im Kontext der operativen Abweichungsanalysen wurde verdeutlicht, dass eine Abweichungsanalyse auf Plan-Basis dazu führt, dass mit zunehmender Anzahl an untersuchten und abgespaltenen Einflussfaktoren die Anzahl der Abweichungen höheren Grades steigt.[882] Dementsprechend werden zuerst, ausgehend von der Plan-Basis, die endogenen Faktoren an den Ist-Zustand angepasst, dann die endogen und exogen beeinflussbaren Faktoren und zum Schluss die exogenen Faktoren, um

---

[882] Vgl. Abschnitt 5.2.1.

dort vermehrt Abweichungen höheren Grades auszuweisen, da keine Verantwortungszuweisung vorgesehen ist.

Das Beispiel wird fortgeführt, indem die ausgewiesene Gesamtabweichung am Ende der Vorlaufphase i.H.v. 164.999 GE in Aktions- und Informationseffekte unterteilt wird. Um die Informations- von den Aktionseffekten zu separieren wird zunächst eine Trägheitsprojektion a) aufgestellt, in der die ex post-Veränderung endogen beeinflussbarer Erfolgsfaktoren und somit die Faktorenkategorie drei berücksichtigt ist, sodass im Vergleich zur Ausgangsplanung die Aktionseffekte einbezogen sind, während im Vergleich zum Ist-Plan die Informationseffekte noch unberücksichtigt sind. Da eine Abweichungsanalyse auf Plan-Basis erfolgt, ist die Trägheitsprojektion dahingehend zu interpretieren.

Mit den Anpassungen der endogenen Variablen wird zunächst folgender Plan ermittelt, um die Aktionseffekte durch die Differenzbetrachtung zum Ausgangsplan isolieren zu können:[883]

Planstand	IST (Träg)	IST (Träg)	IST/Wird (Träg)	Trägheits-Planung a) - ex post t_3					
Periode	1	2	**3**	4	5	6	7	8	9
$\mu(CF_t)$	-14.932	-17.744	-19.279	115.198	110.755	95.601	70.299	-23.001	-22.207
$\mu(IK)$	14.932	33.348	54.128	-58.635	-172.028	-275.371	-358.062	-351.174	-344.770
μ(Barwert)			318.875	218.026	117.082	26.749	-42.346	-21.251	0
μ(NKW)			264.747	276.661	289.111	302.121	315.716	329.923	344.770
MUA(NKW)			51.754	54.082	56.516	59.059	61.717	64.494	67.397
RAB(NKW)			15.526	16.225	16.955	17.718	18.515	19.348	20.219
SÄ(NKW)			249.221	260.436	272.156	284.403	297.201	310.575	324.551

Tabelle 56: Trägheitsprojektion a)

Im direkten Vergleich zu den Erwartungen ex ante (weiterhin: $SÄ(NKW(A)_0^{00})$=49.635), können die folgenden operativen und strategischen Abweichungskomponenten zusammengefasst werden, die auf die Tätigkeiten der Verantwortungsträger zurückzuführen sind und somit als Aktionseffekte ausgewiesen werden. Aufgrund des zeitlichen Unterschiedes werden zudem die Risikoeffekte erfasst, um die gesamte Abweichung durch Managementaktionen aufzuteilen.

883 Ein vollständiger Plan ist dem Anhang zu entnehmen, vgl. Tabelle 25 und Tabelle 26.

Periode	t1	t2	t3	Summe mit Zeiteffekten
ΔSÄ(NKW)				192.579
ΔCF_t (OA)	-939	-6.679	-10.895	-18.900
Δμ(Barwert)			208.105	208.105
RAB-Effekt				-3.374
Gesamtabweichung				192.579

Tabelle 57: Analyse der Aktionseffekte

Der Aktionseffekt beträgt 192.579 GE und ist als positive Managementleistung zu interpretieren, die maßgeblich auf einen strategischen Effekt aufgrund der Differenzen in den erwarteten Barwerten (208.105 GE) zurückzuführen ist.

In einem weiteren Schritt sind nicht eindeutig zuzuweisende Faktoren im Planungsmodell an die Ist-Zustände anzupassen. Mit dem daraus folgenden Plan (Trägheitsprojektion b)[884] können wiederum durch einen Vergleich mit Trägheitsprojektion a) die Werteffekte differenziert werden.

Planstand	IST (Träg b)	IST (Träg b)	IST/Wird (Träg b)	Trägheits-Planung b) ex post t_3					
Periode	1	2	3	4	5	6	7	8	9
$\mu(CF_t)$	-15.042	-18.114	-19.715	115.196	110.760	95.601	70.298	-23.002	-22.208
μ(IK)	15.042	33.833	55.070	-57.647	-171.001	-274.298	-356.939	-349.999	-343.541
μ(Barwert)			318.874	218.028	117.079	26.746	-42.348	-21.251	0
μ(NKW)			263.804	275.675	288.080	301.044	314.591	328.748	343.541
MUA(NKW)			51.776	54.106	56.541	59.085	61.744	64.522	67.426
RAB(NKW)			15.533	16.232	16.962	17.726	18.523	19.357	20.228
SÄ(NKW)			248.271	259.443	271.118	283.319	296.068	309.391	323.314

Tabelle 58: Trägheitsprojektion b)

Periode	t1	t2	t3	Summe (mit Zeiteffekten)
ΔSÄ(NKW)				-950
ΔCF_t(OA)	-110	-370	-437	-943
Δ(Barwert)			-1	-1
RAB-Effekt				7
Gesamtabweichung				-950

Tabelle 59: Analyse der Zwischeneffekte

Im Ergebnis ist mit einer Differenz von -950 GE keine außerordentlich hohe Abweichung aufgrund der Erfolgsfaktoren aus Kategorie zwei festzustellen.

884 Vgl. zu diesen Plänen Anhang, Tabelle 27 und Tabelle 28.

In einem letzten Schritt können die Informationseffekte extrahiert werden, indem die Differenzen zwischen dieser zweiten Trägheitsprojektion b) und der ex post-Planung und somit der Ist-Planung in Periode drei gebildet werden.

Planstand	IST	IST	IST	Planung ex post t_3					
Periode	1	2	**3**	4	5	6	7	8	9
$\mu(CF_t)$	-15.064	-18.173	-19.791	102.868	99.040	85.280	62.561	-21.043	-20.335
$\mu(IK)$	15.064	33.915	55.233	-45.150	-146.222	-238.081	-311.356	-304.324	-297.683
μ(Barwert)			283.822	193.726	103.404	22.778	-38.758	-19.460	0
μ(NKW)			228.590	238.876	249.626	260.859	272.597	284.864	297.683
MUA (NKW)			46.519	48.613	50.800	53.086	55.475	57.972	60.580
RAB (NKW)			13.956	14.584	15.240	15.926	16.643	17.391	18.174
SÄ (NKW)			214.634	224.292	234.386	244.933	255.955	267.473	279.509

Tabelle 60: Ex-Post Planung nach Ablauf der Vorlaufphase

Periode	t1	t2	t3	Summe (mit Zeiteffekten)
ΔSÄ(NKW)				-33.637
ΔCF_t (OA)	-22	-59	-76	-162
$\Delta\mu$(Barwert)			-35.052	-35.052
RAB-Effekt				-1.577
Gesamtabweichung				-33.637

Tabelle 61: Analyse der Informationseffekte

Die Informationseffekte weisen mit einer Abweichungssumme von -33.637 GE wiederum einen relativ bedeutsamen Effekt auf, der weiterführend analysiert werden sollte. Mit diesem letzten Analyseschritt wird somit ersichtlich, wieviel der Wertschaffung auf die Aktionen und Fähigkeiten des Managements zurückzuführen sind und welcher Anteil auf exogenen und nicht beeinflussbaren Faktoren basiert. Insgesamt überwiegt im vorliegenden Beispiel der endogene Einfluss mit 192.579 GE, der den negativen Informationseffekt von -33.637 GE deutlich überkompensieren kann, sodass inklusive nicht eindeutig zugewiesener Abweichung (-950 GE) und der Zeitabweichung (7.007 GE) ein deutlich positiver Gesamteffekt (164.999) resultiert. Die genauen Ursachen sind allerdings nicht differenziert und es wird nicht deutlich, welcher Effekt auf Strukturänderungen im dynamischen Verlauf und somit im Zustandsbaum zurückzuführen ist oder welche Effekte durch einzelne Erfolgsfaktorenänderungen verursacht wurden. Um diese endgültige Differenzierung zu erreichen, ist in einem letzten Schritt eine ursachendifferenzierende Abweichungsanalyse durchzuführen.

5.3.3 Quantifizierung ursachendifferenzierter Abweichungen

Das Konzept der faktorenspezifischen oder ursachendifferenzierten Abweichungsanalyse basiert grundsätzlich auf den Konzepten der operativen Abweichungsanalyse. Es werden dementsprechend sukzessive Soll-Größen durch die Anpassung wertbeeinflussender Faktoren vom Plan an ihren Ist-Zustand gebildet, um durch Differenzbetrachtungen einzelne Abweichungen diesen Einflussfaktoren zuzuordnen. Aufgrund der Anwendung einer kumulativen Abweichungsanalyse ist die Gesamtabweichung so in Teilabweichungen aufzuspalten, dass die endogenen Einflussfaktoren weniger Abweichungen höheren Grades aufweisen als die exogenen Einflussfaktoren. Diese Ausrichtung wurde bereits im Rahmen der Trägheitsprojektionen beachtet, sodass bei einem Vorgehen auf Plan-Basis zuerst die endogenen Einflussfaktoren an Ist-Werte anzupassen sind und dann die exogenen Werte sukzessive angepasst werden, bis der gesamte ex ante-Plan in den Ist-Zustand transformiert wurde. Die Einteilung in exogene und endogene Einflussfaktoren wurde ebenfalls bereits im Rahmen der Trägheitsprojektion vorgenommen, sodass diese Kategorisierung weiterhin herangezogen werden kann, um auch die faktorenspezifische Abspaltungsreihenfolge festzulegen.

Wiederum wird die Gesamtabweichung der Vorlaufphase ($GA = 164.999$) betrachtet, sodass die ersten drei Perioden samt den operativen und strategischen Abweichungsgrößen näher analysiert werden.[885] Ausgehend von dem ex ante Projekt-Plan sind zuerst die erwarteten Projektabbrüche zu eliminieren, dann werden eingeplante Faktormengen und -kosten angepasst und erst zum Schluss sind Preis- und Marktvolumeneffekte zu differenzieren, da diese annahmegemäß nur sehr geringfügig beeinflussbar sind (vgl. Tabelle .62). In Summe werden durch die einzelnen faktorenspezifischen Abweichungen sowohl die Gesamtabweichung als auch die Informations- und die Aktionseffekte weiteren Ursachen zugewiesen, wobei der Zeiteffekt aufgrund der Periodenverschiebung gesondert auszuweisen ist. Auf Basis der differenzierten Analyse der Vorlaufphase wird erkennbar, dass im Beispiel keine Ressource ausreichend eingeplant wurde, sodass in allen Fällen negative Wertdivergenzen im operativen Aktionseffekt auftreten. Für künftige Investitionen sollte dieses Ergebnis zu einem Lerneffekt führen und antizipierte Werte sind mit zunehmender Vor-

885 Die Ergebnisse sind orientierend an der Abspaltungsreihenfolge dargestellt.

sicht zu interpretieren. Die größten Einflüsse sind auf die Änderungen in der stochastisch-dynamischen Projektstruktur zurückzuführen.

Struktureffekte	Operative Abweichungen			Strat. Abweichung	RAB-Effekt	Summe inkl. Zeiteffekte
Faktor/Periode	1	2	3	3		
Zeiteffekt ($SÄ(NKW)_3^{ex\ ante}$ - $SÄ(NKW)_0^{ex\ ante}$)	9.345				2.338	7.007
	Aktionseffekte					
Keine Projektabbrüche	0	-4.743	-6.919	153.799	-1.383	143.306
Anzahl Pers. VW	-18	-236	-503	297	-14	-458
Anzahl Pers. Wiss.	-501	-323	-1.608	2.150	-136	-206
Materialkosten F&E	-394	-1.119	-972	2.881	-101	411
Quadratmeternutzung	-26	-259	-302	0	22	-623
Kosten F&E-Anlagen	0	0	-432	-262	6	-700
Fertigstellungstermin	0	0	-160	49.248	-1.764	50.852
Reparaturquote	0	0	0	-2	-2	0
Reparaturkosten	0	0	0	-7	-3	-3
Summe Aktionseffekte	-939	-6.679	-10.895	208.105	-3.374	192.579
	endogene und exogene Effekte					
Marktanteil	0	0	0	8	6	1
Fluktuation Pers. Wiss.	-13	-98	-104	0	0	-220
LuG Pers. Wiss.	-97	-272	-333	-8	0	-731
Summe unbestimmte Effekte	-110	-370	-437	-1	7	-950
	Informationseffekte					
Materialpreis	0	0	0	5	2	3
Maschinenpreis	0	0	0	0	0	0
Fluktuation Pers. VW	0	0	0	0	0	0
LuG VW/Fertigung	-22	-59	-76	-493	-12	-643
Forderungsquote	0	0	0	-1	0	-1
Absatzpreis	0	0	0	62	15	47
Marktvolumen	0	0	0	-34.625	-1.582	-33.043
Summe Informationseffekte	-22	-59	-76	-35.052	-1.577	-33.637
Gesamtsumme	-1.071	-7.108	-11.408	173.052	-4.945	164.999

Tabelle 62: Ursachendifferenzierte Abweichungsanalyse nach Ablauf der Vorlaufphase

Die erfolgreiche Projektfertigstellung führt dazu, dass eine Antizipation von Projektabbrüchen zu vernachlässigen ist und eine Markteinführung erfolgt, sodass ein positiver strategischer Effekt i.H.v. 153.799 GE zu quantifizieren ist. Im Vergleich zu diesem strategischen äußerst signifikanten Effekt ist die Differenz der Risikoabschläge (-1.383 GE) gering, obwohl die risikoreiche Projektstruktur verdichtet wird. Um genauere Analysen zu ermöglichen, können die Kapitalwert-Verteilungen des Plans ex ante und nach Bereinigung von Abbrüchen in Periode 3 überlagert werden:

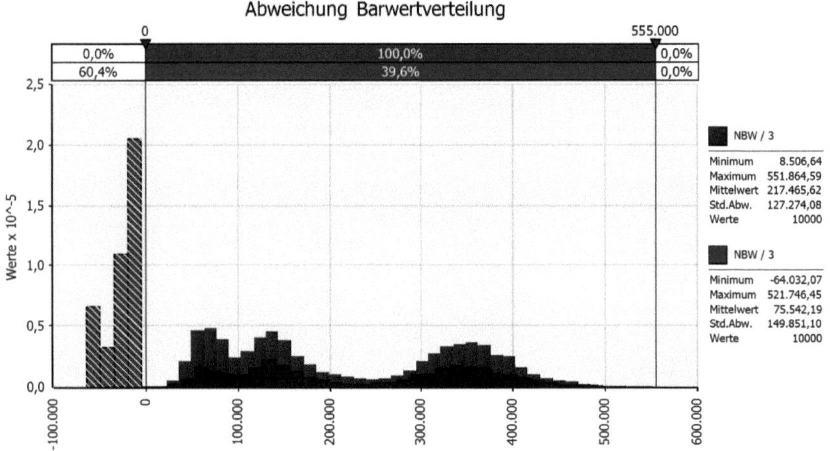

Tabelle 63: Überlagerung der Wahrscheinlichkeitsverteilungen mit und ohne Projektabbrüche

Werden die Risikoabschläge auf der Basis der Netto-Kapitalwerte derselben Periode (t=3) gebildet, so ist eine Reduktion des Risikos durch die Eliminierung der Abbrüche festzustellen, da die Standardabweichung gesenkt wird und auch die MUA im Nettokapitalwert von 63.001 auf 58.392 reduziert ist. Dennoch ist das Ausmaß der Risikoreduzierung keineswegs vergleichbar mit der Erhöhung des Erwartungswertes. Dieser wird um das ca. 1,88-fache erhöht, während die Reduktion im Risiko, gemessen an der Differenz in den MUAs, lediglich 7% erreicht. Wird die Wahrscheinlichkeitsverteilung näher betrachtet, so ist erkennbar, dass zwar die Projektabbrüche eliminiert sind, die Wahrscheinlichkeit der Marktphase gleichzeitig erhöht ist und somit auch die dort vorherrschende Volatilität stärker zu gewichten ist. Es ist zu erkennen, dass Einflüsse auf den Erwartungswert und das gemessene Risiko in Innovationsprojekten demnach streng zu separieren sind. Diese Feststellung wird insbesondere im Rahmen objektivierter Unternehmensbewertungen bedeutsam, da in vielen Beiträgen nach einem angemessenen Diskontierungszins gesucht wird, um das Risiko der Projektabbrüche adäquat einzupreisen.[886] Während auf Basis der vorliegenden Sicherheitsäquivalentbewertung orientierend am Erwartungswert-Risikomaß-Prinzip eine eindeutige Trennung von primären Effekten im Erwartungswert[887] und möglichen Ri-

886 Vgl. dazu ferner Abschnitt 7.4.3.2.

887 Vgl. dazu auch Myers/Shyam-Sunder (1996), S. 213 f.

sikoeffekten erfolgt, ist eine derartige Fundierung im Rahmen objektivierter Bewertungen auf Basis des CAPM nicht feststellbar.

Insgesamt ist ein signifikanter Erfolgsausweis festzustellen, da ex ante die Projektabbrüche antizipiert werden. Dementsprechend wird nun ein nahezu 5-fach erhöhter Kapitalwert ausgewiesen. Geht man allerdings davon aus, dass nicht alle Projekte derart positiv verlaufen, wird deutlich, dass diese vorsichtige Bewertung notwendig ist, damit im Portfolio Verluste anderer Projekte kompensiert werden können,[888] um insgesamt eine Werterhöhung zu erzielen.

888 Vgl. dazu Abschnitte 7.2.2.1 und 7.2.2.2.

Teil III: Risiko- und wertorientiertes Controlling des Innovations-Portfolios auf Gesamtunternehmensebene

In den bisherigen Ausführungen stand, aufgrund der hohen Komplexität, die bereits einzelne Innovationsprojekte kennzeichnet, die Bewertung und Kontrolle auf der Einzelprojektebene im Mittelpunkt der Untersuchungen. Aus diesem Grund wurden Verbindungen zu anderen Projekten sowie Bereichen und eine unbegrenzte Haltedauer des Unternehmens ausgeblendet. Die meisten Unternehmen, insbesondere Konzerne, die auf Innovationen angewiesen sind und F&E-Abteilungen eingerichtet haben, müssen allerdings ein Portfolio an Projekten integriert betrachten, damit ein internes Wachstum und eine interne Wertschaffung mit einem moderaten Risiko einhergehen können.[889] Grundsätzlich gilt für eine entsprechende Portfolio-Planung, dass eine unreflektierte Parallelisierung einzelner Projekte ohne die Finanzlage, die Synergiepotenziale, die Kapazitäten und die Strategie des Gesamtunternehmens zu beachten, aufgrund der hohen Risiken zu existenzgefährdenden und wertvernichtenden Auswirkungen führen kann. Unternehmen stehen somit vor der Herausforderung, unter Beachtung der Unternehmensstrategie sowie finanzieller und personeller Ressourcen, die richtigen Projekte fortzuführen und zu unterstützen oder abzulehnen.[890]

„The portfolio decision process is characterized by uncertain and changing information, dynamic opportunities, multiple goals and strategic considerations, interdependence among projects and multiple decision makers and locations."[891]

Dementsprechend entsteht eine vielseitige Aufgabe, die zu strukturieren und durch das Controlling zu unterstützen ist. Vor diesem Hintergrund ist eine Zweiteilung des vorliegenden Abschnittes vorgesehen.

In einem ersten Teil, d.h. in Kapitel sechs, wird die Generierung einer Unternehmensplanung auf Basis unterschiedlicher Projekte und somit eines Projektportfolios illustriert. In diesem ersten Schritt wird von Risiken und Verbundeffekten abstrahiert, um die zugrunde zu legende Planungsmethodik transparent darzustellen. Auf Basis dieser Portfolio- und Detail-Planung kann zudem eine Überleitung zur unbegrenzten

---

889 Vgl. auch Kühl (2015), S. 143.
890 Vgl. Urli/Terrien (2010), S. 809.
891 Cooper/Edgett/Kleinschmidt (1998), S. 3.

Haltedauer von Unternehmen erfolgen, indem Möglichkeiten zur Restwertermittlung auf Basis der Multiprojektstruktur untersucht werden.

Das darauffolgende siebte Kapitel dient der zielgerichteten Integration von Risiken und Verbundeffekten, da Konzerne häufig mit mehreren Produkten oder Dienstleistungen in verwandten und ähnlichen oder konträren Märkten operieren, um leistungswirtschaftliche Synergien oder Risikodiversifizierungseffekte zu erzielen. Auf Basis dieser umfassenden Planungen unter Einbezug von Verbund und Risiko wird zudem die Maximierung des Wertbeitrages durch eine optimale Portfolio-Konstellation angestrebt.[892] Somit wird die Planungssystematik als Optimierungsgrundlage weiterverwendet, um einen zusammenfassenden, wert-optimalen und risikoorientierten Plan der laufenden und zukünftigen Projekte eines Unternehmens[893] und somit eine optimale Portfolio-Konstellation zu ermitteln. Die Planungssystematik wird demnach zu einem zentralen Steuerungsinstrument im Innovations-Bereich.

Neben einem internen Portfoliobezug zur Generierung von Verbundeffekten, sind darüber hinaus Verbindungen zu externen Unternehmenseinheiten denkbar, sodass abschließend Akquisitionen als weitere Ergänzung in der Multiprojektplanung untersucht werden.

---

892 Vgl. auch Kavadias/Chao (2011), S. 138.

893 Vgl. Specht/Harland (2000), S. 71.

6 Integration des Innovations-Portfolios in die wertorientierte Unternehmensplanung

In Kapitel sechs wird von Verbund- und Risikoeffekten abstrahiert, um zunächst die zugrundeliegende Planungsmethodik transparent darzustellen und zu erläutern.

Im weiteren Verlauf sind organisatorische Gegebenheiten zu konkretisieren, damit eine Grundlage zur Schaffung standardisierter Kommunikations- und Planungsprozesse im Unternehmen vorliegt,[894] die eine Voraussetzung für eine effektive und effiziente Multiprojektplanung darstellt.[895] Zentrales Ziel des vorliegenden Kapitels ist es, zu untersuchen und zu illustrieren, wie mithilfe eines Planungsmodells eine quantitative Fundierung von Portfoliokonstellationen ermöglicht werden kann. Da die Portfoliobewertung einen von drei Teilen zur Bewertung forschungsintensiver Unternehmen umfasst, nimmt auch die zugrunde zu legende Portfolioplanung einen hohen Stellenwert ein. Ferner kann die auf dem Projektportfolio basierende Detail-Planung als Basis verwendet werden, um einen Übergang zur Restwertermittlung zu schaffen. Somit resultiert aus der Portfolioplanung im Zuge der Gesamtunternehmenswertermittlung nicht nur ein direkter, sondern auch ein indirekter Effekt.

6.1 Aufgaben und Prozess der Innovations-Portfolioplanung auf Unternehmensebene

6.1.1 Aufgabenfelder der Innovations-Portfolioplanung

In Abschnitt 2.3.2 wurden unterschiedliche Strategien auf Bereichs- und Konzernebene systematisiert, die bei der folgenden Zusammenstellung des Multiprojektportfolios zu beachten sind.[896]

Die Strategien der Konzernebene sind im Hinblick auf die Ausrichtung von Verbundwirkungen zwischen unterschiedlichen Konzerneinheiten zu kategorisieren. Dagegen sind die Strategien der Geschäftsbereichsebenen auf die Schaffung von Wettbewerbsvorteilen am Markt ausgerichtet.

---

894 Zu dieser Forderung vgl. auch Claassen/Hohorst (2015), S. 34 ff.

895 Vgl. Kühl (2015), S. 159.

896 Vgl. auch Kühl (2015), S. 143.

Im Rahmen der Portfolio-Konfiguration und der Unternehmensplanung sind sowohl die Konzern- als auch die Bereichsstrategien zu beachten.[897] Darüber hinaus gilt es, über die Ebenen hinweg die Knappheit der Ressourcen zu berücksichtigen und das konzernweite Risiko stets zu beachten.

Dementsprechend entsteht ein unternehmensweiter Prozess zur Multiprojektplanung (MPP), der in Abbildung 48 zusammengefasst wird.

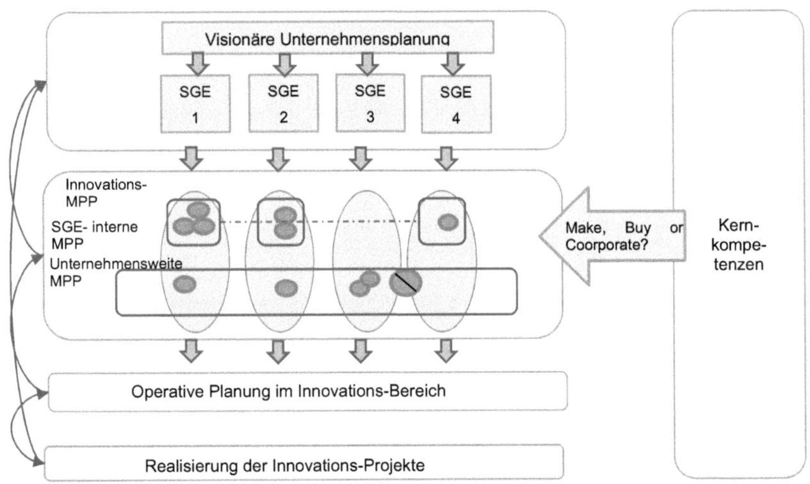

Abbildung 48: Ablauforganisation der Projekt-Programm-Planung[898]

Im Vordergrund der Planung steht immer die Unternehmensvision und somit die strategische Ausrichtung des gesamten Konzerns. Die übergeordneten strategischen Leitbilder und Motive führen unter anderem zu einer Unterteilung des Gesamtunternehmens in strategische Geschäftseinheiten (SGEs)[899] und beeinflussen infolgedessen den Ablauf der MPP durch die festgelegten Konzernstrukturen.[900] Innerhalb der SGEs ist im Sinne der Wettbewerbsstrategien auf Bereichsebene eine erste indivi-

897 Vgl. zu diesem Gegenstromverfahren auch Kujath/Holthoff (2015), S. 83 im Rahmen von Erläuterungen zum Planungs- und Steuerungsprozess im Bayer-Konzern.

898 In Anlehnung an Specht/Harland (2000), S. 75.

899 Je nach Organisationsstruktur sind an dieser Stelle Strategische Geschäftseinheiten (SGEs), Divisionen oder Strategische Bereiche (SBAs) zu unterscheiden.

900 Vgl. dazu Alfs (2015), S. 11 ff.

duelle Projekt- und Projektprogrammplanung zu erstellen, die allerdings im Gegenstromverfahren über die SGEs hinweg zu koordinieren ist.[901]

Entscheidungen über wesentliche Projekte sollten primär auf der Gesamtunternehmensebene erfolgen. Wesentlichkeitsgrenzen können in diesem Zusammenhang maßgeblich auf untragbare Risiken sowie finanzielle und/oder personelle Ressourcenbeschränkungen zurückzuführen sein,[902] sodass beispielsweise ab einem festgelegten Budgetbetrag eine Entscheidung unabhängig von der Zentrale nicht erfolgen kann oder darf.

Darüber hinaus sind mögliche Verbundwirkungen zu identifizieren, sodass Gemeinschaftsprojekte zwischen den SGEs entstehen können oder eine Zentralisierung erfolgen kann. Auch diese Identifizierung und Koordination der Verbundeffekte ist maßgeblich durch das Multiprojektmanagement auf Gesamtunternehmensebene durchzuführen und zu verantworten.[903]

Die Entscheidungen für Projekte im Konzern unterliegen somit einer hybriden Struktur, da sie einerseits bis zu bestimmten Wesentlichkeits- und Unabhängigkeitsbeschränkungen auf der dezentralen Ebene erfolgen und andererseits zentralisiert gesteuert werden.[904] Das zentrale Ziel besteht allerdings weiterhin in der Maximierung des Gesamtunternehmenswertes, um Wachstum und Wertsteigerungen im Sinne der Anteilseigner zu erzielen. Dementsprechend sollte auf der Basis einer Vorauswahl an Projekten eine Konsolidierung der Projekt-, Kosten- und Ressourceninformation erfolgen, um einen integrierten Gesamtunternehmensplan zur endgültigen Entscheidungsfindung erstellen zu können.[905] Durch die Optimierung der entscheidungsrelevanten Zielgröße kann eine quantitativ fundierte Handlungsempfehlung zur Projektzusammenstellung auf Basis des Gesamtplans erfolgen. Wichtig ist, eine rollierende Planung zu implementieren, die im Sinne des kybernetischen Modells auf allen Ebenen wechselseitige Einflüsse auslöst, damit flexibel auf sich ändernde Umweltzustände reagiert werden kann.[906]

---

901 Vgl. auch Kujath/Holthoff (2015), S. 83, die einen derart gemeinschaftlichen Prozess im Planungs- und Steuerungsprozess der Bayer AG beschreiben.
902 Vgl. Specht/Harland (2000), S.75 f.; Bürgel/Haller/Binder (1996), S. 109.
903 Vgl. Wollmann (2015), S. 72.
904 Vgl. Kujath/Holthoff (2015), S. 83.
905 Vgl. de Rooij (2015), S. 17.
906 Vgl. Specht/Harland (2000), S. 75.

Um diesen Planungsprozess zu realisieren und den Aufwand einzugrenzen, ist neben der Aufbauorganisation über die Konzernebenen hinweg, eine klare Ablauforganisation festzulegen. Diese wird im folgenden Abschnitt näher beschrieben.

6.1.2 Stage Gate-Prozess in der Innovations-Portfolioplanung

Im Rahmen der Planung zukünftiger Projekte ist von einem bereits bestehenden Projektportfolio auszugehen, das ständig überarbeitet und optimiert wird, sodass neue Projekte zu identifizieren, zu bewerten und in den Gesamtprojekt- sowie Unternehmensplan zu integrieren sind. In diesem Prozess muss über die Durchführung, Nicht-Durchführung oder Aufschiebung entschieden werden.[907]

Zur konkreten Projektauswahl und Portfoliozusammenstellung mittels unterschiedlicher - primär qualitativer - Konzepte bietet die Literatur weitreichende Vorschläge.[908] Im Detail unterscheiden sich zwar die Instrumente, allerdings herrscht weitestgehend Einigkeit dahingehend, dass Projekte unterschiedliche Stadien (Stages) durchlaufen müssen, in denen eine „Go/No-Go“- Entscheidung getroffen wird.[909]

Dieses Durchlaufen von unterschiedlichen Stadien ist auf *Cooper* zurückzuführen und wird als *Stage-Gate-Prozess* bezeichnet.[910] Insgesamt können je nach Branche und Unternehmen unterschiedlich viele Stufen eingeführt werden. Von besonderem Interesse in der vorliegenden Arbeit ist die Anzahl der Stufen, die notwendig ist, um den Aufwand der quantitativen Bewertung mittels einer Gesamtunternehmensplanung und korrespondierenden Wertanalysen auf ein überschaubares Ausmaß zu reduzieren. Häufig wird vorgeschlagen, zwei Stufen einzuführen, bevor eine finanzielle Bewertung zur Evaluierung des Portfoliowertes erfolgt. [911] Zunächst muss eine strategieorientierte Vorauswahl stattfinden, in der bereits die ersten Projekte auf Basis isolierter Betrachtungen herausgefiltert werden können. In diesem Stadium ist vorrangig die Wettbewerbsstrategie einzelner SGEs zu fokussieren. In einem zweiten Schritt müssen die Interdependenzen beachtet werden, sodass vor allem Projekte,

---

907 Vgl. de Rooji (2015), S. 24; Specht/Harland (2000), S. 79 f.

908 Vgl. u.a. Becker/Wendt-Meyer (2014), S. 581 ff.; Raab/Sasse (2015), S.1246 ff.; Wollmann (2015), S. 133 ff.; Ahsen/Heesen (2009), S. 598 ff.; May/Chrobok (2001), S. 108 ff.; Foschiani (1999), S. 131 f.; Dickinson/Thornton/Graves (2001), S. 518 f.; Specht/Beckmann/Amelingmeyer (2002), S. 221 ff.; Brockhoff (1999), S. 213 ff.

909 Vgl. Steinle/Eßeling/Kramer (2015), S. 213; Boutellier/Gassmann (2006), S. 110; Granig (2007), S. 23 f.

910 Vgl. u. a. Cooper (1994), S. 7 ff.; Cooper (2002), S. 125 ff.; Cooper (2008).

911 Vgl. Steinle/Eßeling/Kramer (2015), S. 213 ff.

die strategisch aufgrund ihrer Verbundeffekte in das gesamte Portfolio passen, weiterhin verfolgt werden. Im dritten Schritt kann die finanzielle Feinplanung erstellt werden, sodass die übrigen Projekte auf der Basis einer fundierten Multiprojektbewertung ausgewählt werden. Die folgende Grafik verdeutlicht den beschriebenen Ablaufprozess:

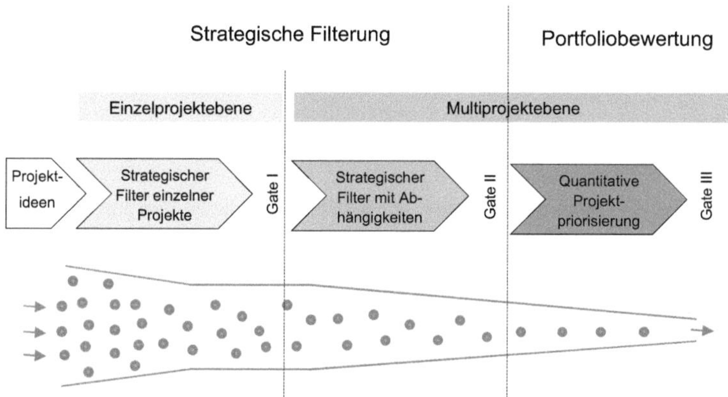

Abbildung 49: Stage Gate Prozess der Multiprojektpriorisierung[912]

In der vorliegenden Arbeit liegt der Schwerpunkt auf der quantitativen Projekt-Priorisierung, sodass die strategische Filterung, die in unterschiedlichen Arbeiten bereits ausführlich thematisiert wurde, nur rudimentär vorangestellt wird.

6.1.3 Strategische Filterung anhand klassischer Portfolio-Ansätze

Die quantitative Bewertung von unterschiedlichen Projekt- und vor allem unterschiedlichen Portfolio-Alternativen unter Berücksichtigung von Synergien ist auf ein überschaubares Ausmaß zu reduzieren. Hieraus entsteht die Notwendigkeit, bereits vor der endgültigen und quantitativen Auswahl einige Projekte durch die strategische Filterung auszusortieren oder auch bereits zu priorisieren, um den Planungs- und Quantifizierungsaufwand einzuschränken.[913]

---

912 In Anlehnung an Steinle/Eßeling/Kramer (2015), S. 213.
913 Vgl. auch Alfs (2015), S. 222 f.

Im Wesentlichen werden qualitative Methoden wie Portfoliomatrizen und Checklisten sowie semi-quantitative Methoden wie Scoring-Modelle und Nutzwertanalyse oder der Analytic Hierarchy Process (AHP) herangezogen.[914]

Folgend wird ein kurzer Überblick über häufig vorzufindende Methoden erstellt, bevor die Quantifizierung des Projektportfolios im Detail erläutert wird. Vorab ist bereits anzumerken, dass sich die unterschiedlichen Methoden zur Portfoliokonfiguration nicht gegenseitig ausschließen, sondern vor allem durch ihre Kombination zur effizienten Portfoliosteuerung führen können.[915]

6.1.3.1 Portfolio-Matrizen

Die Verwendung der Portfolio-Matrizen zur strategischen Auswahl von Innovationsprojekten basiert auf unterschiedlichen Variationen der Portfolio-Analyse, die in den sechziger Jahren entwickelt wurde.[916] In ihrem Ursprung dienen die Portfolio-Matrizen der Positionierung strategischer Geschäftsfelder eines Unternehmens in einer zweidimensionalen Matrix mit dem Ziel, unterschiedliche Normstrategien für die künftige Entwicklung zu generieren. Die Dimensionen der Ursprungs-Matrix werden z.B. mit dem relativen Marktanteil und dem Marktwachstum festgelegt. [917]

Für die Innovationsorientierung wurden zahlreiche Vorschläge unterbreitet, um die Achsen-Dimensionen festzulegen und dementsprechende Strategien auszuwählen. Die unterschiedlichen Zusammenstellungen der Dimensionen sind in marktorientierte, risikoorientierte, technologieorientierte und integrierte Ansätze zu unterteilen.[918]

Die folgende Übersicht (Tabelle 64) von Achsen-Dimensionen aus diversen Literaturbeiträgen[919] ermöglicht einen Überblick über den variablen Einsatz von Portfolio-Matrizen.

---

914 Vgl. Ahsen/Heesen (2009), S. 593 ff.

915 Vgl. Cooper/Edgett/Kleinschmidt (2000), S. 32; Kavadias/Chao (2009), S. 138 ff.; Raab/Sasse (2015), S.1251 ff. mit einem integrativen Ansatz.

916 Vgl. Brockhoff (1999), S.213.

917 Vgl. Brockhoff (1999), S. 213; Becker/Wendt-Meyer (2014), S. 581 ff. mit einem umfassenden Überblick.

918 Vgl. dazu Brockhoff (1999), S. 215 ff.

919 Vgl. statt vieler Brockhoff (1999), S. 213 ff.; Schmeisser (2008), S. 86 ff.; Bürgel/Ackel Zakour (2000), S. 66; Möhrle/Voigt (1993), S. 976 ff.; Heck (2003), S. 192 ff.; Adelberger/Haft-Zboril (2013), S. 41 ff.; Dickinson/Thornton/Graves (2001), S. 519.

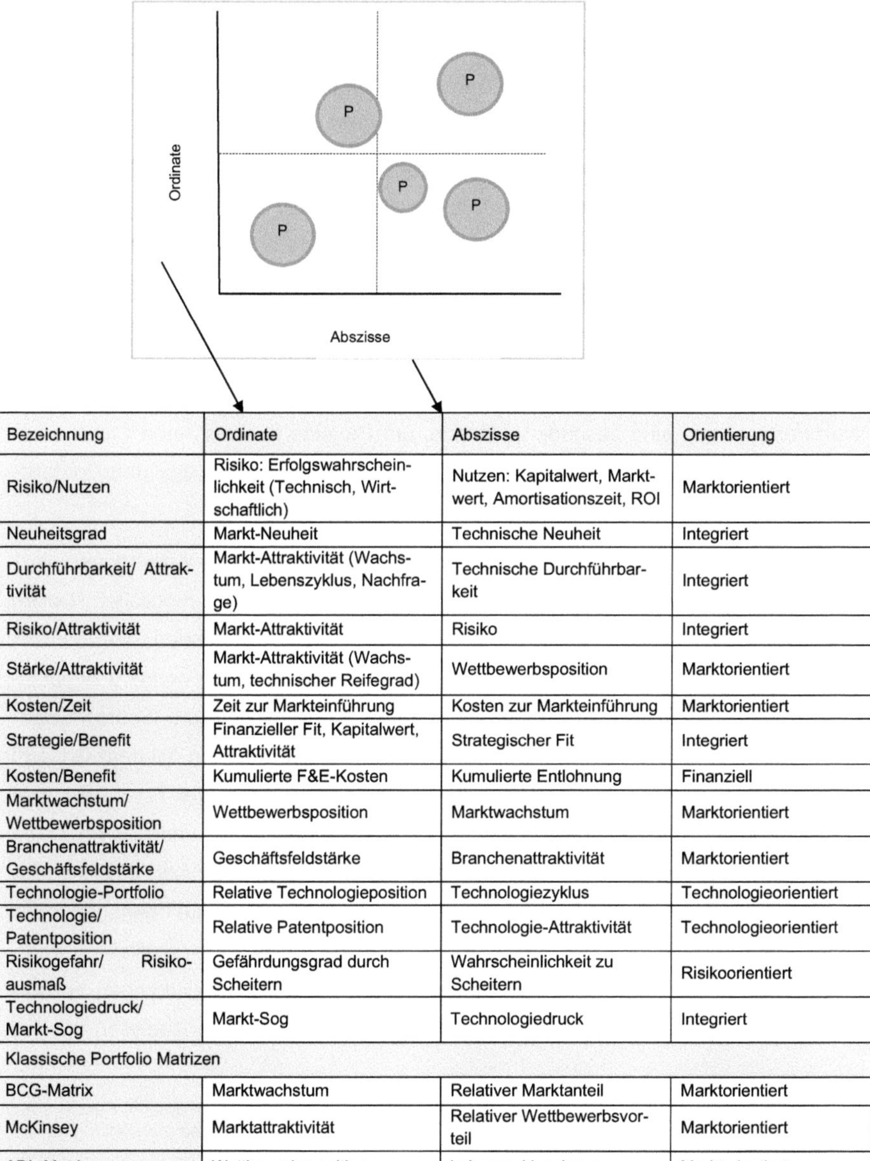

Bezeichnung	Ordinate	Abszisse	Orientierung
Risiko/Nutzen	Risiko: Erfolgswahrscheinlichkeit (Technisch, Wirtschaftlich)	Nutzen: Kapitalwert, Marktwert, Amortisationszeit, ROI	Marktorientiert
Neuheitsgrad	Markt-Neuheit	Technische Neuheit	Integriert
Durchführbarkeit/ Attraktivität	Markt-Attraktivität (Wachstum, Lebenszyklus, Nachfrage)	Technische Durchführbarkeit	Integriert
Risiko/Attraktivität	Markt-Attraktivität	Risiko	Integriert
Stärke/Attraktivität	Markt-Attraktivität (Wachstum, technischer Reifegrad)	Wettbewerbsposition	Marktorientiert
Kosten/Zeit	Zeit zur Markteinführung	Kosten zur Markteinführung	Marktorientiert
Strategie/Benefit	Finanzieller Fit, Kapitalwert, Attraktivität	Strategischer Fit	Integriert
Kosten/Benefit	Kumulierte F&E-Kosten	Kumulierte Entlohnung	Finanziell
Marktwachstum/ Wettbewerbsposition	Wettbewerbsposition	Marktwachstum	Marktorientiert
Branchenattraktivität/ Geschäftsfeldstärke	Geschäftsfeldstärke	Branchenattraktivität	Marktorientiert
Technologie-Portfolio	Relative Technologieposition	Technologiezyklus	Technologieorientiert
Technologie/ Patentposition	Relative Patentposition	Technologie-Attraktivität	Technologieorientiert
Risikogefahr/ Risikoausmaß	Gefährdungsgrad durch Scheitern	Wahrscheinlichkeit zu Scheitern	Risikoorientiert
Technologiedruck/ Markt-Sog	Markt-Sog	Technologiedruck	Integriert
Klassische Portfolio Matrizen			
BCG-Matrix	Marktwachstum	Relativer Marktanteil	Marktorientiert
McKinsey	Marktattraktivität	Relativer Wettbewerbsvorteil	Marktorientiert
ADL-Matrix	Wettbewerbsposition	Lebenszyklusphase	Marktorientiert

Tabelle 64: Dimensionen von Portfolio-Matrizen[920]

920 Eine Zusammenfassung in Anlehnug an unterschiedliche Beiträge, vgl. dazu FN 919.

Das Ausmaß an möglichen Achsenbezeichnungen und Kombinationen[921] erschwert zum einen die Auswahl der adäquaten Bezeichnungen und verdeutlicht zum anderen, dass eine Reduktion auf zwei Betrachtungsfaktoren nicht ausreichend ist.[922] Auch eine Erweiterung auf mehrere Dimensionen[923] ist nicht zielführend, da keine Liquiditätsplanung ermöglicht wird,[924] der genaue Ressourcenverbrauch nicht ersichtlich ist und auch die Dynamisierung sowie die Verbundeffekte der Projekte außer Acht bleiben.[925] Portfoliomatrizen sind dementsprechend zur ersten Visualisierung und Bestandsaufnahme hilfreich, sollten allerdings keineswegs ohne weiterführende Analysen zur Gesamtentscheidungsfindung führen.

6.1.3.2 Scoring und Nutzwertanalysen

Nutzwertanalysen sind besonders hilfreich, um Projekte aus mehreren Sichtweisen zu bewerten[926], sodass bereits ein entscheidender Vorteil gegenüber den Portfoliomatrizen besteht.

Orientierend am Ziel der Nutzwertanalyse, das die Bewertung von Innovationsprojekten hinsichtlich ihrer Markt- und Technologieattraktivität sowie der möglichen Risiken umfasst, müssen unterschiedliche Scoring-Kriterien festgelegt werden, die dann mit Werten von 0 bis 1 gewichtet werden, sodass die Summe der Gewichte 1 ergibt.[927] Zur Projekteinschätzung muss für jedes Kriterium ein Punktwert (o.a. Score) festgelegt werden, z.B. 1 für schlecht, 2 für mittel und 3 für sehr gut, um mit dem Gewicht multipliziert einen Teilnutzenwert zu berechnen. Durch Addition der Teilnutzenwerte resultiert ein Gesamtnutzenwert, der als Vergleichsmaßstab mit anderen Projekten herangezogen werden kann.[928] Auch dieses Verfahren verhilft dazu, einen ersten Überblick zu verschaffen und ist den Portfolio-Matrizen dahingehend überlegen, dass mehr als zwei Kriterien in die Betrachtung der Projektalternativen einfließen. Allerdings werden auch hier keine Interdependenzen und Liquiditätswirkungen berücksichtigt, sodass weitere Instrumente zu betrachten sind. Nutzwertanalysen können

---

921 Bürgel/Haller/Binder (1996), S. 116. Den Autoren zufolge, können alle denkbaren Faktoren auf den Koordinaten eingetragen werden, sodass selbst die vorliegende Zusammenstellung nur ein kleiner Ausschnitt möglicher Kombinationen ist.

922 Vgl. Brockhoff (1999), S. 214.

923 Vgl. dazu Brockhoff (1999), S. 229 ff; Schmeisser (2008), S. 86 ff.; Little (1988), S. 110.

924 Vgl. Brockhoff (1999), S. 214 f. mit einem Verweis auf Koch (1979).

925 Vgl. auch Adelberger/Haft-Zboril (2013), S. 42.

926 Vgl. grundsätzlich zur Nutzwertanalyse Bitman/Sharif (2008), S. 271; Nöllke (2004).

927 Vgl. Ahsen/Kuchenbach/Heesen (2010), S. 50.

928 Vgl. dazu Ahsen/Kuchenbach/Heesen (2010), S. 50.

beispielsweise in Verbindung mit Portfolio-Matrizen und Checklisten bei der Identifizierung von „Muss-Projekten“ oder „Zwangs-Projekten“ hilfreich sein. Diese Projekte gefährden bei Nicht-Durchführung die Existenz des Unternehmensfortbestandes,[929] da sie im direkten Wettbewerb über die Konkurrenzfähigkeit entscheiden oder auch gesetzlich vorgegeben sind.[930] Sind diese Muss-Projekte für einzelne Geschäftseinheiten oder den gesamten Konzern in Übereinstimmung mit der jeweiligen Strategie ausgewählt, so sind diese bereits fest im Budget und Portfolio einzuplanen. Weitere Projekte sind allerdings unter Berücksichtigung ihrer Interdependenzen auszuwählen, sodass auch diese Möglichkeit in der strategischen Filterung einzubeziehen ist.

6.1.3.3 Erweiterte Nutzwertanalysen - Analytic Hierarchy Process

Die Vernachlässigung von Interdependenzen ist nur in einem ersten, sehr groben Auswahlschritt möglich. Dementsprechend müssen in einem strategischen Filter auf einer weiteren Ebene die Verbindungen zwischen den Projekten berücksichtigt werden.

Zu diesem Zweck sind in der Literatur unterschiedliche Methoden entwickelt worden, um semi-quantitativ diese Interdependenzen in eine erste Projektauswahl zu integrieren. *Ahsen/Heesen* folgend lassen sich die Abhängigkeitsmatrizen von *May/Chrobok*[931], *Foschiani*[932] und *Dickinson/Thorton/Graves*[933], sowie die Projektmatrix von *Abresch/Hirzel*[934], das House of Projekts von *Hiller*[935], die Interdependenzmatrix von *Heck*[936] und die Synergiematrix von *Hirzel*[937] unterscheiden. Um sowohl negative, als auch positive und zudem unterschiedliche Interdependenzarten zwischen Innovationsprojekten zu beachten, ist zudem eine Modifizierung des Analytic Hierarchy Process nach *Saaty*[938] im Sinne der Innovations-Programmplanung möglich.[939] Auch hier wird die Verwendung eines AHP-Modells als fortschrittlichste Möglichkeit zur

---

929 Vgl. Steinle/Eßeling/Kramer (2015), S. 214; Voigt (2015), S. 247.
930 Vgl. Kühl (2015), S. 149 f.
931 Vgl. May/Chrobok (2001), S. 108 ff.
932 Vgl. Foschiani (1999), S. 129 ff.
933 Vgl. Dickinson/Thornton/Graves (2001), S. 523 ff.
934 Vgl. Abresch/Hirzel (2002), S. 110 ff.
935 Vgl. Hiller (2002), S. 66.
936 Vgl. Heck (2003), S. 187.
937 Vgl. Hirzel (2006), S. 117.
938 Vgl. grundlegend Saaty (1990).
939 Vgl. dazu Ahsen/Heesen (2009), S. 593 ff.; Ahsen/Kuchenbach/Heesen (2010), S. 54 ff.; Heesen/Kuchenbuch (2010), S. 95 ff. Das Modell wird von den Autoren als Multiple Innovations Interdepedence Evaluation Tool (MIET) bezeichnet. Zu einer Auflistung der Nachteile oben genannter Alternativen vgl. Ahsen/Heesen (2009), S. 599 f.

ersten Projektselektion anerkannt. Zur Erstellung dieses AHP sind drei Interdependenz-Kategorien zu unterscheiden, die sich in technische Interdependenzen, synergetische Ressourcennutzung und Marktinterdependenzen differenzieren lassen. Im Unterschied zur Nutzwertanalyse sind Paarvergleichsurteile heranzuziehen, um einzelne Projekte zu bewerten. Zunächst werden den einzelnen Interdependenzkategorien im Paarvergleich Nutzenwerte zugewiesen, die anschließend über Mittelwertbildungen und Gewichtungen so zu transformieren sind, dass sich diese Gewichtungsfaktoren analog zur Nutzwertanalyse zu 1 aufaddieren.

Interdependenz	technisch	synergetisch	Markt	Geometrisches Mittel (GM)	Gewichtungsfaktor
technisch	1	0,33	0,20	0,40555	0,40550/3,87217
synergetisch	3	1	0,33	1	1/3,8717
Markt	5	3	1	2,46662	2,46662/3,87217
Summe				3,87217	

Tabelle 65: Gewichte der Interdependenzkategorien[940]

Dem exemplarischen Beispiel ist zu entnehmen, dass dem Unternehmen die synergetischen Interdependenzen dreimal so wichtig sind und die Marktinterdependenzen sogar fünfmal so wichtig sind wie die technischen Interdependenzen.

Anschließend wird für jede Kategorie und jedes Projekt die Interdependenz mit den anderen Projekten im Paarvergleich durch Punktwerte ausgedrückt. Durch die Bildung des geometrischen Mittels der Punktwerte eines Projektes wird zunächst ersichtlich, ob überwiegend positive Interdependenzen (geometrisches Mittel > 1) oder negative Interdependenzen (geometrisches Mittel < 1) des Projektes mit anderen bestehen.

Werden die geometrischen Mittel der einzelnen Interdependenzarten und Projekte mit den zuvor errechneten Nutzengewichten multipliziert, kann eine Gesamtabhängigkeitsstärke eines einzelnen Projektes ermittelt werden. In Tabelle 66 wird die Stärke der Marktinterdependenzen einzelner Projekte auf Basis der beschriebenen Mittelwertbildung illustriert. Anschließend können diese Marktinterdependenzen und auch die übrigen Teilwerte mit den Gewichtungsfaktoren zu Gesamtnutzenwerten aggregiert und in einer Reihenfolge arrangiert werden. Dieses Vorgehen wird in Tabelle 67 dargestellt.

---

940 Vgl. Ahsen/Kuchenbach/Heesen (2010), S. 57.

Beispiel Marktinterdependenzen

Projekt	P1	P2	P3	P4	P5	Vorteilhaftigkeit (GM)
P1	1	3	1	1	1	1,2457
P2	1	1	0,33	3	1	1,0000
P3	1	0,33	1	1	1	0,8027
P4	1	9	1	3	5	2,6673
P5	1	3	1	7	3	2,2902
Summe						8,0059

Tabelle 66: Beispiel Marktinterdependenzen[941]

Gesamte Abhängigkeitsstärke

Projekt	Vorteilhaftigkeit	Rang
P1	0,1047*0,8441+0,2583*1,3797+0,6370*1,2457 = 1,2383	3
P2	0,1047*1,6345+0,2583*1,4011+0,6370*1,0000 = 1,1700	4
P3	0,1047*0,5439+0,2583*0,3749+0,6370*0,8027 = 0,6651	5
P4	0,1047*1,9037+0,2583*2,1411+0,6370*2,6673 = 2,4514	1
P5	0,1047*1,4758+0,2583*1,2457+0,6370*2,2902 = 1,9351	2

Tabelle 67: Projektrangfolge auf Basis des AHP

In einem weiteren Schritt verbinden *Ahsen et al.* diesen AHP mit der vorgeschalteten Nutzwertanalyse und tragen die einzelnen Projekte in einer Portfolio-Matrix mit dem Nutzen des einzelnen Projektes auf der Abszisse und der Interdependenzstärke auf der Ordinate ein.

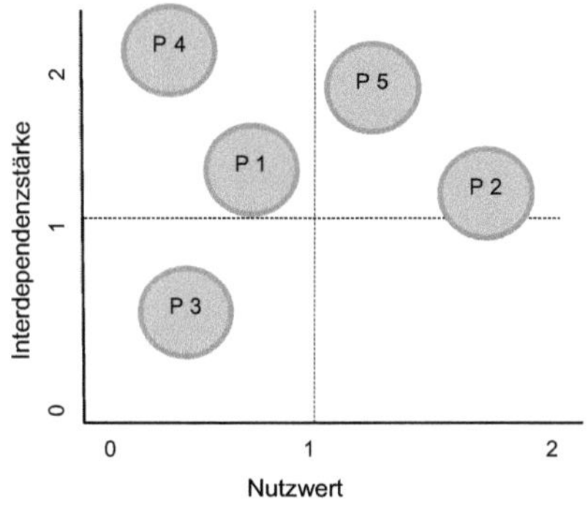

Abbildung 50: Portfolio-Matrix mit Verbundeffekten[942]

941 Vgl. Ahsen/Kuchenbach/Heesen (2010), S. 58.

942 In Anlehnung an Ahsen/Heesen (2009), S. 608; Ahsen/Kuchenbach (2010), S. 97.

Ausschlaggebend für die Entscheidungsfindung ist eine Platzierung im Quadranten unten links, da ein geringer Nutzen eines einzelnen Projektes in Verbindung mit negativen Interdependenzen zu anderen Projekten, eine weitere Analyse ausschließt und diese Projekte im übertragenen Sinn das „Gate" nicht passieren.

Die Projekte im Quadranten oben links und unten rechts müssen laut *Ahsen et al.* ferner geprüft werden, sodass spätestens an dieser Stelle die wertorientierte Quantifizierung dieser Projekte anzuschließen ist, um eine endgültige Entscheidung für das Projektportfolio zu treffen und darüber hinaus die Liquiditäts- und Risikoplanung zu integrieren.

6.2 Evaluierung eines Innovations-Portfolios auf Basis der Planungsrechnung eines Unternehmens

Dieser Abschnitt bildet die Grundlage der multiprojektorientierten Innovationsplanung und dient der Erarbeitung einer Systematik zur Evaluation und Zusammenstellung von Multiprojektportfolien im Sinne der wertorientierten Unternehmensführung.

Während noch vor einigen Jahren der Einsatz von Simulationsmodellen zur unternehmensweiten Entscheidungsfindung nur unter großem Vorbehalt denkbar war,[943] verdanken wir es gerade der F&E- sowie der Innovationsorientierung, dass die Rechnerleistung weit genug entwickelt wurde, um einen Ansatz zur Portfoliobewertung- und Optimierung auf Basis eines Simulationsmodells konkretisieren zu können.[944]

Dementsprechend liegt im Folgenden der Fokus auf einer schrittweisen Herleitung eines Simulationsmodells, das bereits für die Einzelprojektebene eingesetzt wurde und nun an die integrierte Planung der Unternehmens- und Multiprojektebenen anzupassen ist.

Dabei werden unterschiedliche Aspekte der Multiprojektplanung näher betrachtet und sukzessive in das Gesamtmodell integriert. In einem ersten Schritt sind die notwendigen Anpassungen auf der Portfolioebene zu erläutern, da die Besteuerung, die Finanzierung und die Ressourcenallokation dort von Relevanz sind. Daraufhin wird die

---

943 Vgl. Völl (2010), S. 438 f. mit einem Resümee zur Akzeptanz neuer Methoden und Simulationsmodelle.

944 Vgl. Dickinson/Thornton/Graves (2001), S. 518. Die Autoren betonten bereits vor einigen Jahren, dass mathematische Modellierungen an Relevanz gewinnen.

Konsolidierung der Teilpläne ausgewählter Projekte und Bereiche in ein Gesamtsimulationsmodell unter Berücksichtigung dieser Anpassungen dargestellt. Auf Basis eines entstehenden Portfolios werden Möglichkeiten zur Restwertermittlung und somit zur Gesamtunternehmensbewertung ergänzt. Im Rahmen dieser Konsolidierung und Restwertermittlung sind Risiken, Verbundeffekte und Optimierungen ausgeschlossen, sodass eine Konzentration auf die zugrundeliegende Rechensystematik erfolgt, bevor spezifische Ergänzungen in Kapitel sieben erläutert und illustriert werden.

6.2.1 Konzeption eines Gesamtsystems

In diesem ersten Schritt wird die Grundstruktur und Systematik zur Integration eines Innovationsportfolios in die Unternehmensplanung erläutert. Diese Grundstruktur setzt sich durch die Konsolidierung von Teilplänen, die Konzernbesteuerung, die Unternehmensfinanzierung und die Planung restriktiver Personalressourcen aus vier Komponenten zusammen. Zuerst wird auf die Konsolidierung der Teilpläne als Grundvoraussetzung für die Erstellung der Konzernplanungsrechnung eingegangen.

6.2.1.1 Unternehmensplanung durch Konsolidierung der Teilpläne

Sind die ersten Projekte, die für das Unternehmen in eine engere Wahl eingehen basierend auf der strategischen Filterung ausgewählt, so ist anschließend eine quantitativ fundierte Entscheidungsempfehlung seitens des Controllings notwendig. Dementsprechend bedarf es einer grundlegenden Festlegung und Standardisierung des Kommunikations- und Informationsflusses zwischen Projekt-, SGE- und Unternehmensebene,[945] um eine konsolidierte Planung aufzustellen. In Kapitel 3 der vorliegenden Arbeit wurde zu diesem Zweck bereits eine Einzel-Projektbewertung aus Sicht der Unternehmensleitung erstellt, indem Unternehmens- und Projektplan integriert wurden. Dabei konnte aufgezeigt werden, welche Erfolgsfaktoren ein Projekt beeinflussen, wie Gemeinkosten verrechnet werden und welche Finanzierungskosten entstehen. Diese Rechenmethodik der Einzelprojektebene wird grundsätzlich beibehalten.[946]

---

945 Vgl. dazu auch Claassen/Hohorst (2015), S. 34 ff.
946 Vgl. ähnlich Schneider (2006), S. 105.

Um eine unternehmensweite Planung zu entwickeln, sind diese Rechnungen der Einzelprojektebene allerdings für einzelne Teilbereiche und schließlich über alle Teilbereiche des Unternehmens hinweg zu konsolidieren.[947] Darüber hinaus wird davon ausgegangen, dass eine zentrale Unternehmenseinheit für die Zuweisung finanzieller und auch in einem gewissen Umfang für personelle Ressourcen zuständig ist. Allgemein kann die Aggregationsebene je nach Finanzierungsroutinen und Verantwortungsbereichen flexibel angepasst werden. Für die Portfoliozusammenstellung und Unternehmensplanung ist von den einzelnen Teileinheiten ein Report abzugeben, der bereits eigenverantwortlich zusammengestellte Projekte beinhaltet und als erster Planungsvorschlag für die kommenden Geschäftsjahre zu interpretieren ist. Eine Berichterstattung und Planung ausgehend von den einzelnen Teilbereichen bottom-up ist dabei als Vorteil zu erachten, da auf Bereichsebene ein Wissensvorsprung hinsichtlich des Marktumfeldes besteht und entscheidende Absatzprognosen besser fundiert werden können.[948] Die ersten Berichte sind anschließend top-down zu kommentieren und zu prüfen, ggf. zu überarbeiten und dann zu konsolidieren, damit ein erster Gesamtunternehmensplan für die kommenden Jahre vorliegt.

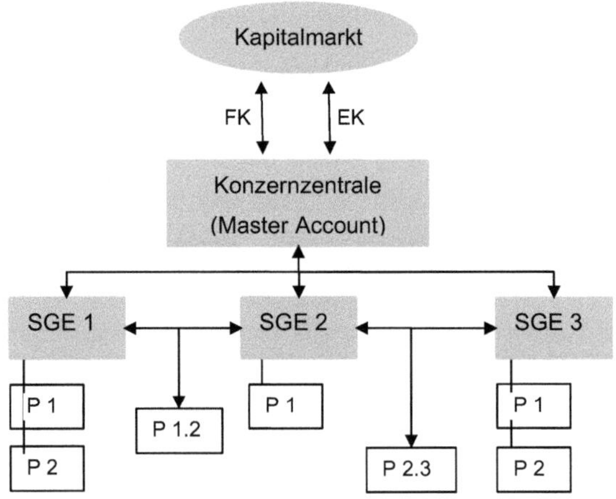

Abbildung 51: Konzernstruktur

947 Vgl. zur Beschreibung eines solchen Vorgehens Hinterhuber (2002), S. 204 f. und hinsichtlich einer Anwendung vgl. Alfs (2015), S. 119.

948 Vgl. Alfs (2015), S. 119 f.

Auf Basis dieses ersten, im Gegenstromverfahren ermittelten, Plans, ist eine optimale Projektauswahl zu treffen, indem Ressourcenrestriktionen sowie Synergien und Risikodiversifizierungseffekte quantifiziert und beachtet werden. Die Berichte, die seitens der Bereiche einzureichen sind, sollten alle Informationen enthalten, um durch die Konsolidierung alle drei Rechenwerke und somit die GuV-, die Finanz- und die Bilanzplanung auf Gesamtunternehmensebene erstellen zu können. Das bedeutet, auf Bereichsebene sind weitestgehend die Zahlungs-, Aufwands-, Ertrags- und Bilanzkonsequenzen von Produkten und Projekten zu sammeln und zu berichten.

Auf Basis der integrierten Planungen auf Unternehmensebene, können Ausschüttungs-, Steuerbemessungen sowie Ressourcenallokation erfolgen und die Finanzierungs- und Risikokonsequenzen integriert unter Beachtung von Wechselwirkungen analysiert werden. Die Kapitalbeschaffung erfolgt über die Zentrale, da durch die Marktmacht und Sicherheit des Gesamtunternehmens Finanzierungsvorteile entstehen können.[949] Folgende Grafik fasst das zu standardisierende Berichts- und Planungssystem zusammen:

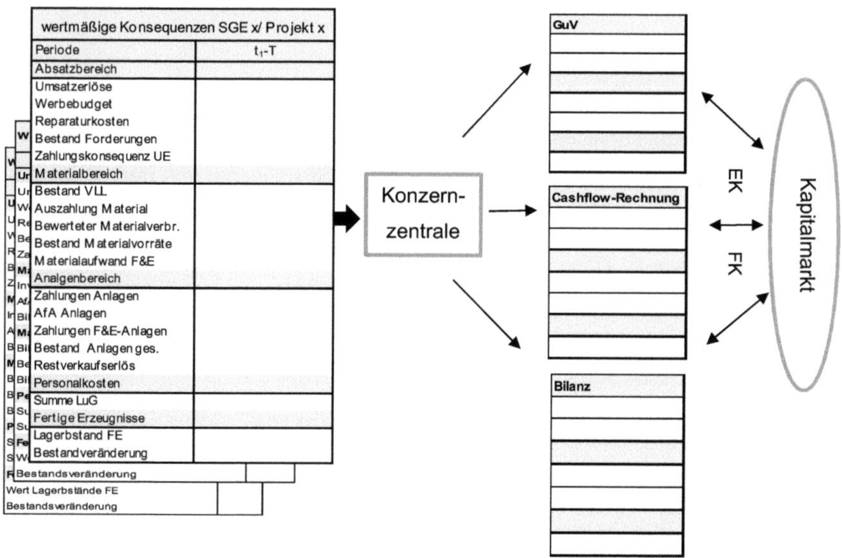

Abbildung 52: Konsolidierung der Teilpläne

949 Vgl. dazu Biberacher (2003), S. 65.

6.2.1.2 Besteuerung im Rahmen einer Organschaft

Möchte man den Ansprüchen einer möglichst differenzierten Unternehmensplanung genügen, so ist die Besteuerung zu berücksichtigen.[950] Es reicht dafür nicht aus, eine Einzelbesteuerung der Beteiligungsunternehmen durchzuführen, vielmehr ist gemäß der Steuergesetzgebung zu prüfen, ob eine ertragsteuerliche Organschaft vorliegt und ob diese im Hinblick auf eine Überschussoptimierung als vorteilhaft zu werten ist.

Tatbestandsvoraussetzung für eine derartige ertragsteuerliche (d.h. eine körperschaft- und gewerbesteuerliche) Organschaft i.S.d § 14 KStG ist, dass eine Organgesellschaft[951] verpflichtet ist, ihren gesamten Gewinn an den Organträger[952] abzuführen[953], wobei der Organträger die Organgesellschaft beherrschen muss.[954] Die Voraussetzungen der gewerbesteuerlichen Organschaft stimmen mit denen der körperschaftsteuerlichen Organschaft gemäß §§ 36 (2) i. V. m. § 2 (2) S.2 GewStG überein. Sind diese Tatbestände erfüllt, treten (a) die Rechtsfolgen der Besteuerung einer ertragsteuerlichen Organschaft ein, die (b) potenzielle steuerliche Vorteile eröffnen.

a) Ertragsteuerliche Organschaft

Im Falle der ertragsteuerlichen Organschaft ist die Organgesellschaft aufgrund der Gewinnabführungsverpflichtung lediglich wirtschaftlich abhängig von dem Organträ-

---

950 Vgl. auch Alfs (2015), S. 120.

951 Als Organgesellschaft kommen gem. § 14 (1) S.1 KStG nur Kapitalgesellschaften und Europäische Gesellschaften (SE) mit Geschäftsleitung (§ 10 AO) im Inland (Deutschland) und Sitz (§ 11 AO) in einem Mitgliedsstaat der EU oder in einem Vertragsstaat des EWR-Abkommens in Frage. Darüber hinaus ist § 17 (1) S.1 KStG zu beachten, da auch weitere Kapitalgesellschaften als Organgesellschaften in Frage kommen.

952 Der Organträger kann eine natürliche Person, eine nicht von der Körperschaftsteuer befreite Körperschaft, Personenvereinigung, Vermögensmasse oder eine Personengesellschaft i.S.d. § 15 (1) Nr. 2 EStG, wenn sie eine eigene gewerbliche Tätigkeit i.S.d. § 15 (1) S.1 Nr.1 EStG ausübt, sein (§ 14 (1) S.1 Nr.2 S.1 ff. KStG). Anforderungen an die Ansässigkeit des Organträgers sind nicht gegeben. Demnach kann der Organträger seinen Sitz und/oder seine Geschäftsleitung im Inland und/oder Ausland haben. Es ist lediglich sicherzustellen, dass die Beteiligung an der Organgesellschaft einer Betriebsstätte i.S.d. § 12 AO des Organträgers zuzuordnen ist und dass die Einkünfte der Betriebsstätte nach dem DBA (Doppelbesteuerungsabkommen) im Inland erfasst werden (§ 14(1) S.1 Nr. 2 S.4 ff. KStG).

953 Es muss eine den zivilrechtlichen Anforderungen genügender Ergebnisübernahmevertrag (GmbH) oder Gewinnabführungsvertrag nach § 291 AktG mit einer Mindestdauer von fünf Jahren bestehen und auch tatsächlich durchgeführt werden (§ 14 (1) S.1 Nr. 3 KStG).

954 Der Organträger muss über die mittelbare oder unmittelbare Stimmrechtsmehrheit im Wirtschaftsjahr ununterbrochen verfügen und somit beherrschender Gesellschafter sein (§ 14 Abs. 1 S.1 Nr. 1 KStG).

ger, ansonsten ist dieser sowohl zivilrechtlich, als auch handels- und steuerrechtlich ein selbstständiger Rechtsträger. Die wirtschaftliche Abhängigkeit basiert auf dem Gewinnabführungsvertrag, da sich die Organgesellschaft dazu verpflichtet ihren gesamten Gewinn i.S.d. § 301 AktG an den Organträger abzuführen. Die Gewinnabführung wird bei der Organgesellschaft als Aufwand i.S.v. § 277 (3) S. 2 HGB erfasst, sodass insgesamt ein „Null-Gewinn" verbleibt.[955] Diese Erfassung bewirkt somit, dass sowohl der handelsrechtliche Jahresüberschuss als auch das zu versteuernde Einkommen der Organgesellschaft dem Organträger zugerechnet werden. Die Besteuerung erfolgt dann beim Organträger, sodass das Rechtsinstitut der Organschaft eine Ausnahme von der Steuersubjekttheorie darstellt, da die Organgesellschaft nicht selbstständig besteuert wird. Bei einem Organträger in Form einer Kapitalgesellschaft erfolgt die Besteuerung mit der Körperschaftsteuer. Ist der Organträger nicht unbeschränkt oder beschränkt körperschaftsteuerpflichtig i. S. d. § 1 (1) KStG oder § 2 (1) KStG, sondern eine natürliche Person, so erfolgt die Besteuerung nach den Vorschriften des EStG und die körperschaftsteuerlichen Regeln sind nicht anzuwenden.[956] Hinsichtlich der Gewerbesteuer ist die *modifizierte Einheitstheorie* zu beachten.[957] Demnach besteht für die Organgesellschaften eine Betriebsstätten-Fiktion, wobei in jeder Organgesellschaft zunächst die gewerbesteuerlichen Bemessungsgrundlagen zu ermitteln sind und erst zur Ermittlung der Steuermessbeträge summiert werden, um somit die Bemessungsgrundlage des Organkreises zu bestimmen. Falls das Mutterunternehmen eine Kapitalgesellschaft ist, ist der Steuermessbetrag nach § 29 (1) Nr. 1 GewStG anhand des Anteils der Gesellschaft am gesamten Arbeitslohn des Organkreises auf die Organgesellschaften zu zerlegen, sodass ein möglicher Nivellierungseffekt resultiert.[958]

b) Steuerliche Vorteile einer ertragsteuerlichen Organschaft

Die wesentlichen Vorteile[959] der körperschaftsteuerlichen Organschaft bestehen darin, dass eine Verlustverrechnung ermöglicht und die Abzugsbeschränkungen nach §

---

955 Vgl. dazu Scheffler (2012), S. 481 f.
956 Vgl. Scheffler (2012), S. 482.
957 Vgl. Scheffler (2012), S. 483 f.
958 Vgl. Köhler (2008), S. 325.
959 Als weitere Vorteile der Organschaft ist die Zinsschrankenregelung des § 4h EStG zu sehen. Da der Organkreis einen Betrieb i.S.d. § 4h EStG darstellt, wird eine Verrechnung von Zinsaufwendungen und Zinserträgen ermöglicht. Ebenso wird die Mindestbesteuerung des § 10d EStG durch Schaffung eines größeren Verlustausgleichspotentials vermieden.

8b (5) KStG (Körperschaften) und § 3c (2) EStG (natürliche Personen) vermieden werden. Ein Tochterunternehmen, das nicht Teil der Organschaft ist, muss im Rahmen der steuerlichen Gewinnermittlung Körperschaftsteuer zzgl. SolZ berücksichtigen, bevor sie eine ordentliche Gewinnausschüttung an das Mutterunternehmen vornimmt. Unabhängig davon, ob die Muttergesellschaft im Veranlagungszeitraum einen Gewinn oder Verlust erwirtschaftet, sind 5% der Beteiligungserträge nach § 8b (1) i. V. m. § 8b (5) KStG als nicht abzugsfähige Betriebsausgaben zu behandeln und wirken sich somit auf das zu versteuernde Einkommen des Mutterunternehmens aus. Würde vergleichsweise eine ertragsteuerliche Organschaft bestehen, müsste die Tochter zwar weiterhin ihr zu versteuerndes Einkommen ermitteln, jedoch dieses nicht mehr selbst der Körperschaftsteuer unterwerfen. Das Ergebnis der Tochter würde dann dem Mutterunternehmen zugerechnet und dort mit dem eigenen Gewinn oder Verlust der Mutter zu einem Gesamteinkommen zusammengefasst. Somit entfällt zum einen die Körperschaftsteuerbelastung beim Tochterunternehmen und zum anderen greifen im Organkreis die Abzugsverbote nach § 8b (5) KStG (Körperschaften) und § 3c (2) EStG (natürliche Personen) nicht.[960] Bei Mutterunternehmen in Form von natürlichen Personen, bei denen das Teileinkünfteverfahren (TEV) gem. § 3 Nr. 40d EStG i.V.m. § 3c (2) EStG Anwendung findet, sind abweichende Vorschriften zu beachten soweit keine Organschaft vorliegt: Ohne die Rechtsfolgen einer Organschaft, unterliegt zunächst der Gewinn der ausschüttenden Gesellschaft der Körperschaftsteuer, die Dividende selbst unterliegt zudem noch beim Anteilseigner zu 60% (§ 3 Nr. 40d EStG) der Einkommensteuer. Auch im TEV kommt es somit zur Doppelbesteuerung. Während hinsichtlich der Körperschaftsteuer sowohl im TEV als auch nach dem KStG eine partielle Doppelbesteuerung resultiert, sofern keine ertragsteuerliche Organschaft vorliegt, kann dies im Rahmen der Gewerbesteuerbelastung aufgrund der Dividendenfreistellung und des gewerbesteuerlichen Schachtelprivilegs nach § 9 Nr. 2a GewStG vermieden werden.[961] Für die hier beabsichtigte konzernweite Innovationssteuerung gilt es die Steuerkonsequenzen als weitere Zahlungskonsequenz aufzunehmen. Es kann allerdings eine Komplexitätsreduktion er-

960 Da eine Gewinnabführung keine Gewinnausschüttung i.S.d. § 8 (1) KStG darstellt.

961 Um diesen Vorschriften zu folgen, sind weniger Voraussetzungen zu erfüllen als bei der Organschaft, da für die Dividendenfreistellung weder einer Mindestbesitzzeit, noch eine Mindestbeteiligungsquote und für das Schachtelprivileg eine Beteiligungsquote i.H.v. 15% ausreichend sind. Vgl. dazu Scheffler (2012), S. 485.

folgen, um die Übersichtlichkeit zu wahren.[962] Demnach wird hier in den weiterführenden Berechnungen unterstellt, dass es sich bei dem Mutterunternehmen um eine Kapitalgesellschaft handelt und die strategischen Geschäftseinheiten rechtlich selbständige Tochterunternehmen sind. Zudem wird vorausgesetzt, dass die Bedingungen einer ertragsteuerlichen Organschaft stets erfüllt sind. Das bedeutet für die weiteren Berechnungen, dass zunächst der Ertragsüberschuss einzelner SGEs, die gleichzeitig die Tochterunternehmen darstellen, zu ermitteln ist. Nach Aggregation dieser Überschüsse kann dann zum einen die Körperschaftsteuer berechnet werden und zum anderen ist die Gewerbesteuer gemäß den Personalaufwandsverhältnissen zu verteilen. Wird zudem unterstellt, dass alle Konzerngesellschaften demselben Gewerbesteuer-Hebesatz nach § 16 (1) GewStG unterliegen und stets eine Vollausschüttung seitens der Tochterunternehmen (SGEs) möglich ist, kann auf eine separate Abbildung der Steuerermittlung auf Basis der SGEs aus Komplexitätsgründen verzichtet werden. Die Berücksichtigung steuerlicher Vorteile wird insbesondere im Rahmen von Internationalisierungsstrategien der F&E-Aktivitäten relevant, da F&E-Aufwendungen in einigen Ländern einer erhöhten Abzugsfähigkeit von der Bemessungsgrundlage unterliegen können und somit wesentliche Steuereffekte erwirken können.[963]

6.2.1.3 Unternehmensfinanzierung durch Cash-Pooling und Finanzierungs-Routine

Um die Finanzierung von Projekten, Bereichen und dem gesamten Unternehmen zu ermöglichen, wird vorausgesetzt, dass die Transaktionen mit externen Geldgebern und den Kapitalmärkten konkreten Regeln unterliegen und zentralisiert erfolgen. Demnach besteht neben den externen Kapitalressourcen zudem ein unternehmensinterner Kapitalmarkt, um Liquiditätsflüsse zu regulieren.

Vor allem langfristig ausgerichtete Innovationsprojekte mit einem hohen Neuheitsgrad und hohen Risiken benötigen den unternehmensinternen Kapitalmarkt zur Sicherung der Finanzierung.[964] Für die Grundlagenforschung, die ohnehin weitestgehend durch öffentliche Einrichtungen übernommen wird, existieren zum Teil staatli-

---

962 Dementsprechend werden Aspekte wie die Zinsschranke, Verluste und Freibeträge nicht ferner thematisiert, da es nicht das Ziel ist, eine perfekte Steuerplanung zu erstellen, sondern vielmehr das notwendige Berichtswesen zu berücksichtigen.

963 Vgl. KPMG (2007), S. 6 ff. zur Relevanz der steuerlichen Vorteile im Rahmen der Standortwahl.

964 Vgl. auch Gerybadze (2004), S. 284.

che Subventionen, um das Marktversagen zu korrigieren. Diese reichen allerdings keineswegs aus, um ein umfassendes Innovationsportfolio zu finanzieren. Demnach muss die primäre Finanzkraft innerhalb der Unternehmen entstehen, wobei vor allem große multinationale Konzerne an dieser Stelle einen wesentlichen Beitrag leisten.[965]

Die Allokation der Finanzierungsmittel in diesen Unternehmen ist weitestgehend unbekannt und kann nur basierend auf wenigen theoretischen Beiträgen erörtert werden. Sie kann zentral auf Konzernebene oder dezentral auf Ebene der einzelnen SGEs erfolgen. Es wird angenommen, dass eine dezentrale Budget-Allokation festgelegte Grenzen nicht überschreiten darf, sodass der wesentliche Anteil der Finanzierung insbesondere der riskanten Projekte[966] zentral organisiert ist.

Daher werden die Finanzierungsentscheidungen mit externen Kapitalgebern zentralisiert, indem die Zahlungsströme aller Projekte und SGEs im Sinne des „Cash-Pooling“[967] in einem Master-Account der Muttergesellschaft[968] kumuliert werden, bevor zusätzlich externe Finanzmittel für das gesamte Unternehmen beschafft werden. Auf diese Weise wird der interne Kapitalmarkt vollständig ausgenutzt, da gegenläufige interne Zahlungsströme aus unterschiedlichen Projekten und SGEs zunächst ohne externe, kostenverursachende Finanzmittel zur gegenseitigen Finanzierung im Sinne des *Sweeping* und des *Covering* herangezogen werden. Erst wenn die interne Finanzkraft nicht ausreicht, werden externe Kapitalgeber in die Finanzierungsstruktur einbezogen.[969]

Die Vorteile des Cash-Pooling sind insbesondere bei innovativen Unternehmen sehr weitreichend. Im Vordergrund steht die Zins- und Liquiditätsoptimierung, da verringerte Sollzinsen anfallen und überschüssige liquide Mittel nicht zu niedrigen Habenzinsen anzulegen sind, sondern in renditetragende, innovative Projekte reinvestiert werden. Des Weiteren wird die geforderte Stabilität erreicht, die mit positiven Effek-

---

965 Vgl. Gerybadze (2004), S. 285 mit dem Hinweis, dass in den OECD-Staaten durchschnittlich zwei Drittel der Innovationstätigkeiten unternehmensintern finanziert sind und in einigen Ländern dieser Anteil sogar 80-85% beträgt.

966 Vgl. Jung/Pinnekamp/Bucher (2006), S. 395 f.

967 Wöhe et al. (2013), S. 391.

968 Es sind unterschiedliche Sub-Formen des Cash-Pooling möglich, sodass nicht nur einstufige Modelle, sondern auch mehrstufige Modelle mit Sub-Pools bestehen. Außerdem sind bei multinationalen Konzernen Formen des Domestic und des Cross Border Pooling zu unterscheiden, die je nach Gesetzeslage und Zeitverschiebungen zu unterschiedlichen Vor- und Nachteilen führen. Vgl. dazu im Detail Wöhe et al. (2013), S. 395 ff.

969 Vgl. dazu Wöhe et al. (2013), S. 391 ff.

ten auf das Rating und somit die Fremdfinanzierung wirkt[970] und den Eigenkapitalgebern eine gewisse Planungssicherheit ermöglicht. Um diese Stabilität zu erzielen, ist zu beachten, dass eine Ausgewogenheit zwischen Produkten in unterschiedlichen Entwicklungsstadien sowie in der Einführungs- und der Reifephase entsteht,[971] damit eine Querfinanzierung der Projekte gewährleistet wird.[972]

Angesichts der benannten Vorteile ist auch in der vorliegenden Planungsstruktur vorgesehen, einen derartigen Cash-Pool zu simulieren. Demzufolge sind die Zahlungskonsequenzen der Projektberichte und des Gesamtunternehmens zu konsolidieren, um den kompletten Liquiditätsfluss zu erfassen. Auf dieser Basis kann dann in einem weiteren Schritt die Außenfinanzierung einbezogen werden, um mögliche Zahlungsdefizite auszugleichen.

Diese Ausgleichsroutine erfolgt auf der Ebene des Gesamtunternehmens durch die Anwendung der bereits beschriebenen Liquiditäts-Routine.[973] Die entsprechenden Zahlungssalden, die als Basis für Finanzierungsentscheidungen dienen, sind im Portfoliokontext nun allerdings auf Basis des Cash-Pools zu ermitteln. Weiterhin wird beachtet, dass im Falle einer Zahlungsunfähigkeit oder einer drohenden Überschuldung alle weiteren Ausschüttungen automatisch auf „Null gesetzt" werden, um die drohende Insolvenz und den gefährdeten Unternehmensfortbestand zu simulieren, sodass eine entsprechende Korrektur in der Bewertung auch im Portfolio-Kontext erfolgt. Auf diese Art wird ein aus Insolvenzaspekten zu riskantes Portfolio ab diesem Zeitpunkt mit Null bewertet und ist somit potenziell schlechter gestellt als alternative Portfoliokombinationen.[974]

Die auf Gesamtunternehmensebene durchzuführende Liquiditätsroutine wird zudem als Vorteil gewertet, da große Investitionen vereinfacht und zentral gesteuert werden. Insbesondere die Finanzierung von Akquisitionen als externe Wachstumsalternative kann somit in einen geschlossenen Kreislauf eingebunden werden.[975]

---

970 Vgl. Wöhe et al. (2013), S. 392-395.

971 Vgl. Lofink/Nackmayr/Orendi (2013), S. 451; ähnlich Gerybadze (2004), S. 284.

972 Vgl. dazu auch Adelberger/Haft-Zboril/Hoffjan (2014), S. 587; Schmitt (2013), S. 102.

973 Vgl. dazu Abschnitt 3.2.4.

974 Eine Möglichkeit das Risiko der Insolvenz zu beschränken wird in Abschnitt 7.3.2.2.2 näher erläutert und illustriert.

975 Vgl. dazu auch Abschnitt 7.4.4.2.2.

6.2.1.4 (De-)zentrale Personalallokation

Neben den finanziellen Ressourcen, können auch weitere Ressourcen beschränkt sein und müssen dementsprechend restriktiv in der Portfolioplanung bedacht werden.

Hier wird berücksichtigt, dass nicht unbegrenzt fachkundiges Personal beansprucht und auf den Faktormärkten beschafft werden kann, sodass ein Maximum respektive ein maximaler Zuwachs pro Periode festgelegt wird.

Diese Restriktion gewährt somit ein moderates Wachstum im Beschäftigungsniveau und bedingt als Folge eine gewisse Konstanz der Absatz- und Produktionsmengen sowie der Innovationsprojekte, so dass die Auslastung im Unternehmen ausgeglichen ist und die Gefahr von Leerkapazitäten, ungenutzten Ressourcen oder im umgekehrten Fall die Gefahr von Kapazitätsengpässen berücksichtigt wird.[976]

Die Anzahl der Mitarbeiter sollte somit nicht aufgrund eines Projektes rapide anwachsen, sondern nur, wenn sich keine langfristigen Leerkapazitäten daraus ergeben, da weiterhin Nachfolgeprojekte ausstehen.[977] Als Nebeneffekt ist in der Planung zu antizipieren, dass nicht geballt die neu entwickelten Produkte oder Produkterneuerungen auf dem Markt platziert werden, sondern auch hier eine gewisse Reihenfolge eingehalten wird, damit jeder Produktplatzierung genügend Managementverantwortung zugewiesen werden kann.[978]

Demzufolge unterliegen die Kapazitäten langfristig nur moderaten Wachstums- und Schrumpfungsraten und es wird eine geglättete Gesamtkapazitätsnachfrage erreicht.[979] Folglich ist pro Periode eine maximale Anzahl an wissenschaftlichem Personal ($\overline{XWM}$) und an Verwaltungspersonal ($\overline{XVW}$) zugelassen. Auch hier können wiederum unterschiedliche Regelungen getroffen werden, um diese Anzahl zu beschränken. Es ist denkbar, einen festen Prozentsatz der Personalsteigerung im Vergleich zu den Vorperioden festzulegen oder bestimmte Wirtschaftlichkeitskriterien heranzuziehen. Dieser maximale Zuwachs ist branchenspezifisch aufgrund des Mangels an qualifiziertem Personal auf den Faktormärkten oder auch unterneh-

---

976 Vgl. Schneider (2006), S. 59, bezugnehmend auf ein Interview mit Haak (Hauptabteilungsleiter im Produktmanagement) und Rümenapp (BMW Inhouse Consulting).

977 Vgl. auch Schneider (2006), S. 52.

978 Vgl. Schneider (2006), S. 148.

979 Vgl. auch Schneider (2006), S. 127.

mensspezifisch aufgrund bestimmter Wachstumsziele festzulegen. Bei inkrementalen Projekten in Form von Weiterentwicklungen, die nur einen geringen Neuheitsgrad aufweisen, kann man davon ausgehen, dass die eingeplanten Mitarbeiter im Unternehmen insbesondere in den spezialisierten strategischen Geschäftseinheiten existieren und auch aufgrund des bereits generierten Know-Hows fester Bestandteil des Unternehmens sein sollten. Im Rahmen radikal innovativer Projekte, die einen hohen Neuheitsgrad aufweisen, kann über die festen internen Mitarbeiter hinaus, zudem die Möglichkeit in Betracht gezogen werden, externe Berater und Experten heranzuziehen, die zum Ende des Projektes wieder aus dem Unternehmen austreten. Um die Kapazitätsrestriktionen in der Planung zu beachten, muss dementsprechend seitens der Bereiche der benötigte Personalbedarf angegeben werden und mit den zulässigen Beständen abgeglichen werden. Sollten die Kapazitäten auf Ebene der SGEs und im Gesamtunternehmen nicht ausreichen, so ist stets eine alternative Portfoliokonfiguration zu generieren. Dieses Vorgehen wird anhand eines konkreten Fallbeispiels zur Portfolioplanung im folgenden Abschnitt dargestellt.

6.2.2 Portfolioplanung und Planungsrechnung des Unternehmens – unter Ausschluss von Risiko und Verbund

Um die vorangehenden Ausführungen zu veranschaulichen, unterschiedliche Herausforderungen und Sonderfälle aufzeigen zu können und ein Verständnis für die Komplexität zu vermitteln, ist im weiteren Verlauf eine detaillierte Multiprojekt-Planung auf Basis des Simulationsmodells zu konzipieren. Es folgt eine sukzessive Komplexitätssteigerung, wobei als Ausgangspunkt die Planung des Konzerns ohne Berücksichtigung von potenziellen Innovationsprojekten und unter Sicherheit dient. In einem weiteren Schritt werden mit der Integration unterschiedlicher Projekttypen die Auswirkungen der Innovationsprojekte respektive der Pipeline ohne Synergie- und Risikoeffekte illustriert. Anschließend sind Möglichkeiten der Berechnung eines Restwertes auf Basis von Portfolioplanungen zu analysieren, um alle drei Planungsteile zur Bewertung forschungsintensiver Unternehmen zu betrachten. Ausgehend von dieser Grundlage sind im siebten Kapitel Erweiterungen um Verbundeffekte sowie Risiken vorzunehmen, sodass eine vollständige Bewertung der Projekte und eine Portfoliooptimierung im Verbund und unter Risiko erfolgen können.

6.2.2.1 Ausgangsituation – Unternehmensplanungsrechnung exklusive Innovationsprojekte

Die zentrale Grundlage der Planung bildet weiterhin das bereits in Abschnitt 3.2 ausführlich dargestellte Corporate Model. Um daraus eine unternehmensweite Planung zu entwickeln, sind die zuvor beschriebenen Aspekte zu berücksichtigen, sodass der vorliegende Abschnitt maßgeblich durch eine Illustration der sukzessiven Aufstellung und Konsolidierung von Teilrechnungen geprägt ist.

Für die weiteren Planungsrechnungen wird davon ausgegangen, dass eine Holding besteht, die keiner operativen Tätigkeit nachgeht, sondern primär für die Kapital- und Ressourcenallokation zuständig ist. Darüber hinaus bestehen zwei strategische Geschäftseinheiten (SGE1 und SGE 2), die vereinfachend jeweils zwei unabhängige Produkte fertigen und absetzen. Von Innovationsprojekten wird in einer ersten Planung abstrahiert.

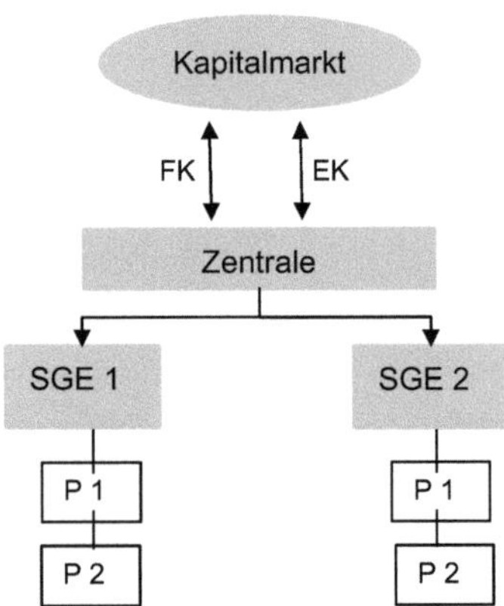

Abbildung 53: Konzernstruktur im Beispiel

Es wird von der Teilplanung der Holding ausgegangen, die noch keine Berichte der SGEs beinhaltet, sodass primär Erfolgsfaktoren für das Verwaltungs- und F&E-Personal,[980] die Gebäudenutzung und vor allem die Finanzierungsrestriktionen und –prämissen in einer Werttreiberplanung festzulegen sind. Die Länge der Detailprognosephase orientiert sich dabei an den Detailplanungsphasen der Tochterunternehmen

980 Zur Übersichtlichkeit wird nun auf die Mitarbeiterfluktuation verzichtet.

und der dort durchzuführenden Projekte, sodass, wie u.a. durch *Henselmann*[981] vorgeschlagen, strategische Analysen und Planungen die Länge dieses Prognoseintervalls determinieren.

Da die Kapitalbeschaffung über die Holding erfolgt, ist die Liquiditätsroutine in der Planung dieser zentralen Einheit zu integrieren. Werden keine Leistungen der SGEs berücksichtigt, so kann die Planung der Holding zunächst auf Basis der folgenden Werttreiberplanung erfolgen.[982]

Perioden	1	2	3	4	5	6	7	8	9
Werttreiber									
Werbebudget	1000	1000	1000	1000	1000	1000	1000	1000	1000
Verwaltungspersonal	5	5	5	5	5	5	5	5	5
Wissenschaftler	2	2	2	2	2	2	2	2	2
LuG-Steigerung VW/Fertigung	2%	2%	2%	2%	2%	2%	2%	2%	2%
LuG-Steigerung Wiss.	2%	2%	2%	2%	2%	2%	2%	2%	2%
Vergütung Verwaltung	816	832	849	866	883	901	919	937	956
Vergütung Wissenschaftler	1.020	1.040	1.061	1.082	1.104	1.126	1.149	1.172	1.195
Gebäudekosten Steigerung	2%	2%	2%	2%	2%	2%	2%	2%	2%
AfG-Quote	10%	10%	10%	10%	10%	10%	10%	10%	10%
Erhaltungsaufwand	20%	20%	20%	20%	20%	20%	20%	20%	20%
Aktivierungsteil Gebäudekosten	40%	40%	40%	40%	40%	40%	40%	40%	40%
Max. DFKK	200.000	200.000	200.000	200.000	200.000	200.000	200.000	200.000	200.000
Max. DBEK	20%	20%	20%	20%	20%	20%	20%	20%	20%
Zinssatz FIN	6%	6%	6%	6%	6%	6%	6%	6%	6%
Zinssatz FKK	12%	12%	12%	12%	12%	12%	12%	12%	12%
Zinssatz FKL	8%	8%	8%	8%	8%	8%	8%	8%	8%
Tilgungsfaktor	0,1	0,1	0,1	0,1	0,1	0,1	0,1	0,1	0,1
Anteilige Kassenquote	0,1	0,1	0,1	0,1	0,1	0,1	0,1	0,1	0,1
Ausschüttungsquote	1	1	1	1	1	1	1	1	1
Gewerbesteuersatz	14%	14%	14%	14%	14%	14%	14%	14%	14%
Körperschaftsteuersatz	15%	15%	15%	15%	15%	15%	15%	15%	15%
Abgeltungssteuer	25%	25%	25%	25%	25%	25%	25%	25%	25%

Tabelle 68: Werttreiberplanung der Holding

Ergänzend sind die bestehenden Kosten der Holding und der SGEs zu integrieren, die für möglicherweise ungenutzte Kapazitäten anfallen. An dieser Stelle kann insbesondere die Personalplanung einbezogen werden, damit die Zahlungs- und Aufwandskonsequenzen aufgrund der Vergütung dieser (zunächst fiktiven) Leerkapazitäten in die Planungen aufgenommen werden. Demnach sind zusätzlich Personal-

981 Vgl. dazu Henselmann (2000), S. 152.

982 Aus Gründen der Übersichtlichkeit werden die Werttreiber konstant gehalten.

planungen seitens der SGEs und der Holding zu erstellen. In diesen Personalplanungen sind zunächst bereits bestehende Verträge, somit die Ist-Anzahl der Mitarbeiter, und das im Zeitablauf maximal mögliche Personalwachstum, beschränkt durch eine Wachstumsrate (f^{XVW} und f^{XNW}), auszuweisen. In einem weiteren Schritt ist anzugeben, wie viele Mitarbeiter fest verplant ($XVW_t^P; XNW_t^P$) sind und nicht flexibel für neue Projekte einsetzbar sind. Unter Einbezug dieser Kapazitätsangaben kann die Anzahl der künftig bestehenden Verträge geplant werden ($XVW_t; XNW_t$). Dabei ist das Minimum aus maximal möglichen Verträgen, basierend auf den Vorjahresverträgen erhöht um eine Wachstumsrate ($XVW_{t-1} \cdot (1 + f^{XVW})$; $XNW_{t-1} \cdot (1 + f^{XNW})$), und dem notwendigen Personal zu berechnen. Es ist allerdings zu beachten, dass die bestehenden Verträge eine Untergrenze darstellen, wenn man vereinfachend von unbefristeten und fortbestehenden Arbeitsverhältnissen ausgeht:

$$XVW_t = \begin{cases} Min(XVW_{t-1} \cdot (1 + f^{XVW}); XVW_t^P) & \forall \; XVW_t^P > XVW_{t-1} \\ XVW_{t-1} & \forall \; XVW_t^P \leq XVW_{t-1} \end{cases} \tag{6-1}$$

$$XNW_t = \begin{cases} Min(XNW_{t-1} \cdot (1 + f^{XNW}); XNW_t^P) & \forall \; XNW_t^P > XNW_{t-1} \\ XVW_{t-1} & \forall \; XNW_t^P \leq XNW_{t-1} \end{cases} \tag{6-2}$$

Als Resultat können anhand der durchschnittlichen Vergütungssätze die Kosten der Leer-Kapazitäten ermittelt werden, die ansonsten unberücksichtigt blieben, allerdings auf Konzernebene zu integrieren sind.[983]

Periode	IST	1	2	3	4	5	6	7	8	9
Max. mögliche Verträge		Max. Wachstum 5% bei Wissenschaftlern und 10% in der Verwaltung zur Vorperiode								
Verwaltung	50	55	61	68	75	83	92	102	113	125
Wissenschaftler	33	35	37	39	41	44	47	50	53	56
Benötigtes Personal nach Projekt-Planung										
Verwaltung		0	0	0	0	0	0	0	0	0
Wissenschaftler		0	0	0	0	0	0	0	0	0
Plan-Anzahl der Verträge										
Verwaltung	50	50	50	50	50	50	50	50	50	50
Wissenschaftler	33	33	33	33	33	33	33	33	33	33
Freie Kapazitäten nach Projekt-Planung										
Verwaltung		50	50	50	50	50	50	50	50	50
Wissenschaftler		33	33	33	33	33	33	33	33	33
Kosten freier Kapazitäten SGE 1										
Verwaltung		40.800	41.616	42.448	43.297	44.163	45.046	45.947	46.866	47.804
Wissenschaftler		33.660	34.333	35.020	35.720	36.435	37.163	37.907	38.665	39.438

Tabelle 69: Personalplanung ohne Projekte der SGE1

983 Auf die Fluktuation wird hier verzichtet. Diese könnte allerdings jederzeit integriert werden.

Insgesamt sind auf allen Unternehmensebenen durch die fiktiv fehlende Auslastung mittels Innovationen und Produkten hohe Kosten aufgrund freier Kapazitäten vorhanden. Diese Kosten- und Personalplanungen sowohl für die SGEs als auch für die Holding sind den Tabellen 69 bis 71 zu entnehmen.

Periode	IST	1	2	3	4	5	6	7	8	9
Max. mögliche Verträge		Max. Wachstum 5% bei Wissenschaftlern und 10% in der Verwaltung zur Vorperiode								
Verwaltung	48	53	59	65	72	80	88	97	107	118
Wissenschaftler	30	32	34	36	38	40	42	45	48	51
Benötigtes Personal nach Projekt-Planung										
Verwaltung		0	0	0	0	0	0	0	0	0
Wissenschaftler		0	0	0	0	0	0	0	0	0
Tatsächliche Verträge mit Mitarbeitern										
Verwaltung	48	48	48	48	48	48	48	48	48	48
Wissenschaftler	30	30	30	30	30	30	30	30	30	30
Freie Kapazitäten nach Projekt-Planung										
Verwaltung		48	48	48	48	48	48	48	48	48
Wissenschaftler		30	30	30	30	30	30	30	30	30
Kosten freier Kapazitäten SGE 2										
Verwaltung		39.168	39.951	40.750	41.565	42.397	43.245	44.110	44.992	45.892
Wissenschaftler		30.600	31.212	31.836	32.473	33.122	33.785	34.461	35.150	35.853

Tabelle 70: Personalplanung ohne Projekte der SGE 2

Periode	IST	1	2	3	4	5	6	7	8	9
Max. mögliche Verträge		Max. Wachstum 10% bei Wissenschaftlern und 10% in der Verwaltung zur Vorperiode								
Verwaltung	33	37	41	46	51	57	63	70	77	85
Wissenschaftler	23	26	29	32	36	40	44	49	54	60
Personal nach Einsatz-Planung										
Verwaltung		5	5	5	5	5	5	5	5	5
Wissenschaftler		2	2	2	2	2	2	2	2	2
Tatsächliche Verträge mit Mitarbeitern										
Verwaltung	33	33	33	33	33	33	33	33	33	33
Wissenschaftler	23	23	23	23	23	23	23	23	23	23
Freie Kapazitäten nach Projekt-Planung										
Verwaltung		28	28	28	28	28	28	28	28	28
Wissenschaftler		21	21	21	21	21	21	21	21	21
Kosten freier Kapazitäten Holding										
Verwaltung		22.848	23.305	23.771	24.246	24.731	25.226	25.731	26.245	26.770
Wissenschaftler		21.420	21.848	22.285	22.731	23.186	23.649	24.122	24.605	25.097

Tabelle 71: Personalplanung ohne Projekte der Holding

Auf Basis der angegebenen Werttreiber und der Personalplanungen sind, wie im Ausgangsmodell beschrieben,[984] Mengen- und Wertgerüste abzuleiten und zu den drei Rechenwerken zu verdichten. Anhand der, um die Ausschüttungsplanung erwei-

984 Vgl. Abschnitt 3.2.

terten, GuV kann der Wert des Unternehmens im Detailprognosezeitraum entnommen werden.

Periode	1	2	3	4	5	6	7	8	9
Umsatzerlöse	0	0	0	0	0	0	0	0	0
Bestandsveränderung	0	0	0	0	0	0	0	0	0
Gesamtleistung	0	0	0	0	0	0	0	0	0
Materialaufwand	0	0	0	0	0	0	0	0	0
Werbeaufwand	0	0	0	0	0	0	0	0	0
s.b. A. (Reparaturen)	0	0	0	0	0	0	0	0	0
Personalaufwand	194.616	198.508	202.478	206.528	210.659	214.872	219.169	223.553	228.024
Abschreibungen Anl.	0	0	0	0	0	0	0	0	0
Abschreibungen Geb.	15.000	14.700	14.406	14.118	13.836	13.559	13.288	13.022	12.761
Erhaltungsaufw. Geb.	18.000	17.640	17.287	16.941	16.603	16.271	15.945	15.626	15.314
EBIT	-227.616	-230.848	-234.172	-237.587	-241.097	-244.701	-248.402	-252.201	-256.099
Zinserträge FIN	18.000	16.763	1.178	0	0	0	0	0	0
Zinsaufwand FKK	0	0	0	13.482	13.482	13.482	13.482	13.482	13.482
Zinsaufwand FKL	24.000	21.600	19.440	17.496	15.746	14.172	12.755	11.479	10.331
EBT	-233.616	-235.685	-252.433	-268.565	-270.325	-272.355	-274.638	-277.162	-279.912
Gewerbest.	0	0	0	0	0	0	0	0	0
Körperschaftst.	0	0	0	0	0	0	0	0	0
JÜ	-233.616	-235.685	-252.433	-268.565	-270.325	-272.355	-274.638	-277.162	-279.912
Ausschüttung(A)	-233.616	-235.685	-252.433	-268.565	-270.325	-272.355	-274.638	-277.162	-279.912
Thes. I (TI)	-233.616	-235.685	-252.433	-268.565	-270.325	-272.355	-274.638	-277.162	-279.912
Ausschüttung n. TI	0	0	0	0	0	0	0	0	0
Thes. Liquidität (T II)	0	0	0	0	0	0	0	0	0
Ausschüttung n. TII	0	0	0	0	0	0	0	0	0
Ausschüttung(P)	0	0	0	0	0	0	0	0	0
Abgeltungssteuer	0	0	0	0	0	0	0	0	0
Ausschüttung n. Ast	0	0	0	0	0	0	0	0	0
BW_0 mit i=4,5%	0								

Tabelle 72: Ausschüttungsplanung und Barwertberechnung ohne Projekte

Die Gewinn- und Verlustrechnung sowie die Ausschüttungsplanung basieren ausschließlich aus Zahlungs- und Aufwandskonsequenzen für bestehende und größtenteils ungenutzte Kapazitäten, sodass die Holding ohne die operativen Ergebnisse der Tochterunternehmen nicht existenzfähig ist und keinen Wert aufweist. Dies ist unter anderem durch die Ausschüttungen und den Barwert in Höhe von „Null" verdeutlicht und zum anderen wird in der Liquiditätsroutine die „Insolvenz" simuliert (vgl. Tabelle 73). Die „Illiquidität" führt im Beispiel zu einer unausgeglichenen Bilanz in gleicher Höhe.[985]

---

985 Vgl. dazu Anhang, Tabelle 57.

Perioden	1	2	3	4	5	6	7	8	9
ZS (0)	-20.616	-259.745	-273.852	-287.612	-287.241	-287.358	-287.924	-288.906	-290.274
Delta FIN	-20.616	-259.745	-19.639	0	0	0	0	0	0
ZS (1)	0	0	-254.213	-287.612	-287.241	-287.358	-287.924	-288.906	-290.274
Delta kurzfr. FK	0	0	112.348	0	0	0	0	0	0
ZS (2)	0	0	-141.865	-287.612	-287.241	-287.358	-287.924	-288.906	-290.274
Delta langfr. FK	0	0	0	0	0	0	0	0	0
ZS (3)	0	0	-141.865	-287.612	-287.241	-287.358	-287.924	-288.906	-290.274
Delta Bet.-Kap.	0	0	44.140	2.481	-50.736	-114.948	-192.408	-285.818	-398.414
ZS (4)	0	0	-97.726	-285.131	-337.977	-402.306	-480.333	-574.724	-688.687
Delta Ausschüttung	0	0	0	0	0	0	0	0	0
ZS (5)	0	0	-97.726	-285.131	-337.977	-402.306	-480.333	-574.724	-688.687
Überschuldung?	0	0							
Illiquidität?	0	0	Insolvenz	Insolvenz	Insolvenz	Insolvenz	Insolvenz	Insolvenz	Insolvenz
Insolvenzgefahr	0	0	Insolvenz	Insolvenz	Insolvenz	Insolvenz	Insolvenz	Insolvenz	Insolvenz

Tabelle 73: Liquiditätsroutine der Holding ohne Projekte

Im Folgeschluss ist die Tragfähigkeit der Holding durch die operativen Tätigkeiten und somit die Umsatzgenerierung auf Basis der Produkte der SGEs zu gewährleisten. Seitens der beiden SGEs findet im Beispiel bereits die Fertigung, die Produktion und der Absatz von jeweils zwei Produkten statt, sodass die vollständige Planung des Produktions- und Absatzbereiches, wie in Kapitel 3.2 beschrieben, für diese Produkte erfolgt, um den Wertschaffungsprozess evaluieren zu können.Seitens der SGEs findet eine Konzentration auf die Werttreiberplanung und die daraus resultierenden wertmäßigen Konsequenzen statt, die an das Mutterunternehmen zu berichten sind. Erst auf Ebene des Mutterunternehmens sind diese Werte in die dort aufgestellten Rechenwerke und das Cash-Pooling zu integrieren.

Exemplarisch wird der Produktbericht zum Produkt 1 der SGE 1 in Tabelle 74 dargestellt:[986] Für jedes Produkt ist ein derartiger Bericht anzufertigen, der wie im Ausgangsmodell beschriebenen aufgestellt wird und somit aus denselben Kategorien besteht. In diesen Berichten sind zudem bereits vorläufige Ergebnis- und Zahlungsbeiträge ausgewiesen, die keine Finanzierungs- und Steuerkonsequenzen beinhalten (können). Der vorläufige Ergebnisbeitrag ist aus dem Saldo von Ertrags- und Aufwandspositionen zu ermitteln, während der vorläufige Zahlungsbeitrag aus der Saldierung von zahlungswirksamen Positionen resultiert.

---

986 Vgl. Anhang, Tabelle 29 bis Tabelle 34 für SGE 1 und Tabelle 45 bis Tabelle 48 für SGE 2 mit ausführlichen Planungen und sämtlichen Produktberichten.

Periode	IST	1	2	3	4	5	6	7	8	9
Absatzbereich										
Umsatzerlöse	712.500	647.663	634.515	608.817	553.415	0	0	0	0	0
Werbebudget		1.000	1.000	1.000	1.000	0	0	0	0	0
Reparaturkosten		14.250	12.825	12.440	11.818	10.636	0	0	0	0
Bestand Forderungen	106.875	97.149	95.177	91.323	83.012	0	0	0	0	0
Zahlungskonsequenz UE	605.625	657.388	636.487	612.672	561.725	83.012	0	0	0	0
Materialbereich										
Bestand VLL	34.911	25.781	25.244	22.948	13.817	0	0	0	0	0
Auszahlung Material		95.066	84.684	78.789	55.188	13.817	0	0	0	0
Bewerteter Materialverbr.		86.262	84.871	81.177	57.292	0	0	0	0	0
Bestand Materialvorräte	16.970	16.643	15.919	11.234	0	0	0	0	0	0
Materialaufwand F&E		0	0	0	0	0	0	0	0	0
Anlagenbereich										
Zahlungen Anlagen		0	20.808	10.612	0	0	0	0	0	0
AfA Anlagen		10.000	9.100	10.271	10.305	9.274	0	0	0	0
Zahlungen F&E-Anlagen		1.000	0	0	0	0	0	0	0	0
Bestand ges. Anlagen	100.000	91.000	102.708	103.049	92.744	0	0	0	0	0
Restverkaufserlös		0	0	0	0	83.470	0	0	0	0
Personalkosten										
Summe LuG		51.918	51.396	48.922	37.452	0	0	0	0	0
Fertige Erzeugnisse										
Lagerbestand FE	21.375	31.622	32.479	30.439	0	0	0	0	0	0
Bestandveränderung		10.247	858	-2.041	-30.439	0	0	0	0	0
Vorläufige Datenaggregation										
Vorläufiger Ergebnisbeitrag		494.479	476.181	452.967	405.109	-19.911	0	0	0	0
Vorläufige Zahlungen		494.155	465.775	460.909	456.267	142.028	0	0	0	0
Verwaltungspersonal (Mengen)		8	8	7	7	0	0	0	0	0
Wissenschaftl. (Mengen)		2	2	2	2	0	0	0	0	0

Tabelle 74: Produktbericht 1 der SGE 1

Bildet man den Verlauf der vorläufigen Ergebnisbeiträge der einzelnen Projekte ab, so wird die Überlagerung und Glättung durch die unterschiedlichen Marktphasen der einzelnen Projekte auf der Ebene der SGEs ersichtlich.

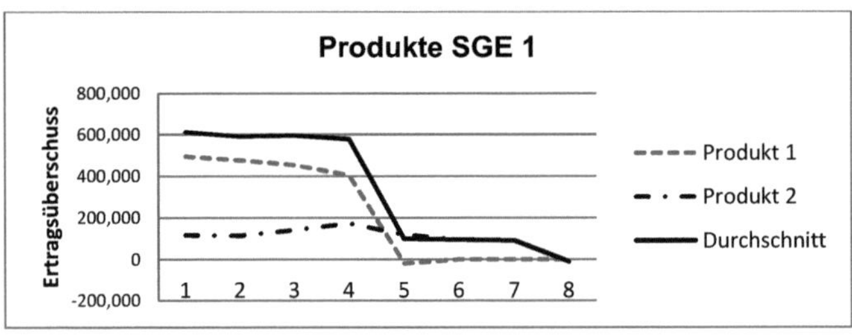

Abbildung 54: Vorläufige Ergebnisbeiträge SGE 1

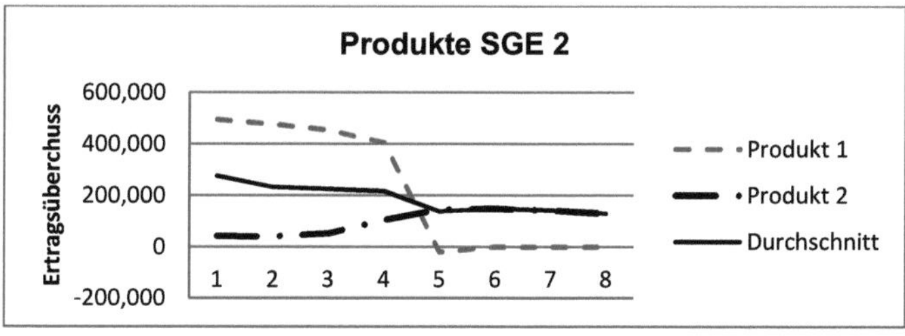

Abbildung 55: Vorläufige Ergebnisbeiträge SGE 2

Im Beispiel kann demnach auf Ebene der SGE 2 eine verstärkte Ergebnisglättung erzielt werden.

Der tatsächliche Wertbeitrag der Produkte ist auf Basis der konsolidierten Projektpläne und der integrierten Rechenwerke zu ermitteln.

Periode	1	2	3	4	5	6	7	8	9
Umsatzerlöse	1.202.489	1.145.415	1.143.080	1.110.206	358.285	329.768	316.412	175.629	0
Bestandsveränderung	16.431	3.106	-1.728	-41.532	-872	-357	-5.964	-7.756	0
Gesamtleistung	1.218.920	1.148.521	1.141.352	1.068.673	357.413	329.411	310.448	167.872	0
Materialaufwand	154.834	149.565	147.365	116.619	37.742	35.500	30.995	14.926	0
Werbeaufwand	2.000	2.000	4.000	4.000	2.000	2.000	2.000	0	0
s.b. A. (Reparaturen)	21.693	23.204	21.780	21.259	19.891	5.263	4.810	4.569	2.561
Personalaufwand	267.546	269.256	269.865	258.485	220.043	222.755	226.061	221.795	228.024
Abschreibungen Anl.	15.000	13.700	15.451	15.816	15.101	2.446	2.877	2.819	1.195
Abschreibungen Geb.	15.000	14.700	14.406	14.118	13.836	13.559	13.288	13.022	12.761
Erhaltungsaufw. Geb.	18.000	17.640	17.287	16.941	16.603	16.271	15.945	15.626	15.314
EBIT	724.847	658.456	651.197	621.436	32.198	31.617	14.471	-104.886	-259.855
Zinserträge FIN	18.000	21.958	19.472	18.358	24.700	36.065	35.269	35.896	34.014
Zinsaufwand FKK	0	0	0	0	0	0	0	0	0
Zinsaufwand FKL	24.000	21.600	19.440	17.496	15.746	14.172	12.755	11.479	10.331
EBT	718.847	658.814	651.229	622.297	41.152	53.510	36.986	-80.469	-236.173
Gewerbest.	101.479	92.990	91.852	87.734	6.312	7.987	5.624	0	0
Körperschaftst.	107.827	98.822	97.684	93.345	6.173	8.026	5.548	0	0
JÜ	509.542	467.002	461.692	441.219	28.667	37.496	25.813	-80.469	-236.173
Ausschüttung(A)	509.542	467.002	461.692	441.219	28.667	37.496	25.813	-80.469	-236.173
Thes. I (TI)	0	0	0	0	0	0	0	-80.469	-236.173
Ausschüttung n. TI	509.542	467.002	461.692	441.219	28.667	37.496	25.813	0	0
Thes. Liquidität (T II)	0	0	0	0	0	0	0	0	0
Ausschüttung n. TII	509.542	467.002	461.692	441.219	28.667	37.496	25.813	0	0
Ausschüttung(P)	509.542	467.002	461.692	441.219	28.667	37.496	25.813	0	0
Abgeltungssteuer	127.385	116.750	115.423	110.305	7.167	9.374	6.453	0	0
Ausschüttung n. Ast	382.156	350.251	346.269	330.914	21.500	28.122	19.360	0	0
BW_0 mit i=4,5%	1.320.435								

Tabelle 75: Ausschüttungsplanung und Barwertberechnung unter Einbezug etablierter Produkte

Demnach sind die Produkt-, Personal- und Holdingpläne so zu aggregieren, dass die umfassenden und integrierten Rechenwerke[987] und somit eine Gesamtkonzernplanung unter Berücksichtigung der bereits entwickelten Produkte erfolgt. Auf Basis der erweiterten Gewinn- und Verlustrechnung (vgl. Tabelle 75) kann dementsprechend erneut der Wert des Unternehmens im Detailplaungszeitraum ermittelt werden.

Perioden	1	2	3	4	5	6	7	8	9
ZS (0)	65.960	-41.434	-18.565	105.708	189.410	-13.265	10.451	-31.367	-211.835
Delta FIN	65.960	-41.434	-18.565	105.708	189.410	-13.265	10.451	-31.367	-211.835
ZS (1)	0	0	0	0	0	0	0	0	0
Delta kurzfr. FK	0	0	0	0	0	0	0	0	0
ZS (2)	0	0	0	0	0	0	0	0	0
Delta langfr. FK	0	0	0	0	0	0	0	0	0
ZS (3)	0	0	0	0	0	0	0	0	0
Delta Bet.-Kap.	0	0	0	0	0	0	0	0	0
ZS (4)	0	0	0	0	0	0	0	0	0
Delta Ausschüttung	0	0	0	0	0	0	0	0	0
ZS (5)	0	0	0	0	0	0	0	0	0
Überschuldung?	0	0	0	0	0	0	0	0	0
Illiquidität?	0	0	0	0	0	0	0	0	0
Insolvenzgefahr	0	0	0	0	0	0	0	0	0

Tabelle 76: Liquiditätsroutine unter Einbezug etablierter Produkten

Der Unternehmenswert im Detailplanungszeitraum kann mit 1.320.435 GE errechnet werden und ist als erster Teil der dreistufigen Bewertung von forschungsintensiven Unternehmen zu interpretieren. Durch die Einbindung der Wertschöpfung auf Basis der SGEs ist die eigenständige finanzielle Tragfähigkeit des Unternehmens ersichtlich und insgesamt droht vorerst keine Insolvenz.

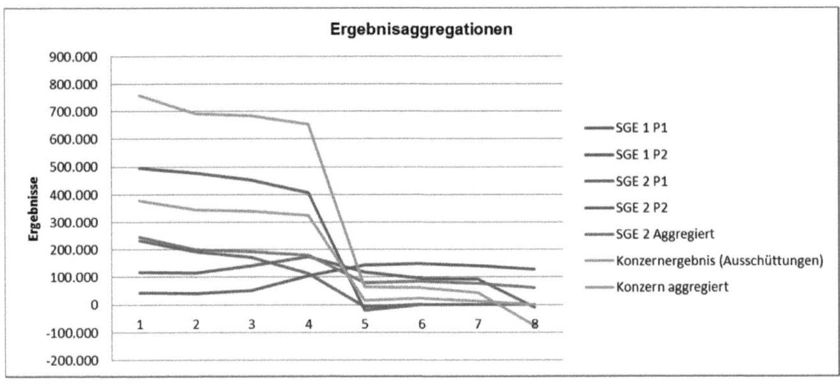

Abbildung 56: Ergebnisaggregation auf Gesamtunternehmensebene

987 Vgl. Anhang, Tabelle 58 hinsichtlich der Bilanzplanung.

Da allerdings nur bereits begonnene und zukünftig auslaufende Projekte berücksichtigt werden, endet mit diesen Projekten im Beispiel auch der Unternehmensfortbestand und insgesamt ist eine rückläufige Ausschüttung zu beobachten. Ohne die notwendigen Weiterentwicklungs- oder Innovationsprojekte ist dementsprechend kein Wachstum mehr zu erwarten und es wäre ein Restwert von Null zu verzeichnen,[988] da der Unternehmensfortbestand nicht möglich ist.

Diese Ausgangssituation verdeutlicht die Notwendigkeit von F&E sowie Innovationen bei auslaufenden Lebenszyklen[989] und dient als anschauliche Grundlage für die weiteren Berechnungen.

6.2.2.2 Erweiterung – Unternehmensplanungsrechnung inklusive Innovationsprojekte

Bisher wurde im Beispiel von Innovationen und der einhergehenden Forschung und Entwicklung weitestgehend abstrahiert, sodass nun die entsprechenden Ergänzungen erfolgen.

Dabei ist zu beachten, dass unterschiedliche Projekttypen existieren, die zu divergierenden Auswirkungen führen, sodass zunächst die Unterscheidung dieser Projekttypen erfolgt, bevor diese in die Beispielplanung integriert werden.

6.2.2.2.1 Klassifizierung und Integration unterschiedlicher Projekttypen

Im Grundsatz sind zwar alle Innovations- und F&E-Projekte dahingehend identisch, dass sie für einen begrenzten Zeitraum mit einer gewissen Unsicherheit und Komplexität, einem bestimmten Ressourcenverbrauch und Ziel geplant werden, jedoch unterscheiden sie sich hinsichtlich des Ausmaßes dieser Dimensionen.[990] Man kann somit davon ausgehen, dass der Komplexitäts-, Unsicherheits-, Zeit- und Ressourcenbedarf über die Projekte hinweg schwankt.

Entlang dieser Dimensionen erfolgt eine Einteilung in inkrementale und radikal-innovative Projekte.[991] Die *inkrementalen* Projekte verursachen geringere Kosten und

---

988 Die Möglichkeit des externen Wachstums wird an dieser Stelle von der Betrachtung ausgeschlossen.

989 Vgl. Schmitt (2013), S. 95.

990 Vgl. Specht/Harland (2000), S. 77.

991 Vgl. u.a. Gerybadze (2004), S. 77; Kroy (1995), S.59; Hauschildt/Salomo (2011), S. 14; Gassmann (2006), S. 6 mit alternativen Bezeichnungen für radikale respektive „High Risk-Projekte" aus der Praxis.

sind mit weniger Risiko behaftet, fördern dementsprechend langfristig auch weniger den Ertrag, die Wachstumspotenziale oder das Image. Es handelt sich dabei meistens um Weiterentwicklungen von bereits etablierten Produkten,[992] sodass relativ sichere und bekannte Marktsegmente betreten werden und bekannte Cashflow-Strukturen vorliegen. Die F&E-Tätigkeiten sind auf ein geringes Ausmaß reduziert, zumal die Forschungsphase und frühe Entwicklungsphasen aufgrund von bestehendem Vorwissen weniger von Relevanz sind, sodass das Abbruchrisiko gegen Null konvergiert. Um ein inkrementales Projekt in die Planungsrechnungen zu integrieren, kann häufig auf bereits bestehende Produktpläne zurückgegriffen werden. Durch die gezielte Weiterentwicklung der bestehenden Produkte wird in den meisten Fällen der Marktzyklus verlängert und die Erlöserzielung langfristig gesteigert.

Periode	IST	1	2	3	4	5	6	7	8	9
Absatzbereich										
Umsatzerlöse	712.500	647.663	634.515	628.043	602.607	669.497	743.811	766.274	797.155	805.126
Werbebudget		2.000	1.000	1.000	1.000	4.000	1.500	1.000	1.000	1.000
Reparaturkosten		14.250	12.825	12.440	12.191	11.582	12.740	14.014	14.294	14.723
Bestand Forderungen	106.875	97.149	95.177	94.206	90.391	100.424	111.572	114.941	119.573	120.769
Zahlungskonsequenz UE	605.625	657.388	636.487	629.014	606.423	659.463	732.664	762.904	792.522	803.930
Materialbereich										
Bestand VLL	34.911	25.820	25.616	25.479	26.215	29.284	31.866	33.234	34.500	33.429
Auszahlung Material		95.158	85.590	85.066	86.648	94.544	103.637	109.411	113.733	112.501
Bewerteter Materialverbr.		86.263	85.526	84.840	85.335	95.741	105.325	109.857	114.550	116.820
Bestand Materialvorräte	16.970	16.775	16.635	16.723	18.773	20.644	21.538	22.461	22.910	17.520
Materialaufwand F&E		500	900	1.000	3.000	1.000	900	1.000	1.500	500
Anlagenbereich										
Zahlungen Anlagen		0	20.808	21.224	10.824	44.163	33.785	34.461	23.433	23.902
AfA Anlagen		10.000	9.100	10.271	11.366	11.412	14.687	16.597	18.483	18.978
Zahlungen F&E-Anlagen		1.000	0	0	1.000	0	0	1.000	0	0
Bestand ges. Anlagen	100.000	91.000	102.708	113.661	114.120	146.871	165.969	184.832	189.782	194.706
Restverkaufserlös		0	0	0	0	0	0	0	0	0
Personalkosten										
Summe LuG		69.870	71.267	72.693	74.471	81.260	84.012	87.645	91.741	92.620
Fertige Erzeugnisse										
Lagerbestand FE	21.375	31.622	33.494	33.052	37.444	41.761	43.814	46.366	47.568	48.599
Bestandveränderung		10.247	1.873	-442	4.392	4.317	2.053	2.552	1.202	1.031
Datenaggregation										
Vorläufiger Ergebnisbeitrag		475.026	455.769	445.357	419.635	468.818	526.700	538.714	556.789	561.516
Vorläufige Zahlungen		474.610	444.096	435.591	417.288	422.914	496.090	514.374	546.821	558.685
Verwaltungspersonal (Mengen)		20	20	20	21	22	22	21	21	20
Wissenschaftl. (Mengen)		10	11	12	12	12	10	11	12	12

Tabelle 77: Inkrementale Projektplanung 1 der SGE 1

992 Vgl. Gerybadze (2004), S. 77.

Es sind gegenüber dem ursprünglichen Projektplan vermehrt Kapazitäten und Ressourcen für die F&E einzuplanen, sodass im Gegenzug wieder eine potenzielle Kundengruppe mit einem entsprechenden Marktvolumen und Marktanteil zur Umsatzgenerierung eingeplant werden kann. Exemplarisch wird Produkt 1 der SGE 1 herangezogen und der bisherige Plan wie in Tabelle 77 dargestellt modifiziert: Im direkten Vergleich zu den ursprünglichen Ergebnis- und Zahlungsbeiträgen in Tabelle 74, wird deutlich, dass diese zwar in den ersten Perioden geschmälert sind, da vermehrt Mitarbeiter eingesetzt werden und die Material- sowie Maschinenkosten steigen. Durch die Verdopplung des profitablen Lebenszyklus kann der langfristige Erfolg jedoch aufrechterhalten und unter Umständen sogar gesteigert werden. Insgesamt wird durch die Weiterentwicklung der etablierten Produkte aufgrund der autarken Tragfähigkeit kein negativer Ergebnisbeitrag für das Unternehmen erwartet.

Die *radikal-innovativen* Projekte benötigen hingegen vermehrt Ressourcen, sind risikobehafteter, bergen allerdings auch vermehrt wachstums- und imagefördernde Potenziale.[993] Hier handelt es sich vor allem um Neuentwicklungen von Produkten, die noch nicht am Markt etabliert und mit großen Absatzunsicherheiten behaftet sind[994] oder um umfassende Technologieprojekte, die in unterschiedliche Produkte integriert werden können. Demnach basieren Projekte mit einem hohen Neuheitsgrad auf vollkommen neuen Produkt-, Prozess- oder Technologiekonzepten, sodass nicht auf einem bereits bestehenden Bericht oder einer bestehenden Planung aufgesetzt werden kann. Folglich ist ein vollständig neuer Projektplan unabhängig von den bereits bestehenden Produkten und Projekten zu erstellen. Der Plan (hier zunächst unter Sicherheit) sollte aufgrund der notwendigen Konsolidierungsfähigkeit dieselbe Struktur annehmen wie für die Projekte mit einem inkrementalen Charakter. Zu beachten ist, dass zusätzlich externe Mitarbeiter eingeplant werden, die nicht fest an das Unternehmen gebunden sind, allerdings höher besoldet werden und nur begrenzt einsetzbar sind.

Ein radikal-innovatives Projekt wird in Tabelle 78 beispielsweise für die SGE 1 ergänzt, um den Bericht für ein solches Projekt zu illustrieren. Da noch nicht sicher ist, ob das Produkt langfristig am Markt bestehen kann, ist hier ein Relaunch wie bei den etablierten Produkten von der Planung auszuschließen und nur der erste Lebenszyk-

---

993 Vgl. Gerybadze (2004), S. 81.
994 Vgl. Gerybadze (2004), S. 77.

lus geplant, sodass keine F&E-Kapazitäten für weitere Entwicklungen berücksichtigt werden.[995]

Periode	1	2	3	4	5	6	7	8	9
Absatzbereich									
Umsatzerlöse	0	0	0	0	605.382	642.007	648.427	654.912	661.461
Werbebudget	0	0	5.000	4.000	3.000	500	500	500	500
Reparaturkosten	0	0	0	0	0	8.640	9.072	9.072	9.072
Bestand Forderungen	0	0	0	0	90.807	96.301	97.264	98.237	99.219
Zahlungskonsequenz UE	0	0	0	0	514.575	636.514	647.464	653.939	660.478
Materialbereich									
Bestand VLL	0	0	917	7.527	19.459	20.433	20.842	22.324	29.890
Auszahlung Material	0	0	2.139	18.480	52.933	67.137	69.064	72.930	92.068
Bewerteter Material-verbr.	0	0	0	15.553	64.158	67.848	69.202	70.596	90.026
Bestand Materialvorräte	0	0	3.056	12.594	13.300	13.563	13.834	17.649	27.258
Materialaufwand F&E	20.000	40.000	80.000	9.000	6.000	0	0	0	0
Anlagenbereich									
Zahlungen Anlagen	0	0	0	9.742	33.122	10.135	6.892	7.030	17.926
AfA Anlagen	0	200	680	1.212	2.265	5.351	5.829	5.935	6.045
Zahlungen F&E-Anlagen	2.000	5.000	6.000	2.000	0	0	0	0	0
Bestand ges. Anlagen	2.000	6.800	12.120	22.650	53.507	58.292	59.355	60.449	72.331
Restverkaufserlös	0	0	0	0	0	0	0	0	0
Personalkosten									
Summe LuG	44.064	45.361	48.476	37.127	32.570	58.448	59.617	54.951	57.364
Fertige Erzeugnisse									
Lagerbestand FE	0	0	0	24.157	25.466	26.513	27.247	27.850	56.425
Bestandveränderung	0	0	0	24.157	1.309	1.048	734	603	28.574
Datenaggregation									
Vorläufiger Ergebnisbeitrag	-64.064	-85.561	-134.156	- 42.736	498.697	502.269	504.942	514.460	527.028
Vorläufige Zahlungen	-66.064	-90.361	-141.615	- 80.350	386.949	491.654	502.320	509.456	483.548
Verwaltungspersonal (Mengen)	19	19	19	21	22	23	23	18	10
Wissenschaftl. (Mengen)	14	13	12	10	5	3	3	2	2
Externe Verwaltung	5	5	4	0	0	0	0	0	0
Externe F&E	6	7	10	0	0	0	0	0	0

Tabelle 78: Planung Innovationsprojekt 1 der SGE 1

Betrachtet man den Ergebnisbeitrag und die Zahlungskonsequenzen, so wird deutlich, dass radikal-innovative Projekte keine eigene Tragfähigkeit besitzen und zur Querfinanzierung die etablierten Produkte und den Cash-Pool benötigen. Dieser Zusammenhang und die Merkmale der zwei beschriebenen Projektklassen verdeutlichen das Wachstumspotenzial, das aus einem multi-dimensionalen Unternehmen

995 Vgl. Adelberger/Haft-Zboril/Hoffjan (2014), S. 588: „(N)ach einem Produktlebenszyklus kann man meistens erkennen, ob es sich um eine attraktives Konzept handelt." Demfolgend erfolgt eine Beschränkung auf den ersten Lebenszyklus.

aufgrund der vorhandenen Finanzkraft entstehen kann.[996] Oftmals kann weder auf die radikal-innovativen, noch auf die inkrementalen Projekte verzichtet werden, da nur eine Integration beider Projekttypen zu einem ausgeglichenen Portfolio führt.[997] In der Automobilindustrie werden beispielsweise bei BMW so genannte Substantials[998], Profit Champions,[999] Growth Potentials[1000] und Brand Shaper[1001] unterschieden, um ein Portfolio zusammenzustellen. Auch dort werden durch die Substantials und Profit Champions vermehrt die inkrementalen, und durch die Growth Potentials und Brand Shaper die radikal-innovativen Projekte im Portfolio berücksichtigt. Während die inkrementalen Projekte zur Sicherung des Unternehmensfortbestandes in Form der Liquiditätssicherung notwendig sind, werden radikal-innovative Projekte zur Förderung des Markenimages und zum langfristigen Wachstum eingesetzt und müssen querfinanziert werden.[1002]

Betrachtet man gleichzeitig die ebenfalls sehr forschungsintensive Pharmaindustrie, so ist auch in dieser Branche festzustellen, dass ein Ausgleich zwischen radikal-innovativen und inkrementalen Projekten vorherrschend ist. Dieser Ausgleich erfolgt allerdings zumeist nicht innerhalb einer Geschäftseinheit, sondern das gesamte Konzernportfolio ist darauf ausgerichtet. So wird der forschungsintensive und unsichere Bereich der klassischen Pharmaindustrie zumeist im Portfolio durch einen relativ stabilen Bereich, wie Generika oder andere konstante Geschäftsbereiche mit Produkten in aktiven Lebenszyklen ergänzt.[1003]

---

996 Vgl. Gerybadze (2004), S. 287, der zudem die Organisationskompetenz als Vorteil von großen Unternehmen betont.

997 Vgl. Schmitt (2013), S. 102; Adelberger/Haft-Zboril/Hoffjan (2014), S. 586.

998 Substantials werden als „tragende Säulen des Portfolios“ deklariert, die im Markt etabliert sind und relativ stabil sind, um notwendige Cashflows zu generieren. Vgl. dazu Adelberger/Haft-Zboril/Hoffjan (2014), S. 586; Adelberger/Haft-Zboril (2013), S.43.

999 Diese Produktkategorie steht in enger Verbindung mit den Substantials, lässt sich aber durch die stärkere Orientierung an Kundenanforderungen bei gleichzeitig hoher Ertragskraft differenzieren. Vgl. dazu Adelberger/Haft-Zboril/Hoffjan (2014), S. 586.

1000 Dies sind neue Produktinnovationen, die noch nicht im Markt etabliert sind, aber auf Dauer zu Substantials heranreifen könnten. Vgl. dazu Adelberger/Haft-Zboril/Hoffjan (2014), S. 586; Adelberger/Haft-Zboril (2013), S.43.

1001 Brandshaper verkörpern die technologische Kompetenz des Automobilherstellers und sind für einen Premiumhersteller notwendig, um das Markenimage zu fördern. Es handelt sich vor allem um technologiegetriebene Projekte. Vgl. dazu Adelberger/Haft-Zboril/Hoffjan (2014), S. 586.

1002 Vgl. Adelberger/Haft-Zboril/Hoffjan (2014), S. 586.

1003 Vgl. dazu u.a. Bayer AG (2015), S. 56; Merck KGaA (2015), S. 85 ff. Die Umsätze des Geschäftsportfolios werden bei Bayer zu ca. 50% über die innovative Pharmasparte generiert, sodass die restlichen Geschäfte zur Stabilisierung eingesetzt werden. Auch die Segmente der Merck KGaA weisen unterschiedlich starke F&E- und Umsatzanteile auf. Merck Serono als deutlich forschungsintensivster Teil (1.343,7 Mio € und 79% vom Gesamtbudget), weist ebenfalls einen Umsatzanteil von nur 50% auf.

Dies bedeutet also für die Zusammenstellung eines Portfolios in forschungsintensiven Unternehmen, dass insgesamt, d.h. spätestens auf oberster Konzernebene und somit zur Kapitalbeschaffung ein Ausgleich von inkrementalen und innovativen Projekten zu erfolgen hat.

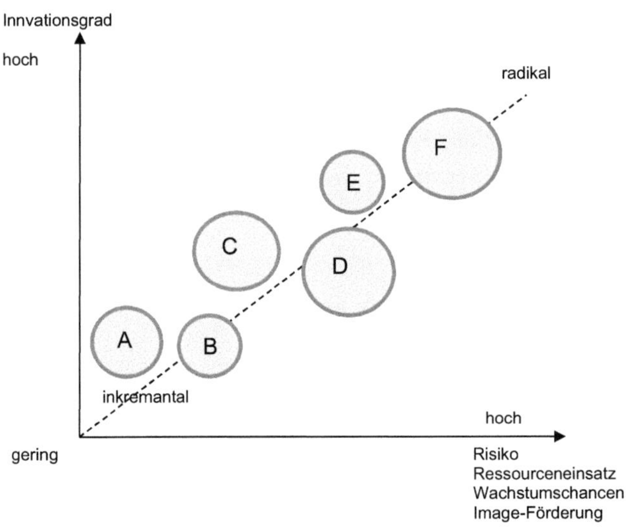

Abbildung 57: Dimensionierung radikaler und inkrementaler Projekte

6.2.2.2.2 Integration eines gesamten Innovations-Portfolios - unter Sicherheit und ohne Projektverbund

Wird eine Vielzahl an Innovationsprojekten in die Portfolioplanung integriert, so ist zu beachten, dass nicht alle geplanten Projekte realisiert werden können, da in der Realität ein Überangebot an Projektmöglichkeiten besteht und eine Auswahl aufgrund der Ressourcenbeschränkungen zu erfolgen hat. Dabei sollte allerdings gleichzeitig der höchst mögliche Wertzuwachs erreicht werden. Eine Optimierung ist in diesem Abschnitt nicht vorgesehen, da diese erst unter Berücksichtigung von Risiken als sinnvoll zu erachten ist. Um dennoch die Restwertberechnung auf Basis eines umfassenden Portfolios zu analysieren und zu veranschaulichen, wird eine umfassende Portfolioplanung an dieser Stelle erstellt.[1004] Neben den beiden beschriebenen Pro-

---

1004 Diese Portfolio-Planung ist nicht als Optimum zu verstehen, sondern nur als Beispiel, damit ein

jekten für SGE 1 werden somit weitere Projekte hinzugefügt, um in die Gesamtunternehmensplanung integriert werden zu können.

Auf Ebene der SGEs werden jeweils für die zwei bestehenden Produkte $(P^1_{SGE1}; P^2_{SGE1}; P^1_{SGE2}; P^2_{SGE2})$ inkrementale Projekte zur Produktverbesserung $(IK^{P1}_{SGE1};\ IK^{P2}_{SGE1}; IK^{P1}_{SGE2}\ ;\ IK^{P2}_{SGE2})$ vorgeschlagen. Darüber hinaus kann SGE 1 nach der strategischen Filterung insgesamt drei radikal-innovative Projekte $(INO^1_{SGE1};\ INO^2_{SGE1};\ INO^3_{SGE1})$ in Erwägung ziehen und SGE 2 $(INO^1_{SGE2}; INO^2_{SGE2})$ hat zwei dieser Innovationsprojekte identifiziert. Die konkreten Projektpläne sind dem Anhang zu entnehmen.[1005] Anstatt manuell jedes Projekt in die Gesamtplanung aufzunehmen oder auszulassen, können Dummy-Variablen (PD_i) eingesetzt werden, die den Wert „1“ annehmen, wenn das Projekt berücksichtigt werden soll und den Wert „0“, um von dem Projekt abzusehen.[1006]

$$PD = \begin{cases} 1, & Projekt\ durchführen \\ 0, & Projekt\ nich\ durchführen \end{cases} \qquad (6\text{-}3)$$

Nimmt die Dummy-Variable den Wert „1“ an, so werden die wertmäßigen Konsequenzen und benötigten Personal-Ressourcen in die Unternehmens-Planung einbezogen. Andernfalls werden auch alle Werte im Report mit Null angegeben und das Projekt faktisch und rechnerisch nicht in der Gesamtunternehmensplanung berücksichtigt.

Des Weiteren ist zu beachten, dass die Zentrale noch zusätzliche Personal-Ressourcen zur Verfügung stellen kann. Sollte ein innovatives Projekt auf Ebene der SGE aufgrund der fehlenden Personalkapazitäten nicht durchführbar sein, so kann, wenn es vorgesehen ist, in einem weiteren Schritt geprüft werden, ob eine Durchführung durch die zentrale F&E-Einheit übernommen wird. Um diese Möglichkeit zu berücksichtigen, ist es notwendig, eine weitere Fallunterscheidung der bisherigen Dummy-Variable für die Zentralisierung von Projekten einzuführen. Dieser Fall soll hier mit der Zahl „2“ gekennzeichnet werden. Die Variablen der Projekte (weiterhin: PD_i), die auch für die zentrale F&E-Einheit von Relevanz sind, können somit nicht nur den Wert „1“ oder „0“ für Durchführung und Nicht-Durchführung annehmen,

---

vollständiger Plan zur Restwertberechnung zugrundeliegt.

1005 Vgl. Anhang, Tabelle 35 bis Tabelle 56.

1006 Vgl. dazu ähnlich Alfs (2015), S. 452 ff. im Kontext der Konzernportfolioplanung.

sondern nun auch den Wert „2“, um zu kennzeichnen, dass die zentrale F&E-Einheit das Projekt übernimmt:

$$PD_{IOV}\begin{cases} 1, & Projekt\ auf\ Ebene\ der\ SGE\ durchführen \\ 0, & Projekt\ nicht\ durchführen \\ 2, & Projekt\ zentralisiert\ durchführen \end{cases} \tag{6-4}$$

Wird im Simulationslauf aufgrund der Kapazitäten also ein Projekt auf Ebene der SGE ausgeschlossen, kann es möglicherweise durch die Zentrale durchgeführt werden und bekommt dann eine „2“ zugewiesen.

Es bestehen zusammenfassend die folgenden Realisierungs-Möglichkeiten der zuvor identifizierten Projekte:

Mögliche Ergebnisse	
Projekt	Möglichkeiten der Projektrealisation
P^1_{SGE1}	0
P^2_{SGE1}	0
IK^{P1}_{SGE1}	1
IK^{P2}_{SGE1}	1
P^1_{SGE2}	0
P^2_{SGE2}	0/1
IK^{P1}_{SGE2}	1
IK^{P2}_{SGE2}	0/1
INO^1_{SGE1}	0/1/2
INO^2_{SGE1}	0/1/2
INO^3_{SGE1}	0/1/2
INO^1_{SGE2}	0/1/2
INO^2_{SGE2}	0/1/2

Tabelle 79: Mögliche Projekt-Variablen

„0“ steht für die Möglichkeit das Projekt nicht zu realisieren, „1“ wird angegeben, wenn das Projekt durchzuführen ist. Besteht die Wahl zwischen „1“ und „0“ („0/1“), dann kann das Projekt unterbleiben oder durchgeführt werden. Wenn die Wahl zwischen „0“, „1“ und „2“ besteht („0/1/2“) , dann kann das Projekt auf Ebene der SGE („1“), auf zentraler Ebene („2“) oder gar nicht („0“) durchgeführt werden.

Um die Unternehmensplanung aufzustellen, sind dementsprechend Entscheidungen bezüglich der (Nicht-)Durchführung und Durchführungsebene zu treffen. Im Beispiel wird die folgende Entscheidung unterstellt:[1007]

Ergebnisse	
Projekt	Projektrealisation
P^1_{SGE1}	0
P^2_{SGE1}	0
IK^{P1}_{SGE1}	1
IK^{P2}_{SGE1}	1
P^1_{SGE2}	0
P^2_{SGE2}	1
IK^{P1}_{SGE2}	1
IK^{P2}_{SGE2}	0
INO^1_{SGE1}	1
INO^2_{SGE1}	2
INO^3_{SGE1}	0
INO^1_{SGE2}	1
INO^2_{SGE2}	2

Tabelle 80: Projektzusammenstellung

Demnach sind neben den inkrementalen Projekten, die jeweils ersten Innovationsprojekte auf SGE-Ebene durchzuführen, und die zweiten Innovationen werden durch die zentrale F&E-Einheit übernommen. Das dritte innovative Projekt der SGE 1 wird aufgrund der Ressourcenknappheit nicht durchgeführt. Diese Portfoliozusammenstellung kann jederzeit variiert werden, der Ressourceneinsatz kann weniger restriktiv eingeplant und insgesamt eine alternative Konfiguration erstellt werden.[1008]

Durch die Festlegung der Projekt-Variablen sind die Projekt-Berichte mit den wertmäßigen Konsequenzen in die Unternehmensplanung integriert, sodass neben der Personalplanung auch die drei Rechenwerke angepasst werden. Den Personalplanungen ist zu entnehmen, dass aufgrund der Innovationsprojekte ein Wachstum generiert wird und die freien Kapazitäten weitestgehend genutzt werden können, wie anhand der Personalplanung der SGE 1 ersichtlich ist.[1009]

1007 Diese Entscheidung erfolgt ohne Optimierung. Allerdings werden alle Ressourcenbeschränkungen eingehalten, sodass eine Portfolio-Planung als Basis für die Restwertberechnung besteht. Die Optimierung wird erst in Abschnitt 7.3.2 unter Berücksichtigung von Risiken näher erläutert.

1008 Vgl. auch Dickinson/Thornton/Graves (2001), S. 520.

1009 Weitere Planungen sind dem Anhang zu entnehmen, vgl. Anhang, Tabelle 61 und Tabelle 62.

Periode	IST	1	2	3	4	5	6	7	8	9
Plan-Anzahl der Verträge										
Verwaltung	50	50	50	50	52	54	60	60	60	60
Wissenschaftler	33	33	33	33	33	33	33	33	33	33
Freie Kapazitäten nach Projekt-Planung										
Verwaltung		1	1	1	0	0	0	1	6	15
Wissenschaftler		3	3	5	7	12	10	9	9	13
Kosten freier Kapazitäten SGE 1										
Verwaltung		816	832	849	0	0	0	919	5.624	14.341
Wissenschaftler		3.060	3.121	5.306	7.577	13.249	11.262	10.338	10.545	15.536

Tabelle 81: Personal-Planung SGE 1 inkl. Innovations-Portfolio

Darüber hinaus ist auf Basis der erweiterten Gewinn-, Verlust- sowie Ausschüttungsplanung der Barwert des Gesamtunternehmens im Detail-Prognosezeitraum wie folgt zu berechnen:

Periode	1	2	3	4	5	6	7	8	9
Umsatzerlöse	1.202.489	1.145.415	1.162.305	1.494.717	2.289.578	2.497.419	2.610.618	2.667.793	2.546.743
Bestandsveränderung	16.431	4.120	17.680	34.218	11.948	8.213	5.023	-3.277	60.459
Gesamtleistung	1.218.920	1.149.536	1.179.986	1.528.935	2.301.526	2.505.633	2.615.641	2.664.516	2.607.203
Materialaufwand	154.834	150.221	161.233	212.730	288.738	317.204	333.926	340.066	371.152
Werbeaufwand	3.000	2.000	24.000	20.000	20.000	6.500	6.000	4.000	4.000
s.b. Aufw. (Rep.)	21.693	23.204	21.780	21.632	26.616	38.506	42.015	43.629	44.237
Personalaufwand	336.457	350.136	382.502	335.879	298.212	405.756	420.189	428.007	449.116
Abschreibungen Anl.	15.000	14.500	18.171	22.721	27.519	35.301	38.584	42.090	43.095
Abschreibungen Geb.	15.000	14.700	14.406	14.118	13.836	13.559	13.288	13.022	12.761
Erhaltungsaufwand Gebäude ($ZGEB_t$)	18.000	17.640	17.287	16.941	16.603	16.271	15.945	15.626	15.314
EBIT	654.936	577.135	540.607	884.914	1.610.002	1.672.537	1.745.695	1.778.075	1.667.528
Zinserträge (ZIF_t)	18.000	21.513	17.876	10.389	0	0	0	0	0
Zinsaufwand FKK_{t-1}	0	0	0	0	3.470	24.000	24.000	24.000	24.000
Zinsaufwand FKL_{t-1}	24.000	21.600	19.440	17.496	15.746	18.614	24.559	29.032	29.249
EBT	648.936	577.048	539.043	877.807	1.590.786	1.629.922	1.697.136	1.725.043	1.614.279
Gewerbest.	91.691	81.543	76.146	123.505	223.383	229.681	239.299	243.362	227.863
Körperschaftst.	97.340	86.557	80.856	131.671	238.618	244.488	254.570	258.756	242.142
Jahresüberschuss	459.904	408.948	382.040	622.630	1.128.785	1.155.753	1.203.267	1.222.925	1.144.274
Mögl. Ausschüttung	459.904	408.948	382.040	622.630	1.128.785	1.155.753	1.203.267	1.222.925	1.144.274
Thes. I (TI)	0	0	0	0	0	0	0	0	0
Ausschüttung n. TI	459.904	408.948	382.040	622.630	1.128.785	1.155.753	1.203.267	1.222.925	1.144.274
Thes. wegen Liquidität (T II)	0	0	0	0	0	0	0	0	0
Ausschüttung n. TII	459.904	408.948	382.040	622.630	1.128.785	1.155.753	1.203.267	1.222.925	1.144.274
Ausschüttung n. Insolvenzprüfung	459.904	408.948	382.040	622.630	1.128.785	1.155.753	1.203.267	1.222.925	1.144.274
Abgeltungssteuer	114.976	102.237	95.510	155.658	282.196	288.938	300.817	305.731	286.069
Ausschüttung n. ASt	344.928	306.711	286.530	466.973	846.589	866.815	902.450	917.193	858.206
BW_0 mit i=4,5%	4.660.224								

Tabelle 82: Ausschüttungsplanung und Barwertberechnung unter Berücksichtigung aller Produkte und Innovationsprojekte

Durch das Innovations-Portfolio wird somit ein signifikantes Wachstum im Detailprognosezeitraum erzielt, das neben den vermehrten Ressourceneinsätzen und der

Bilanzverlängerung[1010] primär anhand der Wertdifferenz i.H.v. 3.339.788 GE zu quantifizieren ist. Der zweite Wertbestandteil des forschungsintensiven Unternehmens und somit der Wert der Pipeline ist bestimmt.

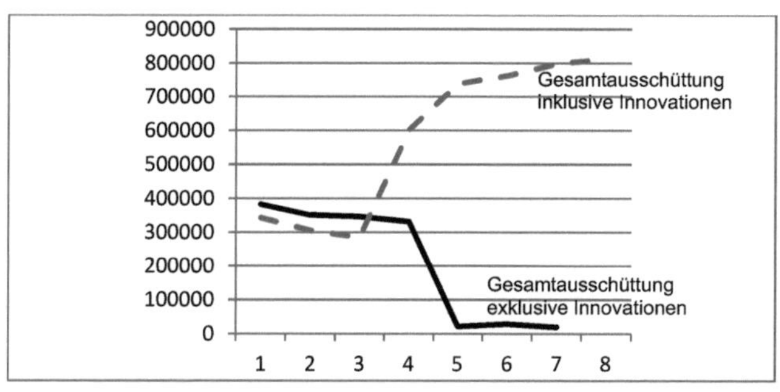

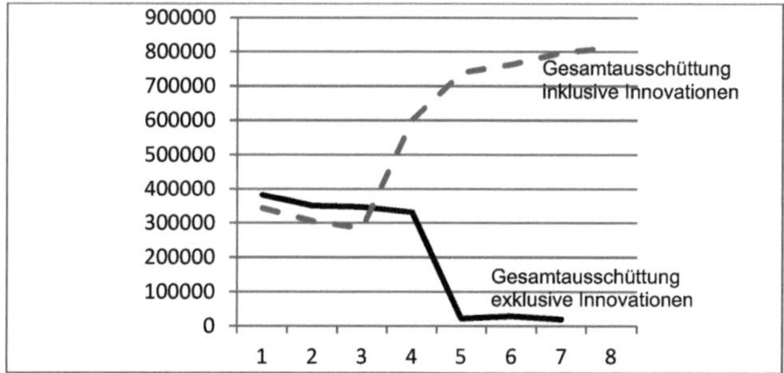

Abbildung 58: Gesamtausschüttung vor und nach Innovation

6.2.3 Phasenstrukturierung - Restwertberechnung auf Basis des Innovations-Portfolios

Um den Wert eines Unternehmens aus Sicht der Anteilseigner zu ermitteln, ist die gesamte Lebensdauer des Unternehmens zu beachten. Auf der Einzelprojektebene ist das Problem des Planungshorizontes und der Ermittlung eines Restwertes auszublenden, sodass die Dynamisierung einzelner Erfolgsfaktoren entlang des Projekt-Lebenszyklus im Vordergrund steht.

Wird nun ein umfassendes Portfolio an Innovationsprojekten bewertet, das dem organischen Wachstum des Unternehmens dient, so hat dies einen wesentlichen Einfluss auf die langfristige Unternehmensausrichtung und den langfristigen Unterneh-

[1010] Vgl. Anhang, Tabelle 59.

menswert. Dementsprechend kann auf dieser Grundlage der dritte Teil des Unternehmenswertes, in Form des Restwertes abgeleitet werden. [1011]

Die zentrale Herausforderung in der Schätzung eines Fortführungswertes besteht in der Fundierung eines Wertes, der einen hohen Einfluss hat, allerdings gleichzeitig auf einer unsicheren Datenbasis basiert, da keine Detailinformationen zugänglich sind.[1012] Um den Einfluss des Restwertes einzuschränken, ist eine zeitliche Ausdehnung der Detailplanung generell von Vorteil, da der Diskontierungseffekt den Fortführungswert belastet.[1013] Dementsprechend ist eine adäquate Balance in der Aufteilung und Fundierung der Planungsphasen zu finden. Basierend auf theoretischen Grundsätzen der Phasendifferenzierung und des ewigen Wachstums aus der Literatur zur Unternehmensbewertung wird im Folgenden eine Übertragbarkeit auf die und eine Verbindung mit der vorliegenden Planungssystematik untersucht.

6.2.3.1 Möglichkeiten der Phasendifferenzierung

Um eine Unterteilung von Phasen in der Unternehmensplanung vorzunehmen, die letztendlich zur Kalkulation eines Unternehmenswertes notwendig ist, ist eine Entscheidung über die langfristige Ausrichtung des Bewertungsobjektes zu treffen. Übergeordnet ist die Frage nach der Fortführung oder Veräußerung ab einem gewissen Zeitpunkt zu beantworten.[1014]

Wird von der Veräußerung des Unternehmens in der Zukunft ausgegangen, so ist zum Barwert der Zahlungsüberschüsse der Detailprognosephase ein Restwert in Form eines potenziellen Veräußerungswertes zu addieren. Zur Ermittlung dieses Restwertes ist häufig neben dem Liquidationswert[1015] auch auf den Einsatz von Vergleichsverfahren[1016] zurückzugreifen.

Eine Veräußerungsabsicht ist allerdings grundsätzlich in den vorliegenden Betrachtungen auszuschließen, da es sich für ein multi-dimensionales forschungsintensives Unternehmen, das hohe Investitionen tätigt, um organisches Wachstum zu generie-

---

1011 Vgl. Brandt (2002), S. 202 ff.

1012 Vgl. Brandt (2002), S. 188; Kreyer (2009), S. 34 ff.; Bausch/Pape (2005), S. 474.

1013 Vgl. Kreyer (2009), S. 35; Bausch/Pape (2005), S. 474 f.

1014 Vgl. dazu Dirrigl (1988), S. 16 -18.

1015 Vgl. dazu Stellbrink (2005), S. 63-67; Weiler (2005), S. 26 f.; Bausch/Pape (2005), S. 477 f. Wird der Liquidationswert herangezogen, so werden einzelne Segmente oder Vermögensgegenstände einer Bewertung unterzogen und mit ihrem potenziellen Nettoerlös in die Restwertberechnung integriert.

1016 Vgl. dazu Bausch/Pape (2005), S. 478-480, Stellbrink (2005), S. 78 ff.; Weiler (2005), S. 27.

ren, strategietheoretisch kaum begründen lässt, in dieser Wachstums- und Investitionsphase eine Veräußerung anzustreben.[1017] Vielmehr werden immaterielle Ressourcen und Potenziale ausgebaut, die weder durch den Liquidationswert, noch durch Vergleichsverfahren adäquat berücksichtigt werden.[1018]

Da die Veräußerungsabsicht somit von den vorliegenden Untersuchungen ausgeschlossen wird, ist im Umkehrschluss von einem unendlichen Planungshorizont im Sinne des Going Concern-Ansatzes auszugehen.[1019] Diese Annahme ist allerdings zu prüfen, da möglicherweise technische, rechtliche oder wirtschaftliche Gründe entgegenstehen.[1020]

Sollte der unendliche Planungshorizont dennoch final plausibilisierbar sein, ist es nicht möglich, differenzierte Unternehmensplanungen bis in die Unendlichkeit aufzustellen, sodass ein zur unendlichen Detailplanung alternativer Ansatz erforderlich wird. Dementsprechend hat es sich etabliert, die Planung in unterschiedliche Phasen einzuteilen,[1021] wobei der Genauigkeitsgrad der Planung für ferner in die Zukunft reichende Phasen abnimmt.[1022] Während die Detailprognosephase dadurch gekennzeichnet ist, dass eine „planbestimmte Erfolgsabschätzung“[1023] vorgenommen werden kann, erfolgt die Prognose für den Folgezeitraum mehr oder weniger pauschalisiert.[1024]

Grundsätzlich sind zur Phaseneinteilung das Zwei-Phasenmodell und das Drei-Phasenmodell zu unterscheiden, wobei in beiden Modellen eine Detailplanungsphase zugrunde liegt, sodass diese zunächst weitestgehend unabhängig von der weiterführenden Phaseneinteilung zu fundieren ist.

Um die Länge dieser Detailplanungsphase abzugrenzen, hat es sich im vorliegenden Kontext bereits angeboten, den längsten planbaren Lebenszyklus der aktuell zur

---

1017 Vgl. dazu auch Rappaport (1999), S. 49, der den Liquidationswert im Rahmen einer „Erntestrategie“ als angemessen ansieht. Diese Erntestrategie impliziert allerdings, dass während der Haltedauer kaum Investitionen getätigt werden und das Umlaufvermögen weitestgehend abgebaut wird. Diese Strategie steht im Konflikt zu der eines wachsenden Unternehmens. Kleinere Start-up Unternehmen sind von diesen Betrachtungen ausgeschlossen.

1018 Vgl. dazu auch Weiler (2005), S. 26 f.

1019 Vgl. Ruthardt/Hachmeister (2014), S. 193; Bausch/Pape (2005), S. 480.

1020 Vgl. Dirrigl (1988), S. 166.

1021 Vgl. Henselmann (2000), S. 151; Bausch/Pape (2005), S. 480 ff.

1022 Vgl. Große-Frericks (2015), S. 212.

1023 Dirrigl (1994), S. 427.

1024 Vgl. Dinstuhl (2003), S. 115; Brandt (2002), S. 187; Große-Frericks (2015), S. 2013.

Auswahl stehenden Projekte heranzuziehen.[1025] Dies wurde auch bereits in den vorliegenden Beispielrechnungen illustriert. Die übrigen Projekte sind somit ebenfalls innerhalb dieses Zyklus zu realisieren und über die entsprechenden Planungsrechnungen zu erfassen. Die Ausgestaltung der Detailprognosephase an den Produktlebenszyklen zu orientieren, ist als praxisnahe Lösung zu verstehen, da entgegen theoretischer Ideallösungen,[1026] die Begrenzung des Detailplanungszeitraums in der Praxis auf die intern verfügbaren Planungsrechnungen beschränkt ist.[1027] Wird das Unternehmensmodell wie beispielsweise im Pharmabereich durch besonders lange Produktlebenszyklen determiniert, so ist die Detailplanungsphase entsprechend anzupassen und der Einfluss des Restwertes nimmt mit wachsendem Detailplanungszeitraum aufgrund des Diskontierungseffektes bereits ab.[1028] Der Restwert ist dementsprechend als Resultat des individuellen Geschäftsmodells auch an dieses anzupassen.

Nach Erstellung der Detail-Planung ist diese zu verwenden, um die Planung(en) der anschließenden Phase(n) zu fundieren, sodass neben dem direkten Werteffekt aus der Detail-Planung auch ein indirekter Effekt entsteht.[1029] Die Phasen-Modelle unterscheiden sich maßgeblich in der zugrundeliegenden Annahme, wann und wie die Restwertphase als letzte Planungsphase angeschlossen werden kann: Während im Zwei-Phasenmodell unmittelbar mit dem Ende der Detailprognosephase die Restwertberechnung beginnt, zeichnet sich das Drei-Phasenmodell durch die Zwischenschaltung einer Konvergenzphase aus. In beiden Phasenstrukturen ist vorauszusetzen, dass sich das Unternehmen zum Eintritt in die Restwertphase in einem Gleichgewichtszustand (engl.: Steady State) befindet, der beispielsweise durch ein konstantes Verhältnis von EBIT zum Umsatz (EBIT-Marge) gekennzeichnet ist.[1030]

In der Praxis hat es sich etabliert, das Zwei-Phasenmodell zu verwenden und unmittelbar an die Detailprognosephase eine Restwertphase anzuschließen.[1031] Im Zwei-Phasenmodell wird somit vorausgesetzt, dass der Gleichgewichtszustand bereits mit

---

1025 Vgl. Brandt (2002), S. 190.
1026 Vgl. dazu Tinz (2010), S. 29 ff.
1027 Vgl. dazu Hayn (2000), S. 184 f.
1028 Vgl. Meitner (2015), S. 649; Kreyer (2009), S. 35; Bausch/Pape (2005), S. 474 f.; Kaufmann/Ridder (2003), S. 454 f., die aus diesem Grund eine Dreiteilung der Phasen bei Biotech-Unternehmen befürworten.
1029 Vgl. Dirrigl (1998), S. 15; Dirrigl (1994), S. 427 f.
1030 Vgl. Ernst/Schneider/Thielen (2012), S. 39 f.
1031 Vgl. Große-Frericks (2015), S. 2013; Tinz (2010), S. 35.

dem Abschluss der Detailplanung erreicht ist,[1032] sodass die Ergebnisse der zugrundeliegenden Planung für die Ewigkeit beizubehalten sind und möglicherweise mittels Wachstumsfaktoren ein potentielles ewiges Wachstum unterstellt wird. Unterstellt man ein *ewiges Wachstum* ausgehend von der zuletzt ermittelten Überschussgröße (ECF^{RW}), so ist die Wachstumsrate über das Gordon-/Shapiro Wachstumsmodell in die Bewertungsgleichung einzubeziehen:[1033]

$$UW_0 = \sum_{t=1}^{n} \frac{ECF_t^{DP}}{(1+k)^t} + \frac{ECF^{RW}}{(k-g)\cdot(1+k)^n} \qquad (6\text{-}5)$$

mit ECF^{RW}: Nachhaltiger Zahlungsstrom der Periode n+1

k: Diskontierungsrate

g: Nachhaltige Wachstumsrate der Zahlungsströme ($g < k$)

Um diese Wachstumsraten zu plausibilisieren, ist die strategietheoretische Fundierung der Unternehmensplanung zu berücksichtigen.[1034] Geht man von einem ewigen Wachstum aus, so wird der Annahme gefolgt, dass das Unternehmen langfristig über Wettbewerbsvorteile verfügt, was mit dem strategietheoretischen Konzept des resource based view zu erklären ist.[1035] Das implizite Wachstum wird im Schrifttum durch inflationsbedingtes,[1036] preis- und mengenabhängiges[1037] oder thesaurierungsbedingtes[1038] Wachstum begründet.[1039] *Kreyer* weist allerdings darauf hin, dass die entsprechende Ressource des Unternehmens, die diese Wachstumsmöglichkeiten bedingt, insgesamt wertvoll, knapp, nicht perfekt imitierbar und nicht substituier-

---

1032 Vgl. Ruthardt/Hachmeister (2014), S. 202.

1033 Vgl. Große-Frericks (2015), S. 216; Ruthardt/Hachmeister (2014), S. 193; Meitner (2015), S. 652; Bausch/Pape (2015), S. 482.

1034 Vgl. dazu Dirrigl (2004b), S. 118 ff.

1035 Vgl. dazu Hinterhuber/Friedrich (1999), S. 995; Kreyer (2009), S. 92 ff.; Dirrigl (2004b), S. 119.

1036 Inflationsbedingtes Wachstum ist mit der Übertragbarkeit der Inflationsraten in der Zukunft zu begründen. Vgl. ferner Schüler/Lampenius (2007), S. 2 ff. zur Unterscheidung von Real- und Nominalwachstum.

1037 Das mengenabhängige Wachstum besteht in dem Zugewinn von Absatzmengen und kann als direkte Leistung des Unternehmens interpretiert werden.

1038 Das thesaurierungsbedingte Wachstum ist vielmehr als indirekter Grund für ewiges Wachstum zu kategorisieren. Die Thesaurierung ist als Finanzierungsquelle für rentable Anlagen zu definieren.

1039 Vgl. dazu Dreher (2010), S. 238-240; Tinz (2010), S. 8.

bar sein müsse.[1040] Diese Voraussetzungen dürften in den meisten Fällen schwer erfüllbar sein.

Aus diesem Grund wird im Rahmen der Bewertungslehre die Zwischenschaltung einer Konvergenzphase in Betracht gezogen, sodass alternativ auf das Drei-Phasenmodell zurückzugreifen ist.[1041] Es ist hierbei von einer Erfolgsentwicklung auszugehen, die, dem market based view folgend, zu einer Annäherung an die branchendurchschnittliche Rendite ohne Wachstum im Restwert führt. Demzufolge wird unterstellt, dass ein Unternehmen über einen gewissen Zeitraum überdurchschnittlich profitabel agiert, diese Überrenditen allerdings den Wettbewerb anregen, bis die Profitabilität auf ein Normal-Niveau abschmilzt.[1042] Im Drei-Phasenmodell wird ein plötzlicher Wachstumsrückgang zwischen Detailphase und Restwertphase vermieden, indem ein geglätteter Übergang konstruiert wird.[1043] Demnach wird in der Konvergenzphase (o.a. Ramping-Phase) unterstellt, dass die Wachstumsraten sukzessive um einen Konvergenzfaktor (*af*) schrumpfen, bis zu Beginn der Restwertphase die Übergewinne auf ein Normalniveau abgeschmolzen sind und nahezu ein „Null-Wachstum" für die letzte Phase anzunehmen ist.[1044] In dieser Ramping-Phase sind einige Parameter weiterhin detailliert zu schätzen, während andere pauschal fortzuschreiben sind.[1045] Es findet somit ein Übergang vom Zwei-Phasenmodell in ein Drei-Phasenmodell statt:

$$UW_0 = \sum_{t=1}^{n} \frac{ECF_t^{DP}}{(1+k)^t} + \sum_{t=n+1}^{n+T} \frac{ECF_t^{KP}}{(1+k)^t} + \frac{ECF^{RW}}{(1+k)^{n+T}} \quad (6\text{-}6)$$

Die Entwicklung der Überschussgröße oder einzelner Parameter kann je nach Geschäftsmodell degressiv, stufenförmig oder linear erfolgen wie in Abbildung 59 skizziert. Mithilfe einer derartigen Modellierung der Phasen können deutliche Werteffekte erzielt werden.[1046] Darüber hinaus resultieren Werteffekte aus der Wahl des konkreten Konvergenzverlaufes und des festgelegten Normal-Niveaus zum Ende der Konvergenzphase. Der Konvergenzverlauf wirkt beeinflussend, da näher liegende Zahlungsüberschüsse aufgrund des geringeren Diskontierungseffektes einen größeren

---

1040 Vgl. Kreyer (2009), S. 92 ff.
1041 Vgl. dazu Tinz (2010), S. 36 und genauer Abschnitte 6.2.3.2 und 6.2.3.3.
1042 Vgl. Brandt (2002), S. 196.
1043 Vgl. Dirrigl (1988), S. 167; Stellbrink (2005), S. 53; Hachmeister/Ruthardt/Eitel (2013), S. 762.
1044 Vgl. Große-Frericks (2015), S. 215; Weiler (2005), S. 68 f.
1045 Vgl. Meitner (2015), S. 649 f.
1046 Vgl. Große-Frericks (2015), S. 215 m.w.N.

Werteinfluss ausüben und somit ein progressiver Verlauf bei gleichem Normal-Niveau zu einem höheren Ergebnis führen würde als ein degressiver Verlauf.

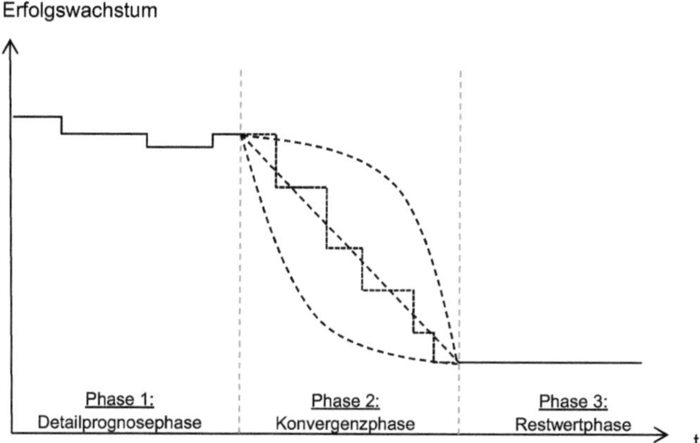

Abbildung 59: Mögliche Konvergenzprozesse[1047]

6.2.3.2 Ansätze zur pauschalisierten Planung der Konvergenz- und Restwertphase

Die Planungen der Phasen im Anschluss an die Detail-Phase sind charakterisiert durch Komplexitätsreduktionen und Pauschalisierungen. Zudem ist zu Beginn der Restwertphase ein Gleichgewichtszustand zu erreichen und im Drei-Phasenmodell ist ein Normal-Niveau festzulegen. Eine praktikable Lösung für diese Problemstellungen wird folgend zunächst theoretisch beschrieben und dann in einem konkreten Beispiel umgesetzt.

Vorauszusetzen ist, dass sich das Unternehmen zum Ende der Detailprognose- oder Rampingphase in einem relativ eingeschwungenen Zustand befindet.[1048] Dementsprechend ist zuerst der Detailprognoseplan mit dem ermittelten Innovations- und Produkt-Portfolio näher zu analysieren, um über konkrete Entwicklungsmöglichkeiten zu entscheiden. Es können insgesamt drei Komponenten im Hinblick auf weitere Wachstumsannahmen untersucht werden, da zum einen bestehende Produkte, zum

---

1047 In Anlehnung an Alfs (2015), S. 370.
1048 Vgl. Ruthardt/Hachmeister (2014), S. 193.

anderen Produkte im Entwicklungsstadium oder auch mögliche Zukunftstechnologien und künftige Geschäftsfelder zu weiterem Wachstum beitragen können.[1049]

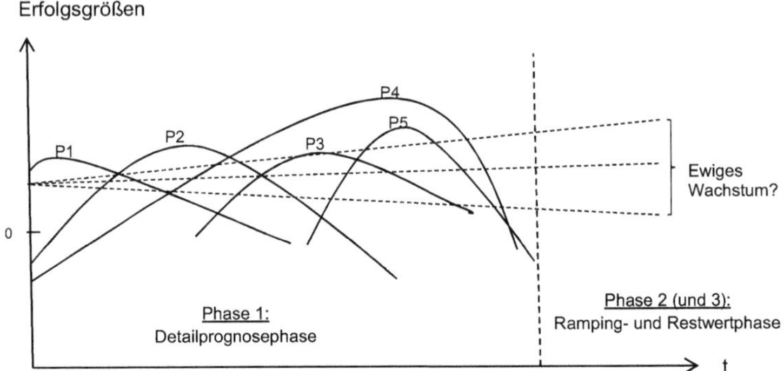

Abbildung 60: Visualisierung potenzieller Wachstumsannahmen

Ausgehend von dieser Analyse ist ein Komplexitätsniveau für die Folgeplanung(en) zu bestimmen. Hier wird festgelegt, dass mindestens die folgenden Komponenten differenziert werden, um den Eigenkapitalgeber-Cashflow (ECF) weiterhin integriert berechnen zu können:[1050]

a) Umsatz und die Umsatzrentabilität
b) Working Capital
c) Anlagevermögen
d) Kapitalstruktur

Um diese Komponenten zu planen, sind die Erkenntnisse der Detailprognose unter komplexitätsreduzierenden Prämissen für die Ramping- und/oder Restwertphase zu nutzen. Während eine unreflektierte Übernahme der absoluten Ergebnisse der letzten Detailprognoseperiode als zu starke Komplexitätsreduktion zu bewerten ist, ist die Orientierung an Renditegrößen und Relationszahlen der bereits geplanten Projekte und Erweiterungsinvestitionen zu bevorzugen.[1051] Orientierend an der Detailplanung sind die Relationszahlen der letzten Plan-Periode zu übernehmen oder

1049 Vgl. Brandt (2002), S. 202 ff.
1050 Es liegt eine Orientierung an den Werttreibern nach Rappaport vor. Vgl. dazu Rappaport (1998), S. 32 ff.
1051 Vgl. auch Weiler (2005), S. 45; Meitner (2015), S. 651 f.

Durchschnitts- und Trendwerte der gesamten Detailplanung heranzuziehen.[1052] Übernimmt man die Relationen des zuletzt ermittelten Erfolges aus der Detailplanung, so wird pauschal unterstellt, dass die Erfolgsstruktur der letzten Plan-Periode auch die Basis für den ewigen Erfolg in Zukunft darstellt. Eine solch unreflektierte Übernahme der Ergebnisse ist allerdings grundsätzlich abzulehnen,[1053] da Anpassungen nötig sind, um Auswirkungen von Anlagenabschreibungen, Investitionen, Finanzierungsaktivitäten sowie Working Capital-Bewegungen, saisonale Einflüsse u.ä. für den Restwert zu plausibilisieren.[1054] Sollten Trends feststellbar sein, sind diese mittels mathematisch-statistischer Verfahren[1055] zunächst zu extrahieren und dann möglicherweise für die Zukunft mittels unterschiedlicher Wachstumsraten fortzuschreiben.

Neben der Festlegung des Pauschalisierungsgrades ist im Rahmen des Drei-Phasenmodells und in Anlehnung an die Ausrichtung des market based view ein Normal-Niveau festzulegen, das mit der Zwischenschaltung der Konvergenzphase erreicht werden soll.[1056] Es gilt also darzulegen, was als Normal-Niveau anzusetzen ist,[1057] wie dies theoretisch zu begründen ist und in welchem Verlaufsmuster, d.h. mit welchem Konvergenzfaktor die Umsätze, Renditen und Kapitaleinsätze im Rahmen der Konvergenzphase auf dieses Niveau abschmelzen.[1058] *Dirrigl* beschreibt in diesem Zusammenhang zwei Möglichkeiten. Entweder sind

a) das Normal-Niveau und der Konvergenzfaktor bekannt, sodass die Länge der Konvergenzphase aus diesen beiden Faktoren abgeleitet werden kann. Oder

b) der Konvergenzfaktor ist durch Vorgabe eines Zeitraums und eines Normal-Niveaus abzuleiten und anzupassen.[1059]

Um ein Normal-Niveau festzulegen, kann beispielsweise eine Orientierung an den Kapitalkosten, an der Kapitalrentabilität und an dem eingesetzten Kapital des Unter-

1052 Vgl. dazu Henselmann (2000), S. 156; Stellbrink (2005), S. 112 ff., Der Autor betont, dass die Durchschnittsbildung dann geeignet ist, wenn die Prognosekomponenten zyklisch verlaufen und der Prognosehorizont einen gesamten Zyklus abdeckt

1053 Vgl. Stellbrink (2005), S. 113; Henselmann (2000), S. 155; Dinstuhl (2003), S. 116.

1054 Vgl. u.a. Henselmann (2000), S. 155; Tinz (2010), S. 30; Ernst et al. (2012), S. 40 ff.

1055 Vgl. dazu ausführlich Hayn (2000), S. 285 ff.

1056 Vgl. auch Schwartz/Moon (2001), S. 16 ff.

1057 Vgl. Weiler (2005), S. 81. Ferner dazu Weiler (2005), S. 69, der darauf hinweist, dass das Normal-Niveau als durchschnittliche Rentabilität der Unternehmen einer Branche oder eines Marktes festgelegt werden kann oder den Mindestverzinsungsansprüchen der Investoren unter Risikoberücksichtigung entspricht. Zum letzteren Vorgehen, vgl. Dirrigl (1998), S. 18 ff.

1058 Vgl. ähnlich Dirrigl (1998), S. 15.

1059 Vgl. Dirrigl (1998), S. 15.

nehmens erfolgen.[1060] Alternativ sind Kennzahlen und Zielwerte hinsichtlich des Umsatzes und der Umsatzrentabilität festzulegen, wobei ein allgemeiner Branchenvergleich als äußerst hilfreich anzusehen ist.[1061] Es kann folglich eine Vielzahl an Faktoren einem Konvergenzprozess unterliegen oder man beschränkt sich auf den Verlauf einzelner Größen.

Wird beispielsweise Alternative **b)** gewählt und der Zeitraum des Konvergenzprozesses $(KP = T)$ sowie die Ziel-Größe respektive das Normal-Niveau für den Faktor x (z.B. Kapitalrendite oder Umsatzrendite) in der Restwertphase (x_{RW}) vorgegeben[1062] und von dem Wert des Faktors x am Ende der Detailplanung (x_N) ausgegangen, so können in Abhängigkeit der Zeit folgende Funktionsverläufe und Konvergenzfaktoren (af) residual ermittelt werden.

Verlauf		**Faktor x**
stufenförmig	Funktionsverlauf	$x_t = x_{t-1} + \Delta x_t$
	Konvergenzfaktor	$\Delta x_t = af = \frac{x_{RW} - x_N}{T}$
linear	Funktionsverlauf	$x_t = x_N \cdot \mathrm{t} \cdot (1 + af) + x_N$
	Konvergenzfaktor	$af = \frac{x_{RW} - x_N}{x_N \cdot T} - 1$
degressiv	Funktionsverlauf	$x_t = x_N \cdot t^{-af}$
	Konvergenzfaktor	$af = \frac{-\log(x_{RW}) + \log(x_N)}{\log(T)}$

Tabelle 83: Funktionale Zusammenhänge möglicher Konvergenzprozesse

Für die Feststellung, ob die Wachstumsraten der Detailprognosephase ewig bestehen bleiben oder eine Abschmelzung zu erwarten ist, sind die Branche, das Wettbewerbsumfeld und die möglichen technologischen Weiterentwicklungen differenziert zu analysieren[1063] und es kann kein allgemeingültiges Vorgehen festgestellt werden.

In den meisten Fällen dürfte die Zwischenschaltung einer Konvergenzphase allerdings die höchste Realitätsnähe aufweisen, um den Einfluss unterschiedlichster Projekttypen zu glätten und die zukünftigen Entwicklungs- und Innovationstendenzen

---

1060 Vgl. dazu Dirrigl (1998), S. 17.

1061 Vgl. Weiler (2005), S. 81.

1062 Der Faktor x_{RW} kann die Zielumsätze, Zielrenditen oder festgelegte Kapitaleinsätze umfassen.

1063 Vgl. dazu ein Ansatz von Weiler (2005).

zumindest ansatzweise zu erfassen. Zudem ist positiv zu beurteilen, dass eine Verlängerung der Detail- und Konvergenzphase, aufgrund der höheren Diskontierungseffekte zu späteren Zeitpunkten, zulasten des pauschalisierten Restwertes erfolgt.[1064] Der unsichere Restwert verliert somit an Wertrelevanz.

6.2.3.3 Beispiel zur Gestaltung der Restwertphase auf Basis eines Innovations-Portfolios

Im vorliegenden Beispiel wird aufgrund der beschriebenen Vorteile sowie der zugrundeliegenden Komplexität von einer Drei-Phasenstruktur ausgegangen. Abgesehen von der bereits durch das Projekt-Portfolio geplanten Detailprognosephase ist kein Corporate Model basierend auf einem Wert- und Mengengerüst heranzuziehen, da sich für die Strukturierung der zweiten und dritten Prognosephase aus Gründen der Komplexitätsreduktion eine Orientierung an zentralen Werttreibern wie dem Umsatz, Umsatzwachstum oder der Umsatz- und Kapitalrentabilität anbietet.[1065] Somit basiert auch die Planung des Working Capital, des Anlagevermögens und der Kapitalstruktur auf zentralen Werttreibern.[1066]

a) Umsatz und Umsatzrentabilität

Um den Umsatz und die entsprechende Rentabilität zu ermitteln, sind zentrale Steuerungskennzahlen des Unternehmens näher zu analysieren. In diese zentralen Steuerungskennzahlen für den Umsatz und die Renditen sind regelmäßig der Umsatz, das Umsatzwachstum und die Umsatzrentabilität (hier: EBIT-Marge) einzuordnen.[1067] Dementsprechend ist in einem ersten Schritt die Detailplanung des Unternehmens hinsichtlich dieser Kennzahlen auszuwerten. Dabei wird die Umsatzrendite (r_U) als Quotient aus EBIT und Umsatz der Periode gebildet[1068] und das Wachstum von Umsatz (w_U), EBIT (w_{EBIT}) und Umsatzrendite (w_{r_U}) wird auf der Basis jähr-

1064 Vgl. Brandt (2002), S. 189; Kreyer (2009), S. 35; Bausch/Pape (2005), S. 474 f.

1065 Vgl. auch Ernst et al. (2012), S.40; Weiler (2005), S. 69. Ferner ist das Werttreibermodell von Rappaport als pominentester Vertreter dieser Unternehmensplanung zu nennen. Vgl. dazu Rappaport (1998), S. 32 ff.

1066 Vgl. dazu grundlegend Rappaport (1998), S. 32 ff.

1067 Vgl. auch Weiler (2005), S. 68.

1068 $r_t^U = \frac{EBIT_t}{U_t}$ wird als periodische Umsatzrendite festgelegt.

licher Veränderungen analysiert.[1069] Die Berechnungsergebnisse für das Beispiel-Unternehmen sind der nachstehenden Tabelle zu entnehmen:

Periode	1	2	3	4	5	6	7	8	9
Umsatz	1.202.489	1.145.415	1.162.305	1.994.207	2.289.578	2.497.419	2.610.618	2.667.793	2.546.743
Umsatz-Wachstum		-0,047	0,015	0,716	0,148	0,091	0,045	0,022	-0,045
EBIT	654.936	577.135	541.426	1.304.979	1.600.816	1.671.952	1.745.427	1.777.886	1.667.395
EBIT-Wachstum		-0,119	-0,062	1,410	0,227	0,044	0,044	0,019	-0,062
Umsatz-Rendite	0,545	0,504	0,466	0,654	0,699	0,669	0,669	0,666	0,655
Rendite-Wachstum		-0,075	-0,076	0,405	0,068	-0,042	-0,001	-0,003	-0,018

Tabelle 84: Auswertung der Umsatzentwicklung unter Berücksichtigung des Innovationsportfolios

Anhand der Ergebnisse wird deutlich, dass durch die Innovationsprojekte mit einem Umsatzwachstum von ca. 71% und einem Renditewachstum von ca. 40% ein klarer Wachstumsschub in der vierten Periode zu realisieren ist, der dann zunächst fortgesetzt wird und zum Ende der Detailplanung bereits rückläufig ist. Somit sind die Voraussetzungen erfüllt, dass eine gewisse Stabilität der Umsätze am Ende der Detail-Planung eingetreten ist, die als Basis für den Konvergenzprozess herangezogen werden kann.[1070]

Davon ausgehend ist vor dem Hintergrund strategietheoretischer Überlegungen und der notwendigen Analysen festzulegen, ob man von einem weiteren Wachstumstrend ausgehen kann, ob die Entwicklung stagniert oder ob sie langfristig rückläufig ist bis das Normal-Niveau erreicht wird.[1071] Um den benötigten Zielwert herzuleiten, können neben externen Brancheninformationen auch alternativ interne Informationen verwertet werden. Unterstellt man beispielsweise, dass langfristig die radikalen Innovationen ausbleiben und nur ein Basis-Produktportfolio bestehen bleibt, könnte man als Vergleichsmaßstab dieses Portfolio mithilfe der Portfolio-Planung simulieren und auswerten.[1072] Ohne die radikalen Innovationen sind Umsatz, Wachstum und Renditekennzahlen deutlich geringer.

1069 Das Umsatzwachstum wird mit: $w_U = \frac{U_t - U_{t-1}}{U_{t-1}}$, das Renditewachstum mit: $w_{r_U} = \frac{r_{U_t} - r_{U_{t-1}}}{r_{U_{t-1}}}$ und das EBIT-Wachstum durch: $w_{EBIT} = \frac{EBIT_t - EBIT_{t-1}}{EBIT_{t-1}}$ berechnet.

1070 Vgl. dazu Weiler (2005), S.80.

1071 Vgl. dazu Weiler (2005), S. 69.

1072 Dies entspricht auch dem Ansatz von Brandt (2002), S. 202 ff. der vorschlägt, Wachstum und Wachstumspotenziale für bestehende und neue Produkte getrennt zu analysieren.

Periode	1	2	3	4	5	6	7	8	9
Umsatz	1.202.489	1.145.415	1.162.305	1.185.137	1.300.052	1.419.605	1.457.723	1.468.894	1.317.114
Umsatz-Wachstum		-0,047	0,015	0,020	0,097	0,092	0,027	0,008	-0,103
EBIT	718.747	653.093	658.842	675.130	754.309	837.555	854.869	853.809	719.978
EBIT-Wachstum		-0,091	0,009	0,025	0,117	0,110	0,021	-0,001	-0,157
Umsatz-Rendite	0,598	0,570	0,567	0,570	0,580	0,590	0,586	0,581	0,547
Rendite-Wachstum		-0,046	-0,006	0,005	0,019	0,017	-0,006	-0,009	-0,060

Tabelle 85: Auswertung der Umsatzentwicklung exklusive radikaler Innovationen

Legt man auf Basis unterschiedlicher Analysen nun den Zielwert der Umsatzrentabilität zu Beginn der Restwertphase und zum Ende der Konvergenzphase auf beispielsweise 45% fest ($r_U^{RW} = 0{,}45$) und entscheidet sich beim Umsatz aufgrund von Schwankungen den Durchschnittswert der Detailprognosephase als Konvergenzziel heranzuziehen ($U^{RW} = 2.012.952$), so kann ausgehend vom letzten Wert der Detailplanung und einem Konvergenzzeitraum von sieben Perioden die Entwicklung mithilfe der hergeleiteten Degressionsfaktoren[1073] ermittelt werden. Zur Übersichtlichkeit findet eine Beschränkung auf die lineare Entwicklung statt.

Periode	10	11	12	13	14	15	16	17	18ff.
linear	af$_U$=		-1,0239		af$_{ru}$=		-1,0365		
Umsatz	2.480.019	2.413.296	2.346.572	2.279.848	2.213.124	2.146.400	2.079.676	2.012.952	2.012.952
EBIT/ Umsatz	0,63	0,60	0,58	0,55	0,53	0,50	0,48	0,45	0,45
EBIT	1.560.247	1.456.514	1.356.196	1.259.293	1.165.804	1.075.731	989.072	905.828	905.828

Tabelle 86: Linearer Konvergenzprozess der Umsätze und der Umsatzrentabilitäten

b) Working Capital

Das Umlaufvermögen und die Verbindlichkeiten gegenüber den Lieferanten stehen im Regelfall in enger Verbindung zum Umsatz und sollten über Relationszahlen abgeleitet werden können.[1074] Zu diesem Zweck ist auch hier das in der Detailplanung unterstellte Verhältnis der einzelnen Positionen des Umlaufvermögens zum Umsatz zu analysieren. Die folgenden Auswertungen veranschaulichen, dass eine hohe Konstanz gegeben ist, die aufgrund interner Richtlinien auch im Allgemeinen bestehen sollte. Nun könnten beispielsweise die Werte der letzten Planperiode herangezogen oder Durchschnittswerte gebildet werden.

[1073] Vgl .dazu Tabelle 83.

[1074] Die Finanzanlagen werden im Rahmen der Kapitalstruktur festgelegt.

Periode	1	2	3	4	5	6	7	8	9	AM
RHB	2,45%	2,98%	4,24%	2,84%	2,71%	2,62%	2,55%	2,73%	3,06%	2,91%
Fertige Erzeugnisse	4,58%	5,17%	8,33%	5,56%	5,40%	5,26%	5,22%	4,99%	7,60%	5,79%
Forderungen	15,00%	15,00%	15,00%	13,67%	13,60%	13,63%	13,65%	13,66%	13,58%	14,09%
Liquide Mittel	9,53%	10,15%	17,16%	11,48%	10,91%	10,45%	10,22%	9,55%	9,74%	11,02%
VLL	3,84%	4,06%	4,88%	3,89%	3,86%	3,85%	3,85%	3,89%	4,43%	4,06%

Tabelle 87: Auswertung von Verhältniszahlen Working Capital und Umsatz

Im weiteren Verlauf wird von einer Durchschnittswertbildung in Form des arithmetischen Mittels (AM) der Relationswerte der Detailprognosephase ausgegangen. Nimmt der Umsatz ab, so ist aufgrund der Relation auch das Working Capital zu reduzieren und die geforderte Konsistenz ist gegeben.[1075]

Periode	Quotient	10	11	12	13	14	15	16	17	18ff.
linear	In % vom Umsatz									
RHB	2,91%	72.149	70.208	68.267	66.326	64.384	62.443	60.502	58.561	58.561
Fertige Erzeugnisse	5,79%	143.598	139.735	135.871	132.008	128.144	124.281	120.418	116.554	116.554
Forderungen	14,09%	349.374	339.975	330.575	321.175	311.775	302.376	292.976	283.576	283.576
Liquide Mittel	11,02%	273.286	265.933	258.581	251.228	243.875	236.523	229.170	221.818	221.818
VLL	4,06%	100.723	98.013	95.303	92.593	89.883	87.173	84.463	81.753	81.753

Tabelle 88: Working Capital-Entwicklung im Konvergenzprozess

c) Anlagevermögen

Für den Anlagenbestand wird i. d. R. von einem „Null-Wachstum" in der Restwertphase ausgegangen, so dass keine Erweiterungsinvestitionen vorzunehmen sind und die Investitionen den Abschreibungen entsprechen. In der Konvergenzphase ist die Entwicklung des Anlagevermögens, insbesondere des Sachanlagevermögens, allerdings meistens differenzierter zu planen. Dafür kann das Sachanlagevermögen eine analoge Entwicklung zum Umsatz und zur Umsatzrentabilität annehmen, sodass es den entsprechenden Entwicklungsraten unterliegt.[1076] Zunächst ist allerdings der bisherige Verlauf des Anlagevermögens in der Detailprognosephase näher zu analysieren, um festzustellen, ob besondere Investitionszyklen zu beachten sind.[1077]

1075 Vgl. dazu auch Ernst et al. (2012), S. 40.

1076 Vgl. Ernst et al. (2012), S. 40.

1077 Vgl. Ernst et al. (2012), S. 161. Diese Investitionszyklen betreffen vor allem Unternehmen in der Branche der Energieversorger, da die Reinvestitionszyklen sehr lang sind, sodass Investitionen und Abschreibungen stark divergieren.

Periode	1	2	3	4	5	6	7	8	9
Grundstücke und Gebäude									
Grundstücke	300.000	300.000	300.000	300.000	300.000	300.000	300.000	300.000	300.000
Gebäude	147.000	144.060	141.179	138.355	135.588	132.876	130.219	127.614	125.062
Erhaltungsaufwand	30.000	29.400	28.812	28.236	27.671	27.118	26.575	26.044	25.523
Aktivierungsteil Erhaltung	12.000	11.760	11.525	11.294	11.068	10.847	10.630	10.418	10.209
Abschreibung Geb.	15.000	14.700	14.406	14.118	13.836	13.559	13.288	13.022	12.761
Aufwandsteil Erhaltung	18.000	17.640	17.287	16.941	16.603	16.271	15.945	15.626	15.314
Maschinen									
Investitionen Anlagen	10.000	51.212	73.224	90.182	82.150	68.133	73.644	52.139	60.751
AfA Anlagen	15.000	14.500	18.171	23.676	30.327	35.509	38.772	42.259	43.247
Bestand Anlagen	145.000	181.712	236.765	303.271	355.093	387.717	422.589	432.469	449.973

Tabelle 89: Auswertung der Anlagenentwicklung

Da die Gebäude und Grundstücke im Beispiel weitestgehend unabhängig vom Innovations-Portfolio und der Wertschöpfung geplant sind, wird für die Konvergenz- und Restwertphase angenommen, dass der Gebäudebestand ebenso wie der Grundstücksbestand konstant ist.[1078] Periodisch entsprechen sich in der Konvergenz- und Restwertphase der Aktivierungs- und Abschreibungsanteil, um den Bestand konstant zu halten:

Periode	10	11	12	13	14	15	16	17	18ff.
Grundstücke und Gebäude									
Grundstücke	300.000	300.000	300.000	300.000	300.000	300.000	300.000	300.000	300.000
Gebäude	125.062	125.062	125.062	125.062	125.062	125.062	125.062	125.062	125.062
Erhaltungsaufwand	25.012	25.012	25.012	25.012	25.012	25.012	25.012	25.012	25.012
Aktivierungsteil Erhaltung	12.506	12.506	12.506	12.506	12.506	12.506	12.506	12.506	12.506
Abschreibung Geb.	12.506	12.506	12.506	12.506	12.506	12.506	12.506	12.506	12.506
Aufwandsteil Erhaltung	12.506	12.506	12.506	12.506	12.506	12.506	12.506	12.506	12.506

Tabelle 90: Grundstücke und Gebäude im Konvergenzprozess

Der Maschinenbestand wird in der Detailplanungsphase ebenfalls durch die Umsatzentwicklung beeinflusst, da mit steigendem Umsatz auch der Maschinenbestand zunimmt. Im Durchschnitt liegt der Anteil des Maschinenbestandes vom Umsatz bei 16,07%. Die Abschreibungsrate liegt im Beispiel konstant bei 10% auf den Anlagenbestand zu Periodenbeginn, während die Investitionen aufgrund der Innovationsprojekte variieren. Im Folgenden wird der Anlagenbestand für die Konvergenz- und

---

1078 Dies ist abhängig vom Geschäftsmodell.

Restwertphase in Abhängigkeit vom Umsatz geplant, indem der durchschnittliche Prozentsatz (16,07%) auf die Konvergenz- und Restwertphase übertragen wird. Die Abschreibungsrate kann i. H. v. 10% beibehalten werden und die Investitionen (I_t) in das Anlagevermögen werden residual aus dem Bilanzbestand der vorliegenden Periode (SAV_t), den Abschreibungen (AFA_t) und dem Bilanzbestand der Vorperiode (SAV_{t-1}) ermittelt:

$$I_t = SAV_t - SAV_{t-1} + AFA_t \quad (6\text{-}7)$$

In der Restwertphase stimmen Abschreibungen und Investitionen überein. Das Ergebnis der Anlagenplanung kann der folgenden Tabelle entnommen werden:

Periode	9	10	11	12	13	14	15	16	17	18ff.
Investitionen Anl.	60.751	-6.517	29.126	28.053	26.981	25.909	24.837	23.765	22.693	32.342
AfA nl.	43.247	44.997	39.846	38.774	37.702	36.630	35.558	34.486	33.414	32.342
Bestand Anl.	449.973	398.459	387.739	377.018	366.298	355.577	344.857	334.137	323.416	323.416

Tabelle 91: Maschinelle Anlagenentwicklung im Konvergenzprozess

d) Kapitalstruktur

Da alle Bilanz-, Zahlungs- und Aufwandskonsequenzen auf Basis aggregierter Werttreiber fundiert sind, besteht die Möglichkeit, die Kapitalstruktur weiterhin buchwertbasiert durch die im Planungsmodell hinterlegte Liquiditätsroutine zu erfassen. Somit sind mithilfe der bisher hergeleiteten Werte die Rechenwerke zu integrieren und die Liquiditätsroutine durchzuführen.

Phase	Ramping Phase								Restwert
Perioden	10	11	12	13	14	15	16	17	18ff.
ZS (0)	56.806	-7.331	-3.609	-260	2.755	5.468	7.910	3.436	-17.801
Delta FIN	0	0	0	0	0	0	0	0	0
ZS (1)	56.806	-7.331	-3.609	-260	2.755	5.468	7.910	3.436	-17.801
Delta kurzfr. FK	-56.806	7.331	3.609	260	-2.755	-5.468	-7.910	-3.436	17.801
ZS (2)	0	0	0	0	0	0	0	0	0
Delta langfr. FK	0	0	0	0	0	0	0	0	0
ZS (3)	0	0	0	0	0	0	0	0	0
Delta Bet.-Kap.	0	0	0	0	0	0	0	0	0
ZS (4)	0	0	0	0	0	0	0	0	0
Delta Ausschüttung	0	0	0	0	0	0	0	0	0
ZS (5)	0	0	0	0	0	0	0	0	0
Überschuldung?	0	0	0	0	0	0	0	0	0
Illiquidität?	0	0	0	0	0	0	0	0	0
Insolvenzgefahr	0	0	0	0	0	0	0	0	0

Tabelle 92: Finanzplanung im Konvergenzprozess

Ausgehend vom EBIT und den Investitionsplanungen ist der vorläufige Zahlungssaldo:

$$ZS(0)_t = OCF_t - I_t - Zinsen_t - Tilgung_t - Ausschüttung\ T1_t \quad (6\text{-}8)$$

zu berechnen, der unter Berücksichtigung der vorgegebenen Restriktionen zu dem in Tabelle 92 dargestellten Egebnis in der Liquiditätsplanung führt. Mithilfe der Finanzierungskonsequenzen sind die integrierten Rechenwerke aufzustellen, sodass die erweiterte Gewinn- und Verlustrechnung mit den entsprechenden Ausschüttungen als Basis der Unternehmensbewertung aufgestellt wird.

Phase	Ramping Phase								RW
Periode	10	11	12	13	14	15	16	17	18ff.
Umsatzerlöse	2.480.019	2.413.296	2.346.572	2.279.848	2.213.124	2.146.400	2.079.676	2.012.952	2.012.952
EBIT	1.560.247	1.456.514	1.356.196	1.259.293	1.165.804	1.075.731	989.072	905.828	905.828
Zinserträge FIN	0	0	0	0	0	0	0	0	0
Zinsaufwand FKK	24.000	17.183	18.063	18.496	18.527	18.197	17.540	16.591	16.179
Zinsaufwand FKL	33.083	29.775	26.797	24.117	21.706	19.535	17.582	15.823	14.241
EBT	1.503.164	1.409.556	1.311.336	1.216.679	1.125.572	1.037.999	953.950	873.414	875.408
Gewerbest.	212.441	198.981	185.157	171.827	158.988	146.640	134.782	123.412	123.622
Körperschaftst.	225.475	211.433	196.700	182.502	168.836	155.700	143.093	131.012	131.311
JÜ	1.065.249	999.142	929.478	862.351	797.748	735.659	676.075	618.989	620.475
Ausschüttung(A)	1.065.249	999.142	929.478	862.351	797.748	735.659	676.075	618.989	620.475
Thes. I (TI)	0	0	0	0	0	0	0	0	0
Ausschüttung n. TI	1.065.249	999.142	929.478	862.351	797.748	735.659	676.075	618.989	620.475
Thes. II (T II)	0	0	0	0	0	0	0	0	0
Ausschüttung n. TII	1.065.249	999.142	929.478	862.351	797.748	735.659	676.075	618.989	620.475
Ausschüttung(P)	1.065.249	999.142	929.478	862.351	797.748	735.659	676.075	618.989	620.475
Abgeltungssteuer	266.312	249.785	232.370	215.588	199.437	183.915	169.019	154.747	155.119
Ausschüttung n. ASt (ECF)	798.937	749.356	697.109	646.763	598.311	551.744	507.057	464.242	465.356

Tabelle 93: Ausschüttungsplanung Konvergenz- und Restwertphase

Durch die Kombination der Ergebnisse der Detail-Planung, der Konvergenz- und Restwertphase wird der gesamte Unternehmenswert i.H.v. 12.384.242 GE berechnet.

Phase	Detailplanungsphase (DPP)								
Periode	1	2	3	4	5	6	7	8	9
ECF	344.928	306.711	286.911	688.049	835.438	866.387	902.217	917.015	858.065

Phase	Konvergenz-Phase (KP)								Restwert
Periode	10	11	12	13	14	15	16	17	18ff.
ECF	798.937	749.356	697.109	646.763	598.311	551.744	507.057	464.242	465.356

Phase	DPP	KP	RWP	Summe
UW_0	4.660.224	2.830.781	4.893.238	12.384.242

Tabelle 94: Unternehmensbewertung im Drei-Phasenmodell

Mit dieser vollständigen Unternehmensbewertung auf Basis eines Projektportfolios wird die Illustration einer zugrunde zu legenden Planungsrechnung abgeschlossen.

Auf dieser Basis können zahlreiche Anpassungen und Erweiterungen vorgenommen werden, sodass im folgenden siebten Kapitel eine Konzentration auf die Berücksichtigung von Risiken und Verbundeffekten erfolgt.

7 „Risk and Reward" -orientierte Steuerung der Innovationen im Verbund

Mit den bisherigen Ausführungen und Untersuchungen ist der Grundstein für sämtliche Analysen der (Re-)Strukturierung des Innovations-Portfolios im Konzern unter Verbund- und Risikoaspekten gelegt. Eine Entscheidung für das optimale Portfolio muss zwischen Risiko und Rendite erfolgen. Es sollte stets versucht werden, aufgrund des bestehenden „Trade-offs" zwischen Rendite und Risiko, das Verhältnis von Risiko und Erwartungswert zu senken respektive das Verhältnis von Erwartungswert zum Risiko zu erhöhen.[1079]

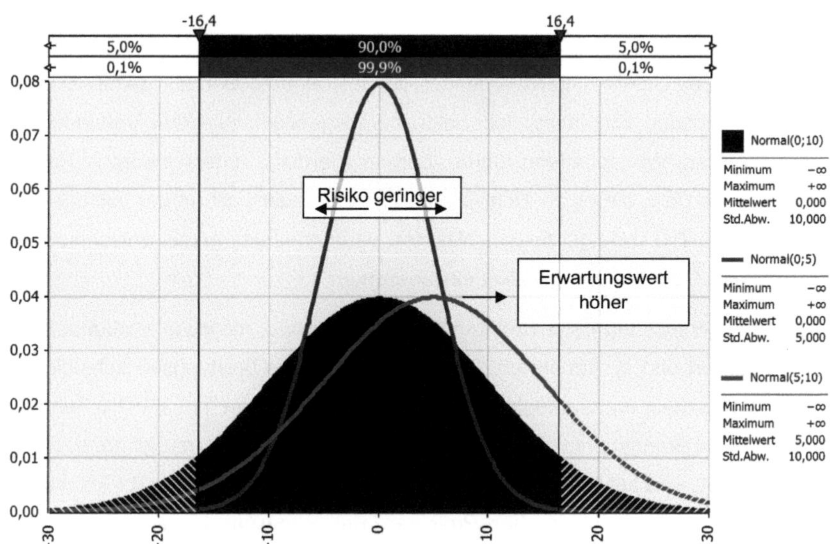

Abbildung 61: Trade-off Beziehung von Rendite und Risiko

Sowohl das Risiko, als auch die Rendite können durch aktive Steuerungs- und Strukturierungsmaßnahmen im Verbund beeinflusst werden. Aus diesem Grund sind im Folgenden zunächst die allgemeinen Ansätze zur Beeinflussung von Rendite und Risiko im Verbund zu thematisieren. Daraufhin werden ausgewählte Ansätze zur

1079 In Anlehnung an Gleißner (2011b), S. 184.

Strukturierung des Portfolios aufgegriffen und in das vorliegende Gesamtsystem integriert.

7.1 Wertsteigerungspotenziale durch Innovationen im Portfolio-Verbund

Durch die gezielte Kombination von Projekten, Unternehmensbereichen oder ganzen Unternehmen können Verbundeffekte entstehen, die im Falle der positiven Entwicklung zu einer Steigerung der Unternehmenswerte führen. Demnach kann durch gemeinschaftliche Innovationen ein Mehrwert entstehen, der zu dem zentralen Unternehmensziel der Wertsteigerung beiträgt.

Im Kontext von Innovationen haben sich übergeordnet die drei Möglichkeiten des internen Projekt- und Bereichsverbundes, des Unternehmensverbundes durch Akquisition und des Unternehmensverbundes durch Kooperationen zur gemeinschaftlichen Verwirklichung von Innovationszielen herausgebildet. Alle drei Verbindungen können zur Mehr-Wertschaffung führen, bergen allerdings unterschiedliche Risiken und (Dis-)Synergien, die es zu identifizieren und zu steuern gilt. In der vorliegenden Arbeit wird das Ziel verfolgt, die identifizierten Verbundeffekte in das entscheidungswertorientierte Quantifizierungskalkül einzubeziehen.

Um diese Untersuchung durchzuführen, werden einleitend mögliche Verbundeffekte näher analysiert und systematisiert. Es bietet sich an, die (leistungswirtschaftlichen) Synergien allgemein und strategieorientiert zu systematisieren, um anschließend die zentralen Anknüpfungspunkte für Innovationsverbindungen hervorzuheben. In einem weiteren Schritt wird auf die Möglichkeit des Risikoverbundes und der Risikodiversifizierung zwischen unterschiedlichen Projekten, Bereichen und Unternehmen eingegangen. An diese Grundlagen anknüpfend, sind auf Basis einheitlicher Quantifizierungskalküle die Möglichkeiten zur Erzielung von Verbundeffekten in verschiedenen Zusammenhängen zu konkretisieren.

7.1.1 Ausrichtungen und Objekte eines Innovations-Verbundes

Wertschaffung durch Innovationen kann auf Basis horizontaler,[1080] vertikaler[1081] und konglomerater[1082] Diversifikationen durch die drei Alternativen des internen, organischen Verbundes, des Kooperations-Verbundes und des Verbundes durch M&A-Aktivitäten realisiert werden.[1083]

Die Ausrichtung, welche zur Erzielung der Wertschaffung mittels Innovationen zu wählen ist, hat dabei einen maßgeblichen Einfluss auf die Verbundeffekte. Dies ist auf das Zusammenwirken unterschiedlicher interner und externer Organisationseinheiten und somit den divergierenden Entstehungsort der Verbundeffekte zurückzuführen.

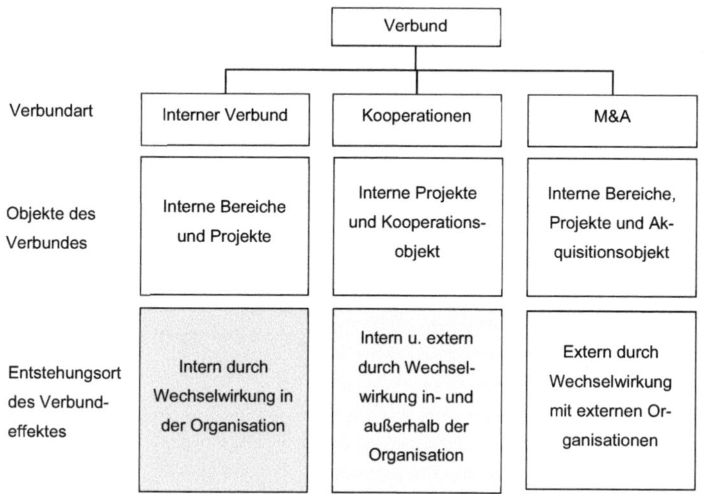

Abbildung 62: Systematisierung von Verbundarten[1084]

1080 Im Rahmen der horizontalen Diversifikation wird ein neues Produkt auf einem neuen Markt angeboten, das allerdings ähnliche Wertschöpfungsstrukturen wie bereits existierende Produkte aufweist.

1081 Durch vertikale Diversifikationen können vor- oder nachgelagerte Wertschöpfungsstufen in das eigene Geschäfts- und Produktportfolio aufgenommen werden. Man unterscheidet die Vorwärtsintegration zum Einbezug nachgelagerter Wertschöpfungsstufen von der Rückwärtsintegration vorgelagerter Stufen.

1082 Bei einer konglomeraten Diversifizierung durch die Platzierung neuer Produkte auf neuen Märkten ohne Verwandtschaftsgrad steht die Realisation von Risikodiversifikationseffekten im Vordergrund.

1083 Vgl. grundlegend Ansoff (1965), S. 109 f.; Ropella (1989), S. 193 f.

1084 In Anlehnung an Biberacher (2003), S. 60.

Zum einen sind die durch den Innovationsverbund betroffenen Organisationseinheiten zu identifizieren und darüber hinaus ist die Diversifizierungsrichtung zu unterscheiden, um die entstehenden Verbundeffekte zu systematisieren.

Mögliche Zusammenhänge von Einheiten und Richtungen der Diversifizierung können anhand der Wertschöpfungskette verdeutlicht werden. In der folgenden Grafik sind alternative vertikale und horizontale Verbindungen der Wertschöpfungsketten von unterschiedlichen Verbund-Einheiten abgebildet.

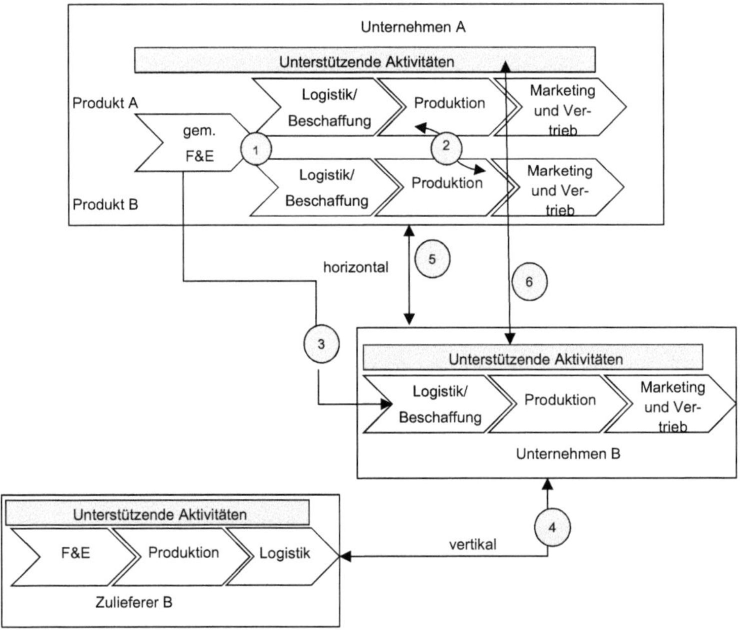

Abbildung 63: Verbundmöglichkeiten entlang der Wertschöpfungskette[1085]

Durch die Verbindungen (1) und (2) wird deutlich, dass zur Erzielung von Verbundeffekten keine unternehmensexternen Einheiten nötig sind, sondern bereits intern zwischen unterschiedlichen Produkten und Abteilungen eines Unternehmens diese Effekte erreicht werden können.[1086] Hier wird neben der gemeinsam durchgeführten F&E auch eine Verbindung im Produktionsbereich aufgezeigt.

1085 In Anlehnung an Biberacher (2003), S. 51.
1086 Vgl. auch Biberacher (2003), S. 51.

Verbindung (3) weist auf die Möglichkeit des weitestgehend unabhängigen Einkaufes von Vorleistungen am Markt hin und stellt eine Alternative zur integrierten Lösung der Vorlaufphase durch interne F&E-Aktivitäten dar.

Die Verbindung (4) ist als konventionelles Beispiel einer vertikalen Diversifizierung durch den Zusammenschluss eines Lieferanten und Abnehmers in Form einer Akquisition zu bezeichnen. Durch diesen unternehmensübergreifenden Zusammenschluss wird die Leistungs- und Fertigungstiefe des entstehenden Unternehmens insgesamt erhöht.[1087]

In Verbindung (5) wird ein klassisches Beispiel der horizontalen Diversifizierung durch Akquisition verdeutlicht, wenn man davon ausgeht, dass die Produkte der Unternehmen A und B auf verwandten Märkten mit ähnlichen Käuferschichten angeboten werden.[1088] Sollten die Märkte und Produkte vollkommen unabhängig sein, so handelt es sich um einen konglomeraten Zusammenschluss durch diese Unternehmensverbindung.

Die Verbindung (6) bildet die Möglichkeit von Kooperationen auf unterschiedlichen Wertschöpfungsstufen ab. Es wird ersichtlich, dass unterschiedliche Diversifikationsrichtungen Verbundeffekte bewirken können. Um diese näher zu spezifizieren, folgen allgemeine Begriffsabgrenzungen und Systematisierungen.

7.1.2 Kategorisierung von (Dis-)Synergien

Seit Entstehung des Synergiebegriffs sind unterschiedliche Begriffsabgrenzungen und Systematisierungsansätze entstanden.[1089]

Zurückzuführen ist die Etablierung des Synergiebegriffs in den Wirtschaftswissenschaften auf *Ansoff* im Jahre 1965, der erstmals den „2+2=5"-Effekt erläuterte, um darauf hinzuweisen, dass der kombinierte Erfolg zweier Einheiten größer sein kann als die Summe der Erfolge isolierter Einheiten.[1090] Um diese positiven Synergiepotenziale zu erzielen, müssen demnach zwei oder mehr Einheiten miteinander kombiniert werden. Diese Voraussetzung lässt sich auch aus der wörtlichen Übersetzung

---

1087 Vgl. Paprottka (1996), S. 11.
1088 Vgl. Paprottka (1996), S. 11.
1089 Vgl. Biberacher (2003), S. 7 und S. 63.
1090 Vgl. Ansoff (1965), S. 75.

des griechischen Ursprungs-Begriffs „Synergo“ (dt.: Mitarbeit) herleiten.[1091] Die „Einheiten“, die zusammenwirken, um ein Innovationsziel zu erreichen, können, wie bereits verdeutlicht, dabei unterschiedlich abgegrenzt werden und demnach von einzelnen Projekten und Funktionen bis zu ganzen Unternehmensbereichen und Unternehmen reichen.[1092] Diese heterogene Abgrenzung von Einheiten, die zusammenwirken, ist in der wirtschaftswissenschaftlichen Literatur durchaus verbreitet[1093] und muss stets auf das zugrundeliegende Untersuchungsziel ausgerichtet werden. Neben der bisher zugrunde liegenden positiven Konnotation des Synergiebegriffs, ist zu beachten, dass im Zuge des Zusammenwirkens zweier Einheiten auch negative Effekte entstehen können. Solche Konsequenzen können im Analogieschluss als Dis-Synergien und in Anlehnung an Ansoff als „2+2=3“-Effekt bezeichnet werden.[1094] Werden die Synergieeffekte von unterschiedlichen Einheiten identifiziert und analysiert, so ist zu berücksichtigen, dass sowohl negative, als auch positive Effekte entstehen können, die in einer Nettobetrachtung zusammenzufassen sind. Nachdem nun eine erste Begriffsabgrenzung erfolgt ist, muss in einem weiteren Schritt die Systematisierung unterschiedlicher Synergieformen erfolgen, um Anknüpfungspunkte zur Synergieerzielung und Messung im Rahmen von Innovationsaktivitäten, insbesondere in der sehr unsicheren Vorlaufphase, konkretisieren zu können.

7.1.2.1 Strategieorientierte Systematisierung von Synergien

Wie bereits verdeutlicht wurde, ist in der wirtschaftswissenschaftlichen Synergieforschung der einleitende Ansatz von *Ansoff* als wegweisend zu betrachten. Dieser Ansatz erlebte durch *Porter*[1095] ca. zwanzig Jahre später eine Renaissance und ist seither in die unterschiedlichsten wissenschaftlichen Arbeiten und Themenfelder integriert worden.[1096]

1091 Vgl. Sandler (1991), S. 8.

1092 Vgl. auch Biberacher (2003), S. 52.

1093 Vgl. Biberacher (2003), S. 10, der allgemein eine Auflistung an möglichen Kombinationen von Einheiten anfertigt und zu dem Schluss kommt ‚dass „Synergien zwischen Organisationen, Unternehmen, Unternehmens-/Geschäftseinheiten, Produktionsfaktoren, Produkten, Ressourcen und Tätigkeiten entstehen.“ Der Autor belegt diese Unterscheidung mit unterschiedlichen Beiträgen, wie French/Saward (1983), S. 422; Kogeler (1992), S. 5; Porter (1987), S. 61; Ropella (1989), S. 193 Kirchner (1991), S. 59; Grote (1990), S. 101; Kormann (1977), S. 40.

1094 Vgl. Rodermann (1999), S. 40, m.w.N.

1095 Vgl. bereits Porter (1985) und in neuester Fassung Porter (2014), S. 411 ff.

1096 Vgl. u.a. Sieben/Diedrich (1990); Ropella (1989); Sandler (1991); Kogeler (1992); Rodermann (1999); Biberacher (2003); Alfs (2015).

Porter bietet, über die reine Begriffsabgrenzung hinaus, durch die Orientierung an der Wertschöpfungskette[1097] einen wichtigen Ansatz, um unterschiedliche Synergieformen zu systematisieren und stellt zudem eine Verbindung zu den vier Stoßrichtungen der Corporate Strategy her, die bereits in Abschnitt 2.3.2.1 erläutert wurden. [1098]

Für die vorliegende Arbeit kann eine Weiterentwicklung dieses Ansatzes durch *Biberacher*[1099] nutzbringend verwendet werden, um eine Verbindung von Strategie und Synergie zur Systematisierung heranzuziehen und in einem weiteren Schritt die Synergiepotenziale im Innovationsbereich zu konkretisieren.

Biberacher orientiert sich an den Strategien der unterschiedlichen Unternehmensebenen, um Handlungen, Aufgaben und insbesondere Synergieformen zu kategorisieren. Das Resultat lässt sich als eine differenzierte Systematisierung der Synergiearten, beginnend auf dem Corporate Level als Makro-Ebene, fortschreitend über die Business Ebene und endend auf der Mikroebene in Form der zentralen Funktionsbereiche einer Wertschöpfungskette, beschreiben.[1100]

Demnach werden auf dem *Corporate Level* beginnend, in partieller Übereinstimmung mit *Porter*,[1101] immaterielle, materielle und finanzielle Synergien unterschieden.[1102] Diese Formen lassen sich anhand des Integrationsgrades der betrachteten Einheiten differenzieren, da mit zunehmendem Integrationsgrad weniger die finanziellen, als die materiellen und immateriellen Synergien im Fokus stehen.

Gemäß dieser Systematisierung werden den *finanzwirtschaftlichen Synergien* solche zugeordnet, die zu einer Veränderung der Risikoposition, der Finanzkraft, der Kapitalkosten und der Steuerzahlungen aufgrund der Verbindung von zwei oder mehr Einheiten führen. Dabei steht die Beeinflussung der Risikoposition durch gegenläufige Cashflow-Strukturen häufig im Vordergrund dieser Synergieform.[1103] Da das Risiko einen zentralen Bestandteil der vorliegenden Untersuchungen darstellt, werden hier die finanzwirtschaftlichen Synergien von weiteren Betrachtungen in diesem Ab-

---

1097 Vgl. dazu Porter (2014), S. 423.
1098 Vgl. Abschnitt 2.3.2.1.
1099 Vgl. dazu Biberacher (2003), S. 45 ff.
1100 Vgl. dazu Biberacher (2003), S. 63 ff.
1101 Vgl. Porter (2014), S. 421 ff., der materielle, immaterielle und Konkurrenzverflechtungen unterscheidet.
1102 Vgl. zu dieser Unterteilung ursprünglich Vizjak (1990), S. 82 ff. und 95 ff.
1103 Vgl. Biberacher (2003), S. 65.

schnitt ausgeschlossen und erst im Kontext der Risikoverbundeffekte vertiefend analysiert.

Immaterielle Synergien beschränken sich auf die Übertragung von zentralem Know-How und Fähigkeiten, um durch den Verbund einen Mehrwert im Sinne der Know How-Transfer-Strategie nach Porter zu realisieren.[1104] Der zentrale Unterschied zu den materiellen Synergien besteht darin, dass keine Verknüpfung der Leistungserstellung und der Funktionsbereiche existiert, sondern allein durch den Wissenstransfer die Kosten gesenkt und die Qualität gesteigert werden können.[1105]

Demgegenüber resultieren die *materiellen Synergien* aus der Integration und Zentralisierung von Teilen der Wertschöpfungsketten unterschiedlicher Einheiten im Sinne der Zentralisierungs-Strategie nach Porter. Dies setzt eine noch stärkere Vergleichbarkeit der Geschäfte und Prozesse der gemeinsam agierenden Einheiten voraus als zur Erzielung immaterieller Synergien.

Demnach besteht zumeist ein Trade-Off zwischen der Realisierung von Risikodiversifikationseffekten durch konglomerate Zusammenschlüsse im Sinne des traditionellen Portfoliomanagements und der Erzielung materieller und immaterieller Synergien durch die Parallelisierung und Integration ähnlicher Geschäftsmodelle und Zielmärkte aufgrund horizontaler und vertikaler Verbindungen. Die Verbindungsintensität und -richtung, die zur Synergierealisierung anzustreben ist, wird somit durch die Konzernzentrale mittels der vier oben beschriebenen Strategien festgelegt.

Weiterführend werden auf dem *Business Level,* sich an den generischen Wettbewerbsstrategien orientierend, von *Biberacher* kostenorientierte (i.S.d. Kostenführerschaft) und leistungsorientierte (i.S.d. Differenzierung) Synergien unterschieden.[1106]

Kostenorientierte Synergien umfassen alle Synergien, die zu einer Kostensenkung führen, wenn zwei Einheiten zusammenwirken, die bisher getrennt waren.[1107] Zur Unterscheidung dieser kostensenkenden Einflüsse kann zum einen auf das bekannte Begriffspaar der Economies of Scope und der Economies of Scale[1108], auf Erfahrungskurveneffekte und Transaktionskosten verwiesen oder das Konzept der Kos-

---

1104 Vgl. Porter (2014), S. 419 f.
1105 Vgl. auch Alfs (2015), S. 19 f., S. 287 f.; Porter (2014), S. 419.
1106 Vgl. Biberacher (2003), S. 69 ff.; Porter (2014), S. 422 ff.
1107 Vgl. Biberacher (2003), S. 70.
1108 Vgl. dazu Eschen (2002), S. 99 ff.; Jansen (2008), S. 135 f.

tendegression nach *Mellerowicz*[1109] näher betrachtet werden. *Mellerowicz* unterteilt die Kostendegressionen durch die Unterscheidung von Beschäftigungs-,[1110] Größen-[1111] und Auflagendegressionen[1112] in drei Klassen. *Biberacher* ergänzt diese Kategorien um den kostensenkenden Know-How Transfer im Innovationsbereich.[1113]

Leistungsorientierte Synergien stellen die zweite Synergiekategorie der Geschäftsbereichsebene dar. Sie resultieren in einer verbesserten Leistung aufgrund der kundenorientierten Differenzierung, sodass das Erlöspotenzial gesteigert wird, ohne die Kosten (über-)proportional zu erhöhen. Durch die erreichte Differenzierung können das Wachstum, der Wettbewerb und die Konkurrenzsituation entscheidend beeinflusst werden. Dabei sind durch das Zusammenlegen zweier Einheiten unter anderem regionale Markterschließungen, die größenbezogene Kundenerschließung oder der Know-How Transfer für Schlüsseltechnologien zu erzielen.[1114]

Ebenso, wie bereits im Rahmen der Unternehmensstrategien herausgestellt, ist die Umsetzung in den einzelnen *Funktionsbereichen* notwendig, um tatsächlich die geplanten leistungs- und kostenorientierten Wertpotenziale zu heben.[1115] Demnach kann in Übereinstimmung mit Porter die Wertschöpfungskette herangezogen werden, um funktionsbezogen die Synergien in die Kategorien F&E-, Organisations- und Verwaltungs-, Beschaffungs-, Produktions-, Logistik- und Marketingsynergien zu unterteilen.[1116]

Abschließend werden mit der folgenden Abbildung 64 die beschriebenen Synergien entlang der Unternehmensebenen in einer Übersicht zusammengefasst:

1109 Vgl. dazu und im Folgenden Mellerowicz (1973), S. 319 ff.

1110 Die Beschäftigungsdegression resultiert aus der vermehrten Ausnutzung bereits vorhandener Kapazitäten und kann oftmals auch als Fixkostendegression interpretiert werden. Vgl. Mellerowicz (1973), S. 325 f.

1111 Die Größendegression umfasst die Betriebsgrößen- und die Maschinengrößendegression. Dies bedeutet, dass Spezialmaschinen einsetzbar sind, Mengenrabatte erzielbar, Lieferzeitverkürzungen und enge Zusammenarbeiten mit Lieferanten realisierbar sind. Zudem steigen die Bedienungs-, Reparatur- und Wartungskosten unterproportional mit der Maschinengröße, was die Maschinendegression begründet. Vgl. Mellerowicz (1973), S. 320 ff.

1112 Erhöht man die Auflagenhöhe, so verteilen sich die Kosten, die zum Anlaufen oder Auslaufen, zum Umrüsten, für Testläufe oder für Versuche von neuen Auflagen notwendig sind, auf eine größere Loszahl, sodass die genannten Auflagendegressionen entstehen. Vgl. Mellerowicz (1973), S. 327 ff.

1113 Vgl. Biberacher (2003), S. 70.

1114 Vgl. Biberacher (2003), S. 74.

1115 Vgl. Porter (2014), S. 422 f.; Ropella (1989), S. 162.

1116 Vgl. Porter (2014), S. 436; Vizjak (1990), S 97 ff.: Paprottka (1996), S. 77 ff.

Ebene	Synergieformen
Corporate Level Ziel: Mehr-Wertschaffung auf Gesamtunternehmensebene Konzepte: Portfoliomanagement, Sanierung, Know-how-Transfer, Aufgabenzentralisierung	Finanzsynergien Immaterielle Synergien Materielle Synergien
Business Level Ziel: Wertschaffung für die Geschäftsbereiche im Wettbewerb Konzepte: Kostenführerschaft, Differenzierung	Kostenorientierte Synergien Leistungsorientierte Synergien

Functional Level

Ziel und Konzept: Umsetzung der Unternehmens- und Bereichsstrategien durch Hebung der Synergien in den Funktionalbereichen der Wertschöpfungskette

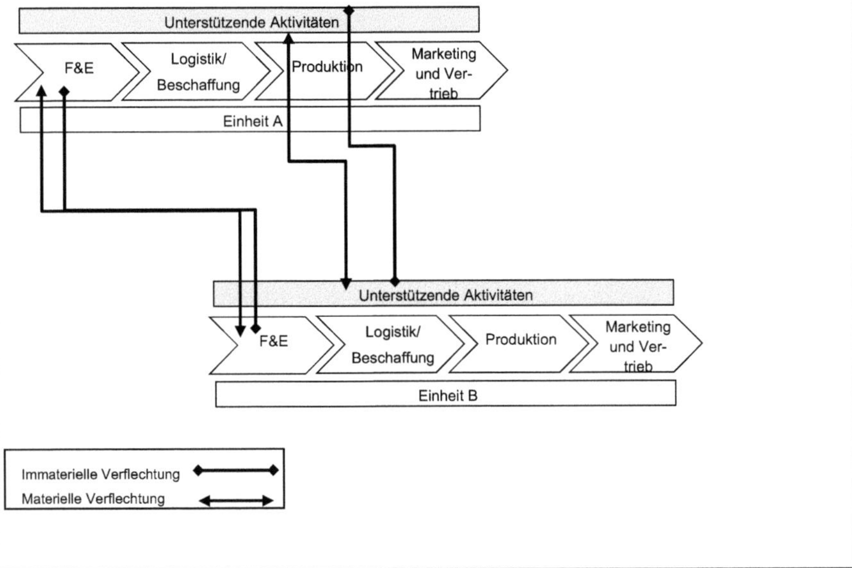

Abbildung 64: Systematisierung von Synergien entlang der Unternehmensebenen

7.1.2.2 Spezifizierung der (leistungswirtschaftlichen) Innovations-Synergien

In diesem Abschnitt sind in Anlehnung an die allgemeine Synergieabgrenzung die Möglichkeiten zur Erzielung leistungswirtschaftlicher Synergien im Innovationsbereich zu erläutern. Leistungswirtschaftliche Synergien werden dabei bewusst von Risikoverbundeffekten abgegrenzt und diese in einem separaten Abschnitt thematisiert.

Eine Innovation durchläuft idealtypisch die gesamte Wertschöpfungskette und kann im Verbund somit in allen Funktionsbereichen zur Realisierung von Synergien führen. Da die F&E-Aktivitäten in der Vorlaufphase besonders kritisch hinsichtlich der Realisierungswahrscheinlichkeiten sind, können frühzeitige Verbundentscheidungen in diesem Bereich zu weitreichenderen Folgen führen.[1117] Im Weiteren werden primäre Synergieeffekte im F&E-Bereich von sekundären Folgeeffekten auf nachgelagerten Wertschöpfungsstufen unterschieden.

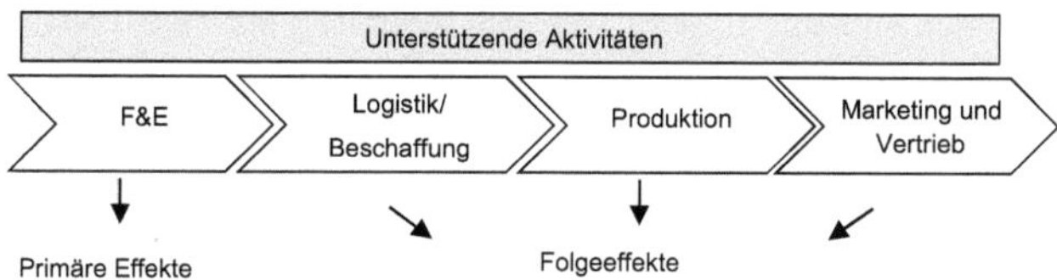

Abbildung 65: Verbundeffekte durch gemeinsame Innovationen im Wertschöpfungsprozess

Darüber hinaus ist zu differenzieren, ob eine vertikale oder horizontale Diversifikation vorliegt.[1118] (Dis-)Synergien durch die *vertikale Diversifikation* entstehen aufgrund der Integration vor- oder nachgelagerter Wertschöpfungsaktivitäten in die Geschäftsbereiche und das Gesamtunternehmen. Im Rahmen der vorliegenden Arbeit sind durch den Projekt- und Unternehmensbezug zwei Ebenen der vertikalen Integration zu unterscheiden. Zum einen ist hinsichtlich der Projektebene zu entscheiden, ob beispielsweise die F&E für ein bestimmtes Ziel eigenständig durchgeführt bzw. durch Unternehmensübernahmen akquiriert und somit das notwendige Wissen in das Unternehmen integriert wird oder ob eine Marktlösung durch Lizenznahme zu bevorzugen ist. Zum anderen ist auf der Unternehmensebene festzulegen, ob Innovationsprojekte eingeführt werden, damit ein preislich und mengenmäßig sehr unsicheres Vorprodukt in Zukunft intern gefertigt wird. Auf diese Weise sind Abhängigkeiten vom

1117 Vgl. Paprottka (1996), S. 84; Porter (2014), S. 447 f.

1118 Konglomerate Diversifikation ist maßgeblich für Risikoverbundeffekte relevant, die hier separat untersucht werden.

Markt und die korrespondierenden Unsicherheiten zu reduzieren. Dies hätte in der Folge sekundäre Auswirkungen auf die Beschaffung und Logistik. Die Entscheidung für oder gegen eine Integration vorgelagerter Aktivitäten gleicht weitestgehend dem klassischen „Make-or-Buy“-Problem[1119] und führt somit zu Argumenten, die im Einzelfall abzuwägen sind. Als positive Synergien durch die vertikale Integration der F&E in die Wertschöpfungskette sind die Transaktionskostenminderung, die mengen- und preisorientierte Absicherung der Beschaffungsseite, die Koordinationsverbesserung, Zeitersparnisse, die Qualitätssteigerung und die Erhöhung der Eintrittsbarrieren zu nennen.[1120] Negative Effekte, somit Dis-Synergien, resultieren aus möglicherweise hohen Integrationskosten. Diese umfassen neben den ohnehin notwendigen finanziellen Mitteln auch zusätzliche Komplexitätssteigerungen, falls es sich um ein divergierendes Geschäftsmodell handelt, das zum integrativen Bestandteil des Unternehmens werden soll. Des Weiteren können das Know-How und die Erfahrung bereits bestehender Anbieter zu groß sein, um langfristig mit dem Technologie- und Kostenniveau dieser Anbieter konkurrieren zu können.[1121] Häufig bietet sich vor allem bei dieser vertikalen Diversifikation die Kooperation an, um die Vorteile der Integration zu erhalten und die Nachteile einzuschränken.[1122]

Als eine sehr forschungsintensive Branche, die besonders die vertikale Diversifikation betreibt, ist die Pharmabranche zu identifizieren. Pharma-Konzerne konzentrieren sich auf Spezialgebiete,[1123] sodass sie dort spezielles nicht-imitierbares Know-How entlang der gesamten Wertschöpfungskette ansammeln, um sich von den Konkurrenten abgrenzen,[1124] die Zutrittsbarrieren erhöhen und somit die vorübergehende Monopolstellung sichern zu können. Demnach wird in dieser Branche durch die eigenständige F&E oder durch vertikal ausgerichtete Akquisitionen[1125] das notwendige Technologiewissen in den Konzern integriert, sodass vertikale Diversifizierungen einen bedeutenden Teil der Unternehmensstrategie darstellen. Während im Rahmen der vertikalen Diversifizierung primär die Schnittstellen der einzelnen Wertschöpfungsaktivitäten aufeinander abzustimmen sind und ein Vergleich von Markt- und

---

1119 Vgl. Vizjak (1990), S. 121; Porter (2013), S. 374; Ohms (2000), S. 172 ff.

1120 Vgl. Vizjak (1990), S. 121 m.w.N.; Porter (2013), S. 375 ff.

1121 Vgl. Porter (2014), S. 429 ff.; Vizjak (1990), S. 121; Ohms (2000), S.176 ff., S. 181 mit einer Übersicht über Chancen und Risiken externer F&E.

1122 Vgl. Vizjak (1990), S. 122.

1123 Vgl. Telgheder/Reinhardt (2015), S. 14 in einem Interview über Novarits.

1124 Vgl. Gerybadze (2004), S. 221.

1125 Vgl. dazu Abschnitt 7.4.

Eigenleistung zu erfolgen hat, sind im Rahmen der *horizontalen Diversifizierung* komplette Wertschöpfungsstufen miteinander zu verflechten oder durch Know How-Transfers zu optimieren.

Aufgrund dieser stärkeren Verflechtungen entstehen demnach auch vermehrt materielle und immaterielle (Dis-)Synergien in den einzelnen Funktionsbereichen,[1126] sodass unterschiedliche primäre und sekundäre Effekte resultieren. In den meisten Funktionsbereichen ist ein Kostendegressionseffekt zu erreichen, indem einzelne Abteilungen zu einer zentralen Verbundabteilung zusammengelegt werden. Dieser Kostendegressionseffekt ist allerdings in der F&E und somit in der Vorlaufphase nicht grundsätzlich zu bestätigen,[1127] sodass, im Einklang mit der vorherrschenden Aufbauorganisation, eine Kostensenkung aufgrund der Zentralisierung von F&E nicht im Vordergrund steht. Das größte Potenzial primäre Synergieeffekte zu erzielen, liegt in der exakten Abstimmung von verwandten Produkten, basierend auf ähnlichen oder identischen Technologien.[1128] Werden die Schnittstellen aufgedeckt, so können Doppelarbeiten in der Vorlaufphase vermieden werden, indem die entsprechenden Produkt- oder Prozesstechnologien bis zu einem gewissen Reifegrad gemeinsam erforscht und entwickelt werden. Dadurch können die Anzahl der F&E-Abteilungen und des Personals, die in diesen Projekten gebunden sind, reduziert werden. Entweder werden die frei werdenden Kapazitäten dann abgebaut und es entsteht ein Kostensenkungspotenzial oder sie werden für weiteres Wachstum und Leistungssteigerungen anderweitig eingebunden.[1129] Die bisher benannten Synergiepotenziale durch gemeinsame F&E sind aufgrund der notwendigen leistungswirtschaftlichen Verflechtung als materielle Synergien einzustufen. Allerdings entstehen auch bereits durch den reinen Wissenstransfer zwischen F&E-Einheiten Synergien, die als immaterielle Synergien zu klassifizieren sind. Eine Erzielung dieser Synergien erfolgt primär durch Akquisitionen und Kooperationen,[1130] jedoch kann auch eine interne zentrale Forschungsabteilung durch den Wissenstransfer im gesamten Konzern die Positionierung der einzelnen Geschäftseinheiten im Markt stärken.[1131] Mit diesem Wissenstransfer kann zudem eine hohe Zeitersparnis verbunden sein, da keine vollständige

---

1126 Vgl. auch Vizjak (1990), S. 121.
1127 Vgl. Porter (2014), S. 448; Paprottka (1996), S. 84.
1128 Vgl. auch Paprottka (1996), S. 84.
1129 Vgl. Porter (2014), S. 449; Paprottka (1996), S. 85.
1130 Vgl. auch Paprottka (1996), S. 85.
1131 Vgl. Alfs (2015), S. 294.

Wissensbasis zu erforschen und zu entwickeln ist, sondern auf vorhandenem Wissen aufgebaut wird, sodass der Markteintritt beschleunigt werden kann. Aufgrund dieses forcierten Markteintritts sind dann wiederum sekundäre Synergie-Effekte zu erzielen, da der vorzeitige Markteintritt einen klaren Marktvorteil im Sinne des first-mover-advantage und der time-to-client satisfaction erwirkt.[1132] Des Weiteren kann die gemeinsame F&E verwandter Produkte dazu führen, dass anschließend im Produktions-, Beschaffungs-, Vertriebs- und Logistikbereich gemeinschaftliche oder zumindest partiell gemeinschaftliche Tätigkeiten erfolgen. Dies erspart durch Degressionseffekte in den entsprechenden Bereichen Kosten und zudem Zeit.[1133] Auf Basis dieser Ersparnisse kann die Qualität oder das Leistungsspektrum angepasst werden, sodass leistungsorientierte Effekte mit kostenorientierten Effekten interagieren und je nach Geschäftsstrategie zu nutzen sind. Neben diesen positiven Effekten sind im Absatz- und Vertriebsbereich auch negative Sekundärwirkungen zu beachten. Stehen die gemeinsam entwickelten Produkte oder Technologien in einem konkurrierenden Verhältnis zueinander, so darf aufgrund der Kannibalisierungseffekte[1134] das gesamte Absatzpotenzial nicht überschätzt werden und die negativ wirkende Interdependenz ist in jegliche Wertanalyse einzubeziehen.[1135] Stehen die Produkte allerdings in einem komplementären Verhältnis zueinander, so können die entwickelten Produkte im Verbund angeboten werden und durch einen insgesamt geringeren Werbe- und Vertriebsaufwand[1136] ein höheres Absatzvolumen generiert werden.

Nach der folgenden Ergänzung von Risikoverbundeffekten, wird allgemein und fallstudienartig die Quantifizierung von Verbundeffekten konkretisiert und sukzessive in das bestehende Simulationsmodell integriert.

7.1.3 Spezifizierung von Risikoverbundeffekten

In der bisherigen Systematisierung von Synergien wurde bewusst der Aspekt des Risikoverbundes ausgeschlossen. Dies ist darauf zurückzuführen, dass der Risikoverbund hier als zentrales Element thematisiert wird und somit separat zu untersuchen ist. Der Risikoverbund wird in der Literatur oftmals als weitere Synergie in die

1132 Vgl. Biberacher (2003), S. 159 f.; Horváth/Herter/Michel (1994), S. 244.
1133 Vgl. dazu Porter (2014), S. 447 f.
1134 Vgl. Jung/Pinnekamp/Bucher (2006), S. 407.
1135 Vgl. auch Horváth/Herter/Michel (1994), S. 244.
1136 Vgl. Große-Frericks (2015), S. 101 ff.; Alfs (2015), S. 292 f, S. 321 ff. mit entsprechenden Quantifizierungskalkülen.

Kategorie der finanzwirtschaftlichen Synergien eingeordnet. Als weitere Konsequenz wird die Ausrichtung der Konzernsteuerung am Portfolio-Risiko als Portfoliomanagement-Strategie nach Porter bezeichnet,[1137] die allerdings heutzutage nicht mehr als Kern-Strategie zu erachten ist.[1138]

Aus diesem Grund wird hier der Risikoverbund nicht als Synergie im engeren Sinne verstanden und die Risikodiversifizierung auch nicht als zentrales Portfolio-Ziel erachtet. Vielmehr ist davon auszugehen, dass der Wert des Portfolios unter Berücksichtigung aller Verbundeffekte zu maximieren ist, sodass auch das Risiko als wertbeeinflussender Faktor zu berücksichtigen ist. Demnach sollten sowohl positive als auch negative Risikoeffekte, die durch das Zusammenwirken der Projekte und/oder Unternehmen entstehen können, einbezogen werden. Somit sind auch das Gesamtrisiko und die Risikotragfähigkeit des Unternehmens zu analysieren, um eine aktive Risikosteuerung zur Maximierung des Unternehmenswertes unter Beachtung der Kern-Strategie zu ermöglichen.

Auf einer Einzelprojektebene können mit der Monte Carlo-Simulation, durch die Verwendung von Entscheidungs- und Zustandsbäumen und durch die unterschiedlichen Möglichkeiten der Risikobewertung verschiedene Kalkülstrukturen angewandt werden, um das Risiko adäquat in die Entscheidungsfindung einzubeziehen.[1139] Diese Methoden und Anwendungen der Einzelprojektebene sind auch im Portfolio-Verbund von Relevanz. Darüber hinausgehend ist zu beachten, dass durch die gezielte Kombination von Projekten mit unterschiedlichen Abhängigkeiten und Wechselwirkungen Werteffekte entstehen können.

Entstehen positive Effekte aufgrund einer Verminderung des Gesamtrisikos bei gleich bleibenden Einzelrisiken, so wird von einer Risikodiversifizierung gesprochen.[1140] Zurückzuführen ist dieses Konzept erstmals auf *Markowitz* im Zusammenhang mit der Darstellung der „Portfolio Selection".[1141] Ausgehend von einem vollkommenen Kapitalmarkt wird festgestellt, dass der Kapitalanleger am Aktienmarkt durch die gezielte Mischung von Wertpapieren versucht, den erwarteten Ertrag der Kapitalanlage bei gleichem Risiko zu maximieren oder das Risiko bei gleichem er-

---

1137 Vgl. u.a Biberacher (2003), S. 163; Vizjak (1990), S. 85; Alfs (2015), S. 242.
1138 Vgl. Porter (2014), S. 415.
1139 Vgl. Abschnitt 4.
1140 Vgl. Paprottka (1996), S. 29.
1141 Vgl. Markowitz (1952), S. 77 ff.; Abschnitt 4.2.1.1.

warteten Ertrag zu minimieren, sodass eine Substitutionsbeziehung zwischen Risiko und Rendite resultiert.[1142] In der Folge hat dann eine Übertragung dieses Konzeptes auf Sach- und Realinvestitionen stattgefunden.[1143] Kann man Korrelationen zwischen Projekten[1144] oder Segmenten[1145] feststellen, so ist davon auszugehen, dass auch aus Unternehmenssicht das Gesamtrisiko gesenkt werden kann. Der angelsächsichen Empfehlung, „don't put all your eggs in one basket“[1146], folgend sollte durch die gezielte Kombination von Projekten und Unternehmen genau dieser Effekt auch bewertet werden. Während durch Markowitz die investorenbezogene Risikodiversifizierung aus der Berücksichtigung des Marktes heraus untersucht wird, ist durch die subjektive Betrachtung im Unternehmensverbund die Summe aller Risiken zwischen Projekten und Segmenten relevant, ohne den Kapitalmarkt näher einzubeziehen.[1147]

Es stehen somit die Cashflows und die entsprechenden Korrelationen unterschiedlicher Investitionen sowie Unternehmensbereiche im Mittelpunkt der Analysen. *Dinstuhl* spezifiziert in diesem Zusammenhang die Wirkung unterschiedlich korrelierter Segment-Cashflows, während *Paprottka* näher auf den Verbund von Investitionsprojekten eingeht.[1148] In beiden Fällen ist festzustellen, dass die Frage nach der Wertadditivität der Erwartungswerte und der Varianzen ausschlaggebend ist, um die Relevanz von Korrelationen in diesem Kontext aufzuzeigen. Es ist davon auszugehen, dass sich der erwartete Gesamtunternehmens- oder Konzern-Cashflow $\mu(E\widetilde{CF(K)})$ aus der Summe der Erwartungswerte einzelner Segment-Cashflows $\mu(E\widetilde{CF(S_\iota)})$ zusammensetzt:

$$\mu\big(E\widetilde{CF(K)}\big) = \sum_{i=1}^{I} \mu(E\widetilde{CF(S_\iota)}) \tag{7-1}$$

Auf einer weiteren Differenzierungsebene und in Übereinstimmung mit den bisherigen Erläuterungen ist der erwartete Konzern-Cashflow aus der Summe der Cashflows bestehender und zu entwickelnder Produkte der einzelnen Segmente

1142 Es wird von einem risikoaversen Anleger und der Orientierung an Erwartungswert und Standardabweichung ausgegangen. Vgl. ausführlicher Spremann (2010), S. 212 ff.; Kruschwitz/Husmann (2012), S. 143 ff.

1143 Vgl. Paprottka (1996), S. 29.

1144 Vgl. dazu Paprottka (1996), S. 30 ff.

1145 Vgl. dazu Dinstuhl (2003), S. 290 ff.; Alfs (2014), S. 242 ff.

1146 Spremann (2010), S. 212.

1147 Vgl. Dinstuhl (2003), S. 290 f.

1148 Vgl. Paprottka (1996), S. 29 ff.; Dinstuhl (2003), S. 290 ff.

$\left(\widetilde{ECF(P_j)}\right)$ und möglicherweise den laufenden Kosten auf den Unternehmensebenen $(\widetilde{ECF(LB)})$ zu ermitteln:

$$\mu(\widetilde{ECF(K)}) = \sum_{j=1}^{J} \mu\left(\widetilde{ECF(P_j)}\right) + \mu(\widetilde{ECF(LB)}) \quad (7\text{-}2)$$

Während für die Erwartungswerte eine Wertadditivität existiert, ist hinsichtlich der Varianz der mögliche Diversifikationseffekt durch die Kovarianzen der J Projekte zu berücksichtigen.[1149]

$$\begin{aligned}\sigma^2(\widetilde{ECF(K)}) &= \sum_{j=1}^{J} \sigma^2(\widetilde{ECF(P_j)}) \\ &+ \sum_{j=1}^{J} \sum_{\substack{k=1 \\ k \neq j}}^{J} cov(\widetilde{ECF(P_j)}; \widetilde{ECF(P_k)}) + \sigma^2\left(\widetilde{ECF(LB)}\right)\end{aligned} \quad (7\text{-}3)$$

Bedenkt man, dass der Korrelationskoeffizient (ρ) wie folgt definiert ist:

$$\rho = \frac{cov(\widetilde{ECF(P_j)}; \widetilde{ECF(P_k)})}{\sigma(\widetilde{ECF(P_j)}) \cdot \sigma(\widetilde{ECF(P_k)})} \quad (7\text{-}4)$$

und geht zur Veranschaulichung davon aus, dass nur zwei Projekte im Unternehmen vorhanden sind, so kann folgender Zusammenhang aufgezeigt werden:

$$\begin{aligned}\sigma^2(\widetilde{NCF(K)}) &= \sigma^2\left(\widetilde{NCF(P_j)}\right) + \sigma^2(\widetilde{NCF(P_k)}) + 2 \\ &\cdot cov\left(\widetilde{NCF(P_j)}; \widetilde{NCF(P_k)}\right) \\ &= \sigma^2\left(\widetilde{NCF(P_j)}\right) + \sigma^2(\widetilde{NCF(P_k)}) + 2 \cdot \rho \cdot \sigma\left(\widetilde{NCF(P_j)}\right) \\ &\cdot \sigma(\widetilde{NCF(P_k)})\end{aligned} \quad (7\text{-}5))$$

Hier wird deutlich, dass bei einer vollständig negativen Korrelation ($\rho = -1$) und gleichen Einzelrisiken eine Senkung des Gesamtrisikos auf Null möglich ist, sodass im Falle einer Sicherheitsäquivalenzbildung, dieses Sicherheitsäquivalent dem Erwartungswert entspricht[1150] und eine vollständige Risikodiversifizierung zu erreichen ist.

Zum einen erfolgt also die direkte Werterhöhung, die im Rahmen der subjektiven Bewertung durch sinkende Risikoabschläge zu erfassen ist. Zum anderen können durch die Veränderung des Risikos auch weitere Kosten aufgrund von Bonitätsbeur-

---

1149 Es wird unterstellt, dass das Risiko des laufenden Betriebes unabhängig ist von den Projektrisiken.

1150 Vgl. Dinstuhl (2003), S. 295 f.

teilungen gesenkt werden.[1151] Dies umfasst zum einen die Finanzierungskosten und weitere Möglichkeiten, die auf eine geglättete Prognose zurückzuführen sind.[1152] So können kostenintensive Verfahren zur Risikoabsicherung entfallen, wenn durch das Produkt-Portfolio bereits ein großer Teil des internen Risikos ausgeglichen wird. Darüber hinaus ist die Flexibilität des Unternehmens erhöht, da durch das insgesamt reduzierte Risiko weitere ertragreiche Investitionsprojekte durchgeführt werden können, bis die Risikotragfähigkeit des Unternehmens ausgeschöpft ist.[1153]

Während die einzelnen Cashflows von Segmenten sowie die Korrelationen noch nachvollziehbar und isoliert schätzbar und darüber hinaus Korrelationen der Vergangenheit zwischen den Cashflows übertragbar sein können,[1154] ist ein solches Vorgehen zur Abschätzung der Interdependenzen von Innovationsprojekten mit Schwierigkeiten verbunden.[1155] Dies ist darauf zurückzuführen, dass zwischen den Projekten zahlreiche Interdependenzen in den einzelnen Stufen der Wertschöpfungskette bestehen, sodass eine isolierte Schätzung der Cashflows unmöglich wird.[1156] Demnach kann auch die Berücksichtigung der Korrelationen nicht auf der Aggregationsebene der Cashflows erfolgen, sondern muss auf der Ebene einzelner Erfolgsfaktoren stattfinden. *Jacob* stellt fest, dass unter der Annahme wertschöpfender Unabhängigkeit der Produkte eines Unternehmens, insbesondere durch Korrelationen der Absatzmengen ein Risikodiversifikationseffekt entstehen kann.[1157] In Erweiterung dazu kann konstatiert werden, dass auf allen Ebenen der Wertschöpfungskette aufgrund wirtschaftlicher und technischer Verbindungen ein Risikoverbund entstehen kann, sodass nicht nur die Absatzmengen, sondern alle denkbaren Erfolgsfaktoren zwischen den Projekten korreliert sein können.

Somit sind im Kontext wirtschaftlich bedingter Risiko-Abhängigkeiten zahlreiche Verbindungen von Input- und Outputmengen sowie den korrespondierenden Preisen

1151 Vgl. Große-Frericks (2015), S. 108.
1152 Vgl. Klönne (2013), S. 57 m.w.N.; Biberacher (2013), S. 163 ff.
1153 Vgl. dazu auch Paprottka (1996), S. 63 f.; Abschnitt 7.3.2.2.2.
1154 Vgl. dazu Jacob (1979), S. 35.
1155 Vgl. Paprottka (1996), S. 30; Jacob (1979), S. 35.
1156 Vgl. Paprottka (1996), S. 30; Jacob (1979), S. 36 und die bereits erläuterten Anpassungen zur Wertermittlung eines F&E-Portfolios.
1157 Vgl. Jacob (1979), S. 35 und S. 52 ff.

denkbar. Ebenso können technische Abhängigkeiten das Konzernrisiko beeinflussen, sodass die Interdependenzen in technischen Erfolgsstrukturen zu beachten sind.[1158]

Zusammenfassend sind wiederum Korrelationen ausschlaggebend, um eine vollständige Erfassung von Risiken sowie Diversifikationseffekten zu erhalten, sodass, wie bereits auf Ebene einzelner Projekte, eine Berücksichtigung unumgänglich ist. Die Möglichkeiten der differenzierten Berücksichtigung dieser Abhängigkeiten im Quantifizierungskalkül werden an den entsprechenden Stellen in den folgenden Kapiteln detaillierter untersucht. [1159]

7.2 Konzepte zur Quantifizierung von Projekt-Interdependenzen und Verbundeffekten

Nach der vorangehenden Kategorisierung möglicher Verbundeffekte in Form leistungswirtschaftlicher Synergien und Risikoverbundeffekte, werden in diesem Abschnitt Ansätze zur Quantifizierung dieser Effekte dargestellt, vorrangig Konzepte, die eine flexible Integration der Projektinterdependenzen im Simulationsmodell und im Rahmen der Optimierung ermöglichen. Nach der Darstellung einer grundlegenden Struktur zur Messung von Verbundeffekten, wird die Quantifizierung des Risikoverbundes erläutert. Eine Quantifizierung leistungswirtschaftlicher Synergien wird vorrangig in Abschnitt 7.3.1.3.2 und somit im Kontext der internen Portfoliozusammenstellung anhand eines konkreten Beispiels veranschaulicht.

7.2.1 Methoden zur Quantifizierung leistungswirtschaftlicher und risikobedingter Verbundeffekte

Sind die möglichen Verbundeffekte hinsichtlich ihrer Art und Quelle identifiziert und konnten sich mit den korrespondierenden Projekten in der strategischen Filterung durchsetzen,[1160] so sind sie in die Erfolgsprognose und Planungsrechnungen zu integrieren.[1161] Da die Wertorientierung stets im Vordergrund steht, dienen auch die Verbundeffekte dem zentralen Ziel der Wertsteigerung und sind dementsprechend weitestgehend hinsichtlich ihres Einflusses auf den Unternehmenswert zu quantifizie-

---

1158 Vgl. dazu auch Abschnitt 7.2.2.2.2.
1159 Vgl. dazu Abschnitt 6.1.3.
1160 Vgl. Alfs (2015), S. 321.
1161 Vgl. Ossadnik (1995a), S. 13 f.

ren. Diese Zielgröße stellt wiederum eine Kombination aus Ein- und Auszahlungen, zusammengefasst zu Cashflows, einem risikofreien Diskontierungszins und einer Risikokomponente dar. Demzufolge sind die Verbundwirkungen entsprechend ihres Einflusses auf diese Komponenten zu separieren.

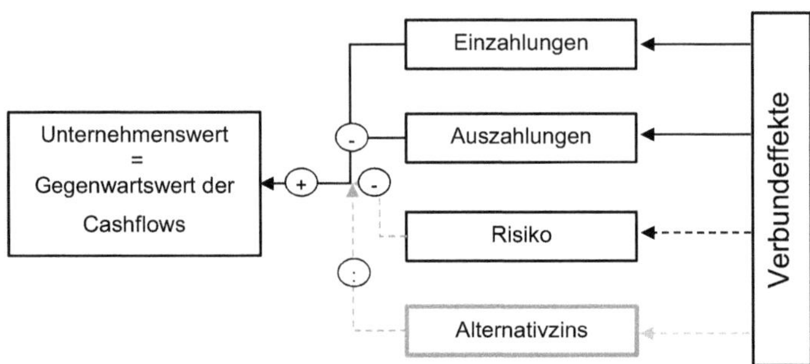

Abbildung 66: Quantifizierung der Verbundeffekte[1162]

Um den gesamten Effekt eines Projekt- und Unternehmensverbundes im Ergebnis und somit im Unternehmenswert zu messen, werden die synoptische und die inkrementale Methode unterschieden.[1163]

Während im Rahmen der inkrementalen Methode die Verbundeffekte einzeln zu bewerten und zu einem Gesamteffekt zu aggregieren sind,[1164] wird im Rahmen der synoptischen Methode der Gesamtwert der Verbundeffekte aus einer Differenzbetrachtung des Unternehmenswertes mit und ohne Verbund quantifiziert.[1165] Der Nachteil der synoptischen Methode, keine Möglichkeit zu bieten einzelne Verbundeffekte zu separieren und diese ex post im Rahmen des Synergiecontrolling[1166] zu kontrollieren,[1167] stellt gleichzeitig den Vorteil der inkrementalen Methodik dar. Um alle Effekte integriert analysieren zu können, bietet sich besonders eine Mischform im Sinne einer „synoptisch-inkrementalen Methode"[1168] an. Eine Anpassung der einzelnen Erfolgsfaktoren und ihrer Korrelationen in der strategischen Planungsrechnung kann

1162 In Anlehnung an Biberacher (2003), S. 57.
1163 Vgl. Ossadnik (1995a), S. 13 f.; Klönne (2013), S. 163 f.
1164 Vgl. Klönne (2013), S. 163 f. ; Alfs (2015), S. 322; Ossadnik (1995a), S. 13.
1165 Vgl. Ossadnik (1995a), S. 13.
1166 Vgl. dazu Biberacher (2003), S. 343 ff.
1167 Vgl. Lechner/Meyer (2003), S. 368.
1168 Alfs (2015), S. 322.

dabei als inkrementaler Bestandteil klassifiziert werden, da diese Anpassungen konkreten Verbundeffekten zugewiesen werden können und ein Synergiecontrolling ermöglichen.[1169]

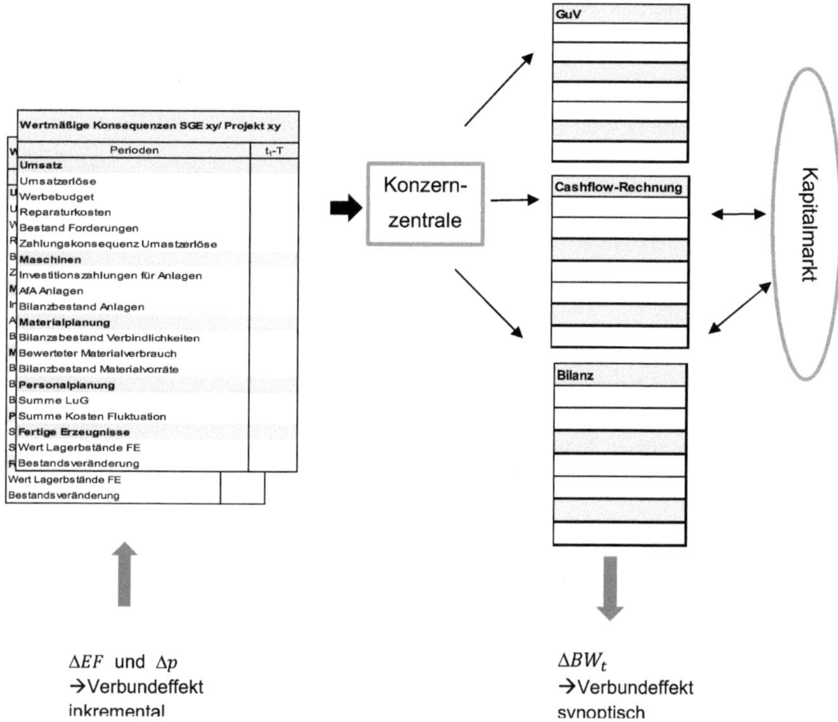

Abbildung 67: Konsolidierung und Bewertung unter Berücksichtigung von Verbundeffekten[1170]

Als synoptischer Teil ist die Möglichkeit einer Gesamtbewertung der Verbundeffekte durch eine Differenzbetrachtung des Unternehmenswertes mit und ohne Anpassungen aufgrund unterschiedlicher Innovationsverbindungen zu werten. Dieser synoptische Teil der Verbundbewertung ist unabdingbar, um Finanzierungs-, Steuer- und insbesondere Risikoeffekte in einem kausalen Zusammenhang quantifizieren zu können. Durch die Einbindung der Finanzierung und des Risikos in das umfassende Corporate Model ist die Möglichkeit einer inkrementalen Quantifizierung dieser Effek-

1169 Vgl. Alfs (2015), S. 323. Für dieses Synergiecontrolling bietet sich vor allem eine strategische, wertorientierte Abweichungsanalyse an, wie sie bereits in Abschnitt 5.3 dargestellt wurde. Vgl. dazu ferner Dreher (2010), S. 397 ff. und Dolny (2003), S. 226 ff.

1170 Vgl. Abbildung 52 vor Einbezug der Verbundeffekte.

te ausgeschlossen.[1171] Übertragen auf das hier vorgeschlagene Planungs- und Konsolidierungsmodell bedeutet dies, dass in einem ersten Schritt für einzelne Projekte und Geschäftsbereiche die Planung der Erfolgsfaktoren um die erwarteten Synergien (ΔEF) und um erwartete Risikoeffekte in Form von Korrelationen (Δp) inkremental anzupassen ist. Die einzelnen Anpassungen der Erfolgsfaktoren sind aufgrund der Zukunftsbezogenheit (notgedrungen) subjektiv festzulegen.[1172] Die Pläne, die dann auf der angepassten Parametrisierung basieren, sind wiederum auf Gesamtunternehmens-Ebene zu aggregieren und um die Finanzplanung zu ergänzen, sodass die entstehende Differenz im Gesamtbarwert (ΔBW_t) ermittelt werden kann, die gleichzeitig synoptisch den Werteffekt des gesamten Verbundes widerspiegelt.[1173] In Abbildung 67 wird dieses Vorgehen skizziert.

7.2.2 Konkretisierung der Innovations-Portfolioplanung unter Beachtung von Risiko (-Verbundeffekten)

Planungen der einzelnen SGEs für mögliche Projekte sind an die Holding zu berichten, im Gegenstromverfahren gegebenenfalls um Synergien anzupassen und durch die Konsolidierung im Sinne des Zielportfolios zu einem Gesamtunternehmensplan zu aggregieren.

Ohne die Berücksichtigung der Risiken führt dies allerdings zu einer Vernachlässigung wesentlicher Entscheidungsfaktoren, da eine Bestandsbedrohung oder Krisenanfälligkeit auf Basis der einwertigen Plandaten für das Management nicht ersichtlich und somit nicht steuerbar wird.[1174] Aus diesem Grund wird die Berücksichtigung des Risikos als essentieller und vervollständigender Bestandteil einer jeden Portfoliobetrachtung in die bisherigen Ausführungen integriert.

Die Integration des Risikos erfordert zwei wesentliche Schritte: Zum einen ist eine Risikoanalyse[1175] bzw. Risikooffenlegung notwendig und zum anderen kann eine Risikosteuerung erfolgen, die wiederum auf Risikotragfähigkeitsüberlegungen basieren sollte. Aus diesem Grund werden diese Teil-Aspekte im weiteren Verlauf beachtet,

1171 Vgl. auch Alfs (2015) , S. 323.
1172 Vgl. Klönne (2013), S. 163.
1173 Vgl. zu einem äquivalenten Vorschlag Biberacher (2003), S. 136 ff.
1174 Vgl. auch Gleißner/Romeike (2011), S. 21.
1175 Vgl. dazu Kremers (2002), S. 202; Rogler (2002), S. 29 f.

wobei die Risikoanalyse und -offenlegung als Basis für weitere Steuerungsmaßnahmen einzuordnen ist und somit auch vorangestellt wird.

7.2.2.1 Offenlegung und Analyse des Gesamtunternehmensrisikos - Risiko-Pooling

Die Risikoanalyse und -offenlegung des Gesamtunternehmensrisikos ist die Grundvoraussetzung für eine anschließende Risikosteuerung. Das zentrale Ziel ist es, durch eine Vielzahl unsicherer Inputgrößen die Wahrscheinlichkeitsverteilung einer zentralen Zielgröße zu ermitteln.[1176] Der Prozess sollte dabei standardisiert und systematisiert sein. Einem Prozess zur Analyse von Finanzdatenrisiken von *RiskMetrics* folgend, muss auf Basis festgelegter Zielgrößen ein mathematisches Modell mit Wechselwirkungen formuliert werden, um daraufhin die Risikofaktoren zu identifizieren und zu stochastifizieren, sodass in einem letzten Schritt eine Aggregation zum Gesamtrisiko erfolgen kann.[1177] Dieses Vorgehen wurde bereits auf Einzelprojektebene durchgeführt, indem der Unternehmenswert sowie die einzelnen Zahlungsströme als Zielgrößen definiert wurden, ein Corporate Model aufgestellt und durch die Integration von stochastifizierten Erfolgsfaktoren sowie Monte Carlo-Simulationen ein Risikoprofil erstellt werden konnte.[1178] Es wird deutlich, dass bereits wesentliche Aspekte der Risikooffenlegung thematisiert und untersucht sind, sodass auf diesen Grundlagen aufbauend die entsprechenden Erweiterungen vorzunehmen sind, um das Gesamtunternehmensrisiko unter Berücksichtigung eines Projekt-Portfolios zu erfassen.

Durch eine Standardisierung aller Projekt- und Bereichspläne in Form eines einheitlichen „Risiko-Accounting-Systems“[1179], ist die Ermittlung des Gesamtunternehmensrisikos in zwei wesentlichen und ergänzenden Schritten durchzuführen. Zum einen muss die Konsolidierung der Plangrößen erfolgen, sodass ein „Risiko-Pool“[1180] analog zum „Cash-Pool“ entsteht. Zum anderen sind die Risikoabhängigkeiten zwischen den Projekten zu berücksichtigen. Diese Erstellung eines Risiko-Pools unter Berücksichtigung der Abhängigkeiten ist von hoher Relevanz, da oftmals erst ein komplexes

[1176] Vgl. Willeke (1998), S. 1150 f; Kremers (2002), S. 202.
[1177] Vgl. Metzler (2004), S. 129 f.
[1178] Vgl. zu dieser Vorgehensweise Abschnitt 4.1.4.
[1179] Vgl. dazu Metzler (2004), S. 117.
[1180] Vgl. zu dem Begriff und dem Vorteil des „risk-pooling“ im Zusammenhang mit der Bildung von F&E-Portfolios in der pharmazeutischen Industrie, DiMasi/Grabowski/Vernon (1995), S. 204.

Zusammenwirken der Einzelrisiken den Unternehmensfortbestand gefährdet.[1181] Erst auf der Basis der ermittelten Gesamtrisiken können Maßnahmen zur aktiven Risikosteuerung sinnvoll eingesetzt werden, da eine Abwägung von Risikotragfähigkeit und Gesamtrisiko erfolgen kann.[1182] Um die für den Risiko-Pool relevanten Einzelrisiken zu erfassen, sind weiterhin die Erfolgsfaktoren und die Projektstrukturen auf Einzelprojektebene zu stochastifizieren, indem Wahrscheinlichkeitsverteilungen und Zustandsbäume hinterlegt werden. Jedes Projekt weist dementsprechend Risiken auf, die auf der Mikroebene den jeweiligen Ursachen zugeordnet werden können und auf der Makroebene in einem Risiko-Pool für das gesamte Unternehmen zu einem Gesamtrisiko zusammenzuführen sind. Auch hier ist der Einsatz der Monte Carlo-Simulation zu bevorzugen.

Zur Wahrung der Konsistenz und Nachvollziehbarkeit ist das bereits in Kapitel sechs unter Sicherheit geplante Projekt-Portfolio heranzuziehen und um die Risikoaspekte zu ergänzen.

Perioden		1	2	3	4	5	6	7	8	9
Werttreiber		F&E-Phase			Marktphase					
(Delta) Marktvolumen	μ				30000	20,00%	5,00%	0%	0%	0%
(Log-)Normalverteilt	σ				100	0,50%	0,50%	0,10%	0,10%	0,10%
(Delta) Marktanteil	μ				80%	0%	0%	0%	0%	0%
(Log-)Normalverteilt	σ				5%	1%	1%	1%	1%	1%
(Delta) Absatzpreis	μ	20	1%	1%	1%	1%	1%	1%	1%	1%
(Log-)Normalverteilt	σ	0,50	0,50%	0,50%	0,50%	0,50%	0,50%	0,50%	0,50%	0,50%
Wissenschaftler	a	12	11	10	9	4	2	2	1	1
PERT linksschief	m	14	12	11	9,5	4,5	2,5	2,5	1,5	1,5
	b	15	13	12	10	5	3	3	2	2
Delta LuG Wiss.	a	1,7%	1,7%	1,7%	1,7%	1,7%	1,7%	1,7%	1,7%	1,7%
PERT linksschief	m	2,0%	2,0%	2,0%	2,0%	2,0%	2,0%	2,0%	2,0%	2,0%
	b	2,4%	2,4%	2,4%	2,4%	2,4%	2,4%	2,4%	2,4%	2,4%
F&E-Material	a	19.500	39.500	79.000	8.500	5.800	0	0	0	0
PERT linksschief	m	20.000	40.000	80.000	9.000	6.000	0	0	0	0
	b	21.000	42.000	82.000	9.500	6.500	0	0	0	0
Delta Materialpreis	μ	2%	2%	2%	2%	2%	2%	2%	2%	2%
Normalverteilt	σ	0,20%	0,20%	0,20%	0,20%	0,20%	0,20%	0,20%	0,20%	0,20%

Tabelle 95: Stochastifizierung der Erfolgsfaktoren von Innovation 1 der SGE 1 im Verbund

1181 Vgl. Gleißner/Romeike (2011), S. 21.

1182 Vgl. Metzler (2004), S. 123 f.; Gleißner/Romeike (2011), S. 21.

Zur Übersichtlichkeit werden im Folgenden im Rahmen der Erfolgsfaktoren nur das Marktvolumen, der Marktanteil, der Absatzpreis, der Materialpreis und die Menge von sowie Kosten für wissenschaftliche F&E-Mitarbeiter stochastifiziert. Das bedeutet, dass beispielsweise diese Input-Größen im Projektplan von Innovation 1 der SGE 1 wie in Tabelle 95 angepasst werden.[1183] Eine solche Stochastifzierung der Erfolgsfaktoren erfolgt für alle Projekte in analoger Weise, die bereits in Kapital sechs in das Portfolio aufgenommen wurden (vgl. Tabelle 80) und ist dem Anhang zu entnehmen.[1184]

Im Endergebnis werden diese mehrwertigen Projektpläne wie bereits illustriert zum Gesamtunternehmensplan konsolidiert, sodass ein auf Gesamtunternehmensebene ausgewiesenes Risiko als Risiko-Pool zu definieren ist. Des Weiteren wird nicht mit einwertigen Größen kalkuliert, sondern mit einer Verteilung des gesamten Unternehmenswertes der Detailprognosephase, die aus der Konsolidierung stochastifizierter Einzelpläne resultiert (vgl. dazu Abbildung 68).

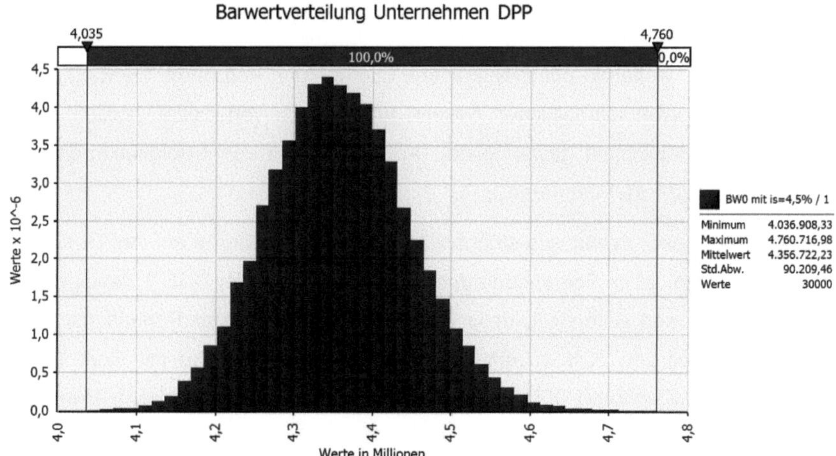

Abbildung 68: Risiko-Pool durch stochastische Erfolgsfaktoren der Projekte

Aus dem einwertigen Barwert in Tabelle 82 in Höhe von 4.660.224 GE wird somit eine Bandbreite zwischen einem minimalen Wert von 4.036.908 GE und einem maximalen Wert von 4.760.717 GE erzeugt, wobei der Erwartungswert 4.356.722 GE

1183 Vgl. Abschnitt 6.2.2.2.1, Tabelle 78 zum Ursprungsplan.
1184 Vgl. dazu Anhang, Tabelle 68 bis Tabelle 72.

beträgt. Das Sicherheitsäquivalent dieser Barwertverteilung nimmt mit einer MUA i.H.v. 35.993 GE einen Wert von 4.345.924 GE an.

Die Stochastifizierung einzelner Erfolgsfaktoren ist vor dem Hintergrund der Unsicherheiten im dynamischen Projektverlauf von Innovationen jedoch nicht ausreichend. Um das gesamte Risiko zu erfassen, sind auch die Möglichkeiten divergierender Zustände in Form von Projektabbrüchen, Zeitverzögerungen oder divergierenden Konkurrenzsituation von Projekten einzubeziehen.[1185] Die Inklusion dieser Zustände kann weiterhin über entsprechende Zustandsbäume der Projekte und die anschließende Simulation zu einer Endverteilung über Zufallsziehungen erfolgen.[1186] Auf Portfolio-Ebene müssen Werte aus den einzelnen Zahlungs- sowie Aufwands- und Ertragskonsequenzen der Projekte in unterschiedlichen Projektzuständen in Endverteilungen einbezogen werden.[1187] Alle wertrelevanten Positionen, die einem Entwicklungspfad zugehören, unterliegen derselben Wahrscheinlichkeit, werden gleichzeitig simuliert und auch gleichzeitig in die Unternehmensplanung integriert, sodass wiederum die diskrete Struktur der Zustandsbäume auch im Risiko-Pool beibehalten wird. Das bedeutet, dass der Aufwand zur Erstellung und Aggregation überschaubar ist, weiterhin auf Projektebene durchgeführt und durch die Eingabe in ein unternehmensweit einheitliches System automatisch verarbeitet werden kann. Zudem ist die Möglichkeit gewährleistet, Abhängigkeiten von Erfolgsfaktoren zwischen den Projekten zu integrieren.

Um den Effekt dieser dynamisch-stochastischen Projektstrukturen auf das Gesamtrisiko zu illustrieren, ist im Folgenden zuerst die Investition 1 der SGE 1 dahingehend anzupassen. Es wird unterstellt, dass dieses Projekt nach einer Periode mit einer Wahrscheinlichkeit von 20% zu einem Abbruch führen kann und mit einer Wahrscheinlichkeit von weiteren 30% ein geringer Marktanteil realisiert wird. Demnach entstehen insgesamt mit dem Abbruch nach einer Periode, der Markteinführung mit einem hohen Marktanteil und der Einführung mit einem niedrigen Marktanteil drei Zustände. Integriert man dies in die Simulation, so nimmt die Verteilung des Unter-

---

[1185] Mögliche Entscheidungs-Optionen sind weiterhin auf einer Einzelprojektebene allerdings unter Einbezug der Gesamt-Unternehmenssimulation zu fundieren. Sind zwei Projekte und Projektentscheidungen voneinander abhängig, so sind die Entscheidungsbäume zunächst in einer gemeinsamen Simulation zu einem Zustandsbaum zu aggregieren. Die Gesamtunternehmenssimulation basiert hier stets auf den bereits transformierten Zustandsbäumen.

[1186] Vgl. dazu Abschnitt 4.1.4.2.

[1187] Vgl. Anhang, Tabelle 68 mit einer notwendigen Anpassung des Projektplans.

nehmensbarwertes der Detailprognosephase (DPP) und somit der Risiko-Pool folgende dreiteilige Gestalt an:

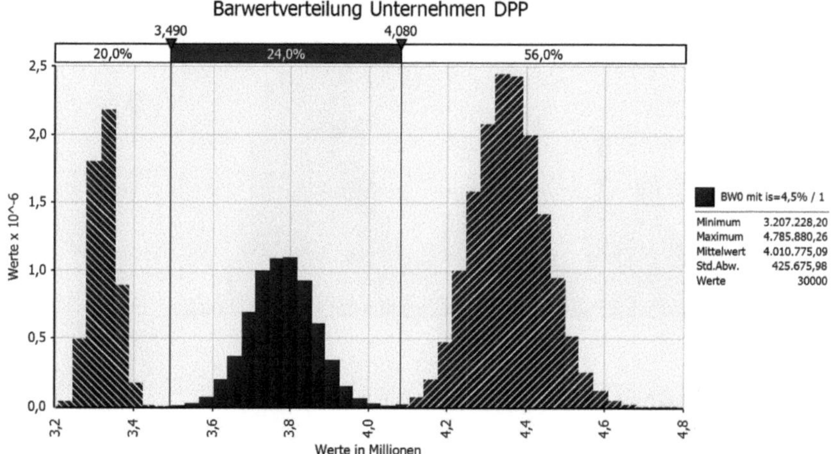

Abbildung 69: Risiko-Pool inklusive eines Zustandsbaumes

Die Verteilung des Unternehmenswertes (DPP) ist somit abhängig von der unsicheren Projektentwicklung, sodass ein minimaler Wert von 3.207.228 GE bei Abbruch des Projektes resultiert und ein maximaler Wert von 4.785.880 erzielt werden kann, wenn ein hoher Marktanteil realisiert wird. Während ohne die Stochastifzierung der Projektstruktur angenommen wird, dass der rechte Teil der Verteilung realisiert wird, sind durch die Erweiterung auch potenziell nachteilige Projektentwicklungen in die Portfoliobetrachtung integriert. Das Sicherheitsäquivalent des Barwertes wird mit einer MUA i.H.v. 193.629 GE auf 3.952.686 GE gesenkt.

Werden die stochastisch-dynamischen Verläufe der restlichen Innovationsprojekte ergänzt,[1188] nimmt die Barwertverteilung des Unternehmens in der Detailprognosephase die Gestalt an, die in Abbildung 70 dargestellt ist.. Mit einer zunehmenden Anzahl von unabhängigen Projekten und unterschiedlichen Zuständen konvergiert die Barwertverteilung wieder gegen eine Normalverteilung.[1189] Dies ist darauf zurückzuführen, dass unterschiedlichste Projektzustände per Zufall miteinander kombiniert werden und somit weitere Zwischenwerte erzielbar sind.

1188 Vgl. dazu Anhang, Tabelle 69 bis Tabelle 72.

1189 Vgl. ähnlich Bogdan/Villinger (2010), S. 21 ff.

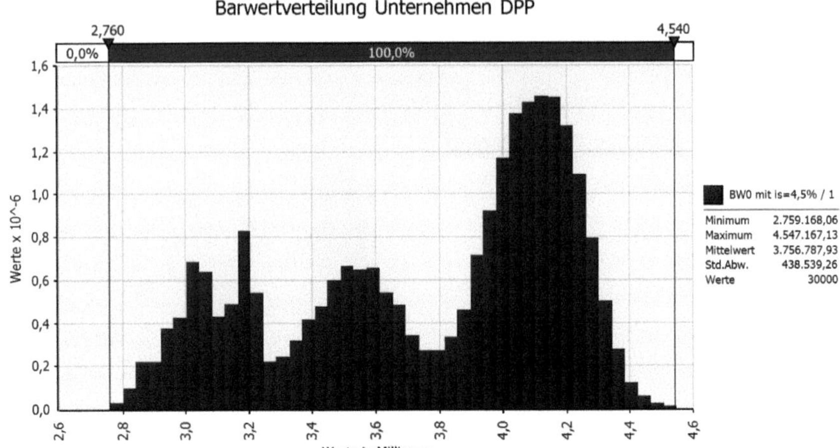

Abbildung 70: Risiko-Pool inklusive einer Vielzahl an Zustandsbäumen

Die zusätzliche Reduktion des Sicherheitsäquivalentes auf 3.698.659 GE (MUA: 193.764,62) ist dementsprechend bereits geringer. Eine genauere Untersuchung dieser Ausgleichseffekte erfolgt in den folgenden Abschnitten.

7.2.2.2 Erfassung von projektübergreifenden Risikobeziehungen

Durch die interne Sichtweise und das subjektive Bewertungsziel, das die vorliegende Portfolioplanung prägt, wird das gesamte, also unsystematische und systematische, Risiko des Unternehmens von Relevanz.

Entgegen kapitalmarkttheoretischer Überlegungen ist davon auszugehen, dass die interne Kapitalallokation und Projektzusammenstellung unter anderem vor dem Hintergrund der unternehmensinternen Risikodiversifizierung erfolgt, um den Unternehmensfortbestand zu sichern und keine Wertvernichtung durch untragbares Risiko einzuleiten. Dementsprechend kann die gezielte Kombination von Projekten mit gegenläufigen Cashflow-Strukturen zur Steigerung des Unternehmenswertes beitragen[1190] und Klumpenrisiken werden gezielt vermieden. Aus diesem Grund sind die internen Risikoverbundbeziehungen näher zu analysieren, die in einem Projektportfolio zu beachten sind und das Gesamtrisikoprofil beeinflussen. Übergeordnet lässt

[1190] Vgl. dazu Abschnitt 7.1.3.

sich der wirtschaftliche Risikoverbund von dem technisch-dynamischen Risikoverbund abgrenzen.

7.2.2.2.1 Wirtschaftlicher Risikoverbund

Der wirtschaftliche Risikoverbund betrifft alle Erfolgsfaktoren, die wirtschaftlichen Unsicherheiten unterliegen. Dies umfasst demnach alle Mengen- und Preisfaktoren der Erlös- und der Kostenseite. Während Abhängigkeiten einzelner Erfolgsfaktoren innerhalb eines Projektes bereits auf der Einzelprojektebene untersucht werden, sind auf der Portfolio-Ebene Abhängigkeiten von Erfolgsfaktoren zwischen Projekten also im Verbund zu analysieren. Im Kern sind zwei Konstellationen, die eine Portfoliozusammenstellung wesentlich beeinflussen können, von Bedeutung:

a) Zum einen können Abhängigkeiten zwischen denselben Inputfaktoren auf der Kostenseite bestehen. Werden beispielsweise zwei Innovationen eingeführt, die von denselben Rohstoffen abhängig sind und somit den gleichen Preis- und Mengenrisiken unterliegen, so können Klumpenrisiken entstehen. Sind die zugrundeliegenden Rohstoffe allerdings vollständig unabhängig oder unterliegen sogar gegenläufigen Preis- und Mengenentwicklungen, so kann eine Diversifizierung des Risikos auf der Kostenseite stattfinden.
b) Zum anderen können Abhängigkeiten durch denselben oder einen ähnlich gerichteten Absatzmarkt bestehen. In diesem Fall gilt dieselbe Argumentation wie im Rahmen der Abhängigkeiten von Kostenfaktoren. Eine gleichgerichtete Preis- und Mengenentwicklung zweier Produkte wirkt risikosteigernd, während die gegenläufigen Absatzstrukturen zu einer Risikodiversifizierung und somit Risikominderung führen.

Die beschriebenen Abhängigkeiten sind durch die Angabe von Korrelationen zwischen Erfolgsfaktoren unterschiedlicher Projekte zu berücksichtigen und wirken dann werterhöhend, wenn ein Diversifikationseffekt entsteht.

7.2.2.2.2 Technisch-dynamischer Risikoverbund

Der technisch-dynamische Risikoverbund betrifft die Abhängigkeiten in den Wahrscheinlichkeiten, Innovationsprojekte aus technischen Gründen nicht fertigstellen zu können, unterschiedliche Entwicklungszeiten zu realisieren oder Markanteile zu verlieren. Somit sind im Kalkül Abhängigkeiten zwischen den Zustandsbäumen der Projekte und demnach die Abhängigkeiten in der stochastisch-dynamischen Projektstruktur einzubeziehen.

Berücksichtigt man den Umstand, dass diese Risiken gleichläufig oder gegenläufig sind, so ist zu beachten, dass auch im technischen Sinn Klumpenrisiken und Diversifikationseffekte entstehen können. Um dies zu verdeutlichen und die Problemstruktur zu skizzieren, ist zuerst ein vereinfachendes Beispiel basierend auf einer diskreten Szenario-Struktur vorgesehen. Daraufhin wird wiederum eine Möglichkeit aufgezeigt, diese Abhängigkeiten in die Monte Carlo-Simulation und in das vorliegende Modell der Gesamtunternehmensplanung zu integrieren.

7.2.2.2.2.1 Skizzierung der Problemstruktur

In dem vereinfachenden Beispiel werden zwei Projekte betrachtet, die jeweils auf einem Zustandsbaum basieren, der durch zwei potenzielle Projektabbrüche aus technischen Gründen strukturiert ist. Demnach entstehen insgesamt mit a) dem Abbruch nach einer Periode, b) dem Abbruch nach zwei Perioden und c) der Markteinführung drei Endpunkte:

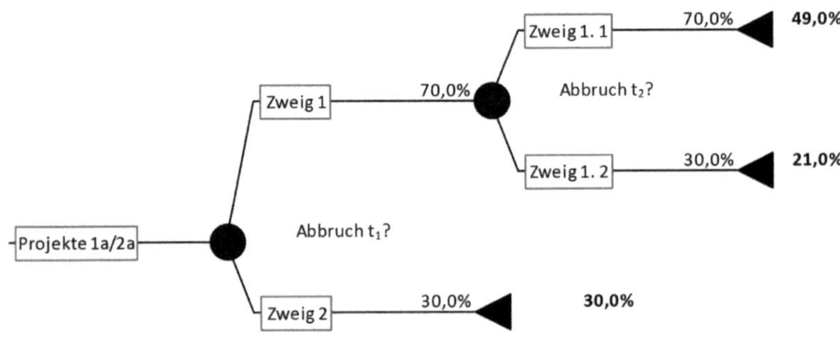

Abbildung 71: Zustandsbaum der Projekte 1a und 2a

Im ersten Fall wird angenommen, dass die Projekte vollkommen identischen technischen Risiken ausgesetzt sind und somit zum gleichen Zeitpunkt mit der gleichen Wahrscheinlichkeit zu einem Abbruch oder einer Markteinführung führen.

Szenario/ Periode	Wahrscheinlichkeit	0 (Barwert)	1 (Cashflow)	2 (Cashflow)
Abbruch t_1	30%	-181,82	-200	0
Abbruch t_2	21%	-429,75	-200	-300
Markteinführung	49%	3.950,41	-200	5.000
$\mu(BW_0)$	1.790,91			
VAR (BW_0)	4.488.170,89			
STA (BW_0)	2.118,53			
$SÄ_{STA}(BW_0)$ rak=0,5	731,64			

Tabelle 96: Projektplan 1a

Szenario/ Periode	Wahrscheinlichkeit	0 (Barwert)	1 (Cashflow)	2 (Cashflow)
Abbruch t_1	30%	-181,82	-200	0
Abbruch t_2	21%	-429,75	-200	-300
Markteinführung	49%	3.950,41	-200	5.000
$\mu(BW_0)$	1.790,91			
VAR (BW_0)	4.488.170,89			
STA (BW_0)	2.118,53			
$SÄ_{STA}(BW_0)$ rak=0,5	731,64			

Tabelle 97: Projektplan 2a

Die Cashflows werden in diesem ersten Schritt als sicher und identisch für beide Projekte angenommen. Den Tabellen 96 und 97 sind die isolierten Bewertungen der beiden Projekte auf Basis eines Sicherheitsäquivalentes der Barwerte zu entnehmen.

Im Rahmen der Portfoliobildung sind die Projektdaten zu konsolidieren und aggregiert zu bewerten. Dies bedeutet, die Cashflows zu addieren und auf dieser aggregierten Basis wiederum das Sicherheitsäquivalent der Barwerte zu bilden:

Szenario/ Periode	Wahrscheinlichkeit	0 (Barwert)	1 (Cashflow)	2 (Cashflow)
Abbruch t_1	30%	-363,64	-400	0
Abbruch t_2	21%	-859,50	-400	-600
Markteinführung	49%	7.900,83	-400	10.000
$\mu(BW_0)$	3.581,82			
VAR (BW_0)	17.952.683,56			
STA (BW_0)	4.237,06			
$SÄ_{STA}(BW_0)$ rak=0,5	1.463,29			

Tabelle 98: Konsolidierung Projektpläne 1a und 2a

Unterliegen die Projekte demselben technischen Risiko, so entspricht der aggregierte Wert der Summe der beiden Projektwerte, da kein Diversifikationseffekt besteht. Demnach sind die Erwartungswerte aufgrund der ohnehin vorhandenen Additivität in Summe identisch mit dem aggregierten Erwartungswert aus beiden Projekten. Das Risiko in Form der Standardabweichung ist in diesem Fall ebenfalls identisch mit der Summe der beiden Standardabweichungen, da keine Risikodiversifizierung erfolgt. Dieser erste Fall ist also durch eine vollständige, positive Korrelation der technischen Risiken gekennzeichnet, sodass die Varianz der Projektkombination eine Kombination aus den Varianzen der Einzelprojekte zuzüglich der zweifachen Kovarianz ist.

In einem zweiten Fall wird davon ausgegangen, dass sich die beiden Projekte zumindest teilweise gegenläufig entwickeln, sodass eine technische Risikodiversifikation entsteht. Wenn Projekt A technisch realisiert werden kann und eine Markteinführung stattfindet, dann wird Projekt B bereits nach der ersten Periode abgebrochen und vice versa.

Somit entstehen zwei unterschiedliche Projektpläne:

Zum einen der bereits bestehende Projektplan A:

Szenario/ Periode	Wahrscheinlichkeit	0 (Barwert)	1 (Cashflow)	2 (Cashflow)
Abbruch t_1	30%	-181,82	-200	0
Abbruch t_2	21%	-429,75	-200	-300
Markteinführung	49%	3.950,41	-200	5.000
$\mu(BW_0)$	1.790,91			
VAR (BW_0)	4.488.170,89			
STA (BW_0)	2.118,53			
$SÄ_{STA}(BW_0)$ rak=0,5	731,64			

Tabelle 99: Projektplan 1a

Und zum anderen der Plan des teilweise gegenläufigen Projektes B:

Szenario/ Periode	Wahrscheinlichkeit	0 (Barwert)	1 (Cashflow)	2 (Cashflow)
Markteinführung	30%	3.950,41	-200	5.000
Abbruch t_2	21%	-429,75	-200	-300
Abbruch t_1	49%	-181,82	-200	0
$\mu(BW_0)$	1.005,79			
VAR (BW_0)	3.725.108,26			
STA (BW_0)	1.930,05			
$SÄ_{STA}(BW_0)$ rak=0,5	40,76			

Tabelle 100: Projektplan 2b

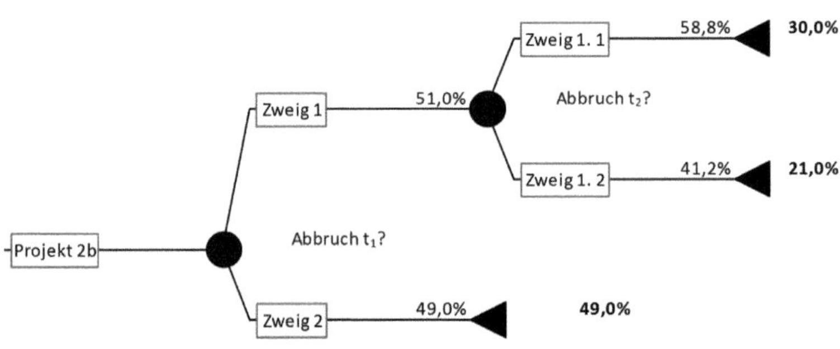

Abbildung 72: Zustandsbaum Projekt 2b

Addiert man wiederum die Projekte und verbindet die gegenläufigen Szenarien, so lässt sich der folgende Gesamtwert ermitteln:

Szenario / Periode	Wahrscheinlichkeit	0 (Barwert)	1 (Cashflow)	2 (Cashflow)
Abbruch 1a t_1 / Markteinf. 2b	30%	3.768,60	-400	5.000
Abbruch 1a und 2b in t_2	21%	-859,50	-400	-600
Markteinf. 1a / Abbruch 2b t_1	49%	3.768,60	-400	5.000
$\mu(BW_0)$	2.796,69			
VAR (BW_0)	3.553.462,20			
STA (BW_0)	1.885,06			
$SÄ_{STA}(BW_0)$ rak=0,5	1.854,16			

Tabelle 101: Konsolidierung Projektpläne 1a und 2b

Trotz des insgesamt geringeren Erwartungswertes aus der Kombination beider Projekte ist das Sicherheitsäquivalent aufgrund der Diversifikationseffekte und des verringerten Risikos höher. Die Wertdifferenz kann im Detail wiederum auf die Korrelationen und die Kovarianzen zurückgeführt werden. Im ersten Fall ist die Kovarianz durch die Gleichläufigkeit der Projekte mit einem Wert von 4.488.170,89 GE maximal, da der zugehörige Korrelationskoeffizient den Wert 1 annimmt. In dem zweiten Fall beträgt die Kovarianz aufgrund der entgegengesetzten technischen Risiken -2.329.908,48 GE (Korrelationskoeffizient: -0,569816105) und führt somit zu einem insgesamt verringerten Risikoabschlag durch diese Diversifikation. Auch hier wird sehr deutlich, dass eine Bewertung auf Basis des Erwartungswert-Risikomaß-Prinzips einen wesentlichen Beitrag zur risikoorientierten und wertorientierten Steuerung von Innovationsportfolien leisten kann.

7.2.2.2.2.2 Integration technisch-dynamischer Abhängigkeiten in Simulationsrechnungen

Nachdem der grundlegende Effekt, der aus technisch-dynamischen Abhängigkeiten entstehen kann, erläutert wurde, ist zu verdeutlichen, wie ein Einbezug in die Monte Carlo-Simulation und somit in die vorliegende Gesamtunternehmensplanung zu erfolgen hat. Das folgende Zahlenbeispiel basiert auf den identischen Annahmen wie das zuvor illustrierte Beispiel, sodass im Schwerpunkt die technische Umsetzung mithilfe einer Monte Carlo-Simulation untersucht wird.

In Abschnitt 4.1.4.2 wurde bereits dargestellt, wie durch die Zufallsziehung von Werten aus den Simulationsläufen unterschiedlicher Projektpfade eine Integration der diskreten Zustandsbäume in die Monte Carlo-Simulation erfolgen kann, sodass pfadübergreifende Endverteilungen generiert werden. Die Ziehung der Werte aus den Projektpfaden erfolgt über Zufallszahlen und Wahrscheinlichkeitsbereiche, so dass die einzelnen Projektpfade mit ihrer relativen Häufigkeit in die Wahrscheinlichkeitsverteilung für das gesamte Projekt und Unternehmen einbezogen werden. Dieser Ansatz dient weiterhin als Lösung zur Integration der Zustandsbäume in die Simulation, wobei zusätzlich nun die technischen Verbindungen zwischen den Projekten zu berücksichtigen sind.

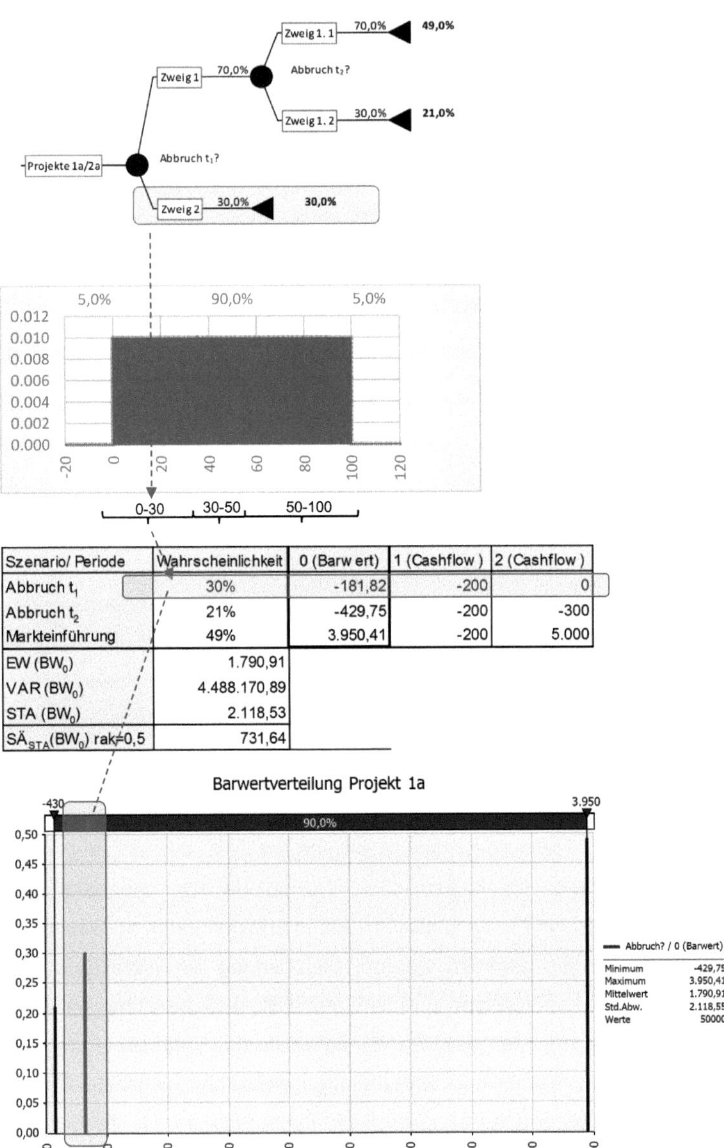

Szenario/ Periode	Wahrscheinlichkeit	0 (Barwert)	1 (Cashflow)	2 (Cashflow)
Abbruch t_1	30%	-181,82	-200	0
Abbruch t_2	21%	-429,75	-200	-300
Markteinführung	49%	3.950,41	-200	5.000
EW (BW_0)	1.790,91			
VAR (BW_0)	4.488.170,89			
STA (BW_0)	2.118,53			
$SÄ_{STA}$(BW_0) rak=0,5	731,64			

Abbildung 73: Simulation Projektplan 1a inklusive Zustandsbaum

Um die Möglichkeiten aufzuzeigen, wird das einleitende Beispiel herangezogen. Für ein einzelnes Projekt ist zunächst der bereits bekannte[1191] und in Abbildung 73 dargestellte Zusammenhang zu erzeugen.

Als Ergebnis erhält man exakt drei Zustände des Barwertes, die jeweils mit den im Zustandsbaum angegebenen Wahrscheinlichkeiten eintreten. Vergleicht man den Erwartungswert und die Streuungsmaße mit der Berechnung ohne Einsatz der Monte Carlo-Simulation in Tabelle 96, ist ersichtlich, dass dieselben Werte ermittelt werden und somit die Anwendung der vorliegenden Methodik verifizierbar ist.

Die Projektkombination in dem folgenden ersten Fall ist durch eine vollständig positive Korrelation der technischen Risiken zweier Projekte charakterisiert. Im Rahmen der Ziehung von Werten aus den Projektpfaden während der Simulationsläufe sind stets Werte aus denselben Projektzuständen der Zustandsbäume zu ziehen und in die Endverteilung für das gesamte Unternehmen aufzunehmen. Dies wird ermöglicht, wenn für die beiden Projekte stets dieselben Zufallszahlen generiert und die Wahrscheinlichkeitsbereiche kongruent festgelegt werden. Da hier die Zufallszahlen über Gleichverteilungen generiert werden, muss demnach dieselbe Gleichverteilung für beide Projekte zugrunde liegen,[1192] damit stets identische Zufallszahlen erzeugt werden.

In Abbildung 74 ist der Zusammenhang für zwei gleichläufige Projekte dargestellt. Auch dort sind drei Barwertkombinationen erkennbar, da die unterschiedlichen technisch bedingten Zustände zum gleichen Zeitpunkt auftreten und somit jeweils die gleichen Szenarien miteinander verbunden werden. Erneut stimmen die Werte mit denen aus der Ausgangsberechnung ohne Simulation in Tabelle 98 überein, sodass ein Erwartungswert von 3.581,82 GE und einer Standardabweichung von 4.237 GE ermittelt werden und die Methodik weiterhin verifizierbar ist.

In Abbildung 75 ist dargestellt, wie zwei unabhängige Projekte zu kombinieren sind. In diesem Fall sind zwei unabhängige Gleichverteilungen zu hinterlegen, um Zufallszahlen zu generieren.

1191 Vgl. Abschnitt 4.1.4.2.

1192 Liegen zwei Gleichverteilungen zur Erzeugung von Zufallszahlen vor, kann auch eine Korrelation von 1 dazu führen, dass dieselben Zufallszahlen generiert werden.

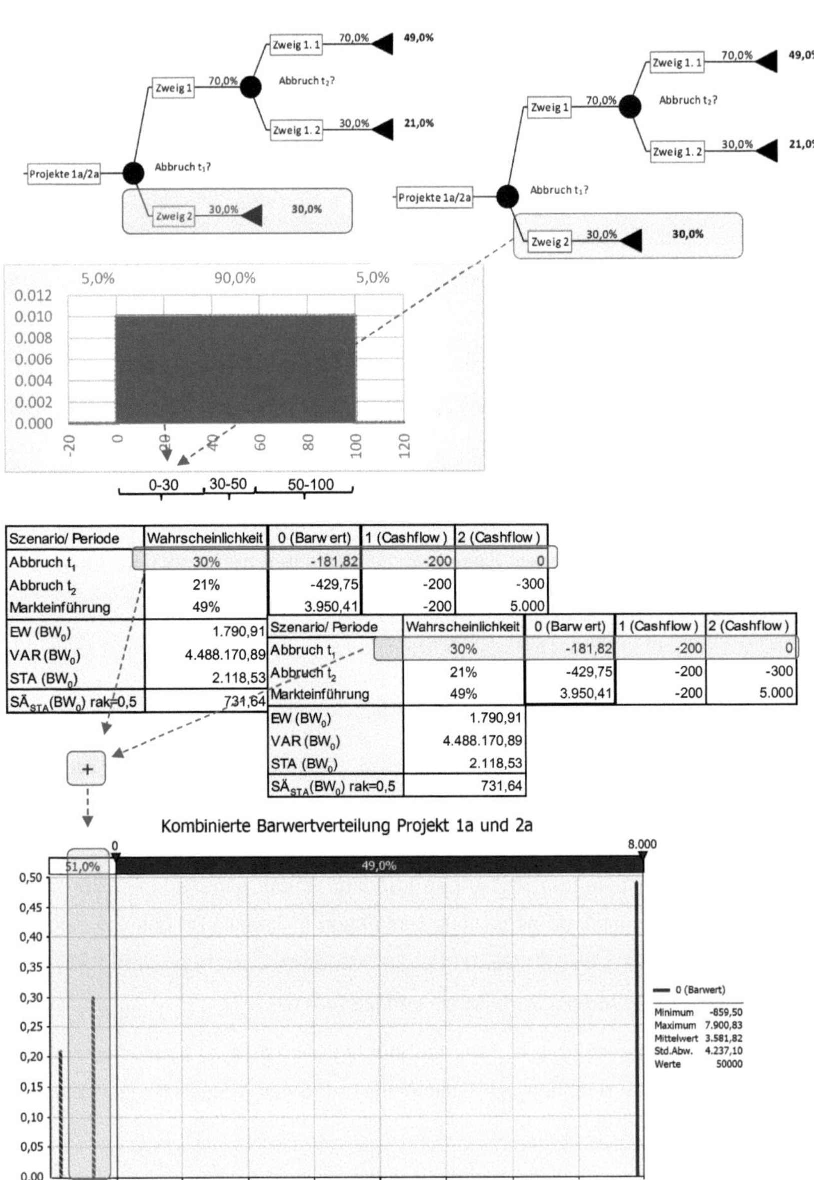

Szenario/ Periode	Wahrscheinlichkeit	0 (Barwert)	1 (Cashflow)	2 (Cashflow)
Abbruch t_1	30%	-181,82	-200	0
Abbruch t_2	21%	-429,75	-200	-300
Markteinführung	49%	3.950,41	-200	5.000
EW (BW_0)	1.790,91			
VAR (BW_0)	4.488.170,89			
STA (BW_0)	2.118,53			
$SÄ_{STA}(BW_0)$ rak=0,5	731,64			

Szenario/ Periode	Wahrscheinlichkeit	0 (Barwert)	1 (Cashflow)	2 (Cashflow)
Abbruch t_1	30%	-181,82	-200	0
Abbruch t_2	21%	-429,75	-200	-300
Markteinführung	49%	3.950,41	-200	5.000
EW (BW_0)	1.790,91			
VAR (BW_0)	4.488.170,89			
STA (BW_0)	2.118,53			
$SÄ_{STA}(BW_0)$ rak=0,5	731,64			

Abbildung 74: Konsolidierung Projektpläne 1a und 2a bei identischen technischen Risiken

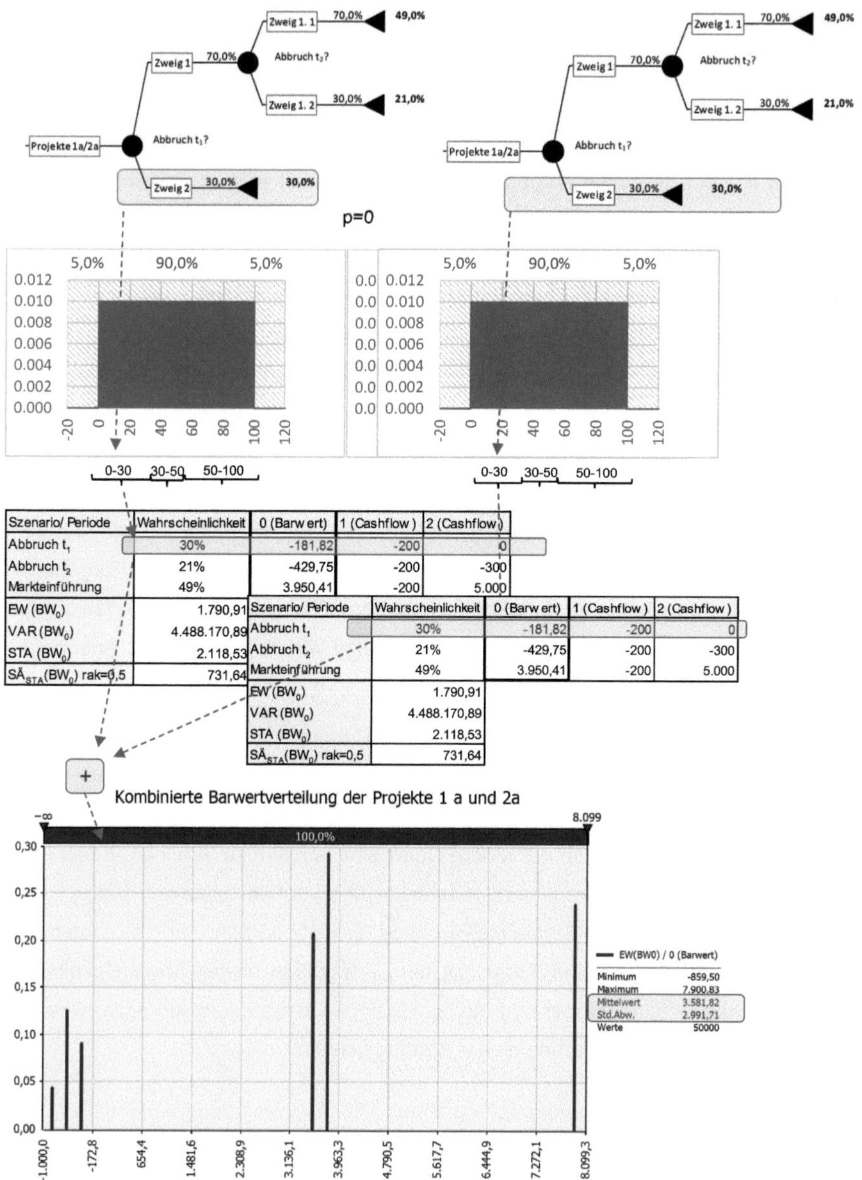

Szenario/ Periode	Wahrscheinlichkeit	0 (Barwert)	1 (Cashflow)	2 (Cashflow)
Abbruch t_1	30%	-181,82	-200	0
Abbruch t_2	21%	-429,75	-200	-300
Markteinführung	49%	3.950,41	-200	5.000
EW (BW_0)	1.790,91			
VAR (BW_0)	4.488.170,89			
STA (BW_0)	2.118,53			
$SÄ_{STA}(BW_0)$ rak=0,5	731,64			

Szenario/ Periode	Wahrscheinlichkeit	0 (Barwert)	1 (Cashflow)	2 (Cashflow)
Abbruch t_1	30%	-181,82	-200	0
Abbruch t_2	21%	-429,75	-200	-300
Markteinführung	49%	3.950,41	-200	5.000
EW (BW_0)	1.790,91			
VAR (BW_0)	4.488.170,89			
STA (BW_0)	2.118,53			
$SÄ_{STA}(BW_0)$ rak=0,5	731,64			

Abbildung 75: Konsolidierung Projektpläne 1a und 2a mit unabhängigen technischen Risiken

Während der Erwartungswert mit 3.581,82 GE identisch bleibt, sinkt durch den Diversifikationseffekt die Standardabweichung auf 2.991,71 GE ab. Es ist ersichtlich, dass ein Abbruch eines Projektes mit dem Erfolg eines anderen Projektes einhergehen kann, sodass entsprechende Zwischenszenarien und insgesamt sechs Barwertkombinationen, statt der bisherigen drei, entstehen.

In einem letzten Beispiel wird unterstellt, dass das Markt-Szenario und der erste Abbruch der Projekte in einem entgegengesetzten Verhältnis stehen. Aus dieser Konstellation erfolgt somit eine weitere Möglichkeit, die technischen Abhängigkeiten zu modellieren. Es müssen wiederum über eine gemeinsame Gleichverteilung die Zufallszahlen erzeugt werden. In diesem Fall führen die Zufallszahlen über die Wenn-Dann-Bedingungen allerdings zum Einbezug unterschiedlicher Szenarien, da die Wahrscheinlichkeitsbereiche für die Projekte unterschiedlich festgelegt werden. Während beispielsweise bei Projekt A Werte größer als Null und kleiner als dreißig zum Einbezug von Werten des Abbruchs nach Periode 1 führen, werden von Projekt B die Werte der Marktrealisierung in die Endverteilung aufgenommen. Auf diese Weise entsteht die Vermengung der beiden Szenarien in der Simulation, wie es gemäß den technischen Risiken erfolgen sollte. Abbildung 76 ist die entsprechende Vorgehensweise und das Ergebnise zu entnehmen. Mit dem Erwartungswert und den Streuungsmaßen werden erneut dieselben Werte erzeugt wie im Rahmen der Ausgangsberechnungen (vgl. Tabelle 101).

Durch die bewusste Verbindung von Gleichverteilungen zur Erzeugung von Zufallszahlen und dem Austausch der Wahrscheinlichkeitsbereiche ganzer Szenarien sind die wesentlichen Möglichkeiten aufgezeigt, um Abhängigkeiten in dynamischen Projektstrukturrisiken im Rahmen der Monte Carlo-Simulationen zu vereinen. Es ist festzuhalten, dass insbesondere eine Vernachlässigung von gleichläufigen Risiken aufgrund der entstehenden Klumpenrisiken eine erhöhte Gefahr für die Unternehmensexistenz darstellen kann. Somit ist eine Integration dieser Abhängigkeiten – wenn vorhanden - unabdingbar und die beschriebene Methodik leistet einen wesentlichen Beitrag zur Quantifizierung dieser Abhängigkeiten.

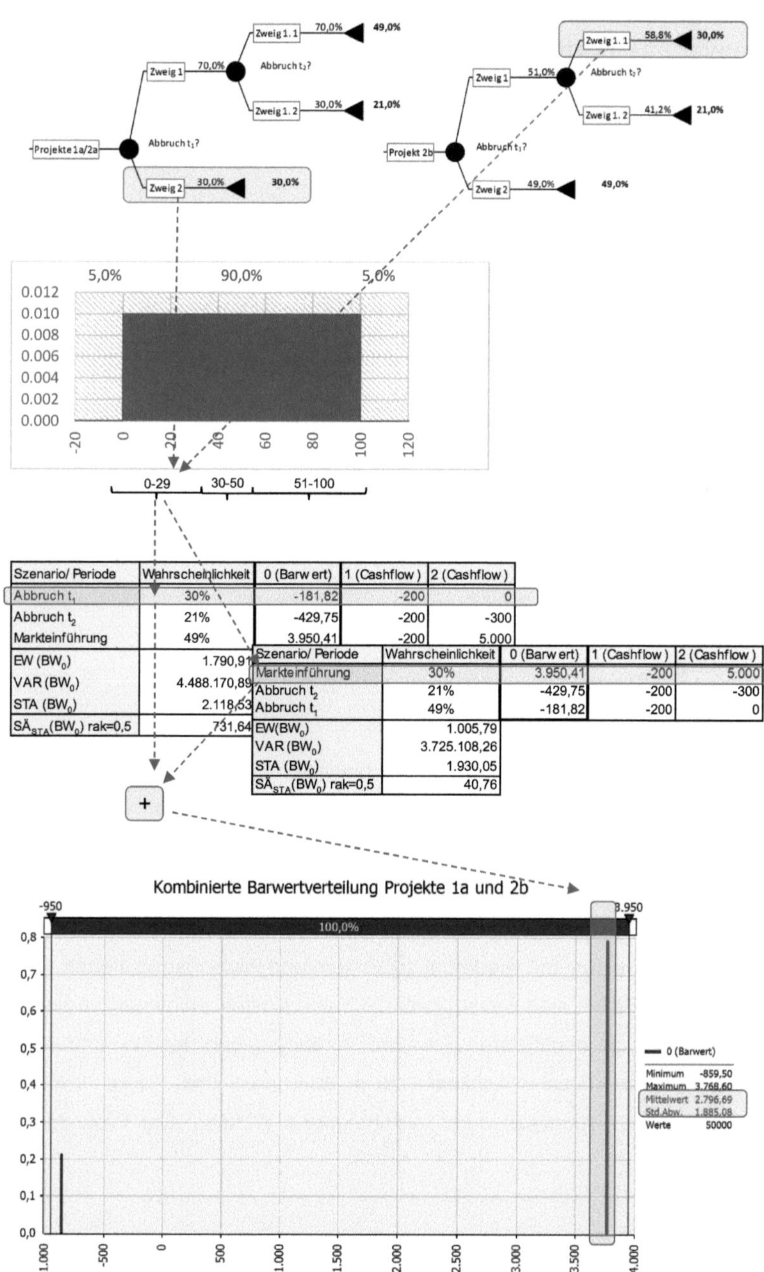

Szenario/ Periode	Wahrscheinlichkeit	0 (Barwert)	1 (Cashflow)	2 (Cashflow)
Abbruch t_1	30%	-181,82	-200	0
Abbruch t_2	21%	-429,75	-200	-300
Markteinführung	49%	3.950,41	-200	5.000
EW (BW_0)	1.790,91			
VAR (BW_0)	4.488.170,89			
STA (BW_0)	2.118,53			
$SÄ_{STA}(BW_0)$ rak=0,5	731,64			

Szenario/ Periode	Wahrscheinlichkeit	0 (Barwert)	1 (Cashflow)	2 (Cashflow)
Markteinführung	30%	3.950,41	-200	5.000
Abbruch t_2	21%	-429,75	-200	-300
Abbruch t_1	49%	-181,82	-200	0
EW(BW_0)	1.005,79			
VAR (BW_0)	3.725.108,26			
STA (BW_0)	1.930,05			
$SÄ_{STA}(BW_0)$ rak=0,5	40,76			

Abbildung 76: Konsolidierung Projektpläne 1a und 2b - Gegenläufige technische Risiken

7.3 „Risk and Reward“ durch unternehmensinterne Verbindungen im Innovations-Portfolio

In diesem ersten Abschnitt werden zur Konkretisierung vorangehender Erläuterungen das interne Innovations-Portfolio und die dort vorhandenen Verbundeffekte zwischen den Projekten und Unternehmensbereichen auf der Basis eines konkreten Beispiels illustriert. Dies bedeutet, dass, wie in Abbildung 77 verdeutlicht, die betrachteten Einheiten sich aus internen Projekten sowie Bereichen zusammensetzen und Verbindungen zu externen Einheiten ausgeschlossen werden:

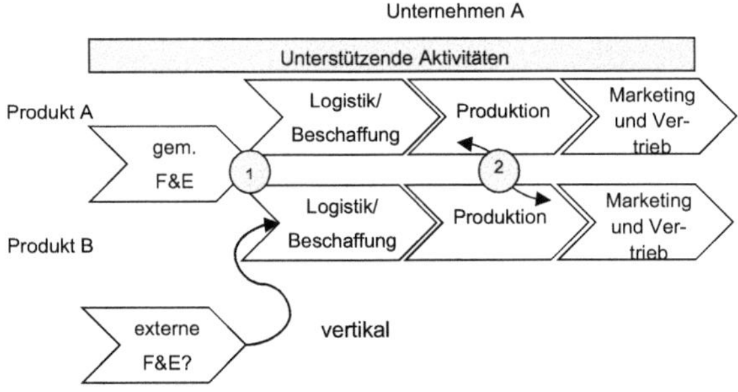

Abbildung 77: Unternehmensinterner Portfolio-Verbund

Allgemein kann sich der interne Verbund unterschiedlicher Einheiten und Kompetenzen als klarer Wettbewerbsvorteil herausstellen, da die Imitierbarkeit und Durchschaubarkeit eines Unternehmens und der zugehörigen Produkte sowie Prozesse durch individuelle Verbindungen eingeschränkt werden. [1193] Übergeordnet existieren leistungswirtschaftlich horizontale und vertikale Verbindungen zwischen Unternehmenseinheiten und Projekten, die wiederum zu kosten- und leistungsorientierten Vorteilen führen. In allen Fällen sind Synergieeffekte durch Kostensenkungen und/oder Leistungssteigerungen zu identifizieren, die über Veränderungen der Ein- und Auszahlungen oder Eintrittswahrscheinlichkeiten zu quantifizieren sind. Risiko- und Finanzierungseffekte sind synoptisch durch die integrierte Wirkung aller Projekte zu ermitteln.[1194]

1193 Vgl. dazu Gerybadze (2004), S. 33 ff.

1194 Vgl. dazu rückblickend Abschnitt 7.2.

Im weiteren Verlauf wird mit der Modul- und Plattformstrategie ein Fallbeispiel herangezogen, um die Messung der Verbundeffekte zu konkretisieren. Mit dieser Fallkonstellation wird bewusst eine höchst praxisrelevante und komplexe Fragestellung betrachtet und sukzessive bearbeitet. Der Abschnitt schließt mit einer internen Portfolio-Optimierung unter Beachtung von Verbund und Risiko.

7.3.1 Modul- und Plattformstrategien als Spezialfall der horizontalen Verbundeffekte

Die Verbindungen zwischen unternehmensinternen Projekten und Bereichen, die erstmals bereits in frühen Phasen der F&E entstehen können, sind in einigen Industriezweigen so stark ausgenutzt worden, dass ganze Modul- und Plattformstrategien herangereift sind. Bekannte Vertreter, die diese Strategien anwenden, sind Automobilkonzerne, die eine breite Palette an Produkten bei einer geringen Fertigungstiefe in einem Markt anbieten und somit stark horizontal diversifiziert sind. Aufgrund der Modularisierung der Kraftfahrzeuge liegt insgesamt eine einzigartig hybride Strategie aus Kostenführerschaft und Differenzierung vor.[1195] Die dafür notwendige Modulbauweise und Plattformstrategie wird hier als Maxime der internen Ausnutzung von horizontalen Verbindungen angesehen, die klare Wettbewerbsvorteile bewirken kann.

7.3.1.1 Grundlagen und leistungswirtschaftliche Vorteile der Modul- und Plattformstrategien

Die Modularität wurde ursprünglich in der Computer-Industrie eingesetzt und führte dort zu einer enormen Flexibilität, die es ermöglicht, rasch am technologischen Wandel teil zu haben.[1196] Modularität kann als „Schaffung eines komplexen Produkts oder Verfahrens aus kleineren, getrennt voneinander entwickelten Teilsystemen, die ein funktionierendes Ganzes ergeben“[1197] umschrieben werden. Das einfachste und weit bekannteste Beispiel stellt das Prinzip von Lego dar.[1198] Aus diesen baukastenartigen Zusammensetzungen einzelner Produkte entsteht die Möglichkeit, die Entwicklung und Produktion der Module bzw. Komponenten an Experten der Branchen aus-

---

1195 Vgl. Schuh/Arnoscht/Bohl (2013), S.450.
1196 Vgl. Baldwin/Clark (1998), S.39 f.
1197 Baldwin/Clark (1998), S. 39.
1198 Vgl. auch Müller (2006), S. 124.

zulagern. Zudem kann durch eine alternative Kombination dieser Module auf unterschiedlichen Plattformen eine große Produktvielfalt im Sinne der Differenzierungsstrategie erzielt werden. Parallel dazu kann dies bei einem vergleichsweise geringen Kostenaufwand erfolgen, da Kostendegressionen aufgrund von Standardisierungen und der Wettbewerb unter den Zulieferern ausgenutzt werden. Die entstehenden Anfangskosten für den „Architekten“ der modularen Produkte können allerdings sehr hoch sein, da die einzelnen Module und die Anknüpfungspunkte genau zu definieren sind, um schlussendlich die Teile unterschiedlicher Entwickler und Hersteller problemlos in das Gesamtprodukt integrieren zu können.[1199] Für die Vorlaufphase und die korrespondierenden Kosten eines Unternehmens bedeutet die modulare Bauweise, dass F&E-Abteilungen und Innovationsprojekte frühzeitig zusammengelegt werden können, um eine Senkung der Entwicklungskosten und eine Verkürzung der Entwicklungszeit zu realisieren.[1200]

Sequentielle Entwicklung

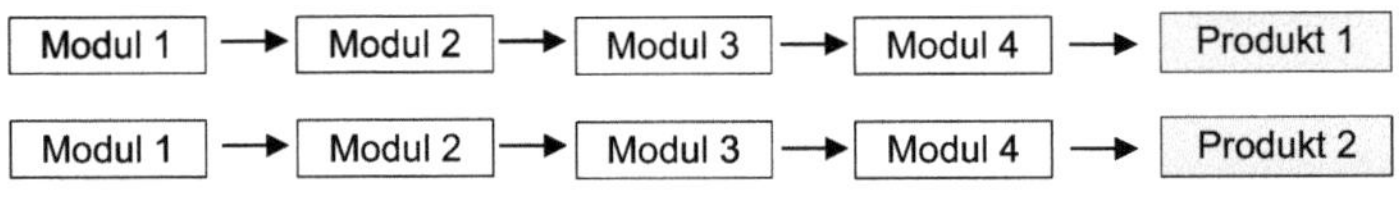

Parallele Entwicklung

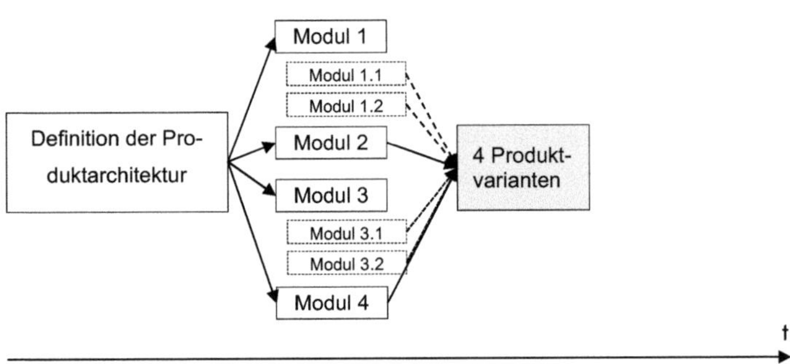

Abbildung 78: Vorteile Modularer Entwicklung

1199 Vgl. Baldwin/Clark (1998), S. 42.

1200 Vgl. Müller (2006), S. 124.

Der durch die Parallelisierung der Modulentwicklungen erzielte Zeitvorteil führt wiederum im Sinne des first-mover-advantage oder der time-to-client-satisfaction[1201] zu wesentlichen leistungsorientierten Vorteilen am Absatzmarkt. Anstatt also sequentiell für jedes Modell die einzelnen Module zu entwickeln, können durch die Modulbauweise parallel die Module entwickelt werden und durch die vordefinierten Schnittstellen und Anforderungen[1202] am Ende zusammengefügt werden. Anhand der Beispielskizze (Abbildung 78) wird deutlich, dass die sequentielle Entwicklung acht Entwicklungsschritte im Zeitablauf bedarf und nur zu zwei Endprodukten führt. Definiert man dagegen eine Produktarchitektur und die entsprechenden Schnittstellen, so können alle Module gleichzeitig in unterschiedlichen oder in standardisierten Varianten[1203] entwickelt werden. Infolgedessen können diese Varianten so kombiniert werden, dass durch weniger Entwicklungsschritte mehr Produktvarianten entstehen.[1204] Neben Kosten- und Zeitvorteilen, können Module und Merkmale auf diese Weise wiederum an die spezifischen Kundenanforderungen angepasst werden, so dass die Leistung in Form von Produktqualität und Produktspektrum und somit das Absatzpotenzial gesteigert werden.[1205] Im skizzierten Beispiel der Parallel-Entwicklung könnten durch sechs Entwicklungsschritte bereits bis zu vier Endprodukte kombiniert werden.

Allgemein könnte bei einer Anzahl von n definierten Modulen (x_i), die wiederum in einer unterschiedlichen Anzahl an Varianten (v_{xi}) entwickelt werden, folgende Produktanzahl P generiert werden:

$$P = \prod_{i=1}^{n} v_{xi} \qquad (7\text{-}6)$$

Dagegen ist nur die Summe S an Entwicklungsprojekten für die einzelnen Modul-Varianten und die Modul-Architektur (1) nötig.

$$S = \sum_{i=1}^{n} v_{xi} + 1 \qquad (7\text{-}7)$$

1201 Vgl. Biberacher (2003), S.159 ff.

1202 Vgl. dazu Müller (2006), S. 125 ff.; Ohms (2000), S. 209.

1203 Standardisiert werden Module, die keinen hohen individuellen Kundennutzen haben, aber eine kritische Komplexität für die internen Prozesse aufweisen. Vgl. dazu ferner Schuh/Arnoscht/Vogels (2013), S. 82.

1204 Vgl. Ohms (2000), S. 206.

1205 Vgl. Schuh/Arnoscht/Vogels (2013), S. 82.

Die theoretisch möglichen Kombinationsmöglichkeiten sind allerdings einzuschränken. Aus diesem Grund entstehen oftmals in einem weiteren Schritt ganze *Plattformstrategien,* in denen Module und andere Teile flexibel auf Basis einer vordefinierten Plattform zu unterschiedlichen Modellvarianten, auch unter divergierenden Markennamen, kombiniert werden können. Dabei ist der Entscheidung für das richtige Ausmaß an Differenzierung und Gemeinsamkeiten der Endprodukte eine hohe Aufmerksamkeit zu schenken.[1206] *Schuh et al.* bieten dafür unterschiedliche Ansätze und Kennzahlen, die im Controlling generiert werden können, um Entscheidungen hinsichtlich standardisierter und differenzierter Module sowie Bauteile zu treffen.[1207] Insbesondere durch die Entwicklung und auch Produktion der standardisierten Module, die mehrfach in Endprodukte integriert werden, können Skaleneffekte realisiert[1208] sowie Entwicklungszeiten verkürzt werden.[1209]

Die Plattform kann wiederum aus unterschiedlichen Basiselementen bestehen. Während Hewlett-Packard als Kern einer Plattform die Tintenstrahltechnologie und somit die Tintenpatrone definiert,[1210] sind in der Automobilbranche, insbesondere beim Volkswagen-Konzern,[1211] Begriffe wie „Modularer Querbaukasten (MQB)“, „Modularer Längsbaukasten (MLB)“ und „Modularer Standardbaukasten (MSB)“ vorherrschend. Während der Querbaukasten auf kleinere und mittlere Fahrzeuge[1212] mit quer eingebautem Motor abzielt, ist der Längsbaukasten als Plattform für größere Modelle und Limousinen mit Frontantrieb vorgesehen.[1213] Neben den flexiblen Möglichkeiten einzelne Teile und Module in diese Baukästen einzusetzen, wird beispielsweise im VW-Konzern auch die Produktion modularisiert, indem durch einen höheren Grad an Mechanisierung flexibel unterschiedliche Karosserien auf einem Produktionsband bearbeitet werden können.

Zusammenfassend sind somit alle Faktoren des magischen Dreiecks, d.h. Zeit, Kosten und Qualität positiv über die Modul- und Plattformstrategie zu beeinflussen. Nach

---

1206 Vgl. Müller (2006), S. 139; Schuh/Arnoscht/Bohl (2013), S.452.
1207 Vgl. dazu Schuh/Arnoscht/Vogels (2013), S. 82 ff.; Schuh/Arnoscht/Bohl (2013), S.45 ff.
1208 Vgl. Ohms (2000), S. 206.
1209 Vgl. Müller (2006), S. 141.
1210 Vgl. Müller (2006), S. 135.
1211 Vgl. auch Müller (2006), S. 138; Schuh/Arnoscht/Vogels (2013), S. 82.
1212 Bis zum Jahr 2018 ist geplant, 40 Modelle auf diesem Querbaukasten basierend zu produzieren. Vgl. VW-Baukasten-Familie im Überblick, o.V. (2013).
1213 Vgl. VW-Baukasten-Familie im Überblick, o.V. (2013).

einer ersten semi-quantitativen Analyse,[1214] um die Projekte zur Entwicklung der Produktarchitektur einerseits und der einzelnen Module andererseits zu identifizieren, sind weiterführende quantitative Analysen notwendig. Im Anschluss an eine Systematisierung von möglichen Risikoverbundeffekten durch die Modul- und Plattformstrategie, wird die Möglichkeit der quantitativen Analyse und Portfolio-Optimierung im bereits bestehenden Planungsmodell konkretisiert.

7.3.1.2 Risikosenkungspotenziale durch Modul- und Plattformstrategien

Durch die Modularisierung können gezielt vier Risikosenkungseffekte entstehen, die wiederum auf (leistungs-)wirtschaftliche und auf technische Risikoeffekte zurückzuführen sind und durch Anpassungen der stochastisch-dynamischen Projektstruktur zu evaluieren sind.

Folgende Tabelle fasst die vier identifizierbaren Risikosenkungspotenziale durch Modularisierungen zusammen.

Handlung/ Effektebene	Technisches Risiko	Wirtschaftliches Risiko
Frühzeitige Entwicklung kritischer Module	I Frühzeitiger Abbruch →Sunk-Costs reduziert	II Frühzeitiger Markteintritt → First-Mover und Client Satisfaction
Bündelung des besten Know-Hows in kritischen Modulen	III Senkung der Abbruchwahrscheinlichkeit	IV Erhöhung der Marktanteile

Abbildung 79: Risikosenkungspotenziale durch Modularisierung

Fall **I)** tritt ein, wenn aufgrund vorzeitiger und unabhängiger Entwicklungen der risikotragenden Module der potenzielle Projektabbruch aus technischen Gründen und somit der kritische Entwicklungsschritt vorgezogen werden kann. Als Folgeeffekt werden möglicherweise entstehende Sunk-Costs gezielt verringert, indem andere Module erst nach den kritischen Zeitpunkten entwickelt werden und somit unnötige Kosten erspart bleiben.

Um diesen Effekt kurz zu verdeutlichen, wird ein vereinfachtes Beispiel erstellt:

1214 Vgl. dazu die Ausführungen in Abschnitt 6.1.3 und Schuh/Arnoscht/Vogels (2013), S. 82 ff. sowie Schuh/Arnoscht/Bohl (2013), S. 450 ff.

Ohne Modularisierung, muss im Beispiel eine sequentielle Entwicklung erfolgen und erst zum Ende der zweiten Periode kann festgestellt werden, ob das Projekt technisch erfolgreich ist:

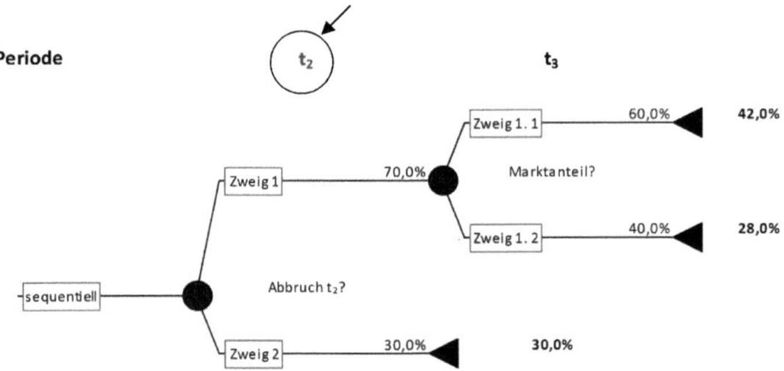

Abbildung 80: Zustandsbaum vor Modularisierung

Die entsprechenden Überschüsse, Wahrscheinlichkeiten, Szenarien und das Barwertprofil nehmen die folgende Gestalt an:

	Wahrscheinlichkeit		Projekterfolge					
Zustand	einzeln	kumuliert	Barwert	Überschuss				
			0	1	2	3	4	5
Abbruch 2	30,00%	30,00%	-2.562	-1000	-2000			
MA niedrig	28,00%	58,00%	521	-1000	-2000	1500	1500	1500
MA hoch	42,00%	100,00%	1.549	-1000	-2000	2000	2000	2000
Erwartungswert			27,63					
Standardabweichung			1747,02					
SÄ			-496,47					

Tabelle 102: Projektplan vor Modularisierung

Insgesamt ist das Projekt unter Berücksichtigung der Risikosituation abzulehnen, da ein negatives Sicherheitsäquivalent[1215] der Barwerte (-496,47 GE) berechnet wird.

Durch die Modularisierung kann der Projektabbruch bei angenommen periodisch identischen Überschüssen um eine Periode vorgezogen werden. Die Vorverlagerung des kritischen Zeitpunktes erfolgt, da keine sequentielle Entwicklungsabfolge einzuhalten ist, sondern das kritische Modul bereits in Periode 1 unabhängig entwickelt werden kann. Dadurch sind die Sunk Costs, die im Falle eines Abbruches nach der zweiten Periode entstehen würden, zu vermeiden und insgesamt ist ein erhöhter Barwert zu erzielen:

[1215] Der Risikoaversionskoeffizient zur Berechnung des Sicherheitsäquivalentes beträgt 0,3.

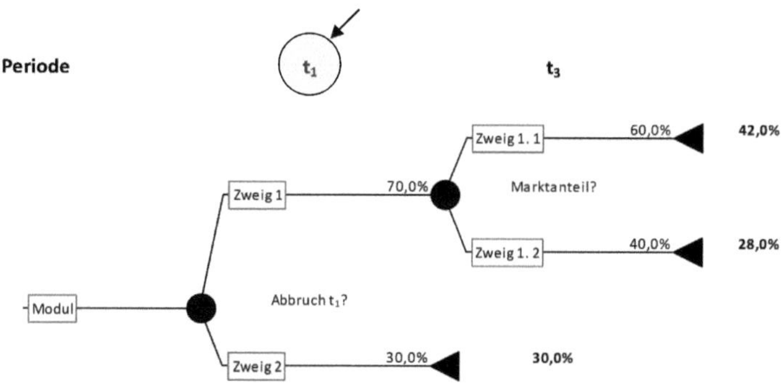

Abbildung 81: Zustandsbaum unter Berücksichtigung der Modularisierungseffekte

	Wahrscheinlichkeit		Projekterfolge					
Zustand	einzeln	kumuliert	Barwert	Überschuss				
	0		0	1	2	3	4	5
Abbruch 2	30,00%	30,00%	-909	-1000				
MA niedrig	28,00%	58,00%	521	-1000	-2000	1500	1500	1500
MA hoch	42,00%	100,00%	1.549	-1000	-2000	2000	2000	2000
Summe			1041,78					
Erwartungswert			1319,72					
Standardabweichung			1684,99					
SÄ			814,23					

Tabelle 103: Projektplan unter Berücksichtigung der Modularisierungseffekte

Ein Projekt, das ein zu hohes Risiko birgt, wenn zunächst zwei Perioden investiert wird, um erst dann eine technische (Nicht-)Durchführbarkeit prüfen zu können, kann somit rentabel werden, wenn kritische Projekt-Abbrüche verlagert werden, ohne die gesamten Kosten bis zur Markteinführung zu senken.

Das Risikosenkungspotenzial **II)** ist auf die Möglichkeit zurückzuführen, aufgrund von Zeitersparnissen[1216] leistungswirtschaftliche Risiken am Markt zu senken. Dies ist damit zu begründen, dass mit dem frühzeitigen Markeintritt durch einen first-mover advantage und die time-to-client-satisfaction die Konkurrenzwahrscheinlichkeit verringert wird. Darüber hinaus kann durch die Differenzierungsmöglichkeiten im Sinne einer erhöhten Produktqualität und einem erweiterten Produktspektrum (Fall **IV**) vermehrt die Konkurrenz dominiert werden. Im Rahmen einer Quantifizierung sind die betroffenen Wahrscheinlichkeiten für geringe oder hohe Marktanteile im Zustandsbaum anzupassen.[1217]

1216 Vgl. Müller (2006), S. 141.

1217 Vgl. dazu Abschnitt 7.3.1.3.4.

Fall **III)** zielt darauf ab, dass durch die Bündelung und Konzentration der Risiken in wenige Module eine verbesserte Risikoposition zu erreichen ist.[1218] Konzentriert man die Risiken in entsprechenden Modulen, so können die qualifiziertesten Mitarbeiter in die Entwicklung der riskanten Module involviert werden und ihr Know-How dort einbringen. Dadurch kann das Risiko gebündelt, die Abbruchs-Wahrscheinlichkeit verringert und im Rahmen der Multiplikation mit den Einzelrisiken insgesamt eine bessere Risikoposition erreicht werden.[1219]

Insgesamt sind der erwähnte Wettbewerbsvorteil und die Nicht-Imitierbarkeit durch interne Verflechtungen auf dieser Modul- und Plattform-Basis deutlich erkennbar. Beherrscht ein Unternehmen diese Strategien, so sind die Eintrittsbarrieren für Konkurrenten auf diesem Markt besonders hoch. Die deutsche Automobilindustrie stellt dafür ein prägendes Beispiel dar.

7.3.1.3 Quantifizierung von Modularisierungseffekten

Um die bisher vorwiegend theoretischen Erläuterungen zu veranschaulichen, ist ein Beispiel zur Modularisierung in die bereits bestehende Portfolio-Planung zu integrieren.

In einem ersten Schritt wird das Beispiel dargestellt, um anschließend sukzessive mit den notwendigen Kalkulationsschritten in die Portfolio-Planung integriert zu werden.

7.3.1.3.1 Fortführung im Portfolio-Beispiel

Auch dieses Beispiel baut auf den bisherigen Planungen auf. Es wird davon ausgegangen, dass die Innovationen 1 der beiden SGEs jeweils in zwei Module (B und C) aufgeteilt werden können. Während das Basis-Modul C beider Produkte unabhängig zu entwickeln ist, kann das technisch anspruchsvollere Modul B gemeinsam entwickelt und anschließend in die Produkte integriert werden. Um den Sachverhalt näher analysieren zu können, sind die beiden bisher berücksichtigten Projektpläne auf Stand Alone-Basis, d.h. bei getrennter Entwicklung von Modul B mit ihren Erwartungswerten zusammengefasst:[1220]

[1218] Vgl. Müller (2006), S. 127 f. und S. 141.

[1219] Vgl. dazu Müller (2006), S. 127 f.

[1220] Hier werden nur die Erwartungswerte dargestellt.

Phase	F&E-Phase			Marktphase					
Periode	1	2	3	4	5	6	7	8	9
Absatzbereich									
Umsatzerlöse	0	0	0	336.201	407.474	432.109	436.429	440.801	445.209
Werbebudget	0	0	4.000	3.200	2.400	400	400	400	400
Reparaturkosten	0	0	0	0	4.894	5.873	6.167	6.167	6.167
Bestand Forderungen	0	0	0	50.430	61.121	64.816	65.464	66.120	66.781
Zahlungskonsequenz UE	0	0	0	285.771	396.783	428.414	435.781	440.145	444.547
Materialbereich									
Bestand VLL	0	508	4.258	11.474	13.228	13.889	14.167	14.451	14.003
Auszahlung Material	0	1.185	10.443	31.031	42.338	45.634	46.945	47.886	47.125
Bewerteter Material-verbr.	0	0	8.634	36.951	43.601	46.115	47.039	47.982	48.934
Bestand Materialvorräte	0	1.693	7.252	8.548	9.039	9.220	9.405	9.593	7.336
Materialaufwand F&E	20.082	40.249	64.132	7.200	4.840	0	0	0	0
Anlagenbereich									
Zahlungen Anlagen	0	0	6.801	19.211	7.218	5.563	4.690	4.779	4.876
AfA Anlagen	0	200	544	1.650	3.566	3.931	4.094	4.154	4.216
Zahlungen F&E-Anlagen	2.000	5.000	4.800	1.600	0	0	0	0	0
Bestand ges. Anlagen	2.000	6.800	16.497	35.658	39.311	40.943	41.538	42.163	42.823
Restverkaufserlös	0	0	1.360	0	0	0	0	0	0
Personalkosten									
Summe LuG	43.691	44.329	42.482	41.540	22.106	42.206	43.052	39.228	33.896
Fertige Erzeugnisse									
Lagerbestand FE	0	0	13.618	16.279	17.688	18.146	18.566	18.959	19.352
Bestandveränderung	0	0	13.618	2.661	1.409	458	420	394	393
Datenaggregation									
Vorläufiger Ergebnis-beitrag	-63.773	-84.778	-106.174	248.322	327.475	334.042	336.097	343.264	351.988
Vorläufige Zahlungen	-65.773	-90.763	-131.297	181.989	312.986	328.737	334.528	341.685	352.083
Verwaltungspersonal (Mengen)	19	19	19	21	22	23	23	18	10
Wissenschaftl. (Mengen)	14	12	11	9,5	4,5	2,5	2,5	1,5	1,5
Externe Verwaltung	5	5	4	0	0	0	0	0	0
Externe F&E	6	7	10	0	0	0	0	0	0

Tabelle 104: Erwartungswerte Projektbericht Innovation 1 der SGE 1 exkl. Synergie

Ohne Synergieeffekte wird in den ersten Perioden mit Auszahlungen i.H.v. ca. 65 bis 131 Tausend GE gerechnet. Die geplanten Auszahlungen auf Ebene der SGE 2 sind etwas geringer und werden auf ca. 47 bis 109 Tausend GE geschätzt.

Phase	F&E-Phase			Marktphase					
Periode	1	2	3	4	5	6	7	8	9
Absatzbereich									
Umsatzerlöse	0	0	0	93.373	113.152	120.012	123.654	126.124	127.407
Werbebudget	0	0	4.000	3.200	2.400	400	400	400	400
Reparaturkosten	0	0	0	0	1.584	1.900	1.996	2.036	2.056
Bestand Forderungen	0	0	0	4.669	5.658	6.001	6.183	6.306	6.370
Zahlungskonsequenz UE	0	0	0	88.704	112.163	119.669	123.472	126.001	127.343
Materialbereich									
Bestand VLL	0	164	1.377	3.712	4.283	4.531	4.693	4.816	4.667
Auszahlung Material	0	382	3.376	10.037	13.705	14.856	15.482	15.930	15.704
Bewerteter Materialverbr.	0	0	2.791	11.953	14.103	14.993	15.560	15.989	16.308
Bestand Materialvorräte	0	545	2.344	2.763	2.937	3.047	3.131	3.194	2.442
Materialaufwand F&E	20.082	40.245	64.132	7.199	4.840	0	0	0	0
Anlagenbereich									
Zahlungen Anlagen	0	0	2.547	8.661	3.557	3.047	2.957	2.900	2.878
AfA Anlagen	0	200	544	1.224	2.128	2.271	2.348	2.409	2.458
Zahlungen F&E-Anlagen	2.000	5.000	4.800	1.600	0	0	0	0	0
Bestand ges. Anlagen	2.000	6.800	12.243	21.279	22.708	23.485	24.093	24.583	25.003
Restverkaufserlös	0	1.360	0	0	0	0	0	0	0
Personalkosten									
Summe LuG	25.604	29.448	30.451	23.110	7.298	24.422	24.314	21.665	21.336
Fertige Erzeugnisse									
Lagerbestand FE	0	0	4.834	5.470	5.908	6.182	6.392	6.541	6.689
Bestandveränderung	0	0	4.834	636	438	274	210	149	148
Datenaggregation									
Vorläufiger Ergebnisbeitrag	-45.686	-69.893	-97.083	47.322	81.237	76.301	79.247	83.773	84.997
Vorläufige Zahlungen	-47.686	-73.714	-109.305	34.897	78.779	75.045	78.324	83.070	84.969
Verwaltungspersonal (Mengen)	7	8	10	15	15	20	19	16	15
Wissenschaftl. (Mengen)	5,5	6,5	7,5	7,5	4,5	2,5	2,5	1,5	1,5
Externe Verwaltung	5	5	4	0	0	0	0	0	0
Externe F&E	6	7	10	0	0	0	0	0	0

Tabelle 105: Erwartungswerte Projektbericht Innovation 1 SGE 2 exkl. Synergie

Auf Basis des in Kapitel sechs zusammengestellten Portfolios und unter Berücksichtigung, dass die beiden Projekte ein gleichläufiges technisches Risiko aufweisen, kann die in Abbildung 82 dargestellte Barwertverteilung der Detailprognosephase des Unternehmens ermittelt werden. Wird die MUA als entscheidendes Risikomaß herangezogen (203.315 GE) und ein Risikoabersionskoeffizient i.H.v. 0,3 festgelegt, so ist ein risikobereinigter Barwert i.H.v. 3.696.357 GE zu ermitteln, der als Vergleichsbasis für weitere Analysen dient.

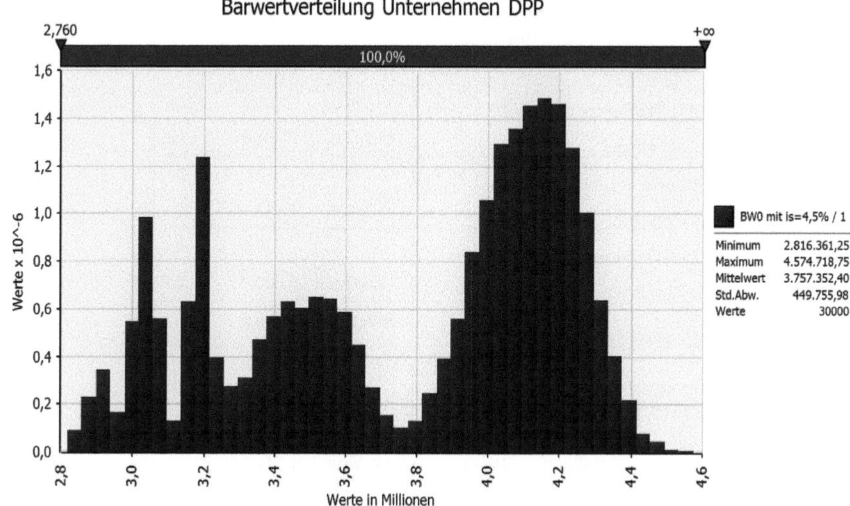

Abbildung 82: Wahrscheinlichkeitsverteilung Unternehmensbarwert inklusive Projekt-Portfolio ohne Synergie

Um den Effekt der Modularisierung zu evaluieren, sind inkrementale Anpassungen auf leistungswirtschaftlicher und risikoorientierter Ebene notwendig, um anschließend synoptisch auf Basis einer Differenzbetrachtung der risikobereinigten Barwerte den Werteffekt zu messen.

7.3.1.3.2 Quantifizierung der horizontalen Synergien

Da gemäß der Plattformstrategie das Modul B im Beispiel gemeinsam entwickelt werden kann,[1221] ist von beiden betroffenen Bereichen festzustellen, welcher Ressourceneinsatz in der Vorlaufphase für dieses Modul eingeplant wurde unter der Fiktion, dass eine getrennte Entwicklung stattfindet.

Diese geplanten Ressourceneinsätze sind den folgenden Plänen (Tabelle 106 und Tabelle 107) zu entnehmen. Zur Übersichtlichkeit und Nachvollziehbarkeit wird auf eine Stochastifizierung der Erfolgsfaktoren für Modul B verzichtet. Diese könnte allerdings problemlos durch eine mehrwertige Prognose integriert werden.[1222]

1221 Zur Übersichtklichkeit wird von einer gemeinsamen Produktion und Beschaffung abgesehen, wobei eine Integration analog zum beschriebenen Vorgehen erfolgen kann.

1222 Dies ist insbesondere vor dem Hintergrund der unsicheren Synergien empfehlenswert.

Periode	1	2	3
Verwaltungspersonal (Mengen)	19,0	9,5	0,0
Zahlungen	15.504,0	7.907,0	0,0
Wissenschaftler (Mengen)	14,0	6,5	0,0
Zahlungen	14.282,3	6.764,8	0,0
Externe Verwaltung (Mengen)	5,0	2,5	0,0
Zahlungen	5.712,0	2.913,1	0,0
Externe Wissenschaftler (Mengen)	6,0	3,5	0,0
Zahlungen	8.569,4	5.099,6	0,0
Materialaufwand F&E	20.000,0	20.000,0	0,0
Investitionsauszahlungen für F&E-Anlagen	2.000,0	2.000,0	0,0
Summe der Zahlungen	66.067,7	44.684,6	0,0

Tabelle 106: Ressourcenplan Modul B SGE 1

Periode	1	2	3
Verwaltungspersonal (Mengen)	7,0	4,0	0,0
Zahlungen	5.712,0	3.329,3	0,0
Wissenschaftler (Mengen)	6,0	3,5	0,0
Zahlungen	6.121,0	3.642,6	0,0
Externe Verwaltung (Mengen)	5,0	2,5	0,0
Zahlungen	5.712,0	2.913,1	0,0
Externe Wissenschaftler (Mengen)	6,0	3,5	0,0
Zahlungen	8.569,4	5.099,6	0,0
Materialaufwand F&E	20.000,0	20.000,0	0,0
Investitionsauszahlungen für F&E-Anlagen	2.000,0	2.000,0	0,0
Summe der Zahlungen	48.114,4	36.984,6	0,0

Tabelle 107: Ressourcenplan Modul B SGE 2

In einem weiteren Schritt ist ein Gemeinschaftsplan für die F&E des Moduls B im Verbund aufzustellen. Dieser Ressourcenplan kann der Summe der Kosten beider Bereiche im Stand Alone-Fall gegenübergestellt werden, damit das Kostensenkungspotenzial offensichtlich wird.Im direkten Vergleich der Zahlungssummen sind die erheblichen Synergiepotenziale ersichtlich.

Periode	1	2	3
Verwaltungspersonal (Mengen)	26,0	13,5	0,0
Zahlungen	21.216,0	11.236,3	0,0
Wissenschaftler (Mengen)	20,0	10,0	0,0
Zahlungen	20.403,3	10.407,4	0,0
Externe Verwaltung (Mengen)	10,0	5,0	0,0
Zahlungen	11.424,0	5.826,2	0,0
Externe Wissenschaftler (Mengen)	12,0	7,0	0,0
Zahlungen	17.138,8	10.199,3	0,0
Materialaufwand F&E	40.000,0	40.000,0	0,0
Investitionsauszahlungen für F&E-Anlagen	4.000,0	4.000,0	0,0
Summe der Zahlungen	114.182,1	81.669,2	0,0

Tabelle 108: Summe der Ressourcenplanungen SGE1 und SGE 2 Stand Alone

Periode	1	2	3
Verwaltungspersonal (Mengen)	14,3	7,4	0,0
Zahlungen	11.668,8	6.180,0	0,0
Wissenschaftler (Mengen)	10,0	5,0	0,0
Zahlungen	10.201,7	5.203,7	0,0
Externe Verwaltung (Mengen)	5,0	2,5	0,0
Zahlungen	5.712,0	2.913,1	0,0
Externe Wissenschaftler (Mengen)	7,2	4,2	0,0
Zahlungen	10.283,3	6.119,6	0,0
Materialaufwand F&E	20.000,0	20.000,0	0,0
Investitionsauszahlungen für F&E-Anlagen	2.000,0	2.000,0	0,0
Summe der Zahlungen	59.865,7	42.416,3	0,0

Tabelle 109: Gemeinschaftlicher Ressourcenplan SGE 1 und SGE 2 Modul B

Damit die Zuteilung der Synergien und der Ressourcen zu den einzelnen Bereichen angemessen erfolgt, ist in einem weiteren Schritt die Allokation festzulegen.

7.3.1.3.3 Allokation der kostenorientierten Synergien

Um den einzelnen SGEs den entsprechenden Ressourceneinsatz für die gemeinschaftliche F&E zuzuweisen, wird in einem Folgeschritt die Allokation der Synergien beschrieben.

Die Zuteilung der Synergien kann in Anlehnung an wissenschaftliche Diskussionen zur Angemessenheit von Umtauschverhältnissen oder Kaufpreisen[1223] wertunabhängig egalitär,[1224] im Verhältnis der Börsenkurse,[1225] spieltheoretisch,[1226] anhand eines AHP-Prozesses,[1227] wertorientiert[1228] oder ursachenbezogen erfolgen. Im vorliegenden Fall ist die ursachenbezogene Verteilung als vorteilhaft zu werten,[1229] um einzubringende Ressourcen wie das notwendige Personal auf die partizipierenden Einheiten aufzuteilen. Aus der ursachenbezogenen Allokation von Synergien anhand von Erfahrungskurveneffekten[1230] und Werbewirksamkeitsfunktion[1231] lässt sich verallgemeinernd herausstellen, dass die ursachengerechte Zurechnung jeglicher Kosten-Synergien über einer Senkungsquote (SQ) erfolgen kann. Diese Senkungsquote ist aus dem Quotienten der Kosten unter Berücksichtigung eines Verbundes (K_{Verb}) zu den kumulierten Kosten auf Stand Alone-Basis der einzelnen i Einheiten ($K_{i\,SA}$) zu ermitteln:

$$SQ = \frac{K_{Verb}}{\sum_{i=1}^{I} K_{i\,SA}} \qquad (7\text{-}8)$$

Multipliziert man anschließend diese Senkungsquote mit den ursprünglich geplanten Kosten der Einheiten auf Stand Alone-Basis, so erhält man die Kosten der Einheiten nach Zusammenarbeit ($K_{i\,Verb}$). Die Synergie einer Einheit (Syn_i) lässt sich wiederum als Differenz aus den Stand Alone-Kosten und den Kosten nach Zusammenarbeit ermitteln:

$$Syn_i = K_{i\,SA} - K_{i\,Verb} \qquad (7\text{-}9)$$

1223 Vgl. dazu Große-Frericks (2015), S. 85 ff.; Klönne (2013), S. 196 ff.; Ossadnik (1995b), S. 69 ff.

1224 Die ermittelten Synergien werden in gleichen Verhältnissen auf die partizipierenden Parteien aufgeteilt, da eine genaue Zurechnung nicht möglich ist. Vgl. dazu ferner Ossadnik (1995a), S. 56 ff. Diese Aufteilung impliziert allerdings eine undifferenzierte und intransparente Synergieermittlung, die hier nicht vorliegt.

1225 Im Falle einer Börsennotierung der beteiligten Parteien erfolgt die Zurechnung anhand der anteiligen Börsenkapitalisierung. Dies ist regelmäßig bei internen Verflechtungen aufgrund der gemeinsamen Börsenlistung auszuschließen. Vgl. dazu ferner Ossadnik (1995a), S. 74 ff.

1226 Vgl. dazu kritisch Große-Frericks (2015), S. 91 ff. m.w.N.

1227 Vgl. dazu Ossadnik (1995a), S. 91 ff. und zum AHP-Prozess allgemein, vgl. Abschnitt 6.1.3.3.

1228 Hier sind pauschal ertragswertanteilige und differenziert ertragswertanateilige Allokationsmechanismen zu unterscheiden. Vgl. dazu Große-Frericks (2015), S. 99 ff., Dirrigl (1990), S. 186 ff.

1229 Diese Methode wird als vorteilhaft gewertet, da in einem internen Unternehmensverbund zum einen keine Börsenwerte bestehen, quantitative Methoden zu bevorzugen sind und darüber hinaus ursachenbezogene stets gegenüber alternativen wertorientierten Verfahren zu bevorzugen sind, wenn die notwendigen Daten, wie es intern zu erwarten ist, vorliegen.

1230 Vgl. Alfs (2015), S. 292 ff.; Große-Frericks (2015), S. 101 ff.

1231 Vgl. dazu Große-Frericks (2015), S. 104 ff.

Um das vorliegende Beispiel zu vervollständigen, wird dieser Allokationsmechanismus ergänzt. Es wird für jeden Einflussfaktor die periodische Senkungsquote ermittelt, indem der Quotient aus Ressourcenplan im Verbund (Tabelle 109) und Ressourcenplan der Stand Alone-Summe (Tabelle 108) gebildet wird, sodass anschließend auf dieser Basis die anteiligen Kosten der partizipierenden Einheiten, hier SGE 1 und SGE 2, ermittelt werden können.

Periode	1	2	3
Verwaltungspersonal (Mengen)	0,55	0,55	0
Zahlungen	0,55	0,55	0
F&E-Personal (Mengen)	0,50	0,50	0
Zahlungen	0,50	0,50	0
Externe Verwaltung (Mengen)	0,50	0,50	0
Zahlungen	0,50	0,50	0
Externe F&E (Mengen)	0,60	0,60	0
Zahlungen	0,60	0,60	0
Materialaufwand F&E	0,50	0,50	0
Investitionsauszahlungen für F&E-Anlagen	0,50	0,50	0

Tabelle 110: Kostensenkungsquoten

Multipliziert man diese Senkungsquoten wiederum mit den ursprünglichen Ressourceneinsatzplänen der beiden SGEs für Modul B (Tabelle 106 und Tabelle 107), so erhält man die modifizierten Pläne unter Berücksichtigung der Synergien:

Periode	1	2	3
Verwaltungspersonal (Mengen)	10,45	5,23	0
Zahlungen	8527,20	4348,87	0
Wissenschaftler (Mengen)	7,00	3,25	0
Zahlungen	7141,17	3382,41	0
Externe Verwaltung (Mengen)	2,50	1,25	0
Zahlungen	2856,00	1456,56	0
Externe Wissenschaftler (Mengen)	3,60	2,10	0
Zahlungen	5141,64	3059,78	0
Materialaufwand F&E	10000,00	10000,00	0
Investitionsauszahlungen für F&E-Anlagen	1000,00	1000,00	0
Summe der Zahlungen	34.666,0	23.247,6	0,0

Tabelle 111: Ressourcenplan der SGE 1 Modul B mit Synergie

Periode	1	2	3
Verwaltungspersonal (Mengen)	3,85	2,20	0
Zahlungen	3141,60	1831,10	0
Wissenschaftler (Mengen)	3,00	1,75	0
Zahlungen	3060,50	1821,30	0
Externe Verwaltung (Mengen)	2,50	1,25	0
Zahlungen	2856,00	1456,56	0
Externe Wissenschaftler (Mengen)	3,60	2,10	0
Zahlungen	5141,64	3059,78	0
Materialaufwand F&E	10000,00	10000,00	0
Investitionsauszahlungen für F&E-Anlagen	1000,00	1000,00	0
Summe der Zahlungen	25.199,7	19.168,7	0,0

Tabelle 112: Ressourcenplan der SGE 2 Modul B mit Synergie

Periode	1	2	3
Verwaltungspersonal (Mengen)	8,55	4,28	0
Zahlungen	6976,80	3558,17	0
Wissenschaftler (Mengen)	7,00	3,25	0
Zahlungen	7141,17	3382,41	0
Externe Verwaltung (Mengen)	2,50	1,25	0
Zahlungen	2856,00	1456,56	0
Externe Wissenschaftler (Mengen)	2,40	1,40	0
Zahlungen	3427,76	2039,85	0
Materialaufwand F&E	10000,00	10000,00	0
Investitionsauszahlungen für F&E-Anlagen	1000,00	1000,00	0
Summe der Zahlungen	31.401,7	21.437,0	0,0

Tabelle 113: Synergie Modul B SGE 1

Periode	1	2	3
Verwaltungspersonal (Mengen)	3,15	1,80	0
Zahlungen	2570,40	1498,18	0
Wissenschaftler (Mengen)	3,00	1,75	0
Zahlungen	3060,50	1821,30	0
Externe Verwaltung (Mengen)	2,50	1,25	0
Zahlungen	2856,00	1456,56	0
Externe Wissenschaftler (Mengen)	2,40	1,40	0
Zahlungen	3427,76	2039,85	0
Materialaufwand F&E	10000,00	10000,00	0
Investitionsauszahlungen für F&E-Anlagen	1000,00	1000,00	0
Summe der Zahlungen	22.914,7	17.815,9	0,0

Tabelle 114: Synergie Modul B SGE 2

Bildet man die Differenz aus den ursprünglichen Ressourcenplänen auf Stand Alone-Basis und den überarbeiteten Ressourcenplänen, werden die zu verrechnenden Synergien ermittelt (vgl. dazu Tabellen 113 und 114).

Da der geplante Ressourceneinsatz auf Ebene der SGE 2 ohnehin geringer ist, partizipiert diese Einheit zum gleichen Prozentsatz an den Synergien, die allerdings aufgrund der geringeren Bezugsbasis auch absolut geringer ausfallen.

Die oben als Vergleichsbasis dargestellten Projektpläne (Tabelle 104 und Tabelle 105) der einzelnen SGEs können um diese identifizierten Synergien für Modul B reduziert werden. Den folgenden Tabellen sind die modifizierten Pläne, dargestellt mit den Erwartungswerten, zu entnehmen.

Phase	F&E-Phase			Marktphase					
Periode	1	2	3	4	5	6	7	8	9
Absatzbereich									
Umsatzerlöse	0	0	0	336.201	407.474	432.109	436.429	440.801	445.209
Werbebudget	0	0	4.000	3.200	2.400	400	400	400	400
Reparaturkosten	0	0	0	0	4.894	5.873	6.167	6.167	6.167
Bestand Forderungen	0	0	0	50.430	61.121	64.816	65.464	66.120	66.781
Zahlungskonsequenz UE	0	0	0	285.771	396.783	428.414	435.781	440.145	444.547
Materialbereich									
Bestand VLL	0	508	4.259	11.474	13.228	13.889	14.167	14.451	14.003
Auszahlung Material	0	1.186	10.445	31.031	42.338	45.634	46.945	47.886	47.125
Bewerteter Materialverbr.	0	0	8.636	36.951	43.601	46.115	47.039	47.982	48.934
Bestand Materialvorräte	0	1.694	7.253	8.548	9.039	9.220	9.405	9.593	7.336
Materialaufwand F&E	10.083	30.249	64.134	7.200	4.840	0	0	0	0
Anlagenbereich									
Zahlungen Anlagen	0	0	6.804	19.211	7.218	5.563	4.690	4.779	4.876
AfA Anlagen	0	100	392	1.650	3.566	3.931	4.094	4.154	4.216
Zahlungen F&E-Anlagen	1.000	4.000	4.800	1.600	0	0	0	0	0
Bestand ges. Anlagen	1.000	4.900	15.132	35.658	39.311	40.943	41.538	42.163	42.823
Restverkaufserlös	0	0	980	0	0	0	0	0	0
Personalkosten									
Summe LuG	23.291	33.895	42.481	41.540	22.106	42.206	43.052	39.228	33.896
Fertige Erzeugnisse									
Lagerbestand FE	0	0	13.621	16.279	17.688	18.146	18.566	18.959	19.352
Bestandveränderung	0	0	13.621	2.661	1.409	458	420	394	393
Datenaggregation									
Vorläufiger Ergebnisbeitrag	-33.374	-64.244	-106.022	248.322	327.475	334.042	336.097	343.264	351.988
Vorläufige Zahlungen	-34.374	-69.330	-131.684	181.989	312.986	328.737	334.528	341.685	352.083
Verwaltungspersonal (Mengen)	10,45	14,725	19	21	22	23	23	18	10
Wissenschaftl. (Mengen)	7	12	11	9,5	4,5	2,5	2,5	1,5	1,5
Externe Verwaltung	3	4	4	0	0	0	0	0	0
Externe F&E	4	6	10	0	0	0	0	0	0

Tabelle 115: Erwartungswerte Projektbericht Innovation 1 SGE 1 inkl. Synergien

Die Zahlungsdifferenzen zur Ausgangsplanung spiegeln die berechneten Synergieeffekte wider. Auch der Personaleinsatz ist um die ermittelten Einsparpotenziale zu reduzieren.

Phase	F&E-Phase			Marktphase					
Periode	1	2	3	4	5	6	7	8	9
Absatzbereich									
Umsatzerlöse	0	0	0	93.373	113.152	120.012	123.654	126.124	127.407
Werbebudget	0	0	4.000	3.200	2.400	400	400	400	400
Reparaturkosten	0	0	0	0	1.584	1.900	1.996	2.036	2.056
Bestand Forderungen	0	0	0	4.669	5.658	6.001	6.183	6.306	6.370
Zahlungskonsequenz UE	0	0	0	88.704	112.163	119.669	123.472	126.001	127.343
Materialbereich									
Bestand VLL	0	163	1.376	3.712	4.283	4.531	4.693	4.816	4.667
Auszahlung Material	0	381	3.373	10.037	13.705	14.856	15.482	15.930	15.704
Bewerteter Materialverbr.	0	0	2.788	11.953	14.103	14.993	15.560	15.989	16.308
Bestand Materialvorräte	0	544	2.341	2.763	2.937	3.047	3.131	3.194	2.442
Materialaufwand F&E	10.084	30.246	64.137	7.199	4.840	0	0	0	0
Anlagenbereich									
Zahlungen Anlagen	0	0	2.547	8.661	3.557	3.047	2.957	2.900	2.878
AfA Anlagen	0	100	392	1.224	2.128	2.271	2.348	2.409	2.458
Zahlungen F&E-Anlagen	1.000	4.000	4.800	1.600	0	0	0	0	0
Bestand ges. Anlagen	1.000	4.900	10.875	21.279	22.708	23.485	24.093	24.583	25.003
Restverkaufserlös	0	980	0	0	0	0	0	0	0
Personalkosten									
Summe LuG	13.689	22.632	30.449	23.110	7.298	24.422	24.314	21.665	21.336
Fertige Erzeugnisse									
Lagerbestand FE	0	0	4.830	5.470	5.908	6.182	6.392	6.541	6.689
Bestandveränderung	0	0	4.830	636	438	274	210	149	148
Datenaggregation									
Vorläufiger Ergebnisbeitrag	-23.774	-52.979	-96.937	47.322	81.237	76.301	79.247	83.773	84.997
Vorläufige Zahlungen	-24.774	-56.280	-109.306	34.897	78.779	75.045	78.324	83.070	84.969
Verwaltungspersonal (Mengen)	3,85	6,2	10	15	15	20	19	16	15
Wissenschaftl. (Mengen)	2,5	6,5	7,5	7,5	4,5	2,5	2,5	1,5	1,5
Externe Verwaltung	3	4	4	0	0	0	0	0	0
Externe F&E	4	6	10	0	0	0	0	0	0

Tabelle 116: Erwartungswerte Projektbericht Innovation 1 SGE 2 inkl. Synergien

Anschließend ist die gesamte Portfolioplanung auf Basis dieser Projektberichte zu modifizieren, indem die Berichte ohne Verbund durch die Berichte mit Verbund in der Unternehmensplanung und den Wertanalysen substituiert werden. Der Gesamteffekt der Synergien wird synoptisch berechnet, indem die beiden Barwerte des Unternehmens mit und ohne Verbund verglichen werden. Die entsprechende Barwertverteilung ist Abbildung 83 zu entnehmen.

Der risikobereinigte Barwert unter Heranziehung der MUA (206.401 GE) beträgt 3.724.423 GE und ist gegenüber der Ausgangsplanung um 28.066 GE erhöht. Diese Werterhöhung wird dem Projektverbund zugewiesen.

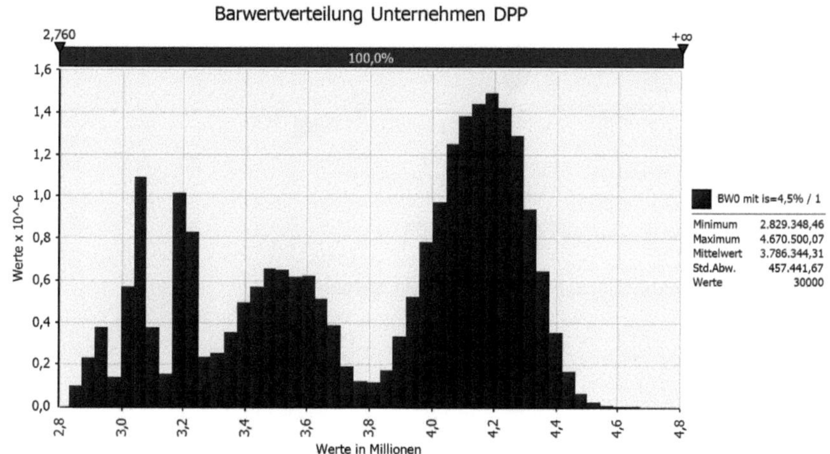

Abbildung 83: Wahrscheinlichkeitsverteilung Unternehmensbarwert inkl. Projekt-Portfolio und Synergien

In diesem Werteffekt sind die Risikosenkungspotenziale allerdings noch unberücksichtigt, sodass eine Evaluierung dieser folgend ergänzt wird.

7.3.1.3.4 Quantifizierung der Risikosenkungseffekte

Neben den leistungswirtschaftlichen Synergieeffekten, hier in Form von kostenorientierten Synergien, können darüber hinaus Risikosenkungseffekte entstehen.

Im vorliegenden Beispiel ist zu erwarten, dass mit einer geringeren Abbruchswahrscheinlichkeit zu rechnen ist, da vermehrt Experten aus beiden SGEs eingesetzt werden und die Know-How-Bündelung entsprechende Effekte bewirken kann. Eine solche Veränderung der Wahrscheinlichkeiten kann beispielweise durch Scoring-Modelle fundiert werden.[1232]

Die Zustandsbäume beider Projekte sind identisch und nehmen vor der gemeinschaftlichen Entwicklung des Moduls B die Gestalt an, die in Abbildung 84 dargestellt ist. Im Falle des Verbundes (Abbildung 85) kann aufgrund der gemeinsamen Entwicklung des kritischen Moduls B das Know-How gebündelt und die Abbruchswahrscheinlichkeit auf 15% gesenkt werden. Darüber hinaus wird die Wahrscheinlichkeit eines hohen Marktanteils auf 75% erhöht, da ein qualitativ hochwertigeres Produkt entwickelt wird.

1232 Vgl. dazu Abschnitt 4.1.3.3.1; Möller/Menninger/Robers (2011), S. 101.

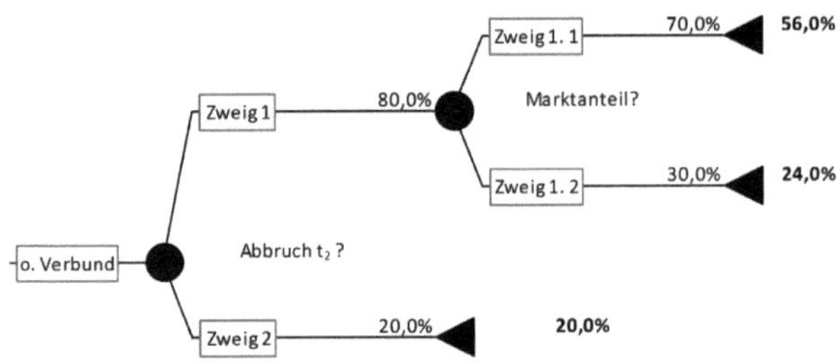

Abbildung 84: Zustandsbaum der Innovationen exkl. Verbund

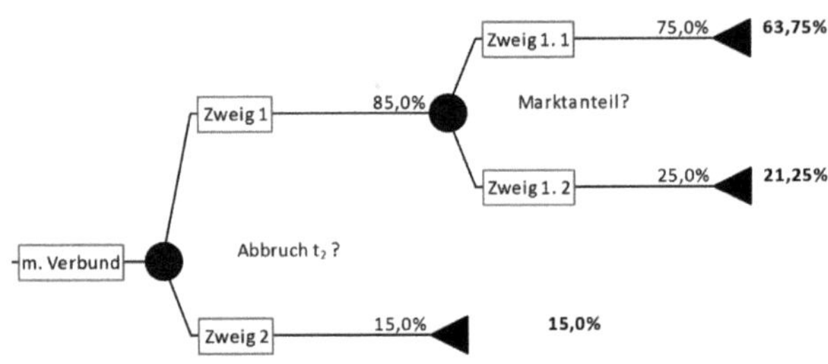

Abbildung 85: Zustandsbaum der Innovationen inkl. Verbund

Die Projektpläne sind dahingehend anzupassen, dass auf Ebene der konsolidierten Portfolio-Planung der Werteffekt gemessen wird:

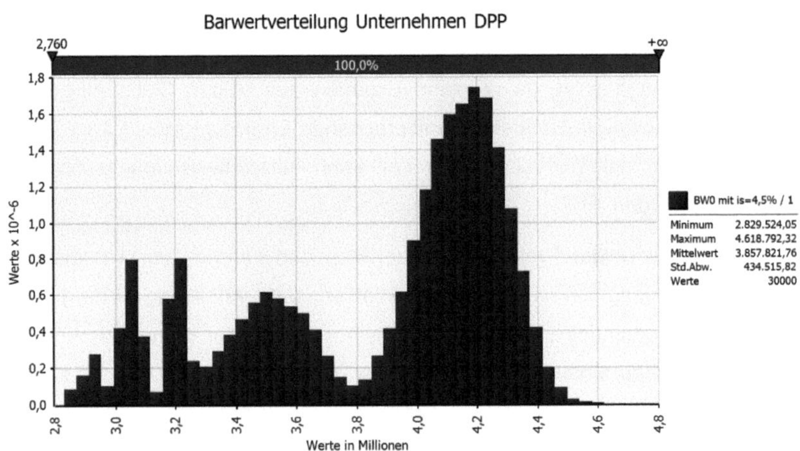

Abbildung 86: Wahrscheinlichkeitsverteilung Unternehmensbarwert inkl. Projektportfolio, Synergie und Risikoverbund

Der risikobereinigte Barwert (3.800.771 GE), der auf einer reduzierten MUA (190.168 GE) basiert, ist um 76.348 GE gestiegen, sodass dieser Werteffekt als Risikosenkungspotenzial zu interpretieren ist.

Anhand des vorliegenden Beispiels wurde illustriert, in welcher Weise die vorliegende Kalkül-Struktur nützlich ist, um Effekte einer sehr komplexen internen Projektverbindung – im Sinne der Modulstrategie – zu quantifizieren. Sowohl die Effekte der leistungswirtschaftlichen Synergien als auch die Risikosenkungspotenziale werden analysiert, ohne gravierende Komplexitätsreduktionen und Realitätsabstraktionen hinnehmen zu müssen. Die Kombination eines Corporate Models mit Risikosimulationen, Zustandsbäumen und einer Bewertung auf Basis des Erwartungswert-Risikomaß-Prinzips eröffnet ein hohes Potenzial für den Anwender.

7.3.2 Optimierung des Innovations-Portfolios unter Berücksichtigung von Interdependenzen und Risiko

Sind die (Dis-)Synergien und die Interdependenzen zwischen den Projekten sowie die Risiken identifiziert und quantifiziert, sollte eine Optimierung des Portfolios möglich sein, sodass eine wertoptimale Projektzusammenstellung generiert wird.

Die optimale Projektauswahl kann im einfachsten Fall unter Beachtung der personellen und finanziellen Restriktionen auf isolierten Wertvergleichen basieren. Kapitalwerte, interne Zinsfüße oder Optionswerte können dann als Entscheidungsgrundlage dienen, indem sie unter Erfüllung optimaler Kriterien in einer Rangfolge arrangiert werden.[1233]

Der Aufwand und die Komplexität würden mit zunehmender Projektzahl und zunehmenden Kapazitätsbeschränkungen allerdings unüberschaubar, das Potenzial eines konsolidierten Unternehmensplans zur Integration der Finanzierungs- und Steuereffekte würde weitestgehend vernachlässigt, die Gesamtunternehmensentwicklung, Verbundeffekte und das Gesamtrisiko blieben unbeachtet und es entstünden immense Informationsverluste zur wertorientierten Unternehmenssteuerung.

Eine weitere Möglichkeit, die wertoptimale Projektkombination im Rahmen der simulierten Konzernplanung zu ermitteln, bestünde in einem manuellen Abgleich, wobei sukzessive unter Verwendung der bereits beschriebenen Projekt-Variablen zu ver-

---

1233 Vgl. Kühl (2015), S. 149 mit einem Methodenüberblick.

gleichen wäre, welche Projektzusammenstellung den größten Mehrwert liefert ohne die Ressourcen zu überschreiten.

Da dieser manuelle Abgleich mit steigender Projektzahl, steigenden Kombinationsmöglichkeiten und Ausschlusskriterien ebenfalls schwer realisierbar ist, kann eine rechnergestützte und automatisierte Lösung dieses iterativen Vorgehens mithilfe des „Risk-Optimizers“ von @Risk erfolgen. Jedes verwendbare Kalkulations- oder Rechenprogramm bedarf allerdings konkreter Definitionen und Spezifizierungen, um so zu operieren, dass die Ziele des Anwenders verfolgt werden. In diesem konkreten Fall sind die Optimierungsbedingungen theoretisch und praktisch zu fundieren. Demnach sind wesentliche Abhängigkeitsbeziehungen und Beschränkungen zu definieren, damit Projektverbindungen sowie finanzielle Tragfähigkeiten und Ressourcenengpässe beachtet werden.

Aus diesem Grund werden zunächst weitere Fall-Unterscheidungen eingeführt, um mögliche Projektabhängigkeiten zu berücksichtigen.

7.3.2.1 Überblick und Fall-Unterscheidung von Projekt-Interdependenzen

Neben den beschriebenen Verbundeffekten gilt es, zu beachten, dass auch zusätzliche Abhängigkeiten in zeitlichen, technischen, wirtschaftlichen und ressourcenbasierten Dimensionen bestehen,[1234] die in einem Optimierungsprozess einzubeziehen sind. Im weiteren Verlauf sind alle erdenklichen Abhängigkeiten entlang dieser Dimensionen zusammenzufassen, um den gesamten Umfang möglicher Interdependenzen und notwendiger Fall-Unterscheidungen im Optimierungsprozess unter Beachtung von Verbundeffekten zu erfassen.

Fall	Skizze	Erläuterung
1	A → B	Projekt B kann technisch nur realisiert werden, wenn A bereits besteht.
2	(A B)	Die beiden Projekte sind nur gemeinsam oder gar nicht durchzuführen.
3	μ↑ A → μ↑ B	Ist die Erfolgswahrscheinlichkeit von Projekt A größer, so ist sie auch von B größer

Abbildung 87: Überblick technischer Interdependenzen

[1234] Vgl. auch im Folgenden Heck (2003), S. 65; Rücksteiner (1989), S. 138; Seidl/Ziegler (2015), S. 178 ff.

Die Dimension der *technischen* Interdependenzen ist auf technische Wechselbedingungen zurückzuführen. In Abbildung 87 sind die Fälle, die unterschieden werden, zusammengefasst.

Die *wirtschaftliche* Interdependenz[1235] beruht beispielsweise auf Synergie- und Kannibalisierungseffekten am Markt oder der Möglichkeit der Querfinanzierung des einen Projektes durch das andere.

Fall	Skizze	Erläuterung
4	A —€→ B	Projekt B ist finanziell abhängig von A
5	A → B (MA↑↓)	Die Marktakzeptanz von B wird durch A beeinflusst.

Abbildung 88: Überblick wirtschaftlicher Interdependenzen

Ressourcenbasierte Abhängigkeiten[1236] resultieren zum einen aus dem gegenseitigen Ausschluss der Projekte, da sie dieselbe Ressource nutzen müssen, allerdings nicht genügend Kapazität vorhanden ist. Und zum anderen kann eine gemeinsame Nutzung von Ressourcen bedingt sein.

Fall	Skizze	Erläuterung
6	A oder B	Aufgrund der Ressourcenbeschränkung kann nur ein Projekt realisiert werden.
7	1 A B 1 Ressourcen: A+B=1,5	Die Projekte A und B benötigen dieselben Ressourcen, sodass unter Umständen auch die Gesamtkosten gesenkt werden können.

Abbildung 89: Überblick ressourcenbedingter Interdependenzen

Fall	Skizze	Erläuterung
8	A —dann→ B	Durch die zeitlich gesetzten Prioritäten hat A Vorrang vor B.
9	1 A B 1 Dauer: A+B=1,5	Durch die Erkenntnisse aus Projekt A kann Projekt B beschleunigt werden.

Abbildung 90: Überblick zeitliche Interdependenzen

Die *zeitliche* Interdependenz[1237] besteht darin, dass zum einen eine gewisse Reihenfolge der Projektbearbeitung einzuhalten ist und Verzögerungen eines Projektes

---

1235 Vgl. Heck (2003), S. 65.

1236 Vgl. Heck (2003), S. 65 f.; Seidl/Ziegler (2015), S. 180.

1237 Vgl. Seidl/Ziegler (2015), S. 181; Heck (2003), S. 65.

auch zu Verzögerungen des Folgeprojektes führen können oder Erkenntnisse eines Projektes die benötigte Dauer des zweiten Projektes verkürzen.

Für die Einbindung in das Corporate Model und die automatisierte Optimierung des Portfolios entstehen folgende Konsequenzen:

Die Beschränkung der Ressourcen (Fall 6 und 4) wird im Folgenden durch die Begrenzung von finanziellen und personellen Ressourcen berücksichtigt und führt automatisch zum Ausschluss nachteiliger Projekte durch den Optimierungsprozess.[1238]

Mögliche Einsparpotenziale (Fall 7 und 9), Marktabhängigkeiten (Fall 5) oder Erfolgsabhängigkeiten (Fall 3) sind als Verbundeffekte im engeren Sinn abzugrenzen und wurden bereits ausführlich thematisiert.

Die verbleibenden Fälle 1, 2 und 8 sind anhand von Abhängigkeiten in den Projekt-Variablen[1239] zu modellieren, wie folgend aufgezeigt wird. Zunächst ist der Fall 2 zu betrachten, in dem von einer technischen Interdependenz ausgegangen wird, sodass die Projekte „A" und „B" nur gemeinsam oder gar nicht durchzuführen sind. Um diese Abhängigkeit zu beachten, kann die Bedingung formuliert werden, dass die Projekt-Variable von B (PD_B) nur den Wert „1" annehmen kann, wenn die Projekt-Variable von A (PD_A) den Wert „1" annimmt.

Fall	Skizze	Variablendefinition
2	A B	$PD_B = \begin{cases} 1, & wenn\ PD_A = 1 \\ 0, & wenn\ PD_A = 0 \end{cases}$

Tabelle 117: Fall-Unterscheidung bedingt gemeinsamer Projektdurchführung

Diesen Fall kann man auch kontrovers konstruieren, wenn man davon ausgeht, dass sich zwei Projekte vollkommen ausschließen. In dem bereits dargestellten Beispiel werden teilweise inkrementale Projekte zur Weiterentwicklung bestehender Produkte betrachtet. Werden die Produkte weiterentwickelt (Alternative „B"), so wird der ursprüngliche Plan (Alternative „A") nicht realisiert und vice versa. Diese Abhängigkeit fließt durch folgende Variablendeklaration in das Modell ein.

Fall	Skizze	Variablendefinition
2 (kontrovers)	A oder B	$PD_B = \begin{cases} 1, & wenn\ PD_A = 0 \\ 0, & wenn\ PD_A = 1 \end{cases}$

Tabelle 118: Fall-Unterscheidung wechselseitiger Ausschluss der Projektdurchführung

1238 Vgl. dazu Abschnitt 7.3.2.2.1.

1239 Vgl. dazu Abschnitt 6.2.2.2.2.

In Fall 8 der oben dargestellten Abhängigkeiten wird davon ausgegangen, dass auch hier nur Projekt „B“ (PD_{B1}) realisiert wird, wenn Projekt „A“ (PD_A) nicht realisiert wird. Falls Projekt A allerdings realisiert wird und zunächst keine Ressourcen mehr verfügbar sind, besteht die Möglichkeit Projekt „B“ zu verschieben und die geplanten Werte ab einer späteren Periode (PD_{B2}) einzubeziehen. Dementsprechend entsteht eine dreifache Abhängigkeit: Projekt B wird nur realisiert, wenn Projekt A nicht realisiert werden kann. Wird Projekt A realisiert, so besteht zu einem späteren Zeitpunkt die Möglichkeit B zu realisieren, wobei dafür auszuschließen ist, dass B bereits realisiert ist.

Fall	Skizze	Variablendefinition
8 (speziell)	A, B1, B2; oder, oder, dann	$PD_{B1} = \begin{cases} 1, & wenn\ PD_A = 0 \\ 0, & wenn\ PD_A = 1 \end{cases}$ $PD_{B2} = \begin{cases} 1, & wenn\ PD_{B1} = 0 \\ 0, & wenn\ PD_{B1} = 1 \end{cases}$

Tabelle 119: Fall-Unterscheidung überlagernder Projektabhängigkeiten

Analog zu dem hier aufgezeigten Verhältnis von PD_{B1} und PD_{B2} können alle zeitlichen Verschiebungsmöglichkeiten von Projekten modelliert werden. Betrachtet man abschließend noch den ersten oben dargestellten Fall, so kann Projekt „B“ erst realisiert werden, wenn „A“ erfolgreich abgeschlossen ist. Im Unterschied zu Fall 8 besteht allerdings nicht die Möglichkeit „B“, eher zu beginnen, falls „A“ nicht durchgeführt wird. Dementsprechend reicht es aus, in den Planungen der einzelnen Projekt-Berichte diese Reihenfolge durch die Periodenzuordnung zu berücksichtigen. Ergänzend wird eine Kodifizierung integriert, um die Wahl zwischen Verbund oder Stand Alone im Optimierungsprozess zu ermöglichen. Für Projekte, die gemeinschaftlich durchgeführt werden können, ist eine „3“ oder eine „4“ zu hinterlegen. Eine Zuweisung der „3“ bedeutet, dass das Projekt gemeinschaftlich durchzuführen ist, die entsprechenden Ressourcen allerdings von der SGE beigesteuert werden. Nimmt eine Projekt-Variable die „4“ an, so ist das Projekt gemeinschaftlich durchzuführen, der Ressourceneinsatz erfolgt allerdings durch die Holding. Die Werte „1“ und „2“ sind weiterhin zu verwenden, um die unabhängige Durchführung zu simulieren.

Die beschriebenen Möglichkeiten werden im weiteren Verlauf auf das Portfolio-Beispiel dieser Arbeit übertragen. Es wird im Beispiel unterstellt, dass aus strategischen Aspekten beschlossen wird, die Produkte P_{SGE1}^{1} und P_{SGE1}^{2} der ersten strategischen Geschäftseinheit und das Produkt P_{SGE2}^{1} der zweiten strategischen Geschäftseinheit zwangsweise weiterzuentwickeln, da ansonsten wichtige Imageträger und Kunden verloren gingen. Somit bestehen mit diesen Weiterentwicklungsprojekten bereits durchzuführende „Zwangsprojekte". Dementsprechend sind die Variablen als invariabel festzulegen:

$$P_{SGE1}^{1} = 1 \tag{7-10}$$

$$P_{SGE1}^{2} = 1 \tag{7-11}$$

$$P_{SGE2}^{1} = 1 \tag{7-12}$$

Die Weiterentwicklung von Produkt 2 der zweiten strategischen Geschäftseinheit ist nicht zwingend notwendig. Abhängigkeitsfall 2 tritt ein, sodass entweder das Produkt mit dem bisherigen Plan (P_{SGE2}^{2}) bestehen bleibt oder durch die Weiterentwicklung (IK_{SGE2}^{P2}) abgelöst wird:

$$IK_{SGE2}^{P2} = \begin{cases} 1, & wenn\ P_{SGE2}^{2} = 0 \\ 0, & wenn\ P_{SGE2}^{2} = 1 \end{cases} \tag{7-13}$$

Die Variablen der Projekte, die auch für eine Zentralisierung von Relevanz sind (INO_{SGE1}^{1}; INO_{SGE1}^{1}; INO_{SGE1}^{2}; INO_{SGE1}^{3}; INO_{SGE2}^{1}; INO_{SGE2}^{2}), können nicht nur den Wert „1" oder „0" für Durchführung und Nicht-Durchführung annehmen, sondern auch den Wert „2", um zu kennzeichnen, dass die Zentrale das Projekt übernimmt:

$$INO_{SGEx}^{x} \begin{cases} 1, & Projekt\ auf\ Ebene\ der\ SGE\ durchführen \\ 0, & Projekt\ nicht\ durchführen \\ 2, & Projekt\ zentralisiert\ durchführen \end{cases} \tag{7-14}$$

Um die möglichen Synergien zu berücksichtigen muss auch zu diesem Zweck eine Fall-Unterscheidung erfolgen. Aus diesem Grund sind für die ersten Innovationen der beiden strategischen Geschäftseinheiten (INO_{SGE1}^{1}; INO_{SGE2}^{1}) zwei weitere Ausprägungsmöglichkeiten zu hinterlegen:

$$INO_{SGEx}^{1} \begin{cases} 0, & Projekt\ nicht\ durchführen \\ 1, & Projekt\ stand\ alone\ auf\ Ebene\ der\ SGE\ durchführen \\ 2, & Projekt\ zentralisiert\ stand\ alone\ durchführen \\ 3, & Projekt\ im\ Verbund\ auf\ Ebene\ der\ SGE\ durchführen \\ 4, & Projekt\ im\ Verbund\ zentralisiert\ durchführen \end{cases} \tag{7-15}$$

Nur wenn für beide Verbundprojekte gleichzeitig durch den Zufallsgenerator eine „3" oder eine „4" generiert wird, werden die Projektpläne und die Zustandsbäume wie im Beispiel angepasst. In allen anderen Fällen sind die Stand Alone-Pläne in die Unternehmensplanung eingebunden.

Mögliche Ergebnisse	
Projekt	Möglichkeiten der Projektrealisation
P^1_{SGE1}	0
P^2_{SGE1}	0
IK^{P1}_{SGE1}	1
IK^{P2}_{SGE1}	1
P^1_{SGE2}	0
P^2_{SGE2}	0/1
IK^{P1}_{SGE2}	1
IK^{P2}_{SGE2}	0/1
INO^1_{SGE1}	0/1/2/3/4
INO^2_{SGE1}	0/1/2
INO^3_{SGE1}	0/1/2
INO^1_{SGE2}	0/1/2/3/4
INO^2_{SGE2}	0/1/2

Tabelle 120: Mögliche Projektdurchführungen im Verbund

Der Risk-Optimizer wird auf Basis dieser ersten Fall-Unterscheidungen eingestellt:

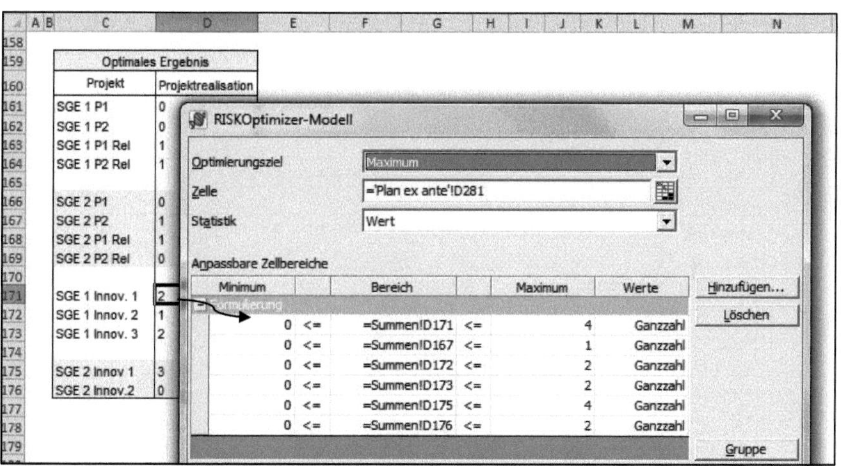

Abbildung 91: Ausschnitt Risk-Optimizer I – Projektkodifizierungen

Somit sind die Werte, die die Projektvariablen in einzelnen Iterationsschritten annehmen können, auf die definierten Werte beschränkt, während die übrigen Abhängigkeiten zwischen den einzelnen Zellen zu definieren sind.

7.3.2.2 Optimierungsbeschränkungen aufgrund von Ressourcenengpässen

7.3.2.2.1 Personelle Kapazitätsbeschränkungen

Eine Optimierung mittels des Optimizers würde ohne Beschränkung der personellen Ressourcen zu keinem validen Ergebnis führen, da letztlich alle Projekte mit einem insgesamt positiven Ergebnisbeitrag in das Portfolio integriert würden, um eine maximale Unternehmenswertsteigerung zu erzielen.

In der Realität sind nicht alle denkbaren Projekte umsetzbar, was nicht zuletzt auf die begrenzten Kapazitäten im Personalbereich zurückzuführen ist. Aus diesem Grund sind die Personalplanungen in die Optimierungsbedingungen in Form einer restriktiven Komponente einzubinden.

In Tabelle 69, Tabelle 70 und Tabelle 71 sind unterschiedliche Personalplanungen exemplarisch erstellt worden. Dabei wird ein maximaler Zuwachs pro Periode ausgehend vom Vorperiodenniveau zugelassen, um sprunghafte Kapazitätserweiterungen zu unterbinden. Um die Optimierungsrestriktion einzubeziehen, kann in einer ergänzenden Spalte die Überschreitung von Kapazitäten überprüft werden. Eine Kapazitätsüberschreitung tritt dann ein, wenn die Differenz aus Plan-Zahl der Verträge und der Anzahl des eingeplanten Personals negativ wird.

Periode	IST	1	2	3	4	5	6	7	8	9
Max. Wachstum 5% bei Wissenschaftlern und 10% in der Verwaltung zur Vorperiode										
Personal nach Projekt-Planung										
Verwaltung		46	46	48	52	53	57	55	52	50
F&E		27,5	27,5	25,5	23,5	20,5	22,5	23,5	23,5	19,5
Plan-Anzahl der Verträge										
Verwaltung	51	51	51	51	52	53	57	57	57	57
F&E	33	33	33	33	33	33	33	33	33	33
Freie Kapazitäten nach Projekt-Planung										
Verwaltung		5	5	3	0	0	0	2	5	7
F&E		5,5	5,5	7,5	9,5	12,5	10,5	9,5	9,5	13,5
Kapazitätsüberschreitungen?										
Verwaltung		0	0	0	0	0	0	0	0	0
F&E		0	0	0	0	0	0	0	0	0

Tabelle 121: Kapazitätsplanung Personal SGE 1

Um zu vermeiden, dass die Kapazitäten durch die optimale Projektzusammenstellungen überschritten werden, ist sicherzustellen, dass die Werte in den betreffenden Zeilen nicht negativ werden.

Folgend wird der entsprechende Ausschnitt aus dem Risk-Optimzer ergänzt:

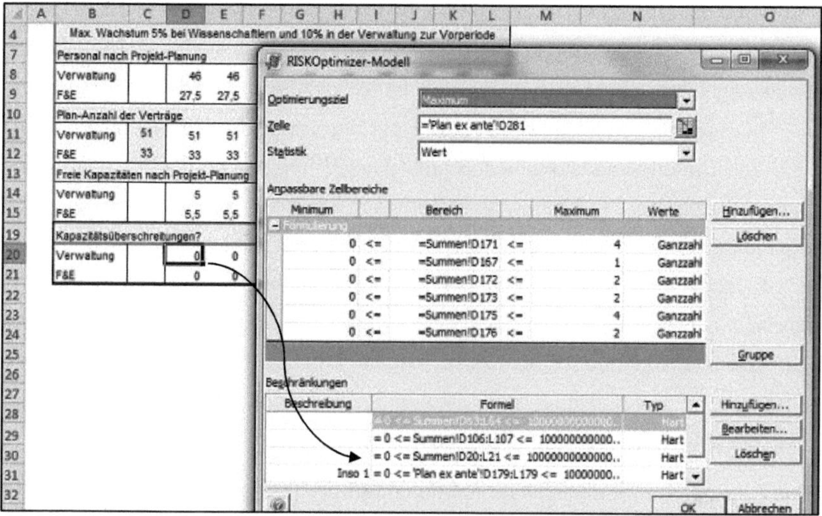

Abbildung 92: Ausschnitt Risk Optimizer II - Personalrestriktionen

Eine Optimierung mit diesen Beschränkungen, führt automatisch zu der wertoptimalen Projektkonstellation, die unter Einhaltung der Restriktionen möglich ist. Jede Konstellation, die zu einem höheren Zielwert, allerdings unter Missachtung der Restriktionen führt, wird automatisch als „ungültig" aus der Wertung eliminiert.

7.3.2.2.2 Finanzielle Kapazitätsbeschränkungen aufgrund von finanziellen Risikotragfähigkeiten

Neben der personellen Kapazitätsbeschränkung, ist die finanzielle Tragfähigkeit und somit das finanzielle Risiko als Optimierungsbeschränkung zu berücksichtigen.

Bereits im Rahmen der Ausführungen zur Einzelprojektebene wurde erläutert, dass Entscheidungen für riskante Projekte nicht auf der Entscheidung für das minimale Risiko basieren, sondern stets Risiko und Rendite interdependent analysiert werden, sodass bei ein und demselben Risiko die Alternative mit der höchsten Ertragserwartung auszuwählen ist.[1240]

Die Steuerung des Innovations-Portfolios unter Berücksichtigung des Risikos muss zu einer Optimierung führen, die nicht per se mit einer Risikominimierung einhergeht, da ansonsten wesentliche Chancen, die für das Unternehmenswachstum von Bedeu-

---

1240 Vgl. auch Bürgel/Ackel-Zakour (2000), S. 56.

tung sind und mit den Risiken einhergehen, vernachlässigt würden.[1241] Eine Risikominimierung ist dementsprechend nicht zielführend, wenn eine langfristige Wachstumserzielung beabsichtigt ist.[1242] Vielmehr ist ein *optimaler Sicherheitsgrad* festzulegen.[1243] Dieser Sicherheitsgrad sollte sich auf die Vermeidung von Risiken beziehen, die den Unternehmensfortbestand gefährden,[1244] was auch durch die Übereinstimmung mit dem KonTraG einhergeht. Demnach ist sicherzustellen, dass durch die eingegangenen Risiken weder die Insolvenzgefahr durch Zahlungsunfähigkeit, noch durch Überschuldung droht. Durch die Zahlungsorientierung wird die finanzwirtschaftliche Sichtweise und durch die Orientierung an der Überschuldungsgefahr eine erfolgs- und bilanzorientierte Sichtweise eingenommen, um die Risikotragfähigkeit abzugrenzen. [1245] Zur Ableitung der Risikotragfähigkeit können zwei Grundsätze aus Kalkülen der Kreditwirtschaft auf Industrieunternehmen übertragen werden:[1246]

a) Das Risikopotenzial eines Unternehmens darf die Risikotragfähigkeit des Unternehmens nicht überschreiten, dabei ist stets das Vorsichtsprinzip zu beachten. Dies bedeutet zum einen, aus ertragsorientierter Sicht, dass potenzielle Verluste aus eigener Kraft getragen werden müssen und somit das entsprechende Eigenkapital vorhanden sein muss.[1247] Zum anderen muss aus finanzwirtschaftlicher Sicht die Liquidität jederzeit ausreichen, um die potenziellen Zahlungsrisiken eigenständig zu kompensieren.
b) Mögliche Belastungen durch Risiken sind in Abhängigkeit von den Risikodeckungsmassen aktiv zu begrenzen.

Um sicherzustellen, dass ein Unternehmen das Risikopotenzial tragen kann, ist, neben der Feststellung des Gesamtunternehmensrisikos die Risikodeckungsmasse des Unternehmens, die nicht überschritten werden darf, zu ermitteln. Demnach gilt die folgende Gleichgewichtsbedingung: [1248]

$$Festgestelltes\ Risikopotenzial\ \leq\ Verfügbare\ Risikodeckungsmasse$$

1241 Vgl. Bürgel/Ackel-Zakour (2000), S. 57.
1242 Vgl. auch Kremers (2002), S. 72 f.; Wagner et al. (2012), S. 440.
1243 Vgl. Kremers (2002), S. 73.
1244 Vgl. Guserl (1999), S. 423.
1245 Vgl. Dannenberg (2009), S. 249; Kremers (2002), S. 245.
1246 Vgl. Schierenbeck/Lister/Kirmße (2014), S. 15 f.
1247 Vgl. Gleißner (2005), S. 221; Dannenberg (2009), S. 249.
1248 Vgl. Schierenbeck/Lister/Kirmße (2014), S.15 f.

Da die Innovationsplanung eine strategische Langfristplanung darstellt, sind die Risikopotenziale und die Deckungsmassen für alle Planperioden zu erfassen, um den Unternehmensfortbestand für diese Perioden zu sichern. Eine Betrachtung von Barwerten ist somit nicht zielführend.[1249]

Das Ausmaß an liquiditäts- und erfolgsorientierten Risikodeckungsmassen ist unternehmensindividuell festzulegen und kann nicht verallgemeinert werden. Allgemein systematisieren lassen sich dagegen die generell zur Verfügung stehenden finanz- und ertragsorientierten Deckungsmassen. Demnach sind die liquiden Mittel, die zur *finanzorientierten* Deckung von Abweichungen der erwarteten Cashflows eingesetzt werden, in drei Klassen zu unterteilen.[1250] Die erste Klasse bilden überschüssige intern generierte Cashflows aus allen Projekten, sodass ein interner Ausgleich einzelner Risiken möglich ist. Die zweite Klasse besteht aus liquidierbaren Finanzanlagen und unterschiedlichen Formen von Fremdkapital. Eine Eigenkapitalerhöhung stellt die letzte Liquiditätsreserve, die zur Deckung von Risiken herangezogen werden kann, dar. Die *erfolgsorientierten* Deckungsmassen, die das potenzielle Verlustrisiko ausgleichen sollen, bestehen aus Gewinn- und Eigenkapitalgrößen.[1251] Auch hier ist eine dreistufige Klassifizierung vorzunehmen. Zuerst kann der im Unternehmen vorhandene Gewinn aus den gesamten Aktivitäten aufgezehrt werden, bis ein zu definierender Mindestgewinn erreicht ist, dann dieser Mindestgewinn und erst in der dritten Klasse können Rücklagen sowie Grundkapital reduziert werden. Das herkömmliche Vorgehen zur Messung der Risikotragfähigkeit besteht darin, die periodischen Cash Flows at Risk (CFaR) sowie Earnings at Risk (EaR)[1252] mit den finanz- und erfolgsorientierten Risikodeckungsmassen abzugleichen. Die Risikodeckungsmassen müssen demnach ausreichen, um die simulierten Verluste und Auszahlungsüberschüsse kompensieren zu können. Dabei werden unterschiedliche Quantile der simulierten Cashflow- sowie Earnings-Verteilungen herangezogen. Das wahrscheinlichste Quantil (Normalszenario, z.B. 60%) muss der ersten Klasse an Risikodeckungsmassen gegenübergestellt werden. Das nächste Quantil ist unwahrscheinlicher (Stressszenario, z.B. 90%), allerdings auch mit einem geringeren Wert verbunden, sodass bereits die zweite Klasse der Risikodeckungsmassen zum Ausgleich

1249 Vgl. Dannenberg (2009), S. 250 ff.; Kremers (2002), S . 249 f.
1250 Vgl. auch im Folgenden Kremers (2002), S. 259.
1251 Vgl. Gleissner (2000), S. 1626.
1252 Vgl. Schierenbeck/Lister/Kirmße (2014), S. 378.

hinzuzuziehen ist. In einem nächsten Szenario (Crashszenario, z.B. 99%) ist die letzte Klasse der Risikodeckungsmasse einzubeziehen, um die Tragfähigkeit der simulierten Zahlungen und Verluste zu messen. Wird die Risikotragfähigkeit nicht erfüllt, so sind aktive Steuerungsmaßnahmen einzuleiten. Das beschriebene Vorgehen ist für eine langfristige Portfolio-Planung als unzureichend zu werten. Zum einen stellen die Risikodeckungsmassen keine sicheren Planungsgrößen dar und zum anderen unterliegen sie im Zeitablauf Veränderungen,[1253] sodass die dynamischen, stochastischen und integrierten Eigenschaften einer Portfolio-Planung außer Acht gelassen würden. Tritt etwa in der ersten Planperiode bereits eine Extremsituation auf, sodass Fremdkapital und Eigenkapital aufgenommen werden müssten, so verändern sich die Deckungsmassen und das Risiko der Folgeperioden ist durch die erhöhten Fremdkapitalkosten verändert. Diese Folgeeffekte sind zu berücksichtigen.

Als Alternative respektive Erweiterung wird eine Anknüpfung an eine insolvenzorientierten Liquiditätsroutine - wie im vorliegenden Corporate Model - vorgeschlagen,[1254] da eine integrierte Unternehmensplanung vorliegt, in der alle Extremfälle und Folgeeffekte einbezogen sind. Mit der Liquiditätsroutine wurden bereits wesentliche Zusammenhänge aufgezeigt, um die Insolvenz durch Zahlungsunfähigkeit und Überschuldung zu simulieren. So ist in der Planung hinterlegt, dass im Falle der Zahlungsunfähigkeit eine Insolvenz angezeigt wird, die in den Folgeperioden zu Ausschüttungen i.H.v. Null führt. In jedem Simulationslauf wird somit stets die finanzielle Risikodeckung simuliert, da gemäß der Pecking-Order eine Routine bis zur Ausschöpfung der Finanzierungsmöglichkeiten sichergestellt ist. Analog zur Klassifizierung der Risikodeckungsmassen werden in einer ersten Klasse Finanzanlagen aufgelöst, in einer zweiten Klasse ist die Fremdfinanzierung aufzunehmen und in einem dritten Schritt und somit im äußersten Notfall ist die Eigenkapitalerhöhung bis zu einer Maximalgrenze einzubeziehen. Ebenso führt die Aufzehrung des Eigenkapitals (Klasse drei der erfolgsorientierten Risikodeckungsmassen) zu einem Ausweis der Insolvenz durch Überschuldung. Folglich ist festzustellen, dass durch eine insolvenzorientierte Liquiditätsroutine bereits wesentliche Aspekte der finanziellen und erfolgsorientierten Risikotragfähigkeit berücksichtigt werden, die je nach Unternehmen an-

---

1253 Vgl. Kremers (2002), S. 265 zu dieser Problematik.

1254 Vgl. dazu Abschnitt 3.2.4.

zupassen und auszugestalten sind.[1255] In einer Optimierungsbedingung ist somit, neben den personellen Ressourcenrestriktionen, zusätzlich zu berücksichtigen, dass eine Projektzusammenstellung, die im Simulationsergebnis zur Insolvenz führt, nicht zulässig ist, da sie offensichtlich nicht von den Risikodeckungsmassen getragen wird. Bei Optimierungen unter derartig einschränkenden Voraussetzungen, ist auch von einem „Safety-First-Ansatz“[1256] zu sprechen.

Zur Umsetzung dieses Ansatzes ist im Optimierungskalkül zu hinterlegen, dass weder der Zahlungssaldo 5, noch der Saldo aus Aktiva und Fremdkapital einer Periode negative Werte annehmen dürfen, um eine Insolvenz aufgrund von Illiquidiät und/oder Überschuldung zu vermeiden:

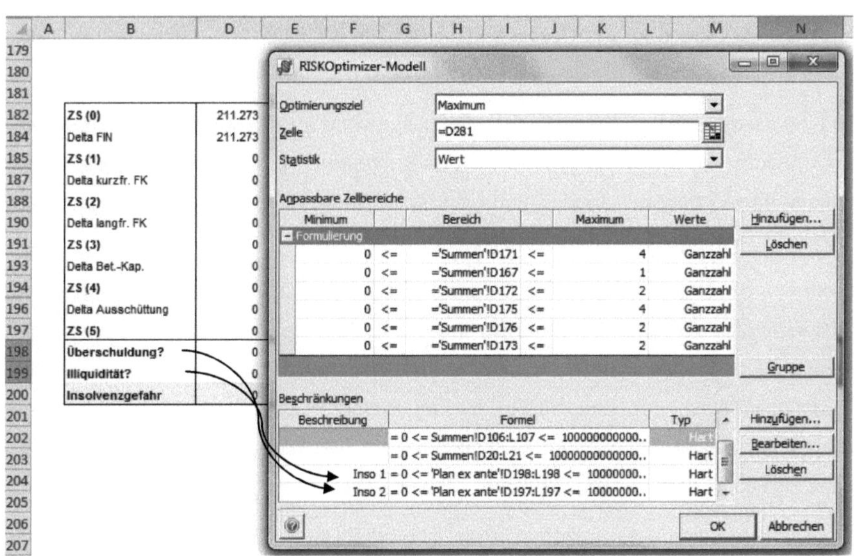

Abbildung 93: Ausschnitt Risk Optimizer III – Finanzrestriktionen

Ist ein auf diese Weise generierter Unternehmensplan einem Stresstest zu unterziehen, indem außergewöhnlich negative Marktentwicklungen simuliert werden,[1257] wird der Test bestanden, da jegliche Portfolio-Kombination, die eine Insolvenz verursachen könnte, bereits ausgeschlossen wurde. Alternativ können die Bedingungen

[1255] Die Beurteilung der Risikoakzeptanz ist dabei unternehmensabhängig und kann in individuelle Akzeptanzniveaus münden. Vgl dazu Gleißner (2011b), S. 111.

[1256] Vgl. Gleißner/Garrn/Nestler (2014), S. 427 m.w.N.

[1257] Vgl. dazu Lee (1999), S. 11; Metzler (2004), S. 123.

auch abgemildert werden, indem gewisse Insolvenzwahrscheinlichkeiten als zulässig erachtet werden. Anstatt eine Insolvenz und somit negative Werte des Zahlungssaldos und des Saldos aus Aktiva und Fremdkapital vollkommen auszuschließen, können negative Werte auch mit einer maximal zulässigen Wahrscheinlichkeit (z.B. 5%) zugelassen werden.[1258] Dementsprechend sind nicht alle Ergebnisse zu verwerfen, die zu einer Insolvenz führen, sondern nur solche, die eine Insolvenzwahrscheinlichkeit mit einem Konfidenz-Niveau von beispielsweise 5% überschreiten. Im Risk Optimizer sind somit die 95%-Perzentile der Salden zu überprüfen.

7.3.2.3 Optimierungsergebnis

Neben der Modelldefinition durch die Festlegung möglicher Projektzustände und durch die Hinterlegung von Optimierungsrestriktionen, ist die zu maximierende Zielgröße festzulegen.

Da eine risikoorientierte Bewertung vorliegt, ist nicht der Erwartungswert zu maximieren, sondern das Sicherheitsäquivalent des Barwertes. Somit werden Risikodiversifikationseffekte adäquat honoriert und eine Optimierung führt zu einem wertoptimalen Trade-Off zwischen Rendite und Risiko.

Zudem ist entweder der gesamte Unternehmenswert inklusive der Konvergenz- und Restwertphase zu optimieren oder es findet eine Beschränkung auf den Barwert der Detailprognosephase statt. Aufgrund der Existenz und Entscheidungstragweite des Portfolios im Detailprognosezeitraum wird die Beschränkung auf die Optimierung des Wertes der Detailprognosephase vorgeschlagen. Als Risikomaß wird die MUA gewählt und als Risikoaversionkoeffizient gilt weiterhin 0,3.

Im Optimierungsprozess sollten so viele Durchläufe ermöglicht werden, wie Kombinationsmöglichkeiten bestehen. Im Beispiel sind das 2.700 Möglichkeiten ($2 \cdot 2 \cdot 5 \cdot 5 \cdot 3 \cdot 3 \cdot 3$). Dementsprechend ist mindestens diese Anzahl an Iterationen anzugeben. Eine händische Durchführung wäre mit einem unzumutbaren Aufwand verbunden.

Im Beispiel wird durch den Risk-Optimizer die folgende optimale Kombination generiert:

1258 Vgl. Gleißner/Garrn/Nestler (2014), S.427.

Ergebnisse	
Projekt	Optimale Projektrealisation
P^1_{SGE1}	0
P^2_{SGE1}	0
IK^{P1}_{SGE1}	1
IK^{P2}_{SGE1}	1
P^1_{SGE2}	0
P^2_{SGE2}	1
IK^{P1}_{SGE2}	1
IK^{P2}_{SGE2}	0
INO^1_{SGE1}	4
INO^2_{SGE1}	1
INO^3_{SGE1}	2
INO^1_{SGE2}	3
INO^2_{SGE2}	0

Tabelle 122 : Optimale Projektzusammenstellung

Dem Ergebnis gemäß werden die Zwangsprojekte in der optimalen Konstellation durchgeführt, da die Fixierung der Projekt-Variablen ohnehin keine Variation zulässt. Das Sortiment sollte in Zukunft jedoch um das Produkt 2 der SGE 2 reduziert werden, sodass keine Weiterentwicklung vorgesehen ist. Wie zu erwarten, ist gemäß dem ermittelten Optimum auch der Verbundeffekt auszunutzen. Während für die Personal-Ressourcen für den Teil dieses Projektes, der von SGE 1 zu verantworten ist, auf die Holding-Ressourcen zurückzugreifen ist, sind diese von SGE 2 eigenständig einzusetzen. Darüber hinaus sollte SGE 1 das Innovationsprojekt 2 eigens durchführen und die Ressourcen für das Innovationsprojekt 3 werden wiederum durch die Holding bereitgestellt. Der risikobereingte Barwert der Detailprognosephase für dieses optimale Projekt-Portfolio beträgt 3.861.075 GE mit einer MUA i.H.v. 191.235 GE:[1259]

[1259] Vgl. Anhang, Tabelle 73 **Error! Reference source not found.**bis Tabelle 75 hinsichtlich der Bilanz, der GuV und der Finanzplanung zu diesem optimalen Portfolio in Erwartungswerten.

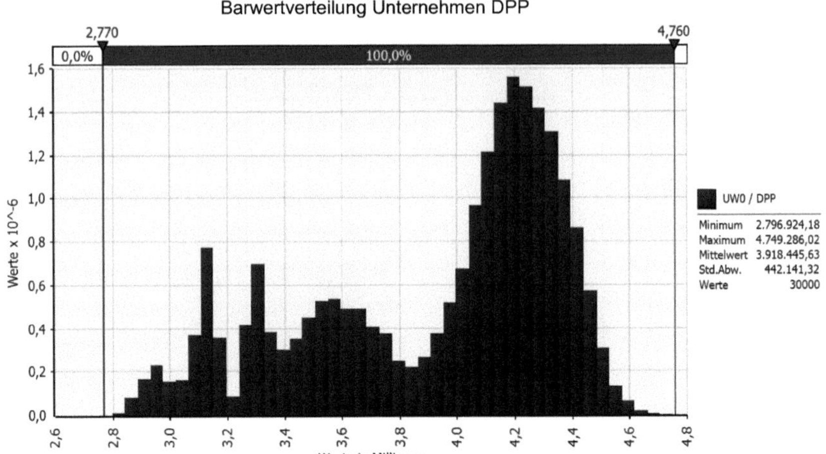

Abbildung 94: Barwertverteilung Detailprogonosephase im optimalen Portfolio

7.3.2.4 Ergänzung der Restwertberechnung unter Risiko

Ebenso wie unter Sicherheit kann auch unter Unsicherheit die Restwertberechnung ausgehend von den Auswertungen der Detailprognosephase angeschlossen werden.[1260] Auf Basis der Auswertungen der Detailprognosephase werden Normal-Niveaus und somit die Zielgrößen der Restwertphase definiert. Entweder werden diese wie im Ausgangsbeispiel einwertig festgelegt oder stochastifiziert. Zur Übersichtlichkeit sind im Beispiel die Zielgrößen wie im Ausgangsbeispiel unter Sicherheit gewählt. Demnach wird weiterhin langfristig eine Umsatzrendite von 45% erwartet, die Zielumsätze werden mit dem Durchschnittswert der Detailplanungsphase festgelegt und alle weiteren Abhängigkeitsstrukturen ebenfalls basierend auf dieser Detailplanung abgeleitet. Das bedeutet, dass automatisch ein ungünstiger Zustand der Detailplanung auch zu einem entsprechenden Zustand in der Konvergenz- und Restwertphase führt und vice versa. Ausgehend von dem optimalen Portfolio erfolgt somit die Fortführung der Detailplanung und die Wahrscheinlichkeitsverteilung des Gesamtunternehmenswertes ist der folgenden Abbildung zu entnehmen:

[1260] Vgl. dazu Abschnitt 6.2.3.3.

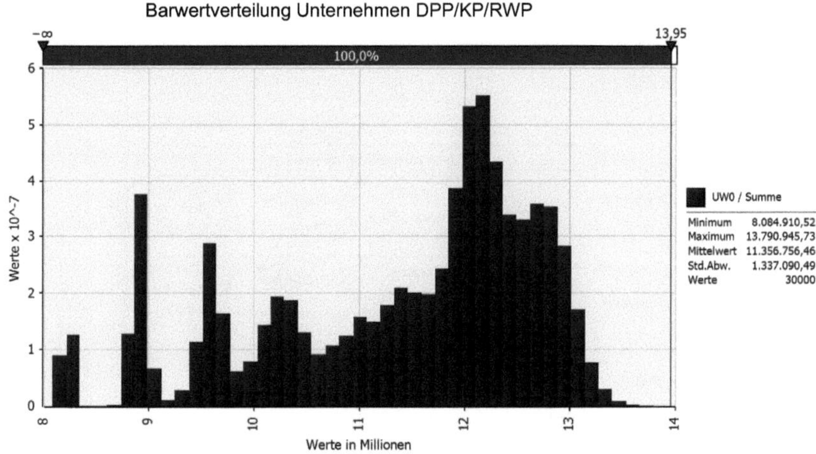

Abbildung 95: Barwertverteilung aller Phasen im optimalen Portfolio

Die Verteilung nimmt aufgrund der starken Abhängigkeit von der Detail-Planung eine ähnliche Gestalt wie diese an. Es wird auf Basis der Summe einzelner Phasen-Werte ein risikobereinigter Gesamtunternehmenswert i.H.v. 11.186.676 GE ermittelt. Dieser Wert lässt sich wie folgt auf die Drei-Phasen-Struktur aufteilen:

Phase	DPP	KP	RWP	Summe (UW_0)
µ (UW0)	3.918.446	2.514.193	4.924.118	11.356.756
STA (UW0)	442.141	364.775	532.954	
MUA (UW0)	191.235	152.884	222.816	
SÄ (UW0)	3.861.075	2.468.328	4.857.273	11.186.676

Tabelle 123: Bewertung aller Phasen im optimalen Portfolio

7.4 Akquisitionen als strategische Alternative

Alternativ zu einer internen Wissensgenerierung kann das Wachstum und der Werterhalt eines Unternehmens durch M&A-Aktivitäten und somit durch die Fusion mit oder Akquisition von einer unternehmensexternen Einheit erzielt werden.[1261] Es ist somit eine „technologische Make-or-Buy-Entscheidung“[1262] zu treffen, die sich mit einem wesentlichen Einfluss auf die Leistungstiefe im Bereich der F&E auswirken

1261 Vgl. auch Schön (2013), S. 97.
1262 Gerybadze (2004), S. 171.

kann.[1263] Im Vergleich zum internen Verbund wird nun die folgende vertikale Verbindung von Wertschöpfungsketten betrachtet:

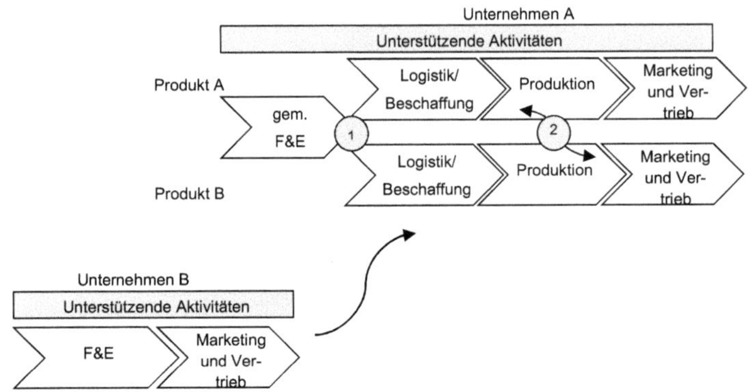

Abbildung 96: Portfolio-Verbund unter Einbezug der Akquisition

Die Akquisition ist charakterisiert durch den Erwerb von Eigentumsrechten an einem anderen Unternehmen, wobei das erworbene Unternehmen nicht zwangsläufig die eigene Rechtspersönlichkeit verliert.[1264] Dabei kann der Asset Deal in Form des Erwerbs von Einzelwirtschaftsgütern von einem Anteilserwerb durch einen Share Deal unterschieden werden.[1265] Fusionen zeichnen sich dadurch aus, dass zwei Unternehmen sowohl rechtlich als auch wirtschaftlich vereinigt werden und somit die Rechtspersönlichkeit eines oder beider Unternehmen verändert wird.[1266] Auf Konzernebene finden i. d. R. Anteilserwerbe an Kapitalgesellschaften und somit Akquisitionen in Form von Share Deals statt.[1267] Durch M&A-Aktivitäten können Verbindungen mit unternehmensexternen Einheiten entstehen, die horizontaler, vertikaler oder konglomerater Natur sind und dementsprechende Werteffekte erzeugen. Da bei der Analyse von Werteffekten stets das Controlling eine zentrale Rolle einzunehmen hat, wird im Folgenden zunächst eine allgemeine Abgrenzung der aus einer Akquisition resultierenden Controlling-Aufgaben vorgenommen. Daraufhin werden Akquisitionen sowie die zugrundeliegende Motivlage in forschungsintensiven Branchen systemati-

1263 Vgl. Gerybadze (2004), S. 171.
1264 Vgl. Gerpott (1993), S. 22; Gerpott (2009), S. 10.
1265 Vgl. Horzella (2010), S. 27 f.
1266 Vgl. Brast (2006), S.11; Gerpott (2009), S. 10.
1267 Vgl. Große-Frericks (2015), S. 25.

siert, um die Anforderungen an eine Bewertung zu konkretisieren. Der Abschnitt wird mit einem kurzen Fallbeispiel beendet, da die Akquisition ergänzend in die bestehende Kalkülstruktur eingebunden wird.

7.4.1 Grundlegende Controlling-Aufgaben durch Akquisitionen

Durch eine Akquisition in Form des Anteilserwerbs wird der Unternehmensverbund um eine neue Beteiligung erweitert, die in das wert- und risikoorientierte Steuerungssystem des Unternehmens zu integrieren ist. Um Kriterien für die Konzeption einer wertorientierten Steuerung von Beteiligungen zu identifizieren, bietet sich die Verwendung der (betriebs-)wirtschaftlichen Beteiligungsdefinition an.[1268] Demnach stellen der Kapitaleinsatz zum Erwerb der Beteiligung, das Recht zur Einflussnahme auf die Geschäftspolitik und das Recht auf einen Anteil am Bilanzgewinn sowie an Liquidationserlösen[1269] zentrale Merkmale dar, die eine wertorientierte Steuerungskonzeption beeinflussen. Um die konkreten Aufgaben zu systematisieren, dient eine Orientierung am Beteiligungslebenszyklus. Dieser Lebenszyklus umfasst idealtypisch mit der Akquisitionsphase, der Beteiligungsführungsphase und der Desinvestitionsphase drei Phasen, sodass die Controlling-Aufgaben korrespondierend unterteilt werden. [1270] Die Akquisitionsphase ist durch den Kauf einer Beteiligung gekennzeichnet und kann wiederum in eine Konzept-, Transaktions- und Integrationsphase untergliedert werden.[1271] Mithilfe des Controllings müssen zunächst ein Akquisitionskonzept formuliert sowie potenzielle Akquisitionskandidaten eruiert werden, wobei die Motive und somit die potenziellen Verbundeffekte in Übereinstimmung mit der Unternehmensstrategie ausschlaggebende Impulse liefern. Darauf folgt die Transaktionsphase. Seitens des (Akquisitions-)Controlling ist eine Ermittlung von subjektiven Grenzpreisen, zur Feststellung der maximalen Konzessionsbereitschaft notwendig,[1272] die um die kapitalmarktorientierte Kaufpreisabschätzung zu ergänzen ist. Dafür ist zudem eine systematische Unternehmens- und Umfeldanalyse notwendig, die

---

1268 Alternativ kann eine juristische Abgrenzung nach § 271 (1) S. 1 HGB erfolgen, wobei die Abgrenzungskriterien dieser Legaldefinition - insbesondere die Anforderung an eine dauerhafte Geschäftsverbindung - die Flexibilität einer wertorientierten Steuerung einschränken könnten. Vgl. dazu Dolny (2003), S. 82; Dreher (2010), S.12; Littkeman (2009), S. 13.

1269 Vgl. Dreher (2010), S. 14, m.w.N.

1270 Vgl. Ahlemeyer/Burger (2009), S. 1262; Littkemann (2009), S. 13; Dreher (2010), S. 23.

1271 Vgl. Balke (2012), S. 139; Burger/Ulbrich/Ahlemeyer (2010), S. 129 ff.; Holtrup/Stadtsholte/Littkemann (2009), S. 50; Horzella (2010), S. 4 m.w.N.

1272 Vgl. Dreher (2010), S. 47; Meier (2001), S. 75.

wiederum durch eine strukturierte Due Dilligence erreicht werden kann.[1273] Erfolgt die Transaktion, so ist die Beteiligung in das Unternehmen zu integrieren, die Systeme sind aufeinander abzustimmen und die Synergien zu realisieren.[1274] In der Literatur und Praxis[1275] wird oftmals die Integrationsphase als entscheidende Phase für den Akquisitionserfolg identifziert und ist somit auch in den Fokus der Forschung gerückt.[1276] Für das Controlling gilt es, im Rahmen eines einheitlichen Gesamtsystems, die Entwicklung der Akquisition unter Berücksichtigung des getätigten Kapitaleinsatzes anhand von operativen sowie strategischen Plan-Ist-Analysen zu evaluieren. Nach der Akquisitionsphase folgt die Beteiligungsführungsphase, die zu einer Abgrenzung des Beteiligungscontrollings i.e.S. führt.[1277] Die Unterstützung und Beurteilung des Managements der Beteiligungen durch Performancemessungen und wertorientierte Kontrollen kann als Primäraufgabe dieses Controllingbereichs angesehen werden.[1278] Auch hier sollte unmittelbar an der Akquisitionsphase anknüpfend das wertorientierte Gesamtsystem zur Analyse von subjektiv geprägten Kapitaleinsatzmehrwerten gewahrt werden.[1279] Auf Basis dieser Analysen sind zudem Impulse für mögliche Desinvestitionen zu geben, die somit gegebenenfalls die Desinvestitionsphase einleiten.[1280] Für das begleitende Controlling umfassen die Aufgaben die Abschätzungen möglicher Desinvestitionserlöse sowie die Evaluation von Alternativ- und Restrukturierungsprogrammen.[1281] In Anbetracht der bisherigen Ausführungen kennzeichnen also die subjektiv sowie objektiv geprägte Unternehmensbewertung und eine Performance- sowie Abweichungsanalyse die Hauptaufgaben, die durch Akquisitionen entstehen. Um einen näheren Bezug zur Innovations-Orientierung herzustellen, ist im Folgenden eine Analyse und Systematisierung der Akquisitionen in forschungsintensiven Branchen vorzunehmen.

1273 Vgl. Burger/Ulbrich/Ahlemeyer (2010), S. 166; Balke (2012), S. 140; Holtrup/Stadtsholte/Littkemann (2009), S. 58 ff.

1274 Vgl. Brugger (2011), S. 42.

1275 Vgl. dazu Bark/Kötzle (2003), S. 138 f.

1276 Vgl. u.a. Jansen (2008), S. 318; Homburg/Brocerius (2006), S. 347; Brast (2006); Brugger (2011); Horzella (2010), S. 3.

1277 Vgl. dazu Dirrigl (2007), Sp. 115; Borchers (2000), S. 57.

1278 Vgl. Dreher (2010), S. 48

1279 Vgl. Burger/Ulbrich/Ahlemeyer (2010), S. 489 m.w.N.

1280 Vgl. Dirrigl (2007), Sp. 118 f.

1281 Vgl. Dreher (2010), S. 49.

7.4.2 Spezifizierung der Controlling-Aufgaben durch Akquisitionen in forschungsintensiven Unternehmen

In dem vorliegenden Abschnitt stehen Akquisitionen im Vordergrund der Untersuchung, die in einer engen Verbindung zur internen F&E und Innovations-Orientierung durchgeführt werden. Aufgrund dessen sind Branchen zu identifizieren, die sowohl durch eine hohe Forschungsintensität, als auch ein hohes M&A-Volumen gekennzeichnet sind.

Die Systematisierung der Akquisitionsmotive und der zuletzt getätigten Akquisitionen dieser forschungsintensiven Unternehmen wirkt unterstützend, um die Controlling-Aufgaben näher eingrenzen und spezifizieren zu können. Da Unternehmensbewertungen einen zentralen Teil der Controlling-Aufgaben durch Akquisitionen einnehmen, wird anschließend vor dem Hintergrund der zuvor festgestellten Themenschwerpunkte auf Problemstellungen der subjektiven und objektiven Bewertung bei Akquisitionen von forschungsintensiven Unternehmen eingegangen.

7.4.2.1 Akquisitionen in forschungsintensiven Branchen

Um eine Branche zu identifizieren, die zugleich forschungsintensiv ist und ein hohes Transaktionsvolumen aufweist, sind öffentlich zugängliche Informationen über das F&E- sowie das Akquisitionsvolumen hilfreich.[1282] *Brast* typisierte bereits 2006 auf dieser Basis die chemisch-pharmazeutische Industrie als eine solche Branche.[1283] Dementsprechend ist in dieser Arbeit unter Nutzung aktueller Studien und Berichte zunächst der Fortbestand dieser Typisierung zu überprüfen. Einer Studie von PricewaterhouseCoopers zufolge wird deutlich, dass in den letzten zehn Jahren (2005-2014) zwei Drittel der F&E-Ausgaben auf die drei Branchen Automobil, Pharma sowie IT und Elektronik entfielen.[1284] Dies wird durch zahlreiche weitere Auswertungen bestätigt,[1285] sodass diese drei Branchen weiterhin - wie bereits 2006 - als besonders forschungsintensiv zu klassifizieren sind.

In einem weiteren Schritt kann das M&A-Volumen in die Betrachtungen einbezogen werden, um festzustellen, inwiefern Akquisitionen jeweils zur Wachstumsstrategie

---

1282 Vgl. auch Brast (2006), S. 64 f.
1283 Vgl. Brast (2006), S. 65.
1284 Vgl. PricewaterhouseCoopers (2014).
1285 Vgl. dazu bereits Brast (2006), S. 65; Rammer (2011), S. 89 ff. mit einem Überblick.

beitragen. Einer aktuellen Studie von *KPMG* zufolge, werden in der Automobilbranche Akquisitionen als letzte Alternative verfolgt, um Wachstum zu erzielen,[1286] sodass das gesamte Transaktionsvolumen vergleichsweise gering ausfällt. Dieses Volumen ist in den letzten Jahren vor allem in Europa, nicht zuletzt aufgrund der Wirtschaftskrise, rückläufig.[1287] Zudem ist die Automobilbranche als relativ konzentriert zu charakterisieren, da die zehn größten Marktteilnehmer bereits im Jahr 2006 80% des globalen Marktanteils besitzen.[1288] Demnach kann eine Analyse der aktuellen Trends nicht in einer repräsentativen Größenordnung erfolgen. Die Akquisitionen in der Pharmabranche weisen hingegen einen hohen Grad an Aktualität auf. Die zehn international größten Akquisitionen in den vergangenen Monaten der Jahre 2015 und 2014 verdeutlichen die aktuellen Transaktionsvolumina.[1289]

Käufer	Akquisitionsvolumen (in Mrd. Dollar)	Akquisitionskandidat
Actavis (USA)	65,0	Allergan (USA)
Mylan (USA)	28,9	Perrigo (IRL)
Actavis (USA)	20,8	Forest (USA)
Abbvie (USA)	19,8	Pharmacyclics (USA)
Pfizer (USA)	16,5	Hospira (USA)
Novarits (CH)	14,5	GSK Onkologie (GB)
Bayer (D)	14,2	Merck & Co. OTC (USA)
Veleant (CAN)	11,6	Salix (USA)
Merck & Co. (USA)	8,3	Cubist Pharmaceuticals (USA)
Roche (CH)	7,8	Intermune (USA)

Tabelle 124: Aktuelle Transaktionsvolumina in der Pharmaindustrie

Die Abgrenzung von *Brast* aus dem Jahr 2006 kann weiterhin aufrechterhalten werden und die chemisch-pharmazeutische Industrie somit als repräsentativ für eine zugleich forschungsintensive und intensiv akquirierende Industrie angesehen werden.[1290]

Die Entwicklung der Akquisitionen im Pharmabereich begann bereits mit der ersten Übernahmewelle in den 70er Jahren zur Erschließung neuer Märkte und zur Generierung von Wettbewerbsfähigkeit.[1291] In den 80er und 90er Jahren ist eine weitere

1286 KPMG (2015), S. 17.
1287 Vgl. PricewaterhouseCoopers (2012), S. 5.
1288 Vgl. Schön (2013), S. 62; Breitenbach (2010a), S. 25.
1289 Vgl. Salz (2015), S. 46, Stand ist April 2015.
1290 Vgl. auch Schön (2013), S. 59; Breitenbach (2010a), S.7.
1291 Vgl. Schön (2013), S. 59.

Phase der Konsolidierung zu beobachten.[1292] Vor allem gesetzliche Regularien wie die Erlaubnis der Generika-konkurrenz im amerikanischen Markt haben diese Entwicklungen gefördert.[1293] Es folgte eine zunehmende Konzentration des weltweiten Pharmamarktes. Während einer Studie von *Grabowski/Kyle* zufolge im Jahr 1989 noch 28 Prozent der Marktanteile durch die Top 10 der Pharmakonzerne gehalten wurden, beträgt dieser Anteil im Jahr 2009 bereits 45%.[1294] Im Vergleich zur Automobilindustrie ist die Branche allerdings noch als relativ unkonsolidiert zu klassifizieren, sodass weiterhin Übernahmen von hoher Relevanz sind. Dabei lassen sich, orientierend an aktuellen Transaktionen, unterschiedliche Trends erkennen.

Im Zeitablauf haben Übernahmen von Biotech-Spezialisten durch Pharmakonzerne sehr stark zugenommen.[1295] Übernahmen von Biotech-Spezialisten ergänzen das eigene Produkt-Portfolio und die Pipeline bei auslaufenden Patenten. Zudem erhoffen sich die Pharmakonzerne weniger Generika-Konkurrenz auf diesen akquirierten Nischen-Gebieten.[1296] Die kleinen Unternehmen können zumeist ein starkes Know-How in den Spezialgebieten aufbauen, während die Pharmakonzerne über eine reife Expertise in der Organisation klinischer Studien, in Regulierungsfragen und Marktplatzierungen verfügen.[1297] Zudem kann aus Sicht der Biotech-Unternehmen die Finanzlage gestärkt werden, ohne einen aufwendigen Börsengang durchzuführen.[1298] Die Pharmakonzerne rechtfertigen aufgrund der genannten Vorteile Kaufpreise, die das 8- bis 16- fache der Umsätze umfassen können und somit auf sehr hohen Bewertungsmultiplikatoren basieren.[1299]

Roche zahlte für das Biotech-Unternehmen Intermune, das nur ein Produkt vermarktet, 70 Millionen Dollar Umsatz generiert und sogar Verluste i.H.v. 220 Millionen US-Dollar verbucht, einen Kaufpreis von 8,3 Mrd. Dollar. Zuvor übernahm bereits Sanofi das Biotech-Unternehmen Genzyme und Gilead zahlte 11 Mrd. Dollar für Pharmasset mit dem Ziel, das Recht an einem Mittel gegen Hepatits C zu erhalten, das sich noch in der Entwicklungsphase befand. Einer aktuellen Auswertung des Handels-

---

1292 Vgl. Breitenbach (2010a), S. 7.
1293 Vgl. Grabowski/Kyle (2012), S. 552.
1294 Vgl. Grabowski/Kyle (2012), S. 554; Breitenbach (2010a), S. 25 mit geringfügig abweichenden Werten.
1295 Vgl. Schön (2013), S. 61. Im Jahr 2005 war demzufolge ein Höhepunkt zu verzeichnen.
1296 Vgl. Allch/Hofmann (2014), S. 20.
1297 Vgl. Economist (2014).
1298 Vgl. Breitenbach (2010b), S. 306.
1299 Vgl. Allch/Hofmann (2014), S. 20.

blatts zufolge gilt Gilead momentan mit einer operativen Umsatzrendite von 61,3% als weltweit profitabelster Konzern, da mit dem zugekauften Hepatitis C-Mittel, das pro sechs-wöchiger Therapie 60.000 Euro kostet, tatsächlich eine Markteinführung realisiert werden konnte.[1300]

Neben diesem Trend der Übernahme von Biotech-Spezialisten, zeichnet sich zudem ein Trend zur Fokussierung auf die Kernkompetenzen der Unternehmen ab.[1301] Der Spezialisierungstrend der Pharmariesen findet seit der Wirtschaftskrise vermehrt statt und wird durch entsprechende Akquisitionen unterstützt. Aus diesem Grund nimmt auch keines der 20 führenden multinationalen Pharmaunternehmen eine marktbeherrschende Stellung in mehreren Indikationsbereichen ein.[1302] Ein prägendes und aktuelles Beispiel in diesem Spezialisierungstrend ist der Asset-Tausch von GlaxoSmithKline (GSK) und Novartis. Während GSK die Impfsparte von Novartis übernimmt, erhält der Schweizer Pharmakonzern im Gegenzug die Sparte für Krebsmedikamente.[1303] Weitere Beispiele stellen die Übernahme des Krebsspezialisten Onyx durch Amgen für 10 Mrd. Dollar dar sowie die darauffolgende Übernahme von Algeta, ebenfalls einem Krebsspezialisten, für ca. 1,9 Mrd. Dollar durch Bayer.[1304] Darüber hinaus zeichnet sich ein weiterer Trend ab. Beispielsweise übernahm Pfizer den Generikahersteller Hospira für 17 Mrd. Dollar oder Bayer investierte 16 Mrd. Dollar in die Übernahme des Geschäfts mit rezeptfreien Medikamenten von Merck. Bei beiden Übernahmen wird „das Geschäft mit etablierten Produkten"[1305] gestärkt. Die Ziele von Bayer können darüber hinaus mit dem folgenden Zitat prägnant ergänzt werden: „Rezeptfreie Medikamente sind unter den Pharmafirmen heiß begehrt. Sie gelten als stabil im Verkauf und sollen die Risiken im klassischen Pharmageschäft ausgleichen."[1306] Neben einem Zukauf interessanter, aber riskanter Produkte und Produktbereiche im Sinne des traditionellen Pharmageschäfts, wird somit das gesamte Konzernportfolio der Pharmakonzerne durch Akquisitionen ergänzt, um eine Kompensation der Volatilität zu erreichen. Neben dem volatilen, innovativen Geschäft zur Entwicklung von Block Bustern, wird somit die stabile Umsatzgenerie-

---

1300 Vgl. Bialek (2015), S. 4 f.
1301 Vgl. Boyle (2014).
1302 Vgl. Schön (2013), S. 62.
1303 Vgl. Reuters (2014).
1304 Vgl. Telgheder (2013), S. 20.
1305 Vgl. Hofmann/Telgheder (2015), S. 21.
1306 Vgl. Einecke (2014).

rung gesichert. Es ist eine Analogie zur Portfoliostrukturierung im Automobilsektor erkennbar. Die Automobilkonzerne bekennen sich ebenfalls dazu, dass innovative Produktprojekte durch inkrementale Weiterentwicklungen auszugleichen und zu finanzieren sind.[1307] Es liegt somit in beiden Branchen eine klare Orientierung am Risikoausgleich, allerdings auf einer divergierenden Aggregationsebene vor.

7.4.2.2 Theoretische Fundierung von Erklärungsansätzen für Akquisitionen in forschungsintensiven Branchen – am Beispiel der Pharmaindustrie

Dieser Abschnitt dient einer zusammenfassenden Strukturierung von Erklärungsansätzen aus theoretischer Sicht vor dem Hintergrund der soeben aufgezeigten aktuellen Trends.

Um Akquisitionen aus theoretischer Sicht zu begründen, werden gewöhnlich industrieökonomische, finanztheoretische, managementtheoretische, transaktionskostenorientiere und ressourcenbasierte Ansätze diskutiert.[1308] Die Beeinflussung der Marktstruktur bzw. die Erzielung der Marktmacht, Risikodiversifizierungen, (Transaktions-)Kostenreduktionen und der Ressourcenausgleich stellen zusammenfassend die Hauptargumente für Akquisitionen nach diesen Ansätzen dar und sind zum größten Teil unter dem Überbegriff der Verbundeffekte zu subsumieren. Wie bereits aufgezeigt, können horizontale Zusammenschlüsse die Marktmacht und Unternehmensgröße stärken,[1309] vertikale Zusammenschlüsse insbesondere mit Biotech-Unternehmen führen zum gegenseitigen Stärken- und Schwächen-Ausgleich, konglomerate Zusammenschlüsse ermöglichen das Risiko zu diversifizieren.

Im Folgenden werden die Effekte hervorgehoben, die über die bereits systematisierten Verbundeffekte[1310] hinausgehen und als akquisitionsspezifisch klassifiziert werden. Dies umfasst primär ressourcenorientierte Erklärungen[1311] sowie die Begründung durch externe und interne Schocks.[1312]

Externe Schocks einer Industrie konnten schon in vielen Fällen als Gründe für wesentliche Transaktionswellen herangezogen werden,[1313] da Unternehmen in einer

---

1307 Vgl. Abschnitt 6.2.2.2.1.
1308 Vgl. Schön (2013), S. 63; ausführlich Eschen (2002), S. 41 ff.
1309 Vgl. dazu auch Grabowski/Kyle (2012), S. 559.
1310 Vgl. dazu Abchnitt 7.1.2.
1311 Vgl. dazu auch Schön (2013), S. 119 ff.
1312 Vgl. dazu Grabowski/Kyle(2012), S. 557 ff.
1313 Vgl. Andrade/Mitchell/Stafford (2001), S. 104 ff.

ökonomischen Stresssituation vermehrt zu Merger-Aktivitäten neigen. Die Unternehmen in der Pharmabranche sahen sich besonders durch die Öffnung der Märkte für Generikakonkurrenz vermehrtem Druck ausgesetzt, sodass dies einen Erklärungsansatz für die ersten Übernahmewellen seit den 80er Jahren bietet.[1314]

Neben diesen extern geprägten Schocks, stehen insbesondere Pharma-Unternehmen unter einem starken ökonomischen Druck, wenn die existierenden Patente auszulaufen drohen und die interne Pipeline nicht vielversprechend ist.[1315] Die Konzernprofitabilität ist oftmals von den wenigen marktfähigen Blockbustern abhängig, sodass eine Akquisition in dieser Stresssituation die schnellste Lösung darstellt.

Diese Feststellung ist eng mit dem ressourcenbasierten Erklärungsansatz verbunden. Generell ist bekannt, dass der Technologiedruck insbesondere in forschungsintensiven Branchen wie der Pharmaindustrie sehr stark ist. In immer kürzer werdenden Zeitabständen müssen erneuerte oder neue Produkte sowie ganze Technologien mit erhöhter Komplexität erforscht und entwickelt werden. Die Unternehmen sind zunehmend außer Stande durch die interne F&E und die internen Ressourcen diesen Entwicklungstrends zu genügen.[1316] Eine Beschaffung der Ressourcen über Faktormärkte[1317] im Sinne des Einkaufs von bereits ausgebildetem Personal oder von Technologie-Know-How stellt aufgrund der beschränkten Verfügbarkeit und der erhöhten Transaktionskosten für strategisch wertvolle Ressourcen[1318] oftmals keine Alternative dar. Demzufolge muss die Erschließung der notwendigen Wissensbasis durch Kooperationen und/oder Akquisitionen erfolgen.[1319] Kooperationen können jedoch zu einem nicht-intendierten Wissensabfluss[1320] oder opportunistischem und somit schädlichen Verhalten der Vertragspartner führen, sodass für einige Unternehmensziele die Akquisition die letzte und beste Alternative zum Wachstum oder Werterhalt und zur Wissensgenerierung darstellt. Auf diese Weise kann ein „Erwerb vollständiger Ressourcenbündel“[1321] erfolgen, die sich durch wertvolle, knappe, beschränkt imitierbare, nicht substituierbare und immobile Eigenschaften kennzeichnen

1314 Vgl. Grabowski/Kyle (2012), S. 557.
1315 Vgl. zu entsprechenden empirischen Ergebnissen u.a. Danzon/Eppstein/Nicholson (2007), S. 307 ff.
1316 Vgl. Schön (2013), S. 119.
1317 Vgl. dazu Eschen (2002), S. 222 f.
1318 Vgl. dazu Teece (2014), S. 328 ff.
1319 Vgl. Arvanitits (2012), S. 982.
1320 Vgl. Jansen (2008), S. 166.
1321 Schön (2013), S. 123.

lassen.[1322] Darüber hinaus können durch Akquisitionen nicht nur technologische Ressourcen aufgebaut, sondern auch bestehende Überkapazitäten genutzt werden.[1323] Wenn Patente auslaufen und die gesamte Produkt-Pipeline bei bestehenden Kapazitäten verringert ist, stellt die Akquisition eine zeitsparende und risikoarme Alternative dar, um die Kapazitäten weiter zu nutzen sowie die Effizienz aufrechtzuerhalten.[1324] Müssten zunächst wesentliche Wissenserkenntnisse in der internen F&E generiert werden, so könnten die Kapazitäten über eine zu lange Zeitspanne nicht genutzt und die Kosten unter Umständen untragbar werden. Entgegen diesen vielseitigen Vorteilen durch Akquisitionen sind allerdings hohe Misserfolgsquoten zu verzeichnen, die wiederum auf potenzielle Dis-Synergien zurückzuführen sind. Unterschiedliche Faktoren sind für Misserfolge im Akquisitionsbereich verantwortlich. Ein sehr entscheidender Faktor besteht in der misslungenen Integration des akquirierten Unternehmens.[1325] In der psychologischen Forschung wurde in diesem Zusammenhang der Begriff des „Merger Syndroms"[1326] geprägt. Mitarbeiter befinden sich durch Ängste um ihren Arbeitsplatz in einer Stresssituation, die zu Informationsverweigerungen, Ergebnis-, Produktivitäts- sowie Qualitätsverschlechterungen und Fluktuationszunahmen führen kann.[1327] Besonders die Abwanderung zentraler Wissensträger[1328] und eine insgesamt erhöhte Fluktuation können bei innovationsgetriebenen Akquisitionen zur erheblichen Schäden führen. Darüber hinaus besteht das „not-invented-here-Syndrom", das zu einer Ablehnung akquirierter, statt selbst entwickelter Innovationen führen kann.[1329] Die Reaktionen der Mitarbeiter sind sorgfältig zu analysieren, um entsprechende (Dis-)Synergien einzuschränken. Eine Kontrolle kann durch Soll-Ist-Vergleiche von zentralen Faktoren wie der Fluktuationsrate erfolgen.

1322 Die beschriebenen Ressourceneigenschaften werden als VRINI-Kriterien (valuable, rare, imperfectly imitable, non-substitutable, immobile) definiert.

1323 Vgl. dazu Grabowski/Kyle (2010), S. 560 ff.

1324 Vgl. Danzon/Eppstein/Nicholson (2007), S. 307 ff.

1325 Vgl. Schön (2013), S. 124; Bark/Kötzle (2003), S. 138f.; Jansen (2008), S. 318; Homburg/Brocerius (2006), S. 347. Allgemein zum Begriff der Post Merger Integration vgl. Brast (2006), S. 15 ff.

1326 Vgl. dazu Marks/Mirvis (1986), S. 42.; Larsson/Finkelstein (1999), S. 6.

1327 Vgl. Olie (1990), S. 207.

1328 Vgl. Schön (2013), S. 124.

1329 Vgl. Ohms (2000), S. 173.

7.4.2.3 Kooperationen als externe Alternative zur Akquisition

Eine alternative und häufig genutzte Möglichkeit, Verbindungen mit unternehmensexternen Einheiten einzugehen, besteht in der Begründung von Kooperationen.[1330] Die häufigen Meldungen über die zuletzt gegründeten Kooperationen in unterschiedlichen Branchen[1331] verdeutlichen die allgemein bestehende Beliebtheit dieser Organisationsform, um dem steigenden Wettbewerb und dem Innovationsdruck der jeweiligen Branche gemeinschaftlich zu begegnen. Besonders große multinationale Unternehmen beziehen zunehmend Kooperationen in ihre Innovationsstrategie ein, wenn die Alternativen der Akquisition ganzer Unternehmen sowie die eigene Entwicklung nicht möglich oder von Nachteil sind.[1332] Eine Kooperation lässt sich allgemein durch die zeitlich begrenzte freiwillige, zielgerichtete und aktive Zusammenarbeit rechtlich und wirtschaftlich selbständiger Unternehmen kennzeichnen.[1333] Im Gegensatz zur Akquisition ist hierbei das entscheidende Merkmal, dass keines der beteiligten Unternehmen die wirtschaftliche oder rechtliche Autonomie aufgibt und im Zuge der Kooperation verliert. Die Beschränkung der Entscheidungsbefugnis ist allein für den von der Zusammenarbeit betroffenen Unternehmensbereich vorgesehen.[1334] Dabei können mehrere Funktionsbereiche der Wertschöpfungskette oder nur einzelne Teile von der Zusammenarbeit betroffen sein.[1335] Die Erklärungsansätze für Kooperationen sind ebenso wie im Akquisitionskontext sehr vielfältig und durch unterschiedliche theoretische Ansätze geprägt.[1336] Regelmäßig werden (transaktions)kostenorientierte,[1337] ressourcenbasierte,[1338] spieltheoretische, wettbewerbs- und industrieökonomische Ansätze sowie Ansätze aus der Managementforschung[1339] oder Prinzipal-Agenten-Theorie herangezogen.[1340] Im Kern sind auch durch Kooperationen als Verbindung zweier oder mehr Einheiten Verbundeffekte zu

---

1330 Vgl. dazu Arvanitits (2012), S. 989 f.; Grant/Baden-Fuller (2004), S. 61.

1331 Plumridge (2014): „Daimler und Bosch planen Gründung eines Joint Venture für Elektromotoren"; o.V. (2014): „Novartis und Glaxo bringen Top-Marken in neues Joint Venture ein", Siemens AG (2014): „Siemens und Mitsubishi Heavy Industries bilden Joint Venture für Metallindustrie".

1332 Vgl. Gerybadze (2004), S. 189.

1333 Vgl. Michel (1996), S. 9.; Vaclavicek (2013), S. 30.

1334 Vgl. Friese (1998), S. 60.

1335 Vgl. Michel (1996), S. 21.

1336 Vgl. Swoboda (2003), S. 35 ff.; Vaclavicek (2013), S. 40 ff.

1337 Vgl. in den Grundzügen Coase (1973) und weiterentwickelt durch Wiliamson (1990).

1338 Vgl. Vaclavicek (2013), S. 43.

1339 Vgl. dazu Swoboda (2003), S. 51 ff.

1340 Vgl. Arvanitits (2012), S. 983 ff.; Swoboda (2003), S. 47 ff.

erzielen.[1341] Darüber hinaus ist - ähnlich wie im Akquisitionsbereich - ein Zugang zu wichtigen Ressourcen gewährleistet.[1342] Maßgeblich sind in diesem Kontext der Zugang zu einer externen Wissensbasis und/oder Marktkompetenz,[1343] sowie die Möglichkeit der Risiko- und Kostenteilung.[1344] Die Teilung der entstehenden Risiken[1345] und Kosten ist besonders relevant, wenn die Unsicherheit im Innovationsprozess hoch ist, da flexibel Maßnahmen ergriffen werden können und anders als bei der Akquisition nicht bereits die irreversiblen Transaktionspreise gezahlt wurden.[1346] Statt die hohen Transaktionspreise zu zahlen, werden vielmehr schuldrechtliche Komponenten vereinbart, um notwendige Ressourceneinsätze sowie mögliche Gewinnbeteiligungen der Parteien zu regeln.[1347] Aus diesem verminderten Kapitaleinsatz zu Beginn der Kooperation erwächst zunächst ein zentraler Vorteil. Allerdings spiegelt die mögliche Teilung von Kosten und Gewinnen zugleich die potenzielle Schattenseite einer Kooperation wider, da opportunistische Verhaltensweisen der weiterhin selbständigen Kooperationspartner sowie zu überwindende Erwartungsasymmetrien resultieren können.[1348] Demnach können die beteiligten Parteien vermehrt divergierende Vorstellungen im Hinblick auf die drei Dimensionen der Erfolgsfaktorisierung, der Dynamisierung und der Stochastifizierung aufweisen und ihren Vorteilhaftigkeitsberechnungen zugrunde legen.[1349] Die darauf zurückzuführenden divergierenden Erwartungen hinsichtlich möglicher Ausgleichszahlungen[1350] und somit die Grundlage für Vertragsverhandlungen erschweren die Übereinkunft und erhöhen die Transaktionskosten.[1351]

Seitens des Controllings sind analog zu den Überlegungen und Ansätzen im Akquisitionskontext quantitativ ausgerichtete Aufgaben zur Managementunterstützung im Lebenszyklus der Kooperation zu übernehmen.[1352] Letztlich ist auch im Kooperati-

---

1341 Eine empirische Arbeit von Rotering (1990), die zu diesem Erkenntnisgewinn geführt hat, wird als Pionierarbeit auf diesem Gebiet eingestuft. Vgl. dazu Oesterle (2003), S. 639; vgl. Vaclavicek (2013), S. 61 ff. mit einem ausführlichen Überblick.

1342 Vgl. Grant/Baden-Fuller (2004), S. 61 ff.

1343 Vgl. Knyphausen-Aufseß/Schweizer (2003), S. 1121 ff.; Grant/Baden-Fuller (2004), S. 61.

1344 Vgl. Specht/Beckmann/Amelingmeyer (2002), S. 394; Oesterle (2003), S. 635.

1345 Vgl. dazu grundlegend Hladik (1988), S.190 f.

1346 Vgl. Schön (2013), S.126.

1347 Vgl. Oesterle (2003), S. 649.

1348 Vgl. Specht/Beckmann/Amelingmeyer (2002), S. 394 mit einer Gegenüberstellung von Chancen und Risiken der Kooperation im F&E-Bereich.

1349 Vgl. auch Bogdan/Villinger (2010), S. 150.

1350 Vgl. Oesterle (2003), S. 649.

1351 Vgl. Schön (2013), S. 122; Gerybadze (2004), S. 190.

1352 Diese Aufgaben beginnen mit der Entscheidung für eine Form der Kooperation, führen über die

onskontext der Mehrwert der Kooperation im Vergleich zur best möglichen Alternative entscheidend.[1353] Da dieser Mehrwert durch eine Aufteilung von Kosten, Leistungen und Risiken im Wertschöpfungsprozess beeinflusst wird, entsteht ein zusätzliches Bewertungs- und Allokationsproblem, das über die beschriebenen Problemkomplexe im Akquisitionskontext hinausgeht und somit zu ergänzen ist.

Um eine Entscheidungsfindung zwischen Kooperation und Akquisition zu systematisieren, erweist sich eine Orientierung entlang der Dimensionen der strategischen Relevanz, des relativen Kompetenzniveaus des Unternehmens, der Spezifität der Ressourcen, der Unsicherheit und der Repitivität der Aufgabe als nützlich.[1354] Konzentriert man sich übergeordnet auf die ersten beiden Kriterien, so kann die folgende Unterscheidung entlang zweier Matrixdimensionen erfolgen:

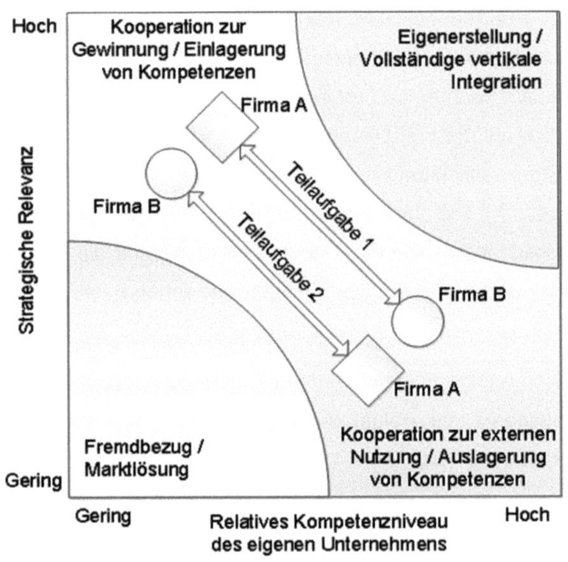

Abbildung 97: Kooperationen vs. Akquisition und Eigenerstellung[1355]

ex ante Abschätzung des Mehrwertes und die Performancemessung während der Kooperation und enden mit einer ex post Entscheidung für oder gegen die Beendigung einer Kooperation. Vgl. ähnlich Specht/Beckmann/Amelingmeyer (2002) S. 391 ff.; Gerpott (1999), S. 245 ff.

1353 Vgl. Oesterle (2003), S. 635. Demnach sind Kooperationen mit Kooperationen durch alternative Partner, mit der internen Forschung und Entwicklung, mit der Lizenznahme am Markt oder mit der Akquisition zu vergleichen

1354 Vgl. Gerybadze (2004), S. 197.

1355 In Anlehnung an Gerybadze (2004), S. 197.

Produkte oder Produktinnovationen, die im Kompetenzbereich des Unternehmens liegen und eine hohe strategische Relevanz aufweisen, sollten demnach intern entwickelt oder vollständig durch eine Unternehmensübernahme akquiriert werden. Besitzt das Unternehmen keine hohe Kompetenz und das Projekt ist von untergeordneter Bedeutung, so sollte der Fremdbezug über den Markt, beispielsweise in Form einer Lizenz, in Betracht gezogen werden. Befindet sich das Unternehmen zwischen diesen Extremsituationen, erhält die Kooperation zunehmende Relevanz. Generell ist eine Kooperation erfolgsversprechender, wenn die Unternehmen komplementäre Stärken aufweisen, aufeinander angewiesen sind und somit partielle Defizite gegenseitig ausgleichen können.[1356]

7.4.3 Bewertung (innovativer) Unternehmen im Akquisitionskontext

Im weiteren Verlauf erfolgt eine Konzentration auf subjekt-neutral und subjektiv geprägte Unternehmensbewertungen von forschungsintensiven Unternehmen, die wie ausgangs geschildert einen wesentlichen Aufgabenteil des Controllings durch Akquisitionen darstellen. Die Notwendigkeit, eine subjekt-neutrale Bewertung zu ergänzen, ist auf die Interaktion mit Unternehmensexternen und dem Markt im Zuge von Akquisitionen zurückzuführen.

Die Strategiealternative der Akquisition bedingt somit nicht einen mono-funktionalen Bewertungszweck, sodass eine Mehrzahl von Bewertungen notwendig wird, um der Entscheidungsfindung zur wertorientierten Konfiguration des entstehenden Konzern- und Produktportfolios zu dienen:

1. **Subjektiv-investorenorientierte Bewertungen** sind notwendig, um die vorliegende Produkt- und Pipelinekonfiguration aus der Konzernperspektive zu bewerten und eine alternative Konfiguration zu evaluieren. Diese subjektiv geprägte Bewertung wurde bereits zum zentralen Bestandteil der vorangegangenen Abschnitte. Darüber hinaus wird in dem vorliegenden Kontext die Ermittlung der maximalen Konzessionsbereitschaft bei einer Akquisition oder auch Desinvestition notwendig, die durch eine Grenzpreisermittlung[1357] erfolgen kann.

1356 Vgl. Gerybadze (2004), S. 221. Für eine solch matrixorientierte Entscheidungsunterstützung werden u.a. auch Dimensionen wie „Vertrautheit mit dem Markt", „Vertrautheit mit dem Produkt", „Unsicherheit über die technische Lösung" und „Unsicherheit über die Marktorientierung" in Erwägung gezogen. Vgl. dazu Oesterle (2003), S. 637 f.

1357 Vgl. Bausch (2000), S. 449; Coenenberg/Schultze (2006), S. 473; Weitmann/Bubeck (2009), S.

2. **Subjekt-neutrale und somit (objektiv-)marktorientierte Bewertungen** sind notwendig, um die potenziellen Transaktionspreise für Akquisitions- und Desinvestitionsobjekte abzuschätzen,[1358] da erst durch diesen geschätzten zusätzlich zu leistenden Kapitaleinsatz eine (mehr-)wertorientierte Evaluierung des entstehenden Portfolios ermöglicht wird.[1359]

Vor diesem Hintergrund der multi-funktional ausgerichteten Aufgabenstellung werden im Folgenden unterschiedliche Bewertungsansätze dargestellt und ihr Nutzen im vorliegenden Anwendungsgebiet kritisch gewürdigt. Das zentrale Ziel der Untersuchungen liegt in der Konzeption und Illustration eines geschlossenen Bewertungssystems zur Unterstützung der wertorientierten Entscheidungsfindung betreffend die Portfolio-Konfiguration in forschungsintensiven Unternehmen unter Berücksichtigung der Akquisition als strategische Alternative.

Es ist zu beachten, dass zwei übergeordnete Kategorien an Akquisitionskandidaten zu unterscheiden sind.[1360] So konnte gezeigt werden, dass zum einen Akquisitionen von Bedeutung sind, die zu einer Reduktion des Risikos im Gesamtkonzern führen und eine Ressourcenerweiterung in finanzieller und materieller Hinsicht darstellen, indem relativ stabile Geschäftsfelder zugekauft werden. Im Pharmasektor bedeutet dies zumeist eine Übernahme von Generikaherstellern.[1361] Zum anderen sind die Akquisitionen von Bedeutung, die zu einer Aufnahme neuer Produkte, Produktlinien und Technologien im Portfolio führen, da die eigene F&E-Pipeline nicht ausreichend Ertragsaussichten bietet. Die zuletzt genannte Akquisitionsrichtung steht aufgrund der besonderen Komplexität im Vordergrund der nachstehenden Untersuchungen.

7.4.3.1 Subjektbezogene Grenzpreisbestimmung mit dem Standard-Ertragswertverfahren

Eine der zentralen Bewertungsaufgaben besteht darin, die maximale Konzessionsbereitschaft einer Partei zu ermitteln, indem ein subjektiver Grenzpreis berechnet wird, der den minimalen Verkaufspreis oder den maximalen Kaufpreis widerspiegelt, mit

304.

1358 Vgl. Bausch (2000), S. 449; Dreher (2010), S. 55.

1359 Vgl. Alfs (2015), S. 399.

1360 Vgl. auch Merk/Merk (2010), S. 321.

1361 Vgl. dazu Merk/Merk (2010), S. 325.

dem sich der (Des-)Investor nicht schlechter stellt als bei alternativer Verwendung der finanziellen Mittel.[1362]

Mithilfe der begrifflichen und inhaltlichen Prägung des „Standard-Ertragswertverfahren“ konnte eine klare Abgrenzung eines entscheidungsorientiert fundierten Verfahrens zur investorbezogenen Grenzpreisermittlung gegenüber den marktorientierten DCF-Verfahren erzielt werden.[1363] Während in der Literatur eine heterogene Definition des Ertragswertverfahrens vorherrschend ist, die sich in divergierenden Annahmen hinsichtlich der Erfolgsgröße,[1364] des Zinsfußes, des Risikos und der Zeit[1365] äußert,[1366] sind folgende Merkmale als konstitutive Bestandteile des Standard-Ertragswertverfahrens zu charakterisieren:[1367]

- Eine integrierte drei-dimensionale Erfolgsprognose,[1368] die zur Ermittlung der bewertungsrelevanten Ausschüttung[1369] und zur Risikooffenlegung notwendig ist. Die Bewertung des Risikos erfolgt wiederum auf der Basis der Sicherheitsäquivalent-Methodik.
- Die Berücksichtigung einer individuellen investorenspezifischen Alternativinvestition im Sinne des Opportunitätsgedankens und des Grundsatzes „Bewerten heißt Vergleichen“ [1370].

Die Merkmale bieten somit klare Ansätze zur Abgrenzung von den marktorientierten DCF-Verfahren.[1371]

Da eine integrierte, drei-dimensionale Erfolgsprognose sowie die Berücksichtigung des Risikos mittels einer subjektiv geprägten Sicherheitsäquivalentmethodik bereits

---

1362 Vgl. Moxter (1983), S. 9; Mandl/Rabel (1997), S. 68 ff.; Kuhner/Maltry (2006), S. 80.

1363 Vgl. ursprünglich Dirrgl (2009), S. B 23 ff. und darauf bezugnehmend Dreher (2010), S. 60 sowie Große-Frericks (2015), S. 19; Gleißner (2013), S. 698.

1364 Vgl. dazu Mandl/Rabel (1997), S. 30.

1365 Nach Mellerowicz sind diese Komponenten die „Grundlagen des Ertragswertes“, Mellerowicz (1952), S. 49.

1366 In der Literatur reicht die Flexibilität in der Ausgestaltung des Ertragswertverfahrens soweit, dass eine (teilweise) Gleichsetzung dieses Verfahrens mit dem FTE-Ansatz der DCF-Verfahren erfolgt, vgl. dazu Drukarczyk/Schüler (2007), S. 234 f.; Ballwieser/Hachmeister (2013), S. 195. Eine solche Gleichsetzung ist durch die Definition des Standard-Ertragswertverfahren ausgeschlossen.

1367 Vgl. dazu Dirrigl (2009), S. B 23 ff. und darauf bezugnehmend Dreher (2010), S. 60 ff.; Große-Frericks (2015), S. 19 f.; Alfs (2015), S. 400.

1368 Vgl. dazu Dirrigl (2009), S. B 26 ff.; Abschnitt 3.

1369 Vgl. Dirrigl (2009), S. B 23.

1370 Vgl. Moxter (1983), S. 123 und bezugnehmend Dirrigl (2009), S. B 29.

1371 Vgl. auch Alfs (2015), S. 400.

ausführlich untersucht wurden, wird hinsichtlich dieser Komponenten auf die zuvor gewonnenen Erkenntnisse verwiesen.

Eine Ergänzung zur bisher subjektiv geprägten Vorteilhaftigkeitsanalyse stellt nachfolgend die Berücksichtigung einer expliziten Alternativinvestition dar. Die bereits thematisierte Diskontierung der Zahlungsüberschüsse und die Risikoaggregation dienen der Ermittlung eines risikobereinigten Gegenwartswertes der in Zukunft zu erzielenden Zahlungsüberschüsse. Allerdings führen diese Berechnungen nicht zu einem Grenzpreis für das Akquisitionsobjekt zur Festlegung der maximalen Konzessionsbereitschaft, da der notwendige Kapitaleinsatz noch unbekannt und seine Alternativverwendung unberücksichtigt sind.[1372] Die Integration der besten Alternativinvestition stellt somit eine ergänzende Komponente der Grenzpreisbestimmung dar und wird im folgenden Abschnitt konkretisiert.

7.4.3.1.1 Berücksichtigung von Alternativinvestitionen

Um die maximale Konzessionsbereitschaft zu ermitteln, ist folglich die Berücksichtigung der besten Alternativinvestitionen mit dem bereits bekannten Kapitaleinsatz (A_0^A) als konstitutiv zu erachten.[1373] Nach dem Bewertungsgrundsatz „Bewerten heißt Vergleichen" wird demnach von „dem bekannten Preis einer äquivalenten alternativen Mittelverwendung auf den Wert des potenziellen Akquisitionsobjekts geschlossen"[1374]. Auf Basis einer Indifferenzbedingung zwischen den Werten der zu vergleichenden Objekte können unterschiedliche Formen der Alternativenberücksichtigung differenziert werden. Der Einbezug des Kapitalwertes der Alternative kennzeichnet die **Kapitalwert-Logik**. Ein Alternativenvergleich erfolgt dabei auf Basis des absoluten Kapitalwertes oder durch den Einbezug der Kapitalwertrate.[1375] Ferner können Alternativrenditen in Form des internen Zinfußes der besten Alternative herangezogen werden, sodass ein relativer Vergleich stattfindet, der als **Alternativrendite-Logik** zu bezeichnen ist.[1376] Insgesamt können die vier folgenden Formen der Alter-

---

1372 Vgl. Alfs (2015), S. 402.

1373 Vgl. grundlegend Moxter (1983), S. 123: „ Der Preis des Vergleichsobjekts muß bekannt sein; ein Objekt mit gesuchtem Preis taugt nicht als Bewertungsmaßstab, weil es selbst bewertungsbedürftig ist."

1374 Dreher (2010), S. 61.

1375 Vgl. Dirrigl (2004a), S. 19.

1376 Vgl. Große-Frericks (2015), S. 247 ff.; Alfs (2015), S. 403 ff., wobei hier die Verwendung der Kapitalwertrate gesondert als Kapitalwertraten-Logik bezeichnet wird.

nativenberücksichtigung durch investitionstheoretische Vorteilhaftigkeitskriterien unterschieden werden:

(1) Kapitalwert-Logik

(1a) absoluter Kapitalwert
(1b) Kapitalwertrate

(2) Alternativrendite-Logik

(2a) Interner Zinsfuß
(2b) Modifizierter interner Zinsfuß

Wendet man diese Kriterien an, so ist nach vorherrschender Literatur-Meinung eine weitest gehende Äquivalenz von Bewertungs- und Alternativobjekt in wichtigen Dimensionen zu erzeugen, damit sie nahezu Substitute darstellen.[1377] In diesem Zusammenhang stellt besonders die geforderte Äquivalenz der Risikodimension eine wesentliche Herausforderung dar.[1378] Da realiter die Existenz eines perfekten Substituts als unwahrscheinlich zu erachten ist, ist die geforderte Äquivalenz rechnerisch herzustellen.[1379] Folglich ist eine Risikobereinigung der beiden Objekte vorzunehmen,[1380] indem in Übereinstimmung mit der individualistischen Ausrichtung des Standard-Ertragswertverfahrens jeweils Sicherheitsäquivalente und somit Risikoabschläge gebildet werden.[1381] Differenzen in der intertemporalen Zahlungsstruktur sowie der Laufzeit sind durch die Diskontierung mit einem Basiszinssatz (ggf. bereinigt um persönliche Steuern)[1382] auszugleichen. Die Diskontierung führt zu einer Berücksichtigung von Ergänzungsinvestitionen, die jederzeit zum Basiszins durchgeführt werden können, sodass eine rechnerische Äquivalenz zwischen den Betrachtungsobjekten erreicht wird.[1383] Da ein expliziter Alternativenvergleich erfolgen soll, ist über die Risikobereinigung und die zeitliche Aggregation hinaus, die Vorteilhaftigkeit der Alternative zu ermitteln. Es wird demnach ein Kapitalwert oder eine Renditegröße

---

1377 Vgl. dazu Ballwieser/Leuthier (1986), S. 607 ff.; Mandl/Rabel (1997), S. 132; Schultze (2003), S. 248 ff.; Metz (2007), S. 10; Ballwieser/Hachmeister (2013), S. 86 ff.; Dreher (2010), S. 77; Große-Frericks (2015), S. 246.

1378 Vgl. Kuhner/Maltry (2006), S. 132.

1379 Vgl. Dirrigl (1988), S. 234; Dirrigl (2009), S. B 32; Dreher (2010), S. 78 f.

1380 Vgl. Dirrigl (2009), S. B 32; Ballwieser/Hachmeister (2013), S. 95; Große-Frericks (2015), S. 246.

1381 Vgl. Alfs (2015), S. 406 f. Es wird zusätzlich auf die Möglichkeiten der Risikozuschlagsmethodik eingegangen. Allerdings mit der Feststellung, dass diese nicht in Übereinstimmung mit der subjektiven Ausrichtung des Standard-Ertragswertverfahren angewandt werden kann.

1382 Vgl. Große-Frericks (2015), S. 247.

1383 Vgl. dazu Dreher (2010), S. 77 f.

erforderlich,[1384] sodass die oben bereits benannten vier Möglichkeiten resultieren, die folgend kurz skizziert werden.

Ein Einbezug des (1a) absoluten **Kapitalwertes** der Alternative (C_0^A) erfolgt durch die Korrektur des risikobereinigten Barwertes der Erfolgsgrößen des Bewertungsobjektes ($SÄ(\widetilde{BW_0^B})$) um diesen Kapitalwert:[1385]

$$C_0^A = C_0^B = SÄ(\widetilde{BW_0^A}) - A_0^A = SÄ(\widetilde{BW_0^B}) - GP_0^B \quad (7\text{-}16)$$

$$GP_0^B = SÄ(\widetilde{BW_0^B}) - C_0^A$$

Die Barwertberechnung erfolgt bei beiden Betrachtungsobjekten durch die Diskontierung der Erfolgsgröße mit dem Basiszinssatz, während die Risikobereinigung, wie gefordert, durch die Bildung von Sicherheitsäquivalenten entsteht. Die Überrendite der Alternative wird somit durch den Kapitalwert als Netto-Überschussgröße[1386] berücksichtigt, wobei diese Herangehensweise impliziert, dass der Kapitaleinsatz auf den der Alternative begrenzt ist.[1387]

Um diese Restriktion zu umgehen, kann alternativ die (1b) **Kapitalwertrate** herangezogen werden.[1388]

$$kwr = \frac{C_0}{A_0} \quad (7\text{-}17)$$

Da eine Indifferenz zwischen Bewertungs- und Alternativobjekt herzustellen ist, gilt die folgende Bedingung:

$$kwr^A = kwr^B = \frac{C_0^A}{A_0^A} = \frac{SÄ(\widetilde{BW_0^B}) - GP_0}{GP_0} \quad (7\text{-}18)$$

die zur folgenden Bewertungsgleichung führt:[1389]

$$GP_0 = \frac{SÄ(\widetilde{BW_0^B})}{1 + kwr} \quad (7\text{-}19)$$

Wird statt des beschriebenen Einbezugs des Kapitalwerts die **Alternativrendite-Logik** angewandt, so werden die Opportunitätskosten als Bestandteil des Kalkulati-

1384 Vgl. Dreher (2010), S. 79.
1385 Vgl. grundlegend Dirrigl (1988), S. 240; Dirrigl (2004a), S. 19.
1386 Vgl. Alfs (2015), S. 402.
1387 Vgl. Dreher (2010), S. 80; Dirrigl (2004a), S. 19.
1388 Vgl. Dreher (2010), S. 80.
1389 Vgl. dazu Dirrigl (2004a), S. 19 f.

onszinsfußes in die Bewertungsgleichung einbezogen.[1390] Die interne Rendite des Vergleichsobjektes ist heranzuziehen, um damit die Zahlungsgrößen des Bewertungsobjektes zu diskontieren.

Demnach ist zunächst der **interne Zinsfuß** (2a) des Alternativobjektes zu ermitteln, der zu einem Kapitalwert i.H.v. Null führt, sodass die Anschaffungskosten und der Barwert der Cashflows der Alternative äquivalent sind:[1391]

$$A_0 = \sum_{t=1}^{n} \frac{SÄ(\widetilde{ECF_t^A})}{(1 + \boldsymbol{r^A})^t} \qquad (7\text{-}20)$$

Durch die Diskontierung der Ausschüttungen des Bewertungsobjektes mit diesem Zins kann der Grenzpreis ermittelt werden:

$$GP_0 = SÄ\left(\sum_{t=1}^{n} \frac{\widetilde{ECF_t^B}}{(1 + \boldsymbol{r^A})^t}\right) \qquad (7\text{-}21)$$

Wendet man diese renditeorientierte Methode an, so ist allerdings die Risikobereinigung im vorliegenden Kontext als problematisch zu erachten. Im bisherigen Schrifttum wird primär von der Bildung periodischer Sicherheitsäquivalente im Zähler ausgegangen, sodass der interne Zinfuß risikobereinigt wird und eine additive Zusammensetzung aus quasi sicherer Überrendite und Basiszins darstellt.[1392] In Abschnitt 4.2.3 konnte allerdings darauf hingewiesen werden, dass diese Risikobereinigung im Zähler zu verzerrenden Konsequenzen im berücksichtigten Risikoausmaß führt, sodass aufgrund einer unzureichenden Risikofeststellung Fehleinschätzungen erfolgen können. Alternativ ist die Bildung von Sicherheitsäquivalenten der internen Rendite in Betracht zu ziehen oder eine Aufteilung der ermittelten Rendite möglich.[1393] Diese Überlegungen sind allerdings vor dem Hintergrund unterschiedlicher Erkenntnisse nicht auszuführen, da die interne Rendite ohnehin durch wesentliche Nachteile von untergeordneter Bedeutung ist.[1394] Eine weitere renditebezogene Alternativenberücksichtigung bietet der (2b) **modifizierte interne Zinsfuß**. *Dirrigl* weist in diesem

---

1390 Vgl. Große-Frericks (2015), S. 249, bezugnehmend auf Dreher (2010), S. 116.

1391 Um eine interne Rendite zu berechnen, ist eine endliche Laufzeit (T) der Alternative notwendig. Somit ist Laufzeit durch n=T zu begrenzen.

1392 Vgl. Große-Frericks (2015), S. 249 f.; Alfs (2015), S. 403 f.

1393 Vgl. dazu auch Alfs (2015), S. 404, wobei festgestellt wird, dass die Rendite aus dem Basiszins, der Überrendite und einer Risikokomponente besteht, sodass die Risikoprämie zu eliminieren ist, wenn dies nicht über die Bildung von Sicherheitsäquivalenten erfolgt.

1394 So wird im weiteren Verlauf in Anlehnung an die Feststellungen von Alfs die Alternativrendite-Logik nicht weiter in Betracht gezogen. Vgl. dazu Alfs (2015), S. 412 f.

Zusammenhang darauf hin, dass dieser Zinsfuß vorteilhaft sei, da eine zwischenzeitliche Wiederanlageprämisse zur Überrendite des internen Zinsfußes ausgeschlossen wird.[1395] Der modifizierte interne Zinsfuß lässt sich wie folgt berechnen:

$$r_{Mod} = \sqrt[n]{\frac{\sum_{t=1}^{n} \widetilde{ECF}_t^A \cdot (1+i)^{n-t}}{A_0^A}} - 1 \quad (7\text{-}22)$$

In diesem Fall kann die Aggregation des Risikos durch die Bildung eines Sicherheitsäquivalentes des Endwertes erfolgen und der modifizierte interne Zinsfuß als Kombination aus Basiszins und Überrendite sodann als Diskontierungszins für das Bewertungsobjekt herangezogen werden:

$$r_{Mod} = \sqrt[n]{\frac{SÄ(\sum_{t=1}^{n} \widetilde{ECF}_t^A \cdot (1+i)^{n-t})}{A_0^A}} - 1 \quad (7\text{-}23)$$

$$GP_0 = SÄ\left(\sum_{t=1}^{n} \frac{\widetilde{ECF}_t^B}{(1+r_{Mod})^t}\right) \quad (7\text{-}24)$$

Um die zur Verfügung stehende Methodenvielfalt zu dezimieren und die einzelnen Methoden zu validieren, erfolgte bereits durch *Alfs* eine weiterführende kritische Analyse, deren Ergebnisse auch als Grundlage für die vorliegende Arbeit heranzuziehen sind.

Alfs stellt fest, dass die Alternativrendite-Logik einige Defizite aufweist und insgesamt eine starke Inferiorität gegenüber der Kapitalwert-Logik besteht. Er geht von der Prämisse aus, dass bei identischen Zahlungsströmen und identischer Laufzeit eine Bewertungsäquivalenz von Alternativ- und Bewertungsobjekt bestehen muss. Durch unterschiedliche Analysen kann bewiesen werden, dass diese Prämisse unter Verwendung der Alternativrendite-Logik verletzt wird.[1396] Die letztendliche Entscheidung ist somit zwischen der Kapitalwertrate und der Berücksichtigung des absoluten Kapitalwertes zu treffen. Dabei ist ausschlaggebend, welche Annahmen hinsichtlich der Rentabilität des eingesetzten Kapitals bestehen. Wird unterstellt, dass die Rentabilität durch die Alternativinvestition auf das dafür einzusetzende Kapital beschränkt ist und somit weitere Investitionen nur zum Basiszins erfolgen, so ist der absolute Kapitalwert heranzuziehen. Geht man davon aus, dass diese Relation von Kapitalwert

---

1395 Vgl. Dirrigl (1988), S. 245 ff.

1396 Vgl. dazu Alfs (2015), S. 407 ff. Der Autor verweist auf Bewertungsformeln von Dirrigl (1988), S. 240-247, die sicherstellen, dass Äquivalenzbedingungen bei der Anwendung der Alternativrendite-Logik eingehalten werden.

und Kapitaleinsatz mit dem Einsatz jeden Geldbetrages erzielt werden kann, so ist die Kapitalwertrate relevant.[1397] Des Weiteren ist zu klären, welche Investitionen als Alternativen für die Bewertung eines Akquisitionskandidaten in forschungsintensiven Branchen herangezogen werden können. *Mandl/Rabel* stellen fest, dass die „relevante Vergleichsinvestition (...) stets vom individuellen Entscheidungsumfeld des Bewertungssubjekts abhängig"[1398] ist. Dabei sind grundsätzlich alternative Kapitalanlagen oder die Tilgung von Krediten zu unterscheiden.[1399] Im weiteren Verlauf kann somit die Alternative für eine Unternehmensakquisition die interne Projektdurchführung, eine Kooperation, eine alternative Akquisition, eine Finanzanlage oder auch die Tilgung von Fremdkapital darstellen. Wichtig ist dabei, stets die beste und zugleich quantifizierbare Alternative als Vergleichsmaßstab heranzuziehen.

7.4.3.1.2 Zwischenfazit

In zahlreichen Literaturbeiträgen wird Kritik am Ertragswertverfahren geäußert, indem primär die subjektive Festlegung[1400] u.a. von Risikozuschlägen oder Risikoabschlägen bemängelt wird. Gerade in Anbetracht des vorliegenden Bewertungszweckes - die Bestimmung eines subjektiven Grenzpreises - wird genau dieser „Schwachpunkt" zur zentralen Stärke des Verfahrens. Grundsätzlich stimmen das Standard-Ertragswertverfahren und das bisher in dieser Arbeit angewandte Kalkül zur Vorteilfhaftigkeitsberechnung in den wesentlichen Eigenschaften überein. Das bedeutet insbesondere hinsichtlich der Risikooffenlegung und -bewertung, dass eine eindeutige Vorteilhaftigkeitsanalyse aus Unternehmenssicht ermöglicht wird, in der alle Risikodiversifikationseffekte berücksichtigt werden. Darüber hinaus muss die beste Alternative in die Bewertung einbezogen werden, da anders als bei der Projektbewertung der notwendige Kapitaleinsatz, d.h. der Kaufpreis, unbekannt ist. Der Kaufpreis muss als Kompensation für die bereits erbrachten Vorleistungen seitens des Akquisitionskandidaten gezahlt werden. Aus Käufersicht können das Risiko, die Kosten und der Zeitaufwand vermieden werden, wenn bereits fortgeschrittene Innovationsprojekte und Portfolien akquiriert werden. Ist der Akquisitionskandidat beispielsweise mit der besten internen Alternative in Form eigener Projekte zu vergleichen, so wird der Grenzpreis höher ausfallen, wenn die Entwicklungsstadien stark

---

1397 Vgl. dazu Alfs (2015), S. 413; Dirrigl (2004a), S. 19 f.
1398 Mandl/Rabel (1997), S. 132.
1399 Vgl. Mandl/Rabel (1997), S. 132.
1400 Vgl. dazu Matschke/Brösel (2013), S. 21.

divergieren. Ergo ist das Standard-Ertragswertverfahren für die Bewertung forschungsintensiver Unternehmen weitestgehend analog auszugestalten wie die beschriebenen Vorteilhaftigkeitsanalysen und Portfolio-Analysen in den vorherigen Teilen der Arbeit, wobei eine explizite Alternativenberücksichtigung zu ergänzen ist. Eine Offenlegung von Einzelrisiken kann demnach mithilfe der Monte Carlo-Simulation erfolgen und auch die unsicheren dynamischen Projektentwicklungen sind mithilfe von Entscheidungs- und Zustandsbäumen abzubilden. Die Risikoaggregation kann aufgrund der vorliegenden Subjektivität mithilfe der Sicherheitsäquivalentmethodik erfolgen. Demnach ist die Flexibilität der forschungsintensiven Unternehmen adäquat berücksichtigt und ein Unternehmen, das eine fortgeschrittene Pipeline oder fortgeschrittene Projekte besitzt, wird somit höher bewertet. Zudem können problemlos Verbundeffekte zum bestehenden Unternehmensportfolio in Form von leistungswirtschaftlichen Synergien oder Risikoverbundeffekten in die Bewertung einbezogen werden, da die bereits bestehenden internen Vorteilhaftigkeitsanalysen auf derselben Kalkülstruktur basieren.

7.4.3.2 Subjekt-neutrale und marktorientierte Kaufpreisbestimmung

Die Abschätzung potenzieller Transaktionspreise aus einer (objektiv geprägten) marktorientierten Sichtweise stellt ein weiteres Bewertungsziel dar und ist von der subjektiv geprägten individuellen Bestimmung der Grenzpreise abzugrenzen.[1401] Ein solches Bewertungsziel ist durch den Einsatz des individualistisch ausgestalteten Standard-Ertragswertverfahrens nicht zu erreichen. Zur Abschätzung potenzieller Transaktionspreise ist somit eine objektivierte Wertermittlung zu ergänzen. Dazu werden die Einsatzmöglichkeiten von DCF-Verfahren und Multiplikator-Ansätzen im Folgenden untersucht.

7.4.3.2.1 Anwendung der DCF-Verfahren

In einem ersten Schritt sind die DCF-Verfahren für die objektivierte Unternehmensbewertung näher zu analysieren.[1402] Trotz der Methodenpluralität innerhalb der DCF-Verfahren ist die Diskontierung von Cashflows vorrangig auf Basis des CAPM als

---

1401 Vgl. Bausch (2000), S. 449; Dreher (2010), S. 55; Gleißner (2015a), S. 167 ff.; Kritisch dazu Kruschwitz/Löffler (2015), S. 176 ff.

1402 Die DCF-Verfahren basieren „auf den Erkenntnissen der neoklassichen Finanzierungstheorie (...). Mit ihnen sollen und können keine subjektiven Unternehmenswerte ermittelt werden. Ziel ist vielmehr die Simulation von Marktwerten oder von objektiven Marktpreisen.", Matschke/Brösel (2013), S. 307.

charakterisierendes Merkmal aller Methoden zu erkennen.[1403] Das CAPM dient in diesem Kontext zur Ableitung der besten Alternative, die durch eine Anlage am Kapitalmarkt seitens eines beliebigen Marktteilnehmers geprägt ist,[1404] sodass eine objektive Sichtweise eingenommen wird.[1405]

Der Unterschied der einzelnen DCF-Verfahren ist auf die Ausgestaltung der Cashflow-Größe und letzten Endes den korrespondierenden Einbezug des Steuervorteils der Fremdfinanzierung (Tax Shield) entweder im Zähler oder Nenner zurückzuführen, wobei festzuhalten ist, dass bei konsistenter Anwendung der Methoden eine Bewertungsidentität besteht.[1406] Grundlegend wird der Flow to Equity-Ansatz (FTE) zur direkten Ermittlung des Marktwertes des Eigenkapitals (Equity-Verfahren) von den Varianten zur indirekten Ermittlung des Eigenkapital-Marktwertes (Entity-Ansätze), wozu der Adjusted Present Value-Ansatz (APV), der WACC-Ansatz und der Total Cashflow-Ansatz (TCF) gehören, abgegrenzt.[1407]

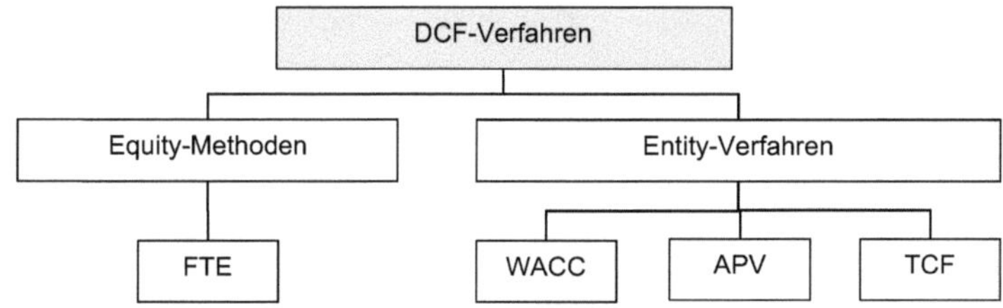

Abbildung 98: DCF-Verfahren im Überblick[1408]

Aufgrund der Bewertungsidentität ist die Wahl des Ansatzes prinzipiell unbedeutend, allerdings kann die zugrundegelegte Finanzierungsprämisse die Methodenwahl zwecks einer erleichterten Berechnungsmethodik beeinflussen.[1409] Dies ist im Rahmen der nun folgenden Skizzierung der Methoden zu verdeutlichen.

1403 Vgl. u.a. Kuhner/Maltry (2006), S. 195; Große-Frericks (2015), S. 408; Tschöpel (2004), S, S. 30 f.; Günther (1997), S. 167 ff.; Schwetzler (2000), S. 475; Drukarczyk/Schüler (2009), S. 56; Röder/Müller (2001), S. 225, Ballwieser (2010), S. 75; Matschke/Brösel (2013), S. 33.

1404 Vgl. Knabe (2012), S. 39 f.

1405 Vgl. dazu Abschnitt 4.2.1.1.

1406 Vgl. Ballwieser/Hachmeister (2013),S. 9; Kuhner/Maltry (2006), S. 195.

1407 Vgl. zu einem Überblick Ballwieser/Hachmeister (2013), S.140 f.

1408 In Anlehnung an Ballwieser/Hachmeister (2013), S. 140.

1409 Vgl. grundlegend Inselbag/Kaufold (1997), S. 114 ff.

Dem **FTE-Ansatz** wird aufgrund der Ausgestaltung als Equity-Ansatz oftmals eine Identität mit dem Ertragswertverfahren unterstellt.[1410] Betrachtet man dagegen die Ausgestaltung im Detail, ist diese Identität zumindest zum Standard-Ertragswertverfahren zu verneinen. Zur Berechnung des Marktwertes des Eigenkapitals ($MW(EK)_o^{FTE}$) sind die periodischen Netto-Cashflows ($\widetilde{NCF}_t$) mit einem verschuldeten Eigenkapitalkostensatz nach Steuern ($k_{EK}^{v,s}$) zu diskontieren:[1411]

$$MW(EK)_o^{FTE} = \sum_{t=1}^{T} \frac{\mu(\widetilde{NCF}_t)}{(1 + k_{EK}^{v,s})^t} \qquad (7\text{-}25)$$

Der relevante Netto-Cashflow kann indirekt, ausgehend von EBIT einer Periode, wie folgt berechnet werden:[1412]

$$NCF_t = \begin{bmatrix} EBIT_t \cdot (1 - s_{ge} - s_k) - ZA_t \cdot (1 - 0{,}75 \cdot s_{ge} - s_k) \\ -I_t + AFA_t - T_t) \end{bmatrix} \cdot (1 - s_{ast}) \qquad (7\text{-}26)$$

Demnach werden die dem Anteilseigner zufließenden Beträge berechnet, wobei unter Voraussetzung der Vollausschüttungsprämisse, der rechtlichen Ausschüttungsfähigkeit und identischer Finanzierungsplanungen eine Identität zur bewertungsrelevanten Ausschüttung im Standard-Ertragswertverfahren (ECF_t) festzustellen ist.[1413] Neben dieser notwendigen Vollausschüttungshypothese sind weitere wesentliche Differenzierungsmerkmale auf die Alternativenberücksichtigung sowie die Risikobereinigung im Nenner, somit auf den zu verwendenden Zinssatz in diesem Bewertungskalkül zurückzuführen. Der relevante Diskontierungszinssatz in Form des verschuldeten Eigenkapitalkostensatzes nach Steuern ($k_{EK}^{v,s}$) wird i.d.R. mithilfe des CAPM abgeleitet:[1414]

$$k_{EK}^{v,s} = r_{f,s} + \beta^{v,s} \cdot (r_{M,s} - r_{f,s}) \qquad (7\text{-}27)$$

mit: $\beta^{v,s} = \left[1 + (1 - G_L) \cdot \frac{FK}{EK}\right] \cdot \beta^{u,s}$ und $G_L = 0{,}75 \cdot s_{ge} + s_k$

1410 Vgl. Drukarczyk/Schüler (2009), S. 91 ff.; Ballwieser/Hachmeister (2013), S. 195; Große-Frericks (2015), S. 414.

1411 Vgl. Dreher (2010), S. 226.

1412 Vgl. ursprünglich Dinstuhl (2003), S. 100 und Dreher (2010), S. 225 mit einer Anpassung an das aktuelle Steuersystem.

1413 Vgl. dazu u.a. Mandl/Rabel (1997),S. 117 f.; Drukarczyk/Schüler (2009), S. 91 ff.

1414 Die vorliegende Berechnung entspricht der Methode nach Modigliani und Miller, da von sicheren Fremdkapitalbeständen in der Zukunft ausgegangen wird. Andernfalls müsste Formel (7-35) verwendet werden.

Im direkten Vergleich zum Standard-Ertragswertverfahren wird dagegen als explizite Alternative eine Investition in das Marktportfolio und das Risiko durch die Ableitung eines Risikozuschlages vom Markt in die Bewertungskonzeption einbezogen.[1415]

Das **APV-Verfahren** stellt neben dem WACC-Ansatz eines der beiden gängigen Verfahren der Entity-Ansätze dar, die sich dadurch kennzeichnen lassen, dass zunächst ein Bruttowert in Form des Marktwertes des Gesamtkapitals ($MW(GK)_0$) berechnet wird, der erst nach Abzug des Fremdkapitalbestandes zum Marktwert des Eigenkapitals führt. Für das APV-Verfahren ist vor allem dann ein Anwendungsbezug gegeben, wenn die zukünftigen Fremdkapitalbestände in absoluter Höhe geplant werden, sodass die periodischen Zins- und Tilgungsanteile ermittelt werden können. In einem solchen Fall liegt eine autonome Finanzierungspolitik vor.[1416] Charakteristisch für dieses Verfahren ist die „Baukastenstruktur", die sich in einer dreiteiligen, additiven Zusammensetzung des Unternehmenswertes widerspiegelt:

$$MW(GK)_0^{APV} = \sum_{t=1}^{T} \frac{\mu(\widetilde{FCF}_t)}{(1+k_K^{u,s})^t} + \sum_{t=1}^{T} \frac{r_f \cdot FK_{t-1} \cdot (0{,}75 \cdot s_{ge} + s_k) \cdot (1 - s_{ast})}{(1+r_{f,s})^t} + \sum_{t=1}^{T} \frac{T_t \cdot s_{ast}}{(1+r_{f,s})^t} \quad (7\text{-}28)$$

$$MW(EK)_0^{APV} = MW(GK)_0^{APV} - FK_0 \quad (7\text{-}29)$$

Der erste Term dient zur Berechnung eines fiktiv unverschuldeten Unternehmenswertes, sodass die Free-Cashflows (FCFs), die prinzipiell Eigen- und Fremdkapitalgebern zustehen würden, fiktiv mit einem unverschuldeten Eigenkapitalkostensatz ($k_{EK}^{u,s}$) zu diskontieren sind.

$$FCF_t = \left[EBIT_t \cdot \left(1 - s_{ge} - s_k\right) - I_t + Afa_t\right] \cdot (1 - s_{ast}) \quad (7\text{-}30)$$

$$k_{EK}^{u,s} = r_{f,s} + \beta^{u,s} \cdot (r_{M,s} - r_{f,s}) \quad (7\text{-}31)$$

Der zweite Term stellt einen Korrekturterm dar, um den steuerlichen Vorteil durch die Abzugsfähigkeiten von Fremdkapitalzinsen in die Bewertung zu integrieren.[1417] Aus diesem Grund sind die Fremdkapitalzinsen mit dem Tax Shield-Multiplikator (tsm),[1418]

1415 Vgl. auch Alfs (2015), S. 417.

1416 Vgl. dazu Drukarczyk/Schüler (2009), S. 138; Inselbag/Kaufold (1997), S. 116 f.

1417 Vgl. Ernst/Schneider/Thielen (2012), S. 29.

1418 Vgl. dazu ursprünglich im deutschen Steuersystem des Halbeinkünfte-Verfahrens Dinstuhl (2003), S. 102 und seit der Unternehmenssteuerreform 2008 Dreher (2010), S. 207.

der den Steuereffekt zusammenfasst, zu multiplizieren. Der letzte Baustein stellt ebenfalls einen Korrekturposten aufgrund der zunächst vernachlässigten Fremdfinanzierung dar. Die periodischen Tilgungszahlungen verändern die Ausschüttungen und führen somit zu einer verringerten Bemessungsgrundlage der persönlichen Besteuerung. Demnach wird auch dieser (Ausschüttungsdifferenz-)Effekt durch die Multiplikation der periodischen Tilgung mit dem Abgeltungsteuersatz einbezogen. Die beiden Korrekturposten sind jeweils mit dem risikofreien Zins nach persönlichen Steuern zu diskontieren, da die Fremdkapitalbestände als sicher zu erachten sind.[1419]

Werden keine absoluten Fremdkapitalbestände geplant, so ist alternativ eine wertorientierte (o.a. atmende) Finanzierungspolitik zu unterstellen, indem eine Zielkapitalstruktur in Abhängigkeit vom Unternehmenswert vorgegeben wird.[1420] In diesem Fall ist der **WACC-Ansatz** zur Berechnung des Unternehmenswertes zu bevorzugen. Ebenso wie beim APV-Ansatz werden im Zähler die FCFs, die den Eigen- und Fremdkapitalgebern zustehen, integriert. Divergierend ist allerdings die Berücksichtigung der Fremdfinanzierungsvorteile. Diese werden bei dem betrachteten Verfahren über den gewichteten Kapitalkostensatz (wacc) berücksichtigt. Durch entstehende Zirkularitätsprobleme[1421] ist allerdings eine rekursive Vorgehensweise zur Berechnung des Unternehmenswertes anzuwenden. Demnach wird retrograd mit der Restwertberechnung gestartet, um zunächst den Unternehmenswert zum Ende der Detailprognosephase zu erhalten:

$$MW(GK)_T^{wacc} = \frac{\mu(\widetilde{FCF_\infty})}{wacc_T^{ML,s}} \tag{7-32}$$

Ausgehend von diesem Wert können dann schrittweise die Vorperiodenwerte berechnet werden, bis der gesuchte Wert zu Beginn des Betrachtungszeitraums vorliegt:

$$MW(GK)_{t-1}^{wacc} = \frac{\mu(\widetilde{FCF_t}) + MW(G)_t^{wacc} - FK_t \cdot s_{ast}}{(1 + wacc_t^{ML,s} - FKQ_t \cdot s_{ast})} \tag{7-33}$$

1419 Vgl. Dreher (2010), S. 210; Alfs (2015), S. 420.
1420 Vgl. dazu Drukarczyk/Schüler (2009), S. 138; Inselbag/Kaufold (1997), S. 117 f.
1421 Vgl. Große-Frericks (2015), S. 414.

Der gewichtete Kapitalkostensatz ist aufgrund der wertorientierten Finanzierungspolitik nach Miles/Ezzel (kurz: ML) zu ermitteln, um die Unsicherheit der Fremdfinanzierung dieser Politik einzubeziehen:[1422]

$$wacc_t^{ML,s} = k_{EK}^{ML,s} \cdot \frac{EK_{t-1}}{GK_{t-1}} + r_{f,s} \cdot (1 - G_L) \cdot \frac{FK_{t-1}}{GK_{t-1}} \quad (7\text{-}34)$$

$$k_{EK}^{ML,s} = k_{EK}^{u,s} + (k_{EK}^{u,s} - r_{f,s}) \cdot (1 - \frac{G_L \cdot i_s}{1 + i_s}) \cdot \frac{FK_{t-1}}{EK_{t-1}} \quad (7\text{-}35)$$

7.4.3.2.2 *Zwischenfazit zur Anwendung der DCF-Verfahren*

Um die DCF-Methoden zur Bewertung von Unternehmen zu beurteilen, ist der vorliegende Bewertungszweck zu beachten. Die DCF-Verfahren sollen hier dem Ziel dienen, einen objektivierten Transaktionspreis am Markt für ein forschungsintensives Unternehmen abzuleiten. Unabhängig vom Unternehmenstyp wird den zukunftsorientierten DCF-Verfahren zur Ermittlung dieser potenziellen Transaktionspreise generell ein Vorteil gegenüber spekulativen Börsenwerten[1423] zugesprochen.[1424] Allerdings wird den DCF-Verfahren überwiegend angelastet, dass sie aufgrund des CAPM den zu restriktiven Prämissen der Kapitalmarktmodelle unterliegen. Diese fragwürdige Anwendbarkeit des CAPM kann auch nicht durch den zugrundeliegenden Bewertungszweck relativiert werden. Anders ist es in diesem Kontext zu werten, dass durch den Beta-Faktor nur das systematische Risiko in das Bewertungskalkül aufgenommen wird. Aus dem internen Blickwinkel zur Vorteilhaftigkeitsanalyse einzelner Investitionen oder Akquisitionen wurde postuliert, dass eine wertorientierte Entscheidung sowohl auf systematischen als auch auf unsystematischen Risiken basieren sollte. Aus diesem Grund ist die Anwendung des CAPM, die eine Beschränkung auf das systematische Risiko vorsieht, im subjektiven Bewertungskontext abzulehnen.[1425] Zur Ermittlung eines Transaktionspreises ist allerdings gerade die Gesamtmarkt-Perspektive und somit die Beschränkung auf systematische Risiken als vorteilhaft zu werten,[1426] da eine (vermeintliche) Objektivierung erreicht wird

---

1422 Vgl. Dreher (2010), S. 220.

1423 Vgl. dazu Dirrigl (2004a): „Der Kapitalmarkt hat meist überoptimistische Erwartungen und verzerrt auf der anderen Seite oft nach unten." Ballwieser (2006), S. 6240: „Der Marktwert des Eigenkapitals ist nur zufällig mit der *Marktkapitalisierung* identisch."

1424 Vgl. Dinstuhl (2003), S. 6; Ballwieser (2008), S. 103.

1425 Vgl. dazu Abschnitt 4.2.1.2.

1426 Vgl. Dreher (2010), S. 185.

oder zumindest eine Annäherung an allgemeine Marktpreise erfolgt. Darüber hinaus sind allerdings zusätzlich die Besonderheiten, die mit einer Bewertung forschungsintensiver Unternehmen einhergehen, zu berücksichtigen. Oben wurde festgestellt, dass besonders die Bewertung der Innovations-Pipeline, die mitunter bei kleinen Wachstumsunternehmen den Hauptteil des Unternehmenswertes verkörpert, zu besonderen Anforderungen im vorliegenden Kontext führt. Während also die Bewertung der etablierten Produkte und des Restwertes durchaus mit der klassischen Anwendung der DCF-Verfahren erfolgen kann, ist die Anwendbarkeit auf den forschungsintensiven Bereich der Unternehmen zu hinterfragen. Zwar können die Zukunftsorientierung sowie die hohe Praktikabilität und Akzeptanz in der Bewertungspraxis als vorteilhaft gewertet werden,[1427] doch lassen sich im Hinblick auf das CAPM weitere bedeutende Defizite erkennen. Vor allem junge forschungsintensive Unternehmen sind meist nicht börsengelistet, sodass eine Korrelation historischer Aktienrenditen mit einem Marktindex zur Ermittlung der Beta-Werte nicht bestimmbar ist.[1428] Sollte ein Unternehmen dennoch börsengelistet sein, so kann die Betrachtung historischer Aktienrenditen kaum Aufschluss über zukünftige Entwicklungen geben, da möglicherweise unbekannte Geschäftsfelder betreten werden und die Projektentwicklungen sehr unsicher sind. Ferner könnten vergleichbare Unternehmen herangezogen oder auch Branchen-Betas in Betracht gezogen werden. Allerdings stellt sich dabei als Schwierigkeit heraus, ein Unternehmen oder eine Unternehmensgruppe mit einem ähnlichen Risikoprofil zu identifizieren, da der Innovationsbegriff bereits terminologisch auf den Neuheitsgrad der zu bewertenden Komponenten hinweist. Auch ein Rückgriff auf Fundamentaldaten zur Ermittlung der Fundamental-Betas ist kaum möglich, wenn man bedenkt, dass für die zu bewertende innovative Pipeline oder das Unternehmen keine Fundamentaldaten aus der Vergangenheit vorliegen.[1429] *Schäfer/Schässburger* zweifeln ebenfalls an der Möglichkeit, das CAPM für innovative Unternehmen anzuwenden, und führen testweise Beta-Schätzungen für Unternehmen durch, die als innovativ und wachstumsstark gelten.[1430] Dabei sind sowohl starke Schwankungen zwischen den Jahren festzustellen und auch das Bestimmtheitsmaß (R^2) fällt gering aus, sodass die Schlussfolgerung notwendig wird,

---

1427 Vgl. Achleitner/Nathusius (2004), S. 61 f.
1428 Vgl. Achleitner/Nathusius (2004), S. 49.
1429 Vgl. OTA (1993), S. 279; Achleitner/Nathusius (2004), S. 49 ff.
1430 Vgl. Schäfer/Schässburger (2001), S. 89 f.

das CAPM aufgrund unzureichender Ergebnisse als unzulänglich zu werten.[1431] Ferner ist in der klassischen Form der DCF-Verfahren noch nicht berücksichtigt, dass alternative Projektentwicklungen zu antizipieren sind.[1432] Es können zu diesem Zweck ebenso die Entscheidungs- und Zustandsbäume wie bei den (Standard-)Ertragswertverfahren angewandt werden. Allerdings ist aufgrund der Marktperspektive zu klären, wie das Risiko zu aggregieren ist, wenn nur systematische Risiken in die Bewertung einfließen sollen. Aus diesem Grund müssen für die Abschätzung von Transaktionspreisen Erweiterungen und Anpassungen erfolgen, die in dem Abschnitt 7.4.3.3 näher zu untersuchen sind.

7.4.3.2.3 Anwendung von Multiples

Ist eine detaillierte Unternehmensanalyse für eine Unternehmensbewertung nicht gewünscht oder nicht möglich, so dienen oftmals Multiplikatoren als Alternativen zur ersten Kaufpreisabschätzung auf Basis verfügbarer Marktdaten.[1433] Grundsätzlich basiert diese Art der Bewertung auf einem relationsbasierten Vergleich des Bewertungsobjektes mit einer Gruppe von Referenzunternehmen (Peer Group) oder einem einzelnen Referenzunternehmen.[1434] Die Größe der Peer Group kann sich mitunter auf eine gesamte Branche an Unternehmen erstrecken, sodass Branchen-Multiplikatoren untersucht werden.[1435]

Die einzelnen Ansätze unterscheiden sich in der Verwendung von Unternehmenswerten (UW_0) und Bezugsgrößen (BG_0), die im Verhältnis zueinander zunächst die Relationskennzahl der/des Referenzunternehmen(s) bilden:[1436]

$$M_{BG}^{V} = \varnothing_V \left(\frac{UW_0}{BG_0} \right) \tag{7-36}$$

Um den gesuchten Unternehmenswert zu ermitteln, ist diese Relationszahl mit der Bezugsgröße des zu bewertenden Unternehmens (BW_0^B) zu multiplizieren:

1431 Vgl. Schäfer/Schässburger (2001), S. 89 f.

1432 Vgl. auch Achleitner/Nathusius (2004), S. 61.

1433 Vgl. Achleitner/Nathusius (2004), S. 115; Rudolf/Witt (2002), S. 91; Ernst/Schneider/Thielen (2012), S. 189 ff.; Seppelfricke (2012), S. 141 ff.; Meitner (2006), S. 1 f.

1434 Es wird aus Gründen der Relevanz davon ausgegangen, dass die Multiplikatoren nicht auf Daten des Bewertungsobjekts selbst basieren, sondern nur Referenzunternehmen herangezogen werden. Vgl. dazu ferner Dreher (2010), S. 149 und 151.

1435 Vgl. Achleitner/Nathusius (2004), S. 119 ff. Das Magazin „Finance" veröffentlicht monatlich die aktuellen Branchenmultiplikatoren.

1436 Vgl. Alfs (2015), S. 422. Liegt eine Vielzahl an Werten vor, so kann die Bildung des Durchschnitts durch ein arithmethisches Mittel, den Median oder ein gewichtetes Mittel erfolgen. Vgl. u.a. Seppelfricke (2012), S. 170 ff.

$$UW_0^B = M_{BG}^V \cdot BW_0^B = \varnothing_V \left(\frac{UW_0}{BG_0}\right) \cdot BW_0^B \tag{7-37}$$

Durch die Skalierung des Unternehmenswertes mit einer gemeinsamen Bezugsbasis werden die Unternehmen vergleichbar,[1437] sodass unterstellt wird, der ermittelte proportionale Zusammenhang von Unternehmenswert und Bezugsgröße sei übertragbar.[1438]

Wie bereits erwähnt, ist die Festlegung des heranzuziehenden Unternehmenswertes und der Bezugsgröße das wesentliche Differenzierungsmerkmal unterschiedlicher Multiplikatoren.

Während als Unternehmenswerte

a) Börsenwerte und Emissionskurse oder
b) Preise aus vergleichbaren Transaktionen

herangezogen werden können, sind die Bezugsgrößen in[1439]

a) umsatzbezogene
b) erfolgsorientierte (z.B. EBIT; EBITDA; Earnings Growth; Jahresüberschuss) und
c) Cash-Flow-basierte (z.B. Netto-Cash-Flow; Free-Cash-Flow, Operating Cash-Flow)

Größen zu kategorisieren.

Es werden je nach Unternehmenswertbasis, terminologisch und inhaltlich die Comparable Trading-Multiples (bei Börsenwerten und Emissionskursen) und die ComparabaleTransaction-Multiples (bei Preisen aus vergleichbaren Transaktionen) unterschieden.[1440] Da in Börsenwerten keine Synergie- und Kontrollvorteile eingepreist sind, wird in der Bewertung mittels Trading-Multiples dieser Aufschlag vernachlässigt oder pauschal hinzugerechnet.[1441] Vergleichbare Transaktionen beinhalten hingegen spezielle Unternehmenskombinationen, sodass in den Preisen zwar Synergie- und Kontrollprämien einbezogen sind, die allerdings in den meisten Fällen nicht pauschal

---

[1437] Vgl. Henselmann (1999), S. 249.
[1438] Vgl. Henselmann (1999), S. 249 f.; Meitner (2006), S. 32; Achleitner/Nathusius (2004), S. 125.
[1439] Zu einem allgemeinen Überblick vgl. Löhnert/Böckmann (2015), S. 795 f.
[1440] Vgl. Löhnert/Böckmann (2015), S. 797; Achleitner/Nathusius (2004), S. 123.
[1441] Vgl. Alfs (2015), S. 422 f.; Seppelfricke (2012), S. 168; Löhnert/Böckmann (2015), S. 797.

auf die vorliegende Bewertungssituation übertragen werden können.[1442] Des Weiteren ist zu berücksichtigen, dass analog zu den DCF-Verfahren eine Korrektur um das Fremdkapital zu erfolgen hat, wenn Brutto-Multiplikatoren auf Basis von Gesamtunternehmenswerten (sog. Enterprise Values) angewandt werden.[1443] Bei jungen Unternehmen wie den Biotech-Unternehmen, die unter Umständen stark verschuldet sind, bietet sich die Verwendung eines Brutto-Ansatzes an, um die Verschuldung an die des Bewertungsobjektes anzupassen.[1444]

7.4.3.2.4 Zwischenfazit zur Anwendung von Multiples

Trotz der Anwendungshäufigkeit von Multiplikatoren, können insbesondere bei der Anwendung für forschungsintensive und junge Unternehmen wesentliche Defizite festgestellt werden. Aus praxisorientierter Sicht stellen Multiplikatoren für die meisten Branchen und Unternehmen eine einfache, kostengünstige, nachvollziehbare und vermeintlich objektivierte Möglichkeit dar, um Marktpreise zu schätzen und die Ergebnisse anderer Verfahren zu plausibilisieren.[1445]

Diese positiven Eigenschaften werden allerdings zu Lasten der Prämissensetzung und Realitätsnähe erzielt. So wird von einer Stationarität der Multiplikatoren ausgegangen. Kontrollzuschläge, Synergiepotenziale, individuelle gesetzliche Regularien, spezifische (Transaktions-)Risiken, Reinvestitionsraten, Thesaurierungsquoten u.v.m. werden nicht individuell geplant, sondern pauschal übernommen oder führen zu (willkürlichen) Anpassungen.[1446]

Ähnlich wie bei den DCF-Verfahren ist auch im Hinblick auf die Multiplikatoren-Methode keine Objektivierung zu attestierten, da die subjektive Wahl von Peer Groups, Unternehmens- und Bezugsgrößen, Erhebungszeiträumen und Durchschnittswertbildungen einen wesentlichen Einfluss ausüben kann. Dennoch kann festgestellt werden, dass auf Basis eine Vielzahl an Multiplikatoren zumindest die Bandbreite möglicher Transaktionspreise vereinfacht abgeschätzt werden kann.[1447]

1442 Vgl. Löhnert/Böckmann (2015), S. 798.
1443 Vgl. Ernst/Schneider/Thielen (2012), S. 192 ff.; Seppelfricke (2012), S. 151.
1444 Vgl. Achleitner/Nathusius (2004), S. 172.
1445 Vgl. Dreher (2010), S.162; Meitner (2006), S. 1; Ernst/Schneider/Thielen (2012), S. 189; Rudolf/Witt (2002), S. 92; Bauch (2000), S. 452; Damodaran (2001), S. 252.
1446 Vgl. Dreher (2010), S. 162 f. m.w.N.; Bausch (2000), S. 452 f.; Damodaran (2001),S. 253.
1447 Vgl. Dreher (2010), S. 168.

Eine Anwendung von Multiplikatoren für forschungsintensive und/oder junge Unternehmen erweist sich allerdings als besonders problematisch, da diese Unternehmen(-steile) nur wenige oder bisher keine Produkte am Markt platziert haben und entsprechende Vergangenheitsdaten zur Bildung der Multiplikatoren fehlen. Der Wert der Unternehmen basiert auf künftigen Ergebnissen aus der Innovations-Pipeline, sodass noch keine (repräsentativen) Umsatz-, Cashflow-, Vermögens- oder Erfolgsgrößen ausgewiesen oder erzielt wurden.[1448] Eine Bildung von Multiplikatoren auf dieser vergangenheitsorientierten Datenbasis resultiert für forschungsintensive Unternehmen(-steile) somit oftmals in noch realitätsferneren Werten. Alternativ könnten zukunftsbezogene Multiplikatoren, die auf erwarteten Kennzahlen basieren, gebildet werden.[1449] Hier folgt allerdings ein Prognoseproblem, das sich auf das Bewertungsobjekt sowie auf die Vergleichsunternehmen beziehen kann.[1450] Da dieses Prognoseproblem gerade durch den Einsatz von Multiplikatoren umgangen werden sollte, würde das Hauptargument für den Einsatz dieser Bewertungsmethodik obsolet.

7.4.3.3 Erweiterungen der Kaufpreisabschätzung für forschungsintensive Unternehmen

Vor dem Hintergrund der bisherigen Ausführungen ist festzustellen, dass der Multiplikatoren-Ansatz lediglich ein ergänzendes Verfahren zur Transaktionspreisabschätzung darstellen kann und die DCF-Verfahren insbesondere für die forschungsintensive Komponente des Unternehmens nicht ohne weitere Anpassungen anwendbar sind.

Eine wesentliche Problematik, die eine Bewertung von forschungsintensiven Unternehmen(-steilen) bedingt, ist die Abbildung von Unsicherheiten und die Bewertung des Risikos beim Bestehen von Handlungsflexibilitäten.[1451] Existieren Handlungsflexibilitäten, so führt dies zu einer asymmetrischen Risikostruktur erwarteter Zahlungsströme eines Investitionsobjektes.[1452] Aufgrunddessen werden laut vorherrschender Literaturmeinung entsprechende Kapitalisierungszinssätze gefordert, deren Bestim-

---

1448 Vgl. Achleitner/Nathusius (2004), S. 122.

1449 Vgl. Damodaran (2001), S. 313 f., S. 343 f.

1450 Vgl. Achleitner/Nathusius (2004), S. 137.

1451 Vgl. Peemöller/Beckmann (2015), S. 1447.

1452 Vgl. Schäfer/Schässburger (2001), S. 91; Peemöller/Beckmann(2015), S. 1449; Brennan/Schwartz (1985), S. 136 mit dem allgemeinen Hinweis auf veränderte Risikostrukturen durch Handlungsflexibilitäten.

mung mit Schwierigkeiten verbunden ist.[1453] Darüber hinaus sei unter Verwendung von Entscheidungs- und Zustandsbäumen anzuzweifeln, dass ein einheitlicher Zinssatz über alle Projektperioden und Projektpfade hinweg angebracht wäre, da sich die Risikostruktur im Zeitablauf verändert.[1454] Die Frage nach der adäquaten Methode hat somit in der Literatur zur Unternehmensbewertung unterschiedliche Beiträge veranlasst, die zur Untersuchung möglicher Bewertungsansätze eine breite Basis schaffen. Festzustellen ist vorab, dass die Risikooffenlegung durch die Entscheidungs- und Zustandsbäume als „State of the Art“ angesehen wird,[1455] während insbesondere bezüglich der Aggregationstechnik und Bewertung der Unsicherheit eine starke Meinungsvielfalt festzustellen ist.

Aus diesem Grund sind zunehmend seit den 90er Jahren unterschiedliche Beiträge zur Optionspreistheorie in Verbindung mit Innovationsbewertungen publiziert worden.[1456] Aus Gründen der Vollständigkeit werden die bekanntesten Publikationen und Vorschläge für marktorientierte Bewertungen sowie zum Einsatz von Optionspreismodellen folgend näher spezifiziert.

7.4.3.3.1 Klassische Erweiterungen im Marktmodell mit Entscheidungs- und Zustandsbäumen

Das Kernproblem im Rahmen der Bewertung von forschungsintensiven Unternehmen stellt die Bewertung der hohen Flexibilität der Innovationen dar, die zu einem veränderten Chancen- und Risikoprofil sowie Unternehmenswert führt.

Da in der Konzeption klassischer DCF-Verfahren die Bewertung dieser Flexibilität nicht vorgesehen ist, wird die Ergänzung durch eine flexible Projekt- und Unternehmensplanung mithilfe von Zustands- und Entscheidungsbäume vorgeschlagen und weitestgehend als State-of-the-Art anerkannt.[1457] Somit sind für die einzelnen Projekte keine sicheren Projekt-Pfade zu unterstellen, sondern eine stochastische Projektdynamik ist heranzuziehen.[1458]

Eine anschließende Bildung von subjektiv geprägten Sicherheitsäquivalenten, um das Risiko zu aggregieren, ist vor dem Hintergrund des Ziels einer subjekt-neutralen

---

1453 Vgl. Hull (2012), S. 766; Ballwieser (2002), S. 185; Tomaszewski (2000), S. 83 f.
1454 Vgl. Trigeorgis (1996), S. 51; Tomaszewski (2000), S. 83 f.; Hull (2012), S. 766.
1455 Vgl. Greuel/Greuel (2010), S. 305.
1456 Vgl. Peemöller/Beckmann (2015), S. 1447.
1457 Vgl. Greuel/Greuel (2010), S. 305.
1458 Vgl. auch Peemöller/Beckmann (2015), S. 1450 f. m.w.N.

Preisabschätzung abzulehnen, sodass eine alternative Vorgehensweise notwendig wird.[1459]

Hinsichtlich deren Ausgestaltung ist ein kontroverser Meinungsstand festzustellen.

In einer Vielzahl von Literaturbeiträgen werden die Projektpfade mithilfe des unternehmensweiten Gesamtkapitalkostensatzes (wacc) diskontiert, um die Zeitstruktur zu aggregieren und eine Risikobewertung vorzunehmen. Die berechneten Barwerte werden anschließend mit den Pfad-Wahrscheinlichkeiten gewichtet und zu einem Gesamtbarwert summiert.[1460] Hingegen wird ebenso häufig die Meinung vertreten, dass je nach Projekt- und Unternehmensstadium ein divergierendes Risiko vorhanden ist, das durch die Anpassung des Diskontierungszinses im Projektverlauf zu berücksichtigen sei.[1461]

Als Resultat dieses Disputs existieren Beiträge, in denen Analysen von Diskontierungsfaktoren für unterschiedliche Projektphasen und Forschungsintensitäten vorzufinden sind.[1462]

Grundsätzlich konnte durch einen vielseitig anerkannten Beitrag von *Myers/Shyam-Sunder* nachgewiesen werden, dass die Kapitalkosten von Unternehmen mit unterschiedlichen Forschungsintensitäten und Forschungsstadien signifikante Unterschiede aufweisen. *Myers/Howe* sowie *Myers/Shyam-Sunder* argumentieren allerdings, dass die unterschiedlichen Kapitalkosten nicht auf die Risiken divergierender Projektstadien sondern auf künftig zu erwartende Verbindlichkeiten durch die F&E-Aktivitäten zurückzuführen seien. Diese Verbindlichkeiten resultieren aus der Notwendigkeit, zu Beginn der Produktion und Markteinführung vorab hohe Investitionen für Anlagen und Ressourcen tätigen zu müssen. Der Kapitalisierungszins respektive der Betafaktor seien entsprechend des variierenden Verschuldungsgrades in den einzelnen Phasen anzupassen.[1463] Der Einfluss unterschiedlicher Projektentwicklungen sowie Projektstadien sei laut *Myers/Howe* hingegen in der Cashflow-Planung und somit im Erwartungswert abzubilden, wobei das korrespondierende Risiko inner-

---

1459 Vgl. Peemöller/Beckmann (2015), S. 1451; Teisberg (1995), S. 34.

1460 Vgl. u.a. Ernst/Schneider/Thielen (2012), S. 172 ff.; Völker (2001), S. 240; Kaufmann/Ridder (2003), S. 452; OTA (1993), S. 277.

1461 Vgl. Achleitner/Nathusius (2004), S. 71.

1462 Vgl. Kellogg/Charnes (2000), S. 79 bezugnehmend auf Myers/Howe (1997) und Myers/Shyam-Sunder (1996). Und darauf wiederum bezugnehmend im deutschsprachigen Raum Kaufmann/Ridder (2003), S. 452 f.

1463 Vgl. dazu Myers/Howe (1997), S. 21 f.; Myers/Shyam-Sunder (1996), S. 231 f.

halb eines Projekt-Portfolios oder am Markt diversifizierbar sei.[1464] Die Feststellung, dass alternative Projektdynamiken primär im Erwartungswert abgebildet werden, kann auch durch die vorliegenden Untersuchungen bestätigt werden.[1465] Myers/Howe folgend sind die Risiken, die in den kapitalmarktorientierten Risikozuschlägen forschungsintensiver Unternehmen eingepreist sind, also unabhängig von den unsicheren Projektentwicklungen, da diese bereits im Erwartungswert wertsenkend berücksichtigt sind.

Die Divergenzen in den Kapitalkosten werden dennoch durch unterschiedliche empirische Studien, unter anderem beauftragt durch das OTA,[1466] verifiziert. Unternehmen, die einen hohen F&E-Anteil in ihren Aktivitäten aufweisen, haben im Durchschnitt einen ca. 4% höheren Kapitalkostensatz. Da kein praktikabler Ansatz zur fundierten Kalkulation dieser Kapitalkostenaufschläge für forschungsintensive Unternehmen besteht, wurde u.a. vorgeschlagen, die festgestellten Risikozuschläge pauschal in die jeweiligen Bewertungen zu integrieren:

"Early in the R&D process there are high fixed obligations to be met before the company can actually begin to earn money, so the cost of capital is higher (other things being equal) for money invested very early in the process than for the money invested later, as the project approaches market approval. Therefore, early R&D projects are riskier than later projects and have a higher cost of capital."[1467]

"The results of these studies suggest that a 4-percentage point differential in the cost of capital from the beginning to the end of the research process provides a reasonable outer boundary for calculation of the capitalized costs of R&D."[1468]

Demnach sei der vier-prozentige Aufschlag in die Kapitalkosten zu Beginn des Projektes zu integrieren und im weiteren Verlauf zu reduzieren. Durch die Aggregation der Barwerte einzelner Projekte mit divergierenden Kapitalkosten könnte somit auch das Portfolio und demnach der forschungsintensive Unternehmensteil bewertet werden. Weder für die Validität des CAPM, noch für diese projektorientierte Adjustierung können allerdings empirische Beweise gefunden werden. Ferner ist zu bedenken,

---

1464 Vgl. Myers/Howe (1997), S. 21; ähnlich Teisberg (1995), S. 34.

1465 Vgl. Abschnitt 5.3.3.

1466 Vgl. dazu OTA (1993), S. 278.

1467 OTA (1993), S. 279.

1468 OTA (1993), S. 280. Kellog/Charnes (2000), S. 79 f. nutzen diese Erkenntnisse zur Bewertung eines Biotech-Unternehmens mit zwei unterschiedlichen Diskontierungssätzen für Cashflows vor und nach der Markteinführung.

dass eine Erhöhung des Kalkulationszinses zu Beginn eines Projektes, das zunächst ausschließlich zu Auszahlungen führt, in einer betragsmäßigen Verringerung dieser Auszahlungen resultiert, sodass de facto das Risiko im Zinssatz werterhöhend wirkt. Hinsichtlich einer Anwendung ist auf Abschnitt 7.4.4.1.2 zu verweisen.

Ferner bestünde die Möglichkeit, marktorientierte Sicherheitsäquivalente mithilfe des λ-CAPM zu bilden.[1469] *Fischer et al.* erkennen bereits 1999 diese Alternative und schlagen demnach vor, rekursiv einen Unternehmenswert mittels des Zustandsbaumes zu ermitteln und das systematische Risiko periodenspezifisch auf Basis der Prognosen anzupassen. Es wird folglich eine marktorientierte Sicherheitsäquivalentmethode angewandt,[1470] wie sie in Abschnitt 4.2.2.2 dieser Arbeit bereits skizziert wurde. Wird diese Methode herangezogen, so sind periodisch die Kovarianzen von Unternehmenscashflows und Marktrendite zu bilden und bewertet mit dem Marktrisikopreis ($\lambda = \frac{r_M - r_f}{\sigma_M^2}$) zu einem Risikoabschlag zu aggregieren. Es wird auch von *Fischer et al.* explizit darauf hingewiesen, dass absolute Cashflows heranzuziehen sind, da ein Zirkularitätsproblem[1471] die Ermittlung periodischer Unternehmensrenditen ausschließt. Da Kovarianzen nur gebildet werden können, wenn identische Verteilungsfunktionen zugrunde liegen, bilden *Fischer et al.* einen zum Zustandsbaum des Unternehmens analogen Baum für die Marktrenditen. Auch dieses Vorgehen ist keineswegs unproblematisch, da Kenntnisse über die gleichzeitige Entwicklung der Marktrendite und der Projektentwicklung schwer erhältlich, respektive ausgeschlossen sind. Es wird implizit eine Korrelation von +1 zwischen den Zustandsbäumen unterstellt[1472], da in den Binomialbäumen nur eine perfekte positive oder negative Korrelation abgebildet werden kann. Ohne diese Korrelation „ist eine Bewertung im vorgestellten Modell weder sinnvoll noch möglich.“[1473] Demnach besteht mit der objektivierten Bewertung flexibler Projekte weiterhin ein Problem, da weder das CAPM auf Basis der Vergangenheitsdaten eindeutig anwendbar ist, noch die zukunftsbezogene Marktentwicklung abzuschätzen ist. Folglich ist ohnehin ein Genauigkeitsverlust

1469 Vgl. dazu Abschnitt 4.2.2.2.

1470 Vgl. Fischer/Hahnenstein/Heitzer (1999), S. 1212 ff.

1471 Um die Renditen berechnen zu können, müsste bereits der Unternehmenswert bekannt sein. Da dieser allerdings gerade zu ermitteln ist, ist von einer Zirkularität auszugehen. Vgl. auch Fischer/Hahnenstein/Heitzer (1999), S. 1212.

1472 Alternativ könnte nur eine Korrelation von -1 unterstellt werden. Vgl. dazu auch Timmreck (2006), S. 86 f.

1473 Timmreck (2006), S. 87.

zu konstatieren, der allerdings in den marktorientierten Bewertungsansätzen nicht zu umgehen ist.[1474] Im Folgenden werden die Realoptionsansätze als Alternative thematisiert.

7.4.3.3.2 Real-Optionsansätze - eine Erweiterungsalternative im Marktmodell?

Die Realoptionsbewertung ist ebenfalls als eine Ergänzung zu den DCF-Verfahren zu klassifizieren und basiert grundsätzlich auch auf diesen.[1475] Die Idee der Ergänzung einer traditionellen Investitionsrechnung um den Wert von Realoptionen ist im Zuge der Kritik an „traditionellen" Verfahren der Investitionsrechnung in den 90er Jahren entstanden.[1476] Die Befürworter betonen, dass eine präferenzfreie, risikoneutrale Bewertung erfolgen kann und dennoch die Handlungsflexibilität des Managements in die Bewertung einfließt, wenn die Bewertung mit Realoptionen erfolgt.[1477] Trotz der vielseitigen, im Folgenden noch anzuführenden Kritik, die unter anderem den Vorteil der präferenzfreien, risikoneutralen Bewertung ausschließt, werden die Grundzüge der Real-Optionsansätze und die wesentlichen Beiträge der Literatur der Vollständigkeit halber zusammengefasst. Werden Real-Optionen in die Bewertung eines Projektes oder Unternehmens einbezogen, so ist ein Basiswert $(hier: BW_{DCF})$ i.d.R. mithilfe eines DCF-Verfahren zu ermitteln und um den Wert einer Option (V_{Option}) zu erhöhen:[1478]

$$UW_{DCF/Option} = BW_{DCF} + V_{Option} \qquad \textbf{(7-38)}$$

Der Basiswert ist durch die Diskontierung der erwarteten Cashflows im Sinne der DCF-Logik zu ermitteln, während die Handlungsflexibilitäten in dem Optionswert berücksichtigt werden.

Um diese Optionswerte zu bestimmen, ist auf unterschiedliche Ansätze zurückzugreifen, was durch eine unterstellte Analogie zu Finanzoptionen ermöglicht wird.[1479]

1474 Vgl. auch Schäfer/Schässburger (2000), S. 586.

1475 Vgl. Achleitner/Nathusius (2004), S. 71.

1476 Vgl. Kruschwitz (2014), S. 388; Ballwieser (2002), S. 185; Fischer/Hahnenstein/Heitzer (1999), S. 1207. Für einen Überblick über den angelsächsischen Stand zu Beginn der Diskussionen vgl. Trigeorgis (1995), S. 20 f.

1477 Vgl. dazu u.a. Achleitner/Nathusius (2004), S. 71. Kruschwitz (2014), S. 389; Brealey/Myers/Allen (2014), S. 577; Hull (2012), S. 766 ff.; Smith/McCardle (1999), S. 9; Tomaszewski (2000), S. 84.

1478 Vgl. Trigeorgis (1995), S. 2.

1479 Vgl. auch Bogdan/Villinger (2010), S. 59; Pritsch (2000), S. 137; Grundlegend Brennan/Schwartz (1985); McDonald/Siegel (1985); Trigeorgis (1995), S. 20 f. mit einem Überblick.

Eine europäische Finanzoption ist dadurch gekennzeichnet, dass der Inhaber das Recht, aber nicht die Pflicht hat, zu einem zukünftigen Zeitpunkt einen bestimmten Gegenstand zu einem festgelegten Preis zu kaufen oder zu verkaufen. Die Bewertungskonzeptionen dieser Optionen basieren auf der Annahme, dass Replikationen durch ein Portfolio aus risikobehafteter Anlage und einer risikofreien Anlage am vollständigen und vollkommenen Kapitalmarkt erfolgen können.[1480] Die verschiedenen Berechnungsansätze divergieren hinsichtlich der unterstellten Aktienkursentwicklung, wobei diesbezüglich i.d.R. eine binomiale oder eine zeitstetige Entwicklung entlang eines Wiener Prozesses[1481] anzunehmen ist.[1482] Im erstgenannten Fall ist das Modell von Cox/Ross/Rubinstein[1483] und im zweitgenannten das Modell von Black und Scholes[1484] zur Berechnung von Optionspreisen heranzuziehen.

Die Bewertung derartiger Finanzoptionen – insbesondere die Anwendung der mathematischen Zusammenhänge - wurde in der Literatur auf die Bewertung realer Handlungsmöglichkeiten übertragen, da ähnliche Payoff-Strukturen erkennbar sind. Dabei sind unterschiedliche Handlungsoptionen und Ansätze in Betracht gezogen worden. Grundlegend sind die Verzögerungsoption, die Erweiterungsoption, die Einschränkungsoption und die Abbruchsoption zu unterscheiden.[1485] Im vorliegenden Kontext zur Bewertung forschungsintensiver Unternehmen oder einzelner Forschungsprojekte sind spezielle Optionsansätze zur Bewertung möglicher Strategiedurchführungen, Bewertung von Reaktionen auf Wettbewerbsverhalten, Anmeldungen von Patenten, Änderungen der Konzernstruktur und zur Berücksichtigung von Abbruchsentscheidungen bekannt.[1486] Die am häufigsten untersuchte Option im Innovationskontext ist die letztgenannte Option, die es einem Unternehmen ermöglicht, frühzeitig ein Projekt abzubrechen und somit unnötige Kosten zu vermeiden.[1487] Das Unternehmen hat somit das Recht, allerdings nicht die Pflicht das Projekt fortzuführen. Neben den zugrundeliegenden Annahmen zur Wertentwicklung einzelner Kom-

1480 Vgl. kritisch Kruschwitz (2014), S. 427.
1481 Vgl. dazu Kruschwitz (2014), S. 394.
1482 Vgl. Bogdan/Villinger (2010), S. 59.
1483 Vgl. Cox/Ross/Rubinstein (1979).
1484 Vgl. Black/Scholes (1973) und dazu Trigeorgis (1996), S. 89.
1485 Vgl. Bucher/Mondello/Marbacher (2002), S. 779; Brealey/Myers/Allen (2014), S. 561; Trigeorgis (1996), S. 3 f. mit weiteren Optionsarten.
1486 Vgl. Bode (2005), S. 122 m.w.N.
1487 Vgl. Trigeorgis (1995), S. 3 f. Der Autor ordnet Real-Optionen im Bereich der F&E in die Kategorien „Time to Build Option“, „Option to Abandon“ und „Growth Options“ ein. Besonders die ersten beiden Kategorien zielen auf die Option des Projektabbruchs aufgrund neuer Informationen ab.

ponenten, die insbesondere den Wert des Basisinstrumentes beeinflussen,[1488] ist vor allem die Unterstellung der möglichen Replizierbarkeit am vollkommenen Kapitalmarkt zu kritisieren,[1489] die eine präferenzfreie Bewertung ermöglichen soll. Allgemein sind für die Bewertung einer Option der Wert des Underlying, die Volatilität, ein Basispreis, ein risikoloser Zins und die Optionsfrist notwendig, damit die bestehenden Bewertungsformeln angewendet werden können. Betrachtet man die Literaturbeiträge, so scheint es, dass der Bestimmung dieser Werte hohe Aufmerksamkeit geschenkt wird, während in Vergessenheit gerät, dass der Bewertung von Finanzoptionen äußerst restriktive Prämissen zugrunde liegen. Demnach muss das wertbeeinflussende Underlying an einem perfekten Markt gehandelt werden, ausreichend zu teilen sein und die Wertentwicklung muss bestimmten stetigen oder diskreten Prozessen folgen.[1490] Werden als wertbeeinflussende Faktoren Umsätze[1491], Kostenfaktoren oder sogar ein bereits aggregierter Brutto-Barwert[1492] gewählt, so sind diese genannten Voraussetzungen für Underlyings realer Investitionen nicht erfüllt.[1493] Somit ist keine Replikation für diese Underlyings möglich und laut *Kruschwitz* eine Übertragbarkeit der Bewertungskonzeptionen für Finanzoptionen auf Realoptionen demnach auszuschließen,[1494] sodass der Vorteil der Nutzung eines risikofreien Diskontierungszinses entfällt.[1495] Als Schlussfolgerung muss die Risikoberücksichtigung über das CAPM erfolgen, sodass das eigentliche Bewertungsproblem weiterhin besteht.[1496] Als Fazit ist folgende Aussage: „Grundsätzlicher Ausgangspunkt von Realoptionsmodellen ist die Analogie zu Finanzoptionen“[1497], grundsätzlich abzulehnen.[1498]

1488 Vgl. Pritsch (2000), S. 174 f.; Brealey/Myers/Allen (2014), S. 577.

1489 Vgl. auch Bogdan/Villinger (2010), S. 63; Pritsch (2000), S. 178; Smith/McCardle (1999), S. 9, entscheiden klar zwischen replizierbaren (z.B. Öl-Preisrisiken) und nicht replizierbaren (z.B. Produktionsrisiken) Risiken und reduzieren die Möglichkeit der Realoptionsbewertung auf die replizierbaren Risiken.

1490 Vgl. Smith/McCardle (1999), S. 9.

1491 Vgl. dazu Bogdan/Villinger (2010), S. 63.

1492 Vgl. Pritsch (2000), S. 311.

1493 Vgl. Kruschwitz (2014), S. 427 und ähnlich Ballwieser (2002), S. 188; Smith/Nau (1995), S. 796; Bogdan/Villinger (2010), S. 63; Smith/McCardle (1999), S. 9.

1494 Vgl. Kruschwitz (2014), S. 427; ferner Bogdan/Villinger (2010), S. 62 f.

1495 Vgl. Bogdan/Villinger (2010), S. 63.

1496 Vgl. dazu Fischer/Hahnenstein/Heitzer (1999), S. 1217-1219; Ernst/Schneider/Thielen (2012), S. 327; Ballwieser (2002), S. 196 bezugnehmend auf Dirrigl (1994), S. 427.

1497 Schäfer/Schässburger (2001), S. 90

1498 Vgl. Achleitner/Nathusius (2004), S. 71; Kruschwitz (2014), S. 427.

Ferner stellen Ballwieser sowie *Fischer et al.* fest, dass das Entscheidungsbaumverfahren und das Binomialmodell der Optionspreistheorie bei konsistenter Verfolgung identischer Annahmen des vollständigen und vollkommenen Kapitalmarktes zu einer Bewertungsidentität führen und kein konzeptioneller Vorteil eines der Verfahren besteht.[1499] *Kellogg/Charnes*[1500] vergleichen für ein Biotechunternehmen beide Methoden und können auch auf dieser Basis kaum Unterschiede feststellen, was durch *Smith/Nau*[1501] bestätigt werden kann. Wesentliche Unterschiede können somit vor allem durch die explizite Modellierung der Flexibilität erzeugt werden. Während die Wertentwicklungen durch Realoptionen beispielsweise mit einem Poisson-Prozess und zeitstetig abgebildet werden können,[1502] sind beim Entscheidungsbaum längere diskrete Zeitintervalle zugrunde zu legen.[1503] Die diskrete Entwicklung ist allerdings nicht per se zu kritisieren, sondern vielmehr als Vorteil zu werten, wenn man berücksichtigt, dass Unternehmensbewertungen und Entscheidungen regelmäßig auf Planungen mit diskreten Zeitpunkten und jährlichen Intervallen basieren.[1504] Darüber hinaus wird dem Entscheidungsbaum im direkten Vergleich oftmals eine zu hohe Komplexität angelastet. Allerdings wird diese auch im Rahmen der Optionsbewertung bedeutend, wenn alle Optionen mit ihren Abhängigkeiten und Merkmalen einbezogen werden. *Myers/Shyam-Sunder* stellen zutreffend in Frage, ob eine sachgerechte Darstellung der Abhängigkeiten und der Inhalte der F&E-Optionen in den vereinfachten Formeln der Finanzmathematik möglich ist.[1505] Werden die Abhängigkeiten und die wechselseitigen Einflüsse vernachlässigt, so könnte dies vielmehr zu Doppelerfassungen und somit zu schwerwiegenden Bewertungsfehlern führen.[1506] Demgegenüber dient die Erstellung von Entscheidungsbäumen der Strukturierung

1499 Vgl. Ballwieser (2002), S. 189 und S. 196; Fischer/Hahnenstein/Heitzer (1999), S. 1207 ff.

1500 Vgl. Kellogg/Charnes (2000), S. 76 ff.

1501 Vgl. Smith/Nau (1995), S. 795 ff.

1502 Vgl. auch Kellogg/Charnes (2000), S. 80, die diese stetige Betrachtung als möglichen Vorteil der Realoptionsbewertung bezeichnen.

1503 Vgl. Bode (2005), S. 164.

1504 Vgl. dazu Fischer/Hahnenstein/Heitzer (1999), S. 1209. Weitere Unterschiede lassen sich durch die Veränderungen der Risikostruktur beim Risikoabschlag im DCF-Kalkül elimieren. Vgl. dazu Ballwieser (2002), S. 189, der diesen Fehler von Meise (1998) bei der Feststellung von Abweichungen der Methoden herausstellt.

1505 Vgl. Myers/Shyam-Sunder (1996), S. 235.

1506 Vgl.Bucher/Mondello/Marbacher (2002), S. 779 dazu: „Die Abgrenzung zwischen einzelnen Optionstypen ist nicht immer eindeutig. Die Grenzen sind fliessend, und teilweise können einzelne Optionen auch miteinander verbunden sein, was deren Bewertung erschwert, wenn nicht sogar verunmöglicht."

des Investitionsproblems und der Visualisierung möglicher Projektentwicklungen,[1507] was zu Verständlichkeit, Redundanzfreiheit, Kommunizierbarkeit der Berechnungen[1508] und letztlich zu der Entscheidungsfindung beitragen kann. Wird zudem eine Verbindung mit der Stochastifizierung von Erfolgsfaktoren durch die Monte Carlo-Simulation ermöglicht, so sind alle wesentlichen Risiken und Chancen berücksichtigt.

Zusammenfassend ist nahezu eine Identität zwischen Optionsbewertung und dem Einsatz von Entscheidungsbäumen zu konstatieren, wenn entsprechende Prämissen unterstellt werden.[1509]

Da die Heranziehung von Optionspreisen unter Verwendung der Bewertungsformeln von Finanzoptionen vermehrt als Black-Box-Problem zu werten ist, wird dieser Ansatz nicht weiter verfolgt. Vielmehr kann aus Gründen der Konsistenz, des Informationsgehaltes und der Praktikabilität eine analoge Anwendung zur internen Perspektive bevorzugt und somit die Erweiterung von DCF-Methoden durch flexible Planungen mit Entscheidungsbäumen befürwortet werden. Ein Anwendungsbeispiel in Abschnitt 7.4.4 dient der Veranschaulichung.

7.4.4 Portfoliokonfiguration unter Berücksichtigung einer Akquisition

Vor dem Hintergrund der zum Teil kontroversen und sehr kritischen Diskussionsansätze wird in dem nun folgenden Beispiel ein praktikabler Ansatz zur Integration der strategischen Alternative der Akquisition in die Portfolio- und Unternehmensplanung illustriert.

Zu diesem Zweck ist ein Akquisitionsobjekt zu identifizieren und subjektiven sowie objektiven Bewertungen zu unterziehen, um den resultierenden Mehrwert sowie die Unternehmensstruktur nach der Transaktion abzuschätzen. Der auf Basis eines internen Portfolios optimierte Gesamtunternehmenswert sowie die daraus entstehende Portfoliokonfiguration werden dabei maßgeblich durch die neuen Optimierungsbedingungen, die auf die Integration der Akquisition und somit einer externen Wachstumskomponente zurückzuführen sind, beeinflusst. Das bestehende Planungs- und Bewertungskalkül wird somit um eine letzte Komplexitätsstufe erweitert. Eine subjek-

---

1507 Vgl. Hommel/Lehmann (2001), S. 118.

1508 Vgl. auch Kellogg/Charnes (2000), S. 79.

1509 Aus diesem Grund wird durch Bogdan/Villinger (2010), S. 63 auch stringent die Bewertung von Real-Optionen anhand des Entscheidungsbaumes mit expliziten Wahrscheinlichkeiten durchgeführt und nicht auf Basis von Funktionen zur Bewertung von Finanz-Optionen.

tive Abschätzung von Ertragswerten ist dabei notwendig, um die maximale Konzessionsbereitschaft festzustellen, während die Transaktionspreisabschätzung eine Möglichkeit zur Bestimmung des absoluten Mehrwerts bietet, ohne dass der endgültige Erwerbspreis feststeht. Darüber hinaus bietet die Transaktionspreisschätzung die Basis für eine frühzeitige Antizipation eines möglichen Verhandlungsabbruches, da Verhandlungen unnötig werden, wenn der potenzielle Preis über der maximalen Konzessionsbereitschaft liegt.[1510]

Das Beispiel wird so konstruiert, dass die Möglichkeit einer vertikalen Integration eines forschungsintensiven Unternehmens, dessen Wert maßgeblich durch Innovationsprojekte zu determinieren ist, evaluiert wird. Es ist demzufolge ein Beispiel in Anlehnung an die klassische Übernahme eines Biotech-Unternehmens durch ein Pharmaunternehmen[1511] zu konstruieren. Wird ein Unternehmen übernommen, das primär aufgrund der Innovationsprojekte akquiriert wird, so steht die Bewertung des forschungsintensiven Unternehmensteils im Vordergrund der Betrachtungen.

7.4.4.1 Transaktionspreisschätzung

Eine objektive Transaktionspreisabschätzung soll weitestgehend unabhängig von der subjektiven Lage des übernehmenden Unternehmens erfolgen und einen Preis widerspiegeln, zu dem das Akquisitionsobjekt potenziell gehandelt wird.

Da weder die DCF-Methodik unter Berücksichtigung möglicher Erweiterungen, noch der Multiplikatoransatz zu validen Werten führt, kann durch den kombinierten Einsatz der Bewertungsverfahren eine zu verdichtende Bandbreitenplanung möglicher Transaktionspreise erstellt werden, sodass kein singulärer Wert, sondern eine Vielzahl an Werten zugrunde liegt.[1512]

7.4.4.1.1 Erfolgsprognose

In einer Erfolgsprognose zur Transaktionspreisabschätzung ist von konzernspezifischen Synergie-, Steuer-, Risiko- und Finanzierungsaspekten zu abstrahieren und eine allgemein gültige Erfolgsprognose zu unterstellen.[1513]

1510 Vgl. auch Alfs (2015), S. 437.

1511 Das akquirierende Pharma-Unternehmen wird durch das bereits etablierte Fallbeispiel abgebildet.

1512 Ähnliche Vorgehensweisen sind auch in Fallbeispielen von Löhnert/Böckmann (2015), S. 799 ff. und Dreher (2010), S. 426 erkennbar.

1513 Vgl. ähnlich Dreher (2010), S. 423.

Dementsprechend ist eine differenzierte Erfolgsfaktorisierung nicht nötig und in den meisten Fällen auch nicht möglich, sodass auf eine Trennung von Mengen- und Preiskomponenten zum größten Teil zu verzichten ist. Zudem ist es ausreichend, die wesentlichen Aufwands- und Zahlungskonsequenzen zu prognostizieren, sodass ein Gesamtkapitalgeber-Cashflow abgeleitet werden kann.

Darüber hinaus findet eine klassische Dreiteilung der Planungen statt,[1514] indem die etablierten Produkte, die Pipeline und der Restwert separat zu planen und anschließend zu bewerten sind.

7.4.4.1.1.1 Prognose für bestehende Produkte

Die bereits entwickelnden Produkte generieren annahmegemäß ausschließlich Umsatzerlöse und dazu korrespondierende Aufwendungen, da sie nicht eigens produziert werden, sondern durch Patentvergaben ausschließlich zu Lizenzeinnahmen führen. Das bedeutet, es werden für bestehende Produkte und Unternehmenseinheiten lediglich Umsatzerlöse, ein laufender Verwaltungsaufwand sowie ein Anlagenbestand eingeplant. Sowohl die Umsatzerlöse als auch die ausgewiesenen Aufwendungen sind annahmegemäß zahlungs- und erfolgswirksam. Der letzte Vertrag läuft in 5 Jahren aus, sodass der Prognosehorizont entsprechend festgelegt wird:

Phase	Marktphase				
Periode	1	2	3	4	5
Umsatzerlöse	150.000	150.000	150.000	120.000	120.000
Aufwand	30.000	30.000	30.000	24.000	24.000
Investitionen	10000	10000	10000	10000	10000
Abschreibungen	10000	10000	10000	10000	10000
Anlagenbestand	200.000	200.000	200.000	200.000	200.000
EBIT	110.000	110.000	110.000	86.000	86.000
ad. Steuern	51.425	51.425	51.425	40.205	40.205
FCF n. ad. St.	58.575	58.575	58.575	45.795	45.795

Tabelle 125: FCF-Planung etablierter Produkte

Werden die Umsätze und Aufwendungen saldiert, kann ein EBIT ermittelt werden, das bereinigt um adaptive[1515] Steuern zu einem FCF nach adaptierten Steuern führt, der wiederum als Bewertungsgrundlage im Zähler der DCF-Verfahren verwendet

1514 Vgl. dazu Merk/Merk (2010), S. 319.

1515 Adaptive Steuern werden ermittelt, indem das EBIT als Steuerbemessungsgrundlage herangezogen wird und somit die Abzugsfähigkeit der Zinsen noch nicht berücksichtigt ist. Diese wird durch die Anpassung des WACC um das Tax Shield korrigiert.

werden kann.[1516] Bevor eine Aggregation dieser Cashflows zum Barwert erfolgt, sind weitere Prognosen für die Pipeline und den Restwert von Relevanz und daher zu ergänzen.

7.4.4.1.1.2 Pipeline

Die Pipeline besteht aus einem Projekt, das kurz vor der Markteinführung steht und zum Ende der Bewertungsperiode nur noch die abschließenden Tests und somit eine kritische Phase, die zu einem Abbruch-Szenario führen kann, überstehen muss. Des Weiteren existieren zwei kleinere Projekte, wobei eines noch zwei kritische Meilensteine bis zur Markteinführung überstehen muss und das andere Projekt sich im Anfangsstadium befindet, sodass drei potenzielle Abbruchsszenarien in einem Zustandsbaum zu antizipieren sind. Das Projekt, das kurz vor der Marktreife steht, ist zum einen aufgrund der geringsten Abbruchswahrscheinlichkeit und zum anderen aufgrund der Nähe zur Marktphase am wertvollsten für die potenziellen Akquisiteure. Dieses immense Potenzial könnte intern in kürzester Zeit nicht mehr aufgebaut werden. Der ressourcenorientierte Erklärungsansatz ist hier eindeutig als Hauptgrund für die Akquisition aus jeglicher Perspektive heranzuziehen. Aus Sicht des akquirierenden Unternehmens ist dieses Projekt zudem als Substitutionsprojekt für das interne Entwicklungsprojekt (INO_{SGE1}^{3}) zu identifizieren, sodass eine Akquisition des Unternehmens und die interne Weiterführung des Projektes in einer gegenseitigen Ausschlussbeziehung stehen.

Für die beschriebenen Projekte der Pipeline des Akquisitionsobjektes werden wiederum lediglich die Ertrags-, Aufwands- und Zahlungskonsequenzen zusammengefasst, um einen FCF ableiten zu können. Die Umsatzerlöse werden aufgrund des vorliegenden Geschäftsmodells in Form von möglichen Patenterlösen geschätzt und durch eine Log-Normalverteilung stochastifiziert. Material- und Personalplanung sind vereinfachend zugleich zahlungs- und aufwandswirksam und ebenfalls mehrwertig aufgrund der unterstellten Abhängigkeit vom Umsatz.

Folgend sind die Plangrößen für das weit entwickelte Projekt zusammengefasst, wobei die Darstellung anhand der erwarteten Umsatzerlöse erfolgt:

1516 Vgl. dazu Abschnitt 7.4.3.2.1.

Phase / Periode	Annahmen	Marktphase 1	2	3	4
Umsatzerlöse Log-Normalverteilung	Zufall	320.000	320.000	320.000	320.000
	μ	320.000	320.000	320.000	320.000
	σ	5.000	5.000	5.000	5.000
Investitionen		10.000	0	0	0
Abschreibungen			4.000	3.000	3.000
Anlagen		10.000	6.000	3.000	0
Material	3% von UE	9.600	9.600	9.600	9.600
Personal	12% von UE	38.400	38.400	38.400	38.400
EBIT		272.000	268.000	269.000	269.000
μ(FCF n.ad.Steuern)					
μ(FCF)-Markteinführung	90%	137.354	145.717	145.493	145.521
μ(FCF)-Abbruch	10%	0	0	0	0
μ(FCF$_t$)		123.619	131.145	130.943	130.969

Tabelle 126: FCF-Planung Innovationsprojekt 1 des Akquisitíonsobjektes

Es wird ein Zustandsbaum mit einer Übergangswahrscheinlichkeit von 90% hinterlegt, sodass im Erwartungswert zum einen die FCFs des Markteinführungsszenarios und zum anderen die FCFs des Abbruchsszenarios integriert werden. Durch die Gewichtung mit den hinterlegten Wahrscheinlichkeiten kann wiederum ein Gesamt-Erwartungswert ermittelt werden, der als Zählergröße im DCF-Kalkül zu verwenden ist.[1517].

Phase / Periode	Annahmen	F&E-Phase 1	Marktphase 2	3	4	5
Umsatzerlöse Log-Normalverteilung	Zufall		120.000	120.000	120.000	120.000
	μ		120.000	120.000	120.000	120.000
	σ		3.000	3.000	3.000	3.000
Investitionen		30.000	5.000	0	0	0
Abschreibungen		0	7.500	9.167	9.167	9.167
Anlagen		30.000	27.500	18.333	9.167	0
Material		40.000	3.600	3.600	3.600	3.600
Personal		70.000	18.000	18.000	18.000	18.000
EBIT		-110.000	90.900	89.233	89.233	89.233
μ(FCF n.a.Steuern)						
μ(FCF)-Martkeinführung	63,00%	-81.075	50.273	54.395	54.392	54.395
μ(FCF)-Abbruch 2	7,00%	-81.075	0	0	0	0
μ(FCF)-Abbruch 1	30,00%	0	0	0	0	0
μ(FCF$_t$)		-56.753	31.672	34.269	34.267	34.269

Tabelle 127: FCF-Planung Innovationsprojekt 2 des Akquisitíonsobjektes

Für die restlichen Projekte sind analoge Pläne aufzustellen, wobei weitere Projektabbrüche und somit weitere Szenarien relevant werden. Die FCF-Planung des zweiten

---

[1517] Aufgrund der Objektivierung kann die Risikooffenlegung bereits an dieser Stelle verdichtet werden, da eine Risikobewertung nicht auf Basis der offengelegten Risikostruktur erfolgt. Vgl. zu diesem Vorgehen Ernst/Schneider/Thielen (2010), S. 172 ff.

Projektes, ebenfalls dargestellt anhand der erwarteten Umsatzerlöse, ist der Tabelle 171 zu entnehmen.

Die Wahrscheinlichkeit, den letzten Entwicklungsschritt zu passieren, beträgt 70% und die Wahrscheinlichkeit der endgültigen Markteinführung wird wiederum auf 90% geschätzt. Werden die Wahrscheinlichkeiten entlang der Entwicklungspfade aggregiert, so ist eine Einführungswahrscheinlichkeit von 63% (70%·90%) zu ermitteln.

Die FCF-Planung des dritten Projektes in der ersten Entwicklungsstufe ist der folgenden Tabelle zu entnehmen:

Phase	Annahmen	F&E-Phase		Marktphase			
Periode		1	2	3	4	5	6
Umsatzerlöse	Zufall			160.000	160.000	160.000	160.000
Log-Normalverteilung	μ			160.000	160.000	160.000	160.000
	σ			5.000	5.000	5.000	5.000
Investitionen		20.000	50.000	10.000	0	0	0
Abschreibungen		0	4.000	16.500	19.833	19.833	19.833
Anlagen		20.000	66.000	59.500	39.667	19.833	0
Material		30.000	40.000	4.800	4.800	4.800	4.800
Personal		30.000	50.000	24.000	24.000	24.000	24.000
EBIT		-60.000	-94.000	114.700	111.367	111.367	111.367
μ(FCF n.a.Steuern)							
μ(FCF)-Markteinführung	44,10%	-46.950	-84.555	65.953	74.178	74.178	74.178
μ(FCF)-Abbruch 3	4,90%	-46.950	-84.555	0	0	0	0
μ(FCF)-Abbruch 2	21,00%	-46.950	0	0	0	0	0
μ(FCF)-Abbruch 1	30,00%	0	0	0	0	0	0
μ(FCF$_t$)		-32.865	-41.432	29.085	32.712	32.712	32.712

Tabelle 128:FCF-Planung Innovationsprojekt 3 des Akquisitionsobjektes

Es wird wiederum eine Abbruchswahrscheinlichkeit von jeweils 70% in den ersten beiden Perioden unterstellt und eine erfolgreiche Markteinführung von 90% in der letzten Periode, sodass die aggregierte Markteinführungswahrscheinlichkeit 44,1% (70%·70%·90%) beträgt.

7.4.4.1.1.3 Restwertphase

Bevor die Aggregation zum Barwert erfolgt, ist zunächst ein Restwert abzuleiten. Zu diesem Zweck erfolgt zunächst eine periodische Aggregation der berechneten Erwartungswerte der FCFs aus etablierten Produkten und der Innovations-Pipeline. Da das unsystematische Risiko in diesem objektiven Kontext ohnehin irrelevant ist, kann eine Schätzung auf Basis der Erwartungswerte der Detailprognosephase erfolgen.

Periode	1	2	3	4	5	6
μ(FCF$_t$)	92576	179960	252872	243744	112776	32712
Delta μ(FCF$_t$)		94,4%	40,5%	-3,6%	-53,7%	-71,0%

Tabelle 129: FCF- Restwertphase des Akquisitionsobjektes

Auf Basis dieser Ergebnisse wird für die Restwertphase vereinfachend ein konstantes FCF-Niveau von ca. 50.000 GE unterstellt.[1518]

7.4.4.1.2 Kapitalkosten, Risikobewertung und Fremdfinanzierung

Junge, wachsende und forschungsintensive Unternehmen sind zumeist hoch verschuldet,[1519] um die existierende Pipeline finanzieren zu können. Um die Fremdfinanzierung und die entsprechenden Konsequenzen zu berücksichtigen, wird ausgehend von dem bestehenden Fremdkapital der Gesellschaft (Annahme: 100.000 GE) ein Zins- und Tilgungsplan erstellt.

Die Bewertung erfolgt anhand des APV-Ansatzes, sodass neben dem Wert des fiktiv unverschuldeten Unternehmens die Wertbeiträge der Fremdfinanzierung zu erfassen sind:

$$MW(GK)_0^{APV} = \sum_{t=1}^{T} \frac{\mu(\widetilde{FCF}_t)}{(1+k_{EK}^{u,s})^t} + \sum_{t=1}^{T} \frac{r_f \cdot FK_{t-1} \cdot (0{,}75 \cdot s_{ge} + s_k) \cdot (1 - s_{ast})}{(1+r_{f,s})^t} + \sum_{t=1}^{T} \frac{T_t \cdot s_{ast}}{(1+r_{f,s})^t} \tag{7-39}$$

Der Fremdkapital-, Zins- und Tilgungsplan nimmt folgende Gestalt an:

Periode	Ist	1	2	3	4	5	6
FK-Bestand	100.000	83.333	66.667	50.000	33.333	16.667	0
Tilgung		16.667	16.667	16.667	16.667	16.667	16.667
Zins (6%) auf FK_{t-1}		6.000	5.000	4.000	3.000	2.000	1.000

Tabelle 130: Fremdkapitalplanung Akquisitionsobjekt

Die Zinsen entsprechen mit 6% dem risikofreien Diskontierungszins vor persönlichen Steuern. Dies erfolgt aufgrund der Annahme eines vollkommenen und vollständigen Marktes, sodass eine Übereinstimmung von Soll- und Habenzinsen unterstellt wird und die Aufwendungen aufgrund der Fremdfinanzierung in Form von Zinsen keinen unmittelbaren Barwerteffekt aufweisen. Dennoch ist der Steuereffekt durch den Einfluss der Fremdfinanzierung auf die steuerlichen Bemessungsgrundlagen zu beachten. Zum einen wird durch die Abzugsfähigkeit der Zinsen die Bemessungsgrundlage auf Unternehmens- und Anteilseignerebene gesenkt und zum anderen führt die Tilgung zu einer Ausschüttungsdifferenz, die zur Reduktion der privaten Steuerlast führt:

1518 Hinsichtlich einer alternativen und differenzierteren Vorgehensweise, vgl. Abschnitt 6.2.3.3.

1519 Vgl. Achleitner/Nathusius (2004), S. 121 f. zur abweichenden Verschuldung dieser Unternehmen.

Periode	Ist	1	2	3	4	5	6
Tax Shield							
Tax Shield ($Z_t \cdot tsm$)		1.148	956	765	574	383	191
$WB(TS)_0$	3.579						
Ausschüttungsdifferenzeffekt							
Differenzeffekt ($T_t{*}s_{Ast}$)		4.167	4.167	4.167	4.167	4.167	4.167
$WB(ASD)_t$	24.553						

Tabelle 131: Werteffekte der Fremdfinanzierung

Darüber hinaus muss die Bewertung des fiktiv unverschuldeten Unternehmens erfolgen, indem auf die bereits ermittelten Cashflows zurückgegriffen und eine risikoorientierte Barwertermittlung ergänzt wird. Zu diesem Zweck ist der unverschuldete Eigenkapitalkostensatz zu ermitteln:[1520]

$$k_{EK}^{u,s} = r_{f,s} + \beta^{u,s} \cdot (r_{M,s} - r_{f,s}) \quad (7\text{-}40)$$

Der unverschuldete Betafaktor kann anhand des Branchendurchschnitts ermittelt werden und nimmt den Wert 2 an. Unter Berücksichtigung des risikofreien Zinssatzes und einer Marktrisikoprämie von 5,1% gilt ein Kapitalkostensatz in Höhe von 14,7 %:

Periode	1	2	3	4	5	6	7	8ff.
$r_{f,s}$	4,50%	4,50%	4,50%	4,50%	4,50%	4,50%	4,50%	4,50%
$r_{M,s}$- $r_{f,s}$	5,1%	5,1%	5,1%	5,1%	5,1%	5,1%	5,1%	5,1%
$\beta^{u,s}$	2	2	2	2	2	2	2	2
$k_{EK}^{u,s}$	0,147	0,147	0,147	0,147	0,147	0,147	0,147	0,147

Tabelle 132: Kapitalkosten

Wird in Anlehnung an bereits beschriebene Vorschläge seitens der Literatur[1521] unterstellt, dass in früheren Projektstadien ein entsprechender Aufschlag – hier pro Stadium 1%-Punkt - erfolgt, so sind die folgenden Diskontierungsfaktoren heranzuziehen:

$k_{EK}^{u,s}$ 1. Projektphase	0,177
$k_{EK}^{u,s}$ 2. Projektphase	0,167
$k_{EK}^{u,s}$ 3. Projektphase	0,157

Tabelle 133: Angepasste Kapitalkosten für F&E-Phasen

Missachtet man zunächst diese Aufschläge, so können die erwarteten Cashflows summiert und mit dem Zinssatz von 14,7% diskontiert werden:

1520 Vgl. dazu Abschnitt 7.4.3.2.1.

1521 Vgl. OTA (1993), S. 279 f.

Periode	1	2	3	4	5	6	7ff
μ (FCF_t)	92.576	179.960	252.872	243.744	112.776	32.712	50.000
Diskontierungszins	0,147	0,147	0,147	0,147	0,147	0,147	0,147
UW_0^u	746.446						

Tabelle 134: Ermittlung des unverschuldeten Unternehmenswertes mit einheitlichem Diskontierungszins

Durch die Addition der drei Bausteine des APV-Verfahren und die anschließende Subtraktion des Fremdkapitals, wird der Marktwert des Eigenkapitals ermittelt:

$$UW_o^u = \sum_{t=1}^{T} \frac{\mu(\widetilde{FCF_t})}{(1 + k_{EK}^{\prime s})^t} = 746.446 \tag{7-41}$$

$$UW_o^v = 746.446 + 3.579 + 24.553 = 774.578 \tag{7-42}$$

$$MW - EK_0 = 774.578 - 100.000 = 674.578 \tag{7-43}$$

Ohne die Berücksichtigung phasenspezifischer Risikoaufschläge ist das Eigenkapital des Unternehmens mit 674.578 GE zu bewerten.

Um zum Vergleich die unterschiedlichen Diskontierungssätze für frühe Phasen der Projekte zu berücksichtigen, sind die einzelnen Projekte sowie die etablierten Produkte und der Restwert separat zu diskontieren. Die Barwerte etablierter Produkte und des Restwerts werden durch die Diskontierung der erwarteten FCFs mit dem Eigenkapitalkostensatz von 14,7% ermittelt:

Periode	1	2	3	4	5
FCF n. ad. St.	58.575	58.575	58.575	45.795	45.795
Diskontierungszins	0,147	0,147	0,147	0,147	0,147
BW_0^u	183.934				

Tabelle 135: Separate Bewertung etablierter Produkte

Restwertphase	
FCF n. ad. St. 7 ff.	50.000
Diskontierungszins	0,147
BW_0^u	149.373

Tabelle 136: Separate Bewertung des Restwertes

Für die Pipeline sind die Projekte einzeln zu bewerten.

Die Erwartungswerte der FCFs von Projekt 1 werden folgendermaßen diskontiert und weisen einen Zeitwert von 369.903 GE auf:

Phase	Marktphase			
Periode	1	2	3	4
$\mu(FCF_t)$	123.619	131.145	130.943	130.969
Diskontierungszins	0,147	0,147	0,147	0,147
BW_0^u	369.903			

Tabelle 137: Separate Bewertung Projekt 1 - Zinsanpassung

Der Wertbeitrag des Projekts, das sich in Phase zwei befindet, ist zu ermitteln, indem ein an die Projektphase angepasster Zinssatz in Höhe von 15,7 % verwendet wird:

Phase	F&E-Phase	Marktphase			
Periode	1	2	3	4	5
$\mu(FCF_t)$	-56.753	31.672	34.269	34.267	34.269
Diskontierungszins	0,157	0,157	0,157	0,157	0,157
BW_0^u	32.385				

Tabelle 138: Separate Bewertung Projekt 2 - Zinsanpassung

Abschließend kann der Wert des Projektes, das sich noch in Phase eins befindet, ergänzt werden, indem auch hier ein phasenspezifischer Zins in Höhe von 16,7%, heranzuziehen ist:

Phase	F&E-Phase		Marktphase			
Periode	1	2	3	4	5	6
$\mu(FCF_t)$	-32.865	-41.432	29.085	32.712	32.712	32.712
Diskontierungsfaktor	0,167	0,167	0,167	0,167	0,167	0,167
BW_0^u	5.416					

Tabelle 139: Separate Bewertung Projekt 3 - Zinsanpassung

Sind alle Bestandteile ermittelt, so kann eine Aggregation zum Wert des Unternehmens erfolgen:

$$UW_o^u = \sum_{t=1}^{T} \frac{\mu(\widetilde{FCF_t})}{(1+k_{EK}^{u,s})^t} = 183.934 + 149.373 + 369.903 + 32.385 + 5.416 \quad (7\text{-}44)$$

$$= 741.011$$

$$UW_o^v = 741.011 + 3.579 + 24.553 = 769.143 \quad (7\text{-}45)$$

$$MW - EK_0 = 769.143 - 100.000 = 669.143 \quad (7\text{-}46)$$

Mit den zunehmenden Risikozuschlägen sinkt der Wert der Projekte und analog in gleicher Höhe der gesamte Unternehmenswert (-5.453 GE). Hinsichtlich der Vorlaufphase und den dort anfallenden Auszahlungen ist jedoch zu beachten, dass ein Risikoaufschlag die Auszahlungen in ihrem absoluten Wert verringert. Der Risikoaufschlag wirkt somit im Hinblick auf die Auszahlungsstruktur werterhöhend. Dieser Effekt wird aufgrund der Potenzierungseffekte im Rahmen der Diskontierung der darauffolgenden Marktphase allerdings überkompensiert. Eine derartige Kompensation wird nur erreicht, da die Vermengung von Zeit- und Risikoaggregation zu stärkeren Diskontierungseffekten in nachgelagerten Zeitpunkten führt. Die Zahlungsstruktur der Innovations-Projekte bedingt dementsprechend erhöhte Aufmerksamkeit und die Diskussion zur Risikobereinigung von Auszahlungen wird relevant.[1522]

7.4.4.1.3 Ergänzende Preisabschätzungen auf Basis von Multiplikatoren

Da eine singuläre Bewertung auf Basis der DCF-Verfahren aufgrund vorherrschender Zweifel nicht als ausreichend zu erachten ist, wird eine Ergänzung um eine Multiplikatorbewertung bevorzugt.[1523] Trotz der angesprochenen Zweifel kann dieser Ansatz dazu beitragen, potenzielle Synergien, die auch in Kaufpreise einzubeziehen sind, abzuschätzen. Zumeist dienen diese Multiplikatoren dazu, eine erste Marktwertabschätzung zu erhalten, bevor im Anschluss eine DCF-Bewertung erfolgt.[1524] Da ein wesentliches Ziel darin besteht, den Synergieaufschlag zu ermitteln, sind Transaction Multiples, die auf vergleichbaren Transaktionen basieren, heranzuziehen und den Trading Multiples gegenüberzustellen.[1525] Zudem wird eine Bruttobetrachtung bevorzugt, um die Verschuldung des Akquisitionsobjektes explizit zu berücksichtigen. Als Bezugsbasis für die Multiplikatoren dienen, wie bereits geschildert, Umsatz-, Gewinn-, und Cashflow-Größen. Diese basieren zumeist auf einem Durchschnittswert von Vergangenheitsdaten. Exemplarisch werden für das Bewertungsobjekt die folgenden Größen ermittelt:

Periode Bezugsgröße	-2	-1	0	Durchschnitt (ø)
Umsatz	100000	120000	150000	123.333
EBIT	90000	120000	120000	110.000
FCF	30000	40000	40000	36.667
Gewinn	72000	96000	96000	88.000

Tabelle 140: Bezugsgrößen der Multiplikatorbewertung

Werden diese Durchschnittswerte als Basis für die Multiplikatorbewertung herangezogen und mit branchenüblichen Multiplikatoren multipliziert, so können auf Basis möglicher Transaction Multiples Unternehmenswerte mit Synergieaufschlägen ermit-

1522 Vgl. dazu Obermaier (2004), S. 2765.

1523 Auch in praxi ist die Multiplikatorbewertung ein weit verbreitetes Schätzverfahren. Vgl. dazu Achleitner/Nathusius (2004), S. 115; Rudolf/Witt (2002), S. 91; Meitner (2006), S. 1 f.

1524 Vgl. Pellens/Tomaszewski/Weber (2000), S. 1827.

1525 Vgl. auch Löhnert/Böckmann (2015), S. 805.

telt werden und auf Basis von Trading Multiples kann eine Bewertung ohne Synergie-Einpreisung erfolgen:

	Bezugsgröße	Multiple	Entity Value (EV)	FK	Equity Value
EV/Umsatz	123.333	7,5	925.000	100.000	825.000
		8	986.667		886.667
		8,5	1.048.333		948.333
EV/EBIT	110.000	8	880.000	100.000	780.000
		8,5	935.000		835.000
		9	990.000		890.000
EV/FCF	36.667	24	880.000	100.000	780.000
		25,5	935.000		835.000
		27	990.000		890.000
Durchschnitt Transaction Multiples					852.222
		Multiple		Equity Value ex Synergie	
KGV	88.000	7,5		660.000	
		8		704.000	
		8,5		748.000	
Durchschnitt Trading Multiples				704.000	
Differenz zwischen ø Trading und ø Transaction Multiples = potenzieller Synergieaufschlag					
148.222					

Tabelle 141: Multiplikatorbewertung

Im Rahmen der Differenzbetrachtung wird ein potenzieller und marktüblicher Synergie- und Kontrollaufschlag[1526] von 148.222 GE oder auch bezogen auf das durchschnittliche Trading Multiple von ca. 21,05 % ermittelt.

Unter Heranziehung eines derartigen Aufschlags kann der DCF-Wert angepasst werden, sodass durch die Berücksichtigung des Synergie-Aufschlages (21%) der vorherige DCF-Wert i.H.v. 674.578 GE auf 816.239,38 GE erhöht wird.

Im weiteren Verlauf wird von einem potenziellen Kaufpreis i.H.v. 815.000 GE ausgegangen.

7.4.4.2 Mehrwertbestimmung durch alternative Portfoliostrukturierung

Mit der Kaufpreisabschätzung ist lediglich ein erster Bewertungsteil vorhanden, der notwendig ist, um die Vorteilhaftigkeit im Gesamtunternehmenskontext zu messen. Erst durch den Einbezug und den Vergleich des potenziellen Kaufpreises mit der subjektiv erwarteten Wertgenerierung, kann eine Mehrwertbestimmung aufgrund der Akquisition erfolgen.[1527]

1526 Vgl. auch Löhnert/Böckmann (2015), S. 805.
1527 Vgl. Alfs (2015), S. 436.

Um diese Vorteilhaftigkeit zu evaluieren, sind zwei Vorgehensweisen denkbar. Zum einen kann auf Basis des Standard-Ertragswertverfahrens ein Grenzpreis ermittelt werden, der die Berücksichtigung einer Alternative umfasst. Zum anderen besteht die Möglichkeit, die Kaufpreisschätzungen explizit in ein investitionstheoretisches Portfolio-Kalkül, welches bereits in den vorangehenden Kapiteln ausführlich dargestellt wurde, einzubeziehen.[1528]

Hinsichtlich einer Anwendung des Standard-Ertragswertverfahrens zur Ermittlung des Grenzpreises kann bemängelt werden, dass eine Identifizierung und der Einbezug einer expliziten Alternativinvestition aufgrund divergierender Kapitaleinsätze und einer fragwürdigen Übertragbarkeit von Kapitaleinsatz-Barwert-Relationen problematisch sein könnte.[1529] Wird die Akquisition hingegen in das Portfolio-Kalkül integriert und als weitere Investitionsmöglichkeit unter Berücksichtigung der bestehenden Kapazitätsbeschränkungen in Betracht gezogen, so ist im Rahmen einer Optimierung der Portfoliokonstellation ein umfassendes Alternativprogramm in die Evaluierung einzubeziehen.[1530] Das Akquisitionsobjekt wird demnach für Vorteilhaftigkeitsberechnungen in ein gesamtunternehmensbezogenes Kalkül unter Beachtung aller finanziellen Restriktionen und Möglichkeiten integriert. Um eine Äquivalenzbedingung zur Evaluierung der Akquisition auf dieser Basis zu erhalten, ist eine Gleichwertigkeit zwischen gesamten Bewertungsprogrammen zu schaffen. Somit wird eine Äquivalenz zwischen dem Kapitalwert des alternativen Programms mit G geplanten Investitionsprojekten (C_0^{AP}) und dem durch die Akquisition generierten Programm mit dann H teilweise identischen oder veränderten Investitionsprojekten (C_0^{BP}) gefordert, um den Wertbeitrag des Bewertungsobjektes (W_0^B) zu bemessen:

$$C_0^{AP} = SÄ\left(\sum_{t=1}^{T}\frac{\sum_{g=1}^{G}\widetilde{CF_t^g}}{\left(1+r_{f,s}\right)^t}-\sum_{g=1}^{G}A_0^g\right) = C_0^{BP} \qquad (7\text{-}47)$$

$$= SÄ\left(\sum_{t=1}^{T}\frac{\sum_{h=1}^{H}\widetilde{CF_t^h}+\widetilde{CF_t^B}}{\left(1+r_{f,s}\right)^t}-\sum_{h=1}^{H}A_0^h - W_0^B\right)$$

Formt man diese Äquivalenzbedingung nach dem gesuchten Wert W_0^B um, so entsteht folgende Bewertungsgleichung:

1528 Vgl. auch Alfs (2015), S. 537 ff.

1529 Vgl. auch Alfs (2015), S. 438.

1530 Vgl. bereits Dirrigl (1988), S. 247 mit der Idee des Alternativ- und Bewertungsprogramms.

$$W_0^B = SÄ(\widetilde{BW_0^{BP}}) - SÄ(\widetilde{BW_0^{AP}}) + SÄ(\sum_{g=1}^{G} A_0^g) - SÄ(\sum_{h=1}^{H} A_0^h)$$
$$= SÄ(\widetilde{BW_0^{BP}}) + C_0^{AP} - SÄ(\sum_{h=1}^{H} A_0^h) \qquad (7\text{-}48)$$

Der Grenzpreis des Bewertungsobjektes ist dementsprechend aus einer Barwertdifferenz von Bewertungs- und Alternativprogramm und einer Differenz aus divergierenden Anschaffungsauszahlungen für die jeweiligen Portfolio-Konstellationen zu berechnen. Um ein optimales Bewertungsprogramm unter Berücksichtigung des Akquisitionsobjektes zu erstellen, müssen im Hinblick auf die zu berücksichtigenden Kapitalbeschränkungen allerdings die Kaufpreise bekannt sein. Ansonsten entstünde ein Zirkularitätsproblem aufgrund der Abhängigkeit des Grenzpreises vom Bewertungsprogramm.Dieses Problem ist zu umgehen, indem der geschätzte Transaktionspreis verwendet wird, sodass unmittelbar eine Kapitalwertberechnung durchführbar und eine Grenzpreisabschätzung überflüssig wird. Entscheidend zur Bestimmung des Mehrwerts, der aus einer Akquisition resultiert (ΔBW_0^B), ist dann wiederum ein Wertvergleich vor und nach alternativer Projektzusammenstellung, sodass wiederum die Mit-ohne-Bewertung zur Evaluierung heranzuziehen ist, die nun um den konkreten Einbezug des potenziellen Transaktionspreises erweitert wird:[1531]

$$\Delta BW_0^B = \qquad (7\text{-}49)$$
$$SÄ\left(\sum_{t=1}^{T} \frac{\sum_{h=1}^{H} \widetilde{CF_t^h} + \widetilde{CF_t^B}}{\left(1 + r_{f,s}\right)^t} - \boldsymbol{KP_0^B}\right) - SÄ\left(\sum_{t=1}^{T} \frac{\sum_{g=1}^{G} \widetilde{CF_t^g}}{\left(1 + r_{f,s}\right)^t}\right)$$

Somit sind neben einer Abschätzung und Integration potenzieller künftiger Zahlungsströme aus der Akquisition in die Gesamtunternehmensplanung, der Einbezug des Kaufpreises, die darauf zurückzuführenden Finanzierungs- und Vermögensverschiebungen und eine darauf basierende Optimierung zu berücksichtigen.

7.4.4.2.1 Subjektive Erfolgsprognose

Um den aus Unternehmenssicht subjektiv geprägten Mehrwert abzuschätzen, ist eine Erfolgsprognose zugrunde zu legen, die in die investitionstheoretische Portfo-

---

1531 Auf den gesonderten Ausweis weiterer Anschaffungsauszahlungen wird verzichtet, da Innovationsprojekte wie bereits in Abschnitt 3.1.2.1 aufgezeigt, keine einmalige Investition zu Beginn aufweisen.

liobewertung integrierbar ist. Zu diesem Zweck ist neben der Abschätzung künftiger Zahlungsströme eine detaillierte Risikooffenlegung notwendig, um die gesamten unsystematischen und systematischen Risiken in einer Portfoliobewertung zu beachten.

Dafür werden die Planungen der Transaktionspreisschätzung herangezogen und um wesentliche Werteffekte, insbesondere Synergien erweitert. Im vorliegenden Beispiel wird angenommen, dass das akquirierende Unternehmen besonders an dem kurz vor der Markt-Einführung stehenden Projekt interessiert ist, da die interne Pipeline für das bevorstehende Jahr kaum Wachstumsaussichten bietet und zudem aufgrund der Marktmacht des Akquisiteurs enorme Absatzpotenziale bestehen. Das zu akquirierende Unternehmen könnte dieses Absatzpotenzial nicht einzeln erzielen, zumal der Akquisiteur darüber hinaus die eigenständige Produktion und den eigenständigen Vertrieb vorsieht. Die Prognosen sind dementsprechend anzupassen.

Anders als im Rahmen der Transaktionspreisschätzung reicht eine Verdichtung des Zustandsbaumes auf Erwartungswerte nicht aus, um die unsystematischen Risiken in die Bewertung einfließen zu lassen. Wie bereits auf Ebene der internen Portfoliokonfiguration erläutert, sind dementsprechend alle erfolgs-, zahlungs- und bilanzwirksamen Berichtsposten entlang der möglichen Entwicklungszustände zu ermitteln und im Anschluss über die Zufallsziehung im Rahmen der Monte Carlo-Simulation in einer Wahrscheinlichkeitsverteilung zu vereinen. Darüber hinaus werden weiterhin die Umsatzerlöse über eine Log-Normalverteilung stochastifiziert und die Personal- sowie Materialaufwendungen in Abhängigkeit von diesen geplant. Der folgenden Tabelle ist der gegenüber der Transaktionspreisabschätzung angepasste Bericht (dargestellt anhand des Erwartungswertes der Umsatzerlöse) zu entnehmen:

Phase	F&E-Phase	Marktphase			
Periode		1	2	3	4
Umsatzerlöse Log-Normalverteilung	Zufall	650.000	650.000	650.000	650.000
	μ	650.000	650.000	650.000	650.000
	σ	5.000	5.000	5.000	5.000
Investitionen		200.000	100.000	0	0
Abschreibungen		0	66.667	116.667	116.667
Anlagen		200.000	233.333	116.667	0
Material	3% von UE	19.500	19.500	19.500	19.500
Personal	12% von UE	97.500	97.500	97.500	97.500

Tabelle 142: Subjektiver Plan Projekt 1

Die Projektpläne sind folgendermaßen zu stochastifizieren, um die Zustandsbaumstruktur auch im Gesamtunternehmensplan aufrechtzuerhalten, sodass potenzielle Ausgleichseffekte im Risikomaß gemessen werden:

Phase		Marktphase			
Periode		1	2	3	4
Absatzbereich					
Umsatzerlöse					
Markt	90%	650.000	650.000	650.000	650.000
Abbruch	10%	0	0	0	0
Materialbereich - Auszahlung = Aufwand					
Materialaufwand		0	0	0	0
Markt	90%	19.500	19.500	19.500	0
Abbruch	10%	0	0	0	0
Anlagenbereich					
Investitionen		200.000	100.000	0	0
Markt	90%	0	0	0	0
Abbruch	10%	0	0	0	0
Abschreibungen		0	66.667	116.667	116.667
Markt	90%	0	0	0	0
Abbruch	10%	0	0	0	0
Anlagen		200.000	233.333	116.667	0
Markt	90%	0	0	0	0
Abbruch	10%	0	0	0	0
Personalkosten					
LuG		0	0	0	0
Markt	90%	97.500	97.500	97.500	97.500
Abbruch	10%	0	0	0	0
Ergebnisaggregation					
Vorläufiger Ergebnisbeitrag					
Markt	90%	533.000	466.333	416.333	416.333
Abbruch	10%	0	0	0	0

Tabelle 143: Subjektiver, mehrwertiger Projektbericht Projekt 1 Akquisitionsobjekt

Auch die übrigen Projekte sind auf diese Weise zu stochastifizieren, um in die Gesamtunternehmensplanung integriert werden zu können.[1532]

Anstatt alle Projekte einzeln in den Gesamtunternehmensplan des Akquisiteurs aufzunehmen, kann auf Ebene des Akquisitionsobjektes eine erste Konsolidierung – analog zu den bereits bestehenden Bereichsebenen – erfolgen. In der nachstehenden Tabelle ist eine derartige Konsolidierung der Projekte des Akquisitionsobjektes verdeutlicht, wobei zusätzlich die Umsatzerlöse und Aufwendungen[1533] bereits lizen-

1532 Vgl. dazu Anhang, Tabelle 76 und Tabelle 77.

1533 Anlagevermögen, Investitionen und Abschreibungen werden bewusst erst im Rahmen der Kaufpreisintegration aufgenommen.

sierter Produkte einbezogen werden. Zu Darstellungszwecken werden die Erwartungswerte dieser Planung herangezogen:

Periode	1	2	3	4	5	6
Umsatzerlöse	734.997	829.484	908.889	878.884	293.869	79.390
Zahlungskonsequenz UE	734.997	829.484	908.889	878.884	293.869	79.390
Investitionszahlungen	215.000	117.650	4.410	0	0	0
AfA Anlagen	0	72.985	121.286	119.521	14.522	8.747
Bilanzbestand Anlagevermögen	215.000	259.665	142.789	23.268	8.747	0
Auszahlung für Material	96.550	69.985	52.767	46.767	29.216	2.382
Bewerteter Materialverbrauch	96.550	69.985	52.767	46.767	29.216	2.382
Summe LuG	172.750	141.423	128.833	125.833	38.080	11.908
Vorläufiger Ergebnisbeitrag	465.697	545.092	606.004	586.764	212.051	56.353
Vorläufige Zahlungen	250.698	500.427	722.879	706.285	226.573	65.099

Tabelle 144: Erwartungswerte aggregierter Akquisitionsplan exkl. Kaufpreisallokation

Im direkten Vergleich sind die subjektiven Einschätzungen aufgrund der Marktmacht des Konzerns stark erhöht und begründen den Synergieaufschlag in der Kaufpreisermittlung.

Um den Konzernmehrwert der Akquisition zu quantifizieren, ist zum einen der potenzielle Kaufpreis aufzuteilen und zum anderen sind die Erfolgspotenziale in die Gesamtunternehmensplanung zu integrieren. Aus diesem Grund ist der Transaktionspreis heranzuziehen. Die Transaktionspreisschätzung ergab einen potenziellen Kaufpreis von 815.000 GE, der nun auf das bestehende Anlagevermögen, mögliche stille Reserven und einen restlichen Goodwill aufzuteilen ist. Der Goodwill weist aufgrund der stark immateriell getriebenen Akquisition einen hohen Wert auf, wenn man davon ausgeht, dass sonst keine immateriellen Vermögenswerte identifiziert und bewertet werden.[1534] Dementsprechend ist der Kaufpreis auf das neubewertete Eigenkapital und den Goodwill aufzuteilen. Das Fremdkapital wird unmittelbar getilgt und dazu werden 100.000 GE aus dem Verkauf des Anlagevermögens des Akquisitionsobjektes zu Buchwerten verwendet. Somit entfallen 100.000 GE des Kaufpreises auf das Eigenkapital und 715.000 GE auf den Goodwill. Zudem wird der Goodwill in Anlehnung an das Steuerrecht über eine Nutzungsdauer von 15 Jahren abgeschrieben.[1535]

1534 Vgl. Pellens et al. (2014), S.765 ff. zum Ansatz und zur Bewertung von erworbenem Nettovermögen.

1535 Die Abschreibungs- und Investitionsplanung wird bis zum Ende der Detailprognosephase und somit zum Ende der Periode 9 fortgeführt.

Periode	1	2	3	4	5	6
Kaufpreis	815.000					
Anlagevermögen	100.000	100.000	100.000	100.000	100.000	100.000
Goodwill (GW)	715.000	667.333	619.667	572.000	524.333	476.667
GW-Abschreibung 15 J.		47.667	47.667	47.667	47.667	47.667
Anlagen-Abschreibung	10.000	10.000	10.000	10.000	10.000	
Investitionen	10.000	10.000	10.000	10.000	10.000	

Tabelle 145: Kaufpreisallokation

Integriert man die Kaufpreisverteilung und die bestehende Anlagenplanung in die Tabelle 144, so ist der umfassende Akquisitionsbericht – dargestellt in Erwartungswerten – erstellt, der in die Gesamtunternehmensplanung zu integrieren ist:

Periode	1	2	3	4	5	6
Umsatzerlöse (UE)	734.997	829.484	908.889	878.884	293.869	79.390
Zahlungskonsequenz UE	734.997	829.484	908.889	878.884	293.869	79.390
Investitionsauszahlungen inkl. Kaufpreis	1.040.000	127.650	14.410	10.000	10.000	0
Abschreibungen inkl. Goodwill-Abschreibung	10.000	130.652	178.952	177.188	72.188	56.413
Anlagevermögen inkl. Goodwill	1.030.000	1.026.998	862.456	695.268	633.080	576.667
Auszahlung für Material	96.550	69.985	52.767	46.767	29.216	2.382
Bewerteter Materialverbrauch	96.550	69.985	52.767	46.767	29.216	2.382
Summe LuG	172.750	141.423	128.833	125.833	38.080	11.908
Vorläufiger Ergebnisbeitrag	455.697	487.426	548.337	529.097	154.384	8.686
Vorläufige Zahlungen	-574.302	490.427	712.879	696.285	216.573	65.099

Tabelle 146: Erwartungswerte aggregierter Akquisitionsplan inkl. Kaufpreisallokation

Der negative Zahlungssaldo in der ersten Periode (-574.302 GE), der maßgeblich auf den Kaufpreis zurückzuführen ist, sowie die zusätzliche Ausschüttung müssen intern durch den Akquisiteur finanziert werden, sodass in der Liquiditätsroutine die entsprechenden Mechanismen ausgelöst werden. Da Pharma-Konzerne üblicherweise über einen hohen Bestand frei verfügbarer liquider Mittel verfügen, könnte eine gemischte Finanzierung aus Barvermögen, veräußerten Finanzanlagen und soweit nötig Fremdkapital erfolgen. Um die internen Bonitätsvorgaben einzuhalten, kann die automatische Finanzierung durch das Corporate Model eingepreist werden, sodass auch im Akquisitionskontext der Nutzen offensichtlich wird.[1536]

7.4.4.2.2 Optimierung und Wertbestimmung

Der Mehrwert durch die Akquisition kann abschließend ermittelt werden, indem eine Gegenüberstellung von Portfolio-Konfigurationen, Barwertsimulationen und Bewer-

[1536] Vgl. dazu Tabelle 148.

tungen mit und ohne Akquisitionsobjekt erfolgt. Die Simulation sowie Portfolio-Optimierung ohne das Akquisitionsobjekt ist dem vorangehenden Kapitel zu entnehmen und führt zu einem optimalen Wert des Gesamtunternehmens im Detailplanungszeitraum i.H.v. 3.861.075 GE. Dieser Wert dient im Folgenden als Vergleichsbasis. Unter Beachtung der Akquisition sind die Optimierungsbedingungen anzupassen. Da die Akquisition (Akq) zum Ausschluss des Projektes INO_{SGE1}^{3} führt, ist dieses Projekt in der Optimierung auszuschließen, wenn die Akquisition in das Gesamtunternehmensportfolio aufgenommen wird:

$$INO_{SGE1}^{3} = \begin{cases} 0, & wenn\ Akq. = 1 \\ 0 \vee 1 \vee 2, & wenn\ Akq. = 0 \end{cases}$$

Alle weiteren Optimierungsbedingungen bleiben bestehen, sodass das optimale Portfolio zur Maximierung des Sicherheitsäquivalentes mithilfe des Risk-Optimizers iterativ zu bestimmen ist. Das Ergebnis ist der folgenden Projekt-Zusammenstellung zu entnehmen:

Ergebnisse	
Projekt	Optimale Projektrealisation
P_{SGE1}^{1}	0
P_{SGE1}^{2}	0
IK_{SGE1}^{P1}	1
IK_{SGE1}^{P2}	1
P_{SGE2}^{1}	0
P_{SGE2}^{2}	1
IK_{SGE2}^{P1}	1
IK_{SGE2}^{P2}	0
INO_{SGE1}^{1}	4
INO_{SGE1}^{2}	1
INO_{SGE1}^{3}	0
INO_{SGE2}^{1}	3
INO_{SGE2}^{2}	2
Akq	1

Tabelle 147: Projekt-Variablen bei optimaler Portfolio-Kombination

Demnach wird im Portfolio das Innovationsprojekt 3 der SGE 1 eliminiert. Aufgrund der frei werdenden Kapazitäten kann allerdings das Innovationsprojekt 2 der SGE 2 aufgenommen werden. Alle weiteren Projekte werden wie unter Ausschluss der Akquisition beibehalten.

Auf dieser Basis wird ein risikobereinigter Barwert des Unternehmens in der Detailprognosephase i. H. v. 4.590.324 GE (MUA=219.636) ermittelt, der auf die folgende Wahrscheinlichkeitsverteilung des Barwertes zurückzuführen ist:

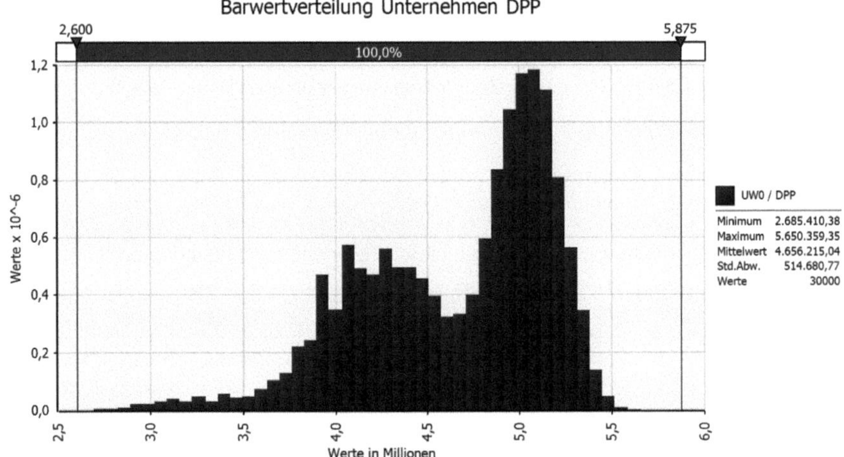

Abbildung 99: Barwertverteilung Detailprognosephase inkl. Akquisition

Die Wertschaffung ist durch die Differenz zwischen dem nun generierten Unternehmenswert und dem optimalen Vergleichswert unter Ausschluss der Akquisition zu quantifizieren. Im Beispiel wird ein Mehrwert i. H. v. 729.249 GE festgestellt.[1537]

Auf Basis eines Vergleichs der Risikoprofile wird dieser Mehrwert durch die Verschiebung des gesamten Wertebereichs in Abbildung 100 visualisiert. Im Erwartungswert ist eine deutliche Erhöhung des Barwertes zu erkennen, die nur mit einer vergleichsweise geringfügigen Erhöhung des Risikos, gemessen an der MUA, einhergeht. Die unter Ausschluss der Akquisition zunächst optimale Portfolio-Konstellation wird somit aufgrund zusätzlicher Möglichkeiten durch eine dominierende Erwartungswert-Risikomaß-Kombination abgelöst.

[1537] Vgl. Anhang, Tabelle 78 bis Tabelle 80 hinsichtlich der Bilanz, der GuV und der Finanzplanung dieser Portfolio-Konstellation in Erwartungswerten.

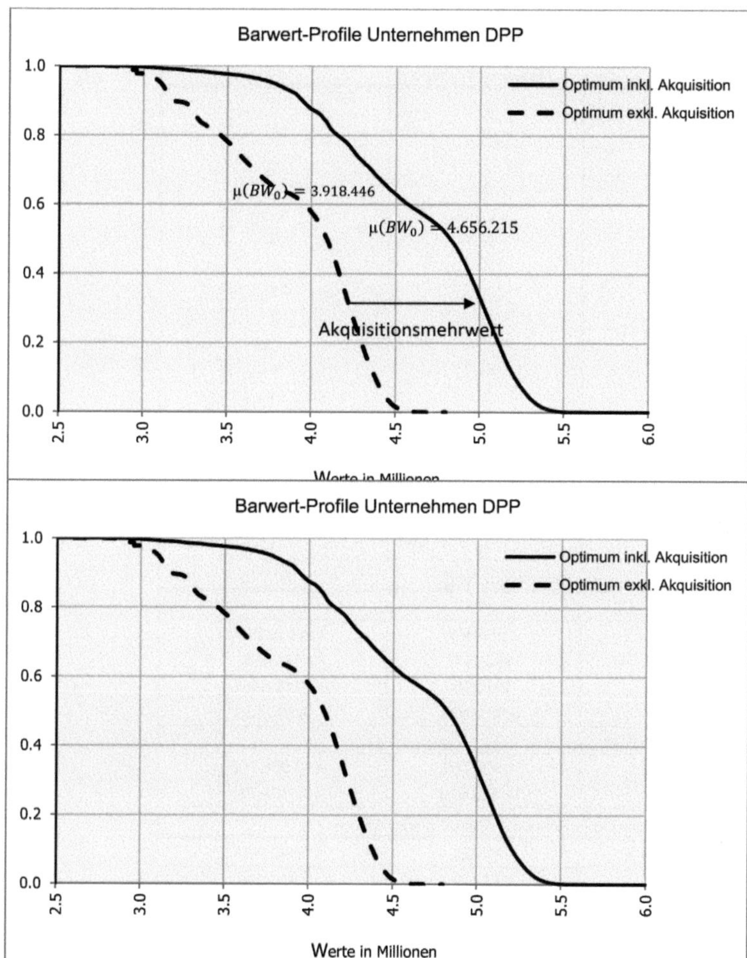

Abbildung 100: Barwertprofile vor und nach Akquisition

Insgesamt sind neben den Einflüssen auf die risikobereinigten Barwerte und die veränderte Projekt-Konfiguration auch weitere Strukturveränderungen im Unternehmen festzustellen.

Anhand der folgenden Tabelle 148 werden die wichtigsten Ergebnisse der Optimierungen vor und nach Einbezug der Akquisition noch einmal gegenübergestellt. Es ist unverkennbar, dass das Quantifizierungs- und Optimierungskalkül flexibel einsetzbar und somit in unterschiedlichsten Situationen anzuwenden ist.

Portfolio	ex Akquisition	cum Akquisition
Optimale Portfoliokonfiguration		
P_{SGE1}^{1}	0	0
P_{SGE1}^{2}	0	0
IK_{SGE1}^{P1}	1	1
IK_{SGE1}^{P2}	1	1
P_{SGE2}^{1}	0	0
P_{SGE2}^{2}	1	1
IK_{SGE2}^{P1}	1	1
IK_{SGE2}^{P2}	0	0
INO_{SGE1}^{1}	4	4
INO_{SGE1}^{2}	1	1
INO_{SGE1}^{3}	2	0
INO_{SGE2}^{1}	3	3
INO_{SGE2}^{2}	0	2
Akq	0	1
Barwertverteilung		
Detailprognosephase (DPP)		
μ (BW_0) -DPP	3.918.446	4.656.215
STA (BW_0) - DPP	442.141	514.681
MUA (BW_0) -DPP	191.235	219.636
$SÄ_{MUA}$ (BW_0) - DPP	3.861.075	4.590.324
Summe Detailprognosephase / Konvergenzphase / Restwertphase		
μ (BW_0)	11.356.756	12.986.705
$SÄ_{MUA}$ (BW_0)	11.186.676	12.802.761
Finanzierung in Periode 1 / Akquisitionszeitpunkt		
μ (ZS (0))	213.423	-940.999
μ (Delta FIN)	213.423	-300.000
μ (Delta FKK)	0	200.000
μ (Delta FKL)	0	440.999
μ (Delta BEK)	0	0

Tabelle 148: Ergebnisvergleich Unternehmen vor und nach Akquisition

Für den vorliegenden Fall wurde unter Einbezug der Akquisition eine erneute Optimierung durchgeführt, sodass jegliche Konsequenzen, die mit der Akquisition einhergehen ermittelt werden. In diesem Kontext wird das Innovationsprojekt 3 der SGE 1 zwar ausgeschlossen, durch den Optimierungsprozess allerdings die Innovation 2 der SGE 2 einbezogen, sodass unterschiedliche Kompensationseffekte durch freiwerdende Kapazitäten in die Bewertung integriert sind. Darüber hinaus wird anhand der Darstellung der Finanzierungskonsequenzen der Nutzen durch eine Liquiditätsroutine deutlich. Vollkommen automatisiert wird eine mögliche Kaufpreisfinanzierung simuliert, die somit ebenfalls in die Mehrwertbestimmung bereits eingepreist wird und darüber hinaus den Finanzierungsprämissen sowie Liquiditätsengpässen des Unternehmens genügt. Es liegt demnach eine umfassende und flexible quantitative Kalkülstruktur zur Bewertung und Steuerung von Innovations-Portfolios unter Einbezug von Verbundeffekten und Ressourcenengpässen vor.

8 Zusammenfassung

Als zentrales Ziel und Gegenstand der vorliegenden Arbeit wurde der Ausgleich unterschiedlicher Defizite im Bereich des unternehmenswert-orientierten Innovations-Controllings definiert. Aufgrund der besonderen Erfolgs- und Risikostruktur von Innovationsprojekten und somit von forschungsintensiven Unternehmen gewann das Risiko, dessen Offenlegung und Bewertung in diesem Kontext an Relevanz, sodass eine modellbasierte Risikoanalyse auf Einzelprojekt- und Portfolio-Ebene zum zentralen Bestandteil der Arbeit avancierte. Mit diesen Analysen waren quantitativ ausgerichtete Methoden und Konzepte zu identifizieren, die das Management in der Entscheidungsfindung unterstützen können.

Im ersten Teil der Arbeit stand eine systematische Verbindung von Innovationen und ihren spezifischen Eigenschaften mit der wertorientierten Unternehmensführung sowie dem Controlling im Vordergrund der Untersuchung. Dabei stellte sich zunächst heraus, dass sich Innovationen durch ihren Neuheitsgrad auszeichnen und langfristig zu planen und zu kontrollieren sind, indem ihr gesamter Lebenszyklus in sämtliche Planungen und Bewertungen einbezogen wird. Auf diese langfristige und zukunftsorientierte Ausrichtung ist auch die Spezifizierung als strategisches Innovations-Controlling zurückzuführen, die zugleich eine Orientierung von Wertanalysen an den charakteristischen Risiken der Innovationen in ihren Lebenszyklen bedingt. In einem weiteren Schritt wurden mit den technischen und wirtschaftlichen Risiken zwei Kategorien differenziert. Während die technischen Risiken primär aufgrund von Abbruchrisiken im F&E-Prozess der Vorlaufphase zuzuordnen sind, führen wirtschaftliche Risiken im Wesentlichen in der Marktphase zu mehrwertigen Preis- und Mengenabschätzungen. Entgegen kapitalmarkttheoretisch fundierter Kritiken wurde zudem konstatiert, dass ein aktives Management dieser Risiken unabdingbar ist, um überflüssige Insolvenz- und Finanzierungskosten zu vermeiden und eine gewisse Unternehmensstabilität zu erzeugen. Das Controlling ist dementsprechend risiko- und wertorientiert respektive unternehmenswert-orientiert auszurichten, sodass in einem nächsten Abschnitt diese Ausrichtung des (Innovations-)Controllings näher spezifiziert wurde. Nachdem die Steigerung des Unternehmenswertes als übergeordnetes Unternehmensziel erläutert wurde, sind Verbindungen zwischen Innovationen und Strategien sowohl auf dem Corporate Level als auch auf dem Business Level analysiert worden. Es war unverkennbar, dass insbesondere die Strategien auf dem Corporate Level, welche zur Orientierung an unterschiedlichen Zentralisierungsgraden und Verbundeffekten führen, neben einer Projekt- auch eine Portfoliobetrachtung erfordern. Das Kapitel wurde mit einer Skizzierung unterschiedlicher Bewertungsmethoden und einer Konkretisierung der Besonderheiten und Problemkomplexe, die auf Bewertungen von Innovationen und forschungsintensiven Unternehmen zurückzuführen sind, abgeschlossen. Dabei stellten sich unterschiedliche Sachverhalte als komlexitätssteigernd heraus. Zunächst müssen Projekt- und Unternehmenswerte überführbar sein, da Innovationsprojekte die Werte forschungsintensiver Unternehmen maßgeblich beeinflussen. Darüber hinaus wurden die Abbildung der Flexibilität insbesondere aufgrund möglicher Projektabbrüche und der mangelnde Bestand an Vergangenheitsdaten als zusätzliche Problemfelder identifiziert. Auf diesen Erkenntnissen aufbauend, erwies sich für den weiteren Verlauf der Arbeit eine zweckgebundene Ausgestaltung des Ertragswertverfahrens als zielführend, um unternehmensinterne subjektiv geprägte und strategische Entscheidungen mit einem Innovationsbezug zu unterstützen, während die DCF-Verfahren primär für subjekt-neutrale (objektive) Bewertungszwecke von Relevanz sind.

Um Methoden und Konzepte zum risiko- und wertorientierten Innovations-Controlling auf Einzelprojektebene zu eruieren, wurde, basierend auf diesen Feststellungen, Teil II der Arbeit eingeleitet. Herbeigeführt durch die modellbasierte Herangehensweise stand zunächst die Erläuterung und Darstellung der Methodik der integrierten, dreidimensionalen und lebenszyklusorientierten Planung unter Ausschluss des Risikos im Vordergrund der Betrachtungen. Die Integration erwies sich dabei in Bezug auf zwei Problemkomplexe als äußerst notwendig: Zum einen ist die Integration von Projekt- und Unternehmenswerten sicherzustellen, indem die Überführbarkeit und Separierbarkeit der Werte durch das zugrundeliegende Planungsmodell und eine so genannte *Mit-ohne-Bewertung* gewährleistet ist. Zum anderen sind die Rechenwerke Bilanz, GuV und Finanzplanung zu integrieren, u. a. um Steuer- und Finanzierungseffekte auf Projekt- und Unternehmensebene abzuleiten. In diesem Zusammenhang stellte sich besonders die Finanzplanung basierend auf einer Liquiditätsroutine als zielführend heraus, um eine integrierte Analyse und Bewertung potenzieller Insolvenzen aufgrund der Überschuldung oder Illiquidität zu ermöglichen. Weiterführend konnte anhand der Lebenszyklusorientierung verdeutlicht werden, wie die begrenzte Projektlaufzeit und die Projektstruktur durch eine differenzierte Erfolgsfaktorisierung entlang der Projektphasen in die Unternehmensplanung einzubinden sind. Das in diesem Kontext theoretisch fundierte und an einem Beispiel erläuterte Corporate Model diente als Basis-Modell für sämtliche weitere Ausführungen in der Arbeit.

In einem nächsten Schritt wurde das Risiko in dieses Modell integriert. Mit der Risikooffenlegung und der Risikobewertung waren zwei Teilkomplexe zu unterscheiden. Im Hinblick auf die Risikooffenlegung wurden die Monte Carlo-Simulation, die Szenario-Technik und die Offenlegung der Projektstruktur durch Entscheidungs- und Zustandsbäume näher untersucht. Die Monte Carlo-Simulation zeichnet sich besonders durch die Möglichkeiten aus, unterschiedliche Erfolgsfaktoren mit Wahrscheinlichkeitsverteilungen entlang der Wertschöpfungskette offenzulegen und flexibel Verbindungen von Einzelrisiken, u. a. basierend auf Korrelationen, herzustellen. Mithilfe von Zufallsziehungen sind dann Wahrscheinlichkeitsverteilungen und Risikoprofile von Zielgrößen zu erzeugen, die zur Messung von Lageparametern, Streuungsgrößen und Value at Risk-Maßen heranzuziehen sind. Darüber hinaus dienen Entscheidungs- und Zustandsbäume dem Einbezug der Flexibilität von Innovationsprojekten sowie der darauf zurückzuführenden Werteffekte in die Analysen. In einem letzten Schritt der Risikooffenlegung wurde verdeutlicht, wie die diskrete Struktur der Entscheidungs- und Zustandsbäume mit der Monte Carlo-Simulation und somit der Stochastifizierung von Erfolgsfaktoren zu verbinden ist, um Wahrscheinlichkeitsverteilungen und Risikoprofile zu erzeugen, die sämtliche Projekt- und Unternehmensrisiken umfassen. Mit dieser Methodik der Risikooffenlegung, die wiederum anhand des Corporate Models illustriert wurde, ist eine maximale Komplexitätsstufe zur Risikooffenlegung auf der Einzelprojektebene erreicht, sodass im Anschluss die Methoden zur Bewertung und Aggregation dieser Risiken untersucht wurden.

Es erfolgte in diesem Zusammenhang eine Unterscheidung von Methoden zur Bildung von Risikozuschlägen und solchen, die auf der Bildung von Risikoabschlägen basieren. Da Risikozuschläge i. d. R. auf Basis des CAPM in Verbindung mit den DCF-Verfahren und somit kapitalmarktorientiert gebildet werden, wurde diese Methodik näher untersucht, wobei unterschiedliche Schwachstellen festzustellen waren. Insbesondere der Neuheitsgrad der Innovationen und ihre flexible Projektstruktur, der Mangel an repräsentativen Vergangenheitsdaten und der Ausschluss unsystematischer Risiken stehen einer quantitativ fundierten unternehmensinternen Entscheidungsfindung entgegen. Als zielführende Alternative stellte sich das Erwartungswert-Risikomaß-Prinzip heraus, das explizit die im Rahmen der Risikooffenlegung ermittelten Risiken in die Bewertung einfließen lässt, indem auf Risikomaßen und Risikoaversionskoeffizienten basierende Risikoabschläge vom Erwartungswert gebildet werden. Die unsicheren Bewertungsgrößen werden somit zu Sicherheitsäquivalenten verdichtet, um entscheidungsrelevante Zielgrößen zu erhalten. Weiterführend zeigte sich durch eine analytisch fundierte Berechnung, dass diese Bildung von Sicherheitsäquivalenten erst auf einer aggregierten Ebene und somit auf Basis eines mehrwertigen Barwertes anstatt periodischer Cashflows erfolgen sollte, damit intertemporale Diversifikationseffekte in die Risikomessung und Bewertung einfließen.

Nachdem eine Methodik identifiziert wurde, die eine Transformation der Risikostruktur in eine Zielgröße und somit die Verbindung der Risikooffenlegung und Bewertung ermöglicht, konnte die Kontrolle als komplementärer Bestandteil zur Planung ergänzt werden. Aufbauend auf dem Modell und Beispiel, das bereits in den vorherigen Abschnitten zu Illustrationszwecken diente, wurde ein wertorientiertes Gesamtsystem an Abweichungsanalysen konzipiert, welches ebenfalls auf den zuvor spezifizierten Bewertungsgrundsätzen basiert. Durch die Verbindung von unterschiedlichen Methoden der operativen Abweichungsanalysen, der Erfolgspotenzialrechnung und dem Excess Value Created als Performancemaß, wurde eine Systematik entwickelt, um operativ-retrospektive, strategisch-prospektive, exogene und endogene sowie faktorenspezifische Abweichungen interdependent im Rahmen einer Veränderungsrechnung des Netto-Kapitalwertes zu analysieren. Durch die zugleich integrierte Analyse von Zeit-, Preis-, Mengen-, Struktur- und Risikoeffekten konnte ein zentraler Fortschritt gegenüber herkömmlichen Projektkontrollen erzielt werden. In diesem Zusammenhang wurde zudem veranschaulicht, inwiefern die Verdichtung der Projektstruktur aufgrund ausbleibender, allerdings ex ante antizipierter, Projektabbrüche zu substanziellen Effekten in den Erwartungswerten führt. Diese Werteffekte können die Auswirkungen, die auf eine Veränderung der Risikomengen zurückzuführen sind, um ein Vielfaches übersteigen. Besonders durch den Einsatz des Erwartungswert-Risikomaß-Prinzips kann äußerst transparent die Verbindung von derartigen Risikoveränderungen mit der Bewertung in unterschiedlichen Projektstadien erfolgen, sodass die Vorteilhaftigkeit dieser Risikobewertungsmethodik gegenüber dem Einsatz des CAPM erneut unverkennbar wurde.

Im Anschluss an die Projektkontrolle, erfolgte eine Überleitung zum Teil III der Arbeit und somit zum risiko- und wertorientierten Controlling des Innovations-Portfolios auf Gesamtunternehmensebene. Herkömmliche Konzepte, wie Portfolio-Analysen, Scoring-Modelle oder der Analytic Hierarchy-Process, stellen den bisherigen Vergleichsmaßstab dar und weisen zugleich schwerwiegende Defizite auf, da Quantifizierungen zur Wertorientierung, Ressourcenallokationen und Finanzplanungen zur Überwachung der Liquiditätssituation ausbleiben. Demnach können die Konzepte primär für eine strategische Vorauswahl respektive Filterung herangezogen werden und sind um eine quantitative Entscheidungsempfehlung zu erweitern. Damit eine solche Quantifizierung möglich ist, wurde in einem weiteren Schritt eine Modellstruktur zur Konsolidierung bzw. Addition von Teil-Plänen, zur Bildung von Cash-Pools, zur Ressourcenallokation und zur Besteuerung auf einer Portfolio-Ebene bzw. Gesamtunternehmensebene konzipiert und illustriert. In einem ersten Schritt erfolgte die Darstellung der Modellstruktur unter Ausschluss von Risiken. Im Rahmen der Modell-Fundierung konnte zudem verdeutlicht werden, dass mit inkrementalen Weiterentwicklungen und radikalen Innovationen zwei sich gänzlich unterscheidende Projekttypen existieren, die in den meisten Portfoliokonstellationen vorzufinden sind, damit einerseits durch die Weiterentwicklungen eine konstante und bekannte Cashflow-Basis erwirtschaftet wird und andererseits mit den radikalen Innovationen die Image- und Wachstumsträger integriert werden. Basierend auf einer umfassenden Portfolio- und Gesamtunternehmensplanung für die Detailplanungsphase, die durch das Projekt mit dem längsten Lebenszyklus zu begrenzen ist, wurden zudem Ansätze zur Restwertberechnung untersucht. Als besonders geeignet stellte sich eine Drei-Phasenstruktur heraus, um die aus der Detailplanungsphase zu entnehmenden Kennzahlen und Abhängigkeitsstrukturen durch Konvergenzprozesse an ein Normal-Niveau in der Restwertphase anzugleichen.

Anschließend erfolgte eine Erweiterung dieser Grundstruktur um Risiko- und Verbundeffekte zur weiterführenden Analyse der „Risk and Reward"-orientierten Steuerung im Portfolioverbund. Anhand einer Systematisierung von Risikoverbundeffekten und leistungswirtschaftlichen Verbindungen entlang der Unternehmensebenen und Wertschöpfungsketten konnte ein Eindruck über die vielfältigen Variationsmöglichkeiten in einem Portfolioverbund vermittelt werden. Demzufolge war eine möglichst flexible Modellstruktur zur Portfoliobewertung und -steuerung gefragt. Zu diesem Zweck wurde das zuvor konzipierte Modell herangezogen und in einem ersten Schritt um ein Risiko-Pooling in Analogie zum Cash-Pooling erweitert, damit sämtliche Projektrisiken in einen gemeinsamen Pool vereint werden. Nur auf diese Weise können Klumpenrisiken sowie bestandsgefährdende Risiken und Diversifikationseffekte adäquat gemessen werden. Weiterführend wurde die synoptisch-inkrementale Methode als zielführend identifiziert, um Verbundeffekte aus einer Differenzbetrachtung heraus basierend auf einer *Mit-ohne-Bewertung* zu quantifizieren. Ein wesentlicher Beitrag erfolgte darüber hinaus durch die Untersuchung der technisch-dynamischen Verbundeffekte der Projektstrukturen, indem aufgezeigt wurde, wie, durch eine gemeinsame Festlegung von Wahrscheinlichkeitsbereichen und Zufallsziehungen für einzelne Projektpfade, (Un-)Abhängigkeiten erzeugt werden können, um ihre Auswirkungen im Risiko-Pool einzubeziehen. Es wurde dabei unverkennbar, dass insbesondere technisch-dynamische Abhängigkeiten einen substanziellen Einfluss auf die Entstehung von Risikodiversifikationseffekten und Klumpenrisiken ausüben können. Eine Missachtung dieser Abhängigkeiten und der Risiken in den Entscheidungsstrukturen und Entscheidungsgrößen kann demnach zu wesentlichen Fehlentscheidungen führen.

Im Anschluss an diese grundlegenden Ausführungen wurde das Modell für zwei Verbundsituationen spezifiziert. In einem ersten Fall wurde anhand der Modul- und Plattformstrategie illustriert, wie ein äußerst komplexes Geflecht an horizontalen Verbundeffekten in die Modellstruktur zu integrieren ist. Die verursachungsgerechte Zurechnung von Synergien, um eine faire Ressourcenallokation sicherzustellen, erfolgte in diesem Zusammenhang mittels Senkungsquoten. Das Fallbeispiel endete mit einer Optimierung und somit einer modellgestützten Konfiguration eines unternehmenswert-optimalen Innovations-Portfolios. Ein zielführendes Instrument stellte hier der *RiskOptimizer* dar, sodass software-gestützt und iterativ eine optimale Lösung ermittelt wurde. Damit dieses Instrument angewandt werden kann, sind systematisch Fall-Unterscheidungen seitens des Anwenders zu treffen, indem mögliche Projekt-Realisationen und ihre Abhängigkeiten untereinander basierend auf Projekt-Variablen definiert werden. Darüber hinaus wurde illustriert, inwiefern durch den Einsatz von Optimierungs-Beschränkungen Ressourcenengpässe sowie eine Insolvenzvermeidung einbezogen werden, damit ein über den RiskOptimizer iterativ ermitteltes und simuliertes optimales Portfolio im Machbarkeitsbereich eines Unternehmens liegt. Mit der modellbasierten Konzipierung und Darstellung dieses Optimierungsprozesses wurde eine detaillierte und quantitativ fundierte Portfoliozusammenstellung möglich und ein wesentlicher Beitrag zur bereits existierenden primär qualitativ ausgerichteten Literatur geleistet. Um die Flexibilität dieses Modells zu verifizieren, wurde daraufhin die Akquisition als strategische Alternative zum internen Wachstum durch Innovationen integriert. Da für Akquisitionen hohe Investitionssummen in Form von Kaufpreisen aufzubringen sind, die ex ante zum Planungszeitpunkt allerdings unbekannt sind, erfolgte eine Untersuchung möglicher (objektivierender) Ansätze, um eine derartige Kaufpreisabschätzung zu fundieren und in Vorteilhaftigkeitsberechnungen einzubeziehen. Im Rahmen der Untersuchungen stellte sich heraus, dass die Flexibilität in der Projektstruktur und die hohen Risiken der Innovationen die Anwendbarkeit der gängigsten Bewertungsmethoden, insbesondere der DCF-Verfahren, einschränkt. Zudem wurden Bedenken geäußert, dass die Optionspreisverfahren zur Bewertung der Flexibilität zielführend sind, da eine Analogie von Realoptionen zu Finanzoptionen nicht anzunehmen, die Replizierbarkeit von Faktoren, die nicht auf aktiven Märkten gehandelt werden infrage zu stellen ist und zudem systematische Bewertungsfehler oder Doppelerfassungen folgen, wenn Wechselwirkungen und Abhängigkeiten vernachlässigt werden. Als Alternative wurde vorgeschlagen, eine Kombination aus unterschiedlichen Methoden, wie den DCF-Verfahren, Entscheidungs- und Zustandsbäumen und Multiplikator-Ansätzen, heranzuziehen, um potenzielle Kaufpreise abzuschätzen. In einem Anwendungsbeispiel wurde eine solche Kaufpreisschätzung durchgeführt und in Verbindung mit akquisitionsbezogenen Erfolgsprognosen in das Optimierungskalkül einbezogen, um iterativ und software-gestützt die optimale Portfolio-Konstellation unter Berücksichtigung der Akquisition zu bestimmen. Die Differenz der optimalen Bewertungsergebnisse vor und nach Akquisition konnte als Mehrwert der Akquisition interpretiert werden, in dem alle Handlungsfolgen in Form von Ressourcenverschiebungen und Finanzierungskonsequenzen bewertet sind.

Folglich wurde eine flexible und quantitativ fundierte Kalkülstruktur zur Bewertung und Steuerung von Innovations-Portfolios unter Einbezug von Verbundeffekten und Ressourcenengpässen konzipiert. Eine Grundvoraussetzung zur Anwendung und Konzipierung des Modells stellten die zuvor identifizierten Methoden zur Risikooffenlegung sowie zur Verbindung von Erfolgs- und Risikostrukturen und zur integrierten Bewertung von Projekten und Unternehmen dar.

Literaturverzeichnis

A

Abresch, Jens-Peter / Hirzel, Matthias (2002): Synergien in der Projektlandschaft erkennen und nutzen, in: Hirzel, M. / Kühn, F. / Wollmann, P. (Hrsg.): Multiprojektmanagement, Frankfurt am Main, S. 110-116.

Achleitner, Ann-Kristin / Bassen, Alexander / Pietzsch, Luisa (2001): Kapitalmarktkommunikation von Wachstumsunternehmen - Kriterien zur effizienten Ansprache von Finanzanalysten, Stuttgart 2001.

Achleitner, Ann-Kristin / Nathusius, Eva (2004): Venture Valuation – Bewertung von Wachstumsunternehmen, Stuttgart 2004.

Adelberger, Werner (2013): Produktportfoliomanagement – Im Spannungsfeld von Absatzpotenzialen, Renditen und Kapitaleinsatz, in: Horváth, P. / Micherl, U. (Hrsg.): Controlling integriert und global - Erfolgreiche Steuerung von komplexen Organisationen, Stuttgart 2013, S. 27-39.

Adelberger, Werner / Haft-Zboril, Nicole (2013): Portfoliomanagement als Aufgabe der Optimierung von Rendite, Marktanteil und Ressourceneinsatz, in: Controlling, 25. Jg. 2013, S. 41-48.

Adelberger, Werner / Haft-Zboril, Nicole/ Hoffjan, Andreas (2014): Portfoliomanagement bei der BMW AG, in: Controlling, 26. Jg. 2014, S. 585-590.

Ahlemeyer, Niels / Burger, Anton (2015): Akquisitionscontrolling: Integration und Nachrechnung, in: Peemöller, V. H. (Hrsg.): Praxishandbuch der Unternehmensbewertung, 6. Auflage, Herne 2009, S. 1260-1287.

Ahn, Heinz (1999): Ansehen und Verständnis des Controlling in der Betriebswirtschaftslehre – Grundlegende Ergebnisse einer empirischen Studie, in: Controlling, 11. Jg. 1999, S. 109-104.

Ahsen, Anette von / Heesen, Marcel (2009): Bewertung von Interdependenzen zwischen Innovationsprojekten – Anwendung eines modifizierten Analytic Hierarchy Process, in: Die Betriebswirtschaft, 69. Jg. 2009, S. 593-611.

Ahsen, Anette von / Kuchenbach, André (2010): Bewertung von Innovationen bei der Behr-Hella Thermocontrol GmbH, in: Ahsen, A. (Hrsg.): Bewertung von Innovationen im Mittelstand, Berlin/Heidelberg 2010, S. 89-104.

Ahsen, Anette von / Kuchenbach, André / Heesen, Marcel (2010): Leitfaden: Bewertung von Innovationen im Mittelstand, in: Ahsen, A. (Hrsg.): Bewertung von Innovationen im Mittelstand, Berlin/Heidelberg 2010, S. 39-74.

Albach, Horst (2001): Shareholder Value und Unternehmenswert - Theoretische Anmerkungen zu einem aktuellen Thema, in: Zeitschrift für Betriebswirtschaft, 71. Jg. 2001, S. 643-674.

Albers, Sönke / Eggers, Sabine (1991): Organisatorische Gestaltungen von Produktinnovations-Prozessen - Führt der Wechsel des Organisationsgrades zu Innovationserfolg? in: Schmalenbachs Zeitschrift für betriebswirtschaftliche Forschung, 43. Jg. 1991, S. 44-64.

Albert, Irmtraut / Högsdal, Bernt (1987): Trendanalyse, Projektüberwachung mit Hilfe von Meilenstein- und Kosten-Trendanalyse, Köln 1987.

Alfs, Marius (2015): Strategisches Portfoliomanagement als Aufgabenfeld des Konzern-Controllings - Risiko- und erfolgsorientierte Evaluierung der Kapitalallokation im Kontext der Corporate Strategy, Wiesbaden 2015, zugl.: Bochum, Univ., Diss., 2014.

Allch, A. / Hofmann, S. (2014): Die Acht-Milliarden-Dollar-Wette - Der Pharmakonzern Roche kauft die US-Biotech-Firma Intermune, weil er auf den Erfolg eines Lungenmedikaments hofft, in: Handelsblatt, Nr. 163 2014, S. 20.

Andrade, Gregor / Mitchel, Mark / Stafford, Erik (2001): New Evidence and Perspectives on Mergers, in: Journal of Economic Perspectives, Vol. 15 2001, S. 103-120.

Ansoff, Igor H. (1965): Corporate Strategy, Harmondsworth 1965.

Ansoff, Igor H. (1984): Implanting Strategic Management, Englewood Cliffs 1984.

Arbeitskreis Bewertung nicht börsennotierter Unternehmen des IACVA e.V. (2011): Bewertung nicht börsennotierter Unternehmen – die Berücksichtigung von Insolvenzwahrscheinlichkeiten, in: FinanzBetrieb, 13. Jg. 2011, Beilage Bewertungspraktiker 1/2011, S. 12-22.

Arbeitskreis "Externe und Interne Überwachung der Unternehmung" der Schmalenbach-Gesellschaft für Betriebswirtschaft e.V. (2000): Auswirkungen des KonTraG auf die Unternehmensüberwachung - KonTraG und Vorstand - KonTraG und Interne Revision - KonTraG und Aufsichtsrat - KonTraG und Wirtschaftsprüfer, in: Der Betrieb, 53. Jg. 2000, Beilage Nr. 11 zu Heft 37, S. 1-11.

Arvanitis, Spyros (2012): How do different motives for R&D cooperation affect firm performance: An analysis based on Swiss micro data, in: Journal of Evolutionary Economics, 22. Jg. 2012, S. 981-1007.

Asenkerschbaumer, Stefan (2012): Strategisches Controlling bei Bosch: Volatilität ist die neue Normalität, in: Zeitschrift für Controlling & Management, 56. Jg. 2012, S. 336-340.

Astorga, Richard B. (2007): Cash-flow forecasting: A practical approach to accuracy, in: Journal of Corporate Treasury Management, Vol. 1 2007, S. 24-35.

Ayaz, Murat (2011): Wert- und risikoorientierte strategische Planung und Kontrolle, Hamburg 2011, zugl.: Marburg, Univ., Diss., 2010.

B

Backhaus, Klaus / Erichson, Bernd / Plinke, Wulff / Weiber, Rolf (2011): Multivariate Analysemethoden – Eine anwendungsorientierte Einführung, 13. Aufl., 2011.

Baetge, Jörg (1997): Akquisitionscontrolling: Wie ist der Erfolg einer Akquisition zu ermitteln?, in: Claussen/Hahn/Kraus (Hrsg.): Umbruch und Wandel, Festschrift für Carl Zimmerer, München/Wien 1997, S. 448-468.

Baldwin, Carliss Y. / Clark, Kim B. (1998): Modularisierung - Ein Konzept wird universell, in: Harvard Business Manager, 20. Jg. 1998, S. 39-48.

Balke, Nils J. (2012): Bewertungsorientiertes M&A Controlling, in: Controlling, 24. Jg. 2012, S. 138-145.

Ballwieser, Wolfgang (1983): Unternehmensbewertung und Komplexitätsreduktion, Wiesbaden 1983.

Ballwieser, Wolfgang (1993): Unternehmensbewertung und Komplexitätsreduktion, 3. Aufl., Wiesbaden 1993.

Ballwieser, Wolfgang (2002): Unternehmensbewertung und Optionspreistheorie, in: Die Betriebswirtschaft, 62. Jg. 2002, S. 184-201.

Ballwieser, Wolfgang (2006): Wertorientierte Unternehmensführung, in: Handelsblatt Wirtschaftslexikon, Band 12, Stuttgart 2006, S. 6238-6245.

Ballwieser, Wolfgang (2008): Betriebswirtschaftliche (kapitalmarkttheoretische) Anforderungen an die Unternehmensbewertung, in: Die Wirtschaftsprüfung, 61. Jg. 2008, Sonderheft 2008, S. 102-108.

Ballwieser, Wolfgang (2010): Unternehmensbewertung zwischen Individual- und idealisiertem Marktkalkül, in: Königsmaier, H. / Rabel, K. (2010): Unternehmensbewertung, Theoretische Grundlagen – Praktische Anwendung, Festschrift für Gerwald Mandl zum 70. Geburtstag, Wien 2010, S. 63-81.

Ballwieser, Wolfgang / Hachmeister, Dirk (2013): Unternehmensbewertung – Prozeß, Methoden und Probleme, 4. Aufl., Stuttgart 2013.

Ballwieser, Wolfgang / Leuthier, Rainer (1986): Betriebswirtschaftliche Steuerberatung: Grundprinzipien, Verfahren und Probleme der Unternehmensbewertung (Teil II), in: Deutsches Steuerrecht, 24. Jg. 1986, S. 604-610.

Bamberg, Günter / Coenenberg, Adolf G. / Krapp, Michael (2012): Betriebswirtschaftliche Entscheidungslehre, 15. Aufl., München 2012.

Bamberg, Günter / Dorfleitner, Gregor / Krapp, Michael (2006): Unternehmensbewertung unter Unsicherheit: Zur entscheidungstheoretischen Fundierung der Risikoanalyse, in: Zeitschrift für Betriebswirtschaft, 76. Jg. 2006, S. 287-307.

Barczak, Gloria/ Griffin, Abbie/ Kahn, Kenneth (2009): PERSPECTIVE: Trends and Drivers of Success in NPD Practices: Results of the 2003 PDMA Best Practices Study, in: Journal of Product Innovation Management, Vol. 26 2009, S. 3–23.

Bark, Cyrus / Kötzle, Alfred (2003): Erfolgsfaktoren der Post-Merger-Integrations-Phase - Ergebnisse einer empirischen Untersuchung, in: FinanzBetrieb, 5. Jg. 2003, S. 133-146.

Barthel, Carl W. (2003): Unternehmenswert: Berücksichtigung und Ableitung von Fungibilitätszuschlägen, in: Der Betrieb, 56. Jg. 2003, S. 1181-1186.

Bartram, Söhnke M. (2000): Corporate Risk Management as a Lever for Shareholder Value Creation, in: Corporate Risk Management as a Lever for Shareholder Value Creation, Vol. 9 2000, S. 279-324.

Bartsch, Daniel (2005): Unternehmenswertsteigerung durch strategische Desinvestitionen, Wiesbaden 2005, zugl.: Düsseldorf, Univ., Diss., 2005.

Bass, Frank M. (1969): A New Product Growth Model for Consumer Durables, in: Management Science, 15 Jg. 1969, S. 215-227.

Bassen, Alexander / Basse Mama, Houdou / Koch, Nicolas / Rothe, Sebastian (2013): Fremdfinanzierung als Teil der Unternehmensfinanzierung im Mittelstand, in: Corporate Finance biz, 4. Jg. 2013, S. 146-155.

Bauer, Wilhelm / Wohlfahrt, Liza / Wagner, Frank (2014): F&E-Mitarbeiter im Fadenkreuz der Anreizforschung - Ansatzpunkte zur Förderung innovativer Leistungen, in: Controlling, 26. Jg. 2014, S. 161-169.

Baum, Heinz-G. / Coenenberg, Adolf G., / Günther, Thomas (2013): Strategisches Controlling, 5. Aufl., Stuttgart 2013.

Bausch, Andreas (2000): Die Multiplikator-Methode, in: Finanz Betrieb, 2. Jg. 2000, S. 448-459.

Bausch, Andreas / Pape, Ulrich (2005): Ermittlung von Restwerten – eine vergleichende Gegenüberstellung von Ausstiegs- und Fortführungswerten, in: Finanz Betrieb, 7. Jg. 2005, S. 474-484.

Bayer AG (2015): Integrierter Geschäftsbericht 2014, Leverkusen 2015.

Bea, Franz Xaver (2012): Projektmanagement: Ziele, Aufgaben, Methodik, in: Wirtschaftswissenschaftliches Studium – Zeitschrift für Studium und Forschung, 41. Jg. 2012, S. 639-643.

Bea, Franz X. / Haas, Jürgen (2013): Strategisches Management, 6. Aufl., Stuttgart 2013.

Bea, Franz Xaver / Scheurer, Steffen / Hesselmann, Sabine (2011): Projektmanagement, 2. Aufl., Konstanz 2011.

Becker, Alexander / Lexk, Jörg (2013): Agile Planung – Instrumente, Trends und Umsetzung bei Bayer MaterialScience, in: Horváth, P. / Micherl, U. (Hrsg.): Controlling integriert und global - Erfolgreiche Steuerung von komplexen Organisationen, Stuttgart 2013, S. 89-100.

Becker, Wolfgang / Wendt-Meyer, Susanne (2014): Die Rolle des Portfoliomanagements im Rahmen des strategischen Managements, in: Das Wirtschaftsstudium, 43. Jg. 2014, S. 581-588.

Bekefi, Tamara / Epstein, Marc J. (2008): Measuring and Managing Social and Political Risk, in: Strategic Finance, Vol. 89 2008, S. 33-41.

Belkin, Vasily (2013): Analyse von Erlösabweichungen, in: Das Wirtschaftsstudium, 42. Jg. 2013, S. 303-306.

Berchtold, Günter (1995): Modellgestütztes Ergebniscontrolling, Frankfurt am Main 1995, zugl.: München, Univ., Diss., 1994.

Betsch, Oskar / Groh, Alexander / Lohmann, Lutz (2000): Corporate Finance, 2. Aufl., München 2000.

Betz, Stefan (2010): Lebenszyklusorientierte Investitionsplanung, in: Der Betrieb 63. Jg. 2010, S. 912–916.

Bialek, Catrin (2015): Die starken Rezepte der Überflieger, in: Handelsblatt, Nr. 109 2015, S. 4-5.

Biberacher, Johannes (2003): Synergiemanagement und Synergiecontrolling, München 2003, zugl.: Augsburg, Univ., Diss., 2003.

Bitman William R. / Sharif Nawaz (2008): A Conceptual Framework for Ranking R&D Projects, in: Transaction on Engineering Management, Vol. 55 2008, S. 267–278.

Black, Fischer S. / Scholes, Myron S. (1973): The pricing of options and corporate liabilities, in: Journal of Political Economy, Vol. 81 1973, S. 637-654.

Bleuel, Hans-H. (2006): Monte Carlo-Analysen im Risikomanagement mittels Software-Erweiterungen zu MS-Excel – dargestellt am Fallbeispiel der Unternehmensplanung, in: Controlling, 18. Jg. 2006, S. 371-278.

Bloech, Jürgen / Götze, Uwe / Sierke, Bernt (1993): Vom Entscheidungsorientierten Rechnungswesen zum Managementorientierten Rechnungswesen, in: Bloech, J./Götze, U./Sierke, B. (Hrsg.): Managementorientiertes Rechnungswesen, Wiesbaden 1993, S. 1-20.

Bode, Gerald (2005): Investitionen in chemische Produkte und Prozesse - Umgang mit Risiken bei der unternehmungswert- und ökologieorientierten Beurteilung innovativer Projekte, Wiesbaden 2005, zugl.: Berlin, Tech. Univ., Diss., 2005.

Bogdan, Boris / Villiger, Ralph (2010): Valuation in Life Sciences - A Practical Guide, 2. Aufl., Berlin/Heidelberg 2010.

Borchers, Stefan (2000): Beteiligungscontrolling in der Management-Holding, Wiesbaden 2000, zugl .: Braunschweig, Univ., Diss., 1999.

Bösch, Daniel (2007): Problemorientiertes Innovationscontrolling in Großunternehmen, in: Controlling und Management, Sonderheft 3 2007, S. S.45-51.

Böttcher, Kai (1998): Innovationen und ihre Berücksichtigung im Controlling, in: Steinle, C. / Bruch, H. (Hrsg): Controlling – Ein Kompendium für Controller/innen und ihre Ausbildung, Stuttgart 1998, S. 687 – 694.

Boutellier, Roman / Gassmann, Oliver (2006): Flexibles Management von Innovationsprojekten, in: Gassmann, O. / Kobe, C. (Hrsg.): Management von Innovationen und Risiko, 2. Aufl., Berlin et al. 2006, S. 103-120.

Boutellier, Roman / Kalia, Vinay (2006): Enterprise-Risk-Management: Notwendigkeit und Gestaltung, in: Gassmann, O. / Kobe, C. (Hrsg.): Management von Innovationen und Risiko, 2. Aufl., Berlin et al. 2006, S. 27-44.

Boyle, Catherine (2014): Pharma M&A is back - Can it cure the sector's ills?, abrufbar unter: http://www.cnbc.com/2014/04/22/pharma-ma-is-back-can-it-cure-the-sectors-ills.html, Stand: 16.09.2015.

Brandt, Eva (2010): Bilanzierung pharmazeutischer FUE-Projekte nach IFRS, Köln 2010, zugl.: Bochum, Univ., Diss., 2010.

Brandt, Stephan M. (2002): Die Berücksichtigung der Unsicherheit in der Planung bei der Bewertung von Pharma-Unternehmen, Berlin 2002, zugl.: Berlin, Univ., Diss., 2002.

Brast, Christoph (2006): Post Merger Integration betrieblicher Forschung und Entwicklung (F&E), Wiesbaden 2006, zugl.: Münster, Univ., Diss., 2005.

Brealey, Richard A. / Myers, Stewart C. / Allen, Franklin (2014): Principles of Corporate Finance, 11. Aufl., New York 2014.

Breid, Volker (1994): Erfolgspotentialrechnung – Konzeption im System einer finanzierungstheoretisch fundierten, strategischen Erfolgsrechnung, Stuttgart 1994, zugl.: München, Univ., Diss., 1994.

Breitenbach, Jörg (2010a): Wandel und Herausforderung – Die pharmazeutische Industrie, in: Fischer, D. / Breitenbach, J. (Hrsg.): Die Pharmaindustrie - Einblick - Durchblick - Perspektiven, 3. Aufl., Heidelberg 2010, S. 1-45.

Breitenbach, Jörg (2010b): Quo Vadis? – Versuch eines Ausblicks, in: Fischer, D. / Breitenbach, J. (Hrsg.): Die Pharmaindustrie - Einblick - Durchblick - Perspektiven, 3. Aufl., Heidelberg 2010, S. 281-314.

Brennan, Michael J. / Schwartz, Eduardo S. (1985): Evaluating Natural Resource Investments, in: Journal of Business, Vol. 85 1985, S. 135-157.

Bretzke, Wolf - R. (1976): Zur Berücksichtigung des Risikos in der Unternehmensbewertung, in: Zeitschrift für betriebswirtschaftliche Forschung, 28. Jg. 1976, S. 153-165.

Brockhoff, Klaus (1999): Forschung und Entwicklung - Planung und Kontrolle, 5. Aufl., München 1999.

Brockhoff, Klaus / Urban, Christoph (1988): Die Beeinflussung der Entwicklungsdauer; in: Brockhoff, K. / Picot, A. / Urban, C. (Hrsg.): Zeitmanagement in Forschung und Entwicklung, Zeitschrift für betriebswirtschaftliche Forschung, Sonderheft 23 1988, S. 1-42.

Broetzmann, Frank / Goetz, Joachim (2010): Multiscenario Performance Modelling, in: Controlling, 22. Jg. 2010, S. 262-267.

Brose, Peter (1982): Planung, Bewertung und Kontrolle technologischer Innovationen, Berlin 1982.

Brownell, P. (1987): The role of accounting information, environment and management control in multinational organizations, in: Accounting and Finance, Jg. 27 1987, S. 1-16.

Brugger, Clemens (2011): Das Controlling des Integrationsprozesses bei Unternehmensakquisitionen, Leipzig 2011.

Brühl, Rolf (1996): Die Produktlebenszyklusrechnung zur Informationsversorgung des Zielkostenmanagements, in: Zeitschrift für Planung & Unternehmenssteuerung, 7. Jg. 1996, S. 319-335.

Bucher, Markus / Mondello, Enzo / Marbacher, Samuel (2002): Unternehmensbewertung mit Realoptionen, in: Der Schweizer Treuhänder, 76. Jg. 2002, S. 779-786.

Bürgel, Hans / Ackel-Zakour (2000): Die Bedeutung des Managements von Risiken für das strategische Forschungs- und Entwicklungsportfolio, in: Häflinger, G.E. / Meier, J.D. (Hrsg.): Aktuelle Tendenzen im Innovationsmanagement, Heidelberg 2000, S. 55-69.

Bürgel, Hans / Haller, Christine / Binder, Markus (1996): F&E-Management, München 1996.

Burger, Anton / Ulbrich, Philipp / Ahlemeyer, Niels (2010): Beteiligungscontrolling, 2. Auflage, München 2010.

Bussey, Paul / Pisani, Jo / / Bonduelle, Yann (2005): Understanding the Value of Research, in: Handen, J. S. (Hrsg.): Industrialization of drug discovery, Boca Raton FL 2005.

Busse von Colbe, Walther / Laßmann, Gert (1990): Betriebswirtschaftstheorie, Band 3 Investitionstheorie, 3. Auflage, Heidelberg/Berlin 1990.

C

Chiesa, Vittorio (2001): R&D Strategy and Organization, London 2001.

Claassen, Frank / Hohorst, Sandra (2015): Den Finanzbereich neu denken, in: Controlling und Management Review, 59. Jg. 2015, S. 34-42.

Coase, Laureate R. (1973): The Nature of the Firm, in: Economica, 4. Jg. 1973, S. 386-405.

Coenenberg, Adolf G. / Fischer, Thomas M. / Günther, Thomas (2012): Kostenrechnung und Kostenanalyse, 8. Aufl., Stuttgart 2012.

Coenenberg, Adolf G. / Schultze, Wolfgang (2002): Unternehmensbewertung: Konzeptionen und Perspektiven, in: Die Betriebswirtschaft, 62. Jg. 2002, S. 597-621.

Coenenberg, Adolf G. / Schultze, Wolfgang (2006): Methoden der Unternehmensbewertung, in: Wirtz, Bernd W. (Hrsg.): Handbuch Mergers & Acquisitions Management, Wiesbaden 2006, S. 471-500.

Commes, Max-Theodor / Lienert, Richard (1983): Controlling im FuE-Bereich, in: Zeitschrift für Organisation, Heft 7 1983, S. 347-354.

Cooper Robert G. (1994): Third-Generation New Product Processes, in: Journal of Product Innovation Management, Vol. 12 1994, S. 3 - 14.

Cooper, Robert G. (2002): Top oder Flop in der Produktentwicklung: Erfolgsstrategien: Von der Idee zum Launch, Weinheim 2002.

Cooper Robert G. (2008): Perspective: The Stage-Gates Idea-to-Launch Process - Update, What's New, and NexGen Systems, in: Journal of Product Innovation Management, Vol. 25 2008, S. 213–232.

Cooper Robert G. / Edgett Scott / Kleinschmidt, Elko (1998): Portfolio Management for New Products, Cambridge 1998.

Cooper Robert G. / Edgett Scott / Kleinschmidt, Elko (2000): New Problems, New Solutions: Making Portfolio Management More Effective, in: Research Technology Management, Vol. 43 2000, S. 18-33.

Cooper Robert G. / Edgett Scott / Kleinschmidt, Elko (2001): Portfolio Management for new product development: results of an industry practices study, in: R&D Management, Vol. 31 2001, S 361–380.

Copeland, Thomas E . / Weston, J. Fred / Murrin, Jack (2002): Unternehmenswert - Methoden und Strategien für eine wertorientierte Unternehmensführung, 3. Aufl., Frankfurt am Main, 2002.

Corsten, Hans (1998): Grundlagen der Wettbewerbsstrategie, Leipzig 1998.

Cottin, Claudia / Döhler, Sebastian (2009): Risikoanalyse: Modellierung, Beurteilung und Management von Risiken mit Praxisbeispielen, Wiesbaden 2009.

Cox, John C. / Rubinstein, Stephen A. (1976): Option Pricing: A Simplified Approach, in: Journal of Financial Economics, Vol. 7 1976, S. 229-264.

Crawford, Merle C. (1987): New Product Failure Rates - a Reprise, in: Research Management, Vol. 30 1987, S. 20-23.

D

Damodaran, Aswath (2001): The Dark Side of Valuation – Valuing Old Tech, New Tech, and New Tech Companies, New York 2001.

Damodaran, Aswath (2002): Investment Valuation – Tools and Techniques for Determining the Value of Any Asset, 2. Aufl., New York 2002.

Dannenberg, Henry (2009): Investitionsentscheidung unter Berücksichtigung von Risikotragfähigkeitsrestriktionen, in: Zeitschrift für Controlling & Management, 53. Jg. 2009, S. 248-253.

Danzon, Patricia M. / Epstein, Andrew / Nicholson, Sean (2007): Mergers and acquisitions in the pharmaceutical and biotech industries, in: Management and Decision Economics, Vol. 28 2007, S: 307-328.

Datar, Srikant / Jordan, Clark / Kekre, Sunder / Rajiv, Surendra / Srinivasan, Kannan (1997): Advantages of time-based new product development in a fast-cycle industry, in: Journal of Marketing Research, Vol. 34 1997, S. 36-49.

De la Paix, Gerhard / Busch, Julia (2013): Bewertung von Konzernen, in: Petersen, Karl / Zwirner, Christian / Brösel, Gerrit (Hrsg.): Handbuch Unternehmensbewertung – Funktionen, Moderne Verfahren, Branchen, Rechnungslegung, Köln 2013, S. 817-830.

Debackere, K. (1999): Technologies to Develop Technologies, 2. Aufl., Antwerpen 1999.

Del Mestre, Guido (2001): Rating – Anwendung der Cash-flow-Analyse, in: Bilanzbuchhalter und Controller, 25. Jg. 2001, S. 107-111.

DeMarco, Tom / Lister, Timothy B. (2003): Mit Risikomanagement Projekte zum Erfolg führen, München et al., 2003.

DeMarzo, Peter M. / Duffie, Darrell (1991): Corporate Financial Hedging with proprietary Information, in: Journal of Economic Theory, Vol. 53 1991, S. 261-286.

Dickinson, Michael W. / Thornton, Anna C. / Graves, Stephen (2001): Technology portfolio management: optimizing interdependent projects over multiple time periods, in: Transaction on Engineering Management, Vol. 48 2001, S. 518 – 527.

Diedrich, Ralf (2003): Die Sicherheitsäquivalentmethode der Unternehmensbewertung: Ein (auch) entscheidungstheoretisch wohlbegründetes Verfahren – Anmerkungen zu dem Beitrag von Wolfgang Kürsten in der ZfbF (März 2002, S. 128-144); in: Schmalenbachs Zeitschrift für betriebswirtschaftliche Forschung, 55. Jg. 2003, S. 281-286.

DiMasi Joseph A. (1995): Success rates for new drugs entering clinical testing in the United States, in: Clinical Pharmacology & Therapeutics, Vol. 58 1995, S. 1-14.

DiMasi Joseph A. (2001): Risks in new drug development: approval success rates for investigational drugs, in: Clinical Pharmacology & Therapeutics, Vol. 69 2001, S. 297-307.

DiMasi Joseph A. (2014): Pharmaceutical R&D Performance by Firm Size: Approval Success Rates and Economic Returns, in: American Journal of Therapeutics, 21. Jg. 2014, S.26-34.

DiMasi, Joseph A. / Grabowski, Henry G. / Vernon, John (1995): R&D Costs, Innovative Output and Firm Size in the Pharmaceutical Industry, in: International Journal of the Economics of Business, Vol. 2 1995, S. 201-219.

Dinstuhl, Volkmar (2003): Konzernbezogene Unternehmensbewertung – DCF-orientierte Konzern - und Segmentbewertung unter Berücksichtigung der Besteuerung, Wiesbaden 2003, zugl.: Bochum, Univ., Diss., 2002.

Dirrigl, Hans (1988): Die Bewertung von Anteilen an Kapitalgesellschaften unter Berücksichtigung der Besteuerung, Hamburg 1988, zugl.: Hohenheim, Univ., Diss., 1988.

Dirrigl, Hans (1990): Synergieeffekte beim Unternehmenszusammenschluß und Bestimmung des Umtauschverhältnisses, in: Der Betrieb, 43. Jahrgang 1990, S. 185-192.

Dirrigl, Hans (1994): Konzepte, Anwendungsbereiche und Grenzen einer strategischen Unternehmensbewertung, in: Betriebswirtschaftliche Forschung und Praxis, 46. Jg. 1994, S. 409-432.

Dirrigl, Hans (1998): Kollektive Investitionsrechnung und Unternehmensbewertung, in: Kruschwitz, L. / Löffler, A. (Hrsg.) (1998): Ergebnisses des Berliner Workshops „Unternehmensbewertung" vom 7. Februar 1998, Diskussionsbeiträge des Fachbereichs Wirtschaftswissenschaft der Freien Universität Berlin, Nr. 1998/7, Berlin 1998, S. 3-24.

Dirrigl, Hans (2002): Erfolgspotenzialrechnung in: Küpper / Wagenhofer (Hrsg.): Handwörterbuch Unternehmensrechnung und Controlling, 4. Auflage, Stuttgart 2002, Sp. 419–431.

Dirrigl, Hans (2003): Unternehmensbewertung als Fundament bereichsorientierter Performancemessung, in: Richter, F. / Schüler, A. / Schwetzler, B. (Hrsg.): Kapitalgeberansprüche, Marktwertorientierung und Unternehmenswert – Festschrift für Jochen Drukarczyk zum 65. Geburtstag, München 2003, S. 143-186.

Dirrigl, Hans (2004a): Die Besteuerung in Kalkülen zur Unternehmensbewertung bei Wachstum und Risiko, in: Dirrigl, H. / Wellisch, D. / Wenger, E. (Hrsg.) (2004): Steuern, Rechnungslegung und Kapitalmarkt, Festschrift für Franz W. Wagner, Wiesbaden 2004, S. 1-26.

Dirrigl, Hans (2004b): Entwicklungsperspektiven unternehmenswertorientierter Steuerungssysteme, in: Ballwieser, W. (Hrsg.): Shareholder Value-Orientierung bei Unternehmenssteuerung, Anreizgestaltung, Leistungsmessung und Rechnungslegung (Schmalenbachs Zeitschrift für betriebswirtschaftliche Forschung, Sonderheft 51 2004), Düsseldorf 2004, S. 93-135.

Dirrigl, Hans (2007): Beteiligungscontrolling, in: Köhler, R. / Küpper, H.-U. / Pfingsten, A, (Hrsg.): Handwörterbuch der Betriebswirtschaft, Stuttgart 2007, Sp. 113-125.

Dirrigl, Hans (2009): Unternehmensbewertung für Zwecke der Steuerbemessung im Spannungsfeld von Individualisierung und Kapitalmarkttheorie – Ein aktuelles Problem vor dem Hintergrund der Erbschaftsteuerreform, Working Paper, arqus-Working Paper Nr. 68, Arbeitskreis Quantitative Steuerlehre (arqus) 2009, zugl. Beitrag zur Festschrift für Franz W. Wagner zum 65. Geburtstag, abrufbar unter: www.arqus.info/mobile/paper/arqus_68.pdf, Stand: 02.09.2015.

Dirrigl, Hans (2011): Konzern-Controlling, in: Busse von Colbe, W. / Crasselt, N. / Pellens, B. (Hrsg.): Lexikon des Rechnungswesens: Handbuch der Bilanzierung und Prüfung, der Erlös-, Finanz-, Investitions- und Kostenrechnung, 5. Aufl., München 2011, S. 482-486.

Dolny, Oliver (2003): Controlling von Beteiligungen auf Basis einer integrierten Unternehmensbewertung, Büren 2003, zugl.:, Bochum, Univ., Diss., 2002.

Dreher, Marco (2010): Unternehmenswertorientiertes Beteiligungscontrolling – Aufgabenspezifische Fundierung auf Basis entscheidungs- und kapitalmarktorientierter Konzepte der Unternehmensbewertung, Köln 2010, zugl.: Bochum, Univ., Diss., 2010.

Drukarczyk, Jochen / Lobe, Sebastian (2014): Finanzierung, 11. Aufl., Stuttgart 2014.

Drukarczyk, Jochen / Schüler, Andreas (2000): Approaches to value-based performance measurement, in: Glen, A. / Davies, M. (Hrsg.): Value-based Management: Context and Application, Chichester et al. 2000, S. 255-303.

Drukarczyk, Jochen / Schüler, Andreas (2009): Unternehmensbewertung, 6. Aufl., München 2009.

Duscher, Irina / Meyer, Matthias / Spitzner, Jan (2012): Volatilität kalkulieren und steuern im Sinne eines wertorientierten Investitionscontrollings, in: Zeitschrift für Controlling & Management, 56. Jg. 2012, Sonderheft 2, S. 46-51.

E

Eckert, Detlef (1985): Risikostrukturen industrieller Forschung und Entwicklung: Theoretische und empirische Ansatzpunkte einer Risikoanalyse technologischer Innovationen, Berlin 1985.

Eckey, Markus (2006): Kontrolle von Beteiligungen als Aufgabe des Controllings – Bestandsaufnahme, Determinanten, Erfolgsauswirkungen, Wiesbaden 2006.

Eckey, Markus / Schäffer, Utz (2006): Kontrolle von Mehrheitsbeteiligungen in börsennotierten Management-Holdings, in: Zeitschrift für Planung & Unternehmenssteuerung, 17. Jg. 2006, S. 251-280.

Economist, The (2014): Pharmaceutical M&A - Invent it, swap it or buy it, in: The Economist, 15. November 2014, abrufbar unter: http://www.economist.com/news/business/21632676-why-constant-dealmaking-among-drugmakers-inevitable-invent-it-swap-it-or-buy-it, Stand: 16.09.2015.

Einecke, Helga (2014): Bayer steigt groß ins Geschäft mit rezeptfreien Medikamenten ein, in: Süddeutsche Zeitung, abrufbar unter: http://www.sueddeutsche.de/wirtschaft/uebernahme-der-sparte-von-merck-bayersteigt-gross-ins-geschaeft-mit-rezeptfreien-medikamenten-ein-1.1951932, Stand: 16.09.2015.

Eisenhardt, Kathleen (1989): Agency Theory: An Assessment and Review, in: Academy of Management Review, Vol. 14 1989, S. 57-74.

Elsner, Simon (2014): Kapitalmarktorientierte Bewertung von Wachstumsstrategien: Theoretischer Rahmen, in: Corporate Finance, 1. Jg. 2014, S. 453 – 459.

Engel, Ronald (2003): Seed-Finanzierung wachstumsorientierter Unternehmensgründungen, Sternenfels 2003, zugl.: Oestrich-Winkel, Europ. Business School, Diss., 2002.

Erichsen, Jörgen (2013): Produktsortiment analysieren und zusammenstellen, in: NWB Betriebswirtschaftliche Beratung 2013, S. 168-171.

Erner, Michael / Presse, Volker (2008): Aufbau und Durchführung der rechnerischen Bewertung von Innovationen dargestellt an einem Fallbeispiel aus der Telekommunikationsindustrie, in: Schmeisser, W. / Mohnkopf, H. / Hartmann, M. / Metze, G. (Hrsg.): Innovationserfolgsrechnung, Berlin / Heidelberg 2008, S. 21-43.

Ernst&Young (2015): Biotechnology Industry Report 2015 - Beyond borders - Reaching new heights, abrufbar unter: http://www.ey.com/DE/de/Industries/Life-Sciences/Life-Sciences_Publikationen, Stand: 09.09.2015.

Ernst, Dietmar / Gleißner, Werner (2012): Damodarans Länderrisikoprämie – Eine Ergänzung zur Kritik von Kruschwitz/Löffler/Mandl aus realwissenschaftler Perspektive, in: Die Wirtschaftsprüfung, 65. Jg. 2012, S. 1252 – 1264.

Ernst, Dietmar / Gleißner, Werner (2012b): Wie problematisch für die Unternehmensbewertung sind die restriktiven Annahmen des CAPM?, in: Der Betrieb, 65. Jg. 2012, S. 2761 – 2764.

Ernst, Dietmar / Schneider, Sonja / Thielen, Bjoern (2012): Unternehmensbewertungen erstellen und verstehen – Ein Praxisleitfaden, 5. Aufl., München 2012.

Eschen (2002): Der Erfolg von Mergers & Acquisitions – Unternehmenszusammenschlüsse aus Sicht des ressourcenbasierten Ansatzes, Wiesbaden 2002, zugl.: Berlin, Freie Univ., Diss., 2002.

Europäische Komission (2009a): Pharmaceuticals Sector inquiry and follow-up – Fact Sheet 3: Originator – Originator competition, Brüssel 2009, abrufbar unter: http://ec.europa.eu/competition/sectors/pharmaceuticals/inquiry/, Stand: 03.09.2015.

Europäische Komission (2009b): Pharmaceuticals Sector inquiry and follow-up – Fact Sheet 2: Originator –Generic competition, Brüssel 2009, abrufbar unter: http://ec.europa.eu/competition/sectors/pharmaceuticals/inquiry/, Stand: 03.09.2015.

European Comission, Directorate-General for Employment, Social Affairs and Inclusion (2014): Corporate social responsibility, national public policies in the European Union Compendium 2014, abrufbar unter: http://bookshop.europa.eu/en/corporate-social-responsibility-national-public-policies-in-the-european-union-pbKE0214709/?CatalogCategoryID=WpIKABst.SMAAAEjGJEY4e5L, Stand: 21.09.2015.

Ewert, Ralf / Wagenhofer, Alfred (2014): Interne Unternehmensrechnung, 8. Aufl., Berlin/Heidelberg 2014.

F

Fama, Eugene (1980): Agency Problems and the Theory of the Firm, in: Journal of Political Economy, Vol. 88 1980, S. 289-307.

Fantapié Altobelli, Claudia (1991): Die Diffusion neuer Kommunikationstechniken in der Bundesrepublik Deutschland – Erklärung, Prognose und marketingpolitische Implikationen, Heidelberg 1991, zugl.: Tübingen, Univ., Diss., 1990.

Fasse, Friedrich W. (1995): Risk-Management im strategisch internationalen Marketing, Hamburg 1995.

Feldhoff, Michael (1990): Die Abweichungsanalyse und die Ex-post-Planung, in: Wirtschaftswissenschaftliches Studium – Zeitschrift für Forschung und Studium, 19. Jg. 1990, S. 258-261.

Feldmann, Christoph (2007): Strategisches Technologiemanagement: Eine empirische Untersuchung am Beispiel des deutschen Pharma-Marktes 1990-2010.

Fiedler, Rudolf (2014): Controlling von Projekten - Mit konkreten Beispielen aus der Unternehmenspraxis – Alle Aspekte der Projektplanung, Projektsteuerung und Projektkontrolle, 6. Aufl., Wiesbaden 2014.

Fischer, Hellmuth (1997): Unternehmensplanung. Eine praxisorientierte Einführung, München 1997.

Fischer, Thomas R. / Hahnenstein, Lutz / Heitzer, Bernd (1999): Kapitalmarkttheoretische Ansätze zur Berücksichtigung von Handlungsspielräumen in der Unternehmensbewertung, in: Zeitschrift für Betriebswirtschaft, 69. Jg. 1999, S. 1207-1232.

Fischer, Thomas M. / Möller, Klaus / Schultze, Wolfgang (2015): Controlling – Grundlagen, Instrumente und Entwicklungsperspektiven, 2. Aufl., Stuttgart 2015.

Fite, David / Pfleiderer, Paul (1995): Should firms use derivatives to manage risk?, in: Beaver, W. / Parker, G. (Hrsg.): Risk Management: Problems and Solutions, McGraw-Hill/New York 1995, S. 139-169.

Fochiani, Stefan (1999): Multiprojektcontrolling von Strategieprojekten, in: Controlling, 11. Jg. 1999, S. 129-134.

Franken, Lars / Schulte, Jörn / Dörschell, Andreas (2014): Kapitalkosten für die Unternehmensbewertung – Unternehmens- und Branchenanalysen für Betafaktoren, Fremdkapitalkosten und Verschuldungsgrade 2014/2015, 3. Aufl., Düsseldorf 2014.

French, Derek / Saward, Heather (1983): Dictionary of Management, 2. Aufl., Aldershot 1983.

Frey, Herbert C. / Nießen, Gero (2001): Monte Carlo Simulation - Quantitative Risikoanalyse für die Versicherungsindustrie, München (2001).

Freygang, Winfried (1993): Kapitalallokation in diversifizierten Unternehmen: Ermittlung divisionaler Kapitalkosten, Wiesbaden 1993, zugl.: Köln, Univ., Diss., 1993.

Fridgen, Gilbert / König, Christian / Mette, Philipp / Rathgeber, Andreas (2013): Die Absicherung von Rohstoffrisiken - Eine Disziplin übergreifende Herausforderung für Unternehmen, in: Zeitschrift für betriebswirtschaftliche Forschung, 65. Jg. 2013, S. 167-190.

Friedl, Birgit (2003): Controlling, Stuttgart 2003.

Friese, Marion (1998): Kooperation als Wettbewerbsstrategie für Dienstleistungsunternehmen, Wiesbaden 1998, zugl.: Hohenheim, Univ., Diss., 1998.

Froot, Kenneth A. (1994): A framework for risk management, in: Harvard Business Review, Jg. Vol. 72 1994, S. 91-102.

Froot, Kenneth A. / Scharfstein, David S. / Stein, Jeremy C. (1993): Risk Management: Coordinating Corporate Investment and Financing Policies, in: The Journal of Finance, Vol. 48 1993, S. 1629-1658.

Frost, Jetta / Morner, Michèle / Glock, Yvonne (2010): Von der Organisations- zur Ressourcenperspektive: Auf dem Weg zur Mehrwertschaffung, in: Frost, J. / Morner, M. (Hrsg.): Konzernmanagement – Strategien für Mehrwert, Wiesbaden 2010, S. 31-76.

G

Gaiser, Bernd (1993): Schnittstellencontrolling bei der Produktentwicklung, München 1993.

Gassmann, Oliver (2006): Innovationen und Risiko: Zwei Seiten einer Medaille, in: Gassmann, O. / Kobe, C. (Hrsg.): Management von Innovationen und Risiko, 2. Aufl., Berlin et al. 2006, S. 3-26.

Gausemeier, Jürgen / Grote, Anne-Christin (2012): Strategische Führung mit Szenarien, in: Controlling, 24. Jg. 2012, S. 516-522.

Gavranović, Daniel (2014): Strategisches Controlling auf Basis quantifizierender Kalküle im Projekt- und Bereichsbezug – Produktprojekte und Standortalternativen als Objekte der Prognose und Vorteilhaftigkeitsanalyse, Köln 2014, zugl.: Bochum, Univ., Diss., 2013.

Gebhardt, Günther (2003): Formulierung konsistenter periodischer Beurteilungsgrößen für die wertorientierte Unternehmensführung, in: Rathgeber, A. / Tebroke, J. / Wallmeier, M. (Hrsg.): Finanzwirtschaft, Kapitalmarkt und Banken, Festschrift für Manfred Steiner, Stuttgart 2003, S. 67-83.

Gerpott, Thorsten J. (1993): Integrationsgestaltung und Erfolg von Unternehmensakquisitionen, Stuttgart 1993.

Gerpott, Thorsten J. (1999): Strategisches Technologie- und Innovationsmanagement, Stuttgart 1999.

Gerpott, Thorsten J. (2009): Forschung & Entwicklung und technologieorientierte Unternehmensakquisitionen – Eine Bestandsaufnahme der empirischen Forschung , in: Zeitschrift für Planung & Unternehmenssteuerung, 20. Jg. 2009, S. 9-41.

Gerybadze, Alexander (2004): Technologie- und Innovationsmanagement, München 2004.

Geschka, Horst (1999): Die Szenariotechnik in der strategischen Unternehmensplanung, in: Hahn, D. / Taylor, B. (Hrsg.): Strategische Unternehmensplanung – Strategische Unternehmensführung, 8. Aufl., Würzburg 1999, S. 518 - 545.

Geschka, Horst (2006): Szenariotechnik als Instrument der Frühaufklärung, in: Gassmann, O. / Kobe, C. (Hrsg.): Management von Innovationen und Risiko, 2. Aufl., Berlin et al. 2006, S. 357-372.

Geskes, Stefan (2000): Methoden der deckungsbeitragsorientierten Abweichungsanalyse: Information, Anreiz und Kontrolle in Unternehmungen, Frankfurt a.M. 2000, zugl: Kassel, Univ., Diss., 1999.

Gleißner, Werner (2000): Risikopolitik und Strategische Unternehmensführung, in: Der Betrieb, 53. Jg. 2000, S. 1625 – 1629.

Gleißner, Werner (2001): Auf nach Monte Carlo –Simulationsverfahren zur Risiko-Aggregation, in: RiskNews, 2. Jg. 2004, S. 31 – 37.

Gleißner, Werner (2004): Die Aggregation von Risiken im Kontext der Unternehmensplanung, in: Zeitschrift für Controlling & Management, 48. Jg. 2004, S. 350-359.

Gleißner, Werner (2005): Kapitalkosten: Der Schwachpunkt bei der Unternehmensbewertung und im wertorientierten Management, in: FinanzBetrieb, 7. Jg. 2005, S. 217 – 229

Gleißner, Werner (2008): Risikomaße und Bewertung: Grundlagen, Downside-Maße und Kapitalmarktmodelle, in: Erben, R. (Hrsg.): Risikomanager Jahrbuch 2008, Köln 2008, S. 107-126.

Gleißner, Werner (2010): Unternehmenswert, Rating und Risiko, in: Die Wirtschaftsprüfung, 63. Jg. 2010, S. 735-743.

Gleißner, Werner (2011a): Der Einfluss der Insolvenzwahrscheinlichkeit (Rating) auf den Unternehmenswert und die Eigenkapitalkosten – Zugleich Stellungnahme zum Fachtext Lobe, Corporate Finance biz 3 / 2010, S. 179 (182), in: Corporate Finance biz, 2. Jg. 2011, S. 243 – 251.

Gleißner, Werner (2011b): Grundlagen des Risikomanagements im Unternehmen: Controlling, Unternehmensstrategie und wertorientiertes Management, 2. Auflage, München 2011.

Gleißner, Werner (2013): Unsicherheit, Risiko und Unternehmenswert, in: Petersen, K. / Zwirner, C. / Brösel, G. (Hrsg.): Handbuch Unternehmensbewertung - Funktionen, Moderne Verfahren, Branchen, Rechnungslegung, Köln 2013, S. S. 691 - 721

Gleißner, Werner (2015a): Preis ist nicht Wert und Bewertung nicht Preisschätzung – verdeutlicht an der Kritik am Total Beta, in: Corporate Finance, 2. Jg. 2015, S. 167-175.

Gleißner, Werner (2015b): Länderrisikoprämien, in: Peemöller, V. H. (Hrsg.): Praxishandbuch der Unternehmensbewertung, 6. Auflage, Herne 2015, S. 855 – 895.

Gleißner, Werner / Eayrs, Willis (2006): Bewertung auf unvollkommenen Kapitalmärkten: Risikodeckungsansatz, in: FinanzBetrieb, 8. Jg. 2006, Beilage Bewertungspraktiker 4/2006, S. 2 – 6

Gleißner, Werner / Garrn, Ralf / Nestler, Anke (2014): Die Verbindung von Unternehmensbewertung, Rating und Wertänderungsrisiko, in: Corporate Finance, 1. Jg. 2014, S. 422 – 428.

Gleißner, Werner / Romeike, Frank (2011): Die größte anzunehmende Dummheit im Risikomanagement – Berechnung der Summe von Schadenserwartungswerten als Maß für den Gesamtrisikoumfang, in: Risk, Compliance & Audit, 3. Jg. 2011, S. 21-26.

Gleißner, Werner / Wolfrum, Marco (2008): Eigenkapitalkosten und die Bewertung nicht börsennotierter Unternehmen: Relevanz von Diversifikationsgrad und Risikomaß, in: FinanzBetrieb, 10. Jg. 2008, S. 602 – 614.

Gleißner, Werner / Wolfrum, Marco (2011): Szenario-Analyse und Simulation: ein Fallbeispiel mit Excel und Crystal Ball, in: Gleich, R. / Gänßlen, S. / Losbichler, H. (Hrsg.): Challenge Controlling 2015, Freiburg 2011, S. 241-264.

Gomez, P. (2000): Management des Unternehmens-Portfolios – Wertsteigerung durch Akquisition, in: Picot, A. / Nordmayer, A. / Pribillia, P. (Hrsg.): Management von Akquisitionen: Akquisitionsplanung und Integrationsmanagement, Stuttgart 2000, S. 21-40.

Gompers, Paul / Lerner, Josh (2001): The Money of Invention, Boston 2001.

Götze, Uwe (1993): Szenario-Technik in der strategischen Unternehmensplanung, 2. Aufl., Wiesbaden 1993, zugl.: Göttingen, Univ., Diss., 1990.

Götze, Uwe (1999): Lebenszykluskosten, in: Fischer, T. M. (Hrsg.): Kosten-Controlling, Stuttgart 1999, S. 266-286.

Grabowski, Henry G. / Kyle, Margaret (2012): Mergers, Acquisitions, and Alliances, in: Danzon, P. M. / Nicholson, S.(Hrsg.): The Oxford Handbook of the Economics of the Biopharmaceutical Industry, Oxford/New York 2012, S. 552-577.

Granig, Peter (2007): Innovationsbewertung – Potentialprognose und –steuerung durch Ertrags- und Risikosimulation, Wiesbaden 2007, zugl.: Klagenfurt, Univ., Diss., 2005.

Grant, Robert M. (2010): Contemporary strategy analysis - Concepts, techniques, applications, 7.Aufl., Chichester 2010.

Grant, Robert M. / Baden-Fuller, Charles (2004): A Knowledge Accessing Theory of Strategic Alliances, in: Journal of Management Studies, 41. Jg. 2004, S. 61-84.

Grant, Robert M. / Nippa, Michael (2006): Strategisches Management – Analyse, Entwicklung und Implementierung von Unternehmensstrategien, 5. Aufl., München 2006.

Greuel, Kerstin M. / Greuel, Joachim M. (2010): Bewertung von Biotech-Unternehmen, in: Drukarczyk, J. / Ernst, D. (Hrsg.), Branchenorientierte Unternehmensbewertung, 3. Aufl., München 2010, S. 293-306.

Griffin, Abbie (1997): PDMA Research on New Product Development Practices: Updating Trends and Benchmarking Best Practices, in: Journal of Product Innovation Management, Vol. 14 1997, S. 429–458.

Große-Frericks, Christina (2015): Die Angemessenheit des Entgelts für die Übertragung von Eigentumsrechten als Problem rechtsgeprägter Unternehmensbewertung – Wertfindung zwischen betriebswirtschaftlicher Fundierung und normzweckadäquater Konkretisierung, Wiesbaden 2015, zugl.: Bochum, Univ., Diss., 2013.

Grote, Birgit (1990): Ausnutzung von Synergiepotenzialen durch verschiedene Koordinationsformen ökonomischer Aktivitäten, Frankfurt am Main 1990.

Günther, Thomas (1991): Erfolg durch strategisches Controlling?, München 1991.

Günther, Thomas (1997): Unternehmenswertorientiertes Controlling, München 1997.

Günther, Thomas / Breiter, Heide M. (2007): Strategisches Controlling – State oft he Art und Entwicklungstrends, in: Zeitschrift für Controlling & Management, 51. Jg. 2007, Sonderheft 2, S. 6-14.

Günther, Thomas / Schomaker, Martin (2012): 10 Thesen für mehr Effizienz in der Planung mittelständischer Unternehmen, in. Zeitschrift für Controlling & Management, 56. Jg. 2012, Sonderheft 3, S. 18-30.

Guserl, Richard (1999): Controllingsystem und Risiko-Management bei projektorientierten Unternehmen, in: Controlling, 11. Jg. 1999, S. 425-430.

H

Haaker, Andreas (2009): Wertbeitragsmessung und wertorientierte Abweichungsanalyse auf Geschäftsbereichsebene, in: Controlling, 21 . Jg. 2009, S. 690-695.

Hachmeister, Dirk (2009): Methoden der Unternehmensbewertung im Überblick, in: Zeitschrift für Controlling & Management, 53. Jg. 2009, Sonderheft 1, S. 64-74.

Hachmeister, Dirk / Ruthardt, Frederik (2012): Kapitalmarktorientierte Ermittlung des Kapitalisierungszinssatzes zur Beteiligungsbewertung: Risikozuschlag, in: Zeitschrift für Controlling & Management, 56. Jg. 2012, S. 186-191.

Hachmeister, Dirk / Ruthardt, Frederik / Eitel, Fabian (2013): Unternehmensbewertung im Spiegel der neueren gesellschaftsrechtlichen Rechtsprechung – Aktuelle Entwicklungen 2010-2012, in: Die Wirtschaftsprüfung, 66. Jg. 2013, S. 762-774.

Häckel, Björn / Holtz, Christian / Buhl, Hans Ulrich (2008): Sicherheitsäquivalente sind nicht überflüssig! – Anmerkungen zum Beitrag „Sicherheitsäquivalente, Wertadditivität und Risikoneutralität" von Reichling et al. (2006), in: Zeitschrift für Betriebswirtschaft, 78. Jg. 2008, S. 951-959.

Hahn, Dietger / Bausch, Andreas / Mayer, Alexander (2000): Instrumente zur Beurteilung von Geschäftsfeldstrategien unter besonderer Berücksichtigung von Innovationen – Stand und Entwicklungstendenzen, in: Häfliger, G. E. / Meier, J.D. (Hrsg.): Aktuelle Tendenzen im Innovationsmanagement – Festschrift für Werner Popp zum 65. Geburtstag, Berlin/Heidelberg 2000, S. 217-248.

Hahn, Dietger / Hungenberg, Harald (2001): PuK: Planung und Kontrolle, Planungs- und Kontrollsysteme, Planungs- und Kontrollrechnung, Wertorientierte Controllingkonzepte, Wiesbaden 2001.

Hann, Rebecca / Ogneva, Maria / Ozbas, Oguzhan (2013): Corporate Diversification and Cost of Capital, in: The Journal of Finance, Vol. 68 2013, S. 1961-1999.

Harlow, W. V. (1991): Asset Allocation in a Downside-Risk Framework, in: Financial Analyst Journal, Vol. 47 1991, S. 28-40.

Hauschildt, Jürgen / Salomo, Sören (2011): Innovationsmanagement, 11. Aufl., München 2011.

Hayn, Marc (2000): Bewertung junger Unternehmen, 2. Aufl., Herne 2000, zugl.: Saarbrücken, Univ., Diss., 1998 u.d.T.: Bewertung junger, dynamischer und überproportional wachsender Unternehmen.

Hebeler, Christian / Pubanz, Henning / Lingnau, Volker (2011): Innovationscontrolling bei Henkel Adhesive Technologies, in: Controlling, 23. Jg. 2011, S. 387-394.

Heck, Marco (2003): Risikobewusstes F&E-Programm-Management - Eine theoretische und empirische Untersuchung, München 2003, zugl.: München, Techn. Univ., Diss., 2003.

Heinrich, Stefan (2009): Covenants als Alternative zum institutionellen Gläubigerschutz - eine rechtsvergleichende und ökonomische Analyse, Berlin 2009.

Henderson, Bruce D. (1984): Die Erfahrungskurve in der Unternehmensstrategie, 2. Aufl., Frankfurt 1984.

Henking, Andreas (1998): Risikoanalyse unter Berücksichtigung stochastischer Abhängigkeiten, München 1998, zugl.: Dresden, Univ., Diss., 1998.

Henselmann, Klaus (1999): Unternehmensrechnungen und Unternehmenswert, Aachen 1999, zugl.: Bayreuth, Univ., Habil., 1997.

Henselmann, Klaus (2000): Der Restwert in der Unternehmensbewertung – eine „Kleinigkeit" ?, in: FinanzBetrieb, 2. Jg. 2000, S.151-157.

Hering, Thomas / Schneider, Johannes / Toll, Christian (2013): Simulative Unternehmensbewertung, in: Betriebswirtschaftliche Forschung und Praxis, 65. Jg. 2013, S. 256-280.

Herstatt, Cornelius / Lettl, Christopher (2006): Marktorientierte Erfolgsfaktoren technologiegetriebener Entwicklungsprojekte, in: Gassmann, O. / Kobe, C. (Hrsg.): Management von Innovationen und Risiko, 2. Aufl., Berlin et al. 2006, S. 145-170.

Hertz, David B. (1964): Risk analysis in capital investment, in: Harvard Business Review, 42. Jg. 1964, S. 95-106.

Hill, Philipp J. (2012): Simulative Risikoanalyse von Biomethanprojekten - Ein operativer Ansatz zur Implementierung simulativer Risikoanalysen in das Risikomanagementsystem von Investoren eines Biomethanprojektes, zugl.: Kassel, Univ., Diss., 2012, abrufbar unter: https://kobra.bibliothek.uni-kassel.de/handle/urn:nbn:de:hebis:34-2012073041545, Stand: 07.09.2015.

Hiller, Mark (2002): Multiprojektmanagement – Konzept zur Gestaltung, Regelung und Visualisierung einer Projektlandschaft, Kaiserslautern 2002.

Hinterhuber, Andreas (2002): Strategische Erfolgsfaktoren bei der Unternehmensbewertung – Ein konzeptionelles Rahmenmodell, 2. Aufl., Wiesbaden 2002, zugl.: Wien, Univ., Diss., 1996.

Hinterhuber, Hans H. / Friedrich, Stephan A. (1999): Markt- und ressourcenorientierte Sichtweise zur Steigerung des Unternehmenswertes, in: Hahn, D. / Taylor,

B. (Hrsg.): Strategische Unternehmensplanung – Stand und Entwicklungstendenzen, 8. Auflage, Heidelberg 1999, S. 990-1018.

Hinterhuber, Hans H. / Matzler, Kurt (2009): Kundenorientierte Unternehmensführung – Kundenorientierung - Kundenzufriedenheit - Kundenbindung, 6. Aufl., Wiesbaden 2009.

Hirzel, Matthias (2006): Synergien in der Projektlandschaft nutzen, in: Hirzel, M. / Kühn, F. / Wollmann, P. (Hrsg.): Multiprojektmanagement: Strategische und operative Steuerung von Projektportfolios, Frankfurt a. M. 2002, S. 115-122.

Hladik, Karen J. (1988): R&D and International Joint Ventures, in: Contractor, F.J. / Lorange, P. (Hrsg.): Cooperative Strategies in International Business, New York 1988, S. 187-203.

Hofmann, Siegfried / Telgheder, Maike (2015): Pfizer kauft Generikahersteller - Pharmariese übernimmt Hospira für 17 Milliarden Dollar, in: Handelsblatt, Nr. 26 2015, S. 21.

Hoitsch, Hans-Jörg / Winter, Peter (2004): Ansätze zur ökonomischen Begründung der Vorteilhaftigkeit eines unternehmensgetragenen Risikomanagements in Industrieunternehmen, in: Zeitschrift für Planung & Unternehmenssteuerung, 15. Jg. 2004, S. 115-139.

Holtrup, Michael / Stadtsholte, Claudia / Littkemann, Jörn (2009): Bewertung von hochinnovativen Unternehmen im Akquisitionscontrolling, in: Littkemann, J.(Hrsg.): Beteiligungscontrolling – Ein Handbuch für die Unternehmens- und Beratungspraxis, Band II, 2. Aufl., Herne 2009, S. 47-76.

Homburg, Christian (2000): Quantitative Betriebswirtschaftslehre – Entscheidungsunterstützung durch Modelle, 3. Aufl., Wiesbaden 2000.

Homburg, Christian / Bucerius, Matthias (2006): Is speed of integration really a success factor of mergers and acquisitions? An analysis of the role of internal and external relatedness, in: Strategic Management Journal, 27. Jg. 2006, S. 347-367.

Hommel, Michael / Pauly, Denise (2007): Unternehmensteuerreform 2008: Auswirkungen auf die Unternehmensbewertung, in: Betriebs-Berater, 62. Jg. 2007, S. 1155-1161.

Hommel, Ulrich / Lehmann, Hanna (2001): Die Bewertung von Investitionsprojekten mit dem Realoptionsansatz – Ein Methodenüberblick, in: Hommel, U. / Scholich, M. / Vollrath, R. (Hrsg.): Realoptionen in der Unternehmenspraxis – Wert schaffen durch Flexibilität, Berlin 2001, S. 113-130.

Horváth, Péter (2011): Controlling, 12. Aufl., München 2011.

Horváth, Péter / Herter, Ronald N. / Michel, Uwe (1994): Wertorientiertes Management von strategischen Allianzen, in: Höfner, K. / Pohl A. (Hrsg.): Wertsteigerungs-Management – Das Shareholder Value-Konzept: Methoden und erfolgreiche Beispiele, Frankfurt/New York 1994, S. 227-263.

Horzella, Andreas (2010): Wertsteigerung im M&A-Prozess - Erfolgsfaktoren - Instrumente - Kennzahlen, Wiesbaden 2010, zugl.: Bayreuth, Univ., Diss., 2009.

Hower, Sascha (2008): Unternehmensbewertung mit dem Tax-CAPM: Fortschritt oder nicht pragmatische Komplexitätssteigerung, Aachen 2008, zugl.: Bayreuth, Univ., Diss., 2008.

Huchzermeier, Arnd / Loch, Christoph H. (2001): Project Management Under Risk: Using the Real Options Approach to Evaluate Flexibility in R&D, in: Management Science, Vol. 47 2001, S. 58-101.

Hull, John C. (2012): Options, Futures and Other Derivatives, 8. Aufl., Essex et al., 2012.

Hüllmann, Ulrich (2003): Wertorientiertes Controlling für eine Management-Holding, München 2003.

Hupe, Michael / Ritter, Gerd (1997): Der Einsatz risikoadjustierter Kalkulationszinsfüße bei Investitionsentscheidungen – theoretische Grundlagen und empirische Untersuchung, in: Betriebswirtschaftliche Forschung und Praxis, 49. Jg. 1997, S. 593-612.

I

Iansiti, Marco (1998): Technology Integration. Making Critical Choices in a Dynamic World, Boston, MA. 1998.

Imboden, Carlo (1983): Risikohandhabung - ein entscheidungsbezogenes Verfahren, Bern 1983.

Inselbag, Isik / Kaufold, Howard (1997): Two DCF Approaches for Valuing Companies under Alternative Financing Strategies (and how to choose between them), in: Journal of Applied Corporate Finance, 10. Jg. 1997, S. 114-122.

Institut der Unternehmensberater (IDU) (2009): Grundsätze ordnungsgemäßer Planung (GoP), 3. Aufl., Bonn et al. 2009.

Institut der Wirtschaftsprüfer (IDW) (2000): Die Prüfung des Risikofrüherkennungssystems nach § 317 Abs. 4 HGB, i.d.F. 2000.

Internationaler Contoller Verein (ICV) e.V. (2007): Controller Leitbild, 2. Aufl. Gauting 2007.

J

Jacob, Hermann (1979): Zur Bedeutung von Flexibilität und Diversifikation bei Realinvestitionen : ein Beitrag zur Theorie der Planung bei Unsicherheit, in: Mellwig, W. (Hrsg.): Unternehmenstheorie und Unternehmensplanung, Wiesbaden 1979, S. 31 -67.

Jaensch, Günter (1966a): Wert und Preis der ganzen Unternehmung, Köln 1966.

Jaensch, Günter (1966b): Ein einfaches Modell der Unternehmensbewertung ohne Kalkulationszinsfuß, in: Betriebswirtschaftliche Forschung und Praxis, 18. Jg. 1966, S. 660-679.

Jahn, T. / Schnell, C. (2014): Rückrufe im Akkord, in: Handelsblatt, Nr. 212 2014, S. 1,

Jander, Heidrun / Kahlenberg, Robert / Graßhoff, Jürgen (2006): Gewährleistungsmanagement im Entstehungszyklus eines Fahrzeugs: Weiterentwicklung des Target Costing-Konzepts bei BMW Motorrad, in: Zeitschrift für betriebswirtschaftliche Forschung, 58. Jg. 2006, S. 128-148.

Jansen, Stephan A. (2008): Mergers & Acquisitions: Unternehmensakquisitionen und – kooperationen – eine strategische, organisatorische und kapitalmarkttheoretische Einführung, 5. Aufl., Wiesbaden 2008.

Jensen, Michael C. (1983): Organization Theory and Methodology, in: Accounting Review, Jg. 58 1983, S. 319-339.

Jensen, Michael C. / Meckling, Wiliam (1976): Theory of the Firm: Managerial Behavior, Agency Cost and Capital Structure, in: Journal of Financial Economics, Vol. 3 1976, S. 305-306.

Johanning, Lutz / Ams, Patrick (2008): Risikomanagementsysteme, in: Ballwieser, W. / Grewe, W. (Hrsg.): Wirtschaftsprüfung im Wandel, München 2008, S. 259-286.

Jolly, Vijay K. (1997): Commercializing New Technologies: Getting from Mind to Market, Boston, MA. 1997.

Jung, Hans-Helmut / Pinnekamp, Friedrich / Bucher, Philip (2006): Risikobeurteilung von Technologieprojekten ABB, in: Gassmann, O. / Kobe, C. (Hrsg.): Management von Innovationen und Risiko, 2. Aufl., Berlin et al. 2006, S. 393-410.

K

Kanacher, Jens / Rademacher, Michael / Werners, Brigitte (2010): Risikosimulation als Teil des Projektcontrollings, in: Zeitschrift für Controlling & Management, 54. Jg. 2010, S. 191-198.

Kaufmann, Lutz / Ridder, Christopher (2003): Bewertung von Biotechnolgie-Unternehmen - Der Individual Risk-adjusted Net Present Value-Ansatz und weitere Ansätze zur Verbesserung des DCF-Verfahrens, in: FinanzBetrieb, 5. Jg. 2003, S. 448-456.

Kavadias, Stylianos / Chao, Raul O. (2009): Resource allocation and new product development portfolio management, in: Loch, C.H. / Kavadias, S. (Hrsg.): Handbook of New Product Development Management, Oxford 2009, S. 135-163.

Keefer, Donald L. / Bodily, Samuel E. (1983): Three Point Approximation for Continuous Random Variables, in: Management Science, 29. Jg. 1983, S. 595-609.

Kellogg, David / Charnes, John M. (2000): Real-Options Valuation for a Biotechnology Company, in: Financial Analysts Journal, Vol. 56, 2000, S.76-84.

Kichner, Martin (1991): Strategisches Akquisitionsmanagement im Konzern, Wiesbaden 1991.

Kilger, Wolfgang / Pampel, Jochen R. / Vikas, Kurt (2012): Flexible Plankostenrechnung und Deckungsbeitragsrechnung, 13. Aufl., Wiesbaden 2012.

Kline, Stephen J. / Rosenberg, Nathan (1986): An Overview of Innovation, in: Landau, R. / Rosenberg, N. (Hrsg.): The Positive Sum Strategy, Washington D.C. 1986, S. 275-305.

Klönne, Henner (2013): Objektivierte Bewertung und Verteilung von Synergieeffekten bei gesellschaftsrechtlich bedingten Unternehmensbewertungen, Düsseldorf 2013, zugl.: Münster, Univ., Diss., 2012.

Knabe, Matthias (2012): Die Berücksichtigung von Insolvenzrisiken in der Unternehmensbewertung, Lohmar 2012, zugl.: Münster, Univ., Diss., 2012.

Knapp, Armin/Lederer, Ingo (2015): Instrumente des Controlling bei der Steuerung von Projektportfolios, in: Steinle, C./ Eichenberg, T., Handbuch Multiprojektmanagement und –controlling, 3. Aufl. 2015, Berlin 2015, S. 475-481.

Knoll, Leonhard (2015): Länderrisiken: Vom unvermeidlichen Regen in die vermeidbare Traufe, in: Der Betrieb, 68. Jg. 2015, S. 937-939.

Knyphausen-Aufseß, Dodo zu / Schweizer, Lars (2003): Kooperationen in der Biotechnologie, in: Zentes, J. / Swoboda, B. / Morschett, D. (Hrsg.): Kooperationen, Allianzen und Netzwerke – Grundlagen – Ansätze – Perspektiven, Wiesbaden 2003, S. 1111-1132.

Koch, Helmut (1979): Zum Verfahrender strategischen Programmplanung, in: Zeitschrift für betriebswirtschaftliche Forschung, 31. Jg. 1979, S. 145-161.

Koch, Michael (2013): Abweichungsanalyse, in: Controlling, 25. Jg. 2013, S. 488-490.

Kogeler, Ralph (1992): Synergiemanagement im Akquisitions- und Integrationsprozess von Unternehmungen, München 1992.

Köhler, Stefan (2008): Konzernstruktur, in: Kessler, W. / Kröner, M. / Köhler, S. (Hrsg.): Konzernsteuerrecht: National – International, 2. Aufl., München 2008, S. 305-348.

König, Rolf / Maßbaum, Alexandra / Sureth, Caren (2009): Besteuerung und Rechtsformwahl, Herne 2009.

Kormann, Hermut (1977): Planung effizienter Führungsorganisationen, Baden Baden 1977.

Köster, Armin (2013): Nachhaltige Investitionsplanung in der Unternehmensbewertung – Herausforderung für das wertorientierte Investitionscontrolling, in: Controlling, 25. Jg. 2013, S. 625-633.

Kotler, Philip / Keller, Kevin L. / Bliemel, Friedhelm (2007): Marketing-Management – Strategien für wertschaffendes Handeln, 12. Aufl., München et al. 2007.

KPMG (2007): Erfolgreiches Standortmanagement von Forschung und Entwicklung - Aktives Gestalten und Managen von F&E-Standorten, Berlin 2007.

KPMG (2015): KPMG's Global Automotive Executive Survey 2015, abrufbar unter: https://public.tableausoftware.com/views/GAES15_Dashboard_Online/GAES2015?:embed=y&:toolbar=no&:display_count=no&:showVizHome=no#1, Stand: 16.09.2015

Kremers, Markus (2002): Risikoübernahme in Industrieunternehmen: Der Value-at-Risk als Steuerungsgröße für das industrielle Risikomanagement, dargestellt am Beispiel des Investitionsrisikos, Sternenfels 2002, zugl.: Kaiserslautern, Univ., Diss., 2002.

Kreyer, Felix (2009). Strategieorientierte Restwertbestimmung in der Unternehmensbewertung – Eine Untersuchung des langfristigen Rentabilitätsverlauf europäischer Unternehmen, Wiesbaden 2009, zugl.: Berlin, Europäische Wirtschaftshochschule, Diss., 2009.

Kroy, Walter (1995): Technologiemanagement für grundlegende Innovationen, in: Zahn, E. (Hrsg.): Handbuch Technologiemanagement, Stuttgart 1995, S. 57-79.

Kruppe, Carsten (2013): Liquiditätsplanung verstehen – Abweichungen mit System?, in: Controlling und Management Review, 59. Jg. 2015, S. 30-38.

Kruschwitz, Lutz (2014): Investitionsrechnung, 14. Aufl., München 2011.

Kruschwitz, Lutz / Husmann, Sven (2012): Finanzierung und Investition, 7. Aufl., München 2012.

Kruschwitz, Lutz / Löffler, Andreas (2003): Fünf typische Missverständnisse im Zusammen-hang mit DCF-Verfahren, in: Finanz Betrieb, 5.Jg. 2003, S. 731-733.

Kruschwitz, Lutz / Löffler, Andreas (2015): Preise, Werte und Arbitragefreiheit: Erwiderung auf Gleißner, in: Corporate Finance biz, 6. Jg. 2015, S. 176-181.

Kruschwitz, Lutz / Löffler, Andreas / Canefield, Dominica (2007): Hybride Finanzierungspolitik und Unternehmensbewertung, in: Finanz Betrieb, 9. Jg. 2007, S. 427-431.

Kruschwitz, Lutz / Löffler, Andreas / Essler, Wolfgang (2009): Unternehmensbewertung für die Praxis – Fragen und Antworten, Stuttgart 2009.

Kruschwitz, Lutz / Löffler, Andreas / Mandl, Gerwald (2011): Damodarans Country Risk Premium – und was davon zu halten ist, in: Die Wirtschaftsprüfung, 64. Jg. 2011, S. 167-176.

Kruschwitz, Lutz / Löffler, Andreas / Mandl, Gerwald (2014): Unternehmensbewertung zwischen Kunst und Wissenschaft – Bemerkungen zu Ernst/Gleißner Wpg 2012, S. 1252 ff., in: Die Wirtschaftsprüfung, 10. Jg. 2014, S. 527-531.

Kühl, Ralf (2015): Vorgehensweisen und Instrumente der (strategischen Projektbewertung, in: Steinle, C. / Eichenberg, T. (Hrsg.): Handbuch Multiprojektmanagement und –controlling – Projekte erfolgreich strukturieren und steuern, 3. Aufl., Berlin 2015, S. 143-160.

Kuhner, Christoph / Maltry, Helmut (2006): Unternehmensbewertung, Berlin et al. 2006.

Kujath, Hans-J. / Holthoff, Gero (2015): Performance Management bei Bayer, in: Controlling, 27. Jg. 2015, S. 81-88.

Kunz, Jennifer (2014): Die psychologische und ökonomische Perspektive in der BWL – Eine Diskussion am Beispiel der Literatur zum Escalation of Commitment, in: Die Betriebswirtschaft, 73. Jg. 2013, S. 205-219.

Küpper, Hans-Ulrich / Friedl, Günther/ Hofmann, Christian/ Hofmann, Yvette / Pedell , Burkhard (2013): Controlling: Konzeption, Aufgabe, Instrumente, 6. Aufl., Stuttgart 2013.

Kupsch, Peter (1973): Das Risiko im Entscheidungsprozess, Wiesbaden 1973.

Kürsten, Wolfgang (2002): „Unternehmensbewertung unter Unsicherheit", oder: Theoriedefizit einer künstlichen Diskussion über Sicherheitsäquivalent- und Risikozuschlagsmethode – Anmerkungen (nicht nur) zu dem Beitrag von Bernhard Schwetzler in der zfbf (August 2000, S. 469-486), in: Schmalenbachs Zeitschrift für betriebswirtschaftliche Forschung, 54. Jg. 2002, S. 128-144.

Kürsten, Wolfgang (2003): Grenzen und Reformbedarfe der Sicherheitsäquivalentmethode in der (traditionellen) Unternehmensbewertung – Erwiderung auf die Anmerkungen von Ralf Diedrich und Jörg Wiese in der zfbf, in: Schmalenbachs Zeitschrift für betriebswirtschaftliche Forschung, 55. Jg. 2003 , S. 306-314.

L

Laas, Tim (2004): Steuerung internationaler Konzerne – Eine integrierte Betrachtung von Wert und Risiko, Frankfurt a. M. 2004, zugl.: Mannheim, Univ., Diss., 2003.

Lachnit, Laurenz / Müller, Stefan (2012): Unternehmenscontrolling - Managementunterstützung bei Erfolgs-, Finanz-, Risiko- und Erfolgspotenzialsteuerung, 2. Aufl., Wiesbaden 2012.

Lachnit, Laurenz / Müller, Stefan (2003): Integrierte Erfolgs-, Bilanz- und Finanzrechnung als Instrument des Risiko-Controlling, in: Freidank, C.-C. / Mayer, E. (Hrsg.): Controlling-Konzepte, 6. Aufl., Wiesbaden 2003, S. 563-586.

Laitenberger, Jörg / Löffler, Andreas (2007): Semi-subjektive Bewertung mit $\mu - \sigma$-Nutzenfunktionen, in: Laitenberger, J. / Löffler, A. (Hrsg.): Finanzierungstheorie auf vollkommenen und unvollkommenen Kapitalmärkten, Festschrift für Lutz Kruschwitz zum 65. Geburtstag, München 2007, S. 193-201.

Langenkämper, Christof (2000): Unternehmensbewertung – DCF-Methoden und simulativer VOFI-Ansatz, Wiesbaden 2000, zugl.: Münster, Univ., Diss., 1999.

Langmann, Christian (2009): F&E Projektcontrolling : Eine Empirische Untersuchung der Nutzung von Controllinginformationen in F&E-Projekten, Wiesbaden 2009, zugl.: Hamburg, Univ. der Bundeswehr, Diss., 2008.

Langmann, Christian / Gräf, Jens (2011): Herausforderungen im F&E- und Innovations-Controlling, in: Gleich, R. / Schimank, C. (Hrsg.): Innovations-Controlling, Freiburg 2011, S. 69-87.

Larsson, Rikard / Finkelstein, Sydney (1999): Integrating strategic, organizational and human resource perspectives on mergers and acquisitions: A case survey of synergy realization, in: Organization Science, Vol. 10 1999, S. 1-26.

Laux, Helmut (1971): Unternehmensbewertung bei Unsicherheit, in: Zeitschrift für Betriebswirtschaft, 41. Jg. 1971, S. 525-540.

Laux, Helmut / Schabel, Matthias M. (2009): Subjektive Investitionsbewertung, Marktbewertung und Risikoteilung – Grenzpreise aus Sicht börsennotierter Unternehmen und individueller Investoren im Vergleich, Berlin/Heidelberg 2009.

Lechner, Hubert / Meyer, Arndt (2003): Quantifizierung von Synergiepotenzialen bei Unternehmenszusammenschlüssen, in: M&A Review, 14. Jg. 2003, S. 367-372.

Lee, Alvon Y. (1999): Corporate Metrics – The Benchmark for Corporate Risk Management – Technical Document, abrufbar unter: http://www.riskmetrics.com, Stand: 02.01.2015.

Levi, Maurice D. / Sercu, Piet (1991): Erroneous and Valid Reasons for Hedging Foreign Exchange Rate Exposure, in: Journal of Mutinational Financial Managament, Jg. 1 1991, S. 25-37.

Li, Fuhu (2010): Unternehmensakquisitionen als Objekt der Unternehmensbewertung und des Controlling - Eine integrierte Analyse unter besonderer Berücksichtigung der Integrationsphase und der Fremdfinanzierung, Berlin 2010, zugl.: Bochum, Univ., Diss., 2010.

Limpert, Eckhard / Stahel, Werner / Abbt Markus (2001): Lognormal distributions across the sciences: keys and clues, in: BioScience. 51. Jg. 2001, S. 341-352

Lintner, John (1965): Security Prices, Risk and Maximal Gains from Diversification, in: The Journal of Finance, 20. Jg. 1965, S. 587-615.

Listl, Andreas (1998): (Target) Costing zur Ermittlung der Preisuntergrenze. Entscheidungsorientiertes Kostenmanagement dargestellt am Beispiel der Automobilzulieferindustrie, Frankfurt a.M., Berlin et al. 1998

Littkemann, Jörn (2005): Innovationscontrolling, München 2005.

Littkemann, Jörn (2009): Einführung in das Beteiligungscontrolling, in: Littkemann, J.(Hrsg.): Beteiligungscontrolling – Ein Handbuch für die Unternehmens- und Beratungspraxis, Band I, 2. Aufl., Herne 2009, S. 1-18.

Littkemann, Jörn / Holtrup, Michael / Schrade, Claudia (2005): Besonderheiten der Bewertung hochinnovativer Unternehmen im Rahmen des Akquisitionscontrollings, in: Zeitschrift für Controlling & Management, 49. Jg. 2005, Sonderheft 3, S. 40-57.

Little, Arthur D. (1988): Innovation als Führungsaufgabe, Frankfurt am Main 1988.

Lobe, Sebastian / Essler, Wolfgang (2008): Zur Theorie des Discounted Cashflow: Was haben wir seit Modigliani und Miller gelernt?, in: Laitenberger, J. / Löffler, A. (Hrsg.): Finanzierungstheorie auf vollkommenen und unvollkommenen Kapitalmärkten, Festschrift für Lutz Kruschwitz, München 2008, S. 55-77.

Lofink, Oliver / Nackmayr, Jens / Orendi, Gerald (2013): Management von Produktportfolios und –lebenszyklen im M&A-Prozess, in: Lucks, K. (Hrsg.): M&A-Projekte erfolgreich führen - Instrumente und Best Practices, Stuttgart 2013, S. 450-466.

Löhnert, Peter G. / Böckmann, Ulrich J. (2015): Multiplikatorverfahren in der Unternehmensbewertung, in: Peemöller, V. H. (Hrsg.): Praxishandbuch der Unternehmensbewertung, 6. Aufl., Herne 2015, S. 785-806.

Löhr, Benjamin (2010): Integriertes Risikocontrolling für Industrieunternehmen - eine normative Konzeption im Kontext der empirischen Controllingforschung von 1990-2009, Frankfurt a.M., zugl.: Gießen, Univ., Diss., 2010.

Luckan, Eberhard (1970): Grundlagen der betrieblichen Wachstumsplanung, Wiesbaden 1970.

M

Madauss, Bernd J. (2000): Handbuch Projektmanagement, 6. Auflage, Stuttgart 2000.

Madlener, Reinhard / Siegers, Lena / Bendig, Stefan (2009): Risikomanagement und –controlling bei Offshore-Windenergieanlagen, in: Zeitschrift für Energiewirtschaft, 2. Jg. 2009, S. 135-146.

Madrian, Jens / Auerbach, Jan (2009): Zum Risikokalkül in der Unternehmensbewertung, in: Littkemann, J. (Hrsg.): Beteiligungscontrolling – Ein Handbuch für die Unternehmens- und Beratungspraxis, Band II, 2. Aufl., Herne 2009, S. 77-106.

Magee, John F. (1964): Decision Trees for Decision Making, in: Harvard Business Review, 42. Jg. 1964, S. 126-138.

Mahlendorf, Matthias (2007): Psychologische Fallstricke am Beispiel von Entscheidungen über Investitionsprojekte: und wie Sie mit verhaltensorientiertem Controlling den Gefahren begegnen können, in: Controlling-Berater, 7. Jg. 2007, S. 955-988.

Mahlendorf, Matthias (2010): Controlling bei eskalierenden Projekten, in: Controlling 22. Jg. 2010, S. 107-112.

Mandl, Gerwald / Rabel, Klaus (1997): Unternehmensbewertung, Wien 1997.

Markowitz, Harry (1952): Portfolio Selection, in: Journal of Finance, Vol. 7 1952, S. 77-91.

Markowitz, Harry (1959): Portfolio Selection, New York 1959.

Marks, Mitchell L. / Mirvis Philip (1986): The Merger Syndrome, in: Psychology Today 1986, Vol. 20 1986, S. 36-42.

Mason, Scott P. / Merton, Robert C. (1985): The role of Contingent Claims Analysis in Corporate Finance, in: Altman, E.I. / Subrahmanyam, M.G. (Hrsg.): Recent Advances in Corporate Finance, Homewood 1985, S. 7-54.

Matschke, Manfred J. (1972): Der Gesamtwert der Unternehmung als Entscheidungswert, in: Betriebswirtschaftliche Forschung und Praxis, 24. Jg. 1972, S. 146-172.

Matschke, Manfred J. (1975): Der Entscheidungswert der Unternehmung, Wiesbaden 1975, zugl.: Köln, Univ., Diss., 1973.

Matschke, Manfred J. / Brösel, Gerrit (2013): Unternehmensbewertung: Funktionen – Methoden – Grundsätze, 4. Aufl., Wiesbaden 2013.

Matschke, Manfred J. / Brösel, Gerrit (2014): Funktionale Unternehmensbewertung – Eine Einführung, Wiesbaden 2014.

May, Gunter / Chrobok, Reiner (2001): Priorisierung des unternehmerischen Projektportfolios – Ein Erfahrungsbericht der MÜNCHENER VEREIN Versicherungsgruppe, in: Zeitschrift für Führung und Organisation, 70. Jg. 2001, S. 108-114.

McDonald, Robert / Siegel, Daniel L. (1985): Investment and the Valuation of Firms when there is an Option to Shut Down, in: International Economic Review, Vol. 26, 1985, S. 331-349.

Meier, Hanno (2001): Wertorientiertes Beteiligungs-Controlling – Planung, Realisierung und Kontrolle von Unternehmensakquisitionen, Wiesbaden 2001, zugl.: Bremen, Univ., Diss., 2001.

Meitner, Matthias (2006): The Market Approach to Comparable Company Valuation, Heidelberg 2006, zugl. Diss., Univ. Heidelberg, 2006.

Meitner, Matthias (2015): Der Terminal Value in der Unternehmensbewertung, in: Peemöller V. H. (Hrsg.): Praxishandbuch der Unternehmensbewertung, 6. Auflage, Herne 2015, S. 647-696.

Mellerowicz, Konrad (1952): Der Wert der Unternehmung als Ganzes, Essen 1952.

Mellerowicz, Konrad (1973): Kosten und Kostenrechnung, 5. Aufl., Berlin/New York 1973.

Mellewigt, Thomas (1995): Konzernorganisation und Konzernführung – eine empirische Untersuchung börsennotierter Konzerne, Frankfurt am Main 1995, zugl.: Mainz, Univ., Diss., 1995.

Merck KGaA (2015): Geschäftsbericht 2015, Darmstadt 2015.

Merk, Heike / Merk, Wolfgang (2010): Bewertung von Pharmaunternehmen, in: Drukarczyk, J. / Ernst, D. (Hrsg.), Branchenorientierte Unternehmensbewertung, 3. Aufl., München 2010, S. 309-333.

Mertens, Peter (2012): Mittel- und langfristige Absatzprognose auf der Basis von Sättigungsmodellen, in: Mertens, P. / Rässler, S. (Hrsg.): Prognoserechnung, 7. Aufl., Heidelberg 2012, S. 183-224.

Messerer, Andreas (2007): Unternehmensteuerreform 2008, Kompakt – schnell – zuverlässig, Alle wichtigen Rechtsänderungen, Stuttgart 2007.

Metz, Volker (2007): Der Kapitalisierungszinssatz bei der Unternehmensbewertung, Basiszinssatz und Risikozuschlag aus betriebswirtschaftlicher Sicht und aus der Sicht der Rechtsprechung, Wiesbaden 2007, zugl.: Mannheim, Univ., Diss.,2006.

Metzger, Dirk (2008): Die Aggregation von Risiken bei der SAP AG, in: Deutsche Gesellschaft für Risikomanagement e.V. (Hrsg.): Risikoaggregation in der Praxis - Beispiele und Verfahren aus dem Risikomanagement von Unternehmen, Wiesbaden 2008, S. 51-76.

Metzler, Leonhard v. (2004): Risikoaggregation im industriellen Controlling, Lohmar 2004, zugl.: Berlin, Techn. Univ., Diss., 2004.

Michel, Uwe (1996): Wertorientiertes Management strategischer Allianzen, München 1996, zugl.: Stuttgart, Univ., Diss., 1995.

Mintzberg, Henry (1990): The Design School: Reconsidering the basic Premises of Strategic Management, in: Strategic Management Journal, Vol. 11 1990, S. 171-195.

Modigliani, Franco / Miller, Merton H. (1958): The Cost of Capital, Corporation Finance and the Theory of Investment, in: The American Economic Review, 48. Jg. 1958, S. 261-297.

Modigliani, Franco / Miller, Merton H. (1963): Corporate Income Taxes and the Cost of Capital: A Correction, in: The American Economic Review, Vol. 53 1963, S. 433-443.

Mohnkopf, Herrmann (2008): Strategisches IP Management zum Schutz von Innovationen, in: Schmeisser, W. / Mohnkopf, H. / Hartmann, M. / Metze, G. (Hrsg.): Innovationserfolgsrechnung, Berlin / Heidelberg 2008, S. 223-288.

Möhrle, Martin G. / Voigt, Ingrid (1993): Das FUE-Programmportfolio in praktischer Erprobung, in: Zeitschrift für Betriebswirtschaft, 63. Jg. 1993, S. 973-992.

Möller, Klaus / Menninger, Jutta / Robers, Diane / Günther, Finn (2011): Innovationscontrolling: Erfolgreiche Steuerung und Bewertung von Innovationen, Stuttgart 2011.

Moser, Ulrich (2008): Bilanzierung von F&E-Tätigkeiten nach IFRS, in: Schmeisser, W. / Mohnkopf, H. / Hartmann, M. / Metze, G. (Hrsg.): Innovationserfolgsrechnung, Berlin / Heidelberg 2008, S. 181-219.

Moser, Ulrich / Schiezl, Sven (2001): Unternehmenswertanalysen auf Basis von Simulationsrechnungen am Beispiel eines Biotech-Unternehmen, in: FinanzBetrieb, 3. Jg. 2001, S. 530-541.

Mossin, Jan (1966): Equilibrium in a Capital Market, in: Econometrica, 34. Jg. 1966, S. 768-783.

Moxter, Adolf (1983): Grundsätze ordnungsmäßiger Unternehmensbewertung, 2. Aufl., Wiesbaden 1983.

Müller, David (2014): Investitionscontrolling, Berlin/Heidelberg 2014.

Müller, Gert (2013): Effizienzsteigerung und Controlling in F&E – Ein Erfahrungsbericht, in: Horváth, P./ Micherl, U. (Hrsg.), Controlling integriert und global - Erfolgreiche Steuerung von komplexen Organisationen, Stuttgart 2013, S. 265-273.

Müller, Marc (2006): Plattformmanagement zur Reduktion von Innovationsrisiken, in: Gassmann, O. / Kobe, C. (Hrsg.): Management von Innovationen und Risiko, 2. Aufl., Berlin et al. 2006, S. 121-144.

Müller-Stewens, Günter / Brauer, Matthias (2009): Corporate Strategy & Governance: Wege zur nachhaltigen Wertsteigerung in diversifizierten Unternehmen, Stuttgart 2009.

Müller-Stewens, Günter / Lechner, Christoph (2011): Strategisches Management: Wie strategische Initiativen zum Wandel führen, 4. Aufl., Stuttgart 2011.

Münstermann, Hans (1970): Wert und Bewertung der Unternehmung, 3. Aufl., Wiesbaden 1970.

Myers, Stewart C. (1977): Determinants of Corporate Borrowing, in: Journal of Financial Economics, Vol. 5 1977, S. 147-175.

Myers, Stewart C. / Howe, Christopher D. (1997): A Life-Cycle Model of Pharmaceutical R&D, Cambridge MA. 1997.

Myers, Stewart C./ Shyam-Sunder, Lakshmi (1996): Measuring Pharmaceutical Industry Risk and the Cost of Capital, in Helms, R. B., Competitive Strategies in Pharmaceutical Industry, Washington 1996, S. 208-237.

N

Neumann, John v. / Morgenstern, Oskar (1961): Spieltheorie und wirtschaftliches Verhalten, 2. Aufl., Würzburg 1961.

Niemand, Stefan / Horváth, Péter (2013): Produktplanung: Strategische Weichenstellung für die Wertschöpfungskette, in: Controlling, 25. Jg. 2013, S.491-495.

Nöll, Boris / Wiedemann, Arnd (2008): Investitionsrechnung unter Unsicherheit – Rendite- und Risikoanalyse von Investitionen im Kontext einer wertorientierten Unternehmensführung, München 2008.

Nöllke Matthias (2004): Entscheidungen treffen. Schnell, sicher, richtig, 3. Aufl., Freiburg 2004.

O

o.V. (2011): Daimler und Bosch planen Gründung eines Joint-Ventures für Elektromotoren, abrufbar unter: http://www.all-electronics.de/texte/anzeigen/41675/Daimler-und-Bosch-planen-Gruendung-eines-Joint-Ventures-fuer-Elektromotoren, Stand: 17.09.2015.

O'Hanlon, John / Peasnell, Ken (2002): Residual Income and Value-Creation: The Missing Link, in: Review of Accounting Studies, Vol. 7 2002, S. 229-245.

Obermaier, Robert (2004): Unternehmensbewertung bei Auszahlungsüberschüssen – Risikozu – oder abschlag?, in: Der Betrieb, 53. Jg. 2004, S. 2761-2766.

Oesterle, Michael-J. (2003): Kooperationen in Forschung und Entwicklung, in: Zentes, J. / Swoboda, B. / Morschett, D. (Hrsg.): Kooperationen, Allianzen und Netzwerke – Grundlagen – Ansätze – Perspektiven, Wiesbaden 2003, S. 631-658.

Office of Technology Assessment (OTA) (1993): Pharmaceutical R&D, Costs, Risks and Rewards, Washington 1993.

Ohms, Walter J. (2000): Management des Produktentstehungsprozesses - handlungsorientierte Erfolgsfaktorenforschung im Rahmen einer empirischen Studie in der Elektronikindustrie, München 2000, zugl.: Augsburg, Univ., Diss., 1999.

Olie, Rene (1990): Culture and integration problems in international mergers and acquisitions, in: European Management Journal, Vol. 21 1990, S. 206 -215.

Organisation für wirtschaftliche Zusammenarbeit und Entwicklung (OECD) (1993): Fascati Manual, Proposed Standard Practice for Surveys of Research and Experimental Development, 5. Aufl., Paris 1993.

Organisation für wirtschaftliche Zusammenarbeit und Entwicklung (OECD) (1997): Oslo Manual, Proposed Guidelines for Collecting and Interpreting Technological Innovation Data, Paris 1997.

Organisation für wirtschaftliche Zusammenarbeit und Entwicklung (OECD) (2002): Fascati Manual, Proposed Standard Practice for Surveys of Research and Experimental Development, 6. Aufl., Paris 2002.

Ossadnik, Wolfgang (1995a): Die Aufteilung von Synergieeffekten bei Fusionen, Stuttgart 1995.

Ossadnik, Wolfgang (1995b): Die Aufteilung von Synergieeffekten bei Verschmelzungen, in: Zeitschrift für Betriebswirtschaft, 65. Jg. 1995, S. 69-88.

Ossadnik, Wolfgang (1996): Controlling, München 1996.

Ossadnik, Wolfgang (2009): Controlling, 4. Aufl., München 2009.

P

Pape, Ulrich (2010): Wertorientierte Unternehmensführung, Auflage 4, Sternenfels 2010, zugl.: Berlin, Techn. Univ., Diss.,1996.

Paprottka, Stephan (1996): Unternehmenszusammenschlüsse – Synergien und ihre Umsetzungsmöglichkeiten durch Integration, Wiesbaden 1996, zugl.: Hamburg, Univ., Diss., 1996.

Peemöller, Volker H. (2005): Controlling – Grundlagen und Einsatzgebiete, 5. Aufl. Herne/Berlin 2005.

Peemöller, Volker H. / Beckmann, Christoph (2015): Der Realoptionsansatz, in: Peemöller, V. H. (Hrsg.): Praxishandbuch der Unternehmensbewertung, 6. Auflage, Herne 2015, S. 1445-1476.

Pellens, Bernhard / Fülbier, R.U. / Gassen, J. / Sellhorn, T. (2014): Internationale Rechnungslegung, 9. Auflage, Stuttgart 2014.

Pellens, Bernhard / Tomaszewski, Claude / Weber, Nicolas (2000): Wertorientierte Unternehmensführung in Deutschland, in: Der Betrieb, 53. Jg. 2000, S. 1825-1833.

Penrose, Edith (1959): The Theory of the Growth of the Firm, Oxford 1959.

Pfaff, Dieter / Bärtl, Oliver (1999): Wertorientierte Unternehmensführung – Ein kritischer Vergleich ausgewählter Konzepte, in: Gebhardt, G. / Pellens, B. (Hrsg.): Rechnungswesen und Kapitalmarkt (Zeitschrift für betriebswirtschaftliche Forschung, 51. Jg. 1999, Sonderheft 41), Düsseldorf / Frankfurt a.M. 2003, S. 85-115.

Plumridge, Hester (2014): Novartis und Glaxo bringen Top-Marken in neues Joint Venture ein, abrufbar unter: http://www.wsj.de/nachrichten/SB10001424052702303825604579517322736465650, Stand: 17.09.2015.

Porter, Michael E. (1985): Competitive advantage. Creating and sustaining superior performance, New York 1985.

Porter, Michael E. (1987): From Competitive Advantage to Corporate Strategy, in: Harvard Business Review, Vol. 65 1987, S. 43-59.

Porter, Michael E. (1997): Nur Strategie sichert auf Dauer hohe Erträge, in: Harvard Business Manager, 19. Jg. 1997, S. 42-58.

Porter, Michael E. (2001): Diversifikation – Konzerne ohne Konzept, in: Montgomery, C. A. / Porter, M. E. (Hrsg.): Strategie, Wien 2001, S. 245-282.

Porter, Michael E. (2013): Wettbewerbsstrategie, 12. Aufl., Frankfurt am Main 2013.

Porter, Michael (2014): Wettbewerbsvorteile, 8. Aufl., Frankfurt am Main 2014.

PricewaterhouseCoopers (2012): Driving Value - 2012 Automotive M&A Insights, abrufbar unter: http://www.google.de/url?sa=t&rct=j&q=&esrc=s&source=web&cd=2&ved=0CCgQFjAB&url=http%3A%2F%2Fwww.pwc.com%2Fen_GX%2Fgx%2Fautomotive%2Findustry-publications-and-thought-leadership%2Fassets%2Fpwc-driving-value-2012-automotive-ma-insights-may-2013.pdf&ei=VJjtVPHpLoLCPdecgZAK&usg=AFQjCNGaBiioT-rc-Si0Hd9WipzUv0-Hdg&bvm=bv.86956481,d.ZWU, Stand: 16.09.2015.

PricewaterhouseCoopers (2014): Deutschland bleibt F&E-Europameister – Volkswagen investiert weltweit am meisten in Forschung & Entwicklung, abrufbar unter: http://www.strategyand.pwc.com/de/home/Presse/Pressemitteilungen/pressemitteilung-detail/2014-global-innovation-1000-de, Stand: 16.09.2015.

Pritsch, Gunnar (2000): Realoptionen als Controlling-Instrument - Das Beispiel pharmazeutische Forschung und Entwicklung, Wiesbaden, zugl.: Koblenz, Wiss. Hochsch. für Unternehmensführung, Diss., 2000.

Pritsch, Gunnar / Hommel, Ulrich (1997): Hedging im Sinne des Aktionärs - Ökonomische Erklärungsansätze für das unternehmerische Risikomanagement, in: Die Betriebswirtschaft, 57. Jg. 1997, S. 672-693.

R

Raab, Michael / Sasse, Alexander (2015): Bewertung von Technologieunternehmen, in: Peemöller, V. H. (Hrsg.): Praxishandbuch der Unternehmensbewertung, 6. Auflage, Herne 2015, S. 1244 -1257.

Rammer, Christian (2011): Bedeutung von Spitzentechnologien, FuE-Intensität und nicht forschungsintensiven Industrien für Innovationen und Innovationsförderung in Deutschland, Mannheim 2011.

Rappaport, Alfred (1999): Shareholder Value, ein Handbuch für Manager und Investoren, 2. Auflage, Stuttgart 1999.

Reese, Raimo (2007): Schätzung der Eigenkapitalkosten für die Unternehmensbewertung, Frankfurt am Main 2007.

Reichling, Peter / Spengler, Thomas / Vogt, Bodo (2006): Sicherheitsäquivalente, Wertadditivität und Risikoneutralität, in: Zeitschrift für Betriebswirtschaft, 76. Jg. 2006, S. 759-769.

Reichmann, Thomas (2006): Controlling mit Kennzahlen und Managementberichten, 7. Auflage, München 2006.

Reuter, Axel (1970): Die Berücksichtigung des Risikos bei der Bewertung von Unternehmen, in: Die Wirtschaftsprüfung, 23. Jg. 1970, S. 265-270.

Reuters, Thomson Reuters Deutschland GmbH (2014): Novartis schliesst Milliarden-Deal mit Glaxo-Smith-Kline, abrufbar unter: http://www.handelsblatt.com/unternehmen/industrie/ms-wirkstoff-novartis-schliesst-milliarden-deal-mit-glaxo-smith-kline/12218254.html, Stand: 16.09.2014.

Riedl, Jens B. (2000): Unternehmenswertorientiertes Performance Measurement, Wiesbaden 2000, zugl.: Oestrich-Winkel, Univ., Diss., 2000.

Riezler, Stephan (1996): Lebenszyklusrechnung - Instrument des Controlling strategischer Projekte, Wiesbaden 1996.

Riezler, Stephan (1999): Projektcontrolling bei Entwicklung und Einführung neuer Produkte der Großserienfertigung (Lebenszyklusrechnung), in: Schweitzer, M. / Ziolkowski, U. (Hrsg.): Interne Unternehmungsrechnung: aufwandorientiert oder kalkulatorisch?, Düsseldorf 1999, zfbf-Sonderheft 42/99, S. 129-150.

Ringlstetter, Max (1995): Konzernentwicklung – Rahmenkonzepte zu Strategien, Strukturen und Systemen, Herrsching 1995, zugl.: München, Univ., Habil., 1995.

Ringlstetter, Max / Klein, Benjamin (2010): Konzernmanagement - Strategien und Strukturen, Stuttgart 2010.

Röder, Klaus / Müller, Sarah (2001): Mehrperiodige Anwendung des CAPM im Rahmen von DCF-Verfahren, in: FinanzBetrieb, 3. Jg. 2001, S. 225-233.

Rodermann, Marcus (1999): Strategisches Synergiemanagement, Wiesbaden 1999, zugl.: Trier, Univ., Diss., 1997.

Rogler, Silvia (2002): Risikomanagement im Industriebetrieb - Analyse von Beschaffungs-, Absatz-, und Marktrisiken, Wiesbaden 2002, zugl.: Göttingen, Univ., Habil., 1999.

Rohrschneider, Uwe (2006): Risikomanagement in Projekten - Die häufigsten Falle und Gefahren - die besten Sofortmaßnahmen, München 2006.

Rommelfanger, Heinrich (2008): Stand der Wissenschaft bei der Aggregation von Risiken, in: Deutsche Gesellschaft für Risikomanagement e.V. (Hrsg.): Risikoaggregation in der Praxis - Beispiele und Verfahren aus dem Risikomanagement von Unternehmen, Wiesbaden 2008, S. 15-47.

Rooji, Carlo de (2015): Organisation des Multiprojektmanagement und –controlling – Praktische Erfahrungen aus einem Rückversicherungs-Unternehmen, in: Steinle, C. / Eichenberg, T. (Hrsg.): Handbuch Multiprojektmanagement und –controlling – Projekte erfolgreich strukturieren und steuern, 3. Aufl., Berlin 2015, S. 17-31.

Ropella, Wolfgang (1989): Synergie als strategisches Ziel der Unternehmung, Berlin/New York 1989, zugl.: Bochum, Univ., Diss., 1988.

Rosenkranz, Friedrich / Missler-Behr, Magdalena (2005): Unternehmensrisiken erkennen und managen, Berlin et al. 2005.

Rotering, Christian (1990): Forschungs- und Entwicklungskooperationen zwischen Unternehmen. Eine empirische Analyse, Stuttgart 1990.

Roussel, Philip A./ Saad, Kamal N./Erickson, Tamara J. (1991): Third Generation R&D: Managing the Link to Corporate Strategy, Boston MA., 1991.

Rowoldt, Maximilian / Pillen, Christopher (2015): Anwendung des CAPM in der Unternehmenspraxis – Eine Analyse vor dem Hintergrund praxisbezogener Empfehlungen, in: Corporate Finance, 2. Jg. 2015, S. 115-129.

Rückle, Dieter (2010): Risikoprobleme in der entscheidungsorientierten Unternehmensbewertung – Versuch eines Überblicks, in: Königsmaier, H. / Rabel, K. (Hrsg.): Unternehmensbewertung: Theoretische Grundlagen - Praktische Anwendung: Festschrift für Gerwald Mandl zum 70. Geburtstag, Wien, S. 545-569.

Rücksteiner, Friedhelm (1989): Entscheidungsfindung in der Forschung und Entwicklung: Probelmatik, Grundlagen und dynamische Aspekte, Heidelberg 1989.

Rudolf, Markus / Witt, Peter (2002): Bewertung von Wachstumsunternehmen - Traditionelle und innovative Methoden im Vergleich, Wiesbaden 2002.

Runzheimer, Bodo / Cleff, Thomas / Schäfer, Wolfgang (2005): Lineare Planungsrechnung und Netzplantechnik, 8. Aufl., Wiesbaden 2005.

Ruthardt, Frederik / Hachmeister, Dirk (2014): Unendlichkeit als Problem der Unternehmensbewertung aus theoretische, praktischer und rechtlicher Sicht, in: Der Betrieb, 67. Jg. 2014, S. 193-202.

S

Saad, Kamal N. / Roussel, Philip A. / Tiby, Claus (1991): Unternehmensführung und ihr Verhältnis zur F&E, in: Arthur D. Little (Hrsg.): Management der F&E-Strategie, Wiesbaden 1991, S. 47-70.

Saaty, Thomas L. (1990): How to make a decision: The Analytic Hierarchy Process, in: European Journal of Operational Research, 48. Jg., S. 9-26.

Salz, Jürgen (2015): Chronische Schwächephase – Pharmaindustrie, in: Wirtschafts-Woche, Heft 18 2015, S. 44-47.

Sander, Matthias (2004): Marketing-Management – Märkte Marktinformationen und Marktbearbeitung, Stuttgart 2004.

Sandler, Guido G. R. (1991): Synergie: Konzept, Messung und Realisation – Verdeutlicht am Beispiel der horizontalen Diversifikation durch Akquisition, Bamberg 1991, zugl: St. Gallen, Hochschule, Diss., 1991.

Sauerbier, Thomas (2003): Statistik für Wirtschaftswissenschaftler, 2. Aufl., München 2003.

Schäfer, Henry / Schässburger, Bernd (2000): Realoptionsansatz in der Bewertung forschungsintensiver Unternehmen, in: FinanzBetrieb, 2. Jg. 2000, S. 586 – 592.

Schäfer, Henry / Schässburger, Bernd (2001): Bewertungsmängel von CAPM und DCF bei innovativen wachstumsstarken Unternehmen und optionspreistheoretische Alternativen, in: Zeitschrift für Betriebswirtschaft, 71. Jg. 2001, S. 85-107.

Schäffer, Utz (2001): Die Bedeutung der Kontrolle für Controller, in: Zeitschrift für Controlling, Accounting & System-Anwendungen, 45. Jg. 2001, S. 207-211.

Schauenburg, Jochen (2015): Konzepte sowie Tools zur Nutzenplanung und –kontrolle des Projektportfolios, in: Steinle, C./ Eichenberg, T., Handbuch Multiprojektmanagement und –controlling, 3. Aufl. 2015, Berlin 2015, S. 441-459.

Scheffler, Wolfram (2012): Besteuerung von Unternehmen I, Ertrag-, Substanz- und Verkehrsteuern, 12. Auflage, Heidelberg 2012.

Scheld, Alexander (2015): Fundamental Beta - Ermittlung des systematischen Risikos bei nicht börsennotierten Unternehmen, Wiesbaden 2013, zugl: Ingolstadt, Univ., Diss., 2011.

Schierenbeck, Henner / Lister, Michael / Kirmße, Stefan (2014): Ertragsorientiertes Bankmanagement - Band 1: Messung von Rentabilität und Risiko im Bankgeschäft, 9. Aufl., Wiesbaden 2014.

Schild, Ulrich (2005): Lebenszyklusrechnung und lebenszyklusbezogenes Zielkostenmanagement - Stellung im internen Rechnungswesen, Rechnungsausgestaltung und modellgestützte Optimierung der intertemporalen Kostenstruktur, Wiesbaden 2005, zugl.: Göttingen, Univ., Diss., 2004.

Schildbauer, Rainer (2002): Die Bewertung von Konzernen als Problem in der Theorie der Unternehmensbewertung, in: Deutsches Steuerrecht, 40. Jg. 2002, S. 1542-1548.

Schlander, Michael / Jäcker, Andreas / Völkl, Martin (2012): Arzneimittelpreise: Preisbildung in einem besonderen Markt, in: Deutsches Ärzteblatt, 109. Jg. 2012, S. 524-527.

Schlechtweg, Andreas (2009): Entscheidungsmodell für ein zeitorientiertes Entwicklungskosten-Controlling, Lohmar 2009, zugl: Witten-Herdecke, Univ. Diss., 2009.

Schmalen, Helmut (1989): Das Bass-Model zur Diffusionsforschung, in: Zeitschrift für betriebswirtschaftliche Forschung, 41. Jg. 1989, S. 210-226.

Schmalenbach, Eugen (1917/18): Die Werte von Anlagen und Unternehmungen in der Schätzungstechnik, in: Zeitschrift für handelswissenschaftliche Forschung, 12. Jg. 1917/18, S. 1-20.

Schmeisser, Wilhelm (2008): Innovationserfolgsrechnung bei der Bewertung pharmazeutischer FuE-Projekte, in: Schmeisser, W. / Mohnkopf, H. / Hartmann, M. / Metze, G. (Hrsg.): Innovationserfolgsrechnung, Berlin / Heidelberg 2008, S. 69-118.

Schmelzer, Hermann (1992): Organisation und Controlling von Produktentwicklungen: Praxis des wettbewerbsorientierten Entwicklungsmanagement, Stuttgart 1992.

Schmelzer, Hermann (2006): Methoden der Risikoanalyse und -überwachung in Innovationsprojekten, in: Gassmann, O./Kobe, C. (Hrsg.): Management von Innovationen und Risiko, 2. Aufl., Berlin et al. 2006, S. 245-266.

Schmidt, Anja (2009): F&E-orientiertes strategisches Supply Chain Management – Erklärungs- und Gestaltungsbeiträge sowie deren Konkretisierung am Beispiel von Make-Cooporate-or-Buy-Entscheidungen, Chemnitz 2009, zugl.: Chemnitz, Tech. Univ., Diss., 2009.

Schmitt, Matthias (2013): Produktentwicklung als effektiver und effizienter Beitrag zu Wachstumsstrategien, in: Klein, A. (Hrsg.), Business Development Controlling - Strategische Wachstumsinitiativen zum Erfolg führen, Freiburg/Berlin/München 2013, S. 95-112.

Schneider, Dieter (1992): Investition, Finanzierung und Besteuerung, 7. Auflage, Wiesbaden 1992.

Schneider, Dieter (1995): Informations- und Entscheidungstheorie, München 1995.

Schneider, Arne (2006): Die strategische Planung des Produktportfolios bei Automobilherstellern – Konzeption eines Instruments zur Bewertung des Cycle-Plan, Baden-Baden 2006.

Schön, Benjamin (2013): Mergers & Acquisitions als strategisches Instrument – Die Erschließung technologischen Wissens mittels Unternehmenszusammenschlüssen, Wiesbaden 2013, zugl.: Hohenheim, Univ., Diss., 2013.

Schön, Dietmar/Irmer, Karl-Heinz (2010): Effiziente Steuerung mit Forecasting und Integrierter Unternehmensplanung bei der Grammer Gruppe, in: Controlling, 22. Jg. 2010, S. 245-255.

Schosser, Josef / Grottke, Markus (2013): Nutzengestützte Unternehmensbewertung: Ein Abriss der jüngeren Literatur, in: Schmalenbachs Zeitschrift für betriebswirtschaftliche Forschung, 65. Jg. 2013, S. 306-341.

Schuh, Günther / Arnoscht, Jens / Bohl, Arne (2013): Integriertes Controlling von Produkt- und Produktionskomplexität, in: Controlling, 25. Jg. 2013, S. 450-457.

Schuh, Günther / Arnoscht, Jens / Vogels, Till (2013): Controlling der Varianzsensitivität in Baukastensystemen, in: Controlling, 25. Jg. 2013, S. 82-89.

Schüler, Andreas / Krotter, Simon (2004): Konzeption wertorientierter Steuerungsgrößen: Performance-Messung mit Discounted Cash-flows und Residualgewinnen ex ante und ex post, in: FinanzBetrieb, 6. Jg. 2004, S. 430-437.

Schüler, Andreas / Lampenius, Niklas (2007): Bewertungspraxis auf dem Prüfstand: Wachstumsannahmen, in: FinanzBetrieb, 9. Jg. 2007, Beilage Bewertungspraktiker 2/2007, S. 2-6.

Schultze, Wolfgang (2003): Methoden der Unternehmensbewertung, 2. Aufl., Düsseldorf 2003.

Schultze, Wolfgang / Fischer, Hans (2013): Ausschüttungsquoten, kapitalwertneutrale Wiederanlage und Vollausschüttungsannahme – Eine kritische Analyse der Wertrelevanz des Ausschüttungsverhaltens im Rahmen der objektivierten Unternehmensbewertung, in: Die Wirtschaftsprüfung, 66. Jg. 2013, S. 421-444.

Schumacher, Thilo (2005): Beteiligungscontrolling in der Management-Holding – Optimierung der Rationalitätssicherung durch Nutzung des Eigenkapitalmarktes, Wiesbaden 2005, zugl.: Vallendar, Univ., Diss., 2005.

Schumann, Jörg (2008): Unternehmenswertorientierung in Konzernrechnungslegung und Controlling – Impairment of Assets (IAS 36) im Kontext bereichsbezogener Unternehmensbewertung und Performancemessung, Wiesbaden 2008, zugl.: Bochum, Univ., Diss., 2008.

Schumpeter, Joseph Alois (1912): Theorie der wirtschaftlichen Entwicklung, Leipzig 1912.

Schwartz, Eduardo S. / Moon, Mark (2001): Rational Pricing of Internet Companies Revisited, in: Financial Review, Vol. 36 2001, S. 7-26.

Schwarze, Jochen (1982): Die Planung von Forschung- und Entwicklungsprojekten mit Hilfe der Netzplantechnik, in: Engeleiter, H. J. / Corsten, H. (Hrsg.), Innovation und Technologietransfer. Gesamtwirtschaftliche und einzelwirtschaftliche Probleme. Festschrift für H. Wilhelm. Berlin 1982, S. 153-172.

Schwarze, Jochen (2014): Projektmanagement mit Netzplantechnik, 11. Aufl., Herne/Berlin 2014.

Schwetzler, Bernhard (2000): Unternehmensbewertung unter Unsicherheit – Sicherheitsäquivalent oder Risikozuschlagmethode?, in: Zeitschrift für betriebswirtschaftliche Forschung, 52. Jg. 2000, S. 469-486.

Seidel, Markus/ Stahl, Martin (2006): Management von Innovationsrisiken bei BMW, in: Gassmann, O. / Kobe, C. (Hrsg.): Management von Innovation und Risiko, 2. Aufl., Berlin 2006, S. 187-210.

Seidl, Jörg / Ziegler, Thorsten (2015): Management von Projektabhängigkeiten, in: Steinle, C. / Eichenberg, T. (Hrsg.), Handbuch Multiprojektmanagement und –controlling – Projekte erfolgreich strukturieren und steuern, 3. Aufl., Berlin 2015, S. 175-189.

Seitz, Neil/ Ellison, Mitch (1999): Capital Budgeting and Long-term Financing Decisions, Fort Worth et al. 1999.

Seppelfricke, Peter (2012): Handbuch Aktien- und Unternehmensbewertung – Bewertungsverfahren, Unternehmensanalyse, Erfolgsprognose, 4. Aufl., Stuttgart 2012.

Sercu, Piet / Uppal, Raman (1995): International Financial Markets and the Firm, London 1995.

Shapiro, Alan C. / Titman, Sheridan (1998): An Integrated Approach to Corporate Risk Management, in: Stern, J.M. / Chew, D.H. (Hrsg.): The Revolution in Corporate Finance, 3. Aufl., Cambridge et al. 1998, S. 251 -265.

Sharpe, William F. (1964): Capital Asset Prices: A Theory of Market Equilibrium under Conditions of Risk, in: Journal of Finance, 19. Jg. 1964, S. 425-442.

Sieben, Günter / Diedrich, Ralf (1990): Aspekte der Wertfindung bei strategisch motivierten Unternehmensakquisitionen, in: Zeitschrift für betriebswirtschaftliche Forschung, 42. Jg. 1990, S. 794-808.

Siegel, Theodor (1991): Das Risikoprofil als Alternative zur Berücksichtigung der Unsicherheit in der Unternehmensbewertung, in: Rückle, D. (Hrsg.): Aktuelle Fragen der Finanzwirtschaft und der Unternehmensbesteuerung; Festschrift für Erich Loitberger zum 70. Geburtstag, Wien 1991, S. 619-638.

Siegel, Theodor (1992): Methoden der Unsicherheitsberücksichtigung in der Unternehmensbewertung, in: Wirtschaftswissenschaftliches Studium – Zeitschrift für Forschung und Studium, 21. Jg. 1992, S. 21-26.

Siegwart, Hans / Raas, Fredy (1991): CIM-orientiertes Rechnungswesen. Bausteine zu einem System-Controlling, Stuttgart 1991.

Siegwart, Hans / Senti, Richard (1995): Product Life Cycle Management: Die Gestaltung eines integrierten Produktlebenszyklus, Stuttgart 1995.

Sielaff, Christian / Franz, Matthias / Grabo, Ralph (2015): Ermittlung unternehmensbereichsspezifischer Betafaktoren für die interne wertorientiere Steuerung unter Anwendung eines Scoringmodells, in: Controlling, 27. Jg. 2015, S. 116-120.

Siemens AG (2014): Siemens und Mitsubishi Heavy Industries bilden Joint Venture für Metallindustrie, abrufbar unter: http://www.siemens.com/press/de/pressemitteilungen/?press=/de/pressemitteilun

gen/2014/corporate/2014-q2/axx20140537.htm&content[]=CC&content[]=I&content[]=Corp, Stand: 17.09.2015

Sing, Tien Foo / Ong, Seow Eng (2000): Asset Allocation in a Downside Risk Framework, in: Journal of Real Estate Portfolio Management, 27. Jg. 2000, S. 213-223.

Smith, Clifford W. Jr. (1995): Corporate Risk Management: Theory and Practice, in: The Journal of Derivatives, Vol. 2 1995, S. 21-30.

Smith, James E. / McCardle, Kevin F. (1999): Options in the Real World – Lessons Learned in Evaluating, in: Operations Research, 47. Jg. 1999, S. 1-15.

Smith, James E. / Nau, Robert F. (1995): Valuing Risky Projects: Option Pricing Theory and Decision Analysis, in: Management Science, Vol. 41 1995, S. 795-816.

Sommerlatte, Tom (1998): F&E-Controlling aus strategischer und operativer Perspektive, in: Steinle, C./Bruch, H. (Hrsg): Controlling – Ein Kompendium für Controller/innen und ihre Ausbildung, Stuttgart 1998, S. 694 – 708.

Sommerlatte, Tom / Deschamps, Jean-Paul (1985): Der strategische Einsatz von Technologien – Konzepte und Methoden zur Einbeziehung von Technologien in die Strategieentwicklung des Unternehmens, in: Arthur D. Little (Hrsg.), Management im Zeitalter strategischer Führung, Wiesbaden 1985, S. 9-78.

Specht, Günter / Beckmann, Christoph/ Amelingmeyer, Jenny (2002): F&E-Management - Kompetenz im Innovationsmanagement, 2. Aufl., Stuttgart 2002.

Specht, Günter / Harland, Peter E. (2000): Integrierte F&E-Projektprogrammplanung, in: Häfliger, G. E. / Meier, J. (Hrsg.): Aktuelle Tendenzen im Innovationsmanagement - Festschrift für Werner Popp zum 65. Geburtstag, Heidelberg 2000, S. 71-91.

Spitzner, Jan (2011): Zurück in die Zukunft mit „Szenarien“ und „Simulation“, abrufbar unter: https://www.risknet.de/themen/risknews/zurueck-in-die-zukunft-mit-szenarien-und-simulationen/94548986d0a6cbe337cdb13282b82ea2/, Stand: 07.09.2015.

Spremann, Klaus (2010): Finance, 4. Auflage, München 2010.

Starp, Michael (2006): Integriertes Risikomanagement im landwirtschaftlichen Betrieb, Berlin 2006, zugl.: Bonn, Univ., Diss., 2005.

Steinhoff, Fee (2008): Der Innovationsgrad in der Erfolgsfaktorenforschung – Einflussfaktor oder Kontingenzfaktor?, in: Schmeisser, W. / Mohnkopf, H. / Hartmann, M. / Metze, G. (Hrsg.): Innovationserfolgsrechnung, Berlin / Heidelberg 2008, S. 3-19.

Steinle, Claus / Eßeling, Verena / Kramer, Kristina (2015): Entwicklung einer Konzeption zur Priorisierung und Selektion von Projekten im Rahmen des Projektportfolio-Managements, in: Steinle, C. / Eichenberg, T. (Hrsg.), Handbuch Multiprojektmanagement und –controlling – Projekte erfolgreich strukturieren und steuern, 3. Aufl., Berlin 2015, S. 209-221.

Stellbrink, Jörn (2005): Der Restwert in der Unternehmensbewertung, Düsseldorf 2005, zugl.: Münster, Univ., Diss., 2004.

Stirzel, Martin (2010): Controlling von Entwicklungsprojekten, Wiesbaden 2009, zugl.: Stuttgart, Univ., Diss., 2009.

Stockbauer, Herta (1989): F&E-Controlling, Wien 1989.

Stüker, David (2009): Evaluierung und Steuerung von Kundenbeziehungen aus der Sicht des unternehmenswertorientierten Controlling, Wiesbaden 2009, zugl.: Bochum, Univ., Diss., 2008.

Stulz, René (1996): Rethinking Risk Management, Working Paper, Ohio State University September 1996.

Swoboda, Bernhard (2003): Kooperationen: Erklärungsperspektiven grundlegender Theorien, Ansätze und Konzepte im Überblick, in: Zentes, J. / Swoboda, B. / Morschett, D. (Hrsg.): Kooperationen, Allianzen und Netzwerke – Grundlagen – Ansätze – Perspektiven, Wiesbaden 2003, S. 35-64.

T

Taetzner, Tobias (2000): Das Bewertungskalkül des Shareholder Value-Ansatzes in kritischer Betrachtung, Frankfurt am Main 2000, zugl.: Frankfurt am Main, Univ., Diss., 1999.

Teece, David J. (2014): The Foundation of Enterprise Performance – Dynamic and Ordinary Capabilities in an (Economic) Theory of Firms, in: The Academy of Management Perspectives, Vol. 28 2014, S. 328-352.

Teisberg, Elizabeth Olmsted (1995): Methods for Evaluation capital Investment Decision under Uncertainty, in: Trigeorgis, L. (Hrsg.): Real Options in Capital Investment – Models, Strategies, and Applications, Westport 1995, S. 31-46.

Telgheder, Maike (2013): Big Pharma in Kauflaune, in: Handelsblatt, Nr. 246 2013, S. 20.

Telgheder, Maike / Reinhardt, Jörg (2015): Novartis-Verwaltungsratschef Reinhardt: „Jetzt zählt das Team“, in: Handelsblatt, Nr. 109 2015, S. 14-15.

Theisen, Manuel R. (2000): Der Konzern: betriebswirtschaftliche und rechtliche Grundlagen der Konzernunternehmung, 2. Aufl., Stuttgart 2000.

Timmreck, Christian (2006): Zur Konzeption und Anwendung kapitalmarktorientierter Sicherheitsäquivalente, Wiesbaden 2006, zugl.: Witten/Herdecke, Univ., Diss., 2005.

Tinz, Oliver (2010): Die Abbildung von Wachstum in der Unternehmensbewertung, Eine theoretische und empirische Analyse der Möglichkeiten und Grenzen einer objektivierten und transparenten Abbildung von Wachstum nach IDW S1, Lohmar - Köln 2010, zugl.: Münster, Univ., Diss., 2010.

Tkotz, Alexandra / Munck, Jan C. / Gleich, Ronald (2015): Innovationsmanagement & –controlling: Grundlagen für ein effektives und effizientes Innovieren, in: Gleich, R. / Schimank, C. (Hrsg.): Innovations-Controlling, Freiburg/München 2015, S. 25-47.

Tobin, James (1958): Liquidity Preferences as Behavior towards Risk, in: Review of Economic Studies, 2. Jg. 1958, S. 65-86.

Tomaszewski, Claude (2000): Bewertung strategischer Flexibilität beim Unternehmenserwerb – Der Wertbreitrag von Realoptionen, Frankfurt a.M. 2000, zugl.: Bochum, Univ., Diss., 1999.

Trigeorgis, Lenos (1995): Real Options: An Overview, in: Trigeorgis, L. (Hrsg.): Real Options in Capital Investment – Models, Strategies, and Applications, Westport 1995, S. 1-28.

Trigeorgis, Lenos (1996): Real options - Managerial Flexibility and Strategy in Resource Allocation, Cambridge 1996.

Troßmann, Ernst (1998): Investition, Stuttgart 1998.

Tschöpel, Andreas (2004): Risikoberücksichtigung bei Grenzpreisbestimmungen im Rahmen der Unternehmensbewertung, Lohmar/Köln 2004, zugl.: Hannover, Univ., Diss., 2003.

U

Urli, Bruno / Terrien, François (2010): Project portfolio selection model - a realistic approach, in: International Transactions in Operational Research, Vol. 17 2010, S. 809-826.

Uzik, Martin / Weiser, Felix M. (2003): Kapitalkostenbestimmung mittels CAPM oder MCPMTM?, in: Finanz Betrieb, 5. Jg. 2003, S. 705-718.

V

Vaclavicek, Peter (2013): Entscheidungsorientierte Bewertung von Forschungskooperationspartnern, zugl.: Hohenheim, Univ., Diss., 2013.

Velthuis, Louis J. / Wesner, Peter (2005): Value Based Management – Bewertung, Performancemessung und Managemententlohnung mit ERIC®, Stuttgart 2005.

Vizjak, Andrej (1990): Wachstumspotenziale durch Strategische Partnerschaften – Bausteine einer Theorie der externen Synergie, München 1990.

Vogel, Jochen (1998): Marktwertorientiertes Beteiligungscontrolling – Shareholder Value als Maß der Konzernsteuerung, Wiesbaden 1998, zugl.: Wien, Univ., Diss.,1997.

Voigt, Volker (2015): Ausgestaltung der Projektpriorisierung – ein engpassorientierter Ansatz, in: Steinle, C. / Eichenberg, T. (Hrsg.): Handbuch Multiprojektmanagement und –controlling – Projekte erfolgreich strukturieren und steuern, 3. Aufl., Berlin 2015, S. 237-255.

Völker, Rainer (2006): Management von Entwicklungsprojekten in der Pharmabranche, in: Gassmann, Oliver/Kobe, Carmen (Hrsg.), Management von Innovation und Risiko, 2. Aufl., Berlin 2006, S. 267-283.

Volkmann, Christine (1989): Theoretische Grundlagen und Anwendung von Planungssystemen in Luftverkehrsunternehmungen – aufgezeigt am Untersuchungsobjekt der Deutschen Lufthansa AG, Gießen 1989, zugl.: Gießen, Univ., Diss., 1989.

Volkswagen AG (2015): Geschäftsbericht 2014, Wolfsburg 2015.

Völl, Wolfgang (2010): Analytische und simulative Ansätze des Projektcontrollings, Hamburg 2010, zugl.: Duisburg-Essen, Univ., Diss., 2009.

Vormbaum, Herbert / Rautenberg, Günter (1985): Kostenrechnung III für Studium und Praxis – Plankostenrechnung, Baden-Baden/Bad-Homburg vor der Höhe 1985.

Vose, David (2008): Risk Analysis – A Quantitative Guide, 3. Aufl., Chichester 2008.

Voßbein, Reinhard (1974): Unternehmensplanung. Grundlagen und praktische Anwendung der Planung als Steuerungs-Instrument, Düsseldorf/Wien 1974.

VW-Baukasten-Familie im Überblick, o.V. (2013): abrufbar unter: http://www.autobild.de/artikel/vw-baukasten-familie-im-ueberblick-3902458.html, Stand: 15.09.2015.

W

Wagner, Niklas / Buchner, Axel / Kinateder, Harald / Riedel, Christoph / Wenger, Thomas (2012): Aktuelle Herausforderungen des modernen Finanzcontrollings, in: Controlling, 24. Jg. 2012, S. 440-444.

Wagner, Wolfgang / Jonas, Martin / Ballwieser, Wolfgang / Tschöpel, Andreas (2006): Unternehmensbewertung in der Praxis – Empfehlungen und Hinweise zur Anwendung von IDW S 1, in: Die Wirtschaftsprüfung, 59. Jg. 2006, S. 1005-1028.

Wallmeier, Martin (1999): Kapitalkosten und Finanzierungsprämissen, in: Zeitschrift für Betriebswirtschaft, 69. Jg. 1999, S. 1473-1490.

Wang, John X. / Roush, Marvin L. (2000): What Every Engineer Should Know About Risk Engineering and Management, New York 2000.

Weber, Jürgen / Zayer, Eric (2004): Unexpected Allies in Innovation: An Analysis of the Controller's Contribution to Innovation Processes. in: Albers, S. (Hrsg.): Cross-functional Innovation Management. Gabler, Wiesbaden 2004, S. 349-364.

Weiler, Axel (2005): Verbesserung der Prognosegüte bei der Unternehmensbewertung, Konvergenzprozesse in der Restwertperiode, Aachen 2005, zugl.: Chemnitz, Techn. Univ., Diss., 2005.

Weitmann, Markus / Bubeck, Frank (2009): Bewertung von Unternehmen, in: Kann, J. v. (Hrsg.): Praxishandbuch Unternehmenskauf, Leitfaden Mergers & Acquisitions, Stuttgart 2009, S. 297-327.

Weizsäcker, Robert K. Freiherr von (2003): Gedanken zur kapitalmarktorientierten Bewertung nicht-börsennotierter Unternehmen, in: Wollmert, P. et al. (Hrsg.): Wirtschaftsprüfung und Unternehmensüberwachung, Festschrift für Wolfgang Lück, Düsseldorf 2003, S. 573-582.

Weizsäcker, Robert K. Freiherr von / Krempel, Katja (2004): Risikoadäquate Bewertung nicht-börsennotierter Unternehmen – ein alternatives Konzept, in: Finanz Betrieb, 6. Jg. 2004, S. 808-814.

Welge, Martin K. / Al-Laham, Andreas (2012): Strategisches Management: Grundlagen - Prozess – Implementierung, 6. Aufl., Wiesbaden 2012.

Welge, Martin K. / Eulerich, Marc (2007): Die Szenario-Technik als Planungsinstrument in der strategischen Unternehmenssteuerung, in: Controlling, 19. Jg. 2007, S. 69-74.

Wengert, Holger / Schittenhelm, Frank A. (2013): Corporate Risk Management - Umfassender Ansatz, der insbesondere praktische Aspekte wie die Umsetzung und Software-Unterstützung integriert, Wiesbaden 2013.

Werner, Björn M. (2002): Messung und Bewertung der Leistung von Forschung und Entwicklung im Innovationsprozess: Methodenüberblick, Entwicklung und Anwendung eines neuen Konzepts, zugl.: Darmstadt, Techn. Univ., Diss., 2002.

Whitehead, Brian / Jackson, Stuart / Kempner, Richard (2008): Managing generic competition and patent strategies in the pharmaceutical industry, in: Journal of Intellectual Property Law & Practice, 3. Jg. 2008, S. 226-235.

Wiese, Jörg (2003): Zur theoretischen Fundierung der Sicherheitsäquivalentmethode und des Begriffs der Risikoauflösung bei der Unternehmensbewertung – Anmerkungen zu dem Beitrag von Wolfgang Kürsten in der zfbf (März 2002, S. 128-144); in: Schmalenbachs Zeitschrift für betriebswirtschaftliche Forschung 55. Jg. 2003, S. 287-305.

Wiese, Jörg (2006): Komponenten des Zinsfußes in Unternehmensbewertungskalkülen, Frankfurt a. M. 2006, zugl.: München, Univ., Diss., 2006.

Wiest, Jerome D. / Levy, Ferdinand K. (1969): A Management Guide to PERT/CPM, Englewood Cliffs, N.J.: Prentice-Hall 1969.

Wild, Jürgen (1982): Grundlagen der Unternehmensplanung, 4. Auflage, Opladen 1982.

Wiliams, Terry (2003): Management von komplexen Projekten – Projektrisiken durch quantitative Modellierungstechniken steuern, Weinheim 2003.

Willeke, Andreas (1998): Risikoanalyse in der Energiewirtschaft, in: Zeitschrift für betriebswirtschaftliche Forschung, 50. Jg. 1998, S. 1146-1164.

Williamson, Oliver E. (1990): Die ökonomische Institution des Kapitalismus, Tübingen 1990.

Wintz, Tobias (2010): Neuproduktprognose mit Wachstumskurvenmodellen – Prognoseprozess, Modellauswahl und Schätzung, Lohmar et al. 2010, zugl.: Eichstätt et al., Univ., Diss., 2009.

Wöhe, Günter / Bilstein, Jürgen / Ernst, Dietmar / Häcker, Joachim (2013): Grundzüge der Unternehmensfinanzierung, 11. Aufl., Frankfurt am Main 2013.

Wolf, Klaus (2003): Risikoaggregation anhand der Monte-Carlo Simulation, in: Controlling, 15. Jg. 2003, S. 565-572.

Wolke, Thomas (2008): Risikomanagement, 2. Aufl., München 2008.

Wollmann, Peter (2015): Strategische Planung und Projektportfoliomanagement, in: Steinle, C. / Eichenberg, T. (Hrsg.): Handbuch Multiprojektmanagement und –

controlling – Projekte erfolgreich strukturieren und steuern, 3. Aufl., Berlin 2015, S. 129-141.

Wollmann, Peter / Pleuger, Gudrun (2002): Risikomanagement im Multiptojecting, in: Hirzel, M. / Kühn, F. / Wollmann, P. (Hrsg.): Multiprojektmanagement: Strategische und operative Steuerung von Projektportfolios, Frankfurt a. M. 2002, S. 97-109.

Wulf, Thorsten / Meissner, Philip / Brands, Christian / Stubner, Stephan (2013): Scenario-based strategic planning. A new approach to coping with uncertainty, in: Schwenker, B. / Wulf, T. (Hrsg.): Scenario-based Strategic Planning - Developing Strategies in an Uncertain World, S. 43 -66.

Wulf, Torsten / Stubner, Stephan (2012): Strategische Planung und strategisches Controlling mit Szenarien, in: Controlling, 24. Jg. 2012, S. 523-528.

Z

Zayer, Eric (2007): Verspätete Projektabbrüche in FuE - Eine verhaltensorientierte Analyse, Wiesbaden 2007, zugl.: Koblenz, Wiss. Hochsch. für Unternehmensführung, Diss., 2007.

Zeidler, Gernot W. / Schöniger, Stefan / Tschöpel, Andreas (2008): Auswirkungen der Unternehmensteuerreform 2008 auf Unternehmensbewertungskalküle, in: FinanzBetrieb, 10. Jg. 2008, S. 276-288.

Zimmermann, Hans-J. (1971): Netzplantechnik, Berlin/New York 1971.

Zloch, Sabine (2007): Wertorientiertes Management der pharmazeutischen Produktentwicklung, Wiesbaden 2007, zugl.: Bamberg, Univ., Diss., 2007.

Zwirner, Christian / Kähler, Malte (2015): Länderrisiken im Rahmen von Unternehmensbewertungen, Der Betrieb, 68. Jg. 2015, S. 1674-1678.

Rechtsquellenverzeichnis

AktG	Aktiengesetz vom 6. September 1965 (BGBl. I S.1089), zuletzt geändert durch Artikel 198 der Verordnung vom 31. August 2015 (BGBl. I S. 1474).
EStG	Einkommensteuergesetz in der Fassung der Bekanntmachung vom 8. Oktober 2009 (BGBl. I S. 3366, 3862), zuletzt geändert durch Artikel 234 der Verordnung vom 31. August 2015 (BGBl. I S. 1474).
GewStG	Gewerbesteuergesetz in der Fassung der Bekanntmachung vom 15. Oktober 2002 (BGBl. I S. 4167), zuletzt geändert durch Artikel 2 Absatz 12 des Gesetzes vom 1. April 2015 (BGBl. I S. 434).
HGB	Handelsgesetzbuch in der im Bundesgesetzblatt Teil III, Gliederungsnummer 4100-1, veröffentlichten bereinigten Fassung, zuletzt geändert durch die Verordnung vom 31. August 2015 (BGBl. I S. 1474).
InsO	Insolvenzordnung vom 5. Oktober 1994 (BGBl I. S. 2866), zuletzt geändert durch Artikel 149 der Verordnung vom 31. August 2015 (BGBl S. 1474, 1498)
KStG	Körperschaftsteuergesetz in der Fassung der Bekanntmachung vom 15. Oktober 2002 (BGBl. I S. 4144), zuletzt geändert durch Artikel 2 Absatz 10 des Gesetzes vom 10. April 2015 (BGBl. I S. 434).